徹底攻略

応用情報技術者教科書

株式会社わくわくスタディワールド 瀬戸美月 著

令和4年度

(2022年度) 春期 秋期

インプレス

インプレス情報処理シリーズ購入者限定特典!!

●電子版の無料ダウンロード

本書の全文の電子版（PDFファイル，令和3年度春期試験の解説を収録，印刷不可）を下記URLの特典ページでダウンロードできます。

加えて、本書に掲載していない過去問題解説もダウンロードできます。

▼本書でダウンロード提供している過去問題解説

- 平成25年度～31年度の春期試験，令和元年度の秋期試験
（令和元年度秋期試験は令和3年度版の書籍に収録，他はそれぞれ翌年度版の書籍に収録した過去問題＆解説）
- 平成26年度～30年度の秋期試験，令和2年度10月試験，令和3年度の秋期試験
（著者解説生原稿をPDF化）※

※令和元年度以外の秋期試験，10月試験については，解説のみの提供になります。試験問題はIPAサイトにてご入手ください。

※令和3年度秋期試験の解説PDFのダウンロード提供は【2022年1月頃】を予定しています。その時期に改めて下記ダウンロードURLをご確認ください（IPAの動向により，提供開始時期は変わりえます）。

●スマホで学べる単語帳アプリ「でる語句200」について

出題頻度の高い200の語句をいつでもどこでも暗記できるウェブアプリ「でる語句200」を無料でご利用いただけます。

特典は、以下のURLで提供しています。

URL：https://book.impress.co.jp/books/1121101057

※特典のご利用には、無料の読者会員システム「CLUB Impress」への登録が必要となります。

※本特典のご利用は、書籍をご購入いただいた方に限ります。

※特典の提供予定期間は、いずれも本書発売より1年間です。

インプレスの書籍ホームページ

書籍の新刊や正誤表など最新情報を随時更新しております。

https://book.impress.co.jp/

はじめに

「情報処理の勉強をしてはじめて，データベースの設計に“正規化“って手法があるんだって知ったよ」と，ある受験生に言われたことがあります。「学生のときに勉強したからイメージがわかなかったけど，就職してからはよく使うので役立っているよ」と言う人もいました。情報処理技術者試験の勉強はIT全般にわたるので，いろいろなIT関連の仕事に役立ちます。また，実務だけをやっていると現状の手法に疑いをもたなくなりがちですが，勉強の過程で多様な手法があることを知ることで，仕事の幅を広げることができます。

応用情報技術者試験は，情報処理技術者試験センターの位置付けとしては，「高度IT人材となるために必要な応用的知識・技能をもち，高度IT人材としての方向性を確立した者」となっています。つまり，一般的なIT人材としては独り立ちできていて，今後高度なIT人材となる人が，試験の主な対象者です。そして，ある程度，将来の方向性も見据えて，自分の専門分野について深く学び始めている人が想定されています。そのため，応用情報技術者試験は午前試験と午後試験に分かれていますが，午前試験ではIT全般に関する知識を中心とした内容，午後試験では自分で選択した専門分野に関する少し深い内容が問われます。応用情報技術者試験を受験する場合には，これらの両方に対応することが大切です。

本書は，**わく☆すたAI（人工知能）が平成21年度に開始された応用情報技術者試験の出題傾向を徹底分析**し，応用情報技術者試験の合格に必要な知識を掲載したものです。情報の新しさ，出題傾向に合わせての更新にもこだわり，演習問題はすべて平成21年度以降の現行の試験制度のものを使用しております。また，**シラバス改訂にも完全対応**し，最新のセキュリティ技術などにも対応しています。さらに，**YouTube動画による解説**も用意していますので，あわせてご活用ください。

学習するときには，ポイントを暗記するだけより，周辺知識も合わせて勉強する方が記憶に残りやすく実力も付いていきます。すべてを暗記しようと頑張らなくてもいいので，気楽に読み進めていきましょう。辞書として使っていただくのも歓迎です。本書をお供にしながら，応用情報技術者試験の合格に向かって進んでいってください。

最後に，本書の発刊にあたり，企画・編集など本書の完成までに様々な分野で多大なるご尽力をいただきましたインプレスの皆様，ソキウス・ジャパンの皆様に感謝いたします。また，わくわくスタディワールドの齋藤健一様をはじめ，一緒に仕事をしてくださった皆様，「わく☆すたセミナー」や企業研修での受講生の皆様のおかげで，本書を完成させることができました。皆様，本当に，ありがとうございました。

令和3年10月

わくわくスタディワールド　瀬戸　美月

本書の構成

本書は，解説を読みながら問題を解くことで，知識が定着するように構成されています。側注には，理解を助けるヒントを豊富に盛り込んでいますので，ぜひ活用してください。

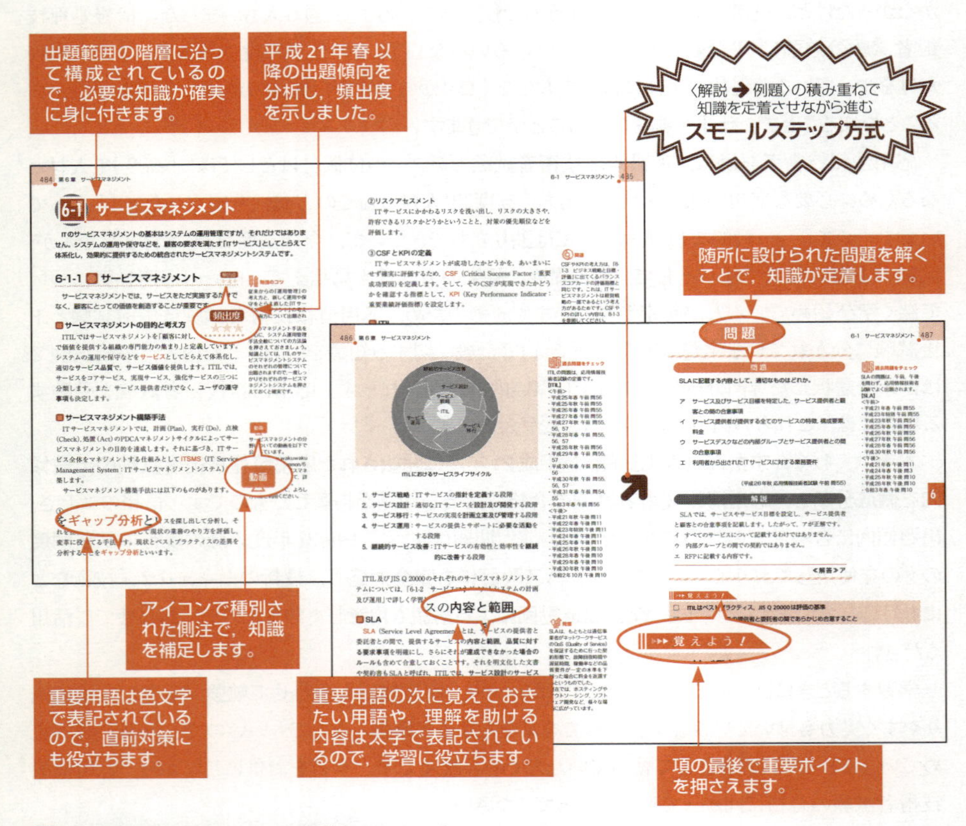

本書で使用している側注のマーク

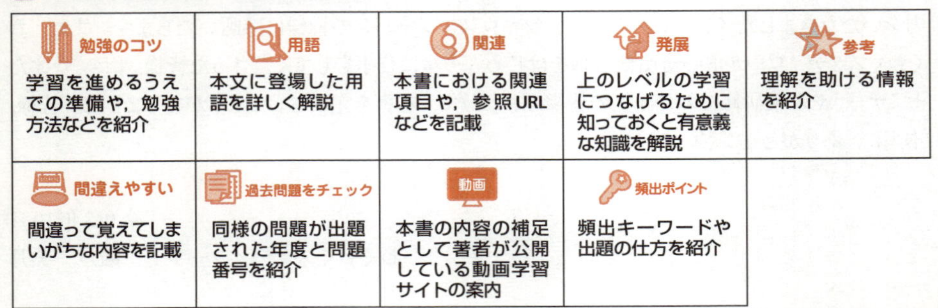

勉強のコツ	用語	関連	発展	参考
学習を進めるうえでの準備や，勉強方法などを紹介	本文に登場した用語を詳しく解説	本書における関連項目や，参照URLなどを記載	上のレベルの学習につなげるために知っておくと有意義な知識を解説	理解を助ける情報を紹介

間違えやすい	過去問題をチェック	動画	頻出ポイント
間違って覚えてしまいがちな内容を記載	同様の問題が出題された年度と問題番号を紹介	本書の内容の補足として著者が公開している動画学習サイトの案内	頻出キーワードや出題の仕方を紹介

本書の使い方

本書では，わく☆すたAIがこれまでに出題された問題を分析し，試験によく出てくる分野を中心にまとめています。ですから，すべて読んで頭に入れていただければ，試験に合格するための知識は十分に身につきます。本書を活用して，効果的に学習を進めましょう。

随所に設けた問題で理解を深める

随所に設けた演習問題を考えながら読み進めていただくと，知識の定着につながり，効率的に学習できます。なるべく1問1問考えながら学習を進めてみてください。

辞書としての活用もOK

文章を読むのが苦手な方，参考書を読み続けるのがつらいという方は，無理に最初からすべて読む必要はありません。過去問題などで問題演習を行いながら，辞書として必要な用語を調べるといった用途に使っていただいてもかまいません。新しい用語も数多く取り入れていますので，用語を調べつつ周辺の知識も身に付ければ，効率の良い勉強につながります。

過去問題で実力をチェック

巻末の付録やダウンロード特典のPDFとして，数多くの過去問題の解答・解説を掲載しました。学習してきたことの力試しに，問題の解き方の演習に，ぜひお役立てください。本書には，この1冊で十分な学習量となるよう，必要なものをたくさん詰め込みました。これだけマスターすれば確実に合格できますので，一歩一歩，学習を進めていきましょう。

「試験直前対策　項目別要点チェック」を最終チェックなどに活用

P.7～12の「試験直前対策　項目別要点チェック」は，各項末尾の「覚えよう！」を一覧化してまとめたものです。重要な用語は色文字にしてあります。試験直前のチェックや弱点の特定・克服などにお役立てください。

本書のフォローアップ

本書の訂正情報につきましては，インプレスのサイトをご参照ください。内容に関するご質問は，「お問い合わせフォーム」よりお問い合わせください。

●お問い合わせと訂正ページ

https://book.impress.co.jp/books/1121101057

上記のページで「お問い合わせフォーム」ボタンをクリックしますとフォーム画面に進みます。

試験直前対策　項目別要点チェック

第1～9章の各項目の末尾に確認事項として掲載している「覚えよう！」をここに一覧表示しました。試験直前の対策に，また，弱点のチェックにお使いください。「覚えよう！」の掲載ページも併記していますので，理解に不安が残る項目は，本文に戻り，確実に押さえておきましょう。

第1章　基礎理論

1-1-1　離散数学

□□□　**桁落ち**は有効桁数が減ること，**情報落ち**は小さい数値の方の情報が落ちること …… 49

1-1-2　応用数学

□□□　**正規分布**の場合，±1σの中に入っているデータは全体の**約68%**，±2σでは約95% … 56

□□□　**平均待ち時間＝ρ／（1－ρ）×平均サービス時間**…………………………………… 56

1-1-3　情報に関する理論

□□□　**木の走査順**は，先行順，中間順，後行順の3種類。後行順で読むと，逆ポーランド表記法が表記できる ………………………… 68

□□□　**2分探索**の計算量は**O（log n）**，**クイックソート**の計算量は**O（nlog n）**　…………………… 68

1-1-4　通信に関する理論

□□□　1の数を足すと奇数になるのが**奇数パリティ**，偶数になるのが**偶数パリティ**　………… 72

□□□　**ハミング符号**では，1ビットの誤り訂正ができる ………………………………………… 72

□□□　**CRC**では，バースト誤りが検出できる … 72

1-1-5　計測・制御に関する理論

□□□　**標本化定理**では，**2倍**のサンプリング周波数が必要…………………………………… 75

□□□　**アクチュエータ**は，実際の機械を物理的に動かす………………………………………… 75

1-2-1　データ構造

□□□　リストには**単方向リスト**と**双方向リスト**があり，単方向だと後ろからたどれないので削除時の探索量が多くなる ………………… 84

□□□　ヒープは**完全2分木**の一種で，子要素は親要素より「常に大きいか等しい」または，「常に小さいか等しい」……………………… 84

1-2-2　アルゴリズム

□□□　基本3ソートの計算量は**O（n^2）**，応用4ソートの計算量は**O（nlog n）**　……102

□□□　プログラムの構造を追っていくときには，**ループ**（繰返し）がポイント　…………………102

1-2-3　プログラミング

□□□　**再帰プログラム**は**再入可能プログラム**…105

□□□　再入可能プログラムは**再使用可能プログラム**…………………………………………105

1-2-4　プログラム言語

□□□　サーバで動く**JSP**，**サーブレット**，クライアントで動く**JavaScript**，**アプレット**　……110

1-2-5　その他の言語

□□□　XML文書には，**整形式XML文書**と**妥当なXML文書**がある …………………………114

第2章　コンピュータシステム

2-1-1　プロセッサ

□□□　**内部割込み**はソフトウェア，**外部割込み**はハードウェア　…………………………132

□□□　**密結合**はメモリを共有，**疎結合**はメモリ間で通信…………………………………………132

2-1-2 メモリ

□□□　配置場所が決まるのが**ダイレクトマップ**，自由なのが**フルアソシアティブ**，グループ内が**セットアソシアティブ**……………………140

□□□　**ライトスルー**はメモリまでスルー，**ライトバック**はためる ………………………………140

2-1-3　バス

□□□　**USB 2.0**はハイスピードモードで480Mビット／秒，**USB 3.0**はスーパースピードモードで5Gビット／秒 ……………………………143

第3章 技術要素

第6章 サービスマネジメント

第7章 システム戦略

第8章 経営戦略

第9章 企業と法務

CONTENTS

目次

第2章 コンピュータシステム 【テクノロジ系】

第3章 技術要素 【テクノロジ系】

第4章 開発技術

【テクノロジ系】

出題頻度

第5章 プロジェクトマネジメント 【マネジメント系】

出題頻度

第6章 サービスマネジメント 【マネジメント系】

出題頻度

第7章　システム戦略　【ストラテジ系】

第8章　経営戦略　【ストラテジ系】

第9章　企業と法務　【ストラテジ系】

付録　令和3年度春期　応用情報技術者試験

コラム

出題頻度リスト

本書で解説した項目を過去（平成21年春～令和3年春）の午前問題の出題数をランク付けした出題頻度一覧です。試験直前など時間がないときには，出題数が多い項目だけでも学習してみてください。また，分析結果は，側注「頻出ポイント」として，よく出てくるキーワードや出題の仕方などと合わせて紹介していますので，そちらもご活用ください。

出題頻度★★★　出題頻度ベスト10。出題数49～107回

出題頻度★★☆　出題数27～47回

出題頻度★☆☆ 出題数12～26回

出題頻度☆☆☆ 出題数0～11回（※は0回）

応用情報技術者試験 活用のポイント

応用情報技術者試験の対象者像

応用情報技術者試験は，ITの専門家を対象とした試験です。情報処理技術者試験の試験要綱によると，応用情報技術者試験の対象者像は「**高度IT人材となるために必要な応用知識・技能をもち，高度IT人材としての方向性を確立した者**」となっています。情報処理技術者試験の中では，「ITパスポート」「基本情報技術者」とステップアップして3番目となるのが「応用情報技術者」の試験です。この試験に合格するレベルのスキルがあれば，仕事を一人でできる，先輩の指導がなくても実務をこなせる技術者である，という位置付けです。内容的には，**基本情報技術者試験とほぼ同じ試験範囲で，レベルが上がって午後が記述式になる**のが応用情報技術者試験です。しかし，基本情報技術者試験とは異なり，**午後でアルゴリズムやプログラミングが必須ではなくなっています**。そのため，**プログラマ以外のIT技術者でも受験しやすい試験**です。

応用情報技術者試験の一番の特徴は，**情報技術（IT）に関連するすべての範囲を勉強する**ことです。一人前の技術者として専門を究めていく前に，IT全般に関しての全体的な勉強を行い，基本となるスキルを身に付けていきます。すべての分野を知っておくことで仕事の全体像も見えますし，いろいろな専門分野の人と協力して仕事を遂行することもできます。IT全般を中級のレベルで身に付ける——そんな感じの試験です。午前試験では特に，全分野をまんべんなく出題することで，全般的な力を試しています。

この試験が対象とする技術者は，大きく次の三つのタイプに分けられます。

①システムエンジニア

システムの設計や開発，運用などを行う技術者です。ネットワークやセキュリティなど，各専門分野の技術者も含まれます。プログラミングなどのIT関連の技術を得意とし，チームを組んでシステム開発などのプロジェクトを遂行します。

②ITコンサルタント

企業の経営者に対してITに関するコンサルティングを行うコンサルタントです。経営戦略や情報戦略を提案し，ITを駆使して業績アップの手助けをします。技術と顧客のビジネスの橋渡しをするといった役割でもあります。

③IT各分野のスペシャリストやマネージャ

ITの職種の細分化により，各分野を専門とするエンジニアやマネージャが増えてきています。そのため平成26年秋期の試験から，専門分野のエンジニアなども主な対象とするように試験内容が変更されました。

具体的には，ネットワークやサーバなどの管理を行うインフラエンジニアや，プロジェクトをまとめるプロジェクトマネージャなどが対象です。

午後試験では，これら三つのタイプに合わせて，自分の専門分野のスキルが試されます。そのため，午後では11分野から5分野（5問）を選択します。選択する5分野については，特に重点的にしっかり学習する必要があります。

応用情報技術者試験の現実的なメリット

情報処理技術者試験は国家試験ですが，取得すると与えられる免許などはなく，独占的な業務もありません。また，合格率は高くても20%程度であり，簡単に合格できる試験でもありません。そのため，IT業界の中でも，「取っても役に立たない」などという声が聞かれます。実際，「取りさえすれば人生バラ色」とまではいきません。

しかし，質が高い国家試験ですので，現実的に役に立つ場面はいくつもあります。筆者の周りでも，情報処理技術者試験の合格を生かして就職や転職に成功した，社内での地位が向上したり褒賞金がもらえたりしたといった事例はよく耳にします。

情報処理技術者試験に合格すると得られるメリットは，情報処理推進機構のWebサイトに「試験のメリット」として挙げられています（https://www.jitec.ipa.go.jp/1_08gaiyou/merit.html）。これらのうち，応用情報技術者試験に合格すると得られるメリットには次のものがあります。

①企業からの高い評価

日経BPが2019年に行った調査をもとに作成した記事「いる資格、いらない資格 2019決定版」（https://tech.nikkeibp.co.jp/atcl/nxt/column/18/00969/091100002/）※では，保有するIT資格の第2位が応用情報技術者となっています（第1位は基本情報技術者）。効果を得られた資格ランキング（実務や，昇進・昇給に役立つ資格）では第10位ですが，上位にシステム監査技術者やプロジェクトマネージャなど，情報処理の高度資格がランクインしていることから，そこに向けたステップアップとして応用情報技術者を取得しておくことは非常に有利です。

また，応用情報技術者の取得を社員に奨励している企業は多く，実際に，合格者に一時金や資格手当などを支給する報奨金制度を設けたり，採用の際に試験合格を考慮したりすることがあります。

IT関連の企業に就職や転職をするためにも取得していると有利ですし，就職した後も，手当などで収入アップが見込めることが多い資格です。ちなみに，筆者が新卒で入社した会社でも資格手当があり，一種（現在の応用情報技術者）は月額15,000円でした。会社によって金額や優遇の度合いは違いますが，優遇する企業は実際に多いようですし，いろいろな企業で資格取得を奨励しています。

※有料会員が閲覧できる記事となっています。

②大学における活用（単位認定・入試優遇など）

取得者数が多いと大学のアピールポイントにもなりますし，実際に多くの大学で取得者を優遇しています。大学入試では基本情報技術者だけでも優遇されますが，応用情報技術者まで取得しているとさらに有利です。このような優遇措置は，情報系の学部よりも経済学部や商学部などに比較的多い傾向があります。

③自己のスキルアップ，能力レベルの確認

応用情報技術者試験の問題は，かなり考えて作成されているため質が高いので，付け焼き刃の勉強では合格しづらい試験です。そのため，しっかり勉強して合格することで，IT人材としての基本的な知識や技能を身に付けることができます。

何かを学ぶときには目標がないと続かないものですが，合格を目標にスキルアップするという点では応用情報技術者試験はとても優れています。ITの専門家としての基礎を幅広く学ぶことができ，それらを身に付けると実際に仕事で役立つからです。また，実務をこなしているだけでは経験が偏りがちになるので，足りない部分の知識を補うことにも活用できます。

④国家試験による優遇

基本情報技術者にはなく応用情報技術者によくあるのが，国家試験における科目免除などの優遇です。有名なところでは，中小企業診断士や弁理士の試験で科目が一部免除されます。

また，公務員試験において応用情報技術者の資格が必要となる職種もあります。有名なのが警察関連で，警視庁で募集するコンピュータ犯罪捜査官や，各県警で募集するサイバー犯罪捜査官などは，応募資格の一つに応用情報技術者試験の合格が挙げられています。さらに，教員採用選考試験の科目の一部免除を実施する自治体もあります。

情報処理技術者は公的な資格なので，国や自治体関連の仕事に就く場合にこのように有利になることがあります。公務員を目指す人は取得しておくと役立つ場面が多いでしょう。

応用情報技術者試験の傾向と対策

応用情報技術者試験は午前試験と午後試験に分かれていて，それぞれに異なる方法で異なる力が試されます。

試験時間・出題形式・出題数（解答数）

応用情報技術者試験の試験時間やその出題形式，出題数・解答数及び合格ラインは次のとおりです。

応用情報技術者試験の構成

	試験時間	出題形式	出題数・解答数	合格ライン
午前	9:30 ～ 12:00 （150分）	多肢選択式 （四肢択一）	出題数：80問 （全問解答）	60点／100点満点 （48問正解）
午後	13:00 ～ 15:30 （150分）	記述式	出題数：11問 解答数：5問	60点／100点満点

突破率と合格率

過去5回の午前，午後の突破率と合格率を次に示します。

午前，午後の突破率と合格率

突破率	平成30年秋	平成31年春	令和元年秋	令和2年10月	令和3年春
午前	45.9%	45.3%	43.3%	55.4%	56.0%
午後	51.4%	47.6%	53.4%	42.5%	43.0%
全体（合格率）	23.4%	21.5%	23.0%	23.5%	24.0%

※情報処理技術者試験センター公表の統計情報を基に算出

応用情報技術者試験の出題傾向

応用情報技術者試験の傾向は，試験制度の変更なども含めて大きく変わっています。合格するためには，「今の」試験に合わせたしっかりとした対策が重要となります。

わく☆すたAIが頻出度を徹底分析

わく☆すたAIは，わくわくスタディワールドで開発し，現在データの学習を進めているAI（人工知能）です。わく☆すたAIでは，試験問題データを基に過去問題をクラスタリングし，よく出題される分野やパターン，キーワードを抽出し分析しています（分野ごとの出題頻度はP.20に掲載していますので参照してください）。

それでは，わく☆すたAIを用いて分析した結果を基に，午前と午後，それぞれの区分の出題傾向を見ていきましょう。

午前試験

午前試験では，本書で学習するすべての分野から幅広い内容が出題されます。ここでは，出題される分野を次のように分類します。

午前試験の出題分野

分類	分野
class1	基礎理論（2進数，アルゴリズムなど）
class2	コンピュータシステム（ハードウェア，ソフトウェアなど）
class3_notsec	技術要素のセキュリティ分野以外（ネットワーク，データベースなど）
class3_sec	技術要素のセキュリティ分野
class4	開発技術（システム開発など）
class5	プロジェクトマネジメント
class6	サービスマネジメント（運用管理，監査など）
class7	システム戦略（情報システム戦略，企画など）
class8	経営戦略
class9	企業と法務（会計，法律など）

※class3のみ，セキュリティとそれ以外に分けています。

分野ごとの出題数は次のように推移しています。

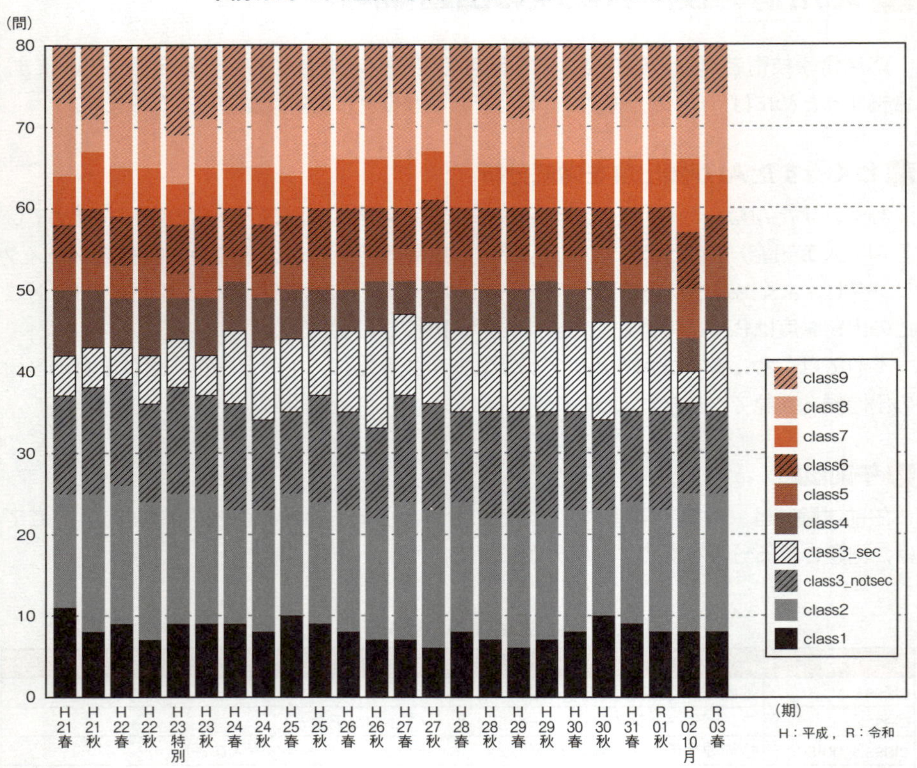

表から分かるとおり，ここ数年は各分野の出題割合にそれほど変化はなく，class1～class3，特にコンピュータシステムと技術要素分野の出題が多い傾向があります。詳細な出題数は次のとおりです。

午前試験の分野別出題数（平成21年春～令和3年春）

期	class1	class2	class3_notsec	class3_sec	class4	class5	class6	class7	class8	class9
H21春	11	14	12	5	8	4	4	6	9	7
H21秋	8	17	13	5	7	4	6	7	4	9
H22春	9	17	13	4	6	4	6	6	8	7
H22秋	7	17	12	6	7	5	6	5	7	8
H23特別	9	16	13	6	5	3	6	5	6	11
H23秋	9	16	12	5	7	4	6	6	6	9
H24春	9	14	13	9	6	3	6	5	7	8
H24秋	8	15	11	9	6	3	6	7	8	7
H25春	10	15	10	9	6	3	6	5	8	8
H25秋	9	15	13	8	5	4	6	5	7	8
H26春	8	15	12	10	5	4	6	6	7	7
H26秋	7	15	11	12	6	3	6	6	7	7
H27春	7	17	13	10	4	4	5	6	8	6
H27秋	6	17	13	10	5	4	6	6	5	8
H28春	8	16	11	10	5	4	6	5	8	7
H28秋	7	15	13	10	5	4	6	5	7	8
H29春	6	16	13	10	5	4	6	5	6	9
H29秋	7	15	13	10	6	3	6	6	7	7
H30春	8	15	12	10	5	4	6	6	6	8
H30秋	10	13	11	12	5	4	5	6	6	8
H31春	9	15	11	11	4	3	7	6	7	7
R01秋	8	15	12	10	5	4	6	6	7	7
R02 10月	8	17	11	10	4	4	6	7	4	9
R03春	8	17	10	10	4	5	5	5	10	6

注目すべきはセキュリティの分野です。今回，セキュリティだけ，同じ技術要素分野として分類されるネットワークやデータベースなどと分離して集計していますが，その理由は，**セキュリティ分野だけ突出して出題数が多い**という傾向があるからです。情報処理推進機構は平成25年10月29日，試験の出題構成におけるセキュリティ重視の方針を公表しましたが，その前後から，出題数は明らかに増えています（令和元年11月のシラバス改訂で，セキュリティ重視は明記されました）。グラフにすると次のとおりです。

セキュリティ分野の出題数の推移

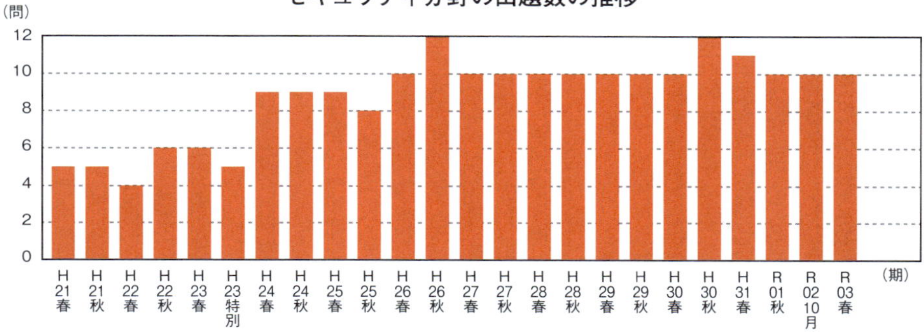

(問)
12
10
8
6
4
2
0

H21春 H21秋 H22春 H22秋 H23春 H23特別 H24春 H24秋 H25春 H25秋 H26春 H26秋 H27春 H27秋 H28春 H28秋 H29春 H29秋 H30春 H30秋 H31春 R01秋 R02 10月 R03春 (期)

午後でも情報セキュリティ分野だけは必須ですし，**セキュリティを重点に学習することが合格のカギ**であることは明らかです。

午後試験

午後では，記述式の問題が11問出題され，そのうち5問を選択して解答します。問1の情報セキュリティだけが必須で，それ以外の10問から4問を選択します。配点は各問20点，合計100点満点です。

ちなみに，応用情報技術者試験の午後問題の内容はかなりの頻度で変更されており，そのたびに出題傾向が変わり，難易度が変化しています。具体的には，応用情報技術者試験が平成21年度に始まってから，次のような変化がありました。

平成21年度以降の午後試験に見られる変更

年度	試験の形式	特徴	変更点
21春	12問中6問選択	問1（経営戦略※）と問2（プログラミング）から1問，他は10問中5問選択	応用情報技術者試験開始
25秋	11問中6問選択	問1（経営戦略※）と問2（プログラミング）から1問，他は9問中5問選択	経営戦略※の問題が2問から1問に
26春	11問中6問選択	問1（情報セキュリティ）は必須，問2（経営戦略※）と問3（プログラミング）から1問，他は9問中4問選択	情報セキュリティ問題が必須に
27秋	11問中5問選択	問1（情報セキュリティ）は必須，他は10問中4問選択	問題選択が1問減り，経営戦略※orプログラミングの選択がなくなる

※経営戦略は，「経営戦略，情報戦略，戦略立案・コンサルティングの技法」の3分野のうちのいずれかから出題されます。

平成27年秋期より問題選択数が減り，1問当たりに配分できる時間が増えました（だいたい25分→30分）。その分，問題当たりの設問内容も増えていますので，過去問演習で平成27年春期以前のものを使用するときには注意が必要です。

過去3回の出題テーマは，次のようになっています。

過去3回の出題テーマ

問	分野	令和元年秋	令和2年10月	令和3年春
1	情報セキュリティ	標的型サイバー攻撃	内部不正による情報漏えいの対策	DNSのセキュリティ対策
2	経営戦略	スマートフォン製造・販売会社の成長戦略	新事業の創出を目的とする事業戦略の策定	情報システム戦略の策定
3	プログラミング	ニューラルネットワーク	誤差拡散法による減色処理	クラスタ分析に用いるk-means法
4	システムアーキテクチャ	ホームセキュリティシステムの実証実験	ヘルスケア機器とクラウドとの連携のためのシステム方式設計	IoT技術を活用した駐車場管理システム
5	ネットワーク	HTTP/2	仮想デスクトップ基盤の導入	チャット機能の開発
6	データベース	健康応援システムの構築	宿泊施設の予約を行うシステム	経営分析システムのためのデータベース設計
7	組込みシステム開発	学習機能付き赤外線リモートコントローラの設計	多言語多通貨対応両替システム	ディジタル補聴器の設計
8	情報システム開発	道路交通信号機の状態遷移設計	アジャイルソフトウェア開発手法の導入	クーポン券発行システムの設計
9	プロジェクトマネジメント	複数拠点での開発プロジェクト	稼働延期に伴うプロジェクト計画の変更	プロジェクトのコスト見積り
10	サービスマネジメント	ITサービスマネジメントの改善	サービスの予算業務及び会計業務	SaaSを使った営業支援サービス
11	システム監査	購買業務のシステム監査	販売システムの監査	新会計システムのシステム監査

※経営戦略は，「経営戦略，情報戦略，戦略立案・コンサルティングの技法」の3分野のうちのいずれかから出題されます。

それぞれの分野でテーマを一つに絞り，深く掘り下げて出題されます。午前の知識がベースになりますが，午後で選択する場合には一歩踏み込んださらに深い学習が必要です。午前は知識だけで解けても，午後では正しく理解していないと解けません。セキュリティ分野を例にとると，午前では，標的型攻撃という用語とその意味について知っていれば正解できますが，午後ではその仕組みと被害の状況，対処方法について理解している必要があります。

暗記だけでは通用しないのが午後問題なので，一つ一つの用語や実務での利用方法を丁寧に深く理解しておくことが合格のポイントとなります。

午後問題の選択方法や学習する分野については，後述する「午後の問題選択のポイント」や「タイプ別・状況別　合格のための必勝法」を参考にしてください。

合格のための王道の勉強法

応用情報技術者試験では，IT全般についての幅広い知識と，自分の専門分野に関する深い理解の両方が要求されます。そのため，次のようなT字型のイメージで二つの勉強を並行して行う必要があります。

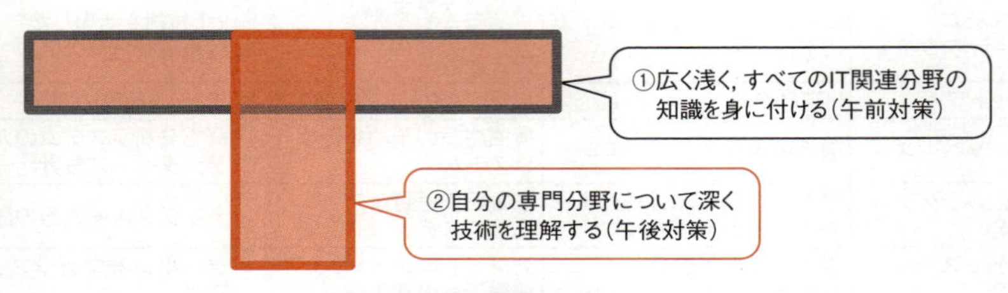

応用情報技術者試験の勉強のイメージ

具体的な勉強は次のように行うのが王道です。

①午前レベルの知識について，**参考書を一通り読んで学習**し，午前の過去問題で**問題演習**を行う。演習量の目安は**過去問3，4回分**程度（だいたい問題集1冊分）
②午後については，**過去問を中心に演習**を行う。演習量の目安としては，自分が選択する予定の分野（5，6分野）について，**各過去問5～10問**程度

基本情報技術者試験に合格したレベルからなら，これだけの分量の勉強を行えばほとんどの場合は合格できます。大切なのは，これだけの勉強量をいかにこなしていくかです。一夜漬けでは無理なので，日々コツコツと勉強を続ける必要があります。通常はこれだけの分量の勉強をするのに3か月程度はかかりますので，**継続して学習すること**が最も大事です。

本書では，合格に必要な情報を1冊にまとめました。午前の知識については，本書1冊で十分ですし，午後を中心とした問題演習については，PDF提供も含めて，必要な問題量を付録として収録しておきましたので，これらを活用していただければ十分な演習量となります。ぜひ，本書を活用して，合格の栄冠を勝ち取ってください。

午後の問題選択のポイント

午後の選択問題では，4分野を選択して解答します。どの分野を選択する場合でも，事前にある程度分野を絞って準備しておくことは不可欠です。問1の情報セキュリティ以外は自由に選択できますので，分野の選択次第で勉強方法が大きく変わってきます。

ここでは，仕事の内容やタイプ別におすすめの選択問題を挙げていきます。

①システム開発を主な仕事としている方

システム開発に関連する分野としては，プログラミング（問3），システムアーキテクチャ（問4），データベース（問6），組込みシステム開発（問7），情報システム開発（問8）があります。組込みシステム開発と情報システム開発については，実際に開発している内容に近い方を選択する（通常は情報システム開発が多い）のが基本です。これらの分野を中心に，状況に合わせてプロジェクトマネジメント（問9）などを選択する人も多いです。

②ITコンサルタントや経営を主な仕事としている方

経営に関連する分野としては，経営戦略（問2）があります。ほかに，マネジメント関連分野として，プロジェクトマネジメント（問9），サービスマネジメント（問10），システム監査（問11）があります。これらの分野を中心に，あまり知識が求められない技術分野としてシステムアーキテクチャ（問4）などを選択する人もいます。

③ネットワーク構築やサーバ管理を主な仕事としている方

ネットワークやサーバ管理を行うインフラエンジニアの方に関連が深い分野としては，システムアーキテクチャ（問4），ネットワーク（問5），サービスマネジメント（問10）があります。関連分野として，データベース（問6）やプロジェクトマネジメント（問9）などを選択する人が多いです。

④プロジェクトマネジメントなどマネジメントを仕事としている方

マネジメント系の分野には，プロジェクトマネジメント（問9），サービスマネジメント（問10），システム監査（問11）があります。これに加えて，経営戦略（問2）や情報システム開発（問8）などが関連分野となります。

⑤学生など，実務未経験で理系の内容が得意な方

理系的な内容のIT分野には，プログラミング（問3），システムアーキテクチャ（問4），ネットワーク（問5），データベース（問6），組込みシステム開発（問7）などがあります。もともとITは数学から発展したものですし，数学ができると簡単に勉強できる分野は多いです。

⑥文系で，数学などに苦手意識のある方

数学が苦手な場合でも，問題選択次第で合格は可能です。具体的には，経営戦略（問2），プロジェクトマネジメント（問9），サービスマネジメント（問10），システム監査（問11）では，数学が得意であるかはほとんど関係ありません。また，情報システム開発（問8）なども，文系でも学習しやすい内容です。

どの分野を選択するにしても，**情報セキュリティ分野についての学習は必須**です。また，選択する4分野のみの勉強だけでは難問が出たときに避けて通ることができないため，1，2分野くらい余分に勉強しておくのも，戦略としておすすめです。

タイプ別・状況別　合格のための必勝法

試験合格のための勉強で最も大切なのは，自分の現状を知ることです。IT系の学習の場合，いわゆる机上の“お勉強”以外にも，日々の生活や仕事が学びにつながっていることが結構あります。そのため，自分がすでに知っていることの勉強は飛ばして，知らないことを中心に知識を身に付けることができれば，効率良く学習することが可能です。

そこで，タイプ別・状況別に，効率的に勉強する方法を紹介していきます。

①IT関連の実務経験者

午後試験は実務の経験だけで解ける問題が多く出題されます。しかし，午前試験は知識問題が中心ですし，自分の実務経験だけでは知識に偏りが生じ，すべての分野を押さえることは難しくなります。そのため，**午前対策を中心**に，知識を身に付けていくことが重要になります。本書を十分に活用していただき，途中にある演習問題なども解いて学習すると，午前突破には十分な実力が付きます。忙しくて学習時間があまり取れないという場合は，あまり手を広げず，本書を読んで午前の過去問題の演習を確実に行うことを優先するといいでしょう。

②学生

実務経験がない学生にとっては，多くの場合，午後が合格への障壁となります。そこで，本書で午前を中心とした知識を身に付けた後は，**午後の問題演習を数多く行う**ことが大切になります。本書の付録などを中心に，選択する分野の過去問題を多めに解くことで，合格するための解答力を身に付けることができます。また，実務経験を補うために，プログラミングなどを実際に行ってみるなどの実践的な学習も有効です。

③プログラミングなどが苦手な方

プログラミングや理系の論理的思考が苦手な場合，基本情報技術者試験より応用情報技術者試験の方が合格しやすいということがよくあります。午後試験でテクノロジ系の問題を選択しないことは可能なので，**マネジメント系を中心に学習**することで苦手分野を避けることはできます。ただ，本書にあるような午前レベルの全般的な知識は必要なので，ひととおりは読んでください。その上で，午後で選択する分野を中心に知識を深めて問題演習を行っていくと，効率的に合格を手にすることができます。

④文章の読み書きが苦手な方

応用情報技術者試験の午後は記述式なので，問題文を正確に読む読解力や，文章で的確に答えるため文章力が必要です。応用情報技術者試験の午後問題は1問約4ページで，それを読みこなして解答します。読むのが遅いと時間が足りなくなりますし，読んでも勘違いをすると適切な答えが書けなくなります。また，記述式の文章は，言いたいことをピンポイントで間違いなく相手（試験官）に伝えることが重要です。そのため，記述式の問題が苦手な場合には，意識して国語力を身に付ける必要があります。具体的には，中学や高校の**現代文の復習**を行い，文章の読み方の演習を行う方法がおすすめです。一見遠回りですが，一度国語力を身に付けておくと，応用情報技術者試験だけでなく，その上の高度区分の試験を受験する際にも役立ちます。

⑤基本情報技術者試験に合格していない方

応用情報技術者試験は，基本情報技術者試験の上位資格です。そのため，試験内容としては，基本情報技術者試験に合格していることが前提となっています。基本情報技術者試験に必ず合格しておく必要はありませんが，現在の基本情報技術者試験はCBT方式で，並行して受験可能です。基本情報技術者試験の参考書などでひととおりの勉強はしておきましょう。ただ，③でも挙げましたが，プログラミング関連の内容は応用情報技術者試験では避けて通れますので，苦手なら無理しなくても大丈夫です。

⑥勉強する時間があまりとれない方

応用情報技術者試験の勉強にはある程度時間がかかるので，直前のちょっとした勉強で合格することは難しいです。ただ，実務経験がある場合や，試験勉強以外で知識を身に付けている場合などは，過去問題に慣れることで合格できる可能性があります。急いでいる場合はとりあえず，ざっと本書に目を通して，あとはひたすら過去問題の演習をするというのが直前の勉強法の基本です。あきらめずに学習することで，ひょっとしたら合格するかもしれませんし，少なくとも次にはつながります。

⑦試験直前で勉強していなくて焦っている方

とりあえず午前だけでも突破できるよう，過去問題（午前）の演習を行ってみるのがおすすめです。午前は知識がないと突破するのは無理ですが，午後は内容次第で解けることもあるので，まずは午前対策を行ってみることが効果的です。時間がないときには，とにかく問題演習を優先し，本書は分からない言葉を辞書的に調べるために使うという方法が効率的です。索引を徹底活用してください。

少しでも勉強してから受験すると次につながりますし，何もしないよりいいので，最後の悪あがきをしてみましょう。

本書は，情報処理試験センターが定めている午前の出題範囲に沿って構成されています。

午前の出題範囲

分野	大分類	中分類	小分類
テクノロジ系	1. 基礎理論	1. 基礎理論	1. 離散数学，2. 応用数学，3. 情報に関する理論，4. 通信に関する理論，5. 計測・制御に関する理論
		2. アルゴリズムとプログラミング	1. データ構造，2. アルゴリズム，3. プログラミング，4. プログラム言語，5. その他の言語
	2. コンピュータシステム	3. コンピュータ構成要素	1. プロセッサ，2. メモリ，3. バス，4. 入出力デバイス，5. 入出力装置
		4. システム構成要素	1. システムの構成，2. システムの評価指標
		5. ソフトウェア	1. オペレーティングシステム，2. ミドルウェア，3. ファイルシステム，4. 開発ツール，5. オープンソースソフトウェア
		6. ハードウェア	1. ハードウェア
	3. 技術要素	7. ヒューマンインタフェース	1. ヒューマンインタフェース技術，2. インタフェース設計
		8. マルチメディア	1. マルチメディア技術，2. マルチメディア応用
		9. データベース	1. データベース方式，2. データベース設計，3. データ操作，4. トランザクション処理，5. データベース応用
		10. ネットワーク	1. ネットワーク方式，2. データ通信と制御，3. 通信プロトコル，4. ネットワーク管理，5. ネットワーク応用
		11. セキュリティ	1. 情報セキュリティ，2. 情報セキュリティ管理，3. セキュリティ技術評価，4. 情報セキュリティ対策，5. セキュリティ実装技術
	4. 開発技術	12. システム開発技術	1. システム要件定義，2. システム方式設計，3. ソフトウェア要件定義，4. ソフトウェア方式設計・ソフトウェア詳細設計，5. ソフトウェア構築，6. ソフトウェア結合・ソフトウェア適格性確認テスト，7. システム結合・システム適格性確認テスト，8. 導入，9. 受入れ支援，10. 保守・廃棄
		13. ソフトウェア開発管理技術	1. 開発プロセス・手法，2. 知的財産適用管理，3. 開発環境管理，4. 構成管理・変更管理
マネジメント系	5. プロジェクトマネジメント	14. プロジェクトマネジメント	1. プロジェクトマネジメント，2. プロジェクトの統合，3. プロジェクトのステークホルダ，4. プロジェクトのスコープ，5. プロジェクトの資源，6. プロジェクトの時間，7. プロジェクトのコスト，8. プロジェクトのリスク，9. プロジェクトの品質，プロジェクトの調達，11. プロジェクトのコミュニケーション
	6. サービスマネジメント	15. サービスマネジメント	1. サービスマネジメント，2. サービスマネジメントシステムの計画及び運用，3. パフォーマンス評価及び改善，4. サービスの運用，5. ファシリティマネジメント
		16. システム監査	1. システム監査，2. 内部統制
ストラテジ系	7. システム戦略	17. システム戦略	1. 情報システム戦略，2. 業務プロセス，3. ソリューションビジネス，4. システム活用促進・評価
		18. システム企画	1. システム化計画，2. 要件定義，3. 調達計画・実施
	8. 経営戦略	19. 経営戦略マネジメント	1. 経営戦略手法，2. マーケティング，3. ビジネス戦略と目標・評価，4. 経営管理システム
		20. 技術戦略マネジメント	1. 技術開発戦略の立案，2. 技術開発計画
		21. ビジネスインダストリ	1. ビジネスシステム，2. エンジニアリングシステム，3. e-ビジネス，4. 民生機器，5. 産業機器
	9. 企業と法務	22. 企業活動	1. 経営・組織論，2. OR・IE，3. 会計・財務
		23. 法務	1. 知的財産権，2. セキュリティ関連法規，3. 労働関連・取引関連法規，4. その他の法律・ガイドライン・技術者倫理，5. 標準化関連

第1章

基礎理論

ITについて学ぶときに知っておくと役に立つ分野，それが基礎理論です。直接目にする機会は少ないですが，基礎の理論なので，いろいろな技術の仕組みや，本質的なことを知るときには役に立ちます。内容は「基礎理論」と「アルゴリズムとプログラミング」の二つです。基礎理論では，離散数学や応用数学などの数学や，情報・通信・計測制御に関する理論について学びます。アルゴリズムとプログラミングでは，定番のデータ構造やアルゴリズム，プログラム言語やその他の言語でのプログラミングについて学びます。

1-1 基礎理論

IT全般を理解する上で基礎となる理論です。基礎理論を理解していると，コンピュータやシステムの仕組みが分かるだけでなく，ネットワークやデータベース，セキュリティなどの応用技術の学習にも役立ちます。

1-1-1 離散数学

頻出度 ★★☆

離散数学とは，とびとびの数字を扱う数学です。コンピュータは0か1の2種類しか表現できず，その制限の中でどのようにデータを表現するかに，離散数学は活用されています。

基数変換

基数とは，数を表現するときに，桁上がりの基準になる数です。例えば，10進数では基数が10なので，0，1，2，3，4，5，6，7，8，9ときて10になるところで桁上がりをして10になります。同じように，2進数では基数が2なので，0，1ときて2になるところで桁上がりをして10になります。

例えば，2進数の$(110.01)_2$は，10進数では次のように表現できます。下付きの数字は基数を表します。

$$
\begin{aligned}
(110.01)_2 &= 1\times 2^2 + 1\times 2^1 + 0\times 2^0 + 0\times 2^{-1} + 1\times 2^{-2}\\
&= (6.25)_{10}
\end{aligned}
$$

負の数の表現（補数表現）

コンピュータ上で負の数を表す場合は，**補数**という考え方を使います。補数とは，ある自然数に足したときに桁が一つ上がる最も小さい数です。例えば，8桁の2進数$(00001101)_2$の2の補数は，足すことで桁が上がって9桁の最小値$(100000000)_2$になる値です。計算すると次のようになります。

	00001101	元の数	$(13)_{10}$
+	11110011	2の補数	$(-13)_{10}$
	100000000	桁が一つ上がる最小値	

勉強のコツ

基礎理論の分野は，応用情報技術者試験では応用的な内容が出題されます。理解するためには，前提として基本情報技術者試験レベルの習得が必要です。
本書の内容が難しく感じられる場合には，次に紹介する動画などを利用して，先に基本について学んでおきましょう。

基礎理論の分野についての解説動画を以下で公開しています。
http://www.wakuwakuacademy.net/itcommon/1
本書では取り扱っていない基本的な内容，特に基数変換などの基本情報技術者試験レベルの内容についても詳しく解説しています。
本書の補足として，よろしければご利用ください。

この補数を用いることによって，引き算を足し算で表現できます。例えば，$(25)_{10} - (13)_{10}$を計算するときには，次のように変換します。

$$(25)_{10} - (13)_{10} = (25)_{10} + (-13)_{10}$$

8桁の2進数に変換すると，先ほどの2の補数表現より，$(11110011)_2 = (-13)_{10}$なので，次のようになります。

	00011001	引かれる数	$(25)_{10}$
+	11110011	2の補数	$(-13)_{10}$
	100001100	計算結果	$(12)_{10}$

あふれた桁（9桁目）は無視される

引き算を足し算に直すことで計算の種類を減らすことができ，計算に必要なコンピュータの回路を単純にできます。

なお，2の補数の求め方としては，各ビットを反転して，それに1を加えることによって，簡単に計算することができます。

小数の表現

小数をコンピュータ内部で表現する方法には，次の2種類があります。

- 固定小数点数表現
- 浮動小数点数表現

固定小数点数表現とは，あらかじめ小数点の位置を決めておき，その位置に合わせてデータを表現する方法です。例えば，2進数の$(110.01)_2$を表現するとき，8桁分の場所を確保し，4桁目の後を小数点にすると決めると，次のようになります。

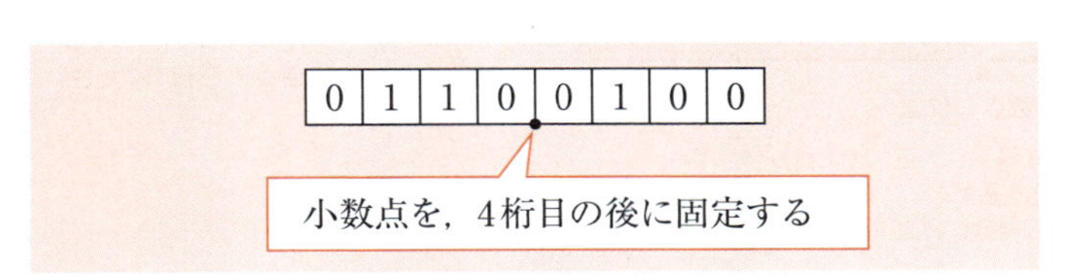

固定小数点数表現

過去問題をチェック

基数変換に関する問題は，応用情報技術者試験の午前問題の定番です。
最初の方で出題されることが多いので，解けると試験で調子が出やすくなります。

【基数変換】
- 平成25年秋 午前 問3
- 平成26年春 午前 問1
- 平成26年秋 午前 問2
- 平成27年春 午前 問2
- 平成28年春 午前 問2
- 令和元年秋 午前 問1
- 令和2年10月 午前 問1

参考

プログラム言語では，型の宣言によって，どちらの小数点数表現が使われるかが決まります。
C言語やC++，Java言語で用いられるfloat型，double型は，浮動小数点を表すデータ型です。
COBOLなど事務処理系の言語では，固定小数点数表現が使われることが多いです。

小数点の位置が決まっているためデータの解釈は簡単なのですが，その分，表現できる数値の範囲が限られてしまいます。例えば，前ページの図の８桁で数値を表現すると，最大値でも$(1111.1111)_2 = (15.9375)_{10}$となり，大きな数は表現できません。

それに対し浮動小数点数表現では，指数部と仮数部を使って数値を表現します。例えば，10進数の0.000603は，10進数の浮動小数点数表現を使うと次のように表されます。

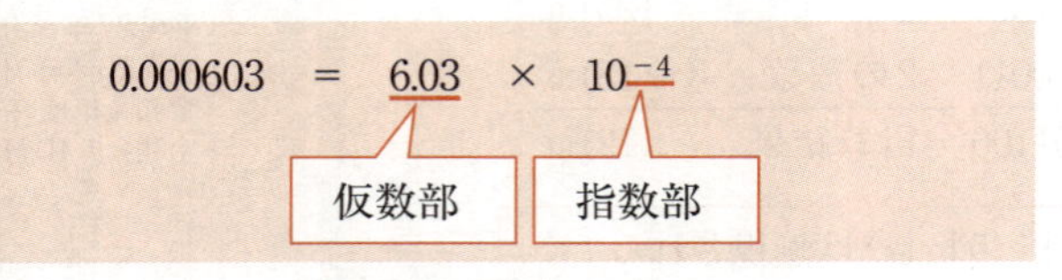

浮動小数点数表現

2進数の場合には，指数部を2のべき乗のかたちにし，符号部（数値がプラスなら0，マイナスなら1）と合わせて表現します。

具体的な方法はいろいろありますが，決められた形式のルールに従って数値を変換します。正しい形式に変換するこの作業を**正規化**と呼びます。

実際の問題を例に，正規化の作業を行ってみましょう。

問題

図に示す16ビットの浮動小数点形式において，10進数0.25を正規化した表現はどれか。ここで，正規化は仮数部の最上位桁が１になるように指数部と仮数部を調節する操作とする。

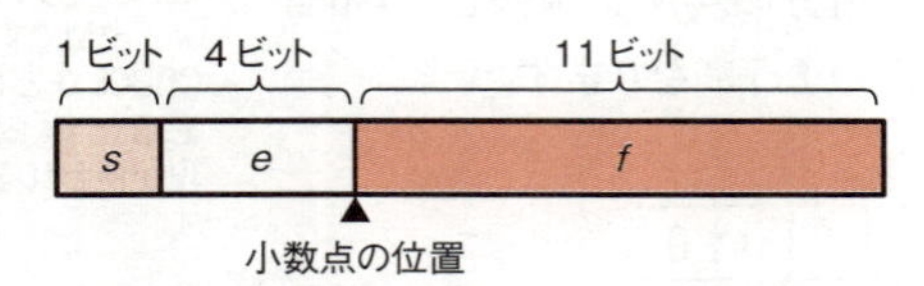

s：仮数部の符号（0：正，1：負）
e：指数部（2を基数とし，負数は2の補数で表現）
f：仮数部（符号なし2進数）

動画

この問をはじめ，問題の解説動画も多数公開しています。
https://www.wakuwakustudyworld.co.jp/blog/youtube_ap
問題のURLリストを上記にまとめていますので，文章で理解するより動画のほうが分かりやすいという場合は，併せてご利用ください。

1

ア

0	0001	10000000000

イ

0	1001	10000000000

ウ

0	1111	10000000000

エ

1	0001	10000000000

（平成22年春 応用情報技術者試験 午前 問2）

解説

この問題の正規化では，仮数部の最上位桁が1になるように指数部と仮数部を調節します。つまり，10進数の0.25を2進数に直すと，$(0.25)_{10} = (0.01)_2$となるので，これを仮数部の最上位桁が1になるように浮動小数点数表現にすると，次のようになります。

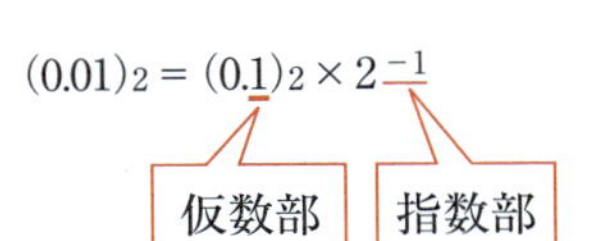

また，指数部は$(-1)_{10}$なので，問題文中のe（指数部）の表記に「2を基数とし，負数は2の補数で表現」とあり，またeは4ビットで表されることから，$(1)_{10} = (0001)_2$を2の補数で表現します。

$$(-1)_{10} = (10000)_2 - (0001)_2 = (1111)_2$$

したがって，浮動小数点数表現で$(0.25)_{10}$を表すと，

s：仮数部の符号 …… 正の数なので「0」
e：指数部 …………… 先ほど求めた2進数「1111」
f：仮数部 …………… 1だが，後ろに0を補って「10000000000」

となり，合わせて「0 1111 10000000000」となります。

≪解答≫ ウ

発展

コンピュータで数を表現するときは，あらかじめ「桁数」を決めておく必要があります。そして，決めた桁数からあふれたデータは，格納場所がないのでなかったものとして扱われます。

基礎をしっかり学ぶ

応用情報技術者試験は，その名のとおり，「応用」的なことを問われる試験です。基本情報技術者試験レベルの「基礎」を基に，実務に応用できるような使えるスキルを身に付けるのが試験本来の姿です。

試験範囲はほとんど同じなので，基本情報技術者試験の内容は半分くらいはそのまま使えます。その分，応用情報技術者試験の勉強は，基本情報技術者試験の内容を理解していないと分からない部分が多くあります。逆に，基本的な内容を正確にマスターしていれば，積み重ねるのはそれほど難しくありません。

ですから，応用情報技術者試験の勉強をとても難しく感じる場合には，まずは基本情報技術者試験レベルに戻り，それも難しければITパスポート試験レベルの内容を復習してみましょう。特に，テクノロジ系の基礎理論などの分野は基本の内容がとても大切なので，着実に基礎から学ぶことが必要です。本書の内容は応用情報技術者試験レベルに合わせていますが，基本情報技術者試験レベル以下の基本的な内容については公開動画でフォローを行っていますので，よろしければご利用ください。

また，第1章は「基礎理論」というタイトルですが，この“基礎”という言葉には，「コンピュータ，IT全般の基礎」という意味合いが込められています。基礎理論の内容は直接仕事で役立つようには感じられにくいですが，実は結構関係があるのです。基礎理論の内容を理解しておくことで，他の分野の勉強がスムーズになったり，トラブルの本当の原因が理解できたりします。

急いで合格しようと焦らず，まずはしっかり，基礎から身に付けていきましょう。特に，応用情報技術者試験だけで終わらせず，受かったらより高度な試験を受けようと思われている方は，ぜひチャレンジしてみてくださいね。

勉強のコツ

基礎理論はもともと数学の1分野なので，理解するためには数学の知識も必要になります。
といってもそんなに難しいものではなく，累乗や確率，統計くらいまでの高校で学ぶ数学の基礎が分かれば十分です。数学的な考え方が分かると他の分野でもいろいろ生かせますし，試験問題を解くときにもとても助けになります。
時間があるときに一度，ひととおり数学の勉強をやり直してみることもおすすめします。

基数変換と誤差

コンピュータ内部では，10進小数から2進小数への基数変換が自動的に行われることがあります。例えば，C言語やJavaなどでfloat型やdouble型を使うと，データは2進数で格納されるので数値に少し誤差が出ます。そうすると予期しない計算ミスが発生することがあるので，注意が必要です。

コンピュータで数値を表現する際には，誤差に注意する必要があります。例えば小数の場合は，**10進数から2進数へ基数変換するだけでも誤差が出ることがあります。**

10進数の0.4を2進数に変換する場合を考えてみましょう。0.4という数は有限の桁で表されているので，こういった数のことを**有限小数**と呼びます。0.4を2進数に変換すると，割り切れず循環する，次のような数になります。

$$(0.4)_{10} = (0.0110011001100110 0110)_2 = (0.\dot{0}11\dot{0})_2$$

有限小数で表せない小数を**無限小数**といいますが，そのうち上記のように0110の部分が繰り返される小数のことを**循環小数**と呼びます。0.4という有限小数は，10進数を2進数に変換しただけで循環小数となるのです。

逆に2進数から10進数への基数変換の場合には，有限小数を変換すると必ず有限小数になります。

数値演算と誤差

コンピュータでは限られた桁数でデータを表現するので，いろいろな誤差や，表現しきれないことが出てきます。具体的には，次のようなことで誤差が発生します。

①桁落ち

値がほぼ等しい二つの数値の差を求めたとき，有効数字の桁数である**有効桁数が減る**ことによって発生する誤差です。

	256.432	有効桁数6桁
−	256.431	有効桁数6桁
	0.001	有効桁数が**1桁**になってしまう！

②情報落ち

桁落ちと情報落ちは混同されやすいので，正確に覚えておきましょう。有効桁数が減るのが桁落ち，小さい数値の情報が落ちるのが情報落ちです。

絶対値が非常に大きな数値と小さな数値の足し算や引き算を行ったとき，**小さい数値が計算結果に反映されない**ことによって発生する誤差です。

	256.432	有効桁数6桁
＋	0.000011	非常に小さい数
	256.432~~011~~	有効桁数の関係で無視される

③丸め誤差

指定された有効桁数で演算結果を表すために，切り捨て，切り上げ，四捨五入などで下位の桁を削除することによって発生する誤差です。

④打ち切り誤差

無限級数で表される数値の計算処理を有限の回数で打ち切ったことによって発生する誤差です。

> **用語**
> 与えられた数をすべて加えることを総和といい，Σ（シグマ）という記号で表されます。
> この総和を行う足し算の数が有限ではなく，無限個の演算を行うことを無限級数，または単に級数と呼びます。

⑤オーバフロー

演算結果が有限の桁内で表せる範囲を超えることによって，使用している記述方法では値が表現しきれなくなることです。

⑥アンダーフロー

浮動小数点数演算において，演算結果の指数部が小さくなりすぎ，使用している記述方法では値が表現しきれなくなることです。つまり，浮動小数点数表記では，0や0に近い数値は表現することができません。

集合

集合は，ある条件で集まったグループです。例えば，集合A「コーヒーが好きな人」，集合B「紅茶が好きな人」とすると，コーヒーが好き，紅茶が好き，というのが条件です。

集合を視覚的に分かりやすく表すために，**ベン図**という図が用いられます。二つ以上の集合を組み合わせることが多く，代表的な組合せに次の五つがあります。

①和集合（A OR B，A＋B，A∪B，A∨B）

二つの集合を足したものです。上記の例では，「コーヒーか紅茶が好きな人」になります。

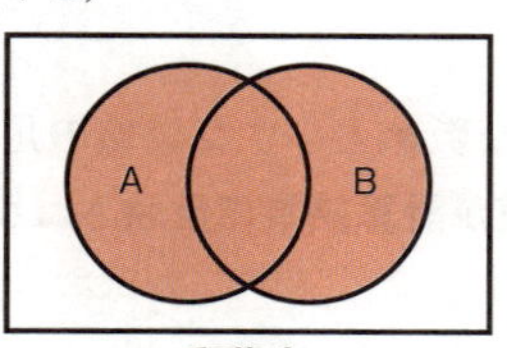

和集合

②積集合(A AND B，A・B，A∩B，A∧B)

二つの集合の両方に当てはまるものです。前記の例では，「コーヒーも紅茶も好きな人」になります。

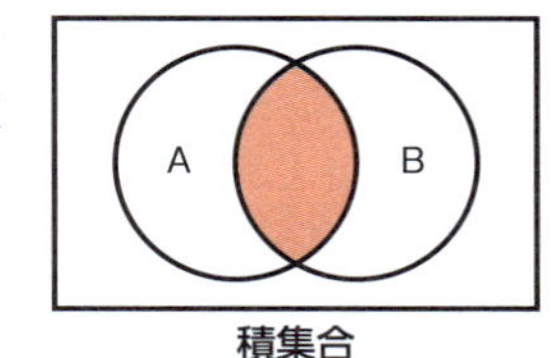

積集合

発展

その他の集合としては，二つの集合演算をかけ合わせた NAND (NOT + AND)，NOR (NOT＋OR)などもあります。
さらに，データベースなどで使用する集合演算には，直積，射影，選択，商などもあります。

③補集合(NOT A，$\overline{A}$)

ある集合の否定です。前記の例では，「コーヒーが好きではない人」になります。

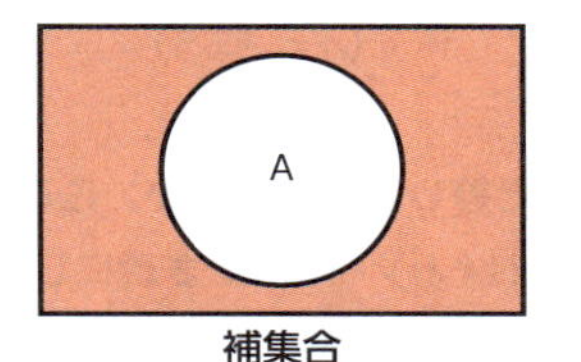

補集合

④差集合(A－B)

ある集合から，別の集合の条件にあてはまるものを引いたものです。前記の例では，「コーヒーは好きだけれど紅茶は好きではない人」になります。

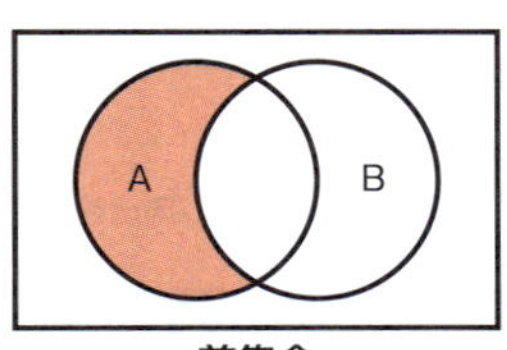

差集合

⑤対称差集合(A XOR B，A⊕B，A△B)

二つの集合のうち，どちらかの条件にあてはまるものから，両方の条件にあてはまるものを引いたものです。前記の例では，「コーヒーか紅茶が好き，しかし両方は好きではない人」になります。

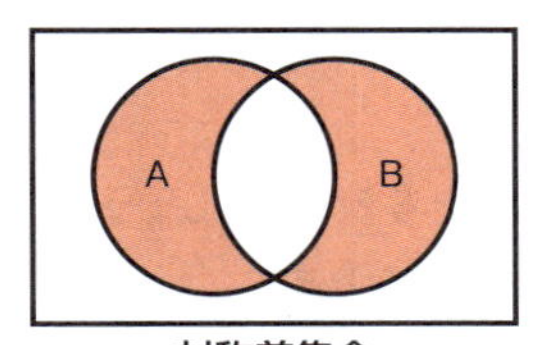

対称差集合

論理演算

コンピュータの内部表現では，数値のほかに論理(真か偽か)も表現できます。論理演算とは，データを論理で表現し，その組合せを演算することです。

通常，真(TRUE，YES，正しい)を1，偽(FALSE，NO，正しくない)を0で表します。そして，それについてビットごとに論理和，論理積などを考えることによって，論理演算を行います。
それでは，実際に論理演算を行っていきましょう。

問題

0以上255以下の整数nに対して，

$$\text{next}(n)=\begin{cases} n+1 & (0 \leqq n < 255) \\ 0 & (n=255) \end{cases}$$

と定義する。next(n)と等しい式はどれか。ここで，x AND y 及びx OR yは，それぞれxとyを2進数表現にして，桁ごとの論理積及び論理和をとったものとする。

ア　(n+1) AND 255　　イ　(n+1) AND 256
ウ　(n+1) OR 255　　エ　(n+1) OR 256

（平成31年春 応用情報技術者試験 午前 問1）

解説

next(n)では，演算を行ったときにnの値によって二つの場合に分けて計算するので，それぞれの場合を考えてみましょう。

① $0 \leqq n < 255$の場合

例として，$n=100$の場合を考えてみましょう。$n=100$を16ビットの2進数で表すと次のようになります。

00000000 01100100

これに1を加えると$n=101$となり，最後尾のビットに1を加えるだけなので次のようになります。

00000000 01100101

この$n+1$と同じ演算結果になる選択肢を考えてみましょう。10進数の255は2進数で00000000 11111111，256は2進数で00000001 00000000なので，$n=100$の場合，次のようになります。

発展

このようなAND演算の使い方を，**マスク演算**とも呼びます。ビットが1の部分のみを取り出して，ほかの部分をマスク（排除）するときに使用します。
IPアドレスに対するサブネットマスクは，このマスク演算を応用した例です。

ア　(n＋1) AND 255
＝00000000 01100101 AND 00000000 11111111
＝00000000 01100101（←n＋1と同じ）

イ　(n＋1) AND 256
＝00000000 01100101 AND 00000001 00000000
＝00000000 00000000（←0になってしまう）

ウ　(n＋1) OR 255
＝00000000 01100101 OR 00000000 11111111
＝00000000 11111111（←255になってしまう）

エ　(n＋1) OR 256
＝00000000 01100101 OR 00000001 00000000
＝00000001 01100101（←357になってしまう）

したがって，アの演算のみ正しい結果となります。

② $n=255$の場合

選択肢アで，nが255の場合を考えてみます。$n+1=256$，2進数で00000001 00000000をアの計算式で計算します。

(n＋1) AND 255
＝00000001 00000000 AND 00000000 11111111
＝00000000 00000000（←0になる）

したがって，$n=255$のときに0になるという条件も満たしています。

≪解答≫ ア

論理式の変形・簡略化

論理式では，論理演算の法則・定理を使って変形や簡略化を行うことができます。代表的なものには，ド・モルガンの法則や結合の法則，分配の法則などがあります。

すべての法則を覚えなくても，ベン図などを用いたり，実際の値を入れたりすることで，等価な式を見つけることはできます。それでは，実際の問題を解いてみましょう。

ド・モルガンの法則
$\overline{A \cup B}=\overline{A} \cap \overline{B}$
$\overline{A \cap B}=\overline{A} \cup \overline{B}$

結合の法則
$(A \cup B) \cup C=A \cup (B \cup C)$
$(A \cap B) \cap C=A \cap (B \cap C)$

分配の法則
$A \cap (B \cup C)$
$=(A \cap B) \cup (A \cap C)$
$A \cup (B \cap C)$
$=(A \cup B) \cap (A \cup C)$

問題

全体集合S内に異なる部分集合AとBがあるとき，$\overline{A} \cap \overline{B}$に等しいものはどれか。ここで，$A \cup B$は$A$と$B$の和集合，$A \cap B$は$A$と$B$の積集合，$\overline{A}$は$S$における$A$の補集合，$A-B$は$A$から$B$を除いた差集合を表す。

ア $\overline{A}-B$　　イ $(\overline{A} \cup \overline{B})-(A \cap B)$

ウ $(S-A) \cup (S-B)$　　エ $S-(A \cap B)$

（令和元年秋 応用情報技術者試験 午前 問2）

過去問題をチェック

論理演算についての問題は，応用情報技術者試験の定番です。この問題のほかに次の出題があります。

【論理演算】

- 平成24年春 午前 問1
- 平成24年秋 午前 問1
- 平成25年春 午前 問2
- 平成25年秋 午前 問4
- 平成26年秋 午前 問1
- 平成27年秋 午前 問2
- 平成28年春 午前 問1
- 平成28年秋 午前 問1
- 平成29年春 午前 問1
- 平成30年秋 午前 問1
- 令和3年春 午前 問1

解説

論理演算を行う方法

それぞれの選択肢で，すべてのパターンを考えてみます。

A	B	$\overline{A} \cap \overline{B}$	ア $\overline{A}-B$	イ $(\overline{A} \cup \overline{B})-(A \cap B)$	ウ $(S-A) \cup (S-B)$	エ $S-(A \cap B)$
0	0	1	1	1	1	1
0	1	0	0	1	1	1
1	0	0	0	1	1	1
1	1	0	0	0	0	0

$\overline{A} \cap \overline{B}$と同じものは，アのみです。

ベン図を書いて解く方法

$\overline{A} \cap \overline{B}$をベン図で書いてみると，以下のようになります。

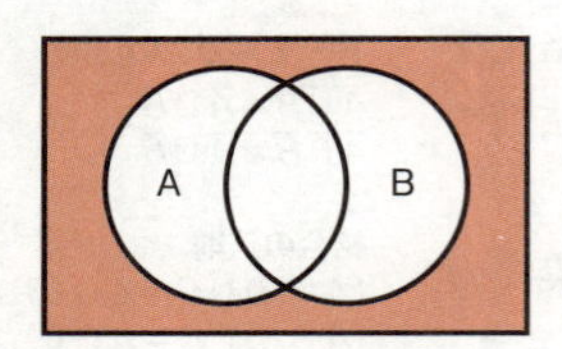

このベン図は，アの$\overline{A}-B$を書いたものと同じです。

その他の選択肢は，次のように同じベン図になります。

発展

論理式を簡略化するための表としてカルノー図などがあります。

例えば，ABCDの四つの論理変数がある場合に，ABとCDをまとめ，それを表にします。

応用情報技術者試験 平成26年秋 午前 問1などで出題されています。

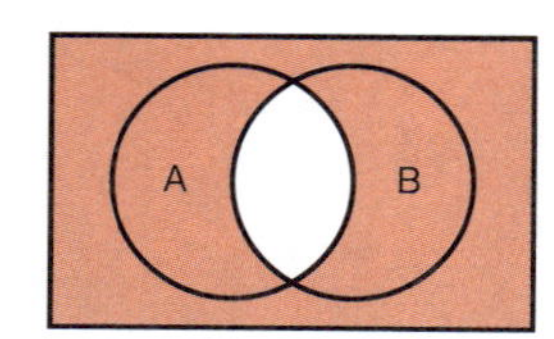

イ $(\overline{A} \cup \overline{B}) - (A \cap B)$
ウ $(S - A) \cup (S - B)$
エ $S - (A \cap B)$

《解答》 ア

覚えよう！

□ **桁落ちは有効桁数が減ること，情報落ちは小さい数値の方の情報が落ちること**

1-1-2 応用数学

頻出度 ★☆☆

コンピュータを学ぶ上で基礎となる応用的な数学です。高校から大学レベルで学ぶ数学の一部で，押さえておくといろいろなコンピュータ技術の理解に役立ちます。

勉強のコツ

確率・統計のほかに微分積分や指数・対数など，高校レベルの数学も試験範囲です。
たまに出題されますし，基礎としてとても役に立つので，勉強をしたことがない方，苦手な方は勉強しておいた方がいいでしょう。
ただ，労力をかけても出題は1問程度なので，時間がない場合は飛ばしてもOKです。

確率

ある事象（出来事）が起こる確率を求めるときにはまず，**場合の数**を求めます。それぞれの場合が起こる確率が等しいときには，全体の場合の数のうち，ある特定の事象に対しての場合の数の割合が，その事象が起こる確率になります。

$$\text{ある事象が起こる確率} = \frac{\text{ある事象の場合の数}}{\text{全体の場合の数}}$$

統計

統計で最も使われる考え方に，**正規分布**があります。繰り返し実行した場合，それが独立した事象であれば，その分布は正規分布に従うことが知られています。

正規分布の場合，その確率の散らばり具合によって，**標準偏差**（σ（シグマ））が求められます。その分布が正規分布に従っていた場合に，±1σ（−1σから1σ）の間に約**68%**のデータが含まれます。±2σの間には約**95%**，±3σの間には約99.7%のデータが含まれます。

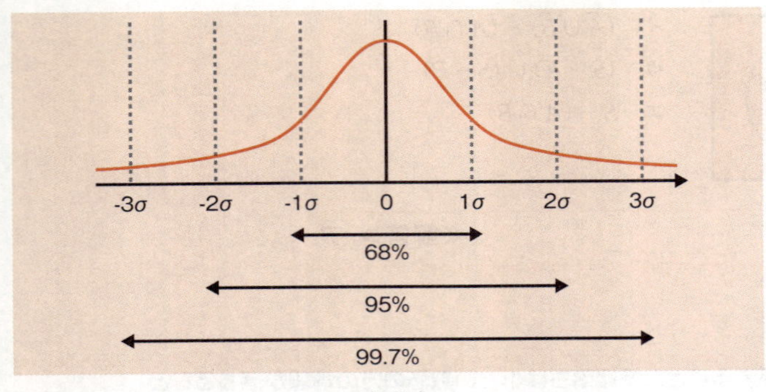

正規分布

統計分析

統計分析とは，統計学の手法で，データを解析することです。統計分析には，次のような種類があります。

①回帰分析

連続的なデータについて，y = f（x）などの関数モデルを当てはめる分析です。このとき，変数となるxが一つなら**単回帰分析**，複数なら**重回帰分析**といいます。確率pから求めるロジット（$\log(p) - \log(1-p)$）を使用するロジスティック回帰分析などの手法があります。

②主成分分析

多くの変数をより少ない指標や合成変数にまとめ，要約する手法です。

③因子分析

観測された結果について，どのような潜在的な要因（因子）から影響を受けているかを探る手法です。

④相関分析

二つの変数の間にどの程度の直線的な関係があるのかを数値で表す分析です。

相関分析で用いられる，データの分布がどれだけ直線に近いかを示す係数に，**相関係数**があります。完全に右上がりの直線上にデータが分布している場合には相関係数が1，まったく相関のない無相関な場合には相関係数が0になります。さらに，右下がりの直線上にデータが分布している場合には相関係数が−1になります。

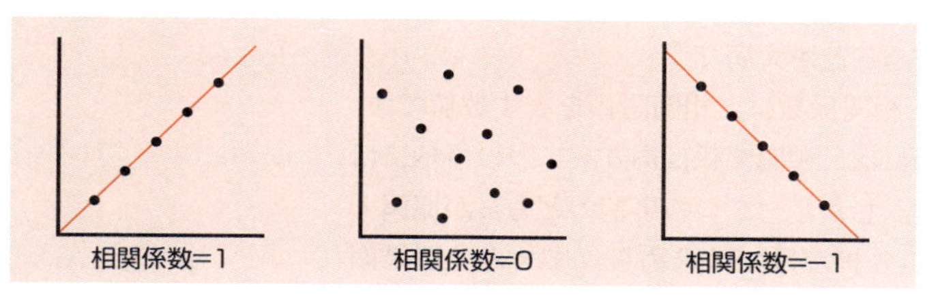

相関係数

それでは，相関係数に関する問題を解いてみましょう。

問題

相関係数に関する記述のうち，適切なものはどれか。

ア　全ての標本点が正の傾きをもつ直線上にあるときは，相関係数が＋1になる。
イ　変量間の関係が線形のときは，相関係数が0になる。
ウ　変量間の関係が非線形のときは，相関係数が負になる。
エ　無相関のときは，相関係数が−1になる。

（平成29年秋 応用情報技術者試験 午前 問1）

解説

相関係数は−1から＋1までの値をとり，完全に正の傾きをもつ直線上にすべての標本点があるときには＋1になります。したがって，アが正解です。

相関係数は線形の度合いを示す数字で，まったく無相関のときに0になります。また，相関係数は「いかに直線か」を示すものなので，非線形の場合には相関係数の値は意味がありません。同じ直線でも正の傾きをもつ直線の場合は＋1，負の傾きをもつ場合には−1となります。

≪解答≫ア

相関関係と因果関係

相関関係とは，二つの事柄に関連があるという関係です。因果関係とは，二つの事柄のどちらかが原因となって別の事柄が起こるという関係です。この二つは似ているようですが，**まったく別のものとして区別することが大切**です。

相関分析で求められる相関係数は，相関関係を表す数値です。相関係数が1に近い場合には，相関関係はあり，二つの事柄には関連があるとはいえます。しかし，二つの事柄のどちらが原因でどちらが結果かは，相関分析だけでは求められません。因果関係を求めるには，二つのグループにランダムに分けて分析するランダム化比較試験など，さらなる検証が必要となります。

また，二つの事柄の間の相関が，直接の関連ではなく他の要素を原因とした**疑似相関**の可能性もあります。例えば，子の体重が重いほど算数がよくできるという相関があったときには，体重と算数の出来に直接の相関があるわけではありません。「年齢」が隠れた原因であり，年齢が上がると体重が重くなり，学年が上がることで算数の学習が進むということになります。

数値計算

データ分析などで数値計算を行うときには，データの次元を考える必要があります。例えば，画像データなどは縦×横の座標ごとに画像の明るさのデータをもつ2次元データであり，このようなデータを表すためには行列を用います。

様々なデータの次元と，それぞれの次元での例には，次のものがあります。

①スカラ

普通の数値，例えば10など，データが一つだけのものは，スカラと呼ばれます。スカラは0次元のデータであるともいえます。

②ベクトル

[1, 2, 3, ・・・]など，複数のデータの1次元での並びをベクトルといいます。通常，データは複数あるので，データ分析での単純なデータは，ベクトルになります。例えば，1時間ごとの気温のデータなどはベクトルで表されます。

③行列

縦と横の2次元を使ってデータを表す方法を行列といいます。例えば，画像データなどは，縦と横で表現される座標があり，座標ごとに色の濃さなどを表すので，2次元データとなります。

④テンソル

縦と横に加えて高さがあり，3次元でデータを表す場合は，テンソルというかたちで表現します。テンソルは，3次元に限らず，どのような次元でも表現可能です。例えば，白黒の画像データは2次元の行列で表されますが，カラー画像だと，RGB（Red, Green, Blue）など，光の三原色ごとの色の濃さを表すため，3次元のテンソルになります。

グラフ理論

グラフ理論とは数学の1分野で，ノード（node：節点）とエッジ（edge：枝，辺）から構成されるグラフについての理論です。

参考

グラフ理論は，Facebookでのソーシャルグラフ（友達関係を表すグラフ）や，電車の乗り換え案内などでも利用されています。

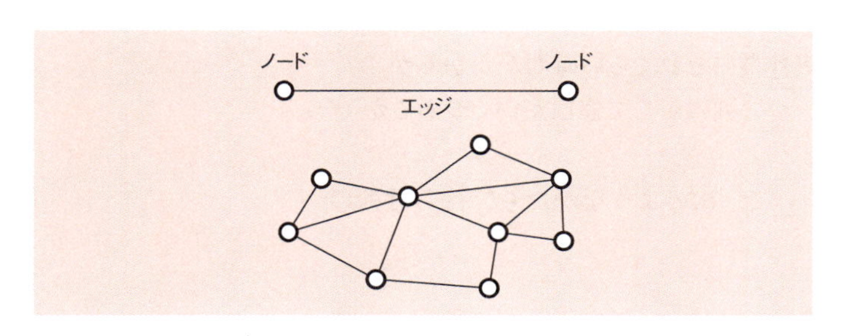

グラフ

グラフには，方向性のある有向グラフと，方向性のない無向グラフの2種類があります。A→Bには行けるがB→Aには行けないことがあるという場合は有向グラフ，どちらからも行けるという場合には無向グラフを用います。

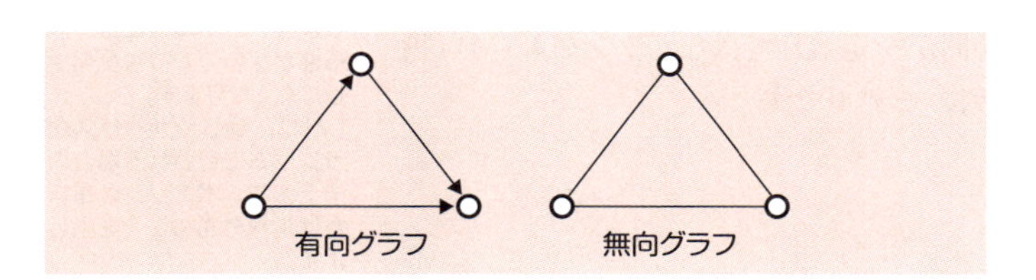

有向グラフと無向グラフ

そして，グラフ理論の重要な考え方に**木**という概念があります。木とは，閉路（ループ）をもたないグラフの構造で，根（root）と節点（ノード：node），葉（leaf）をもちます。

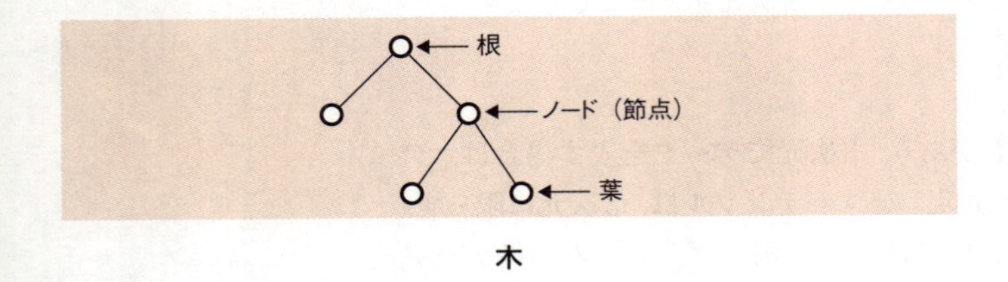

木

待ち行列理論

待ち行列理論とは，**ある列に並ぶときに，平均でどれだけ待たされるか**を統計学的な計算で求めるための理論です。

列に並んでいるとき，待ち行列のモデルでは次の三つの要素が待ち時間に影響を与えると考えられています。

- **到着率** …………… どれくらいの頻度でやって来るか
- **サービス時間** …… 実作業にどれくらい時間がかかるか
- **窓口の数** ………… 一つの列に対して窓口がいくつあるか

これら三つの要素について，次のようなかたちで待ち行列のモデルを表します。

待ち行列のモデル

M/M/1とは，到着率が一定（D）ではなくランダム（M）（**ポアソン分布**）で，サービス時間が一定（D）ではなくランダム（M）（**指数分布**）な場合の待ち行列のモデルです。

発展

待ち行列モデルの「D」は，確定分布（Deterministic distribution）の意味です。これは，到着率やサービス時間が一定であることを指します。この場合には，ゆらぎがないので待ちが発生しにくくなります。
「M」は，到着やサービスがランダムに行われる場合のモデルで，ポアソン分布または指数分布のことを指します。

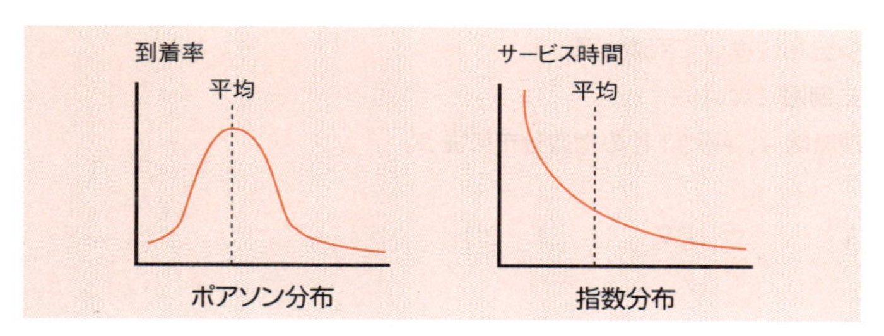

ポアゾン分布と指数分布

待ち時間の計算

待ち時間は，待ち行列理論を使うと計算できます。待ち行列モデルがM/M/1以外の場合は計算方法が少し複雑なので，あらかじめ計算された表などを利用しますが，M/M/1モデルの場合には次の式で計算できます。

$$\text{利用率}\ \overset{\text{ロー}}{\rho}=\frac{\text{仕事をしている時間}}{\text{全体の時間}}=\frac{\text{平均サービス時間}}{\text{平均到着間隔}}$$

$$\text{平均待ち時間}=\frac{\rho}{1-\rho}\times\text{平均サービス時間}$$

$$\begin{aligned}\text{平均応答時間}&=\text{平均待ち時間}+\text{平均サービス時間}\\&=\frac{1}{1-\rho}\times\text{平均サービス時間}\end{aligned}$$

それでは，実際の問題を例に，待ち行列の計算を行っていきましょう。

過去問題をチェック

M/M/1待ち行列について，応用情報技術者試験では次の出題があります。およそ2回に1回は出題される頻出ポイントです。

【M/M/1待ち行列】

- 平成24年春 午前 問2
- 平成25年秋 午前 問5
- 平成26年秋 午前 問3
- 平成27年春 午前 問1
- 平成28年春 午前 問3
- 平成30年秋 午前 問2
- 令和元年秋 午前 問3

午後でも，M/M/nモデルなど，複雑な待ち行列計算について出題されることがあります。

【M/M/nモデルでの待ち時間の計算】

- 平成22年秋 午後 問4
- 平成26年春 午後 問4

問題

コンピュータによる伝票処理システムがある。このシステムは，伝票データをためる待ち行列をもち，M/M/1の待ち行列モデルが適用できるものとする。平均待ち時間がT秒以上となるのは，システムの利用率が少なくとも何%以上となったときか。ここで，伝票データをためる待ち行列の特徴は次のとおりである。

・伝票データは，ポアソン分布に従って到着する。
・伝票データをためる数に制限はない。
・１件の伝票データの処理時間は，平均Ｔ秒の指数分布に従う。

ア　33　　　イ　50　　　ウ　67　　　エ　80

（平成30年秋 応用情報技術者試験 午前 問2）

解説

伝票データをためる待ち行列の特徴としては，発生（到着）がポアソン分布，処理時間（平均サービス時間）が指数分布に従うので，M/M/1の待ち行列モデルが適用できます。M/M/1待ち行列モデルの場合には，平均待ち時間は，利用率をρとして次のように表されます。

$$平均待ち時間 = \frac{\rho}{1-\rho} \times 平均サービス時間$$

設問では，処理時間（平均サービス時間）がＴ秒，平均待ち時間がＴ秒以上なので，次のように表されます。

$$T \leqq \frac{\rho}{1-\rho} \times T \ [秒]$$

$$1-\rho \leqq \rho,\ 2\rho \geqq 1,\ \rho \geqq 1/2 = 0.5 = 50\ [\%]$$

したがって，平均待ち時間がＴ秒以上になるのは伝票処理システムの利用率が50%以上となったときなので，イが正解です。

≪解答≫イ

参考
M/M/1モデルの確率分布については，「ポアソンは到着率，指数はサービス時間」ぐらいで覚えていれば，試験対策としては十分です。ただ，背景を理解されたい方は，確率論を勉強するのも楽しいと思います。

▶▶▶ 覚えよう！

- □ 正規分布の場合，±１σの中に入っているデータは全体の約68%，±２σでは約95%
- □ 平均待ち時間＝ $\frac{\rho}{1-\rho}$ × 平均サービス時間

1-1-3 情報に関する理論

頻出度

情報技術に応用されている理論です。情報量やオートマトンなど，コンピュータでの処理を効率良く実現するにあたって必要な理論について学びます。

情報量

情報量とは，ある事象が起きたとき，それが**どれくらい起こりにくいか**を表す尺度です。例えば，6月に雨が降るのと雪が降るのとでは雪が降る方が起こりにくいので，情報量としては多くなります。

ある事象が起こるときの情報量を，選択情報量（自己エントロピー）といいます。選択情報量は，次の式で表されます。

$$選択情報量 = -\log_2 P$$

Pは，その事象が起こる確率です。例えば，明日雨が降る確率が50%なら，雨という事象の選択情報量は，

$$雨の選択情報量 = -\log_2 0.5 = -\log_2 \frac{1}{2}$$
$$= -\log_2 2^{-1} = 1$$

となり，選択情報量は1［ビット］となります。

また，系全体，つまり，すべての場合を考えて，その全体の平均をとったときの情報量を**平均情報量（エントロピー）**といいます。平均情報量は，次の式で表されます。

$$平均情報量 = \Sigma_{i=1}^{n}（選択情報量 \times P_i）$$
$$= \Sigma_{i=1}^{n}\{(-\log_2 P_i) \times P_i\}$$

例えば，明日の天気が，晴れが25%，曇りが25%，雨が50%の確率だと考えてみます。晴れと曇りの選択情報量は，$-\log_2 0.25 = -\log_2 2^{-2} = 2$なので，次のようになります。

$$平均情報量 = 2 \times 0.25 + 2 \times 0.25 + 1 \times 0.5 = 1.5$$

したがって，平均情報量は1.5ビットです。

それでは，次の例題を解いてみて，その後で情報量の使い方について考えていきましょう。

問題

a，b，c，dの４文字から成るメッセージを符号化してビット列にする方法として表のア～エの４通りを考えた。この表はa，b，c，dの各１文字を符号化するときのビット列を表している。メッセージ中でのa，b，c，dの出現頻度は，それぞれ50%，30%，10%，10%であることが分かっている。符号化されたビット列から元のメッセージが一意に復号可能であって，ビット列の長さが最も短くなるものはどれか。

	a	b	c	d
ア	0	1	00	11
イ	0	01	10	11
ウ	0	10	110	111
エ	00	01	10	11

（令和２年10月 応用情報技術者試験 午前 問４）

解説

まず，「符号化されたビット列から元のメッセージが一意に復元可能か」を考える必要があります。

アの場合には，例えばビット列が000のときに，元のメッセージがaaaなのかacなのかcaなのか区別できません。

イも，ビット列が010のとき，baなのかacなのか区別できません。これらの場合には，いくらビット列の長さが短くても採用できません。

エの場合は，すべてが2ビットなので，2ビットごとに区切れば，0110はbcというように一意に復号可能です。しかし，ビット列の長さは2ビット必要になります。

ウの場合，元のメッセージを一意に識別することが可能です。さらに，出現頻度がa，b，c，dそれぞれ50%，30%，10%，10%なので，平均のビット数は，

$$1 \times 0.5 + 2 \times 0.3 + 3 \times 0.1 + 3 \times 0.1 = 1.7 \text{［ビット］}$$

となり，エの場合（2ビット）よりも短くなります。

≪解答≫ ウ

この問題を使って，情報量について計算してみましょう。

a，b，c，dの出現頻度はそれぞれ50%，30%，10%，10%なので，選択情報量を求めると次のようになります。

$$\text{aの選択情報量} = -\log_2 0.5 = -\log_2 2^{-1} = 1$$

$$\text{bの選択情報量} = -\log_2 0.3 = \frac{-\log_{10} 0.3}{\log_{10} 2}$$

$$= \frac{-(\log_{10} 3 - 1)}{\log_{10} 2} \fallingdotseq 1.74$$

$$\text{c，dの選択情報量} = -\log_2 0.1 = \frac{-\log_{10} 0.1}{\log_{10} 2}$$

$$= \frac{1}{\log_{10} 2} \fallingdotseq 3.32$$

ここから，平均情報量（エントロピー）を求めます。

すべての選択情報量を合計して平均情報量を求めると，次のようになります。

$$\text{平均情報量} = 1 \times 0.5 + 1.74 \times 0.3 + 3.32 \times 0.1 + 3.32 \times 0.1$$

$$= 1.686\ [\text{ビット}]$$

この平均情報量1.686［ビット］というのは系全体がもっている情報量で，この値が実は**圧縮の限界値**になります。前掲の問題で，選択肢ウのようにaを0（1ビット），bを10（2ビット），c，dをそれぞれ110，111（3ビット）割り当てると，平均情報量は1.7と，圧縮の限界値に近い値になります。

ハフマン符号

平均情報量（エントロピー）をもとに圧縮の概念を理解したところで，具体的な圧縮方法を考えてみましょう。

それぞれの事象の出現確率をもとに事象ごとに異なる長さの符号を割り当てる考え方をエントロピー符号といいます。具体的には，よく出現する文字には短いビット数を，あまり出現しない文字には長いビット数を割り当てることで，全体のデータ量を削減します。

ハフマン符号は，1952年に米国のデビッド・ハフマンによって開発されたエントロピー符号の一つで，データ構造の一つであ

2分木などのデータ構造については，「1-2-1 データ構造」を参照してください。

る2分木構造を利用することで，復号によって元の情報を復元できる可逆圧縮でありながらデータの全体量を減らすことができる方法です。

例えば，前掲の問題と同じく，メッセージ中でのa，b，c，dの出現頻度は，それぞれ50%，30%，10%，10%である四つの文字から成り立っているメッセージを考えます。まず，出現頻度が1番少ない記号と2番目に少ない記号(この場合はcとd)を葉として，一つの新しい枝を作ります。図にすると次のようなかたちです。

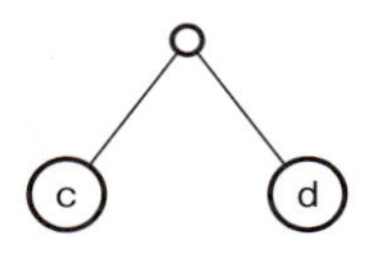

cとdを合わせた確率は，10%＋10%＝20%なので，この合わせたものを新たな枝として，出現頻度が1番少ない記号と2番目に少ない記号(この場合は，cとdを合わせた枝と，b)を葉として，一つの新しい枝を作ります。これを繰り返し，最後の値が結び付いて一つの2分木になると完成です。その後，2分木のそれぞれの枝に，図中の色文字のように0と1を割り当てます。

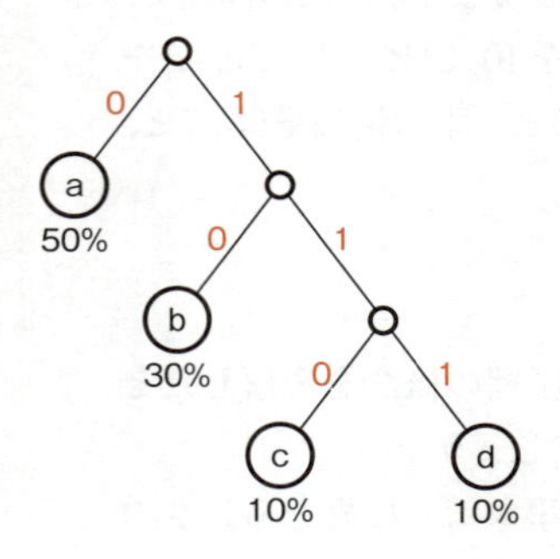

a，b，c，dそれぞれを表すビット列は，この2分木を根から順に読んで，aは0，bは10，cは110，dは111となります。これは前掲の問題の解答と同じであり，この問題はハフマン圧縮を行いビット列の長さを短くしているともいえます。

過去問題をチェック

ハフマン符号や情報量については，その名前が出てくることは少ないのですが，実際にビット列を考えさせる問題は頻出です。応用情報技術者試験では，次のような問題でハフマン圧縮に関する内容が出題されています。

【ハフマン符号】
・平成22年秋 午前 問2
・平成28年春 午前 問4
・平成29年秋 午前 問3
・平成30年春 午前 問2
・平成30年秋 午前 問5
・令和2年10月 午前 問4

オートマトン

オートマトンとは，次のような三つの特徴をもったシステムのモデルです。

1. 外から，情報が連続して入力される
2. 内部に，**状態**を保持する
3. 外へ，情報を出力する

特定の条件が起こったときに，ある状態から別の状態に移ることを遷移といいます。例えばデートのとき，相手が来るのを待っている状態が待ち状態で，相手が来るという遷移条件が起こると，デートをするデート状態に移ります。

オートマトンのうち，状態や遷移の数を有限個で表すことができるものを有限オートマトンといいます。

実際の問題をもとに，オートマトンを体験してみましょう。

問題

次に示す有限オートマトンが受理する入力列はどれか。ここで，S_1は初期状態を，S_3は受理状態を表している。

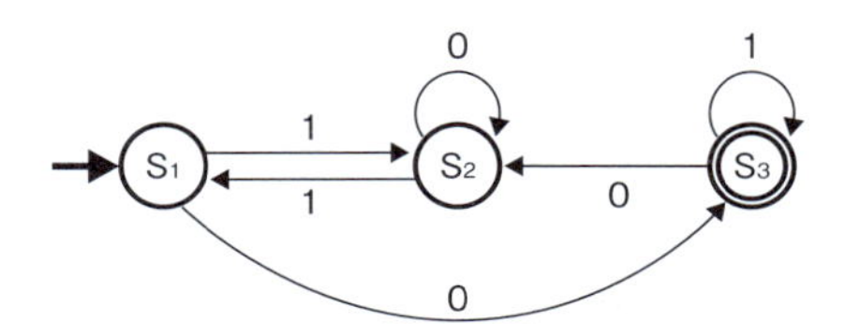

ア　1011　　イ　1100　　ウ　1101　　エ　1110

（平成21年春 応用情報技術者試験 午前 問3）

解説

初期状態がS_1なので，S_1を起点としてそれぞれの文字列を入力して状態遷移を見ていきます。

ア　1011　　$S_1 \xrightarrow{1} S_2 \xrightarrow{0} S_2 \xrightarrow{1} S_1 \xrightarrow{1} S_2$

イ　1100　　$S_1 \xrightarrow{1} S_2 \xrightarrow{1} S_1 \xrightarrow{0} S_3 \xrightarrow{0} S_2$

ウ 1101 $S_1 \xrightarrow{1} S_2 \xrightarrow{1} S_1 \xrightarrow{0} S_3 \xrightarrow{1} S_3$ 受理状態

エ 1110 $S_1 \xrightarrow{1} S_2 \xrightarrow{1} S_1 \xrightarrow{1} S_2 \xrightarrow{0} S_2$

ア，イ，エはS_2，ウのみS_3になります。受理状態とは，その状態で終了すると受理するという状態で，この問題の場合，受理状態はS_3です。

≪解答≫ ウ

このように，初期状態からスタートして順番に状態遷移を行い，最後に受理状態で終われば正常終了という流れで評価を行うことがオートマトンの基本です。

木の走査順と逆ポーランド表記法

グラフ理論における木で，木のそれぞれのノード（節点）を順番に読んでいくことを走査といいます。走査を行う際の順番には，先行順，中間順，後行順の3種類があります。

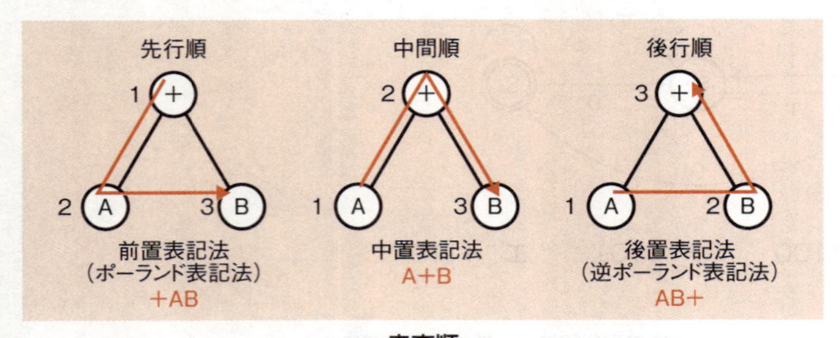

走査順

先行順，中間順，後行順でノードの内容を表記する方法をそれぞれ，前置表記法（ポーランド表記法），中置表記法，後置表記法（逆ポーランド表記法）といいます。

人間の頭脳が理解しやすいのは中置表記法ですが，コンピュータは逆ポーランド表記法の方が処理しやすいという違いがあります。そのため，演算などを行うときには，コンピュータ内で逆ポーランド表記法に置き換えていきます。

以下の問題で，実際に表記法を置き換えてみましょう。

問題

式A＋B×Cの逆ポーランド表記法による表現として，適切なものはどれか。

ア ＋×CBA　　イ ×＋ABC
ウ ABC×＋　　エ CBA＋×

（令和2年10月 応用情報技術者試験 午前 問3）

解説

式A＋B×Cでは，＋より×の方が優先されるので，A＋(B×C)と考えることができます。そのため，木構造に直すと，次のようになります。

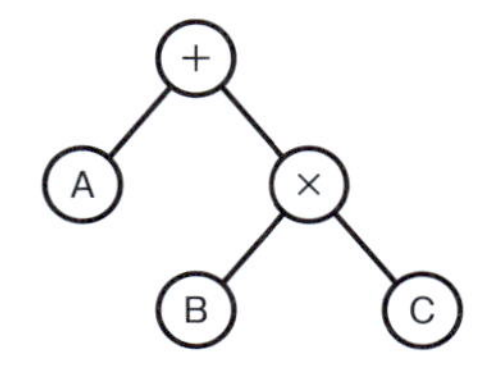

この木を逆ポーランド表記法にするには後行順で順に読んでいけばいいので，次のようになります。

ABC×＋

≪解答≫ ウ

過去問題をチェック

逆ポーランド表記法や木の走査順については，応用情報技術者試験で以下の出題があります。

【逆ポーランド表記法，木の走査順】

・平成22年秋 午前 問1
・平成23年秋 午前 問2
・平成24年秋 午前 問4
・平成26年秋 午前 問4
・令和2年10月 午前 問3

午後でも，プログラミング問題として出題されています。

【逆ポーランド表記法への変換プログラム】

・平成25年春 午後 問2

BNF (Backus-Naur Form)記法

BNFは，文法などの形式を定義するために用いられる言語で，プログラム言語などの定義に利用されています。繰返しの表現に再帰を使うのが特徴です。

実際の問題を例に，BNFについて学習していきましょう。

問題

あるプログラム言語において，識別子(identifier)は，先頭が英字で始まり，それ以降に任意個の英数字が続く文字列である。これをBNFで定義したとき，aに入るものはどれか。

<digit> ::＝0 | 1 | 2 | 3 | 4 | 5 | 6 | 7 | 8 | 9

<letter> ::＝A | B | C | … | X | Y | Z | a | b | c | …
| x | y | z

<identifier> ::＝[a]

ア <letter> | <digit> | <identifier><letter> | <identifier><digit>

イ <letter> | <digit> | <letter><identifier> | <identifier><digit>

ウ <letter> | <identifier><digit>

エ <letter> | <identifier><digit> | <identifier><letter>

(平成29年春 応用情報技術者試験 午前 問4)

過去問題をチェック

BNFのアルゴリズムについては，この問題のほかにも応用情報技術者試験で次の出題があります。

【BNFのアルゴリズム】
- 平成22年秋 午後 問2
- 平成23年特別 午前 問4
- 平成24年春 午前 問3
- 平成26年春 午前 問3
- 平成29年秋 午前 問2
- 平成30年秋 午前 問4

解説

記号の「::＝」は「定義する」，「 | 」は「いずれか」を意味します。したがって，

<digit> ::＝0 | 1 | 2 | 3 | 4 | 5 | 6 | 7 | 8 | 9

は，<digit>が0から9までの数字であることを定義し，

<letter> ::＝A | B | C | … | X | Y | Z | a | b | c | … | x | y | z

は，<letter>が大文字か小文字の英字であることを定義しています。

識別子<identifier>については，問題文に「先頭が英字で始まり，

それ以降に任意個の英数字が続く文字列」と記載されています。

つまり，識別子<identifier>は，

<identifier> :: = <letter> …最初の1文字（英字）のみか，そこに再帰を用いて，

<identifier> :: = <identifier><digit>

または，

<identifier> :: = <identifier><letter>

というように，2番目以降には英数字（英字か数字のどちらか）が続くという状態を表現できます。したがって，次のようになります。

<identifier> :: = <letter> | <identifier><digit> | <identifier><letter>

≪解答≫ エ

計算量（オーダ）

計算量とは，あるプログラム（アルゴリズム）を実行するのにどれくらいの時間がかかるかを，入力データに対する増加量で表したものです。計算量を表すときには，***O*-記法**という表記法で，*O*（オーダ）という考え方が用いられます。

例えば，入力データの数（n）が増加したとき，その計算量もnに比例して増加していくときのことを，$O(n)$と表します。n^2に比例して増加する場合には，$O(n^2)$です。オーダは，nが非常に大きいときの計算量を考えるので，数値が小さい場合には無視し，定数も無視します。例えば，入力データの数（n）が増加したとき，$3n^2 + n + 2$に比例して計算量が大きくなるときには，nが大きくなってもあまり増加しない$n + 2$の部分や，比例定数3の部分は無視されて，$O(n^2)$となります。

以下に，試験によく出てくる代表的な*O*（オーダ）とその例を示します。

代表的な*O*（オーダ）とその例

O（オーダ）	例（アルゴリズム）
$O(1)$	ハッシュ
$O(\log n)$	2分探索
$O(n)$	線形探索
$O(n\log n)$	クイックソート，シェルソート
$O(n^2)$	バブルソート，挿入ソート

AI

AI（Artificial Intelligence：人工知能）とは，人間と同様の知能をコンピュータ上で実現させるための技術です。人間を完全に模倣できる「強いAI」と呼ばれる技術はまだ実現していませんが，人間の一部の機能を代替して実現できる「弱いAI」と呼ばれる技術としては，現在様々なものが実用化されています。

AIの代表的な実用化事例に画像認識があり，音声認識やテキスト翻訳などの分野でも技術が大きく進歩しています。

機械学習

AIで利用する技術のうち，よく用いられる手法が機械学習です。機械学習とは，機械学習のアルゴリズムを使って，データの特性をコンピュータが自動的に学習するものです。機械学習の結果として，予測などを行うためのモデル（計算式など）を作成します。

機械学習の分類には，教師あり学習，教師なし学習，及びその他の機械学習があり，それぞれに様々なアルゴリズムがあります。それぞれの特徴をまとめると，次のようになります。

過去問題をチェック

AIに関する問題は，応用情報技術者試験の新定番です。機械学習，ディープラーニングについては，以下の出題があります。

【機械学習】
・令和元年秋 午前 問4

【ディープラーニング】
・平成31年春 午前 問3
・平成30年春 午前 問1

午後問題でも，機械学習やディープラーニングの問題が出題されています。

【ニューラルネットワーク】
・令和元年秋 午後 問3

【クラスタリング】
・令和3年春 午後 問3

●教師あり学習

教師あり学習とは，教師となる正解データ（ラベル）を用意する機械学習です。データを複数のグループに分ける**分類**や，連続的なデータの値を予測する**回帰**を行うことができます。

教師あり学習の代表的なアルゴリズムには，次のものがあります。

・サポートベクタマシン

分類と回帰を行うことができるアルゴリズムです。線形の分類では，データを区切る直線から分類されたデータまでの距離が最も遠くなるように，適切な直線を求めて分類します。

・ニューラルネットワーク

人間の脳神経回路（ニューロン）を模倣して作成した，分類と回帰を行うことができるアルゴリズムです。ニューロンの階層を複数段重ねて複雑な学習を可能にしたアルゴリズムを**ディープラーニング**（深層学習）といいます。

●教師なし学習

データのみからその傾向を学習する手法です。正解データがないため，学習がうまくいっているかどうかを評価することが難しく，発展途上の技術です。データの性質で複数のグループに分ける**クラスタリング**などを行うことができます。

教師なし学習の代表的なアルゴリズムには，次のものがあります。

- **K-means法**

　データをK個のクラスタにランダムに分け，そのクラスタごとの重心(平均となる座標)を求め，今のクラスタよりも重心の距離が近いクラスタがあった場合に，クラスタを変更することを繰り返すアルゴリズムです。

●その他の機械学習

その他の機械学習手法として，正解を用意するのではなく，行動を試すための環境を用意し，とるべき行動を自分で学習していく方法に**強化学習**があります。強化学習は，半教師あり学習ともいえるものです。

■ディープラーニング

ディープラーニングは，機械学習の一分野であるニューラルネットワークが発展してできたものです。大量のデータから精度の高いモデルを作成することができるため，様々な分野で応用されています。

ディープラーニングの技術を応用した実用的なアルゴリズムに，**CNN**（Convolutional Neural Network：畳み込みニューラルネットワーク）があり，画像解析などで主に活用されています。また，文章の翻訳や生成などの自然言語処理などでよく用いられるアルゴリズムに，**RNN**（Recurrent Neural Network：再帰型ニューラルネットワーク）があります。

それでは，次の問題を考えてみましょう。

問題

AIにおけるディープラーニングに関する記述として，最も適切なものはどれか。

ア あるデータから結果を求める処理を，人間の脳神経回路のように多層の処理を重ねることによって，複雑な判断をできるようにする。

イ 大量のデータからまだ知られていない新たな規則や仮説を発見するために，想定値から大きく外れている例外事項を取り除きながら分析を繰り返す手法である。

ウ 多様なデータや大量のデータに対して，三段論法，統計的手法やパターン認識手法を組み合わせることによって，高度なデータ分析を行う手法である。

エ 知識がルールに従って表現されており，演繹手法を利用した推論によって有意な結論を導く手法である。

（平成31年春 応用情報技術者試験 午前 問3）

解説

AIにおけるディープラーニングは，機械学習のアルゴリズムの一つであるニューラルネットワークを多層化したものです。機械学習とは，データを学習して特定の結果を得ることで，ニューラルネットワークとは，人間の脳神経回路をイメージした手法です。したがって，アが正解となります。

イ データマイニングに関する記述です。

ウ 一般的なデータ分析に関する記述です。

エ エキスパートシステムなど，ルールベースで行われる推論の手法です。

≪解答≫ア

▶▶▶ 覚えよう！

- □ 木の走査順は，先行順，中間順，後行順の３種類。後行順で読むと，逆ポーランド表記法が表記できる
- □ 2分探索の計算量はO(log n)，クイックソートの計算量はO(nlog n)

1-1-4 通信に関する理論

頻出度 ★★★

情報理論の中でも，特に通信に関する理論です。データがネットワークを通じて伝送されるときには途中で誤りが発生することが多く，その誤りの検出・訂正がこの分野のカギになります。

メモリのエラーなど，めったに誤りが起こらず，起こっても1ビットのみのことが多い場合には，誤り訂正も可能なハミング符号が用いられます。ハミング符号による誤り訂正ができるメモリのことを，ECCメモリ(Error Check and Correct Memory)といい，サーバなど，信頼性が求められる場面で使用されます。
逆に，通信データのように，頻繁に誤りが起こり，また一度にまとめて起こること(バースト誤り:P.72「発展」参照)が多い場合には，複数ビットの誤りを検出できるCRCを用います。

誤り検出・訂正

二つの装置間で通信を行うとき，通信時の回線状況や機器同士のやり取りなど，様々な原因で通信データの送信誤りが起こります。誤り検出・訂正の種類とその代表的な手法を以下の表にまとめます。

誤り検出・訂正の種類と代表的な手法

誤り検出・訂正の種類	代表的な手法
1ビット誤り検出	パリティ(奇数パリティ，偶数パリティ)
1ビット誤り訂正＋1ビット誤り検出	垂直パリティ＋水平パリティ
1ビット誤り訂正＋2ビット誤り検出	ハミング符号
nビット誤り検出	CRC

それでは，それぞれの代表的な手法について詳しく見ていきましょう。

パリティ

パリティとは，ある数字の並びの合計が偶数か奇数かによって通信の誤りを検出する技術です。データの最後にパリティビットを付加し，そのビットを基に誤りを検出します。

そのとき，**1の数が偶数になるように**パリティビットを付加するのが**偶数パリティ**，**奇数になるように**パリティビットを付加するのが**奇数パリティ**です。

例えば，7ビットのデータ1100010を考えます。

偶数パリティの場合，現在のデータは1の数が奇数なので最後に1を付加して11000101とします。奇数パリティの場合は，すでに1の数が奇数なので最後に0を付加し，11000100とします。

また，パリティは，使い方によっては，誤り訂正を行うことができます。データが送られるごとに，最後に1ビットのパリティビットを付けるやり方を**垂直パリティ**といいます。7ビットデータを送り，それに1ビット垂直パリティを加える，ということを何度か繰り返し，データを送信します。そして最後に，それぞれのビットのデータを横断的に見て，全体で誤りがないかどうかをチェックするのに**水平パリティ**を用います。図に表すと以下のようになります。

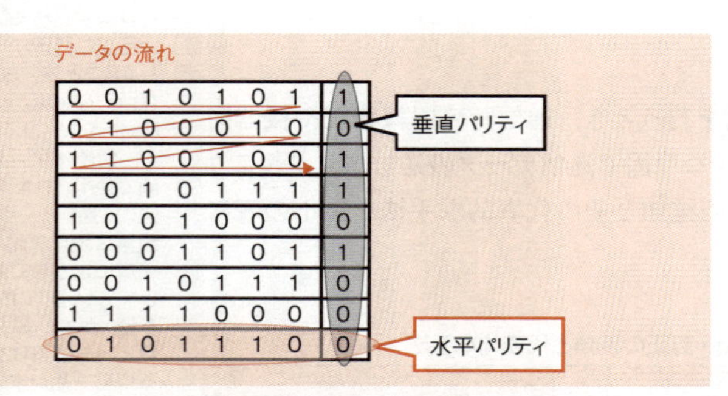

垂直パリティと水平パリティ

垂直パリティと水平パリティを組み合わせることにより，どこかに1ビットの誤りが発生した場合にその場所を特定でき，ビットを反転させることでエラーを訂正できます。

ハミング符号

ハミング符号とは，データにいくつかの冗長ビットを付加することによって，1ビットの誤りを検出し，それを訂正できる仕組みです。実際の問題を例に誤り箇所を検出し，それの訂正を行ってみましょう。

過去問題をチェック

ハミング符号やパリティビットについては，この問題のほかにも応用情報技術者試験では次の出題があります。
毎回少しずつ数値を変えて出題されていますので，答えを覚えるのではなく解き方を正しく理解しておきましょう。

【ハミング符号】
・平成24年秋 午前 問3
・平成25年春 午前 問4
・平成23年秋 午前 問3
・平成30年秋 午前 問9

【パリティビット】
・平成24年春 午前 問5
・平成27年秋 午前 問4

問題

ハミング符号とは，データに冗長ビットを付加して，1ビットの誤りを訂正できるようにしたものである。ここでは，X_1，X_2，X_3，X_4の4ビットから成るデータに，3ビットの冗長ビットP_3，P_2，P_1を付加したハミング符号$X_1\ X_2\ X_3\ P_3\ X_4\ P_2\ P_1$を考える。付加したビット$P_1$，$P_2$，$P_3$は，それぞれ

$$X_1 \oplus X_3 \oplus X_4 \oplus P_1 = 0$$
$$X_1 \oplus X_2 \oplus X_4 \oplus P_2 = 0$$
$$X_1 \oplus X_2 \oplus X_3 \oplus P_3 = 0$$

となるように決める。ここで，⊕は排他的論理和を表す。

ハミング符号1110011には1ビットの誤りが存在する。誤りビットを訂正したハミング符号はどれか。

ア 0110011　　イ 1010011

ウ 1100011　　エ 1110111

（平成30年春 応用情報技術者試験 午前 問3）

解説

ハミング符号$X_1X_2X_3P_3X_4P_2P_1$では，ビット誤りがない場合には，付加ビットP_1，P_2，P_3を含めた三つの式の計算結果はすべて0となるはずです。しかし，1ビットの誤りが存在するハミング符号1110011では，計算結果は次のようになります。

$1 \oplus 1 \oplus 0 \oplus 1 = 1$

$1 \oplus 1 \oplus 0 \oplus 1 = 1$

$1 \oplus 1 \oplus 1 \oplus 0 = 1$

このように，すべての式が1となってしまいます。1ビットしか誤りがないとすると，三つの式すべてに含まれるビットはX_1のみなので，これが誤りビットだと判断できます。したがって，X_1を反転させたハミング符号0110011が訂正した元のデータだと考えられるので，アが正解です。

《解答》ア

CRC（Cyclic Redundancy Check）

CRCは，連続する誤りを検出するための誤り制御の仕組みです。送信する基となるデータを，あらかじめ決められた多項式で除算し，その余りをCRCとします。CRCのエラーチェックは，次の図のように示すことができます。

過去問題をチェック

CRCについては，応用情報技術者試験では次の出題があります。

【CRC】

・平成21年秋 午前 問4

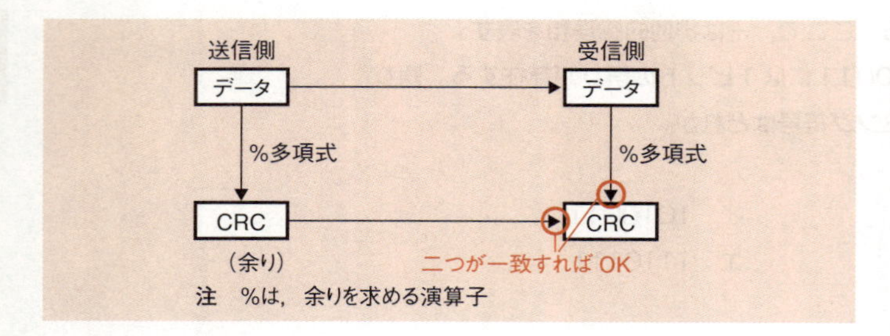

CRCのエラーチェック

発展

通信データの場合，ケーブルの不良や混線などによって誤りが一度にまとめて起こることがあります。こういった誤りを**バースト誤り**と呼びます。
バースト誤りに対しては，複数ビットの誤りを検出できるCRCを用います。
家庭や社内のLANで一般的に使われているイーサネットのパケットでは，誤り検出にCRCを用いています。

なお，CRCのエラーチェックは，改ざん防止などのセキュリティチェックには使えません。これは，データは暗号化されていないテキストであり，多項式は公開されているため，改ざんして再計算することが可能だからです。

▶▶▶ 覚えよう！

- □ 1の数を足すと奇数になるのが奇数パリティ，偶数になるのが偶数パリティ
- □ ハミング符号では，1ビットの誤り訂正ができる
- □ CRCでは，バースト誤りが検出できる

1-1-5 計測・制御に関する理論

頻出度 ★☆☆

計測・制御に関する理論は，主に組込系のシステムにおいて使われます。

A/D変換，D/A変換

過去問題をチェック

計測・制御について，応用情報技術者試験では次の出題があります。
【A/D変換，D/A変換】
- 平成22年春 午前 問23
- 平成22年秋 午前 問13
- 平成23年秋 午前 問4
- 平成28年秋 午前 問22

人間世界にあるアナログの情報（音，画像など）をコンピュータで扱うためには，ディジタルのデータに変換する必要があります。この変換を**A/D変換**（Analog/Digital変換）といいます。また，そのディジタルのデータを実際に用いる場合（録音したディジタル音声を聞く場合など）は，逆にアナログの情報に変換する必要があります。この逆の変換を**D/A変換**（Digital/Analog変換）といいます。

A/D変換を行うためには，**標本化**，**量子化**と**符号化**という三つの作業が必要です。標本化とは，連続のデータを一定の間隔

をおいてサンプリングすることです。そのサンプリングしたアナログの値をディジタルに変換することを量子化，ディジタル値を2進数に変換することを符号化といいます。

例えば，下図のような音の波があったときに，一定間隔でデータを取得することを標本化，それをディジタルのデータに置き換えることを量子化，それを2進数にすることを符号化といいます(量子化と符号化をまとめて符号化と呼ぶこともあります)。

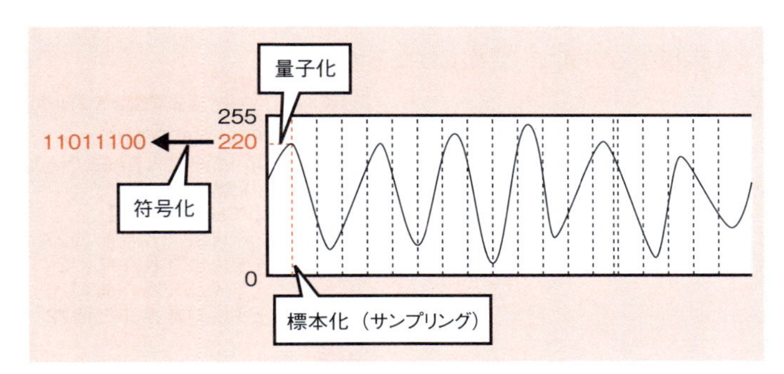

標本化，量子化と符号化

それでは，次の問題を解いてみましょう。

問題

サンプリング周波数40kHz，量子化ビット数16ビットでA/D変換したモノラル音声の1秒間のデータ量は，何kバイトとなるか。ここで，1kバイトは1,000バイトとする。

ア 20　　イ 40　　ウ 80　　エ 640

（令和3年春 応用情報技術者試験 午前 問3）

解説

サンプリング周波数40kHzということは，1秒間に40×10^3回サンプリングするということです。そのため，1サンプリング当たりの量子化ビット数を16ビットでA/D変換した場合の1秒間のデータ量は，次のようになります。

16［ビット］$\times 40 \times 10^3$［回／秒］÷ 8［ビット／バイト］
$= 80 \times 10^3$［バイト］$= 80$［kバイト］

≪解答≫ウ

PCM

音を標本化し，量子化，符号化したデータを格納する方式として代表的なものに**PCM**（Pulse Code Modulation）があります。符号化したデータをそのまま活用する方式で，音楽CDなどでは，PCMが用いられています。

また，単純なPCMでは標本化ごとのデータの変化が小さいことが多いため，データの差分を用いて動的にデータを作成することでデータ圧縮を行う**ADPCM**（Adaptive Differential Pulse Code Modulation）という方式があります。

過去問題をチェック
PCMやADPCMについて，応用情報技術者試験では次の出題があります。
【PCM，ADPCM】
・平成22年春 午前 問27
・平成22年秋 午前 問3
・平成25年春 午前 問26
・平成31年春 午前 問22

標本化定理

標本化定理とは，ある周波数のアナログ信号をディジタルデータに変換するとき，それをアナログ信号に復元するためには，その周波数の**2倍のサンプリング周波数**が必要だという定理です。例えば，4kHzまでの音声データを復元させるためには，その倍の8kHzのサンプリング周波数が必要です。

実際の問題で考えてみましょう。

問題

0～20kHzの帯域幅のオーディオ信号をディジタル信号に変換するのに必要な最大のサンプリング周期を標本化定理によって求めると，何マイクロ秒か。

ア 2.5　　イ 5　　ウ 25　　エ 50

（平成21年秋 応用情報技術者試験 午前 問3）

解説

最大で20kHzのオーディオ信号なので，必要なサンプリング周波数を標本化定理によって求めると，次のようになります。

20kHz × 2 = 40kHz

ここからサンプリング周期を求めます。

$$サンプリング周期 = \frac{1}{サンプリング周波数} = \frac{1}{40000}$$

$$= 0.000025 [秒] = 25 [マイクロ秒]$$

《解答》ウ

制御システム

制御システムとは，ロボットや機械など，他の機器を制御するシステムです。制御システムを構成する要素には以下のようなものがあります。

①センサ

動きや温度などを計測するための機構です。センサには，温度を測定する温度センサとしての**サーミスタ**や，光を測定するフォトダイオード，物体の角度や角速度を測定する**ジャイロセンサ**などがあります。

また，距離画像センサを用いて目的物までの距離を測定することが可能です。家庭用ゲーム機などで使われる距離画像センサではTOF（Time of Flight）方式が用いられており，照射した光線が対象物に当たって反射し，反射光が戻るまでにかかる時間を基に距離を計測しています。

② アクチュエータ

機械・機構を**物理的に動かす**ための機構です。制御棒などを実際に動かしたり，ロボットの腕を動かしたりします。

過去問題をチェック
制御システムについて，応用情報技術者試験では次の出題があります。
【アクチュエータ】
・平成22年秋 午前 問4
・平成28年春 午前 問23
【ジャイロセンサ】
・平成27年春 午前 問4
【TOF方式】
・平成31年春 午前 問4

覚えよう！

- □ 標本化定理では，2倍のサンプリング周波数が必要
- □ アクチュエータは，実際の機械を物理的に動かす

1-2 アルゴリズムとプログラミング

アルゴリズムとプログラミングは，午前でも午後でも出題される，テクノロジ系では最重要分野です。『データ構造＋アルゴリズム＝プログラム』という有名な古典があるほど，データ構造とアルゴリズムはプログラミングのカギになります。データ構造とアルゴリズムの基本を押さえて，様々なプログラム言語を学習していきましょう。

1-2-1 データ構造

頻出度 ★☆☆

データ構造とは，データをコンピュータ上でどのように保持するかを決めた形式です。基本的なデータ構造のほかに，配列，スタックなど，様々なデータ構造があります。

配列

データ構造を複数個連続させたものです。複数のデータを一度に管理することができます。例えば，文字型を連続させて文字配列とすることで，文字列を表現することができます。同じデータ型のデータをあらかじめ決めた数しか収納できない**静的配列**が基本ですが，最近のプログラム言語では，異なった型のデータを収納することや，データの数に応じて可変長の配列とすることが可能な**動的配列**を扱えるものもあります。

スタック

スタックとは，**後入れ先出し**（**LIFO**：Last In First Out）のデータ構造です。データを取り出すときには，最後に入れたデータが取り出されます。スタックにデータを入れる操作を**push**操作，データを取り出す操作を**pop**操作と呼びます。スタックは，CPUのレジスタやプログラムでの関数呼出しなど，現在のコンピュータシステムで非常に広範囲で使われています。

勉強のコツ

プログラミングは，“慣れ”が一番大切なので，基本を押さえたあとは演習を行いましょう。午後のアルゴリズム問題を数多く演習するか，または実際にプログラミングしてみるなどして，実践力をつけると効果的です。

発展

データ構造は，プログラムの様々な部分で使われるため，いったん決めると変更が大変です。
そして，データ構造の選び方によって，処理速度が変わってきたり，変更のしやすさが変わったりと，影響が大きい部分でもあります。そのため，「データ構造の選び方」が，プログラマの腕の見せ所になります。

発展

C++，Javaなどは基本的には静的配列ですが，ライブラリを使用することで動的配列にすることができます。Perlなどでは，言語に組み込まれており，意識せず可変長の動的配列を使うことが可能です。

1, 2, 3 push pop 3, 2, 1

3
2
1

スタック

次の問題で，スタックについて確認しましょう。

問題

配列を用いてスタックを実現する場合の構成要素として，最低限必要なものはどれか。

ア　スタックに最後に入った要素を示す添字の変数

イ　スタックに最初に入った要素と最後に入った要素を示す添字の変数

ウ　スタックに一つ前に入った要素を示す添字の変数を格納する配列

エ　スタックの途中に入っている要素を示す添字の変数

（平成24年秋 応用情報技術者試験 午前 問5）

解説

スタックを配列で表現するためには，スタック用の配列を用意します。配列に次の要素を入れるために，最後に入った要素の添字（下の図の場合は1）を示しています。

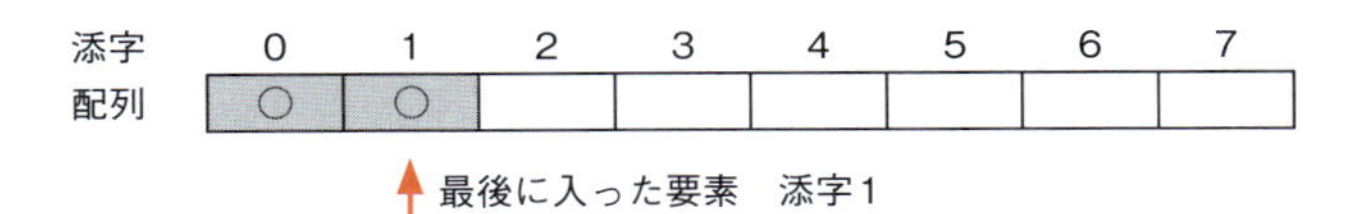

push操作を行うと，次の添字2の配列要素に値が入ります。このとき，最後に入った要素の添字は，一つずれて2になります。

過去問題をチェック

スタックについては応用情報技術者試験でよく出題されるので，確実に理解しておくことが大切です。この問題のほかに次の出題があります。

【スタック】

- 平成23年特別 午前 問7
- 平成24年春 午前 問6
- 平成27年春 午前 問7
- 平成28年春 午前 問5
- 令和3年春 午前 問5

次の午後問題では，逆ポーランド表記法のアルゴリズムでスタックが利用されています。

- 平成25年春 午後 問2

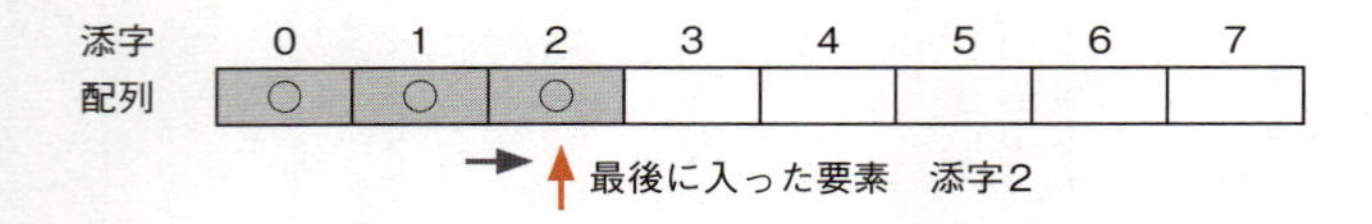

ここでpop操作を行うときには，最後に入った要素の添字，添字2の配列要素を取り出します。その後，次にデータを入れる場所を一つずらして，添字1とします。

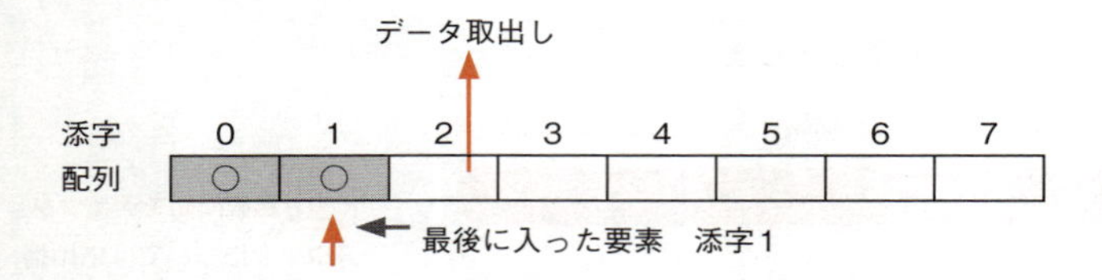

スタックではpush操作とpop操作しか行わないので，必要なデータ構造としては，配列以外では，スタックに最後に入った要素を示す添字の変数のみとなります。したがって，アが正解です。

≪解答≫ア

キュー（待ち行列）

キュー（待ち行列）とは，**先入れ先出し**（**FIFO**：First In First Out）のデータ構造です。データを取り出すときには，最初に入れたデータが取り出されます。キューにデータを入れる操作を**enqueue**（エンキュー）操作，データを取り出す操作を**dequeue**（デキュー）操作と呼びます。キューは，プリンタの出力やタスク管理など，順番どおりに処理する必要がある場合に用いられます。データに優先度を付け，優先度を考慮して順番を決定する**優先度付きキュー**もよく用いられます。

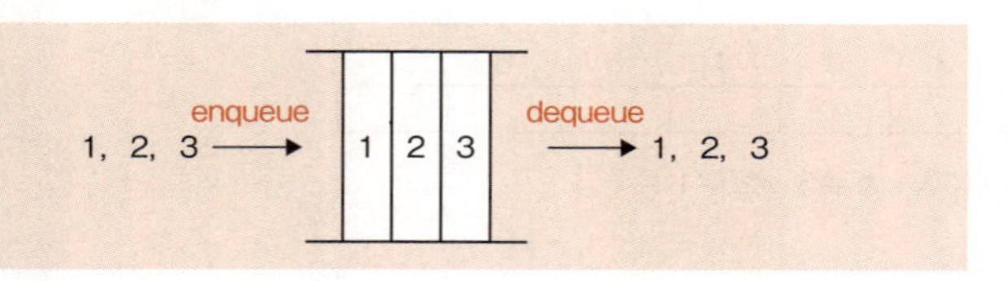

キュー

リスト

リストは，線形リストともいい，順序づけられたデータの並びです。データ構造としては，データそのものを格納するデータ部と，データの並び（次のデータへのポインタ，前のデータへのポインタなど）を格納するポインタ部を合わせて管理します。データの先頭を指し示すために，先頭ポインタを使用し，管理します。また，先頭ポインタだけでなく，**末尾ポインタ**を用いて，最後方のデータに簡単にたどりつけるようにすることもあります。

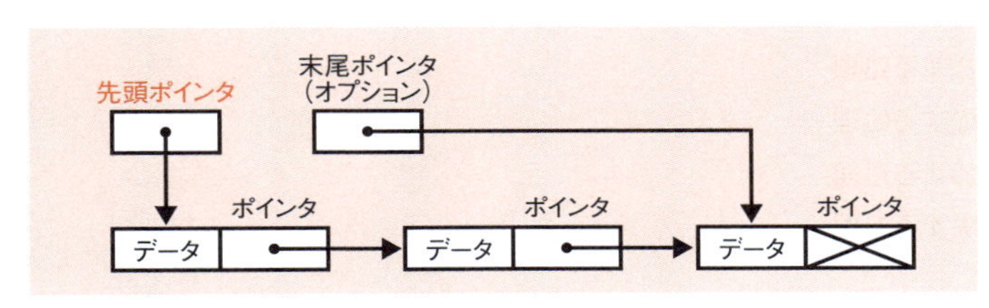

データ部とポインタ部

リストには，次のデータへのポインタのみをもつ単方向リストと，前へのポインタと次へのポインタをもつ双方向リストがあります。また，最後尾のデータから先頭に戻って環状につなげる**環状リスト**などもあります。

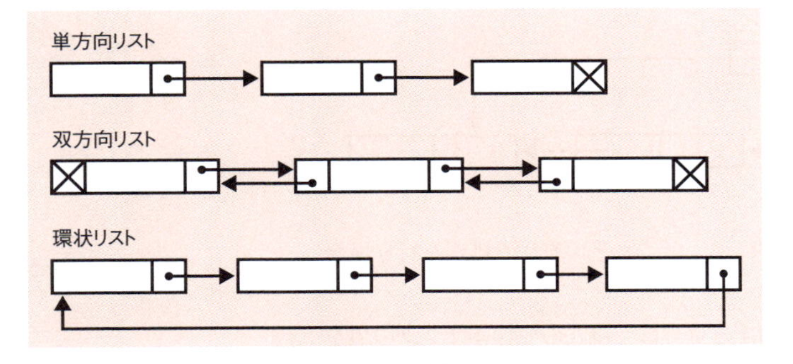

リストの種類

実際の問題を例に，リストの動きを確認してみましょう。

> **過去問題をチェック**
> リストについて，応用情報技術者試験では次の出題があります。
> **【リスト】**
> ・平成21年秋 午前 問5
> ・平成22年秋 午前 問5
> ・令和元年秋 午前 問6
> ・令和2年10月 午前 問5
> 午後では次の出題があります。
> **【単方向リスト】**
> ・平成21年春 午後 問2
> ・平成26年秋 午後 問3
> **【双方向リスト】**
> ・平成22年春 午後 問2

問題

先頭ポインタと末尾ポインタをもち，多くのデータがポインタでつながった単方向の線形リストの処理のうち，先頭ポインタ，末尾ポインタ又は各データのポインタをたどる回数が最も多いものはどれか。ここで，単方向のリストは先頭ポインタからつながっているものとし，追加するデータはポインタをたどらなくても参照できるものとする。

ア　先頭にデータを追加する処理
イ　先頭のデータを削除する処理
ウ　末尾にデータを追加する処理
エ　末尾のデータを削除する処理

（令和元年秋 応用情報技術者試験 午前 問6）

解説

先頭ポインタと末尾ポインタをもち，多くのデータがポインタでつながった単方向の線形リストを図で表すと，以下のようになります。

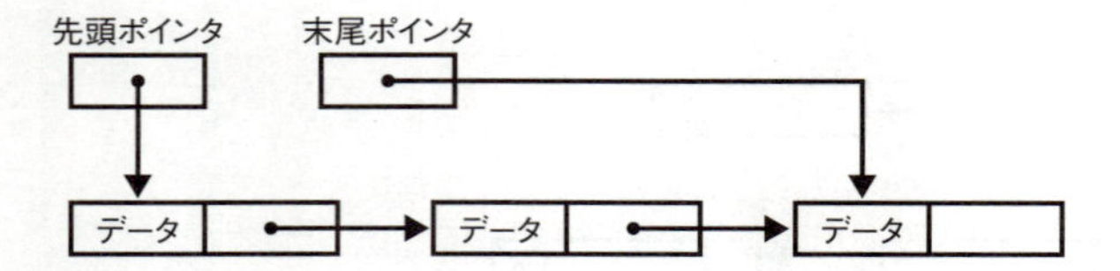

この線形リストに，ア，イ，ウ，エそれぞれの処理を行う場合を考えてみます。

ア　先頭にデータを追加する処理は，現在の先頭ポインタの値を追加するデータの次へのポインタにし，先頭ポインタが追加するデータを指し示すようにすればOKです。

イ　先頭のデータを削除する処理は，先頭ポインタを2番目のデータ（＝1番目のデータの次へのポインタ）を指すようにすればOKです。

ウ　末尾にデータを追加する処理は，末尾ポインタをたどり，末尾のデータの次へのポインタが，追加するデータを指し示すようにすればOKです。

エ 末尾のデータを削除する処理は少し複雑です。末尾のデータを削除すると，末尾ポインタは**末尾の一つ前のデータ**を指し示す必要があるのですが，それを見つけるためには，先頭から末尾の直前までたどっていく必要があります。図にすると，次のようなかたちです。

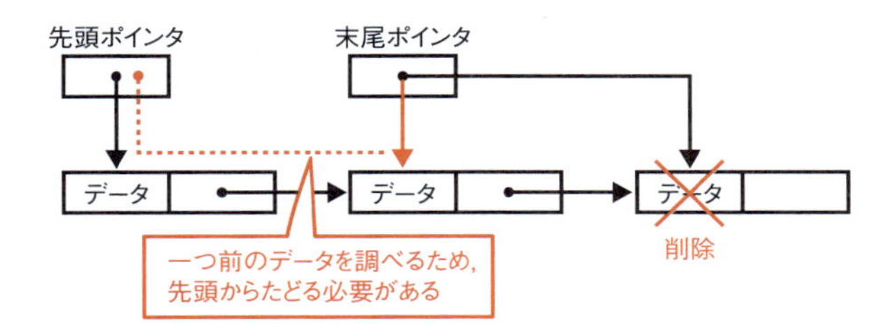

先頭から順に末尾の一つ前までたどるには，（データの個数－1）回，データのポインタをたどる必要があります。したがって，選択肢エが，ポインタをたどる回数が最も多くなります。

≪解答≫エ

ハッシュ

ハッシュ関数とは，あるデータが与えられたときに，そのデータを代表する値に変換する関数です。ハッシュ関数y＝h(x)があった場合，x→yに変換できますが，y→xには変換できない**一方向性**の関数になります。ハッシュ関数で求められた値のことを**ハッシュ値**または単に**ハッシュ**といいます。

ハッシュ関数の典型例としては，割り算の余りを求める関数h(x)＝x mod nなどがあります（modは余りを求める演算子）。

それでは，次の問題を確認してみましょう。

関連
ハッシュは，セキュリティの改ざん検出や，探索のアルゴリズム（ハッシュ表探索）など，様々な場面で利用されます。
具体的な活用例は「3-5-1 情報セキュリティ」で取り上げますので，そちらを参照してください。

問題

自然数をキーとするデータを，ハッシュ表を用いて管理する。キー x のハッシュ関数 $h(x)$ を

$$h(x) = x \bmod n$$

とすると，任意のキーaとbが衝突する条件はどれか。ここで，nはハッシュ表の大きさであり，x mod nはxをnで割った余りを表す。

ア　$a+b$がnの倍数　　　イ　$a-b$がnの倍数
ウ　nが$a+b$の倍数　　　エ　nが$a-b$の倍数

（令和元年秋 応用情報技術者試験 午前 問7）

解説

任意のキーaとbの余りが同じ数mだとすると，a，bは次のように表すことができます。

$a = a' \times n + m,\quad b = b' \times n + m$　（a'，b'は任意の整数）

そのため，aとbの差$a-b$を計算すると，

$a - b = (a' - b') \times n$

となり，a'，b'は整数なので，$a-b$はnの整数倍，つまり倍数となります。したがって，イが正解です。

≪解答≫イ

木

木（木構造）とは，グラフ理論の木の構造をしたデータ構造です。ノード間の関連は親子関係で表され，根ノード以外の子ノードでは，親ノードは必ず一つです。親ノードに対する子ノードの数が二つまでに限定されるものを**2分木**，三つ以上もてるものを**多分木**と呼びます。また，2分木のうち形が完全に決まっているもの，つまり，一つの段が完全にいっぱいになるまでは次の段に行かないものを**完全2分木**といいます。

過去問題をチェック

木について，応用情報技術者試験では次の出題があります。

【木】

- 平成23年特別 午前 問6
- 平成25年秋 午前 問6
- 平成26年秋 午前 問4
- 平成30年秋 午前 問6
- 令和3年春 午前 問6

関連

グラフ理論については，「1-1-2 応用数学」を参照してください。

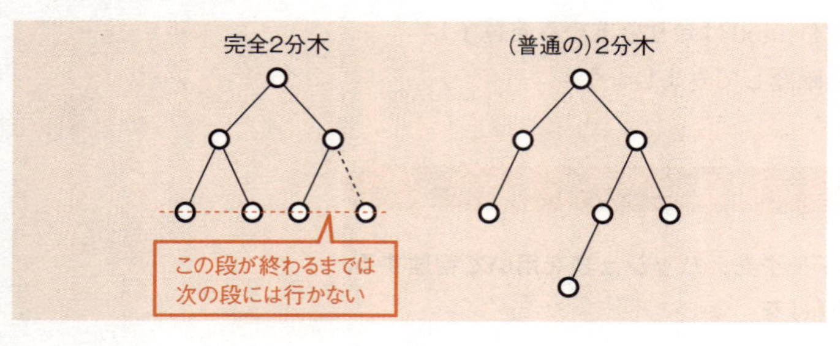

2分木

2分木の実用例としては，データの大小関係を，木を使ってたどっていく**2分探索木**や，構文や文法を表現する**構文木**などがあります。完全2分木の実用例としては，2分探索木を完全2分木に変換した**AVL木**や，根から葉に向けてだけデータを整列させた**ヒープ**などがあります。多分木の例としては，完全多分木で2分探索木の多分木バージョンである**B木**などがあります。まとめると，以下のように分類することができます。

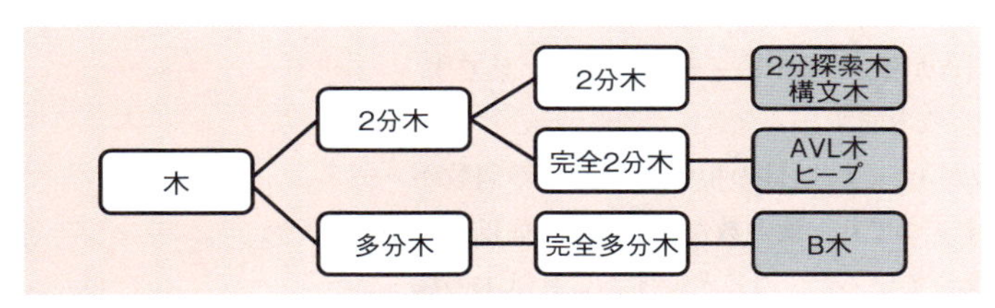

木構造の分類

それでは，実際の問題を例に，木について確認してみましょう。

問題

葉以外の節点は全て二つの子をもち，根から葉までの深さが全て等しい木を考える。この木に関する記述のうち，適切なものはどれか。ここで，木の深さとは根から葉に至るまでの枝の個数を表す。また，節点には根及び葉も含まれる。

ア　枝の個数がnならば，節点の個数もnである。
イ　木の深さがnならば，葉の個数は2^{n-1}である。
ウ　節点の個数がnならば，木の深さは$\log_2 n$である。
エ　葉の個数がnならば，葉以外の節点の個数は$n-1$である。

（平成30年秋 応用情報技術者試験 午前 問6）

解説

葉以外の節点はすべて二つの子をもち，根から葉までの深さがすべて等しい木の例を図にすると，次のようになります。

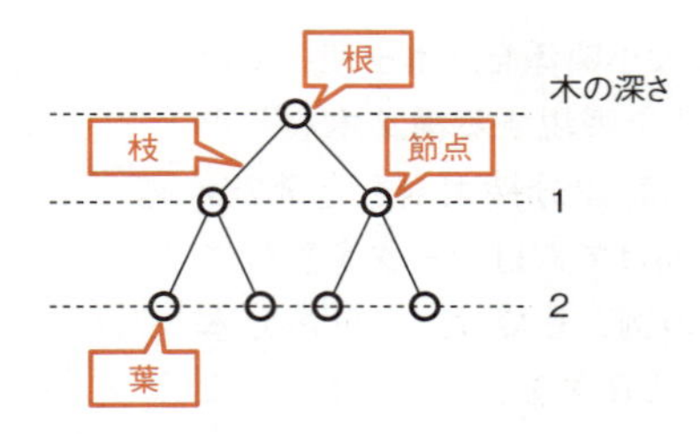

この木は完全2分木で，木の深さ（根から葉までの段数）は2です。○はすべて節点で，頂点が根，一番下の子がない節点が葉です。節点と節点を結ぶ線が枝になります。

この図から，葉の個数が4，それ以外の根も含む節点の個数が3であることが分かります。つまり，葉の数がnならば，葉以外の節点の個数が$n-1$個になっているということです。これは木の深さを増やしても成り立つので，エが正解です。

ア　枝の個数（6）は，葉を含むすべての節点（7）より少なくなります。一般的には，枝の個数がnならば，節点の個数は$n+1$です。

イ　木の深さがnならば，葉の個数は2^nになります。

ウ　節点の個数がnならば，深さは$\log_2(n+1)-1$となります。

≪解答≫エ

ヒープ

ヒープとは，完全2分木の一種で，最大値または最小値を求めるのに適したデータ構造です。「**子要素は親要素より常に大きいか等しい**」か，または逆に「**子要素は親要素より常に小さいか等しい**」のどちらかになります。子要素が親要素より常に大きいか等しい場合，根の値は全体の最小値，逆の場合は最大値になります。

覚えよう！

- □ リストには**単方向リスト**と**双方向リスト**があり，単方向だと後ろからたどれないので削除時の探索量が多くなる
- □ ヒープは**完全2分木**の一種で，子要素は親要素より「常に大きいか等しい」または，「常に小さいか等しい」

1-2-2 アルゴリズム

アルゴリズムとは，処理の流れ，手順を記述したものです。定番アルゴリズムを知ることで，プログラミングに必要な基礎力を身に付けることができます。

流れ図（フローチャート）

流れ図（フローチャート）では，順次・選択・繰返し（ループ）という基本3構造（ダイクストラが提言したので，**ダイクストラの基本3構造**とも呼ばれます）を用いて，プログラムの骨組みを記述します。

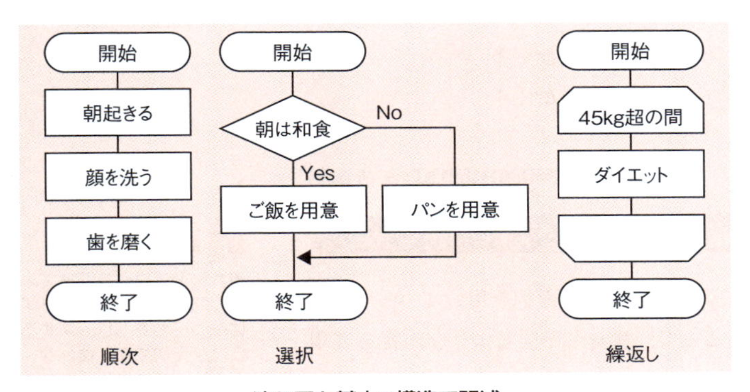

流れ図を基本3構造で記述

応用情報技術者試験の午後では，疑似言語を用いて基本3構造を表現することが多いのですが，このとき，選択をif，繰返しをwhileまたはforとしてアルゴリズムを表現します。

また，アルゴリズムでは，プログラミングを1行1行追って確認していくことをトレースといいます。変数の値を1行ごとに確認していくことが大切です。

それでは，流れ図の例として，次の問題を解いてみましょう。

勉強のコツ

アルゴリズム分野のポイントは，定番アルゴリズムについてしっかり知っておくことと，プログラムを読み解くスキルを身に付けることの二つです。

午前問題では，定番アルゴリズムについての知識問題と，簡単な流れ図を読み解く問題が中心になります。

発展

アルゴリズムは，業務でプログラムを作成するときにも使えます。自分のやりたいことを実現してくれるアルゴリズムを「アルゴリズム辞典」などから探し，それを適用することで，自分で一から考えなくても効率的なプログラムを組むことができます。

問題

正の整数Mに対して，次の二つの流れ図に示すアルゴリズムを実行したとき，結果xの値が等しくなるようにしたい。aに入れる条件として，適切なものはどれか。

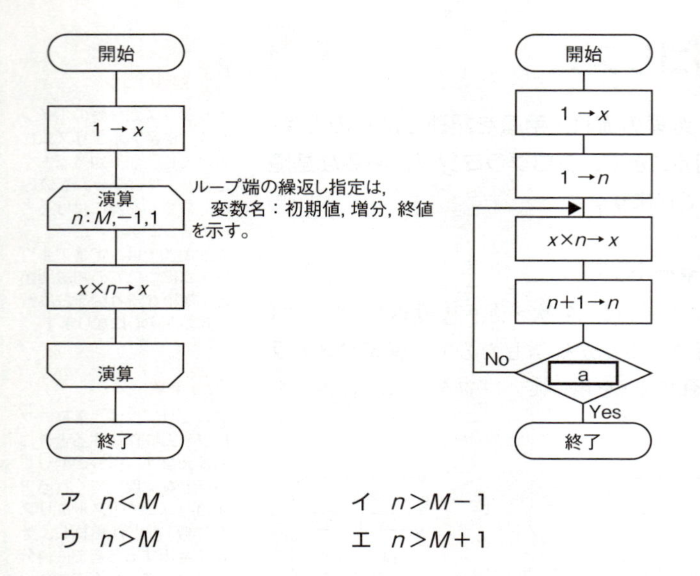

ア $n<M$　　イ $n>M-1$

ウ $n>M$　　エ $n>M+1$

（平成22年秋 応用情報技術者試験 午前 問7）

過去問題をチェック

流れ図を読み解く問題は，応用情報技術者試験ではかなりの頻度で出題されています。

【流れ図】

・平成22年春 午前 問5
・平成22年秋 午前 問7
・平成23年特別 午前 問9
・平成23年秋 午前 問8
・平成25年春 午前 問8
・平成25年秋 午前 問9
・平成27年秋 午前 問6
・令和2年10月 午前 問47

また午後では，疑似言語になりますが，問3で毎回，プログラムの流れを読み解く問題が出されます。

解説

二つの流れ図では，左が繰返し，右が選択を用いています。このように，選択を用いることで，繰返しと同じような内容を表現することができます。

まず左の流れ図（繰返し）では，ループの繰返し指定で，nの初期値がM，増分が-1，終値が1となっています。このループの間，$x \times n \rightarrow x$という計算を繰り返します。xの初期値は1なので，ここでの計算結果は以下のようになります。

$x = 1 \times M \times (M-1) \times (M-2) \times (M-3) \times \cdots\cdots \times 3 \times 2 \times 1$

右の流れ図（選択）で表現されるループは，nの初期値が1でスタートし，$n+1 \rightarrow n$でnを1ずつ増やしながら，$x \times n \rightarrow x$という計算を繰り返します。xの初期値は1なので，ここでの計算結果は次のようになります。

$x = 1 \times 1 \times 2 \times 3 \times \cdots\cdots$

ここで，左図のループとxの値が等しくなるためには，最後をMで終わらせて以下のようにする必要があります。

$x = 1 \times 1 \times 2 \times 3 \times \cdots\cdots \times (M-3) \times (M-2) \times (M-1) \times M$

つまり，nがMまでの間は計算して，Mを超えたら終了となれ

勉強のコツ

流れ図やプログラムを読み解く問題では，面倒がらずに一つ一つをトレースすることが大切です。慣れないうちは大変かもしれませんが，変数の値の変化を1行1行確かめながら追っていくと，確実に答えを導き出せるようになります。

ばOKです。したがって，空欄aに入れる条件は$n > M$としてnがMを超えたら終了というかたちにすれば，左の流れ図と同じ結果になります。

≪解答≫ウ

探索アルゴリズム

探索のアルゴリズムは，データの並びの中から目的のものを見つけ出すという最も基本的な定番アルゴリズムです。探索アルゴリズムの代表的なものには，以下の三つがあります。

勉強のコツ

定番のアルゴリズムでは，同じ結果を出すために複数の方法が存在します。それぞれの手法には特徴があり，得意な条件とそうでない条件があります。そのアルゴリズムにかかる計算量などを中心に，やり方だけでなくそれぞれの特徴を押さえておきましょう。

①線形探索

データを先頭から順番に探索していく単純なアルゴリズムです。データがランダムに並んでいる場合，探索するデータは先頭にあることも最後尾にあることもありますが，平均すると大体真ん中くらいで見つかると考えられます。そのため，n個のデータで探索を行うと，平均探索回数はn／2回，**計算量は*O*(n)**となります（計算量については，P.65を参照）。

②2分探索

データをあらかじめ整列させておき，最初に真ん中のデータと探索するデータを比較します。二つのデータの関係から前後どちらのグループに目的のデータがあるかを予測し，そのグループの真ん中のデータと比較します。例えば，次のようなデータがある場合を考えます。

アルゴリズムの分野では，**探索・整列アルゴリズム**に関する問題が最も多く出題されています。

探索されるデータ

1	2	3	4	5	6	7	8	9

探索するデータ

3

最初に，真ん中のデータ「5」と探索するデータ「3」を比較します。5＞3なので，探索するデータは「5」より前のグループ

1	2	3	4

の中にあることが分かります。

したがって，このグループについて再度，真ん中の値を求めます。このとき，「2」と「3」はどちらも真ん中なのでどちらでもいいのですが，通常は前の値「2」をとります。このとき，2＜3なので，探索するデータは「2」より後ろにあることが分かります。その後ろのグループ「3」「4」の真ん中のデータ「3」と比較し，3＝3でデータが見つかります。

このように，半分にデータを絞って探索を行うため，n回の探索で2^nまでのデータ数に対応できます。したがって，**計算量はO(log n)**となります。

発展

O-記法での対数関数では，$\log_2 n$や$\log_{10} n$などといったかたちの底は記入せず，O(log n)と表現します。O-記法は，「だいたいこれくらいの割合で増加する」ということを示す記法です。対数関数の場合，底がいくつでも増加の割合は同じなので，底を記入する必要がないのです。

③ハッシュ表探索

ハッシュ関数を利用し，データからハッシュ値を求めることによって探索します。例えば，ハッシュ関数として，

h（x）＝ x ％5（％は余りを計算する演算子）

というものを設定し，データの格納場所を五つ用意します。

ハッシュ表の例

ハッシュ値	データ
0	25
1	11
2	7
3	13
4	4

ここで，探索するデータが「7」のとき，h（7）＝7 ％ 5＝2となり，ハッシュ値が「2」の場所を見るとデータ「7」が見つかります。この方法は演算ですぐに格納場所が見つかるので，データ量に関係なく**計算量はO(1)**となります。ただし，違うデータでハッシュ値が重なる**シノニム**という問題が発生することがあり，その場合には工夫が必要です。

発展

シノニムの解決方法としては，そのシノニムデータを線形リストによって管理する**チェイン法**や，次の空き位置にデータを格納する**オープンアドレス法**などがあります。チェイン法については，応用情報技術者試験 平成21年春 午後 問2で詳しく出題されています。

それでは，次の問題を解いてみましょう。

1

問題

探索表の構成法を例とともにa～cに示す。最も適した探索手法の組合せはどれか。ここで，探索表のコードの空欄は表の空きを示す。

a　コード順に格納した探索表

コード	データ
120380	……
120381	……
120520	……
140140	……

b　コードの使用頻度順に格納した探索表

コード	データ
120381	……
140140	……
120520	……
120380	……

c　コードから一意に決まる場所に格納した探索表

コード	データ
120381	……
120520	……
140140	……
120380	……

	a	b	c
ア	2分探索	線形探索	ハッシュ表探索
イ	2分探索	ハッシュ表探索	線形探索
ウ	線形探索	2分探索	ハッシュ表探索
エ	線形探索	ハッシュ表探索	2分探索

（平成30年秋 応用情報技術者試験 午前 問8）

過去問題をチェック

応用情報技術者試験の午後で，探索に関するプログラミング問題が出題されています。

【ハッシュ表探索に関するプログラミング】
- 平成21年春 午後 問2
- 平成23年秋 午後 問2

【2分探索木に関するプログラミング】
- 平成27年秋 午後 問3

【探索アルゴリズムに関するプログラミング】
- 平成29年春 午後 問3

午前でも，探索について数多くの問題が出題されています。

【ハッシュ表探索】
- 平成23年特別 午前 問8
- 平成23年秋 午前 問5
- 平成27年春 午前 問5
- 平成27年秋 午前 問5
- 令和元年秋 午前 問7

【2分探索】
- 平成23年秋 午前 問8

【探索アルゴリズム】
- 平成22年秋 午前 問6
- 平成25年春 午前 問5
- 平成30年秋 午前 問8

【線形探索】
- 平成30年春 午前 問6

午前でも午後でも周期的に出題されていますので，探索方法については押さえておきましょう。

解説

a～cの探索表をそれぞれ見ていきます。

a：コード順に格納した探索表の場合

線形探索では上から順に単純に見ていくため，計算量は$O(n)$になります。これに対し，**2分探索**を用いると，真ん中のデータと比較して半分にしていくので計算量が$O(\log n)$となり，線形探索より効率的です。なお，ハッシュ値で格納されているわけではないので，ハッシュ表探索は使用できません。

b：コードの使用頻度順に格納した探索表の場合

線形探索で上から順番に見ていく場合，一番上に最も使用頻度の高いデータがあるので，通常の並びに比べて早く見つかる可能性が高くなります。なお，2分探索は整列されていないデータには使用できず，ハッシュ表探索はハッシュ値を使用していないデータには使用できません。

c：コードから一意に決まる場所に格納した探索表の場合

コードから一意に決まる場所はハッシュ値によって求められるので，**ハッシュ表探索**が計算量$O(1)$で使用できます。線形探索でも探索はできますが，データが格納されていない領域などもあるので効率は悪くなります。また，整列されていないデータなので2分探索は使用できません。

≪解答≫ア

整列アルゴリズム

整列のアルゴリズムは，昇順（小さい順）または降順（大きい順）にデータを並び替えるアルゴリズムです。代表的な整列アルゴリズムには以下の七つがあります。

①バブルソート

隣り合う要素を比較して，大小の順が逆であれば，その要素を入れ替える操作を繰り返すアルゴリズムです。隣同士を繰り返しすべて比較するので，**計算量は$O(n^2)$**となります。

②挿入ソート

整列された列に，新たに要素を一つずつ**適切な位置に挿入**する操作を繰り返すアルゴリズムです。挿入位置を決めるのに線形探索を行うため，**計算量は$O(n^2)$**となります。

③選択ソート

未整列の部分列から**最大値（または最小値）を検索**し，それを繰り返すことで整列させていくアルゴリズムです。最小値の探索を毎回行うため，**計算量は$O(n^2)$**となります。

④クイックソート

最初に**中間的な基準値**を決めて，それよりも大きな値を集めた部分列と小さな値を集めた部分列に要素を振り分けます。そ

整列アルゴリズムは，①～③が基本3ソート，④～⑦が応用4ソートとして分類されます。基本3ソートは，単純ですが時間がかかります。応用4ソートは，それぞれアルゴリズムは複雑ですが，速度が改善されて効率良く整列を行うことができます。

発展

クイックソートでは，ランダムなデータなどでうまく基準値を選べると非常に効率的な計算が行えるため，クイックソートの名のとおり，ランダムに並んだデータを整列させるときの速度は最も速くなります。しかし，最初から整列してあるデータなどではかえって非効率になり，最悪の場合，計算量が$O(n^2)$となってしまうことがあるため，使う場面には注意が必要です。

の後，それぞれの部分列の中で基準値を決めて，同様の操作を繰り返すアルゴリズムです。ランダムなデータの場合には，**計算量は*O*(nlog n)**となります。部分列に分解して後からまとめる**分割統治**を利用したアルゴリズムとなります。

⑤シェルソート

ある**一定間隔おきに取り出した要素**から成る部分列をそれぞれ整列させ，さらに間隔を狭めて同様の操作を繰り返し，最後に間隔を1にして完全に整列させるというアルゴリズムです。挿入ソートの発展形で，ざっくり整列させてから細かくしていくので効率が良くなります。間隔は，15，7，3，1……と，2^n-1でnを一つずつ減らして狭めていくので，**計算量は*O*(nlog n)**となります。

⑥ヒープソート

未整列部分で**ヒープ**を構成し，その根から最大値（または最小値）を取り出して整列済の列に移すという操作を繰り返して，未整列部分をなくしていくアルゴリズムです。選択ソートの発展形であり，ヒープを使うことで，最大値（または最小値）を検索する作業を効率化しています。そのため，**計算量は*O*(nlog n)**となります。

関連
ヒープについては，「1-2-1 データ構造」を参照してください。

⑦マージソート

未整列のデータ列を前半と後半に分ける分割操作を，これ以上分割できない，大きさが1の列になるところまで繰り返します。その後，**分割した前半と後半をマージ（併合）**して，整列済のデータ列を作成することを繰り返し，最終的に全体をマージするアルゴリズムです。**計算量は*O*(nlog n)**と効率的ですが，マージするための領域が必要となるので，作業領域（メモリ量）を多く消費することが欠点です。クイックソートと同様，分割統治を利用したアルゴリズムとなります。

それでは，次の問題を解いてみましょう。

問題

次の手順はシェルソートによる整列を示している。データ列7, 2, 8, 3, 1, 9, 4, 5, 6を手順(1)～(4)に従って整列するとき，手順(3)を何回繰り返して完了するか。ここで，[ ]は小数点以下を切り捨てた結果を表す。

〔手順〕

(1) “H←[データ数÷3]”とする。

(2) データ列を，互いにH要素分だけ離れた要素の集まりから成る部分列とし，それぞれの部分列を，挿入法を用いて整列する。

(3) “H←[H÷3]”とする。

(4) Hが0であればデータ列の整列は完了し，0でなければ(2)に戻る。

ア 2　　イ 3　　ウ 4　　エ 5

（平成31年春 応用情報技術者試験 午前 問6）

> **勉強のコツ**
> 整列のアルゴリズムは，以前のソフトウェア開発技術者試験ではよく出題されていましたが，最近はあまり出題されていません。
> アルゴリズム問題は知識よりも実際に流れを追う問題が出題される傾向があります。それぞれのアルゴリズムの特徴を実際の流れで確認しておきましょう。

解説

データ列7, 2, 8, 3, 1, 9, 4, 5, 6を手順(1)～(4)に従って，シェルソートにより順に整列していきます。データ列より，データ数は9です。

〔手順1回目〕

(1) [データ数(9)]÷3 → 3で，$H=3$

(2) データ列を3ごとの部分列とし，それぞれの部分列を，挿入法を用いて整列します。次のようなかたちになります。

7, 2, 8, 3, 1, 9, 4, 5, 6

それぞれの部分列ごとに整列すると，次のようになります。

3, 1, 6, 4, 2, 8, 7, 5, 9

(3)　[3÷3]→1で，$H=1$

(4)　Hは1で，0ではないので(2)に戻ります。

〔手順2回目〕

(2)　データ列を1ごとの部分列にします。1ごとなので，すべて一つにまとまります。1回目でできた列が

3，1，6，4，2，8，7，5，9

なので，これを挿入法で整列すると，

1，2，3，4，5，6，7，8，9

となります。

(3)　[1÷3]→0で，$H=0$

(4)　$H=0$なので，データ列の整列は完了です。

したがって，(3)は2回実行されるので，アの2が正解になります。

≪解答≫ア

再帰のアルゴリズム

再帰とは，再び帰る，つまり，自分自身をもう一度呼び出すようなアルゴリズムです。関数などで，呼び出した関数自身を呼び出す場合が再帰に当たります。

言葉だけではイメージしづらいので，問題を見ながら再帰を感じてみましょう。

発展

クイックソート，マージソートなどは，再帰を用いてプログラムを記述することもできます。

過去問題をチェック

再帰のアルゴリズムは応用情報技術者試験の午前の定番です。様々なかたちで，実際に再帰のアルゴリズムをトレースする問題が出てきます。

【再帰のアルゴリズム】

- 平成21年春 午前 問7
- 平成23年秋 午前 問7
- 平成24年秋 午前 問7
- 平成25年春 午前 問6
- 平成25年秋 午前 問8
- 平成27年春 午前 問7
- 平成29年秋 午前 問7
- 平成30年春 午前 問8

問題

fact (n)は，非負の整数nに対してnの階乗を返す。fact (n)の再帰的な定義はどれか。

ア　if $n=0$ then return 0 else return $n\times$fact ($n-1$)

イ　if $n=0$ then return 0 else return $n\times$fact ($n+1$)

ウ　if $n=0$ then return 1 else return $n\times$fact ($n-1$)

エ　if $n=0$ then return 1 else return $n\times$fact ($n+1$)

(平成29年秋 応用情報技術者試験 午前 問7)

解説

nの階乗fact(n)とは，$1 \times 2 \times 3 \times \cdots \times (n-1) \times n$のように，1から順に$n$までを乗算したものです。($n-1$)の階乗はfact($n-1$)と表され，$1 \times 2 \times 3 \times \cdots \times (n-1)$です。この式に$n$を掛けると$n$の階乗の式と等しくなるので，fact($n$) = n × fact($n-1$)と表すことができます。また，$n=0$のときの0の階乗は数学的には1と定義されており，1にすることで1以上の階乗を正しく計算することができます。

したがって，$n=0$のときには1，それ以外のときにはn × fact($n-1$)を返すウが正解です。

≪解答≫ウ

文字列処理のアルゴリズム

文字列処理のアルゴリズムには，文字列の探索，置換などがあります。文字列の探索には，単純に前から探索する方法のほかに，BM法（ボイヤ・ムーア法）などの効率的な探索方法があります。置換は探索の後に行われるので，基本的に文字列探索と同じアルゴリズムです。

それでは，実際の午後問題を例に，文字列探索のアルゴリズムを学習していきましょう。

勉強のコツ

アルゴリズムの問題は，プログラムも大切ですが，その前の問題文をしっかり読んで正しく理解し，プログラムと対応付けることが重要になります。この問題文を理解することが，アルゴリズムの学習につながります。

問題

文字列照合処理に関する次の記述を読んで，設問1，2に答えよ。

ある文字列（テキスト）中で特定の文字列（パターン）が最初に一致する位置を求めることを文字列照合という。そのための方法として，次の二つを考える。ここで，テキストとパターンの長さは，どちらも1文字以上とする。

〔方法1　単純な照合方法〕

テキストを先頭から1文字ずつパターンと比較して，不一致の文字が現れたら，比較するテキストの位置（比較位置）を1文字分

進める。この方法による処理例を図１に示す。

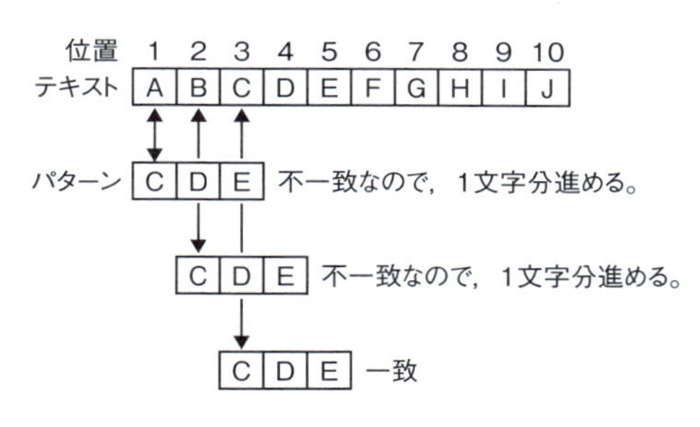

図1　単純な照合方法

この手順を基に，テキストとパターンを与えると，最初に一致した文字位置を返すアルゴリズムを作成した。このアルゴリズムを図２に示す。

なお，テキストは配列T，パターンは配列Pに格納されており，T[n] 及びP[n] はそれぞれのｎ番目の文字を，T.length及びP.lengthはそれぞれの長さを示す。

```
function search1(T,P)
  for iを1から [  ア  ] まで1ずつ増やす
    for jを1から [  イ  ] まで1ずつ増やす
      if T[i+j−1]とP[j]が等しい                ← α
        if jと [  イ  ] が等しい
          return i
        endif
      else
        break
      endif
    endfor
  endfor
  return −1    // パターンが見つからない場合は−1を返す
endfunction
```

図2　単純な照合方法のアルゴリズム

〔方法２ 効率的な照合方法〕

方法１では，パターンとテキストの文字が不一致となった場合，比較位置を１文字分進めている。ここでは，比較位置をなるべく多くの文字数分進めることで，照合における比較回数を減らすことを考える。

パターンの末尾に対応する位置にあるテキストの文字（判定文字）に着目すると，次のように比較位置を進める文字数（スキップ数）が決定できる。

(1) 判定文字がパターンに含まれていない場合は，判定文字とパターン内の文字の比較は常に不一致となるので，パターンの文字数分だけ比較位置を進める。また，判定文字がパターンの末尾だけに含まれている場合も，同様にパターンの文字数分だけ比較位置を進める。

(2) 判定文字がパターンの末尾以外に含まれている場合は，判定文字と一致するパターン内の文字が，テキストの判定文字に対応する位置に来るように比較位置を進める。ただし，パターン内に判定文字と一致する文字が複数ある場合は，パターンの末尾から最も近く（ただし，末尾を除く）にある判定文字と一致するパターン内の文字が，判定文字に対応する位置に来るように比較位置を進める。

この方法による処理例を図３に示す。

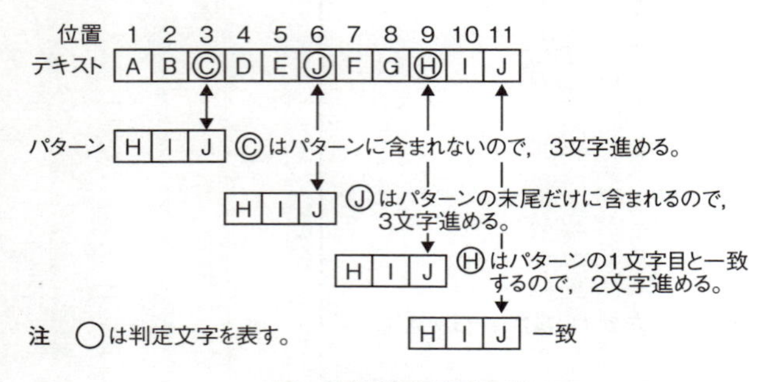

図3 効率的な照合方法

パターンが与えられると，判定文字に対応するスキップ数を一意に決定することができる。例えば，パターンHIJに対して判定文字とスキップ数の対応表を作成すると表１のようになる。

発展

さらに効率的な照合方法として，テキストとパターンを比較するとき，先頭からではなく最後の文字から順に比較する方法があります。この方法は**BM法**（ボイヤ・ムーア法）と呼ばれるもので，文字列探索では一般的に使われているアルゴリズムです。

表1　パターンHIJに対するスキップ数

判定文字	H	I	J	その他の文字
スキップ数	2	1	3	3

この考え方を基に作成したアルゴリズムを図４に示す。

なお，テキストは配列T，パターンは配列P，スキップ数を決める表の判定文字は配列C，スキップ数は配列Ｄに格納されており，T[n]，P[n]，C[n]，D[n] はそれぞれのｎ番目の文字又は数値を，T.length及びP.lengthはテキストとパターンの長さを示す。

このアルゴリズムは，三つの主要部分から成っている。一つ目は，与えられたパターンについて判定文字とスキップ数の対応表を作成する処理である。ここでは，配列Ｃに格納される空白文字は表１の“その他の文字”及びパターンの末尾の文字“J”を表現するために使用している。テキストとパターンは空白文字を含まないものとする。二つ目は，文字を比較する処理である。ここでは，現在の比較位置に対応したテキストとパターンを方法１と同様に１文字ずつ比較して，パターンに含まれる文字と対応するテキストの文字がすべて一致するか，不一致となる文字が見つかるまで繰り返す。三つ目は，判定文字とスキップ数の対応表を引いてスキップ数を決定する処理である。

```
function search2(T,P)
  for xを1からP.lengthまで1ずつ増やす
    C[x] ← " "                    // " "は空白文字を表す
    D[x] ← P.length
  endfor
// (1)：表の作成
  for jを1からP.length−1まで1ずつ増やす
    for kを1からjまで1ずつ増やす
      if C[k]とP[j]が等しい or C[k]と" "が等しい
        C[k] ← P[j]
        D[k] ← [  ウ  ]
        break
      endif
    endfor
  endfor
```

図4　効率的な照合方法のアルゴリズム

```
// 文字列を照合する
  i ← 1
  while iが [  ア  ] 以下である// (2):文字の比較
    for jを1から [  イ  ] まで1ずつ増やす
      if T[i+j−1]とP[j]が等しい              ←β
        if jと [  イ  ] が等しい
          return i
        endif
      else
        break
      endif
    endfor
// (3):スキップ数の決定
    for kを1からP.lengthまで1ずつ増やす
      if C[k]とT[i+P.length−1]が等しい or C[k]と
      " "が等しい
        d ← D[k]
        break
      endif
    endfor
    i ← i+d
  endwhile
  return −1
endfunction
```

図4 効率的な照合方法のアルゴリズム(続き)

設問1 図2及び図4中の [ア] ～ [ウ] に入れる適切な字句を答えよ。

設問2 パターンHIPOPOTAMUSに対するスキップ数を表2に示す。 [エ] , [オ] に入れる適切な数値を答えよ。

表2 パターンHIPOPOTAMUSに対するスキップ数

判定文字	H	I	P	O	T	A	M	U	S	その他の文字
スキップ数	エ	9	オ	5	4	3	2	1	11	11

(平成21年秋 応用情報技術者試験 午後 問2抜粋)

解説

設問1

・空欄ア，イ

単純な照合方法のアルゴリズムについての穴埋め問題です。基本3構造，特にループ（繰返し）を中心に図2の構造を考えると，次のようになります。

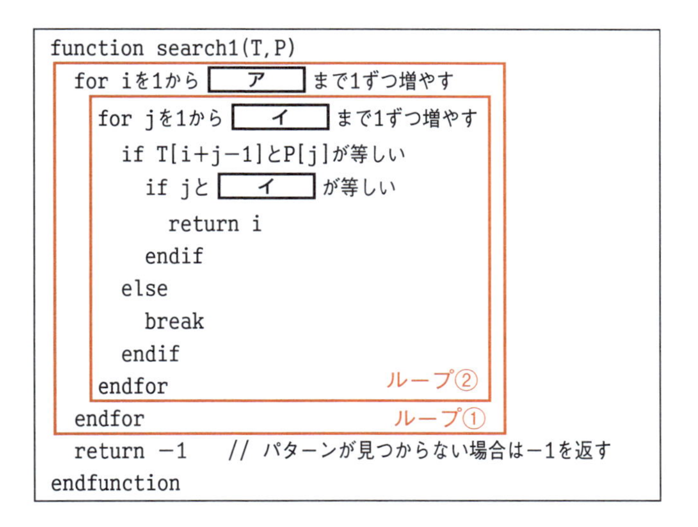

方法の説明と，アルゴリズムを対応させていきます。

外側のループ①が，〔方法1　単純な照合方法〕の「テキストを先頭から1文字ずつパターンと比較して，不一致の文字が現れたら，比較するテキストの位置（比較位置）を1文字分進める」部分に該当します。つまり，先頭から1文字ずつ，最後まで比較していくループです。

このループが終わるのは，最後まで探索し終わったとき——といっても，テキストTが一致する可能性があるのは，パターンPの最後がパターンTの最後と重なるときまでです。そのため，以下のようなかたちになったときが最後になります。

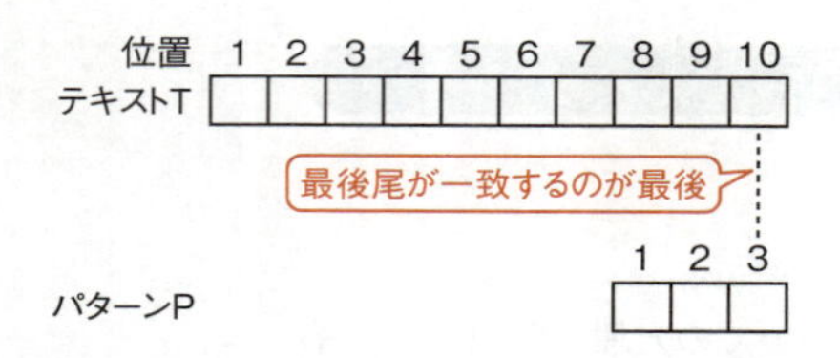

最後尾が一致するときの位置は，「テキストTの長さ－パターンPの長さ」からは一つ進んだところになります。そのため，iは1から最後尾が一致するとき，つまり，**T.length－P.length＋1**までとなります。そしてこれが，空欄アの答えです。

内側のループ2は，テキストTとパターンPを比較するループです。こちらは，パターンPを1文字ずつ最後まで比較していくので，ループの終わりは**P.length**になります。

・空欄ウ

効率的な照合方法のアルゴリズムについての穴埋め問題です。図4の効率的な照合方法のアルゴリズムでは，(1)：表の作成，(2)：文字の比較，(3)：スキップ数の決定，の三つの部分に分かれています。空欄ウは，(1)：表の作成の部分なので，その部分の構造を考えると次のようになります。

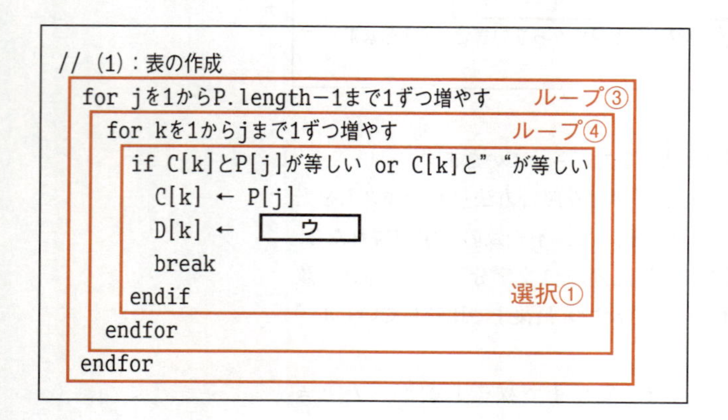

```
// (1)：表の作成
  for jを1からP.length−1まで1ずつ増やす        ループ③
    for kを1からjまで1ずつ増やす              ループ④
      if C[k]とP[j]が等しい or C[k]と”“が等しい
        C[k] ← P[j]
        D[k] ← [ ウ ]
        break
      endif                                  選択①
    endfor
  endfor
```

このとき，ループ③とループ④で，パターンPと判定文字の配列Cを比較し，その結果，スキップ数の配列Dを求めます。このとき，判定文字がパターンの末尾以外に含まれている場合には，〔方法2　効率的な照合方法〕(2)に「判定文字と一致するパターン内の文字が，テキストの判定文字に対応する位置に来るように比較位置を進める」とあります。この位置がスキップ数になります。スキップ数は，最後尾の一つ前なら1，二つ前なら2……，先頭なら（パターンの文字数－1）となるので，空欄ウには**P.length－j**が入ります。

設問2

先ほどの図4「(1)：表の作成」を使って，パターンHIPOPOTAMUSを例にトレースしてみます。このとき，P.length＝11です。j＝1，k＝1から順に考えていくと，最初のHでは，配列Cはまだ空白しか入っていないので，C［1］と" "が等しくなり，C［1］←H，D［1］←11－1＝10が入ります。同様に，HIPOまで終わらせると，配列CとDは次のようになります。

判定文字C	H	I	P	O	他
スキップ数D	10	9	8	7	11

このとき，次のPは3番目のPと一致します。その場合には，C[3]とP［5］が等しいことになるので，配列Dは上書きされて，D［3］←11－5＝6となります。同様に繰り返していくと，最終的な表は次のようになります。

判定文字C	H	I	P	O	T	…	他
スキップ数D	**10**	9	**6**	5	4	…	11

したがって，Hのスキップ数は**10**，Pのスキップ数は**6**です。

≪解答≫

設問1　ア：T.length－P.length＋1
　イ：P.length，ウ：P.length－j

設問2　エ：10，オ：6

遺伝的アルゴリズム

遺伝的アルゴリズムとは，生物の進化論を利用し，進化を模倣することで最適化問題を解く手法です。与えられた問題の解の候補を記号列で表現して，それを遺伝子に見立てて突然変異，交配，とう汰を繰り返して逐次的により良い解に近づけていきます。

過去問題をチェック

遺伝的アルゴリズムなど，AIや人工生命に関するアルゴリズムも，出題され始めています。応用情報技術者試験ではまだそれほど出題されていませんが，今後を見据えて学習してみると面白い分野です。

【遺伝的アルゴリズム】
・平成30年春 午前 問1

【ライフゲーム】
・平成28年春 午後 問3

その他のアルゴリズム

その他のアルゴリズムとして定番のものには，グラフのアルゴリズム，近似・確率統計などの数学的なアルゴリズム，データ圧縮のアルゴリズム，図形描画のアルゴリズム，メモリ管理のアルゴリズムなどがあります。

出題頻度は低いですが様々なものがありますので，見かけたらその仕組みを理解しておきましょう。

▶▶▶ 覚えよう！

- □ **基本3ソートの計算量は $O(n^2)$，応用4ソートの計算量は $O(n\log n)$**
- □ **プログラムの構造を追っていくときには，ループ（繰返し）がポイント**

コラム　アルゴリズム問題のポイント

アルゴリズム問題，特に午後問題で出される流れ図や疑似言語の問題を解くポイントとしては，次の三つが挙げられます。

1. プログラムの構造を明らかにする
2. 実際に値を入れて，トレースする
3. 最後の値を意識する

1の「プログラムの構造」とは，基本3構造のことです。特にループ（繰返し）を意識すると，プログラムの流れがよく見えてきます。そしてその構造を，実際の問題文でのアルゴリズムの説明と対比させることにより，プログラムの全体像が見えてきます。

2の「トレース」は，面倒がらずやることが大切です。実際に手を動かして，iの値を1，2……と増やしていきましょう。最後までやらなくても流れは見えてくると思いますが，最初からやらないとイメージが湧きません。

3の「最後の値」というのは，最後の値がnで終わるのかn－1で終わるのかといった，微妙な±1の範囲の話です。実は，プログラムのミスはこの±1の差で起こることが多いので，アルゴリズム問題ではここを聞いていることが多いのです。実際に問題を解くときには，ぜひ，この「最後の値」はていねいに導き出していきましょう。

最後に，アルゴリズム問題は「慣れ」が肝心です。実際にプログラムしたりアルゴリズム問題を解いたりして，解く感覚を磨いていきましょう。

1-2-3 プログラミング

頻出度 ★★★

プログラミングにおいては，いろいろなプログラムの構造やその動きを知ることが大切です。

プログラム構造

プログラムは，再使用できるか，同じものを呼び出すことができるかなどの観点で，次の四つの構造に分類されます。

①再使用可能（リユーザブル）プログラム

一度使用したプログラムを再度使用できるプログラムです。つまり，プログラムを一度終了させた後に再度起動させることが可能です。再使用が不可能なプログラムとは，一度終了させたら電源を切って再起動しないと動かないものなので，現在のプログラムはほとんどが再使用可能です。

発展

逐次再使用可能プログラム（Serially Reusable Program）は，再使用可能プログラムの一種です。再使用可能プログラムのうち，複数の要求が来たときに**一度に一つずつ**しか処理を行わないプログラムを指します。そのため，逐次再使用可能プログラムは再入可能プログラムとはなりません。

②再入可能（リエントラント）プログラム

プログラムが使用中でも，再度入ってもう一つ起動させることができるプログラムです。一つのプログラムを複数立ち上げることができ，その複数のプログラムを管理するために，共通の領域のほかに**それぞれのプログラムを独立で管理する領域**が必要になります。そして，再入可能プログラムは複数起動が可能なので，**必ず再使用可能プログラムでもあります。**

発展

再入可能プログラムの代表例としては，IE（インターネットエクスプローラ）などのWebブラウザがあります。一つのプログラムに対していくつも同じものを立ち上げることができます。そして，それぞれのWebブラウザは別のWebページを見に行くので，見に行ったWebページの情報を別々に格納しておく必要があります。

③再帰（リカーシブ）プログラム

自分自身を呼び出すことができるプログラムのことを，再帰プログラムと呼びます。再帰のアルゴリズムを使うようなプログラムで使用されます。そして，再帰プログラムは，自分自身に再入するので，**必ず再入可能プログラムでもあります。**

①～③の関係を図にすると，右のようになります。

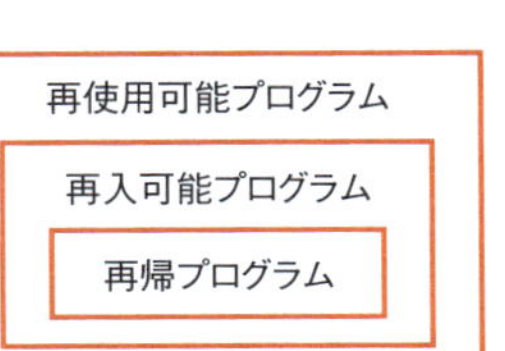

各プログラムの関係

④再配置可能（リロケータブル）プログラム

プログラムをメモリ上で再配置することが可能なプログラムです。メモリのアドレスを指定する際，相対アドレスですべて指定しているプログラムは再配置可能になります。メモリの位置を指定する必要があるOSなどのプログラムのほかは，ほとんどの場合，再配置可能にすることができます。

それでは，実際の問題を解いてみましょう。

問題

再入可能（リエントラント）プログラムに関する記述のうち，適切なものはどれか。

ア　再入可能プログラムは，逐次再使用可能プログラムから呼び出すことはできない。
イ　再入可能プログラムは，呼出し元ごとに確保された記憶領域に局所変数が割り当てられる。
ウ　実行途中で待ち状態が発生するプログラムは，再入可能プログラムではない。
エ　逐次再使用可能なプログラムは，再入可能プログラムでもある。

（平成22年秋 応用情報技術者試験 午前 問8）

解説

再入可能プログラムは，**呼出し元ごとに確保された記憶領域に局所変数が割り当てられる**ので，選択肢イが正解です。再入可能プログラムの場合，複数のプログラムを区別して管理するために，呼出し元ごとに独自変数を管理する必要があります。

ア　再入可能プログラムは，ほかのプログラムから呼出し可能です。逐次再使用可能プログラムからでも呼び出すことができます。
ウ　待ち状態は，入出力の待ちなどで発生するので，プログラムの構造とは関係ありません。

1

エ 逐次再使用可能は再入可能プログラムではありません。また，再入可能プログラムは再使用可能です。

≪解答≫イ

▶▶▶覚えよう！

□ 再帰プログラムは再入可能プログラム
□ 再入可能プログラムは再使用可能プログラム

1-2-4 プログラム言語

頻出度 ★★★

プログラム言語については，それぞれの特徴だけでなく，「なぜその言語ができたのか」という背景を知っておくと，より深く理解できます。

プログラム言語の変遷

プログラム言語は，人間と機械を結び付けるためにできたものです。コンピュータは機械語（マシン語）しか理解できないのですが，人間が機械語でプログラムを組もうとするととても大変です。そこで，機械語との橋渡しを行うために，いろいろなプログラム言語が登場してきました。

プログラム言語は，人間の役に立つために，そして，時代の需要に合わせるために徐々に進化してきました。進化の流れを次表にまとめます。

進化の流れ →

種類	機械語	アセンブリ言語	高級言語	構造化言語	オブジェクト指向言語
特徴	0101011 110101	MOV AX ADD AY	Z＝X＋Y	if(a==b) while(1)	class A private b
言語例	―	CASLII, Z80	FORTRAN, COBOL	C，Pascal	Smalltalk, C++, Java

言語の種類

発展
基本情報技術者試験で出題されるアセンブリ言語（CASLII）は，仮想機械をイメージしたアセンブリ言語です。一度勉強してみると，機械がプログラムをどう処理していくのかイメージしやすくなると思います。

流れを追いつつ，それぞれの言語の特徴を見ていきましょう。

①機械語（マシン語）

コンピュータが解釈できるのは，2進数の機械語のみです。2進数の羅列なので人間にはとても分かりにくく，実際には16進数で表記させてプログラムしていました。

②アセンブリ言語

機械語と1対1で対応させることで書きやすくした言語です。加算演算をADD，データの移動（コピー）をMOVなどで表現します。ただし，機械語を置き換えただけなので，人間の考え方とはだいぶ異なります。例えば，C＝A＋Bを計算する場合は次のようになります。なお，PA，PBはCPU内にある，計算に使用するためのレジスタ領域です。

```
MOV  PA, A      ; 変数Aの値をPAに移動(コピー)
MOV  PB, B      ; 変数Bの値をPBに移動(コピー)
ADD  PA, PB     ; PAとPBを加算し，その結果をPAに格納
MOV  Z, PA      ; PAの値を変数Zに移動(コピー)
```

このように，一つ一つプログラムを考えるのが大変でした。

③高級言語（高水準言語）

人間にとってわかりやすい形式というコンセプトで書かれた言語です。高水準言語とも呼びます。前述のC＝A＋Bなどは，そのままC＝A＋Bと書けるようになりました。

一般にコンピュータの世界では，人間に近いものを高級（または高レベル），コンピュータに近いものを低級（または低レベル）と呼びます。高級言語とは，人間に近い言語という意味です。

人間にとって分かりやすくといっても，いろいろな手法があります。英語で文章を書くように事務処理を記述できる言語が**COBOL**です。また，数式で科学技術計算を行うための言語が**FORTRAN**です。

④構造化言語

高級言語でプログラムするとき，適当に行をジャンプすることを繰り返していると，混沌として分かりづらいプログラム（これをスパゲティプログラムと呼びます）になりがちでした。それを解消しようと，ダイクストラという人が基本3構造を提案しました。プログラムは，順次，選択，繰返しの基本3構造のみで記述し，適当にジャンプするためのGOTO命令は極力使わない「構造化プログラミング」という考え方です。

関連

ダイクストラの基本3構造については，「1-2-2 アルゴリズム」で解説しています。

その結果登場したのが，構造化言語です。CやPascalなどがこれに該当します。選択を表すif文，繰返しを表すwhileやfor文が加わりました。さらに，関数やサブルーチンという，同じ処理をする単位にまとめるという考え方も，構造化言語あたりから進化してきました。

⑤オブジェクト指向言語

関数（及びサブルーチン）などによるプログラムでは，グローバル変数（複数の関数で共通使用する変数）の内容が，意図しない場所で書き換えられたりして不具合を起こすことが多くなりました。そこで，グローバル変数をなくし，共通で同じ変数を使用する関数をまとめる**クラス**という考え方が必要になりました。

また，クラス以外にも，オブジェクト指向という，オブジェクトやクラスを中心とする考え方が提唱されました。それらはプログラミングに様々なメリットをもたらすため，新しい言語がいろいろ開発されています。最初にできたオブジェクト指向言語は**Smalltalk**で，その後，C言語の発展形である**C++**や**Java**言語などが登場しました。オブジェクト指向言語では，クラス内に同じ名前で引数の内容が異なる複数の関数を用意し，クラスに渡される内容に応じて異なる動作を行わせるオーバーロードが可能となります。

もともとオブジェクト指向言語として作られた代表的なものはC++やJavaですが，それ以外でも新しいバージョンでオブジェクト指向的な要素を取り込んだ言語が多くあります。
例えば，PerlはPerl5.0からオブジェクト指向に対応しています。また，オブジェクト指向COBOLなど，既存の言語にオブジェクト指向を取り入れた言語もあります。

その他の言語分類

プログラム言語は，進化の流れ以外にも様々に分類できます。代表的なものを紹介します。

①手続型言語

処理手順を，1行1行順を追って記述する言語です。COBOL，FORTRAN，C，C++，Javaなど，通常のプログラム言語はほとんどがこれに該当します。

②関数型言語

関数の定義とその呼出しでプログラムを記述する言語です。再帰処理向きで，代表的なものに**Lisp**があります。C言語の関数とは意味が異なる数学的な形式なので，注意が必要です。

③論理型言語

述語論理を基礎とした論理式でプログラムを記述する言語です。人工知能の研究開発で使用される**Prolog**などが代表例です。

④スクリプト言語

プログラムを機械語にコンパイルするのではなく，スクリプト（台本）のように記述して1行1行処理する簡易的な言語です。UNIX上でシェルを動かすための**シェルスクリプト**や，Excelのマクロ言語などがあります。

Webブラウザ上で動くスクリプト言語として，Java言語と似た言語で記述する**JavaScript**とJScriptがあります。これら二つは互換性が低いので，共通する部分をまとめて標準化した**ECMAScript**が作られました。Webサーバ上で動くJavaのスクリプト言語には**JSP**（Java Server Pages）があります。なお，サーバ上では，スクリプト言語ではないJavaアプリケーションや**サーブレット**も動きます。その他，Webサーバ上で動くJava以外のスクリプト言語としては，**Perl**，**Ruby**，**PHP**，**Python**などがあります。

それでは，次の問題を解いてみましょう。

発展
簡易的といっても，最近はそのスクリプト言語で本格的なWebシステムを作る例も多くなってきました。**PHP**や**Perl**，**Ruby**などは大規模な用途にも使われています。

用語
シェルとは，UNIX上でユーザからの指示を解釈し，プログラムの起動や制御を行うプログラムです。シェルスクリプトには，Bourne Shell（sh），C Shell（csh），TENEX C Shell（tcsh）など様々な種類があり，ユーザの好みによって置き換え可能です。

用語
Pythonは，汎用的なオブジェクト指向スクリプト言語です。関数やクラス，ループなどの区切りをインデント（字下げ）を用いて表現します。Djangoなどのフレームワークを用いてWebシステムを構築することもできます。AI，機械学習の分野での活用が多く，近年普及している言語です。

問題

HTMLだけでは実現できず，JavaScriptを使うことによってブラウザ側で実現可能になることはどれか。

ア　アプレットの使用　　イ　画像の表示
ウ　サーバへのデータの送信　　エ　入力データの検査

（平成22年春 応用情報技術者試験 午前 問7）

解説

JavaScriptは，ブラウザ側にプログラムを送り，ブラウザ上で実行します。そのため，HTML文では実行できない**動的な処理**，例えば，入力されたデータが適正かどうか検査するなどの処理を実行できます。したがって，選択肢エの入力データの検査が正解です。

ア アプレットは，HTML文の<applet>タグで使用できます。アプレットは，**ブラウザにダウンロード**して実行します。

イ 画像の表示は，HTML文の<img>タグで実現できます。

ウ サーバへのデータ転送は，HTML文の<form>タグで囲った領域で<input>タグに入れられたデータを転送することで実現できます。

≪解答≫エ

プログラム言語でのメモリ管理

プログラムの実行時には，プログラムごとの記憶領域が用意されます。その記憶領域には，プログラムを格納するプログラム領域のほかに，**スタック領域**と**ヒープ領域**が用意されます。スタック領域は一時的にデータを置くための領域です。一時変数や関数の戻り値などを格納します。ヒープ領域は動的に確保可能な記憶領域で，メモリ確保命令を用いて確保します。

プログラム言語では，その種類によってメモリの扱い方が異なります。

データを取り扱うとき，プログラムではメモリの領域をヒープ領域に確保し，内容を保存します。使い終わった領域は解放させないと，メモリが足りなくなることがあります。使用が終わったメモリを解放しないことを**メモリリーク**といい，メモリの解放をプログラマが自分で記述するCやC++ではよく起こります。Java言語では，メモリリークに対応するため，自動でメモリを解放する**ガベージコレクション**という機能を備えています。

また，関数やクラスにデータを送るときに，データの値そのものを渡すことを**値渡し**，データが置かれているメモリの番地を渡すことを**参照渡し**といいます。値渡しの場合には，送られた関数やクラスで値が変更されても，元の値に影響はありません。参照渡しの場合には，データが書き換わります。プログラム言語によって渡し方を自分で宣言するものや，自動的に行うものがあるので，値の変化には注意が必要です。

共通言語基盤

共通言語基盤（CLI：Common Language Infrastructure）は，プログラム言語やコンピュータアーキテクチャに依存しない環境を定義したものです。様々な高級言語で書いたプログラムを，書き直すことなく他のプラットフォームでも使うことができます。マイクロソフトが策定した.NET Frameworkの基幹を構成する実行コードや実行環境などについての仕様です。

用語

.NET Frameworkとは，マイクロソフトが開発したアプリケーションの開発・実行環境です。.NET Frameworkでコンパイルしたプログラムは，LinuxやMac OSなど，Windows以外のOSでも動かすことができます。

Ajax

Ajax（Asynchronous JavaScript + XML）は，Webブラウザ上で非同期通信を実施し，通信結果によってページの一部を書き換える手法です。JavaScriptの通信機能を利用し，新技術ではなく従来の技術を組み合わせて非同期通信を実現します。

過去問題をチェック

Ajaxについて，応用情報技術者試験では次の出題があります。

【Ajax】

・平成24年秋 午前 問32

▶▶▶ 覚えよう！

□ サーバで動くJSP，サーブレット，クライアントで動くJavaScript，アプレット

1-2-5 その他の言語

頻出度 ★★★

コンピュータ上でやりたいことを実現するために，プログラム言語以外の言語を用いることもあります。その代表的なものに次のようなマークアップ言語があります。

データ定義言語

データ定義言語（**DDL**：Data Definition Language）は，コンピュータのデータを定義するための言語や言語の要素です。XMLのデータを定義する**DTD**（Document Type Definition）や，データベース言語SQLの一部である**SQL-DDL**は，データ定義言語の一例です。

関連
SQL-DDLについては，「3-3-3　データ操作」で詳しく取り上げます。

Webページを記述するためのマークアップ言語

Webページを記述するためのマークアップ言語には，次のようなものがあります。

① HTML（HyperText Markup Language）

Webページを作成するために開発された言語です。**ハイパーテキスト**と呼ばれる，通常のテキストのほかに別のページへのリンク（ハイパーリンク）を埋め込むことができるテキストを使用します。画像，音声，映像などのデータファイルもリンクで埋め込むことができます。

最新の規格は**HTML5**です。HTML5では，クライアントとサーバの間でソケット（通信路）を確立し，データの送受信がいつでも可能となる**WebSocket**などの技術が使用できます。

発展
HTML，XMLはともに，SGML（Standard Generalized Markup Language）から派生した言語です。XMLはより厳密に進化したのに対し，HTMLはあいまいさを残していましたが，XMLが一般化するにつれ，HTMLをXMLに適合させたいという需要がでてきたため，XHTMLができました。

② XHTML（Extensible HTML）

HTMLをXMLの文法で定義し直したものです。より厳密に記述のチェックを行います。例えば，XML文書であるため，次のようなXML宣言を行う必要があります。

```
<?xml version="1.0" encoding="Shift_JIS"?>
```

その他，要素名や属性名はすべて小文字でなければならない，必ず開始タグと終了タグで囲まれていなければならないなど，様々な制約があります。

③CSS（Cascading Style Sheet）

文章のスタイルを記述するためにできた言語で，HTMLやXHTMLの要素をどのように表示するか定義します。文章の**構造**と**体裁**を**分離させる**という理念の下，文章の構造はHTMLで，体裁はCSSで記述します。

過去問題をチェック
マークアップ言語について，応用情報技術者試験では次の出題があります。
【CSS】
・平成22年秋 午後 問8
【HTML】
・平成22年春 午前 問7
【XML】
・平成21年秋 午前 問8
少しずつ出題されています し実務でもよく使われているものなので，知識は押さえておきましょう。

XML（Extensible Markup Language）

特定の用途に限らず，汎用的に使うことができる**拡張可能なマークアップ言語**です。文書構造の定義は，DTDで行います。

XML文書の正当性の水準には，次の二つがあります。

①整形式XML文書（well-formed XML Document）

XMLデータを記述するための文法に従ったXML文書です。DTDでの定義は存在しない，または定義に適合していなくても支障はありません。

②妥当なXML文書（valid XML Document）

DTDの定義に適合したXML文書です。整形式XML文書でもあります。

厳密に，妥当なXML文書のみを許可することも，整形式の文書で手軽にXMLを利用することも可能です。

その他，XML文書を変換するために使われる**XSLT**（XSL Transformation），XML文書同士のリンクを設定するための**XLink**（XML Linking Language）など，XML文書を扱うための言語にも様々なものがあります。

また，応用例として，円や直線などの図形オブジェクトをXML形式で記述する画像フォーマットである**SVG**（Scalable Vector Graphics）や，ユーザの認証情報をXML形式で表現する仕様である**SAML**（Security Assertion Markup Language）など，様々なものがあります。

過去問題をチェック
SVGについて，応用情報技術者試験では次の出題があります。
【SVG】
・平成24年秋 午前 問34

その他のデータ記述言語

HTMLやXML以外に，近年用いられているデータの表現を行う形式には，次のようなものがあります。

①JSON（JavaScript Object Notation）

JavaScriptの一部をベースに作られた軽量のデータ交換フォーマットです。次のようなかたちで名前と情報を簡単に表現します。

```
{"name":"Jyoho"}
```

②YAML（YAML Ain't Markup Language）

構造化データなどを表現する形式で，軽量のマークアップ言語としても使用できます。次のように簡潔なかたちで表現します。

```
name: Jyoho
```

それでは，次の問題を考えてみましょう。

問題

JavaScriptの言語仕様のうち，オブジェクトの表記法などの一部の仕様を基にして規定したものであって，“名前と値の組みの集まり”と“値の順序付きリスト”の二つの構造に基づいてオブジェクトを表現する，データ記述の仕様はどれか。

ア DOM　　イ JSON
ウ SOAP　　エ XML

（平成31年春 応用情報技術者試験 午前 問7）

解説

JavaScriptの言語仕様のうち，“名前と値の組みの集まり”と“値の順序付きリスト”の二つの構造に基づいてオブジェクトを表現するデータ記述の仕様に，JSON（JavaScript Object Notation）があります。JSONでは，名前と値の組みの集まりを{"name":"Jyoho"}といったかたちで表現します。さらに，値を順序付きリストとして，{"name":"Jyoho", "age": 30 }といったかたちで表現します。したがって，イが正解です。

ア DOM（Document Object Model）は，文書の構造をメモリ内に表現することで，Webページとスクリプトやプログラミング言語を接続するものです。

ウ SOAPは，複数のWebサービスにおいて，構造化された情報を交換するための通信プロトコルの仕様です。

エ XML（eXtensible Markup Language）は拡張可能なマークアップ言語の仕様です。

≪解答≫イ

▶▶▶ 覚えよう！

□ **XML文書には，整形式XML文書と妥当なXML文書がある**

1-3 演習問題

問1 排他的論理和の相補演算 CHECK ▶ □□□

任意のオペランドに対するブール演算Aの結果とブール演算Bの結果が互いに否定の関係にあるとき，AはBの（又は，BはAの）相補演算であるという。排他的論理和の相補演算はどれか。

ア 等価演算 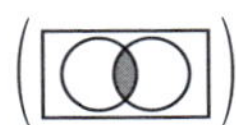

イ 否定論理和 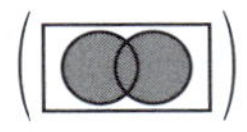

ウ 論理積

エ 論理和

問2 ディープラーニングに最も関連が深いもの CHECK ▶ □□□

AIにおけるディープラーニングに最も関連が深いものはどれか。

ア 試行錯誤しながら条件を満たす解に到達する方法であり，場合分けを行い深さ優先で探索し，解が見つからなければ一つ前の場合分けの状態に後戻りする。

イ 神経回路網を模倣した方法であり，多層に配置された素子とそれらを結ぶ信号線で構成され，信号線に付随するパラメタを調整することによって入力に対して適切な解が出力される。

ウ 生物の進化を模倣した方法であり，与えられた問題の解の候補を記号列で表現して，それを遺伝子に見立てて突然変異，交配，とう汰を繰り返して逐次的により良い解に近づける。

エ 物質の結晶ができる物理現象を模倣した方法であり，温度に見立てたパラメタを制御して，大ざっぱな解の候補から厳密な解の候補に変化させる。

問3 オートマトン CHECK ▶ □□□

表は，入力記号の集合が{0, 1}，状態集合が{a, b, c, d}である有限オートマトンの状態遷移表である。長さ3以上の任意のビット列を左（上位ビット）から順に読み込んで最後が110で終わっているものを受理するには，どの状態を受理状態とすればよいか。

	0	1
a	a	b
b	c	d
c	a	b
d	c	d

ア a　　イ b　　ウ c　　エ d

問4 BNF CHECK ▶ □□□

次のBNFにおいて非終端記号〈A〉から生成される文字列はどれか。

$\langle R_0 \rangle$ ::= 0 | 3 | 6 | 9
$\langle R_1 \rangle$ ::= 1 | 4 | 7
$\langle R_2 \rangle$ ::= 2 | 5 | 8
$\langle A \rangle$ ::= $\langle R_0 \rangle$ | $\langle A \rangle\langle R_0 \rangle$ | $\langle B \rangle\langle R_2 \rangle$ | $\langle C \rangle\langle R_1 \rangle$
$\langle B \rangle$ ::= $\langle R_1 \rangle$ | $\langle A \rangle\langle R_1 \rangle$ | $\langle B \rangle\langle R_0 \rangle$ | $\langle C \rangle\langle R_2 \rangle$
$\langle C \rangle$ ::= $\langle R_2 \rangle$ | $\langle A \rangle\langle R_2 \rangle$ | $\langle B \rangle\langle R_1 \rangle$ | $\langle C \rangle\langle R_0 \rangle$

ア 123　　イ 124　　ウ 127　　エ 128

問5 ADPCMで圧縮した場合のデータ量 CHECK ▶ □□□

音声を標本化周波数10kHz，量子化ビット数16ビットで4秒間サンプリングして音声データを取得した。この音声データを，圧縮率1／4のADPCMを用いて圧縮した場合のデータ量は何kバイトか。ここで，1kバイトは1,000バイトとする。

ア　10　　イ　20　　ウ　80　　エ　160

問6 空き領域を管理するデータ構造 CHECK ▶ □□□

要求に応じて可変量のメモリを割り当てるメモリ管理方式がある。要求量以上の大きさをもつ空き領域のうちで最小のものを割り当てる最適適合（best-fit）アルゴリズムを用いる場合，空き領域を管理するためのデータ構造として，メモリ割当て時の平均処理時間が最も短いものはどれか。

ア　空き領域のアドレスをキーとする2分探索木
イ　空き領域の大きさが小さい順の片方向連結リスト
ウ　空き領域の大きさをキーとする2分探索木
エ　アドレスに対応したビットマップ

問7 ブロックに分割する線形探索 CHECK ▶ □□□

異なるn個のデータが昇順に整列された表がある。この表をm個のデータごとのブロックに分割し，各ブロックの最後尾のデータだけを線形探索することによって，目的のデータの存在するブロックを探し出す。次に，当該ブロック内を線形探索して目的のデータを探し出す。このときの平均比較回数を表す式はどれか。ここで，mは十分に大きく，nはmの倍数とし，目的のデータは必ず表の中に存在するものとする。

ア　$m+\frac{n}{m}$　　イ　$\frac{m}{2}+\frac{n}{2m}$　　ウ　$\frac{n}{m}$　　エ　$\frac{n}{2m}$

問8 ハッシュ関数の衝突 CHECK ▶ □□□

キーが小文字のアルファベット1文字(a, b, …, zのいずれか)であるデータを，大きさが10のハッシュ表に格納する。ハッシュ関数として，アルファベットのASCIIコードを10進表記法で表したときの1の位の数を用いることにする。衝突が起こるキーの組合せはどれか。ASCIIコードでは，昇順に連続した2進数が，アルファベット順にコードとして割り当てられている。

ア aとi　　イ bとr　　ウ cとl　　エ dとx

問9 整列方法 CHECK ▶ □□□

データ列が整列の過程で図のように上から下に推移する整列方法はどれか。ここで，図中のデータ列中の縦の区切り線は，その左右でデータ列が分割されていることを示す。

6	1	7	3	4	8	2	5
1 6		3 7		4 8		2 5	
1 3 6 7				2 4 5 8			
1 2 3 4 5 6 7 8							

ア クイックソート　　イ シェルソート
ウ ヒープソート　　エ マージソート

演習問題の解答

問1　（令和3年春 応用情報技術者試験 午前 問1）

《解答》ア

排他的論理和は，二つの集合のうち，どちらかの条件に当てはまるものから両方の条件に当てはまるものを引いたものです。図示すると，下図左のようになります。

互いに否定ということは白黒反転させればいいので，相補演算は上図右のようになります。したがって，**ア**の等価演算が正解です。

問2　（平成30年春 応用情報技術者試験 午前 問1）

《解答》イ

AI（Artificial Intelligence：人工知能）におけるディープラーニングとは，神経回路網を模倣した機械学習の手法であるニューラルネットワークを多層化したものです。パラメタを調整することによって入力に対して適切な解が出力されるように学習を行っていきます。したがって，**イ**が正解です。

ア　AIにおける探索の手法の一つである，深さ優先探索の説明です。

ウ　AL（Artificial Life：人工生命）における手法の一つである，遺伝的アルゴリズムの説明です。

エ　AIにおける探索の手法の一つである，疑似アニーリング（Simulated Annealing）の説明です。焼きなまし法とも呼ばれます。

問3　(平成28年秋 応用情報技術者試験 午前 問4)

《解答》ウ

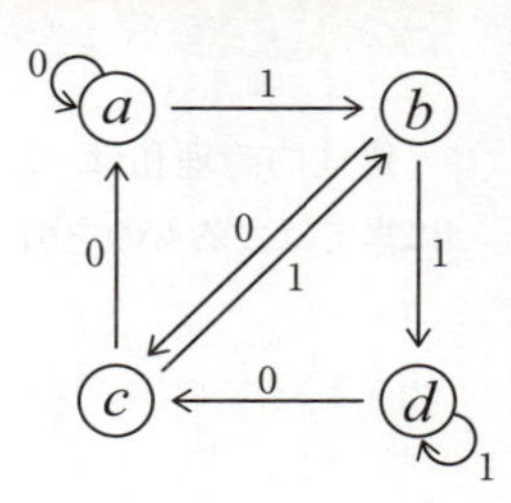

問題文の状態遷移表を状態遷移図に変換して表現すると，右図のようになります。

状態がaのとき，110が入力されると，$a \to b \to d \to c$という遷移となります。同様に，状態がbのときは$b \to d \to d \to c$，状態がcのときには$c \to b \to d \to c$，状態がdのときには$d \to d \to d \to c$となり，すべての状態で最終的にcに到達します。そのため，cを受理状態にすると，最後が110で終わっているものを受理することが可能になります。したがって，**ウ**が正解です。

問4　(平成29年秋 応用情報技術者試験 午前 問2)

《解答》ア

BNFにおいて，記号の「::＝」は「定義する」，「｜」は「いずれか」を意味します。選択肢を見るとすべての文字列が“12”で始まっているので，これを〈R_0〉，〈R_1〉，〈R_2〉で表現すると，〈R_1〉〈R_2〉となります。この形が〈A〉，〈B〉，〈C〉のいずれに当てはまるのかを考えると，最初の〈R_1〉は〈B〉，次も合わせて〈B〉〈R_2〉となるのは〈A〉です。

その後，非終端記号〈A〉から生成される文字列になるためには，〈A〉::＝〈R_0〉｜〈A〉〈R_0〉｜〈B〉〈R_2〉｜〈C〉〈R_1〉なので，さらに〈A〉に続けるとなると，〈A〉〈R_0〉となります。〈R_0〉::＝0｜3｜6｜9なので，3文字目は0，3，6，9のいずれかとなり，選択肢の中では“123”が当てはまります。したがって，**ア**が正解です。

問5　(平成31年春 応用情報技術者試験 午前 問22)

《解答》イ

標本化周波数10kHzとは，1秒間に10k（＝10×10^3）回サンプリングすることです。1サンプリング当たりの量子化ビット数16ビットで4秒間サンプリングすると，圧縮率1／4なので，次のようになります。

10×10^3[回／秒]×16[ビット／回]×4[秒]／(4×8[ビット／バイト])

＝20×10^3[バイト]＝20[kバイト]

したがって，**イ**が正解です。

問6

(平成31年春 応用情報技術者試験 午前 問5)

《解答》ウ

要求量以上の大きさをもつ空き領域のうちで最小のものを割り当てるためには，空き領域の大きさを基に最適な空き領域を効率的に探索する必要があります。空き領域が大きさ順に整列されていないと，すべての空き領域を探索しなければなりません。この場合，空き領域の数をnとすると，n回の比較が必要です。効率的に探索を行うには，空き領域を大きさ順に整列させる必要があります。

イのように片方向連結リストを利用すると，空き領域の小さい順に確認していき，要求量以上の領域をもつものができた時点で探索が終了するため，平均処理回数はn／2回となり，多少は効率化できます。

さらにウのように，空き領域の大きさをキーとする2分探索木を用いると，1回の探索で範囲が1／2に絞れるので，要求量に近い空き領域を効率的に見つけることができます。この場合，平均処理回数は$\log_2 n$回となります。したがって，**ウ**が正解です。

ア　アドレスをキーにしても，空き容量の探索は効率化されません。

エ　ビットマップは，大小関係を比較する探索には不向きです。

問7

(平成30年春 応用情報技術者試験 午前 問6)

《解答》イ

異なるn個のデータが昇順に整列された表を，m個のデータごとのブロックに分割し，各ブロックの最後尾のデータだけを線形探索するというのは，次のようなイメージになります。

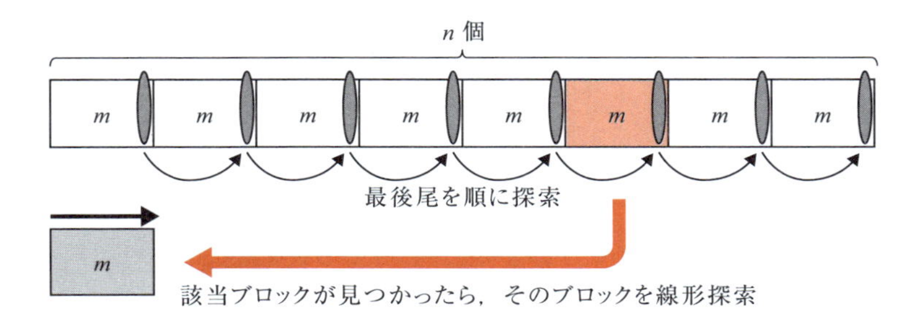

n個のブロックをm個のデータごとに分けると，ブロック数はn／m個になります。線形探索なので，平均探索回数はその半分でn／$2m$回です。さらに，見つかったブロック内でm個のデータ中を探索します。このときも線形探索なので，平均探索回数は半分のm／2回になります。これらを合計すると，$(m / 2) + (n / 2m)$回となるので，**イ**が正解です。

問8 (平成27年秋 応用情報技術者試験 午前 問5)

《解答》エ

ASCIIコードは，アルファベット順に連続して並んでいます。10進数で表すと，最初のa（小文字）は97，次のbが98……と順に連続しています。そのため，アルファベット全文字を，10進表記法で表したときの1の位でハッシュ値をとると，右の表のようになります。

選択肢の組合せでは，**エ**のd（100）とx（120）がともに1の位が0なので，衝突が起こります。

1の位の数	アルファベット			
0		d	n	x
1		e	o	y
2		f	p	z
3		g	q	
4		h	r	
5		i	s	
6		j	t	
7	a	k	u	
8	b	l	v	
9	c	m	w	

問9 (平成26年秋 応用情報技術者試験 午前 問6)

《解答》エ

あらかじめすべてのデータを分割して区切り，それを併合（マージ）してまとめる整列方法はマージソートです。したがって，**エ**が正解です。

ア　クイックソートでは，入れ替えた後に分割を行います。

イ　シェルソートでは，等間隔ごとにソートします。

ウ　ヒープソートでは，ヒープを用いて一つずつ値を決定します。

第2章

コンピュータシステム

コンピュータを組み合わせてシステムを構成するときに，実際に使われる機器やソフトウェアについて学ぶ分野がコンピュータシステムです。知っておくと実務にも役立ちます。
分野は四つ，「コンピュータ構成要素」「システム構成要素」「ソフトウェア」「ハードウェア」です。コンピュータ構成要素では個々のコンピュータの構成要素について，システム構成要素ではコンピュータをつないだシステムの構成要素について学びます。そして，ソフトウェアでは，システム上で動いているソフトウェアについて，ハードウェアではシステムを構成するハードウェアについて学びます。

2-1 コンピュータ構成要素

現在のコンピュータのほとんどは，「プログラム内蔵方式」と呼ばれる，フォン・ノイマンが考案した形のコンピュータです。プログラム内蔵方式では，コンピュータの内部にプログラムを保存することで様々な処理を行うことができます。

プログラム内蔵方式

コンピュータは，登場した当初は，決まった演算を高速で行う機械でした。計算式を変更したり，別の目的で使用したりする場合には，そのたびに機械の配線をつなぎ替える必要がありました。

そうした煩雑さを解消し，コンピュータを多様な目的で使用できるようにするために考え出されたのが，**プログラム内蔵方式**です。コンピュータの内部にプログラムを記憶させることで，プログラムを切り替えて様々な処理を実行させることが可能になりました。

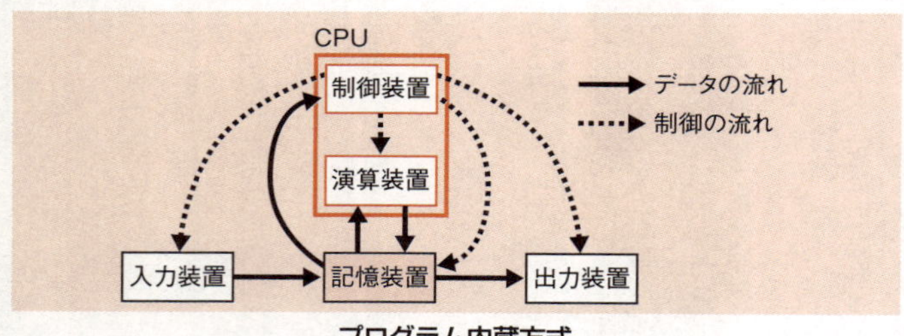

プログラム内蔵方式

プログラム内蔵方式では，演算を行う**演算装置**のほかに，プログラムの制御を行う**制御装置**，プログラムやデータを記憶しておく**記憶装置**が必要となります。演算装置と制御装置は，**CPU**（Central Processing Unit）と呼ばれる，コンピュータの心臓部に当たるハードウェアです。記憶装置は**メモリ**と呼ばれ，入力したデータ，出力するデータ，CPUで演算するデータがすべて格納されています。記憶装置の一部で，CPUと直結した，速度が最速のものをレジスタといいます。

さらに，外部からデータやプログラムを入力するための**入力装置**や，外部に結果を出力するための**出力装置**も必要です。さらに，それらの装置をつなぐための経路，**バス**や**入出力デバイス**も，コンピュータを構成する大事な要素となります。

勉強のコツ

応用情報技術者試験におけるコンピュータの構成要素では，基本情報技術者試験に比べて，それぞれの仕組みについての深い理解を問われる問題が出題されます。プロセッサの動作原理やメモリとキャッシュメモリの関係など，動きをしっかり理解しておきましょう。

動画

コンピュータシステムの分野についての動画を以下で公開しています。
http://www.wakuwakuacademy.net/itcommon/2

本書では取り扱っていない基本的な内容や，CPU（プロセッサ）の動きなどについて詳しく解説しています。本書の補足として，よろしければご利用ください。

2

2-1-1 プロセッサ

プロセッサは，コンピュータの内部でコンピュータを動作させるためのハードウェアです。プロセッサが使われる装置の代表的なものに，コンピュータの中心であるCPUがあります。

コンピュータには，PCや携帯端末（タブレット，スマートフォン）などのほかに，サーバやスーパコンピュータ，**量子コンピュータ**があります。量子コンピュータは，量子ビット（Quantum bit）という単位で，量子力学で用いられる重ね合わせの原理を用いて情報を扱います。量子コンピュータの実現方法には，量子ゲートを用いる汎用的な量子ゲート型や，組合せ最適化問題などに特化した**量子アニーリング型**などがあります。

プロセッサの種類

プロセッサには，コンピュータの中心として汎用的に用いられるCPU以外にも，それぞれの役割に特化したプロセッサがあります。代表的なプロセッサには，次のようなものがあります。

①DSP（Digital Signal Processor）

A/D変換など，ディジタル信号処理に特化したプロセッサです。

②FPU（Floating Point Unit）

浮動小数点演算に特化したプロセッサです。

③GPU（Graphics Processing Unit）

画像処理のための行列演算を行うプロセッサです。画像処理以外の汎用の行列演算でも利用でき，**ディープラーニング**などの演算に用いられています。

GPUについて，応用情報技術者試験では次の出題があります。

【GPUの利点】

・令和3年春 午前 問10

命令のステージと実行手順

プロセッサは，命令を実行します。ただ，一言で「命令を実行」といっても，命令（プログラム）自体は記憶装置にありますし，計算命令などを実行する場合は，その前にデータを用意する必要があります。このように，一つの命令を実行するまでにやることはいくつもあり，それぞれをステージと呼びます。代表的なものが次の五つのステージであり，①～⑤の順に実行されます。

CPUの種類によって，ステージの数に差があります。IntelのPentiumでは5ステージでしたが，MotorolaのMC68040では6ステージです。細かいステージの内容はメーカごとに異なるので，命令実行の流れを押さえておきましょう。

①	②	③	④	⑤
取	解	デ	実	格

五つのステージ

①命令の取り出し（「取」と略）

実行する命令を記憶装置（またはキャッシュメモリ）から1行取り出します。

発展

命令を実行するときの情報は，レジスタに格納されます。次に実行するプログラム命令のアドレスを記憶するものがプログラムレジスタ（プログラムカウンタ），命令を解読するために命令そのものを格納するものを命令レジスタといいます。

②命令の解読（「解」と略）

制御装置で命令を解読して，何を行うかを知ります。例えば，「ADD A，B」という命令なら，「AとBを加算してその結果をAに格納する」ということを理解します。

③データの取り出し（「デ」と略）

記憶装置（またはキャッシュメモリ）から，命令の実行に使うデータを演算装置に取り出します。前述の「ADD A，B」なら，AとBに対応するデータを取得します。

④命令の実行（「実」と略）

演算装置で命令を実行します。実際に計算などを行うステージです。

⑤結果の格納（「格」と略）

演算結果を記憶装置（またはキャッシュメモリ）に格納します。

一つの命令を実行するのに，このように複数のステージが必要です。そして，プロセッサが進化するにつれ，この処理を並列で動かすことで高速化を実現していきます。

プロセッサの高速化技術

プロセッサを高速化する一番単純な方法は，クロック周波数（1秒間に実行されるクロック（ステージ）の数）を上げることです。ただ，その方法だけでは限界があるので，次のような様々な高速化技術が考えられました。

参考

CPUのクロック周波数は，1秒間に何クロック実行できるかを表す数値です。例えば，クロック周波数1GHzというときには，1秒間に1G（$=1\times10^9$）クロックが実行されます。これは，1クロックを実行するのに1／（1×10^9）秒$=1\times10^{-9}$秒＝1n（ナノ）秒かかることを意味します。

①パイプライン

命令のステージを一つずつずらして，同時に複数の命令を実行させる方法です。右図のようなイメージになります。分岐命令などで順番が変わると，パイプラインハザードが発生し，処理のやり直しとなります。

取	解	デ	実	格		
	取	解	デ	実	格	
		取	解	デ	実	格

パイプラインのイメージ

②スーパスカラ

パイプラインのステージを複数同時に実行させることで効率化を実現します。右図のようなイメージです。演算の割当てはハードウェアによって動的に行います。

取	解	デ	実	格	
取	解	デ	実	格	
	取	解	デ	実	格
	取	解	デ	実	格

スーパスカラのイメージ

③スーパパイプライン

パイプラインをさらに細分化して，一度に実行できる命令数を増やす方法です。右図のようなイメージです。Pentium4では一つの命令を20ステージに分けています。

取	解	デ	実	格
取	解	デ	実	格
取	解	デ	実	格

スーパパイプラインのイメージ

④VLIW（Very Long Instruction Word：超長命令語）

命令語を長くすることで，一つの命令で複数の機能を一度に実行できるようにしたものです。パイプラインと合わせた実行イメージは右図のようになります。

超長命令の由来は，命令語が通常128ビットと長いことです。長い命令に複数の機能を含むことで，一度の命令取得で多くの機能を実現できます。

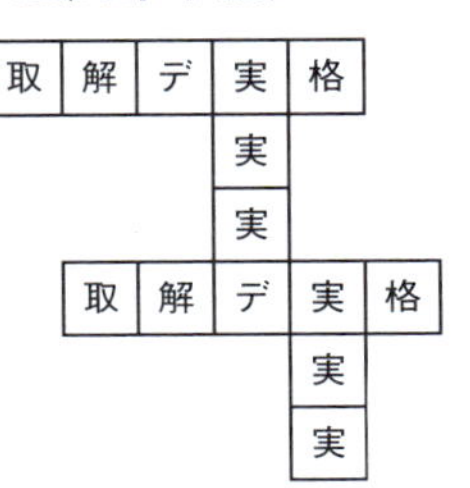

VLIWのイメージ

それでは，次の問題で確認してみましょう。

用語

パイプラインハザードとは，複数の命令を実行する場合に，その関係から命令の処理を中断しなければならない状況を指します。
パイプラインハザードには，以下の3種類があります。
- **制御ハザード**：分岐処理（if文など）で処理の順番が変わる
- **データハザード**：複数の処理で同じデータを扱うことにより不具合が生じる
- **構造ハザード**：同じハードウェアを同時に使用することによる競合が原因となる

プロセッサの分野では，パイプライン，スーパスカラなど高速化技術に関する問題が多く出題されています。

問題

スーパスカラの説明として，適切なものはどれか。

ア　処理すべきベクトルの長さがベクトルレジスタよりも長い場合，ベクトルレジスタ長の組に分割して処理を繰り返す方式である。
イ　パイプラインを更に細分化することによって，高速化を図る方式である。
ウ　複数のパイプラインを用い，同時に複数の命令を実行可能にすることによって，高速化を図る方式である。
エ　命令語を長く取り，一つの命令で複数の機能ユニットを同時に制御することによって，高速化を図る方式である。

（平成27年春 応用情報技術者試験 午前 問9）

解説

スーパスカラは，複数のパイプラインを用いて同時に複数の命令を実行するので，ウが正解です。
ア　ベクトルプロセッサに関する説明です。
イ　スーパパイプラインの説明です。
エ　VLIWの説明です。

≪解答≫ウ

過去問題をチェック
プロセッサの高速化技術に関する問題は，応用情報技術者試験の午前の定番です。
【パイプライン】
・平成21年秋 午前 問9
・平成23年秋 午前 問9
・平成27年春 午前 問10
・平成27年秋 午前 問8
・平成28年秋 午前 問8
・平成29年秋 午前 問8
【VLIW】
・平成22年春 午前 問9
・平成28年秋 午前 問11
・平成30年春 午前 問9
【スーパスカラ】
・平成22年秋 午前 問10
・平成24年春 午前 問11
・平成24年秋 午前 問9
・平成31年春 午前 問8
【パイプラインハザード】
・平成25年春 午前 問10
・平成26年秋 午前 問7

マルチプロセッサ

プロセッサ自体を高速化させる技術のほかに，複数のプロセッサを同時に稼働させて高速化を図るマルチプロセッサという方法があります。マルチプロセッサの結合方式には次の2種類があります。

①密結合マルチプロセッサ

複数のプロセッサが，**メモリ（主記憶）を共有**するものです。外見的には一つに見えるプロセッサの中に複数のプロセッサ（コア）を封入した**マルチコアプロセッサ**という形態も，密結合マルチプロセッサの一種です。マルチコアプロセッサは，現在のCPU高速化技術の主流となっています。

マルチプロセッサについては，結合方式だけでなく処理方式についても問われることがあります。
複数のプロセッサで同じデータに対して異なる処理を実行することをMISD（Multiple Instruction stream, Single Data stream），プロセッサごとに異なる命令を実行することをMIMD（Multiple Instruction stream, Multiple Data stream）といいます。一般的に分散システムは，MIMDです。

②疎結合マルチプロセッサ

複数のプロセッサに別々のメモリを割り当てたものです。複数の独立したコンピュータシステムがあるのと同じなので，その間に高速な通信システムを用いてデータのやり取りを行います。**クラスタシステム**などは，疎結合マルチプロセッサの一種です。

発展

PCでよく用いられているCPUであるIntelのCore i3は，デュアルコア（プロセッサが二つ）のマルチコアプロセッサです。Core i5, Core i7にはクアッドコア（プロセッサが四つ）やヘキサコア（プロセッサが六つ）のものもあります。

プロセッサの省電力技術

プロセッサでは，高速化するだけではなく，消費電力を抑えるための工夫も必要です。プロセッサの省電力化技術には，動作していない回路ブロックへのクロック供給を停止するクロックゲーティングや，動作していない回路ブロックへの電源供給を遮断する**パワーゲーティング**などがあります。

プロセッサの性能指標

プロセッサにはいろいろな種類があります。いくつかの性能指標があり，その数値を基に，異なるプロセッサの性能を比較します。代表的な性能指標は，以下のとおりです。

①MIPS（Million Instructions Per Second）

1秒間に何百万個の命令が実行できるかを表します。PCやサーバなどのプロセッサの性能を表すときによく用いられる指標です。ほとんど分岐のないプログラムを実行させたときのピーク値を示すため，実際のアプリケーションを動かした場合の性能とは異なります。

②FLOPS（Floating-point Operations Per Second）

1秒間に浮動小数点演算が何回できるかを表したものです。科学技術計算やシミュレーションを行うスーパーコンピュータ，ゲーム機などの性能を表すのによく用いられます。

それでは，実際のMIPS値の計算を行ってみましょう。

過去問題をチェック

プロセッサの性能について，応用情報技術者試験では次の出題があります。計算問題が中心です。

【MIPSの計算】
・平成22年秋 午前 問9
・平成25年春 午前 問9
・令和3年春 午前 問9

【処理時間比較】
・平成22年春 午前 問10
・平成24年春 午前 問12

【ピーク演算性能】
・平成21年秋 午前 問14
・平成28年春 午前 問13
・令和2年10月 午前 問12

問題

表に示す命令ミックスによるコンピュータの処理性能は，何MIPSか。

命令種別	実行速度（ナノ秒）	出現頻度（%）
整数演算命令	10	50
移動命令	40	30
分岐命令	40	20

ア 11　　イ 25　　ウ 40　　エ 90

（令和3年春 応用情報技術者試験 午前 問9）

解説

表では，整数演算命令の実行速度が10ナノ秒でこの出現頻度が50%（0.5），移動命令の実行速度が40ナノ秒で出現頻度が30%（0.3），分岐命令の実行速度が40ナノ秒で出現頻度が20%（0.2）です。1ナノ秒は10^{-9}秒なので，この命令ミックスの1命令当たりの実行時間は，次の式で求めることができます。

$$10 \times 10^{-9}\,[\text{秒}] \times 0.5 + 40 \times 10^{-9}\,[\text{秒}] \times 0.3 + 40 \times 10^{-9}\,[\text{秒}] \times 0.2$$
$$= 25 \times 10^{-9}\ [\text{秒}]$$

そのため，コンピュータの処理性能MIPS（$= 10^{6}$命令／秒）を求めると，次のようになります。

$$1 / (25 \times 10^{-9})\,[\text{秒／命令}] = 40 \times 10^{6}\,[\text{命令／秒}] = 40\,[\text{MIPS}]$$

したがって，ウが正解です。

≪解答≫ウ

割込み

現在実行中のプログラムを中断して別の処理を行うことを割込みといいます。割込みには，次の2種類があります。

①内部割込み

実行しているプログラムの内部からの割込みです。ソフトウェアからの割込みなのでソフトウェア割込みということもあります。内部割込みには次のような種類があります。

- **プログラム割込み** …… プログラム内で0の割り算やオーバフローが起こったときに発生する
- **SVC割込み** …………… プログラムがOSに処理を依頼するときに行われる
- **ページフォールト** …… 仮想記憶管理において存在しないページにアクセスするときに行われる

用語

SVC(Super Visor Call:スーパバイザコール)とは，OSの中心部であるカーネルを呼び出すための命令のことです。OSが一般のプログラムに提供する機能が関数として提供されています。

②外部割込み

外部割込みには次のような種類があります。ハードウェア関連の割込みなのでハードウェア割込みともいいます。

- **タイマ割込み** …………… タイマから行われる
- **機械チェック割込み** …… ハードウェアの異常が検出されたときに行われる
- **入出力割込み** …………… キーボードなどの入出力装置から行われる
- **コンソール割込み** ……… コンソールからスイッチが行われたときに発生する

エンディアン

エンディアンとは，複数バイトのデータを格納するときに，それをメモリに配置する方式です。バイトオーダともいいます。データの上位バイトから順番にメモリに並べる方式をビッグエンディアン，データの下位バイトから順にメモリに並べる方式をリトルエンディアンと呼びます。

実際の例で確認してみましょう。

参考

エンディアンの方式は，CPUによって決まっています。Intel系のCPUではリトルエンディアン，モトローラ系のCPUではビッグエンディアンが一般的です。

問題

主記憶の1000番地から，表のように4バイトの整数データが格納されている。これを32ビットのレジスタにロードするとき，プロセッサのエンディアンとレジスタにロードされる数値との組合せとして，正しいものはどれか。

バイトアドレス	データ
1000	00
1001	01
1002	02
1003	03

	リトルエンディアン	ビッグエンディアン
ア	00010203	02030001
イ	00010203	03020100
ウ	02030001	00010203
エ	03020100	00010203

（平成23年特別 応用情報技術者試験 午前 問11）

解説

リトルエンディアンでは，下位バイト，つまりバイトアドレスが大きい方（1003番地）から順に1003番地，1002番地……とデータを並べます。そのため，リトルエンディアンでロードされる数値は，03020100となります。

逆にビックエンディアンでは，上位バイト，つまりバイトアドレスが小さい方（1000番地）から順に1000番地，1001番地……とデータを並べます。そのため，ビックエンディアンでロードされる数値は，00010203となります。

したがって，それぞれの数値が正しいエが正解です。

≪解答≫エ

発展

ネットワークでデータを伝送する場合には，こういったエンディアンによる違いがあると大変なので，すべてビッグエンディアンに変換してから送信します。このことを**ネットワークバイトオーダ**と呼びます。

▶▶▶覚えよう！

- □ **内部割込みはソフトウェア，外部割込みはハードウェア**
- □ **密結合はメモリを共有，疎結合はメモリ間で通信**

2-1-2 メモリ

メモリ（記憶装置）とは，コンピュータにおいて情報の記憶を行う装置です。記憶装置には，プロセッサが直接アクセスできる主記憶装置と，それ以外の補助記憶装置の2種類があります。

> 参考
> 一般に，主記憶装置のRAMをメモリ，補助記憶装置で情報を永続的に記憶するものをストレージと呼びます。ただし，フラッシュメモリなどを用いた補助記憶装置もあるので，注意が必要です。

主記憶装置の種類

主記憶装置には，大きく分けて，読み書きが自由な**RAM**（Random Access Memory）と，読出し専用の**ROM**（Read Only Memory）の2種類があります。

RAM

一般的に使用されている半導体メモリを使ったRAMには，**電源の供給がなくなると内容が消えてしまう**という特徴があります。このような特徴があるため，揮発性メモリと呼ばれることもあります。そのため，電源を切った後も保存しておきたい情報は補助記憶装置に退避させておき，必要に応じてメモリに呼び出します。

> 発展
> メモリの「電源の供給がなくなると内容が消えてしまう」という特徴は，いろいろな分野で考慮する必要のあるポイントです。
> 例えば，データベースなどでは，障害時でもコミットしたデータを復旧させるために，あらかじめ更新後ログを取得して，メモリのデータが飛んでも支障が出ないようにしておきます（詳細は，「3-3-4　トランザクション処理」参照）。

また，RAMには，一定時間たつとデータが消失してしまう**DRAM**（Dynamic RAM）と，電源を切らない限り内容を保持している**SRAM**（Static RAM）の2種類があります。それぞれの特徴を以下にまとめます。

DRAMとSRAMの特徴

特徴	DRAM	SRAM
リフレッシュ	必要	**不要**
速度	低速	**高速**
電力消費	高消費電力	**低消費電力**
コスト	**安価**	高価
容量	**大容量**	小容量
用途	**メモリ**	**キャッシュメモリ**

主記憶装置に使う**メモリ**には，コストと容量の関係でDRAMが用いられます。しかし，プロセッサがメモリに直接アクセスすることが多くなると処理速度の低下が起こるので，高速な**キャッシュメモリ**を間に置いて両者のギャップを埋めます。このキャッシュメモリにはSRAMが用いられます。メモリに用いられる

> SDRAMの規格は，DDR，DDR2，DDR3，DDR4と発展してきています。現在のメモリで主流なのは，DDR4のSDRAMです。

DRAMは，現在ではほとんどが，システムのバスと同期して動作するSDRAM（Synchronous DRAM）となっています。

ROM

ROMは，基本的に読出し専用の記憶装置ですが，種類によっては全消去，書込み，追記が可能なことがあります。電気の供給がなくても記憶を保持できるため，不揮発性メモリと呼ばれることもあります。

ROMには，書換えが不可能な**マスクROM**と，書込みが可能な**PROM**（Programmable ROM）があります。書込みが可能なROMは，記憶を保持する機器として様々な場面で利用されています。その代表例が，ブロック単位での消去や書込みを行う**フラッシュメモリ**です。他に，結晶状態と非結晶状態の違いを利用して情報を記憶する**相変化メモリ**もあります。

フラッシュメモリはROMの一種ですが，USBメモリやSSD（Solid State Disk）など様々な記憶媒体に使われています。本来ROMなので何度も書換えを行うと劣化するため，書換え回数に上限があります。

キャッシュメモリ

キャッシュメモリは，プロセッサとメモリの性能差を埋めるために両者の間で用いるメモリです。高速である必要があるため，**SRAM**が用いられます。近年では，CPUのチップ内に取り込まれ，内蔵されることが一般的です。

キャッシュメモリは，アドレス管理を効率的に行い，処理を高速化するために，データの格納方法や更新方式に様々なアーキテクチャを採用しています。また，その効果は**ヒット率**（P.138参照）によって変わってきます。

最近のCPUには，キャッシュメモリを多段構成にして，CPUに近い順に1次キャッシュ，2次キャッシュとするものが多く見られます。

キャッシュメモリに関する問題は，応用情報技術者試験では定番で出題されています。

【キャッシュメモリ】
- 平成24年春 午前 問13
- 平成24年秋 午前 問11
- 平成25年春 午前 問12
- 平成25年秋 午前 問11
- 平成26年秋 午前 問9
- 平成29年春 午前 問10，問16
- 平成29年秋 午前 問11
- 令和元年秋 午前 問10
- 令和3年春 午前 問12

キャッシュメモリのデータ格納方法

キャッシュメモリでデータを管理するときには，ブロックと呼ばれる一定長の単位にまとめます。このとき，メモリのデータがキャッシュメモリのどの部分にあるのかを管理する方法には次の三つがあります。

①ダイレクトマップ方式

メモリのアドレスごとに，キャッシュメモリの格納場所が一つに決まる方式です。メモリのアドレスさえ分かれば場所が特定できるので検索は容易ですが，その分データの衝突が起こりやすくなり，ヒット率が下がります。

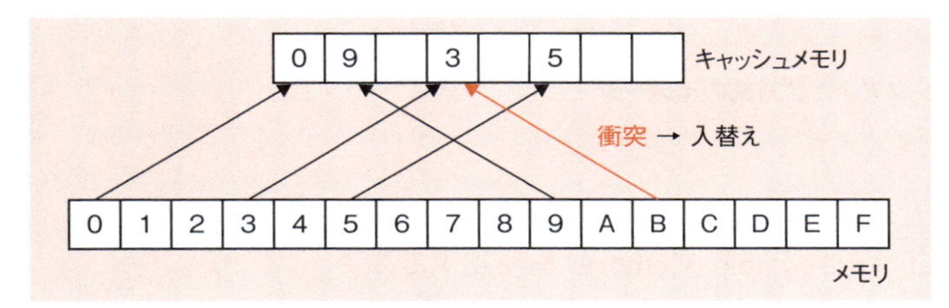

ダイレクトマップ方式のイメージ

②フルアソシアティブ方式

アドレスによる振分けを行わず，キャッシュメモリの空いているブロックならどこでも使える方式です。キャッシュメモリがいっぱいになるまでデータの衝突は起こりませんが，データの使用時に毎回，すべてのブロックを検索する必要があるため，応答速度に問題が出てきます。

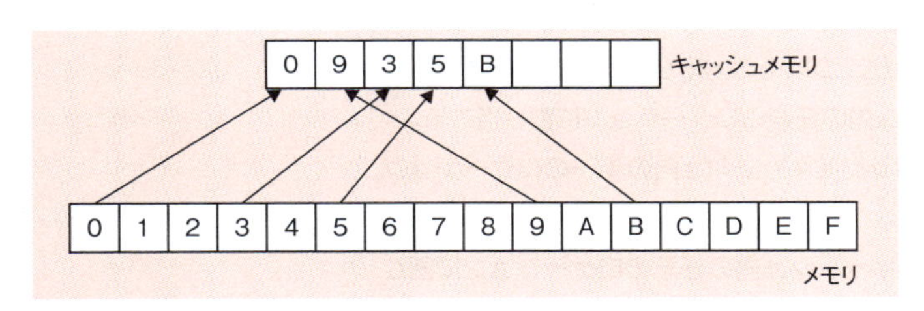

フルアソシアティブ方式のイメージ

③セットアソシアティブ方式

ダイレクトマップ方式とフルアソシアティブ方式には，どちらも一長一短あります。そこで，キャッシュメモリを複数のグループに分け，そのグループ内でならどこでも使えるというセットアソシアティブ方式が考えられました。

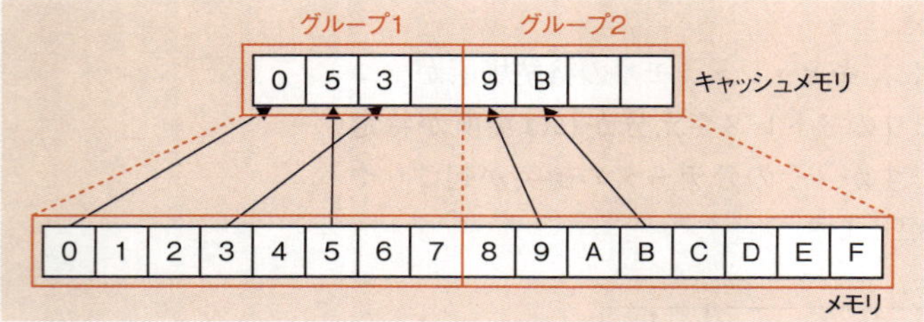

セットアソシアティブ方式のイメージ

セットアソシアティブ方式とフルアソシアティブ方式では，**連想メモリ**（CAM：Content Addressable Memory）を使用することで検索を高速化しています。

それでは，実際の問題を解いて確認しましょう。

問題

キャッシュメモリにおけるダイレクトマップ方式の説明として，適切なものはどれか。

ア　アドレスが連続した二つ以上のメモリブロックを格納するセクタを，キャッシュ内の任意のロケーションに割り当てる。
イ　一つのメモリブロックをキャッシュ内の単一のロケーションに割り当てる。
ウ　メモリブロックをキャッシュ内の任意のロケーションに割り当てる。
エ　メモリブロックをキャッシュ内の二つ以上の配置可能なロケーションに割り当てる。

（平成24年春 応用情報技術者試験 午前 問10）

2

解説

ダイレクトマップ方式では，メモリブロックに対して格納場所（ロケーション）は一つに決まります。したがって，イが正解です。ウの任意のロケーションに割り当てる方式がフルアソシアティブ方式，エの二つ以上の配置可能なロケーションに割り当てる方式がセットアソシアティブ方式です。

《解答》イ

キャッシュメモリのデータ更新方式

プロセッサがキャッシュメモリのデータを更新した場合，その内容をメモリに反映させる必要があります。しかし，メモリにアクセスするのには時間がかかり，毎回アクセスしていると効率が悪くなります。そのため，更新方式に次の2種類が用意されています。

①ライトスルー方式

プロセッサがキャッシュメモリに書込みを行ったとき，その内容を同時にメモリにも転送する方式です。単位時間の処理量であるスループットが悪くなるという制約がありますが，**コヒーレンシ**（データの一貫性）は保たれます。

キャッシュメモリを多段で構成している場合，ライトスルー方式には1次キャッシュ，ライトバック方式には2次キャッシュが用いられることが多いです。2段目のキャッシュがある場合には速度の低下があまり起こらないので，ライトスルー方式の方が安心だからです。

②ライトバック方式

プロセッサがキャッシュメモリに書き込んでも，すぐにはメモリに転送しない方式です。キャッシュメモリのデータがメモリに追い出されるなど，条件を満たした場合にのみメモリに書き込まれます。スループットは良くなりますが，コヒーレンシが保たれないことがあります。

それでは，問題で知識の確認をしていきましょう。

問題

主記憶アクセスの高速化技術であるライトバック方式における，キャッシュメモリ及び主記憶への書込みの説明として，適切なものはどれか。

ア　キャッシュメモリ及び主記憶の両方に同時に書き込む。
イ　キャッシュメモリにだけ書き込み，対応する主記憶の更新は，キャッシュメモリからデータが追い出されるときに行う。
ウ　キャッシュメモリへの書込みと同時にバッファに書き込んだ後，バッファから主記憶へ順次書き込む。
エ　主記憶を，独立して動作する複数のブロックに分けて，各ブロックに並列に書き込む。

（平成23年特別 応用情報技術者試験 午前 問12）

解説

ライトバック方式では，更新があったときにはキャッシュメモリにだけ書込みを行います。その後，主記憶の更新は，キャッシュメモリのデータが追い出されるときなどに行うので，イが正解です。

アはライトスルー方式，エはメモリインタリーブの説明です。ウのようなバッファは，キャッシュメモリと主記憶の間にはありません。

≪解答≫ウ

キャッシュメモリのヒット率

キャッシュメモリを用いてCPUとメモリがやり取りするとき，データがキャッシュメモリ上にある確率のことを，キャッシュメモリの**ヒット率**といいます。また，そのヒット率が分かることで，キャッシュメモリに存在する場合もしない場合も含めた，平均的なアクセス時間である**実効アクセス時間**を計算することができます。実効アクセス時間を求める式は，以下のようになります。

実効アクセス時間＝
キャッシュメモリへのアクセス時間×ヒット率
＋メモリへのアクセス時間×（1－ヒット率）

メモリインタリーブ

キャッシュメモリ以外の，CPUとメモリのデータ転送を高速化する技術に**メモリインタリーブ**があります。メモリインタリーブでは，データを複数のメモリバンクに順番に分割して配置しておきます。データを読み出すときには，その複数のメモリバンクにほぼ同時にアクセスすることで，効率良くデータを取り出します。

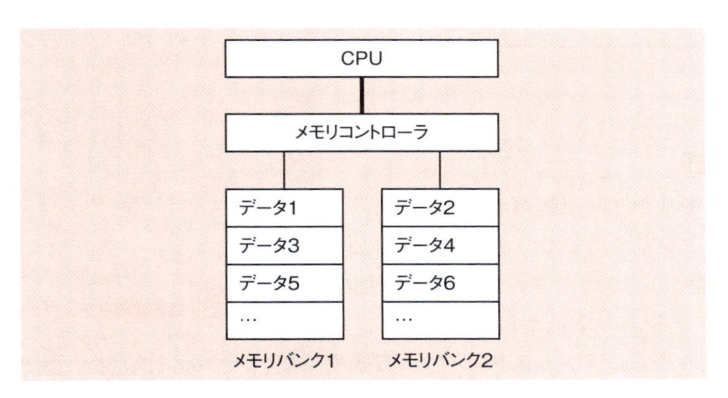

メモリインタリーブのイメージ

それでは，問題を例に，確認してみましょう。

問題

メモリインタリーブの説明として，適切なものはどれか。

ア　主記憶と外部記憶を一元的にアドレス付けし，主記憶の物理容量を超えるメモリ空間を提供する。

イ　主記憶と磁気ディスク装置との間にバッファメモリを置いて，双方のアクセス速度の差を補う。

ウ　主記憶と入出力装置との間でCPUとは独立にデータ転送を行う。

エ　主記憶を複数のバンクに分けて，CPUからのアクセス要求を並列的に処理できるようにする。

（平成30年春 応用情報技術者試験 午前 問11）

解説

メモリインタリーブは，CPUと主記憶（メモリ）のデータ転送を高速化する技術です。主記憶の連続したアドレスを複数のバンクに分けて，並列的にアクセスすることで高速化を行うので，エが正解です。アは仮想記憶，イはディスクキャッシュ，ウはDMA（Direct Memory Access）の説明です。

≪解答≫エ

記憶領域の管理方式

メモリやキャッシュメモリなどの記憶領域を割り当てるときには，どの領域にどのデータを割り当てるのかを管理する必要があります。記憶領域を管理するアルゴリズムの代表的なものには，記憶領域の空き領域をアドレスの下位から順に検索し，最初に見つかった空き領域を割り当てる**ファーストフィット方式**や，空き領域のうち，要求された大きさを満たす最小のものを割り当てる**ベストフィット方式**があります。

ベストフィット方式について，応用情報技術者試験では以下の出題があります。
【ベストフィット方式】
・平成26年春 午前 問5

▶▶▶覚えよう！

- □ 配置場所が決まるのがダイレクトマップ，自由なのがフルアソシアティブ，グループ内がセットアソシアティブ
- □ ライトスルーはメモリまでスルー，ライトバックはためる

2-1-3 バス

バス(Bus)とは，コンピュータ内部でデータをやり取りするための伝送路です。代表的なバスには，USBやIEEE 1394，Bluetoothなどがあります。

シリアルバスとパラレルバス

1ビットずつ順番にデータを転送するバスを**シリアルバス**，データの複数ビットをひとかたまりにして複数本の伝送路で送るバスを**パラレルバス**といいます。PCが普及した初期の頃にはRS-232Cなどのシリアルバスが中心でしたが，その後，SCSIなどのパラレルバスが主流になりました。しかし，複数の伝送路でデータを送ると干渉が発生するため，高周波信号で高速にデータを送るにはシリアルバスが適しているということから，近年ではまた，USBなどの**シリアルバスが主流**になってきています。

代表的なバス

①USB（Universal Serial Bus）

コンピュータの周辺機器を接続するためのシリアルバス規格の一つです。マウスやキーボードなど，様々な周辺機器を接続できます。USBケーブルから電力を供給して周辺機器を動作させるバスパワーを利用することが可能です。

USBのバスパワーは電力が限られているので，電力供給不足で周辺機器が動かないことがあります。外付けハードディスクやDVDプレーヤーなど，電力を多く消費する機器を使用する場合は，バスパワー不足に注意する必要があります。

USBの規格

規格	スピードモード	最大データ転送速度
USB 1.1	フルスピード	12Mビット／秒
USB 2.0	ハイスピード	480Mビット／秒
USB 3.0	スーパースピード	5Gビット／秒
USB 3.1	スーパースピードプラス	10Gビット／秒

②IEEE 1394

AV機器などとコンピュータを接続するシリアルバス規格の一つです。アップルが提唱した**FireWire**を標準化したものです。ソニーではi.LINKと呼んでいます。PCのポートからDVDドライブ，DVDドライブのポートからハードディスクというように数珠つなぎに接続するデイジーチェーン方式を採用しています。

③ATA（Advanced Technology Attachment）

コンピュータとハードディスク間のインタフェース規格で，パラレルバスの一つです。パラレルATAとも呼ばれます。

④シリアルATA

パラレルATAをシリアルバスにして高速化したインタフェース規格です。現在主流になっているハードディスクやSSD，光学ドライブを接続する規格です。ホストコントローラとポイントツーポイントで周辺機器を接続します。

⑤Bluetooth

ディジタル機器用の近距離無線通信規格の一つです。IEEE 802.15.1で規格化されています。2.4GHz帯を利用して，マウスやキーボード，携帯ヘッドセットなどの周辺機器を接続します。

Bluetoothはバージョン4.0で大幅に省電力化されました。この省電力化された規格を，**BLE**（Bluetooth Low Energy）といいます。

参考
IEEE 802.15は，近距離無線通信の仕様をまとめるために，無線LANの規格をまとめているIEEE 802.11から独立して設置された分科会です。

⑥ZigBee

センサネットワークで用いられる低電力で低速の規格です。IEEE 802.15.4で規格化されています。また，IEEE 802.15.4を拡張したIEEE 802.15.4gをベースに相互接続を行う無線通信規格に，Wi-SUN（Wireless Smart Utility Network）があります。

用語
センサネットワークとは，複数のセンサ付きの無線端末が互いに強調して環境や物理的状況のデータを採取する無線ネットワークです。具体例としては，電力や温度などのモニタで数か所を計測して節電する省エネシステムなどに利用されています。

⑦DisplayPort

液晶ディスプレイなどの出力装置のために設計された映像出力インタフェースの規格です。

それでは，次の問題を考えてみましょう。

問題

USB 3.0の特徴として，適切なものはどれか。

ア　USB 2.0は半二重通信であるが，USB 3.0は全二重通信である。
イ　Wireless USBに対応している。
ウ　最大供給電流は，USB 2.0と同じ500ミリアンペアである。
エ　ピン数が9本に増えたので，USB 2.0のケーブルは挿すことができない。

（平成30年春 応用情報技術者試験 午前 問12）

解説

USB（Universal Serial Bus）とは，周辺機器を接続するためのシリアルバスの規格です。USB 2.0，USB 3.0など様々な世代があり，USB 3.0では，最大データ転送速度が5Gbpsとなっています。通信の方式は，USB 2.0までは半二重通信でしたが，USB 3.0からは全二重通信に変更されました。したがって，アが正解です。

イ　Wireless USBは無線での通信技術の一つで，USB規格とは別のものです。
ウ　最大供給電流は，USB 2.0の500ミリアンペアに対し，USB 3.0では900ミリアンペアと増加しています。
エ　ピン数は増加しましたが，ピン形状の工夫により，USB 1.1やUSB 2.0などとの互換性も確保されています。

≪解答≫ア

過去問題をチェック

バスに関する問題では，新しい技術について問われることが多いです。

【USB 2.0】
・平成21年秋 午前 問12
【USB 3.0】
・平成28年春 午前 問10
【ZigBee】
・平成31年春 午前 問11
【DisplayPort】
・令和元年秋 午前 問11
【BLE】
・令和3年春 午前 問32

覚えよう！

☐ **USB 2.0はハイスピードモードで480Mビット／秒，USB 3.0はスーパースピードモードで5Gビット／秒**

2-1-4 入出力デバイス

入出力デバイスとは，入出力装置や補助記憶装置などの機器です。それらとコンピュータをつなぎ，データをやり取りするのが入出力インタフェースです。また，デバイスにインタフェースを提供するソフトウェアがデバイスドライバです。

入出力インタフェースには，「2-1-3 バス」で説明したUSB，IEEE 1394などが汎用的に利用されます。

入出力制御の方式

入出力制御は通常，CPUを通して行われますが，それだけでは効率が良くありません。そのため，以下のような入出力制御の方式が用意されています。

①DMA（Direct Memory Access）制御方式

DMAコントローラを用いて，メモリと入出力装置間やメモリとメモリ間のデータ転送を，CPUを通さずに行います。

②チャネル制御方式

専用ハードウェアの**チャネル装置**を用いて，CPUを通さずにデータ転送を行います。DMAではCPUの指示で処理を行いますが，チャネル制御方式では，チャネル装置が独自に動作します。

それでは，問題を解いてみましょう。

2

問題

DMAの説明として，適切なものはどれか。

ア CPUが磁気ディスクと主記憶とのデータの受渡しを行う転送方式である。

イ 主記憶の入出力専用アドレス空間に入出力装置のレジスタを割り当てる方式である。

ウ 専用の制御回路が入出力装置，主記憶などの間のデータ転送を行う方式である。

エ 複数の命令の実行ステージを部分的にオーバラップさせて同時に処理し，全体としての処理時間を短くする方式である。

（平成25年秋 応用情報技術者試験 午前 問12）

解説

DMAでは，CPUを通さず，専用の制御回路であるDMAコントローラを用いて，入出力装置や主記憶などの間のデータ転送を行うので，ウが正解です。

アはCPUが直接制御する方式，イはメモリマップドI/O方式，エはパイプライン方式の説明です。

≪解答≫ウ

用語

メモリマップドI/O方式とは，主記憶の中に入出力専用のアドレス空間がある方式です。それに対して，入出力機器を主記憶とは分け，分離したアドレス空間を用意する**I/OマップドI/O方式**もあります。
これらは主記憶（メモリ）の利用に関する方式なので，入出力制御の方式とはまた違った区分です。

▶▶▶ 覚えよう！

□ **DMAはCPUを通さずにメモリ間のデータを転送**

2-1-5 入出力装置

頻出度 ★★★

プログラム内蔵方式の装置では，入力装置でデータを入力し，出力装置でデータを出力します。さらに，記憶装置のデータを永続的に保存しておくために補助記憶装置を使用します。それぞれの特徴と種類について見ていきましょう。

入力装置

入力装置には，キーボード，マウス，トラックボール，タブレットなどがあります。タッチスクリーンなど，画面に直接触れて入力するものも入力装置です。その他，スキャナやOCR（Optical Character Reader），OMR（Optical Mark Reader），バーコード読取り装置など，入力したデータを変換するものもあります。生体認証装置やICカード読取り装置なども入力装置です。

出力装置

出力装置には，ディスプレイやプリンタ，プロジェクタなどがあります。

ディスプレイの種類

ディスプレイには，以下のような様々な種類があります。

①STN（Super-Twisted Nematic）液晶ディスプレイ

単純マトリクス方式を採用したディスプレイです。単純マトリクス方式とは，X軸方向とY軸方向の2方向から電圧をかけて，交点の液晶を駆動させる方式です。STN液晶を上下2分割することで表示速度を改善させたDSTN（Dual-scan STN）液晶ディスプレイもあります。

②TFT（Thin Film Transistor）液晶ディスプレイ

薄型トランジスタを用い，アクティブマトリクス方式を採用したディスプレイです。アクティブマトリクス方式とは，単純マトリクス方式に加え，各液晶にアクティブ素子を配置させた方式です。

③有機EL（Electro-Luminescence）ディスプレイ

ELとは電圧をかけると発光する物理現象であり，有機発光素子を利用したものが有機ELディスプレイです。低電力で高い輝度を得ることができます。

3D映像の立体視を可能とする仕組み

3D映像を出力する場合，立体的に見えるようにするための工夫が必要です。3D映像の立体視を可能とする仕組みには，次のようなものがあります。

①アクティブシャッタ方式

利用者が眼鏡を利用することで，遠近感を伴う映像を表現します。右目用と左目用の映像を用意し，交互に表示します。映像の切替えのタイミングに合わせて，左右交互に映像を透過／遮断と繰り返すことで，立体視が可能となります。

②アナグリフ方式

片方の目に赤色，もう片方の目に青色のフィルタを付けた眼鏡を利用する方式です。ディスプレイに赤色と青色で右目用，左目用の映像を重ねて描画することで，立体視を可能とします。

③パララックスバリア方式

眼鏡を利用しない方式です。専用の特殊なディスプレイに右目用，左目用の映像を同時に描画し，網目状のフィルタを用いてそれぞれの映像が右目と左目に入るようにして，裸眼立体視を可能とします。

補助記憶装置

主記憶装置を補助する補助記憶装置には，以下の図に示すようにいろいろな記憶媒体（リムーバブルメディア）があります。

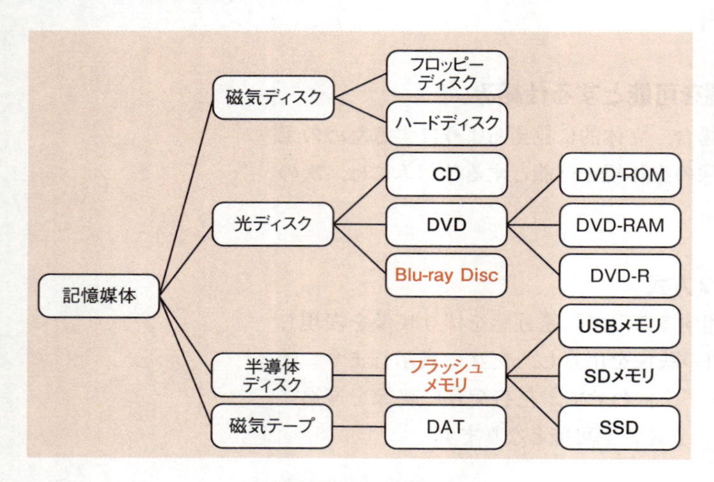

補助記憶媒体の種類

それでは，代表的なものについて見ていきましょう。

①ハードディスク

磁性体を塗布した円盤を重ねた記憶媒体です。数Tバイト程度の大容量のデータを格納することができます。

②CD（Compact Disc）

ディジタル情報を記録するための光ディスクの一種です。データの変更ができない**CD-ROM**や，追記のみ可能なCD-R，書換え可能な**CD-RW**などがあります。

③DVD（Digital Versatile Disc）

CDとほぼ同じ形式であり，CDよりはるかに大きい記憶容量をもつ光ディスクです。CDは700Mバイト程度が限界であるのに対し，DVDは片面1層で4.7Gバイト，両面2層で17.08Gバイトの容量をもちます。データの変更ができない**DVD-ROM**や，追記のみ可能な**DVD-R**やDVD+R，書換え可能な**DVD-RW**やDVD-RAM，DVD+RWなどがあります。

④Blu-ray Disc

青紫色半導体レーザーを使用する光ディスクです。DVDより大容量で，一層で25Gバイト，二層で50Gバイトを実現しています。データの変更ができない**BD-ROM**や，追記のみ可能な**BD-R**，書換え可能な**BD-RE**があります。

⑤フラッシュメモリ

フラッシュメモリは，書換え可能で，電源を切ってもデータが消えない半導体メモリです。EEPROMの一種です。記憶媒体としても，**USBメモリ**や**SDメモリカード**，**SSD**（Solid State Drive），メモリスティックなど様々な形態で用いられています。SDメモリカードには，上位規格として，SDHC（SD High Capacity）と**SDXC**（SD eXtended Capacity）があります。SDHCは，ファイルシステムにFAT32を採用し，最大32Gバイトの容量をもちます。SDXCは，ファイルシステムにexFATを採用することで，最大2Tバイトの容量を実現しています。

⑥DAT（Digital Audio Tape）

磁気テープの規格の一つです。ディジタル音声データを録音するための規格ですが，データのバックアップなどでも用いられます。**DDS**（Digital Data Storage）とも呼ばれます。DAT72では36Gバイト，DAT320では160Gバイトのデータを記録可能です。

▶▶▶覚えよう！

- □ TFT液晶は高輝度，有機ELディスプレイは低電力
- □ フラッシュメモリはEEPROMの一種

2-2 システム構成要素

システム構成要素では，システム，つまり複数のコンピュータやサーバ，プリンタなどが集まったときの全体の構成について学びます。前節のコンピュータ構成要素で一つ一つのハードウェアとして取り上げた機器の組合せ方や，組み合わせることで性能や信頼性がどうなるかということを考えていきます。

2-2-1 システムの構成

複数台のコンピュータを接続してシステムを構成するには，複数台のサーバを用意して並列に動かすなど，いろいろな工夫が必要になります。

> **勉強のコツ**
> システム構成要素は，コンピュータシステムの分野では**最も出題頻度が高い**項目です。午後問題でも問4で出題されますし，午前では毎回，3，4問出てきます。計算問題が多く，**稼働率**の計算が一番のポイントになります。直列・並列システム，またその組合せについて，計算練習を行っておきましょう。

システム構成の基本

システム構成の基本は，2台のシステムを接続する**デュアルシステム**と**デュプレックスシステム**です。3台，4台と増やす場合も，この考え方が基礎になります。

①デュアルシステム

二つのシステムを用意し，**並列して同じ処理を走らせて**，結果を比較する方式です。結果を比較することで高い信頼性が得られます。また，一つのシステムに障害が発生しても，もう一つのシステムで処理を続行することができます。

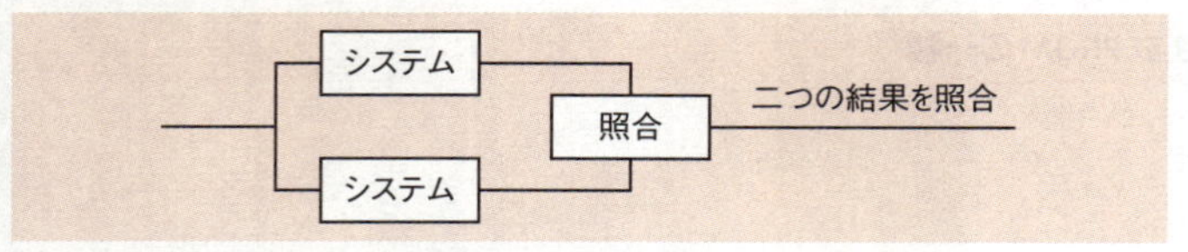

デュアルシステムのイメージ

②デュプレックスシステム

二つのシステムを用意しますが，普段は一つのシステムのみ稼働させて，もう一方は待機させておきます。このとき，稼働させるシステムを主系（現用系），待機させるシステムを従系（待機系）と呼びます。

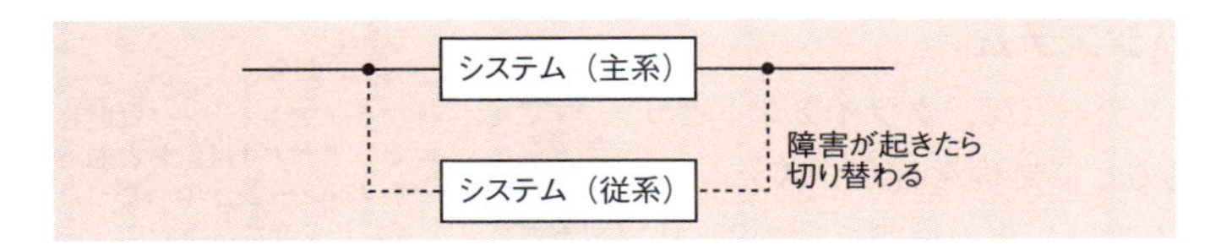

デュプレックスシステムのイメージ

デュプレックスシステムには，従系の待機のさせ方によって次の三つのスタンバイ方式があります。

●ホットスタンバイ

従系のシステムを**常に稼働可能な状態で**待機させておきます。具体的には，サーバを立ち上げておき，アプリケーションやOSなどもすべて主系のシステムと同じように稼働させておきます。そのため，主系に障害が発生した場合には，すぐに従系への切替えが可能です。故障が起こったときに自動的に従系に切り替えて処理を継続することを**フェールオーバ**といいます。

発展

ホット，ウォーム，コールドという言葉は，システムの待機系以外でも，よく使われます。
災害時の対応で，別の場所に情報処理施設（ディザスタリカバリサイト）を用意しておくときの形態に，**ホットサイト**，**ウォームサイト**，**コールドサイト**という呼び方を用います。

●ウォームスタンバイ

従系のシステムを本番と同じような状態で用意してあるのですが，すぐに稼働はできない状態で待機させておきます。具体的には，サーバは立ち上がっているものの，アプリケーションは稼働していないか別の作業を行っているかで，切替えに少し時間がかかります。

●コールドスタンバイ

従系のシステムを，機器の用意だけをして稼働せずに待機させておきます。具体的には，電源を入れずに予備機だけを用意しておいて，障害が発生したら電源を入れて稼働し，主系の代わりになるように準備します。主系から従系への切替えに最も時間がかかる方法です。

クライアントサーバシステム

クライアントサーバシステムとは，クライアントとサーバでそれぞれ役割分担して，協力して処理を行うシステムです。3層クライアントサーバシステムでは，その役割を次の三つに分けています。それぞれの役割をクライアントとサーバのどちらが行うかは，システムの形態によって異なります。

参考

クライアントサーバ（略してクラサバ）は，もともとホストマシンが中心だった頃に出てきた言葉です。ホストマシンとその端末の構成ではすべての処理をホストマシンが行っていましたが，クライアントサーバシステムでは，クライアントも処理に協力し，サーバと分担して行います。

①プレゼンテーション層

ユーザインタフェースを受けもつ層です。

②ファンクション層（アプリケーション層／ロジック層）

メインの処理やビジネスロジックを受けもつ層です。

③データベースアクセス層

データ管理を受けもつ層です。

発展

3層クライアントサーバシステムのように三つの役割に分けて考える方法には，ほかに**MVC**（Model View Controller）があります。
MVCはWebシステムなどのソフトウェアを設計・実装するときの技法で，次の三つの要素に分割します。
モデル層：データと手続き（ビジネスロジック）
ビュー層：ユーザに表示
コントローラ層：ユーザの入力に対して応答し処理
なお，MVCについては，応用情報技術者試験
平成23年特別 午前 問15
で出題されています。

例えば，一般的なWebシステムの場合には，三つの役割を次のように分担します。

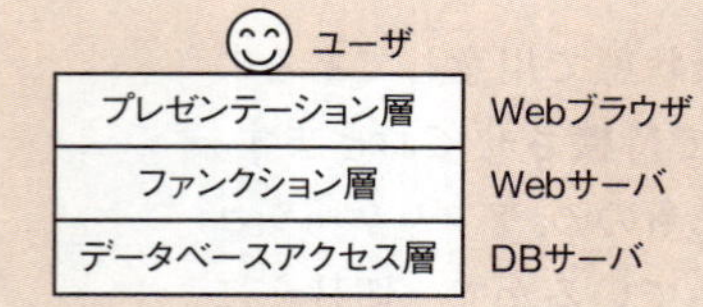

3層クライアントサーバシステム

それでは，次の問題を解いてみましょう。

問題

ストアドプロシージャの特徴を生かして通信回線を減らしたシステムをクライアントサーバシステムで実現するとき，クライアントとサーバの機能分担構成はどれか。ここで，データベースアクセス層はDB層，ファンクション層はFN層，プレゼンテーション層はPR層とそれぞれ略す。

過去問題をチェック

クライアントサーバシステムについて，応用情報技術者試験では定番でよく出題されます。この問題のほかに次の出題があります。
【クライアントサーバシステム】
・平成25年春 午前 問13
・平成26年春 午前 問12
・平成26年秋 午前 問11
・平成27年秋 午前 問26
・平成28年春 午前 問12

	クライアント	サーバ
ア	DB層とFN層とPR層	DB層
イ	FN層とPR層	DB層とFN層
ウ	FN層とPR層	DB層とPR層
エ	PR層	DB層とFN層とPR層

（平成24年春 応用情報技術者試験 午前 問15）

解説

ストアドプロシージャは，データベースの一連の処理をまとめたもので，アプリケーションから命令を発行して呼び出します。あらかじめ“SP_処理”のような名前で一連の処理を登録しておき，その名前で呼び出すことによって処理を実行でき，通信量の削減が可能です。ストアドプロシージャはアプリケーションなので，FN層に該当します。クライアントとサーバの両方にFN層を置き，そこでデータをやり取りすることで通信量の削減を実現できます。したがって，イが正解です。

≪解答≫イ

RAID

RAID（Redundant Arrays of Inexpensive Disks）は，複数台のハードディスクを接続して全体で一つの記憶装置として扱う仕組みです。その方法はいくつかありますが，複数台のディスクを組み合わせることによって信頼性や性能が上がります。RAIDの代表的な種類としては，以下のものがあります。

RAIDは「レイド」と読みます。PCショップなどでは，大きく「レイド」「RAID対応」などと書かれており，ファイルサーバなどの用途でRAID対応の機器が売られています。
NAS（Network Attached Storage）はネットワーク対応のハードディスクドライブですが，RAIDで信頼性を上げられるものも多くあります。

①RAID0

複数台のハードディスクにデータを分散することで高速化したものです。これを**ストライピング**と呼びます。性能は上がりますが，信頼性は1台のディスクに比べて低下します。

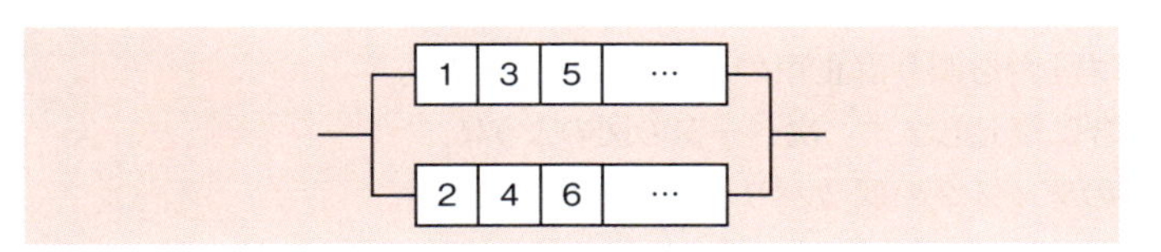

ストライピングのイメージ

②RAID1

複数台のハードディスクに同時に同じデータを書き込みます。これを**ミラーリング**と呼びます。2台のディスクがあっても一方は完全なバックアップです。そのため，信頼性は上がりますが，性能は特に上がりません。

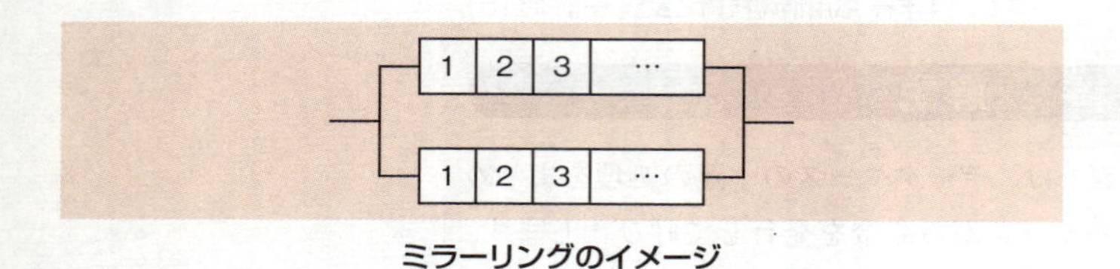

ミラーリングのイメージ

③RAID0+1，RAID1+0

RAID0，RAID1はそれぞれ，性能（速度），信頼性のどちらか一方しか向上しません。そこで，この二つを組み合わせて性能と信頼性の両方を向上させる技術として，RAID0+1，RAID1+0が考えられました。RAID0+1は，ストライピングされたディスクをミラーリングし，RAID1+0は，ミラーリングされたディスクをストライピングします。最低でもディスクが4台必要です。

発展
このように，二つのRAIDを組み合わせる方法はよく使われます。RAID0+1，RAID1+0以外にも，RAID0+5，RAID1+5，RAID5+5，RAID0+6など，RAID5，RAID6と組み合わせるものもあります。

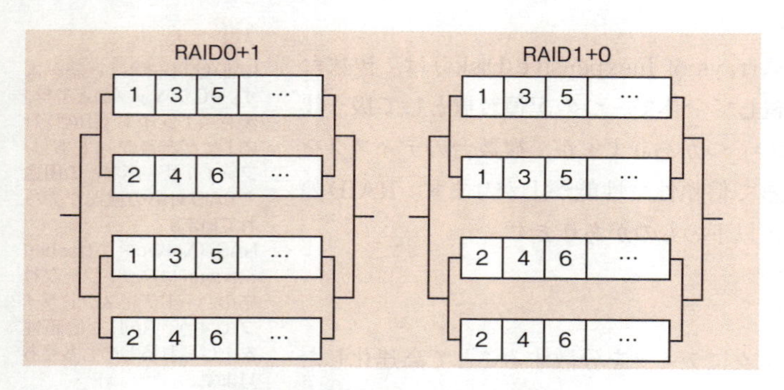

RAID0+1，RAID1+0のイメージ

④RAID3，RAID4

複数台のディスクのうち1台を誤り訂正用のパリティディスクにし，誤りが発生した場合に復元します。次ページの図のように，パリティディスクにほかのディスクの偶数パリティを計算したものを格納しておきます。

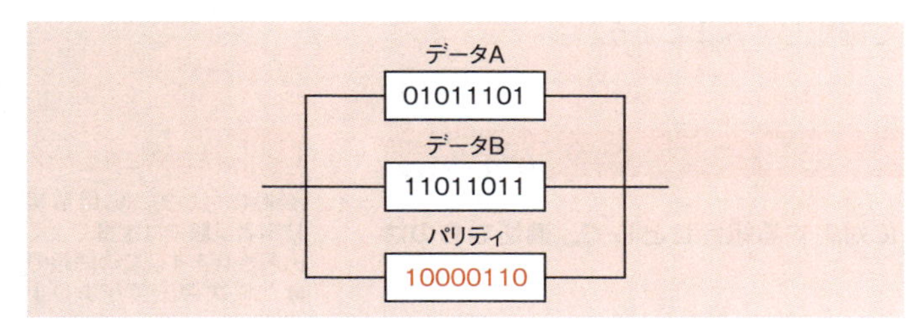

パリティディスクの役割

この状態でデータBのディスクが故障した場合，データAとパリティディスクから偶数パリティを計算することで，データBが復元できます。データAのディスクが故障した場合も同様に，データBとパリティディスクから偶数パリティでデータAが復元できます。これを**ビット**ごとに行う方式が**RAID3**，**ブロック**ごとにまとめて行う方式が**RAID4**です。

⑤RAID5

RAID4のパリティディスクは誤り訂正専用のディスクであり，通常時は用いません。しかし，データを分散させた方がアクセス効率が上がるので，パリティを**ブロック**ごとに分散し，通常時にもすべてのディスクを使うようにした方式がRAID5です。

RAID3，RAID4 は，RAID5と信頼性が同等でも性能の面で劣るため，RAID5が用いられる場合がほとんどです。
また，RAID5はRAID1に比べてもディスクの使用効率が高いので，非常によく用いられるRAID方式です。

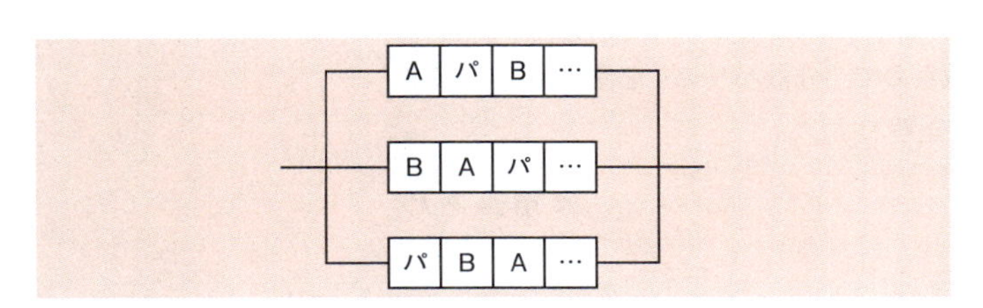

パリティをブロックごとに分散

⑥RAID6

RAID5では，1台のディスクが故障してもほかのディスクの排他的論理和を計算することで復元できます。しかし，ディスクは同時に2台壊れることもあります。そこで，冗長データを2種類作成することで，2台のディスクが故障しても支障がないようにした方式がRAID6です。

RAID3，RAID4，RAID5では，最低でもディスクが**3台**必要です。**RAID6**ではパリティディスクに2台割り当てるため，ディスクは最低でも**4台**必要になります。

それでは，問題を解いて確認してみましょう。

問題

RAIDの種類a，b，cに対応する組合せとして，適切なものはどれか。

RAIDの種類	a	b	c
ストライピングの単位	ビット	ブロック	ブロック
冗長ディスクの構成	固定	固定	分散

	a	b	c
ア	RAID3	RAID4	RAID5
イ	RAID3	RAID5	RAID4
ウ	RAID4	RAID3	RAID5
エ	RAID4	RAID5	RAID3

（平成26年春 応用情報技術者試験 午前 問11）

過去問題をチェック

RAIDについて，応用情報技術者試験では定番でよく出題されます。この問題のほかに次の出題があります。

【RAID】
- 平成22年春 午前 問12
- 平成24年春 午前 問14
- 平成25年秋 午前 問13
- 平成27年春 午前 問11

解説

aは，ストライピングの単位がビットで，冗長ディスクの構成が固定なので，RAID3です。bは，ストライピングの単位がブロックで，冗長ディスクはRAID3と同じ固定なので，RAID4です。cは，冗長ディスクの構成が分散なので，分散パリティを使用するRAID5です。したがって，アが正解です。

≪解答≫ア

信頼性設計

システム全体の信頼性を設計するときには，システム一つ一つを見る場合とは違った，全体の視点というものが必要になってきます。代表的な信頼性設計の手法には，次のものがあります。

①フォールトトレランス

システムの一部で障害が起こっても，全体でカバーして機能停止を防ぐという設計手法です。

②フォールトアボイダンス

個々の機器の障害が起こる確率を下げて，全体として信頼性を上げるという考え方です。

③フェールセーフ

システムに障害が発生したとき，**安全側に制御する**方法です。信号が故障したときにはとりあえず赤を点灯させるなど，障害が新たな障害を生まないように制御します。処理を停止させることもあります。

④フェールソフト

システムに障害が発生したとき，障害が起こった部分を切り離すなどして**最低限のシステムの稼働を続ける**方法です。このとき，機能を限定的にして稼働を続ける操作を**フォールバック**（縮退運転）といいます。

頻出ポイント

システムの構成の分野では，フェールセーフ，フェールソフトなどの信頼性設計に関する問題が多く出題されています。

⑤フォールトマスキング

機器などに故障が発生したとき，その影響が**外部に出ないようにする**方法です。具体的には，装置の冗長化などによって，1台が故障しても全体に影響が出ないようにします。

⑥フールプルーフ

利用者が間違った操作をしても危険な状況にならないようにするか，そもそも間違った操作ができないようにする設計手法です。具体的には，画面上で押してはいけないボタンは押せないようにするなどの方法があります。

それでは，問題で用語を確認していきましょう。

問題

システムの信頼性向上技術に関する記述のうち，適切なものはどれか。

ア　故障が発生したときに，あらかじめ指定されている安全な状態にシステムを保つことを，フェールソフトという。

イ　故障が発生したときに，あらかじめ指定されている縮小した範囲のサービスを提供することを，フォールトマスキングという。

ウ　故障が発生したときに，その影響が誤りとなって外部に出ないように訂正することを，フェールセーフという。

エ　故障が発生したときに対処するのではなく，品質管理などを通じてシステム構成要素の信頼性を高めることを，フォールトアボイダンスという。

（令和元年秋 応用情報技術者試験 午前 問16）

解説

故障が発生したときにどうするかというフォールトトレランスの考え方ではなく，品質管理などを通じてシステム構成要素の信頼性を高める考え方をフォールトアボイダンスといいます。したがって，エが正解です。

アはフェールセーフ，イはフェールソフト，ウはフォールトマスキングの説明です。

≪解答≫エ

過去問題をチェック

信頼性設計は午前問題の定番で，午後の問4のシステムアーキテクチャでもよく出題されます。

【信頼性設計＜午前＞】
- ・平成23年特別 午前 問16
- ・平成23年秋 午前 問15
- ・平成25年春 午前 問15
- ・平成25年秋 午前 問16
- ・平成27年春 午前 問14
- ・平成27年秋 午前 問14
- ・平成28年春 午前 問16
- ・平成29年秋 午前 問13
- ・平成30年秋 午前 問48
- ・令和3年春 午前 問13

【信頼性設計＜午後＞】
- ・平成21年秋 午後 問4（Webシステムの構成）
- ・平成28年春 午後 問4（冗長構成をもつネットワーク）
- ・平成30年秋 午後 問4（並列分散処理基盤を用いたビッグデータ活用）
- ・平成31年春 午後 問4（システム構成の見直し）

いろいろなシステム構成

基本的なシステムのほかにも，近年ではいろいろなシステム構成が見られます。ここに代表的なものを示します。

①クラスタ

複数のコンピュータを結合してひとまとまりにしたシステムです。**クラスタリング**ともいいます。負荷分散(ロードバランス)や，HPC（High-Performance Computing：高性能計算）の手法としてよく使われます。

用語
クラスタとは，「葡萄の房」という意味です。葡萄の房のようにたくさんの実をひとまとまりにしているところに由来します。

②シンクライアント

ユーザが使うクライアントの端末には必要最小限の処理を行わせ，ほとんどの処理をサーバ側で行う方式です。

発展
シンクライアントの導入は，性能上の理由以外でも行われます。データがクライアント上に残らないことが情報漏えいの防止につながるため，セキュリティの観点から導入する企業が増えています。

③ピアツーピア

端末同士で対等に通信を行う方式です。**P2P**ともいわれます。クライアントサーバ方式と異なり，サーバを介さずクライアント同士で直接アクセスするのが特徴です。

発展
ピアツーピアは，サーバへのアクセス集中が起こらないため処理を拡大しやすく，IP電話や動画配信サービスなどで応用されています。Skypeなどでも採用されています。

④分散処理システム

複数のプログラムが並列的に複数台のコンピュータで実行され，それらが通信しあって一つの処理を行うシステムです。分散処理システムでは複数の場所で処理を行いますが，利便性の面では，利用者にその場所を意識させず，どこにあるプログラムも同じ操作で利用できることが大切です。これを**アクセス透過性**といいます。

⑤CDN（Contents Delivery Network）

動画や音声などの大容量のデータを利用する際に，インターネット回線の負荷を軽減するようにサーバを分散配置する手法です。Webシステムにおいてよく用いられます。

HPC

高精度な高速演算を必要とするような分野で利用されるシステム方式に，**HPC**（High Performance Computing：ハイパフォーマンスコンピューティング）があります。HPCを可能にするために，スーパコンピュータや複数のコンピュータをLANなどで結び，CPUなどの資源を共有して単一の高性能なコンピュータとして利用できるように構成します。

ストレージ

ストレージは，ハードディスクやCD-Rなど，データやプログラムを記録するための装置です。従来は，サーバに直接，外部接続装置や内蔵装置として接続するのが一般的でしたが，近年ではネットワークを通じて，コンピュータとは別の場所にあるストレージと接続することも多くなっています。

ストレージを接続する方法には，次の3種類があります。

①DAS（Direct Attached Storage）

サーバにストレージを直接接続する従来の方法です。SANやNASが出てきたことで，DASと位置づけるようになりました。

②SAN（サン）（Storage Area Network）

サーバとストレージを接続するために専用のネットワークを使用する方法です。ファイバチャネルやIPネットワークを使って，あたかも内蔵されたストレージのように使用することができます。

③NAS（ナス）（Network Attached Storage）

ファイルを格納するサーバをネットワークに直接接続することで，外部からファイルを利用できるようにする方法です。

DASに比べると，SANもNASもストレージを複数のサーバやクライアントで共有できるので，ストレージの資源を効率的に活用することができます。また，物理的なストレージ数を減らせるため，バックアップなども取りやすくなります。

SANとNASの大きな違いは，サーバから見たとき，SANで接続されたストレージは内蔵のディスクのように利用できるのに対し，NASでは外部のネットワークにあるサーバに接続するように見えることです。

用語

ファイバチャネル（FC：Fibre Channel）とは，主にストレージネットワーク用に使用される，高速ネットワークを構築する技術の一つです。機器の接続に光ファイバや同軸ケーブルを用います。

過去問題をチェック

ストレージや仮想化技術に関しては，次の問題が出題されています。

【NAS】
・平成24年秋 午前 問13
・平成26年秋 午前 問12

【SAN】
・平成30年秋 午前 問11
（正解以外の選択肢）

仮想化技術

コンピュータの物理的な構成と，それを利用するときの論理的な構成を自由にする考え方を**仮想化**といいます。具体的には，仮想OSを用いて1台の物理サーバ上で複数の仮想マシンを走らせ，それぞれを1台のコンピュータとして利用することや，クラスタリングで複数台のマシンを一つにまとめたりすることです。仮想化で使用されている仮想化技術には，次のようなものがあります。

①サーバの仮想化方式

サーバの仮想化方式には，OSの上にアプリケーションをインストールして仮想マシンを実行する**ホスト型**と，物理マシンに仮想OSを直接インストールする**ハイパーバイザ型**，及びOSの上にコンテナエンジンを入れ，その中にコンテナという分割した仮想化領域を作成する**コンテナ型**があります。

用語
コンテナとは，アプリケーションに必要なものをまとめた単位で，仮想マシンに相当します。コンテナエンジンは，コンテナを実行するための環境で，代表的なものにDockerがあります。

②スケールアップとスケールアウト

サーバの性能を上げるための方法には，サーバのハードウェアを高性能なものにする**スケールアップ**と，サーバの数を増やすことで性能を上げる**スケールアウト**の2通りがあります。仮想サーバでは，この二つの方法を同時に用い，スケールアップしたサーバ上で仮想サーバをいくつも動かす方法がよくとられます。

③シンプロビジョニング

サーバではなく，ハードディスクなどのストレージを仮想化する方法です。仮想的なディスクドライブを設定することで，サーバは実際の物理的な容量を意識せず，大容量が割り当てられているものとして運用することができます。

④ライブマイグレーション

仮想サーバで稼働しているOSやソフトウェアを停止することなく，他の物理サーバへ移し替える技術です。サーバ障害時に切り替えることで処理を継続できます。

関連
仮想化は，クラウドでよく用いられる基本技術です。クラウドサービスについては，「7-1-3 ソリューションビジネス」で詳しく取り上げています。

⑤VDI（Virtual Desktop Infrastructure：デスクトップ仮想化）

アプリケーションやデータをVDIサーバで管理し，PC（シンクライアント端末）では通信・操作のみ実行する方式です。クラウド上でVDIサーバを用意し，それをサービスとして利用するDaaS（Desktop as a Service）もあります。

⑥エッジコンピューティング

端末の近くにサーバを分散配置することで，ネットワークの負荷分散を行う手法です。ネットワークでの遅延が少なくなり，高速化も実現できます。

⑦サーバコンソリデーション

サーバの仮想化を行うことで物理サーバを統合する方法です。仮想化ソフトウェアを利用して，複数の物理サーバを仮想化し，1台の物理サーバに統合します。

それでは，次の問題を考えてみましょう。

問題

物理サーバのスケールアウトに関する記述として，適切なものはどれか。

ア　サーバのCPUを高性能なものに交換することによって，サーバ当たりの処理能力を向上させること
イ　サーバの台数を増やして負荷分散することによって，サーバ群としての処理能力を向上させること
ウ　サーバのディスクを増設して冗長化することによって，サーバ当たりの信頼性を向上させること
エ　サーバのメモリを増設することによって，単位時間当たりの処理能力を向上させること

（平成30年春 応用情報技術者試験 午前 問14）

過去問題をチェック

仮想化関連の技術について，応用情報技術者試験では近年出題が増えてきています。

【シンプロビジョニング】
・平成26年秋 午前 問10
・平成30年秋 午前 問11
【スケールアウト】
・平成27年春 午前 問12
・平成30年春 午前 問14
【ライブマイグレーション】
・平成28年春 午前 問14
・平成30年秋 午前 問12
【クラスタ】
・平成28年秋 午前 問13
【サーバコンソリデーション】
・令和2年10月 午前 問13

午後でも出題されています。
【サーバ仮想化】
・平成23年秋 午後 問4
・平成25年秋 午後 問3
・平成29年春 午後 問4

解説

物理サーバのスケールアウトとは，サーバ単独での性能をアップさせるのではなく，サーバの台数を増やして負荷分散することによって，サーバ群全体としての性能を上げる手法です。したがって，イが正解です。

ア，エ　サーバのハードウェアを高性能なものにするスケールアップについての記述です。

ウ　RAID（Redundant Arrays of Inexpensive Disks）などのストレージ増強策についての記述です。

≪解答≫イ

▶▶▶覚えよう！

- □ フェールセーフは安全に落とすこと，フェールソフトはフォールバックしてでも処理を継続すること
- □ スケールアウトはサーバの数を増やすこと，スケールアップはサーバを高性能なものにすること

2-2-2 システムの評価指標

システムの性能や信頼性，経済性などについて総合的に評価するための指標のことを，システムの評価指標といいます。

システムの性能指標

システムの性能を評価する性能指標や手法には，次のようなものがあります。

①レスポンスタイム（応答時間）

システムにデータを入力し終わってから，データの応答が開始されるまでの時間です。「速く返す」ことを表す指標です。また，データの入力が始まってから，応答が完全に終わるまでの時間のことを**ターンアラウンドタイム**と呼びます。

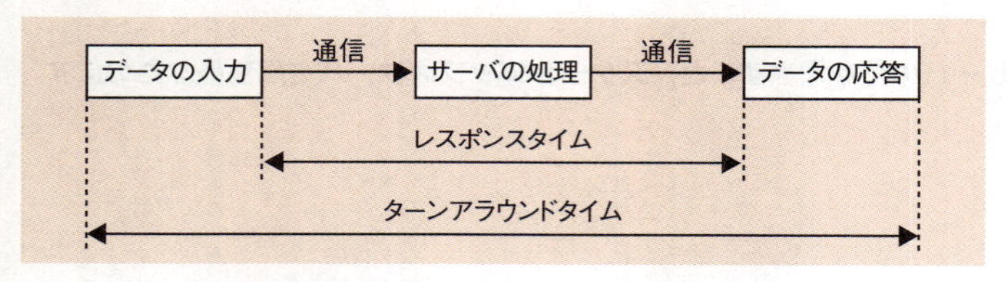

レスポンスタイムとターンアラウンドタイム

②スループット

単位時間当たりにシステムが処理できる処理数です。「数多く返す」ことを表す指標です。Webシステムの応答性能を求めるときにはレスポンスタイムが，処理性能を求めるときにはスループットがよく用いられます。

③ベンチマーク

システムの処理速度を計測するための指標です。特定のプログラムを実行し，その実行結果を基に性能を比較します。有名なベンチマークとしては，**TPC**（Transaction Processing Performance Council：トランザクション処理性能評議会）が作成している**TPC-C**（オンライントランザクション処理のベンチマーク）があります。ほかに，**SPEC**（Standard Performance

Evaluation Corporation：標準性能評価法人）が作成している**SPECint**（整数演算を評価），**SPECfp**（浮動小数点演算を評価）があります。

④モニタリング

システムを実際に稼働させて，その性能を測定する手法です。システムの性能改善時に用いられます。

キャパシティプランニング

キャパシティプランニングとは，システムに求められるサービスレベルから，システムに必要なリソースの処理能力や容量，数量などを見積もり，システム構成を計画することです。次の三つの手順で行われます。

①ワークロード情報の収集

ワークロードとは，コンピュータ資源の利用状況，負荷状況のことです。CPU利用率などで現行システムの測定を行い，ヒアリングなどで関係者の意見を聞きます。

②サイジング

サイジングとは，システムに必要な規模や性能を見極めて，構成要素を用意することです。サーバの台数やCPUの性能，ストレージの容量などを見積もります。

③評価・チューニング

サイジングで見積もった量が適切かどうか，テスト環境などで評価を行い，チューニングを繰り返します。TPCやSPECなど，ベンチマークの数値を参考にすることもあります。

システム信頼性の評価項目　RASIS

システムの信頼性を総合的に評価する基準として，**RASIS**という概念があります。次の五つの評価項目を基に，信頼性を判断します。各項目で用いる指標の詳細は，次項の「信頼性指標」を参照してください。

①Reliability（信頼性）

故障や障害の発生しにくさ，安定性を表します。具体的な指標としては，MTBFやその逆数の**故障率**があります。

②Availability（可用性）

稼働している割合の多さ，稼働率を表します。具体的な指標としては，稼働率が用いられます。

③Serviceability（保守性）

障害時のメンテナンスのしやすさ，復旧の速さを表します。具体的な指標としては，MTTRが用いられます。

④Integrity（保全性・完全性）

障害時や過負荷時におけるデータの書換えや不整合，消失の起こりにくさを表します。一貫性を確保する能力です。

⑤Security（機密性）

情報漏えいや不正侵入などの起こりにくさを表します。セキュリティ事故を防止する能力です。

それでは，問題を解いて確認していきましょう。

参考
信頼性と可用性は，似ているようで少し意味が違います。信頼性は「故障しないこと」，可用性は「稼働している割合が多いこと」が基準です。
試験問題などで「可用性の観点から」と書かれているときには，故障率を下げるのではなく稼働率を上げるような対策を述べる必要があります。

問題

RASISの各特性のうち，“I”で表される特性は，何に関するものか。

ア　情報の一貫性を確保する能力
イ　情報の漏えい，紛失，不正使用などを防止する能力
ウ　要求された機能を，規定された期間実行する能力
エ　要求されたサービスを，提供し続ける能力

（平成22年春 応用情報技術者試験 午前 問14）

解説

RASISのIは，Integrity（保全性・完全性）で，情報の一貫性を確保する能力です。したがって，アが正解です。

イはSのSecurity（機密性），ウはAのAvailability（可用性），エはRのReliability（信頼性）の説明です。

≪解答≫ア

信頼性指標

信頼性を表す指標です。代表的なものを以下に挙げます。

①MTBF（Mean Time Between Failure：平均故障間隔）

故障が復旧してから次の故障までにかかる時間の平均です。連続稼働できる時間の平均値にもなります。

②MTTR（Mean Time To Repair：平均復旧時間）

故障したシステムの復旧にかかる時間の平均です。

③稼働率

ある特定の時間にシステムが稼働している確率です。次の式で計算されます。

$$稼働率 = \frac{MTBF}{MTBF + MTTR}$$

④故障率

故障率という言葉は2通りの意味で使われます。一つ目は稼働率の反対で，ある特定の時間にシステムが稼働していない確率です。このときには，以下の式で計算されます。

故障率＝(1－稼働率)

この値は，不稼働率とも呼ばれます。

二つ目は，単位時間内にどの程度の確率で故障するかを表したものです。これはMTBFを使用し，以下の式で計算されます。

$$故障率 = \frac{1}{MTBF}$$

過去問題をチェック

信頼性指標の計算問題は，応用情報技術者試験では午前・午後の両方で出題される定番中の定番で，ほぼ毎回出題されています。

【稼働率】

- 平成23年秋 午前 問18
- 平成24年秋 午前 問16
- 平成25年春 午前 問16
- 平成25年秋 午前 問17
- 平成26年春 午前 問15
- 平成26年秋 午前 問14
- 平成27年春 午前 問15
- 平成27年秋 午前 問15
- 平成28年秋 午前 問14
- 平成29年春 午前 問15
- 平成30年春 午前 問16
- 平成30年秋 午前 問14
- 平成31年春 午前 問13
- 令和2年10月 午前 問14
- 令和3年春 午前 問14

頻出ポイント

システムの評価指標の分野では，稼働率の計算に関する問題が圧倒的に多く出題されています。午後の問4でも定番のポイントです。

信頼性計算

信頼性，特に稼働率の計算については，複雑なものがたくさん出題されます。基本的な計算方法を押さえておきましょう。

①並列システム

機器を並列に並べたシステムは，どれか一つが稼働していれば全体で稼働していることになるので，稼働率が向上します。

図のようなA，B二つの機器がある並列システムで，それぞれの稼働率がa，bだとします。このシステムは，A，Bのいずれも動かないとき以外は稼働するので，Aの不稼働率(1－a)とBの不稼働率(1－b)を用いて，稼働率は**1－(1－a)(1－b)**となります。

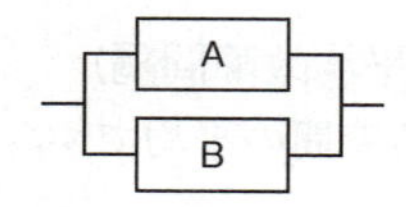

②直列システム

機器を直列に並べたシステムは，すべて稼働していなければ全体で稼働しないので，稼働率が低下します。

図のようなA，B二つの機器がある直列システムで，それぞれの稼働率がa，bだとします。このシステムは，A，Bのどちらも動くときだけ稼働するので，稼働率は**a×b**となります。

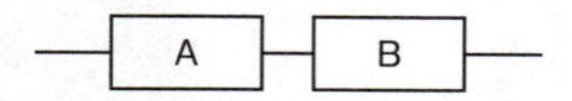

③三つ以上の組合せのシステム

三つ以上を組み合わせてシステム全体の稼働率を求める場合には，次の二つの方法があります。

1. 部分ごとにグループに分け，全体を考える
2. 一つ一つの組合せをすべて考える

では，実際の問題を基に稼働率の計算を行っていきましょう。

問題

3台の装置X～Zを接続したシステムA，Bの稼働率に関する記述のうち，適切なものはどれか。ここで，3台の装置の稼働率は，いずれも0より大きく1より小さいものとし，並列に接続されている部分は，どちらか一方が稼働していればよいものとする。

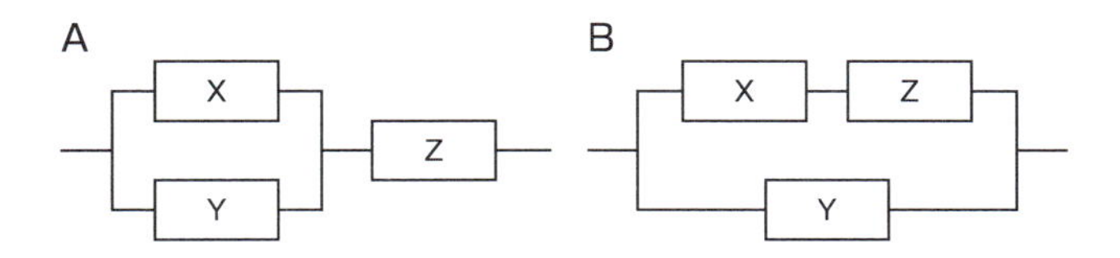

ア　各装置の稼働率の値によって，AとBの稼働率のどちらが高いかは変化する。
イ　常にAとBの稼働率は等しい。
ウ　常にAの稼働率が高い。
エ　常にBの稼働率が高い。

（平成30年秋 応用情報技術者試験 午前 問14）

解説

3台の装置X，Y，Zの稼働率をx，y，zとして全体の稼働率を計算して，その稼働率の差を求めます。

1. 部分ごとにグループに分け，全体を考える場合

Aのシステムは，下図のようにXYの並列システムと，Zとの直列システムというように分けて考えます。

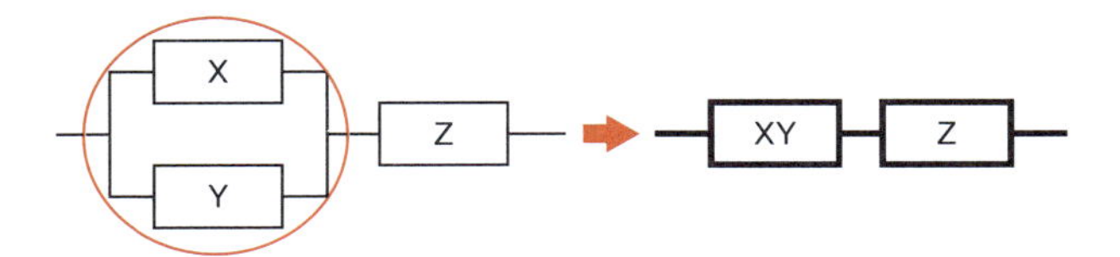

XとYの並列システムの稼働率は$1-(1-x)(1-y)$なので，Zとの直列システムの稼働率は，$\{1-(1-x)(1-y)\}\times z$になります。

Bのシステムは，下図のようにXZの直列システムと，Yとの並列システムに分けられます。

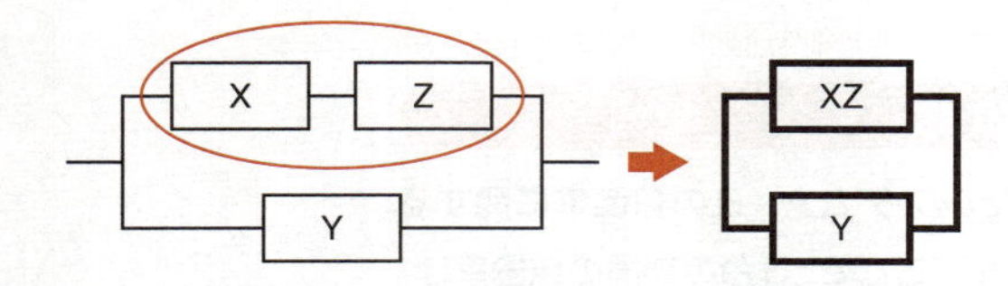

XとZの直列システムの稼働率はxzなので，Yとの並列システムの稼働率は，$1-(1-xz)(1-y)$になります。

ここでB－Aを求めます。

$$1-(1-xz)(1-y)-\{1-(1-x)(1-y)\}\times z$$
$$=1-1+y+xz-xyz-z+z-yz-xz+xyz=y-yz$$
$$=\mathbf{y(1-z)}$$

y，zは稼働率で$0<y$，$z<1$なので，$\mathbf{y(1-z)>0}$となります。つまり，常にBの稼働率が高いことになります。

2. 一つ一つの組合せをすべて考える場合

X，Y，Zそれぞれのシステムが稼働している場合を○，稼働していない場合を×として，すべての組合せで全体のシステムが稼働するかどうかを考えます。

X	Y	Z	A	B	確率
○	○	○	○	○	xyz
○	○	×	**×**	**○**	**xy (1－z)**
○	×	○	○	○	xz (1－y)
×	○	○	○	○	yz (1－x)
○	×	×	×	×	x (1－y) (1－z)
×	○	×	**×**	**○**	**y (1－x) (1－z)**
×	×	○	×	×	z (1－x) (1－y)
×	×	×	×	×	(1－x) (1－y) (1－z)

すると，A，B二つのシステムで結果が異なるのは，X，Yが稼働してZが稼働していない場合と，Yのみが稼働している場合の2通りだけで，どちらもBだけが稼働します。この2通り，つまり，

$$xy(1-z)+y(1-x)(1-z)=(x-1+x)\times y(1-z)$$
$$=\mathbf{y(1-z)}$$

の分だけBの稼働率が常に高いということなります。したがって，どちらの場合でもエが正解です。

≪解答≫エ

それでは，この分野での定番の午後問題も解いてみましょう。

問題

Webシステムの構成に関する次の記述を読んで，設問1，2に答えよ。

J社は，K銀行の新Webシステム（以下，本システムという）を構築することになった。本システムは，利用者が1日24時間いつでも，インターネットから利用できることを目指している。そのため，非機能要件として，次に示すセキュリティ要件と可用性要件が提示された。

〔セキュリティ要件〕

本システムの業務サーバ（Webサーバ，DBサーバ）に，利用者がインターネットから直接接続することは許さない。DMZを設け，利用者からのリクエストはDMZに配置した機器がいったん受け取り，適切な機器に転送する構成にする。また，利用者からのリクエストのプロトコルはHTTPとHTTPSだけを許可する。

〔可用性要件〕

本システム全体でのハードウェアの可用性を，フォーナイン（稼働率99.99%以上）とする。

これらの要件を満たすシステムとして，図に示す構成を考えた。利用者からのリクエストは，ロードバランサによって，いずれかのWebサーバに割り振られる。Webサーバは，DBサーバを利用して，リクエストにこたえる。

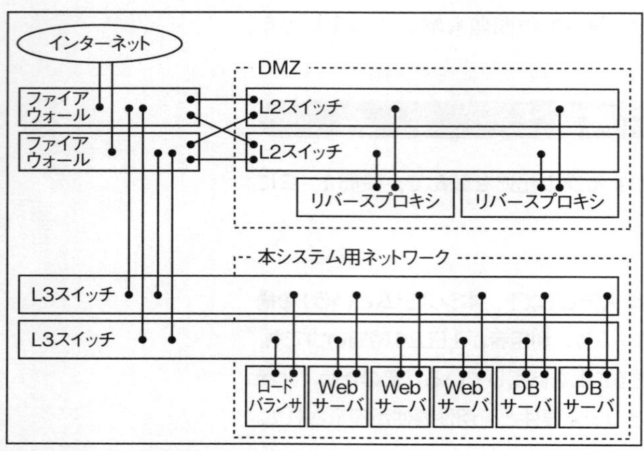

図　本システムの構成

本システムで使用する機器の信頼性を表に示す。使用台数が２以上の機器は，どれか１台が稼働していれば，全体として正常に稼働するものとする。

表　使用する機器の信頼性

機器名	MTBF	MTTR	稼働率（単体）	使用台数
ファイアウォール	1年	12時間	99.86%	2
リバースプロキシ	1年	12時間	99.86%	2
L2スイッチ	1年	12時間	99.86%	2
L3スイッチ	1年	12時間	99.86%	2
ロードバランサ	2年	12時間	99.93%	1
Webサーバ	1年	24時間	99.73%	3
DBサーバ	2年	a 時間	99.86%	2

設問１　表中の a に入れる適切な数値を答えよ。答えは小数第１位以下を切り捨てて，整数で求めよ。１年は365日とする。

設問２　本システムの可用性について，（1）～（3）に答えよ。

（1）　要求されている可用性要件を満たすためには，１年間に最長何分間までハードウェア障害によるシステム停止が許されるか。答えは小数第１位以下を切り捨てて，整数で求めよ。１年は365日とする。

(2)　図及び表中のファイアウォール，リバースプロキシ，L2スイッチ，L3スイッチ，ロードバランサ，Webサーバ，DBサーバの単体での稼働率をそれぞれp[1]，p[2]，p[3]，p[4]，p[5]，p[6]，p[7]，各機器の台数をn[1]，n[2]，n[3]，n[4]，n[5]，n[6]，n[7]とした場合の，全体の稼働率を算出する式を解答群の中から選び，記号で答えよ。

ここで，

$$\sum_{i=1}^{7} f(i) = f(1)+f(2)+\cdots+f(7)$$

$$\prod_{i=1}^{7} f(i) = f(1)\times f(2)\times\cdots\times f(7)$$

とする。

解答群

ア　$\sum_{i=1}^{7}(1-p[i]^{n[i]})$　　イ　$\sum_{i=1}^{7}(1-p[i])^{n[i]}$

ウ　$\sum_{i=1}^{7}(1-(1-p[i])^{n[i]})$　　エ　$\prod_{i=1}^{7}(1-p[i]^{n[i]})$

オ　$\prod_{i=1}^{7}(1-p[i])^{n[i]}$　　カ　$\prod_{i=1}^{7}(1-(1-p[i])^{n[i]})$

(3)　可用性要件の充足に関する記述として適切なものを解答群の中から選び，記号で答えよ。

解答群

ア　図及び表に示す機器構成で可用性要件を満たしている。

イ　図及び表に示す機器構成では可用性要件を満たしていないが，WebサーバとDBサーバを1台ずつ追加することで満たすことができる。

ウ　図及び表に示す機器構成では可用性要件を満たしていないが，Webサーバを1台追加することで満たすことができる。

エ　図及び表に示す機器構成では可用性要件を満たしていないが，ロードバランサを1台追加することで満たすことができる。

（平成21年秋 応用情報技術者試験 午後 問4 再構成）

解説

設問1

DBサーバのMTBFは2年，稼働率は99.86%というところから，MTTRを求めます。1年は365日，1日は24時間であることから，MTBF = 2［年］× 365 × 24 = 17520［時間］です。

稼働率の式よりMTTRを求めると，以下のようになります。

17520 ／（17520 + MTTR）= 0.9986

17520 + MTTR = 17544.56…，MTTR = 24.56 …

小数第1位以下を切り捨てるので，空欄aは**24**になります。

設問2

(1)

可用性要件は，システム全体でフォーナイン（稼働率99.99%以上）です。1年間のシステム停止は，不稼働率100 − 99.99 = 0.01%以下に抑える必要があります。

1年間の分数 = 365［日］× 24［時間］× 60［分］= 525600［分］なので，その0.01%は，525600 × 0.0001 = 52.56［分］です。小数第1位以下を切り捨てるので，**52**となります。

(2)

ファイアウォール，リバースプロキシ，L2スイッチ，L3スイッチ，ロードバランサ，Webサーバ，DBサーバは，それぞれ同じ役割をもつ各機器のうち1台以上が稼働している必要がある並列システムです。例えば，ファイアウォールの場合には，稼働率がp［1］= 0.9986, 台数がn［1］= 2［台］です。したがって，ファイアウォール全体の稼働率は次のようになります。

$$1-(1-0.9986)^2=1-(1-p[1])^{n[1]}$$

これをiで一般化すると，それぞれの機器全体の稼働率は次のようになります。

$$1-(1-p[i])^{n[i]}$$

システム全体としては，機器はすべて動いている必要があるので，七つの機器の直列システムとなり，次のように導き出されます。

$$
\begin{aligned}
\text{全体の稼働率} = &\ (1-(1-p[1])^{n[1]}) \times (1-(1-p[2])^{n[2]}) \\
&\times \cdots \times (1-(1-p[6])^{n[6]}) \times \\
&(1-(1-p[7])^{n[7]}) \\
= &\prod_{i=1}^{7} (1-(1-p[i])^{n[i]})
\end{aligned}
$$

したがって，**カ**が正解です。

(3)

可用性要件は，稼働率99.99%以上です。図や表を見る限り，ロードバランサが1台しかなく，稼働率が99.93%です。直列システムは全体として稼働率が落ちるので，一つでも99.99%以下のものがあれば全体の可用性要件は満たせません。少なくとも，ロードバランサは1台追加して稼働率を上げる必要があるので，**エ**が正解です。

≪解答≫

設問1　a：24

設問2　(1) 52，(2) カ，(3) エ

▶▶ 覚えよう！

☐ **稼働率 ＝ $\frac{\text{MTBF}}{\text{MTBF} + \text{MTTR}}$**

☐ **稼働率，直列システムは ab，並列システムは 1 −（1 − a）（1 − b）**

2

2-3 ソフトウェア

ソフトウェアは，コンピュータ上で動くプログラムです。ソフトウェアには，ワープロや表計算など，特定の作業を目的としたアプリケーションプログラムと，ハードウェアの管理や基本的な機能を提供するオペレーティングシステム，そしてその中間で制御を行うミドルウェアがあります。

2-3-1 オペレーティングシステム

オペレーティングシステム（OS：Operating System）は，ハードウェアを抽象化したインタフェースをアプリケーションプログラムに提供するソフトウェアです。

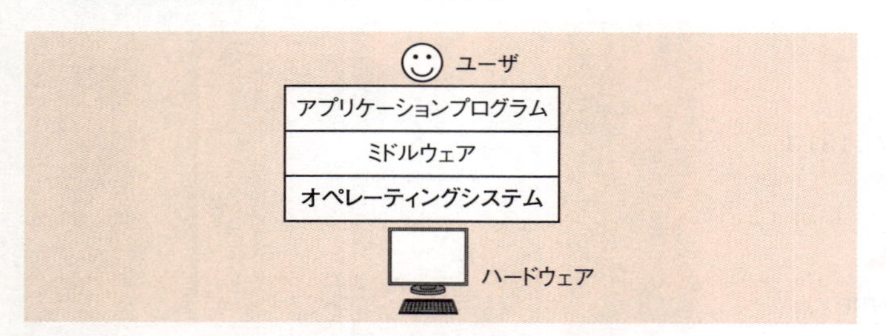

システムの中のOSのイメージ

勉強のコツ

ソフトウェアの中でも，最もよく出題されるのがオペレーティングシステム（OS）に関する問題です。普段使っているOSがどんなことをしているのか，その管理機能を中心に押さえておきましょう。また，オープンソースソフトウェアについてもよく出題されます。どちらも，細かい機能より，なぜそれが必要なのかを考えると頭に入りやすくなります。

OSの起動

コンピュータの電源を入れたときにOSは自動的に起動し，通常の操作が可能になるようにプログラムを立ち上げます。そのときの一連の処理の流れを**ブートストラップ**といいます。コンピュータのROMにブートストラップローダと呼ばれる特殊なプログラムが用意されており，それがブートストラップを起動して実行します。

発展

PC向けの代表的なOSには，マイクロソフトのWindowsシリーズや，アップルのmacOSなどがあります。サーバ向けのOSとしては，LinuxやSolarisなどのUNIX系OSや，マイクロソフトのWindows Serverなどがあります。また，近年ではiPhoneのiOSや，Androidなど，スマートフォン向けのOSも注目をされています。

OSの機能

OSの主な目的に，複数のアプリケーションプログラムを同時に動かしたときのリソースを管理し，コンピュータの利用効率を向上させることがあります。そのため，OSは次のような管理機能をもっています。

①ジョブ管理

一つのまとまった仕事の単位であるジョブを，それを構成するジョブステップごとに管理します。

②タスク管理

タスク（または**プロセス**）は，動作中のプログラムの実行単位です。近代的なOSは，一度に複数のタスクを実行できる**マルチタスク**OSですが，一つのCPUでは一度に一つのタスクしか処理できないので，いつどのタスクを実行させるかということを管理します。さらに一つのタスクは一つ以上の**スレッド**から構成され，CPUの利用はスレッド単位で行われます。

用語

タスクとプロセスは，ほぼ同じ意味で用いられます。単位の大きさは，ジョブ≧タスク（プロセス）≧スレッドとなります。

③記憶管理

コンピュータ上の記憶を管理します。コンピュータの記憶は主記憶装置に格納されていますが，主記憶が足りないときには仮想記憶を用いて容量を大きくします。そのため，記憶管理には，**実記憶管理**と**仮想記憶管理**の2種類があります。

④データ管理，入出力管理

補助記憶装置へのアクセスをデータ管理で，入出力装置へのアクセスを入出力管理で行います。また，**スプーリング**などを用いて，複数の周辺装置を同時並行で動作させます。

関連

入出力管理では，「2-1-4 入出力デバイス」で説明したDMAコントローラなどに命令を出し，入出力の制御を行います。

以降で，それぞれの管理機能について詳しく見ていきます。

用語

スプーリングは，メモリやディスク装置などのバッファに出力内容を保存し，出力装置が処理を受け付けられるようになったら出力を行う方法です。
印刷時の印刷スプーリングが一般的な例となります。

ジョブ管理

ジョブ管理では，複数のジョブの起動や終了を制御し，それぞれのジョブの実行や終了の状態を管理します。メインフレームなどの汎用機ではOSに組み込まれており，**JCL**（Job Control Language）というジョブ制御用のスクリプト言語を使用して，バッチ処理やプロセスの起動を制御します。

参考

ジョブ管理は，UNIXやWindowsなどのOSではシェルスクリプトによって行われますが，こちらはOSの機能ではなくミドルウェアとなります。

タスク管理

タスク管理（プロセス管理）では，タスクの生成，実行，消滅を管理します。タスクの実行では，タスクを**実行状態**，**実行可能状態**，**待ち状態**の三つの状態に分けて管理します。

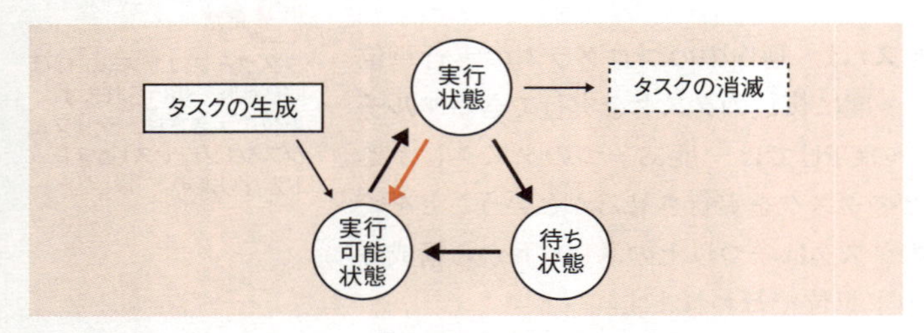

タスクの状態遷移

タスクは生成されるとまず，**実行可能状態**になります。そこでCPUに空きができると**実行状態**に移り，処理を実行します。そこで実行が完了するとタスクは消滅します。実行中に入出力が必要な処理など，CPU以外を使用する処理が始まると**待ち状態**に移り，入出力が完了するとまた**実行可能状態**になります。

実行状態でタスクを実行中に**タイムクォンタム**（一つのタスクに割り当てられた時間）を使い切ると，**実行可能状態**に戻ります。また，実行状態のタスクを中断させる**プリエンプション**が発生した場合も，実行可能状態に戻ります。プリエンプションは，ほかに優先度の高いタスクが生成された場合や，割込みが起こった場合に発生します。

タスクのスケジューリング方式

オペレーティングシステムの分野では，タスクのスケジューリングなどタスク管理に関する問題が多く出題されています。

代表的なタスクのスケジューリング方式を以下に挙げます。

①到着順方式

タスクを**到着順**で処理します。**FIFO**（First In First Out），FCFS（First Come First Served）とも呼ばれます。

②処理時間順方式

タスクの**処理時間が短いものから順**に処理を行います。SPT（Shortest Processing Time first）とも呼ばれます。

③優先度順方式

タスクを**優先度順**で処理します。

④ラウンドロビン方式

一つ一つのタスクに**同じタイムクォンタム**を割り当て，一定時間ごとに順番に処理を回していく方式です。

⑤プリエンプション方式（プリエンプティブ方式）

タスクに優先度をつけ，優先度の高いタスクが実行可能状態になると**プリエンプション**を発生させる方式です。

⑥多段フィードバック待ち行列

複数の優先度の待ち行列をもち，高い優先度の待ち行列から順次処理していく方式です。このとき，低い優先度で長時間待っているタスクの優先度を上げる，一度実行したタスクの優先度を下げるなどのフィードバック調整を行います。

⑦イベントドリブンプリエンプション方式

割込みによってタスクの切替えを行うイベントドリブン方式と，優先度の高いタスクを実行させるプリエンプション方式を組み合わせた方式です。

それでは，実際の動きを問題で確認してみましょう。

過去問題をチェック

タスク管理に関する問題は，応用情報技術者試験の午前の定番です。

【タスクの状態遷移】
- 平成21年秋 午前 問19
- 平成29年秋 午前 問16
- 平成30年秋 午前 問17
- 令和3年春 午前 問17

【タスクスケジューリング】
- 平成23年特別 午前 問19
- 平成24年春 午前 問22
- 平成25年秋 午前 問19
- 平成26年春 午前 問17
- 平成27年秋 午前 問16
- 平成28年春 午前 問19
- 平成28年秋 午前 問19
- 平成30年春 午前 問17
- 平成30年秋 午前 問17
- 平成31年春 午前 問16

【ラウンドロビン】
- 平成29年秋 午前 問18

問題

二つのタスクの優先度と各タスクを単独で実行した場合のCPUと入出力装置（I/O）の動作順序と処理時間は，表のとおりである。二つのタスクが同時に実行可能状態になってから，全てのタスクの実行が終了するまでの経過時間は何ミリ秒か。ここで，CPUは1個であり，I/Oの同時動作はできないものとし，OSのオーバヘッドは考慮しないものとする。また，表の（ ）内の数字は処理時間を示すものとする。

優先度	単独実行時の動作順序と処理時間(ミリ秒)
高	CPU (2) → I/O (7) → CPU (3) → I/O (4) → CPU (3)
低	CPU (2) → I/O (3) → CPU (2) → I/O (2) → CPU (3)

ア 19　　イ 20　　ウ 21　　エ 22

(平成24年春 応用情報技術者試験 午前 問20)

解説

二つのタスクが同時に実行可能状態になったときは，優先度の高いタスクが実行状態になります。I/Oとやり取りをしているときには待ち状態となるため，その間に優先度の低いタスクは実行状態となり処理を実行できます。また，I/Oの同時操作はできないため，先にI/Oを実施しているタスクの実行が終わるまでは，もう一方のタスクのI/Oは実行できません。そのため，表の処理時間で処理を実行すると，次の図のような実行順序になります。

[ミリ秒]
0　2　9　12　16　19　22
高　CPU(2)　I/O(7)　CPU(3)　I/O(4)　CPU(3)
低　CPU(2)　I/O(3)　CPU(2)　I/O(2)　CPU(3)

全体の経過時間は22ミリ秒となるので，エが正解です。

≪解答≫エ

リアルタイムOS

リアルタイムOSは，リアルタイム処理を行うOSです。リアルタイム処理では，ジョブの実行が決められた時間までに終了するという**時間制約を守ることが最優先**されます。

それでは，問題でリアルタイムOSを確認してみましょう。

リアルタイムOSは，RTOSともいいます。時間制約を守ることを優先させるため，イベントドリブンプリエンプション方式を用いて，高優先度のタスクを確実に実行させます。

問題

リアルタイムOSのマルチタスク管理機能において，タスクAが実行状態から実行可能状態へ遷移するのはどの場合か。

ア　タスクAが入出力要求のシステムコールを発行した。
イ　タスクAが優先度の低いタスクBに対して，メッセージ送信を行った。
ウ　タスクAより優先度の高いタスクBが実行状態となった。
エ　タスクAより優先度の高いタスクBが待ち状態となった。

（平成21年秋 応用情報技術者試験 午前 問19）

解説

リアルタイムOSでは高優先度のタスクを優先するため，プリエンプションを発生させて優先度の低いタスクを実行可能状態に移します。タスクAよりタスクBの優先度が高く，タスクBが実行可能状態になった場合には，プリエンプションが発生し，タスクAが実行状態→実行可能状態に，タスクBが実行可能状態→実行状態に入れ替わります。したがって，ウが正解です。

アは待ち状態に遷移します。イのようにタスクBの方が優先度が低い場合には状態は変わりません。エではタスクBは待ち状態なので，状態は変わりません。

≪解答≫ウ

記憶管理

主記憶装置の領域には限りがあるため，必要なプログラム以外は補助記憶装置に置いてアクセスします。補助記憶装置とのやり取りは，次の方法で行います。

記憶領域の管理方法には，プログラムの大きさに応じて可変の区画を割り当てる**可変区画方式**と，主記憶とプログラムを固定長の単位に分割して管理する**固定区画方式**の2種類があります。固定区画方式の固定長の1単位のことを**ページ**と呼びます。

①オーバレイ

あらかじめプログラムを分けて補助記憶装置に格納しておき，必要な部分だけ主記憶装置に置く方法です。仮想記憶をサポートする以前のOSで使われており，プログラマが考えて指定します。

オーバレイで記憶領域を割り当てる方式には，最初の空き領域を割り当てるファーストフィット方式や，割り当てたときの残り領域が最も小さくなるベストフィット方式などがあります。

②スワッピング

メモリの内容を補助記憶装置のスワップファイルに書き出して，ほかのタスクがメモリを使えるように解放することです。メモリからスワップに取り出すことを**スワップアウト**，スワップからメモリに戻すことを**スワップイン**といいます。

③ページング

プログラムを固定長のページに分けて，ページごとに補助記憶装置の仮想記憶領域に取り出します。メモリから仮想記憶に取り出すことを**ページアウト**，仮想記憶からメモリに戻すことを**ページイン**といいます。

また，メモリ上に必要なページがないことを**ページフォールト**といいます。ページフォールトが頻繁に起こってページインとページアウトが繰り返されることを**スラッシング**といい，システムの応答速度が急激に低下します。

ページの読込み方法は，ページの内容が必要となった時点で仮想記憶の内容を主記憶にロードする**デマンドページング**方式が基本です。これに対し，将来必要とされそうな仮想記憶の内容をあらかじめ主記憶にロードしておく**プリページング**方式があります。

それでは，問題を解いて確認していきましょう。

過去問題をチェック

仮想記憶管理については，応用情報技術者試験では最近は次のような出題があり，定番となっています。

【仮想記憶管理】
- 平成27年秋 午前 問10，問17
- 平成28年春 午前 問17，問18
- 平成28年秋 午前 問18
- 平成29年秋 午前 問17
- 平成30年春 午前 問19
- 平成30年秋 午前 問18
- 平成31年春 午前 問19
- 令和元年秋 午前 問18
- 令和2年10月 午前 問18

問題

仮想記憶方式では，割り当てられる実記憶の容量が小さいとページアウト，ページインが頻発し，スループットが急速に低下することがある。このような現象を何というか。

ア スラッシング　　イ スワッピング
ウ フラグメンテーション　　エ メモリリーク

（平成27年春 応用情報技術者試験 午前 問16）

2

解説

　仮想記憶方式において，実記憶の容量が不足すると，CPUで計算をするたびにその計算に必要なページを読み込む必要があるため，ページイン，ページアウトが頻発します。この現象はスラッシングと呼ばれるので，アが正解です。

イ　スワッピングは，仮想記憶と実記憶との間でデータのやり取りを行う動作です。

ウ　フラグメンテーションは，記憶の確保や解放を繰り返し，未使用領域が断片的になる現象です。

エ　メモリリークは，すでに使用していない記憶領域が解放されず，他のプログラムで利用できなくなる現象です。

≪解答≫ア

仮想記憶管理

　仮想記憶とは，コンピュータに実装される主記憶装置（メモリ）よりも大きな領域をメモリ空間として利用できるようにする技術です。補助記憶上に仮想記憶領域を用意し，そこにOSが自動的にデータを出し入れします。

　仮想記憶の方式には，固定長のページ単位で管理を行う**ページング方式**と，可変長の区画で管理を行うセグメント方式の2種類があります。ページング方式におけるページの置換えのアルゴリズムには，以下のようなものがあります。

発展

セグメント方式では，メモリから仮想記憶にデータを追い出すことを**ロールアウト**，仮想記憶からメモリにデータを戻すことを**ロールイン**といいます。最近のOSはほとんど，ページング方式を使って実装されています。

①FIFO（First In First Out）方式

　最初にページインしたページを最初にページアウトさせる方式です。

②LRU（Least Recently Used）方式

　最後に使用されてからの経過時間が最も長いページを最初にページアウトさせる方式です。

③LFU（Least Frequently Used）方式

　使用頻度が最も低いページを最初にページアウトさせる方式です。

それでは，実際の問題を例に考えてみましょう。

問題

仮想記憶方式のコンピュータにおいて，実記憶に割り当てられるページ数は3とし，追い出すページを選ぶアルゴリズムは，FIFOとLRUの二つを考える。あるタスクのページのアクセス順序が

1，3，2，1，4，5，2，3，4，5

のとき，ページを置き換える回数の組合せとして適切なものはどれか。

	FIFO	LRU
ア	3	2
イ	3	6
ウ	4	3
エ	5	4

（平成23年特別 応用情報技術者試験 午前 問21）

解説

FIFO方式では，最初にページインしたページをページアウトさせるので，問題文のタスクでページアクセスを実行すると次のようになります。

参照→	1	3	2	1	4	5	2	3	4	5
ページ枠1	1	1	1	1	4	4	4	4	4	4
ページ枠2		3	3	3	3	5	5	5	5	5
ページ枠3			2	2	2	2	2	3	3	3

色の文字が，ページアウトしてページを置き換えた部分なので，FIFOでは3回になります。

LRU方式では，最後に使用されてからの期間が最も長いページを置き換えると，次のようになります。

参照→	1	3	2	1	4	5	2	3	4	5
ページ枠1	1	1	1	1	1	1	2	2	2	5
ページ枠2		3	3	3	4	4	4	3	3	3
ページ枠3			2	2	2	5	5	5	4	4

色の文字が置換え部分なので，LRUでは6回です。

したがって，組合せが正しいイが正解です。

≪解答≫イ

▶▶▶覚えよう！

- □ **プリエンプションが起こると，実行状態→実行可能状態へ**
- □ **FIFOは先入れ先出し，LRUは使用されていないものを置き換え**

2-3-2 ミドルウェア

ミドルウェアは，OSとアプリケーションソフトウェアの中間に位置するソフトウェアです。ミドルウェアの代表的なものには，DBMSや運用管理ツールなどがあります。

API

API (Application Programming Interface) は，アプリケーションから利用できる，OSなどのシステムの機能を利用する関数などのインタフェースです。例えば，OSの画面を表示するAPIを呼び出して文字を表示させることなどが可能です。また，Webサイトで利用するAPIのことを**WebAPI**といいます。

発展

WebAPIを使うと，他のWebシステムが提供しているサービスを利用できるようになります。例えば，Google Maps APIでは，Googleのサービスである Google Mapsの情報を取り込んで表示したり，地図上に印を付けたりすることが可能です。

シェル

シェルは，利用者からの指示をコマンドで受け付けて解釈し，プログラムを起動，制御します。また，カーネルの機能を呼び出す役割をもっています。

用語

カーネルとは，OSの中核となる部分です。システムのリソースを管理し，ハードウェアとソフトウェアとのやり取りを制御します。

デーモン

デーモンとは，UNIXなどのマルチタスクOSにおいてバックグラウンドで動作するプログラムです。プログラム名の末尾にdが付きます。インターネットサービスを管理するinetdや，Webサーバを管理するhttpd，プリンタを管理するlpdなどがあります。

開発フレームワーク

開発フレームワークとは，システム開発を標準化して効率的に進めるための全体的な枠組みです。ソフトウェアをどのように開発すべきかを，再利用可能なクラスなどによって示し，特定の用途に使えるようにしています。例えば，Webアプリケーションを開発するための**Webアプリケーションフレームワーク**があります。

参考

Webアプリケーションフレームワークの代表的なものに，Javaで利用するApache Struts や Spring，Rubyで利用するRuby on Rails，Pythonで利用するDjangoなどがあります。

分散処理技術

分散処理技術とは，大規模なデータを複数のサーバ上に分散して処理する技術のことです。分散処理技術を実現するためのソフトウェアフレームワークがあり，その代表的なものにHadoopがあります。
それでは，次の問題を考えてみましょう。

問題

Hadoopの説明はどれか。

ア　Java EE仕様に準拠したアプリケーションサーバ
イ　LinuxやWindowsなどの様々なプラットフォーム上で動作するWebサーバ
ウ　機能の豊富さが特徴のRDBMS
エ　大規模なデータを分散処理するためのソフトウェアライブラリ

（令和3年春 応用情報技術者試験 午前 問20）

解説

Hadoopは，大規模データの分散処理を支えるオープンソースのソフトウェアフレームワークで，Javaで書かれたライブラリです。したがって，エが正解です。
アはTomcatなどのアプリケーションサーバ，イはApacheなどのWebサーバ，ウはPostgreSQLなどのRDBMSの説明となります。

≪解答≫エ

2

▶▶▶覚えよう！

□　**APIは，OSなどのシステムが提供するインタフェース**

2-3-3 ファイルシステム

頻出度 ★★★

ファイルは，階層化されたディレクトリで管理されます。また，ファイルシステムにはいろいろな種類があります。

ディレクトリ管理とファイル管理

ディレクトリとは，コンピュータ上でファイルを整理して管理するための，階層構造をもつグループです。最上位のディレクトリを**ルートディレクトリ**と呼び，そこからツリー状にディレクトリを構成します。

ファイルはルートディレクトリからのパス名で識別されます。ルートディレクトリからのパスを**絶対パス**，あるディレクトリからの相対の位置を示すパスを**相対パス**といいます。

それでは，次の問題で確認してみましょう。

用語

パスとは，記憶装置内でファイルやディレクトリの所在を示す文字列のことです。UNIX系のOSでは「/(スラッシュ)」で，Windows系のOSでは「\ (バックスラッシュ)」(日本語のOSでは“¥”で表されます)。
相対パスでは，起点となるディレクトリを「.」で，一つ上のディレクトリを「..」で表します。
絶対パスで/etc/passwdというファイルを，/usr/test/というディレクトリを起点として相対パスで呼び出すには，「../../etc/passwd」と表現します。

問題

UNIXではファイルを，通常ファイル，ディレクトリファイル及び特殊ファイルの3種類に分類している。ディレクトリファイルの説明として，適切なものはどれか。

ア 磁気ディスクなどの入出力装置にアクセスするためのファイル

イ テキスト，オブジェクトコード，画像データなどを格納するためのファイル

ウ ファイル名とファイルの実体を対応付けるためのファイル

エ 複数のパスから一つのファイルを参照できるようにするためのファイル

(平成21年秋 応用情報技術者試験 午前 問20)

解説

ディレクトリファイルは，ディレクトリを表すためのファイルです。ディレクトリ内にどのようなファイルやディレクトリがあるのかと，その実体が格納してある記憶装置の番地を対応付けて格納しています。したがって，ウが正解です。

アはデバイスファイル（デバイスドライバ）の説明なので，分類では特殊ファイルに当たります。イは通常ファイルの説明です。エはリンクを参照できるようにするリンクファイルの説明なので，分類では特殊ファイルに当たります。

≪解答≫ウ

▶▶▶ 覚えよう！

□ **絶対パスはルートから，相対パスは ../ で上に**

2-3-4 開発ツール

開発ツールには，設計やプログラミングなど，ソフトウェア開発の各工程を助けるためのツールがあります。また，各工程の効率化や自動化を目的にするCASEツールや，開発作業全体を一貫して支援するIDE（Integrated Development Environment：統合開発環境）があります。

用語

CASE（Computer Aided Software Engineering）ツールとは，設計情報からソフトウェア製品の一部を自動生成するツールや，E-R図からデータベースを生成するツールなど，ソフトウェア開発を効率化するツールのことです。

参考

IDEの代表的なものには，マイクロソフトのVisual StudioやアップルのXcode，オープンソースのEclipseなどがあります。

プログラミングツール

プログラミングを支援するのがプログラミングツールです。プログラミングツールには，次のような機能があります。

①トレーサ

デバッグ時に実行経路を表示するツールです。

②インスペクタ

デバッグ時にデータ内容を表示するためのツールです。

③エディタ

プログラムのソースコードを編集するツールです。

④リポジトリ

成果物を**一元管理するデータベース**です。プログラム以外にもその説明や，データ定義などを管理します。バージョン管理を行い，最新のデータ以外に，古いデータとその差分を残します。リポジトリからデータを取り出すことをチェックアウト，データを登録することをチェックインといいます。

参考

リポジトリの代表的なものには，マイクロソフトのVSS（Visual SourceSafe），オープンソースのGitやSubversionなどがあります。

⑤アサーションチェッカ

プログラムの途中にアサーション（論理的に成立すべき条件）を登録して，満たしているかチェックするツールです。

⑥エミュレータ

コンピュータや機械の動作を再現するツールです。携帯電話やゲーム機などのエミュレータが有名です。

⑦シミュレータ

実世界や仮想的な状況をモデル化して実験するシミュレーションを行うツールです。

⑧スナップショット

ある一時点のストレージの状態(ファイルとディレクトリの集合など)をそのまま記録するツールです。

⑨プロファイラ

プログラムの性能を改善するに当たって，関数，文などの実行回数や実行時間を計測して統計を取るために用いるツールです。

それでは，問題を解いて確認してみましょう。

問題

プログラミングツールの機能の説明のうち，適切なものはどれか。

ア　インスペクタは，プログラム実行時にデータの内容を表示する。
イ　シミュレータは，プログラム内又はプログラム間の実行経路を表示する。
ウ　トレーサは，プログラム単位の機能説明やデータ定義の探索を容易にする。
エ　ブラウザは，文字の挿入，削除，置換などの機能によってプログラムのソースコードを編集する。

(平成22年春 応用情報技術者試験 午前 問21)

過去問題をチェック

開発ツールについては，用語の意味を問われる問題が多く見られます。応用情報技術者試験では次の出題があります。

【インスペクタ】
・平成22年春 午前 問21

【クロスコンパイラ】
・平成23年特別 午前 問22
・平成27年春 午前 問19

【コンパイラ】
・平成25年秋 午前 問20

【プロファイラ】
・平成30年秋 午前 問19

解説

インスペクタは，プログラム実行時にデータの内容を表示するツールです。したがって，アが正解です。イはトレーサ，ウはリポジトリ，エはエディタの説明です。

≪解答≫ア

言語処理ツール

プログラム言語を処理するツールが，言語処理ツールです。言語処理ツールには主に次のものがあります。

①コンパイラ

プログラム言語で書かれたプログラム（**ソースコード**）を，コンピュータが実行可能な機械語に変換するツールです。プログラムを解析し，最適化してから機械語翻訳を行います。

②インタプリタ

ソースコードを順番に解釈しながら実行するツールです。

参考
主にインタプリタを用いてプログラムを実行するプログラム言語をインタプリタ言語と呼びます。代表的なものにはBASICやPerl，Ruby，PHPなどがあります。
また，バイトコード（中間コード）を生成して，コンパイラ言語との中間に位置する言語にJavaやC#などがあります。

③クロスコンパイラ

コンパイラが動作している環境以外に向けて実行ファイルを作成するツールです。組込みシステムでは，通常のコンピュータでクロスコンパイルを行い，実行ファイルを組み込みます。

④アセンブラ

アセンブリ言語を機械語に翻訳するツールです。

⑤プログラムジェネレータ

あるパラメタを設定し，そのパラメタからプログラム言語のソースコードを自動生成するツールです。

コンパイラ最適化

コンパイルを行う際，実行ファイルを効率化して，実行時間やメモリ使用量，消費電力などを最小化するよう調整する処理です。最適化の技法には，以下のようなものがあります。

①ループ最適化

ループ内で変化がない**ループ不変式**をループ外に移動させるなど，ループ内の処理量を減らします。

②局所最適化

局所参照性（メモリ内の近い位置を参照すること）を増大させることで，アクセス効率を高めます。

③プロシージャ間最適化

ソースコード全体を解析して最適化します。関数をインライン展開する（関数そのもののコードを展開し，関数を呼び出さないようにすること）などの方法があります。

▶▶▶ 覚えよう！

- □ リポジトリからデータを取り出すのはチェックアウト，データを登録するのがチェックイン
- □ コンパイラは一度に解析，インタプリタは少しずつ解析

2-3-5 オープンソース ソフトウェア

頻出度

OSS（Open Source Software：オープンソースソフトウェア）とはソースコードを公開するソフトウェアという意味ですが，オープンソースと名乗るには，ソースコードの公開以外にもいくつかの条件が必要です。

OSSの定義

オープンソースの推進団体OSI（Open Source Initiative）では，オープンソースライセンスの条件として，以下のような10の定義を挙げています。

関連
オープンソースの定義については，原文が下記のWebサイトで公開されています。
https://opensource.org/osd

1. 自由に再頒布できること（有料で販売する場合も含む）
2. **ソースコードを公開**すること
3. **派生物の作成**と，それを同じライセンスで頒布することを許可すること
4. 基本ソースとパッチ（差分情報）というかたちで頒布することを義務づけてもかまわない。
5. 個人やグループに対する**差別をしない**こと
6. 利用する分野に対する差別をしないこと
7. ライセンス分配に追加ライセンスを必要としないこと
8. 特定製品でのみ有効なライセンスにしないこと
9. 他のソフトウェアを制限するライセンスにしないこと
10. ライセンスは技術的な中立を保つこと

それでは，次の問題で確認してみましょう。

問題

オープンソースソフトウェアの特徴のうち，適切なものはどれか。

ア　一定の条件の下で，ソースコードの変更を許可している。
イ　使用分野及び利用者を制限して再配布できる。
ウ　著作権が放棄されている。

エ　無償で配布しなければならない。

（平成22年秋 応用情報技術者試験 午前 問21）

解説

OSSの定義によると，基本コードと差分情報を載せるなど，一定の条件の下でソースコードの変更は許可されます。したがって，アが正解です。

イ　使用分野や利用者を制限する差別は禁止されています。

ウ　著作権については定義がありませんが，OSSでは著作権は放棄されていません。

エ　無償で配布しなければならないという定義はなく，有料での販売も許可する必要があります。

≪解答≫ア

代表的なOSS

広く利用されているOSSには，以下のものがあります。

OSにLinux，WebサーバにApache，データベースにMySQL，言語にPerl，PHP，Pythonという組合せをまとめた**LAMP**（ランプ）があります。LAMPは，Webサイトを構築するときに便利なものを集めたソフトウェア群で，パッケージでまとめて配布されています。

①Apache HTTP Server

単に**Apache**とも呼ばれます。Webサーバを構築するOSSです。

②Postfix

メールサーバを構築するOSSです。以前はSendmailが有名でしたが，安全性の問題で置き換わりつつあります。

③BIND

DNSサーバを構築するOSSです。

④MySQL

リレーショナルデータベースを構築するOSSです。同様のOSSに**PostgreSQL**があります。

⑤Linux

OSSのUNIX系OSです。いろいろな配布パッケージ（**ディストリビューション**）で配布されています。

AIに関するOSS

AI開発に用いられるOSSには，主に次のようなものがあります。

①ディープラーニングライブラリ

ディープラーニングを高速に実現するためのライブラリに，TensorFlowやChainer，PyTorchなどがあります。また，ディープラーニングでの実装を容易にするためのラッパーライブラリ(TensorFlowなどに重ねて用いるライブラリ)に，Kerasがあります。

②画像処理ライブラリ

画像の変換やフィルタ処理など，様々な画像処理を行うライブラリにOpenCVがあります。OpenCVでは，画像処理に関する機械学習なども実現できます。

オープンソースライブラリ

オープンソースは，プログラミングを行う場合にも利用可能です。**オープンソースライブラリ**は，プログラミングで利用できる部品(クラスや関数など)をまとめたものです。部品のソースコードも，オープンソースで公開されています。

参考
オープンソースライブラリの代表例に，Perl向けのライブラリであるCPAN(Comprehensive Perl Archive Network)などがあります。また，PHPでは，用途別に様々なPHPライブラリが公開されています。

OSSの信頼性

OSSを利用する場合には，その機能だけでなく，長期間運用するための信頼性も確認する必要があります。具体的には，次のような軸で，OSSの信頼性を評価します。

- ソフトウェア自体の信頼性
- メンテナンスの容易さ
- 法的問題の有無
- 開発コミュニティのサポート体制

OSSでは，開発を行うコミッタや，整備を行うメンテナなど，様々な人が関わっています。このようなOSSプロジェクトに貢献する人全体を**コントリビュータ**といいます。コントリビュータの存在は，OSSの信頼性に大きく影響します。

また，OSSにおいて，複数のOSSやアプリケーションを組み合わせて，利用者がインストールしやすいようにパッケージにまとめたものをディストリビューションといいます。ディストリビューションを配布して提供する**ディストリビュータ**が選ぶソフトウェアは，比較的信頼性が高いといえます。

IPA（独立行政法人情報処理推進機構）では，OSSの信頼性評価ツールを整備し，OSSプロジェクトを評価するための基準を提供しています。

OSSのライセンス

OSSのライセンスには次のように多様な形態があり，どの形態のライセンスを採用するかは，OSSの原作者が自由に決めることができます。

①コピーレフト

著作権を保持したまま，二次的著作物も含めて，すべての人が著作物を利用・改変・再頒布できなければならないという考え方です。

②デュアルライセンス

一つのソフトウェアを異なる2種類以上のライセンスで配布する形態です。利用者は，そのうちの一つのライセンスを選びます。

参考

デュアルライセンスでは，フリーライセンス／商用ライセンスなどのように，複数のライセンスから条件に応じてライセンスを選びます。例えば，元のソースコードを改変して公開したくない場合には商用ライセンス，公開する場合にはフリーライセンス，というように使い分けます。

③GPL（General Public License）

OSSのライセンス体系の一つで，コピーレフトの考え方に基づきます。GPLのソフトを再配布する場合にはGPLのライセンスを踏襲する必要があります。

④BSD（Berkeley Software Distribution）ライセンス

OSSのライセンス体系の一つで，GPLに比べて制限の少ないライセンスです。無保証であることの明記と，著作権及びライセンス条文を表示する以外は自由です。

▶▶▶覚えよう！

- □ OSSは有料配布も，ソフトの改変もOK
- □ ApacheはWebサーバ，Postfixはメールサーバ，BINDはDNSサーバ

2-4 ハードウェア

ハードウェアでは，コンピュータの構成部品である電子・電気回路や，半導体素子，LSIなどについて学びます。

2-4-1 ハードウェア

コンピュータのハードウェアとは，物理的な構成部品である電子・電気回路，CPUなどと，それらの集合であるハードディスクやPC本体などを指します。

電子・電気回路

コンピュータの基本的な論理回路には，AND回路，OR回路，NOT回路があります。さらに，排他的論理和を表すXOR回路や，否定を組み合わせたNAND回路，NOR回路があります。以下に，それぞれの回路記号を表します。

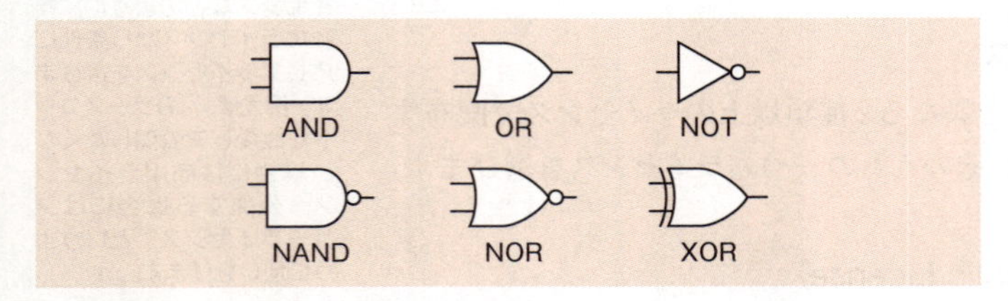

回路記号

NAND回路は，ほかの回路に比べて回路構成が簡単なので作りやすいという特徴があります。また，ほかの五つの論理回路をNANDだけで表現することが可能なので，NAND回路のみを組み合わせてほかの論理回路を作るということも多くあります。

それでは，実際の問題で確認してみましょう。

勉強のコツ

電気回路の問題は定番です。実際に0や1を入れてみて回路図をトレースすることが大切です。
また，新しい用語が多く出てくる分野なので，用語に慣れることも肝心です。
午後で組込みシステム開発（問7）を選択する場合は，この節と第1章をしっかり学習して問題演習を行っていきましょう。

過去問題をチェック

電気回路の問題は，応用情報技術者試験に変更されてから午前の定番となっています。

【フリップフロップ】
- 平成21年秋 午前 問23
- 平成23年秋 午前 問24
- 平成25年秋 午前 問24
- 平成27年秋 午前 問22

【等価な回路】
- 平成22年秋 午前 問24
- 平成30年春 午前 問21
- 令和2年10月 午前 問23

【NAND回路によるOR】
- 平成23年特別 午前 問24
- 平成26年春 午前 問20

【3入力多数決回路】
- 平成24年秋 午前 問22
- 平成27年春 午前 問22

【XORとANDによる加算回路】
- 平成25年春 午前 問24
- 平成30年秋 午前 問23

【偶数パリティビット】
- 令和元年秋 午前 問23

問題

図の論理回路と等価な回路はどれか。

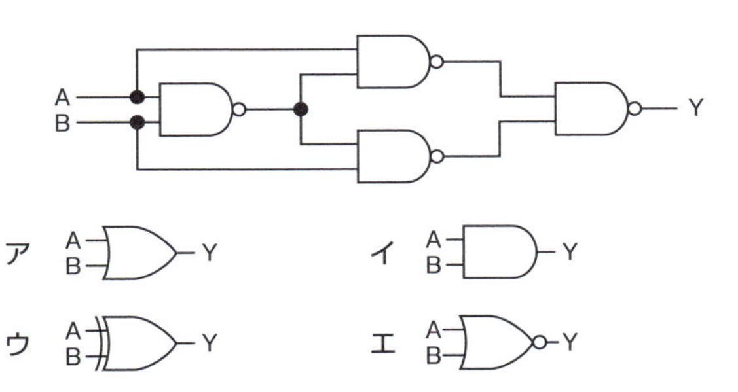

（平成30年春 応用情報技術者試験 午前 問21）

解説

入力A，Bに0，1それぞれの値を入れてみて，出力Yがどうなるか確認していきます。まず，A，Bに0を入れ，図を使って順番にトレースしていくと，以下のようになります。

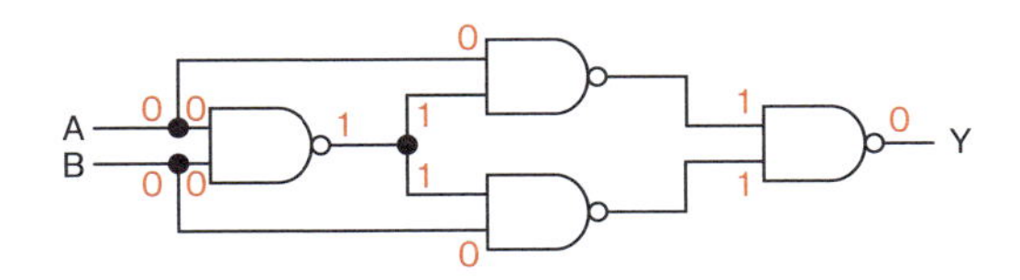

A，Bが0ならYが0になることが分かります。

同様に，A，Bのすべての組合せをトレースすると，下の表のようになります。

A	B	Y
0	0	0
0	1	1
1	0	1
1	1	0

これは，排他的論理和（XOR）の結果と同じなので，XOR回路であるウが正解です。

≪解答≫ウ

フリップフロップ回路

フリップフロップとは，1ビットの情報を記憶することができる論理回路です。SRAMでよく利用されます。フリップフロップ回路には，NAND回路を二つ組み合わせたSR（Set Reset）型フリップフロップや，四つのNAND回路を使うJK型フリップフロップがあります。

実際の動作を問題で確認してみましょう。

ハードウェアの分野では，フリップフロップ回路などの論理回路問題が多く出題されています。

問題

図の論理回路において，$S=1$，$R=1$，$X=0$，$Y=1$のとき，Sを一旦0にした後，再び1に戻した。この操作を行った後のX，Yの値はどれか。

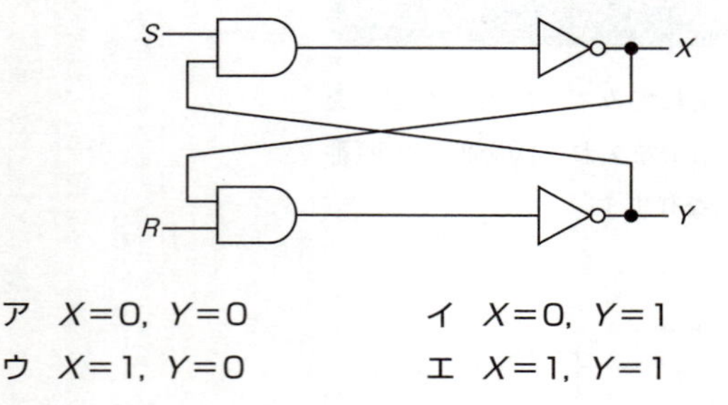

ア　$X=0$，$Y=0$　　イ　$X=0$，$Y=1$

ウ　$X=1$，$Y=0$　　エ　$X=1$，$Y=1$

（令和３年春 応用情報技術者試験 午前 問25）

解説

まず，初期状態として，図の論理回路において，$S=1$，$R=1$，$X=0$，$Y=1$が下図のように入力されています。

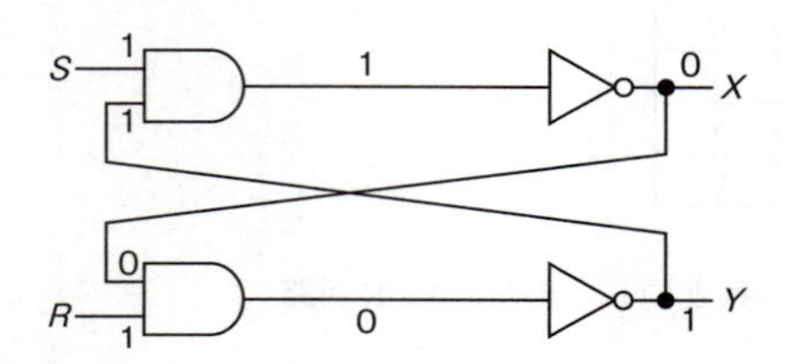

この状態でSをいったん0にすると，次のように値が変化します。$X=1$, $Y=0$となり，XとYが反転します（赤字が変わった部分です）。

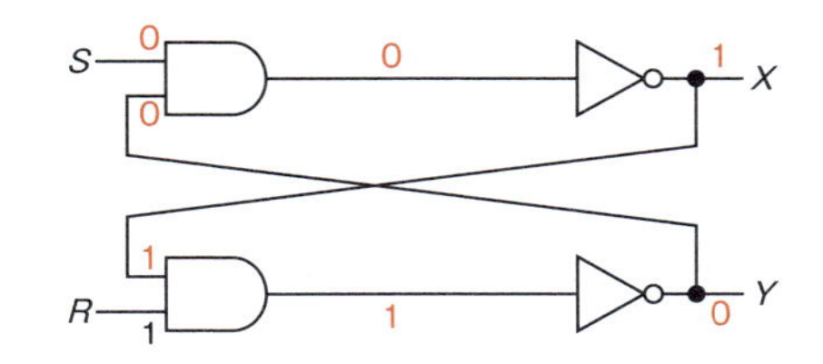

さらに，この状態からSを1に戻すと下図のようになります。Sを1に戻しても，X，Yの値はそのままです。

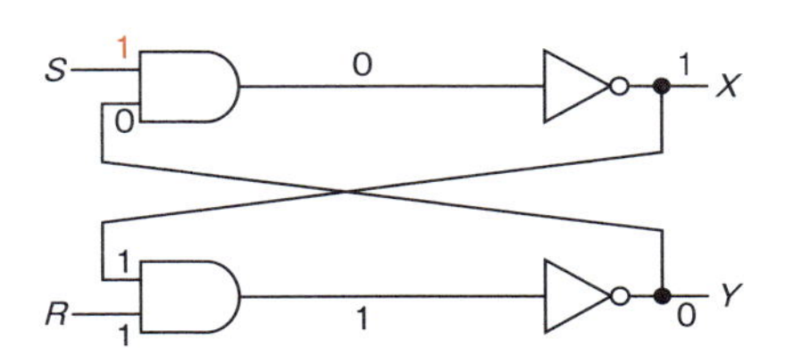

したがって，$X=1$，$Y=0$となり，ウが正解です。

ちなみに，この回路がSR型フリップフロップ回路で，SとRがともに1の場合には，以前に入力した値をそのまま保持します。

≪解答≫ウ

半導体素子の構成部品

半導体素子は，半導体による電子部品です。**IC**（Integrated Circuit：集積回路）や，更に集積度を高めた**LSI**（Large Scale Integration：大規模集積回路）などがあります。代表的な構成部品には，以下のものがあります。

①カスタムIC

利用者が要求する特定の用途に特化したICです。製造するときに回路設計を決定する**ASIC**（Application Specific Integrated Circuit）や，製造後に回路を変更できる**FPGA**（Field-Programmable Gate Array）があります。

②システムLSI

組込みシステム製品の電子回路を1チップに集約した半導体製品です。その設計手法は，**SoC**（System On a Chip）と呼ばれます。

複数の半導体を組み合わせて一つにすることで占有面積を縮小でき，システムを小型化，高速化することが可能になります。

③FPGA（Field Programmable Gate Array）

製造後に構成を変更できる集積回路です。特定のシステムに適用するように，利用者が回路構成を変更することができます。構成を記述するハードウェア記述言語として，**HDL**（Hardware Description Language）があります。

④MEMS（Micro Electro Mechanical Systems）

センサー，アクチュエータなどや電子回路を一つのシリコン基板などに集積化したデバイスです。

それでは，問題で確認していきましょう。

問題

FPGAなどに実装するディジタル回路を記述して，直接論理合成するために使用されるものはどれか。

ア DDL　　イ HDL　　ウ UML　　エ XML

（令和2年10月 応用情報技術者試験 午前 問21）

解説

FPGA（Field Programmable Gate Array）は，製造後に設計や構成を変更できるディジタル回路の集まりです。ディジタル回路の設計，構成を記述するハードウェア記述言語には，HDL（Hardware Description Language）があります。HDLを使用することで直接，FPGAのディジタル回路の実装設計（論理合成）を行うことができます。したがって，イが正解です。

ア DDL（Data Definition Language：データ定義言語）は，データベースで使用される，テーブルやビュー，インデックスを作成するときなどに使用される言語です。

ウ UML（Unified Modeling Language：統一モデリング言語）は，

オブジェクト指向分析や設計で使用される図の集まりです。

エ XML (eXtensible Markup Language)は，用途に合わせて拡張することができる，タグを用いたマークアップ言語です。

≪解答≫イ

半導体の故障メカニズム

半導体素子では，大規模に集積するため特有の故障が起こります。半導体が故障する主なメカニズムには，次のようなものがあります。

①ESD破壊

静電気放電(ElectroStatic Discharge：ESD)により，デバイスが劣化・故障することです。人体や装置，デバイスが帯電し，酸化膜や配線などが破壊されます。

②ラッチアップ

半導体素子では，構造上，期待していない位置にトランジスタやサイリスタなどができてしまうことがあります。これを寄生トランジスタ，寄生サイリスタなどと呼びますが，これらが原因で回路に不具合が起こることを**ラッチアップ**といいます。

用語

サイリスタとは，P型半導体とN型半導体が交互にPNPNと4層に接合した素子です。電圧や電流で制御するスイッチングに用いられます。

③ストレスマイグレーション

機械的な力によって配線が切断されるなど，半導体素子が不良になる現象です。

④エレクトロマイグレーション

電流が過度に流れることによって配線が切断されるなど，半導体素子が不良になる現象のことです。

タイマ

あらかじめ設定された時間を計測する装置のことを**タイマ**といいます。タイマは，**カウンタ**を用いて，一定時間ごとに起こる割込みをカウントして時間を計測します。組込みシステムで使われるタイマには，次のようなものがあります。

①インターバルタイマ

一定間隔でCPUに対して割込みを発生させるタイマです。コンピュータは，時刻を刻み続けるリアルタイムクロックから時刻を取得した後は，インターバルタイマの割込みを使って時刻をアップデートしていきます。

②ウォッチドッグタイマ

コンピュータの正常動作を確認するためのタイマです。OSがウォッチドッグタイマに対して一定間隔でクリアを行います。規定時間内にクリアが行われなかったときには，システムに障害が起こったと判断し，システムをリセットします。

③RTC

RTC（Real-Time Clock）は，コンピュータが内部に保持している時計です。単なるカウンタだけでなく，日付や時刻などを示すカレンダ情報をもっており，システムの時刻の管理に使われます。

過去問題をチェック

タイマに関しては，応用情報技術者試験では次の出題があります。

【ウォッチドッグタイマ】
- 平成25年春 午前 問23
- 平成26年秋 午前 問22
- 平成29年秋 午前 問22
- 令和元年秋 午前 問21

【RTC】
- 平成25年秋 午前 問23

【ハードウェアタイマ】
- 平成29年春 午前 問22

論理設計

ハードウェアの論理設計では，性能，設計効率，コストなどを考慮して，どの構成が最適であるのかを検討し，設計を行います。

診断プログラム

コンピュータなどに問題が発生した場合，メーカのサポートに問い合わせる前の対処として問題を特定するプログラムを**診断プログラム**といいます。PCのハードウェアの故障時に使用するハードウェア診断プログラムや，アプリケーションに不具合が発生したときに使用するソフトウェア診断プログラムがあります。

オープンソースハードウェア

オープンソースハードウェアとは，ハードウェアの設計や回路図，ソフトウェアなどの情報を無償で公開することで，ハードウェアを誰でも作成可能にすることです。

参考

オープンソースハードウェアでは，3Dプリンタを利用することで様々なものが遠隔地で作成可能になります。具体的には，公開されている部品を3Dプリンタで作成し，それを組み合わせます。
有名なものでは，自動車や住居，ロボットなどをオープンソースで作成するプロジェクトがあります。

エネルギーハーベスティング

身の周りにある位置エネルギーなどを集めて電気に変換し，機器を動作させる一連の流れのことをエネルギーハーベスティングといいます。自然にある小さなエネルギーを活用することによって，センサなど，小さな電力で動く機器を動作させることができます。

覚えよう！

- □ 1チップでシステムを実現するシステムLSI，SoC
- □ ウォッチドッグタイマはタイマで障害を検出する

2-5 演習問題

問1 コンピュータ処理時間 CHECK ▶ □□□

同じ命令セットをもつコンピュータＡとＢがある。それぞれのCPUクロック周期，及びあるプログラムを実行したときのCPI（Cycles Per Instruction）は，表のとおりである。そのプログラムを実行したとき，コンピュータＡの処理時間は，コンピュータＢの処理時間の何倍になるか。

	CPUクロック周期	CPI
コンピュータA	1ナノ秒	4.0
コンピュータB	4ナノ秒	0.5

問2 キャッシュメモリ CHECK ▶ □□□

容量が a Ｍバイトでアクセス時間が x ナノ秒の命令キャッシュと，容量が b Ｍバイトでアクセス時間が y ナノ秒の主記憶をもつシステムにおいて，CPUからみた，主記憶と命令キャッシュとを合わせた平均アクセス時間を表す式はどれか。ここで，読み込みたい命令コードがキャッシュに**存在しない確率**を r とし，キャッシュ管理に関するオーバヘッドは無視できるものとする。

ア $\dfrac{(1-r)\cdot a}{a+b}\cdot x+\dfrac{r\cdot b}{a+b}\cdot y$

イ $(1-r)\cdot x+r\cdot y$

ウ $\dfrac{r\cdot a}{a+b}\cdot x+\dfrac{(1-r)\cdot b}{a+b}\cdot y$

エ $r\cdot x+(1-r)\cdot y$

問3 液晶ディスプレイの種類 CHECK ▶ □□□

液晶ディスプレイ（LCD）の特徴として，適切なものはどれか。

ア 電圧を加えると発光する有機化合物を用いる。
イ 電子銃から発射された電子ビームが蛍光体に当たって発光する。
ウ 光の透過を画素ごとに制御し，カラーフィルタを用いて色を表現する。
エ 放電によって発生する紫外線と蛍光体を利用する。

問4　信頼性設計　CHECK ▶ □□□

フェールセーフの考え方として，適切なものはどれか。

ア　システムに障害が発生したときでも，常に安全側にシステムを制御する。
イ　システムの機能に異常が発生したときに，すぐにシステムを停止しないで機能を縮退させて運用を継続する。
ウ　システムを構成する要素のうち，信頼性に大きく影響するものを複数備えることによって，システムの信頼性を高める。
エ　不特定多数の人が操作しても，誤動作が起こりにくいように設計する。

問5　ターンアラウンドタイム　CHECK ▶ □□□

ジョブの多重度が1で，到着順にジョブが実行されるシステムにおいて，表に示す状態のジョブA～Cを処理するとき，ジョブCが到着してから実行が終了するまでのターンアラウンドタイムは何秒か。ここで，OSのオーバヘッドは考慮しない。

単位　秒

ジョブ	到着時刻	処理時間（単独実行時）
A	0	5
B	2	6
C	3	3

問6　LRU方式でのページイン　CHECK ▶ □□□

仮想記憶管理におけるページ置換えアルゴリズムとしてLRU方式を採用する。主記憶のページ枠が，4000，5000，6000，7000番地（いずれも16進数）の4ページ分で，プログラムが参照するページ番号の順が，1→2→3→4→2→5→3→1→6→5→4のとき，最後の参照ページ4は何番地にページインされているか。ここで，最初の1→2→3→4の参照で，それぞれのページは4000，5000，6000，7000番地にページインされるものとする。

ア　4000　　イ　5000　　ウ　6000　　エ　7000

問7 タスク管理 CHECK ▶ □□□

五つのタスクＡ～Ｅの優先度と，各タスクを単独で実行した場合のCPUと入出力装置(I/O)の動作順序と処理時間は，表のとおりである。優先度“高”のタスクＡとＢ～Ｅのどのタスクを組み合わせれば，組み合わせたタスクが同時に実行を開始してから，両方のタスクの実行が終了するまでの間のCPUの遊休時間を最も短くできるか。ここで，I/Oは競合せず，OSのオーバヘッドは無視できるものとする。また，表の(　)内の数字は処理時間を表すものとする。

タスク	優先度	単独実行時の動作順序と処理時間（ミリ秒）
A	高	CPU(3) → I/O(3) → CPU(3) → I/O(3) → CPU(2)
B	低	CPU(2) → I/O(5) → CPU(2) → I/O(2) → CPU(3)
C	低	CPU(3) → I/O(2) → CPU(2) → I/O(3) → CPU(2)
D	低	CPU(3) → I/O(2) → CPU(3) → I/O(1) → CPU(4)
E	低	CPU(3) → I/O(4) → CPU(2) → I/O(5) → CPU(2)

問8 システム全体の稼働率 CHECK ▶ □□□

稼働率が等しい装置を直列や並列に組み合わせたとき，システム全体の稼働率を高い順に並べたものはどれか。ここで，各装置の稼働率は0よりも大きく1未満である。

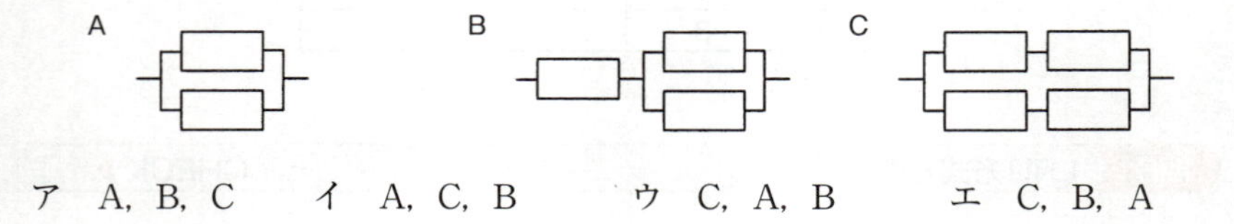

ア　A，B，C　　イ　A，C，B　　ウ　C，A，B　　エ　C，B，A

問9 ウォッチドッグタイマ CHECK ▶ □□□

組込みシステムにおける，ウォッチドッグタイマの機能はどれか。

ア　あらかじめ設定された一定時間内にタイマがクリアされなかった場合，システム異常とみなしてシステムをリセット又は終了する。

イ　システム異常を検出した場合，タイマで設定された時間だけ待ってシステムに通知する。

ウ　システム異常を検出した場合，マスカブル割込みでシステムに通知する。

エ　システムが一定時間異常であった場合，上位の管理プログラムを呼び出す。

問10 論理回路 CHECK ▶ □□□

入力$G=0$のときは$X=A$，$Y=B$を出力し，$G=1$のときは$X=\overline{A}$，$Y=\overline{B}$を出力する回路はどれか。

ア

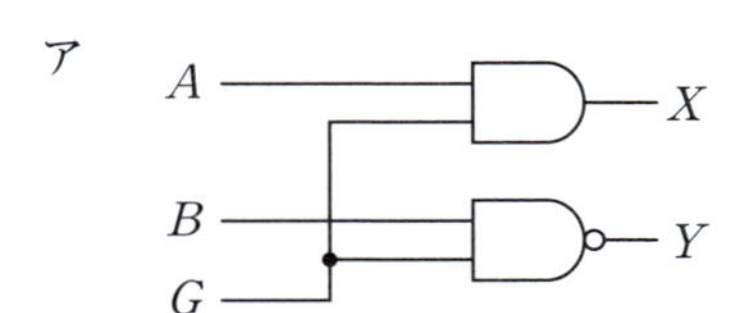

イ

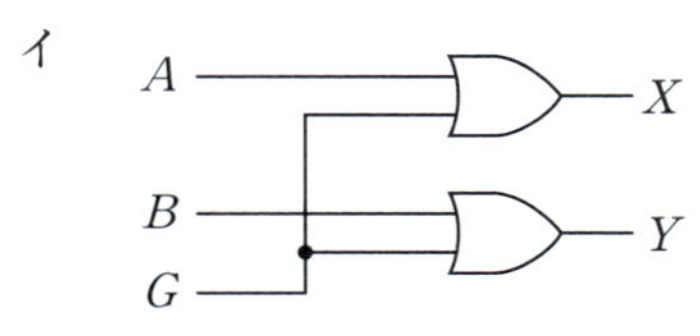

ウ

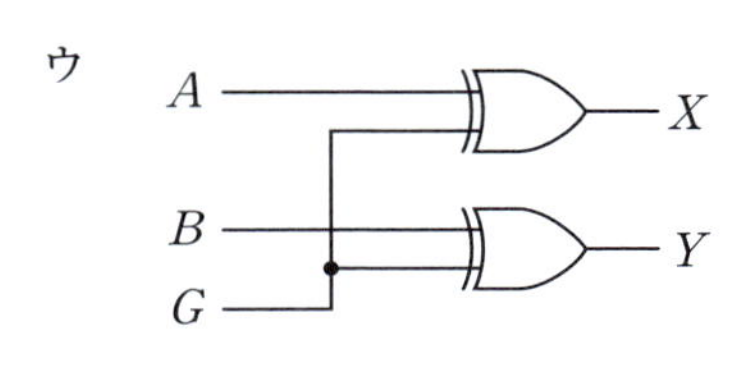

エ

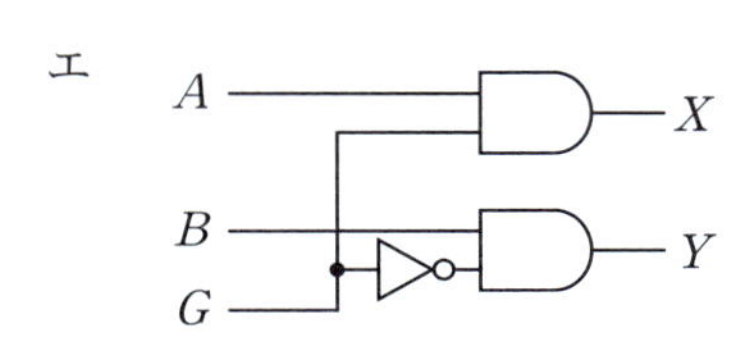

問11 多言語多通貨対応両替システム CHECK ▶ □□□

力試し　午後問題の問7で出題される「組込みシステム」に関する問題です。

多言語多通貨対応両替システムに関する次の記述を読んで，設問1～4に答えよ。

G社は，訪日外国人観光客が所持する外貨紙幣を日本円に両替するための，多言語多通貨対応両替システム（以下，両替システムという）を開発している。両替システムは，駅，商店などに設置される両替機，及びインターネットを介して両替機の管理と両替機への情報提供を行う管理サーバで構成される。両替システムの構成を図1に，両替機の外観を図2に，両替機の内部構成を図3に，両替機の構成要素の機能概要を表1に示す。

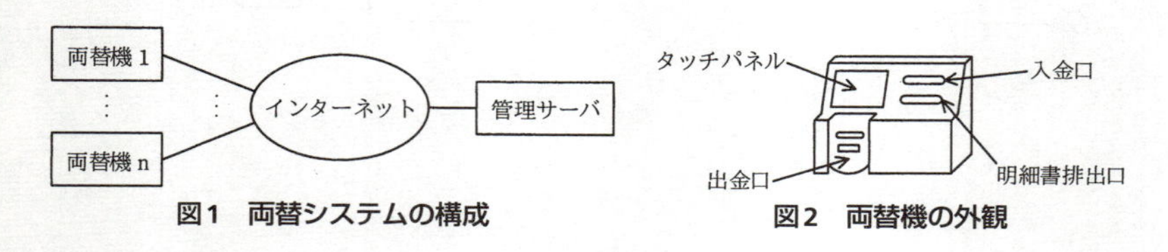

図1　両替システムの構成　　**図2　両替機の外観**

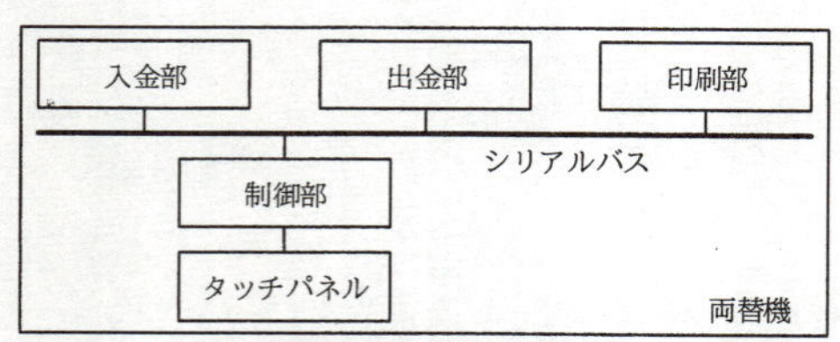

図3　両替機の内部構成

表1　両替機の構成要素の機能概要

構成要素名	機能概要
制御部	・両替機全体の制御及び管理サーバとの通信を行う。
タッチパネル	・制御部からの指示を基に，画面表示を行う。 ・利用者が画面にタッチしたら，座標情報を制御部に通知する。
入金部	・外貨紙幣が入金口から挿入されたら，通貨・金種を識別して制御部に通知する。 ・制御部からの指示を基に，挿入された外貨紙幣を入金口に戻すか，内部に格納する。
出金部	・制御部からの指示を基に，出金口から日本円紙幣・硬貨を出金する。
印刷部	・制御部からの指示を基に，両替の結果を示す明細書を印刷して明細書排出口から排出する。

〔タッチパネルの画面構成〕

タッチパネルの画面は，両替可能な通貨の一覧表，言語名を表示した複数の言語ボタン，及び両替ボタンで構成される。両替可能な通貨の一覧表には，通貨名，入金額，両替レート，日本円額が含まれる。言語ボタンにタッチすると，タッチされたボタンに対応した言語で画面を再表示する。タッチパネルの画面例を図4に示す。

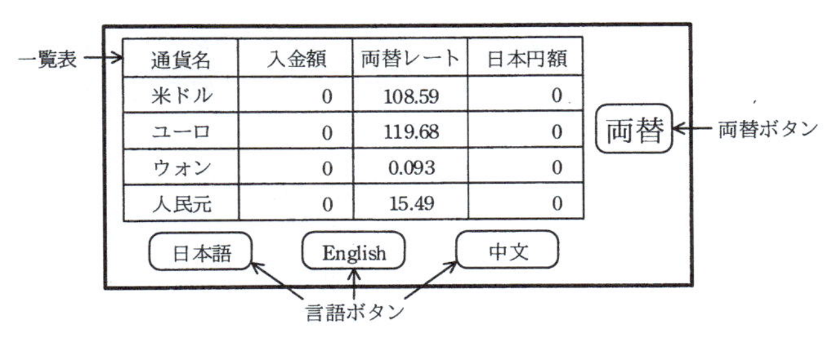

図4　タッチパネルの画面例

〔両替機の動作概要〕

両替機は，利用可のとき，利用者が1枚目の外貨紙幣を入金口に挿入したら，両替状態にする。両替機は，挿入された外貨紙幣を，通貨・金種の識別後，入金口に戻すか，入金部の内部に格納する。外貨紙幣を入金部の内部に格納したら，その外貨紙幣の通貨に対応する，タッチパネルの画面の一覧表の入金額及び日本円額を更新する。両替機は，両替状態の場合，外貨紙幣が1枚挿入されるたびに，これらの動作を繰り返す。

利用者が両替ボタンにタッチすると，両替機は，明細書の印刷・排出と日本円紙幣・硬貨の出金を行い，印刷・排出と出金が全て完了したら，両替状態を解除して，1回の両替の動作を完了する。

〔両替機の仕様〕

両替機の仕様は，次のとおりである。

・1回の両替の動作で出金できる日本円額の合計は，1円以上10万円以下である。

・次のいずれかの場合は，挿入された外貨紙幣を入金部の内部に格納せずに，入金口に戻してエラーメッセージを表示する。

- 挿入された外貨紙幣を，両替可能な通貨・金種として識別できなかった。
- 挿入された外貨紙幣を，入金部の内部に格納できない状態になっていた。
- 挿入された外貨紙幣を格納しても，日本円額の合計が1円に満たない。
- 挿入された外貨紙幣を格納すると，日本円額の合計が10万円を超えてしまう。

- 挿入された外貨紙幣を格納すると，出金部がもっている日本円紙幣・硬貨の組合せでは出金できない日本円額となってしまう。
- 入金部の内部に一度格納した外貨紙幣は，入金口に戻さない。
- 両替ボタンは，両替状態で，日本円額の合計が1円以上の場合に反応する。
- 両替状態でないとき，定期的に管理サーバに問い合わせて両替レートを更新する。両替レートを更新したら，タッチパネルの画面の一覧表も更新する。両替状態では両替レートの更新を行わず，両替状態を解除した時に両替レートの更新を行う。なお，両替状態となってから，入金部の内部に外貨紙幣を1枚も格納しないまま3分経過した場合も，両替状態を解除する。
- 印刷・排出と出金が全て完了した時，次の事象が一つ以上発生していたら利用不可とする。保守作業によって事象が全て解決されると，利用可にする。
  - 外貨紙幣を入金部の内部に格納できない状態である。
  - 出金部がもっている日本円の合計金額が10万円未満である。
  - 印刷部に格納されている明細書の用紙が不足している。
- 印刷・排出と出金が全て完了した時，管理サーバに利用可・利用不可のいずれかを報告する。

〔シリアルバス通信の概要〕

シリアルバス通信はポーリング方式とする。制御部から入金部，出金部，印刷部の順に10ミリ秒周期でデータを送信し，入金部，出金部，印刷部は，自分宛てのデータを受信したら，制御部にデータを送信する。データは，宛先コード，データ長，通知又は指示で構成される。シリアルバス通信のシーケンスを図5に，シリアルバスで通信される主なメッセージを表2に示す。

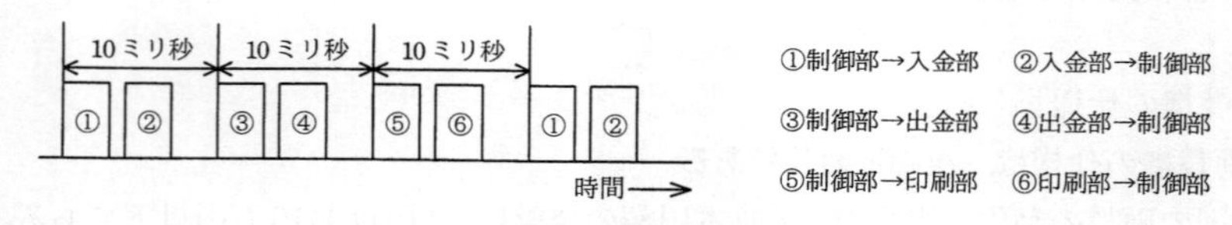

図5 シリアルバス通信のシーケンス

表2　シリアルバスで通信される主なメッセージ

名称	送信元	送信先	概要
出納指示	制御部	入金部	挿入された外貨紙幣を内部に格納させる，又は入金口に戻させる。
格納通知	入金部	制御部	外貨紙幣の格納完了と，まだ外貨紙幣を格納できるかどうかを通知する。
挿入通知	入金部	制御部	挿入された外貨紙幣の通貨・金種，又は識別失敗を通知する。
出金指示	制御部	出金部	日本円紙幣・硬貨を出金口から出金させる。
出金通知	出金部	制御部	日本円紙幣・硬貨の出金完了と，日本円紙幣・硬貨の残り枚数を通知する。
印刷指示	制御部	印刷部	明細書を印刷させて，明細書排出口から排出させる。
印刷通知	印刷部	制御部	明細書の印刷・排出完了と，明細書の用紙が不足しているかどうかを通知する。

〔制御部のソフトウェア構成〕

制御部の組込みソフトウェアには，リアルタイムOSを使用する。制御部の主なタスクの一覧を表3に示す。

表3　制御部の主なタスクの一覧

タスク名	概要
メイン	・両替機の全体を管理し，表示操作タスクに画面表示の指示を通知する。 ・シリアルバスタスクを介して，入金部，出金部，印刷部を制御する。 ・通信タスクを介して，管理サーバと情報の送受信を行う。
表示操作	・メインタスクからの指示を基に，画面表示を行う。 ・タッチパネルから通知された座標情報がボタン位置であれば，そのボタンの情報をメインタスクに通知する。
シリアルバス	・入金部，出金部，印刷部との通信処理を行う。
通信	・管理サーバとの通信処理を行う。

〔メインタスクのタイマ利用処理〕

メインタスクは両替状態となった時，［　a　］後にイベントを受信するように，リアルタイムOSのタイマを設定する。このイベントの受信時，両替状態となってから，①ある条件を満たしたら，［　b　］して，［　c　］を行う。

設問1　両替機について，(1)，(2)に答えよ。

(1)　制御部が両替状態となったことを判断するのは，どの構成要素から通知を受けたときか。表1中の構成要素名で答えよ。

(2)　制御部が管理サーバに利用可・利用不可のいずれかを報告するのは，二つのメッセージを受信した後である。その二つのメッセージ名を，表2中の名称で答えよ。

設問2 シリアルバスの最適な通信速度を検討するために，通信データ量が最も多く，処理時間が最も長くなるケースを調査した結果，当該ケースは次のとおりであった。

(i) 制御部は，894バイトのデータを印刷部に送信する。

(ii) 印刷部はデータを受信し終えたら，750マイクロ秒の処理を行った後に，6バイトのデータを制御部に送信する。

(iii) 制御部はデータを受信し終えたら，250マイクロ秒の処理を行った後に，入金部へのデータ送信を開始する。

当該ケースにおいて，シリアルバスの通信速度は最低何ビット／秒必要か。答えは小数第1位を切り上げて，整数で求めよ。ここで，1バイトはスタートビット，ストップビットを含めて10ビットで送信されるものとする。

設問3 〔メインタスクのタイマ利用処理〕について，(1)，(2)に答えよ。

(1) 本文中の［ a ］～［ c ］に入れる適切な字句を答えよ。

(2) 本文中の下線①の条件とは何か。30字以内で述べよ。

設問4 ある両替において，両替状態となってから，日本円額91,000円分の外貨紙幣を入金部の内部に格納したところに，利用者が100米ドル紙幣1枚を挿入したら，格納されずに入金口に戻された。戻された原因を25字以内で述べよ。ここで，両替機が故障していない状態で，入金部は100米ドル紙幣が両替可能な通貨・金種と認識し，外貨紙幣を内部に格納できる状態であるものとする。また，**両替レートは，1米ドル100円**とし，出金部は全ての金種の日本円紙幣・硬貨をそれぞれ10枚以上もっているものとする。

演習問題の解答

問1 （平成24年春 応用情報技術者試験 午前 問12改）

《解答》2

コンピュータAではCPIが4なので，一つの命令を行うのに必要なクロック数が4となります。CPUクロック周期が1ナノ秒なので，1命令を実行するときにかかる時間は，1［ナノ秒］×4＝4［ナノ秒］となります。

コンピュータBではCPIが0.5なので，同様に計算すると，1命令を実行するときにかかる時間は，4［ナノ秒］×0.5＝2［ナノ秒］となります。

そのため，同じ命令を実行したとき，コンピュータAの処理時間はコンピュータBの処理時間の

4［ナノ秒］／2［ナノ秒］＝2［倍］

となります。したがって，**2**が正解です。

問2 （令和元年秋 応用情報技術者試験 午前 問10）

《解答》イ

データのアクセスは，読み込みたいデータがキャッシュに存在する場合にはキャッシュメモリに，存在しない場合には主記憶にアクセスします。アクセス時間には容量は関係しないので，キャッシュに存在する確率が$(1-r)$で，そのときのアクセス時間がx［ナノ秒］，存在しない確率がrで，その時のアクセス時間がy［ナノ秒］として平均アクセス時間を求めると，

平均アクセス時間＝$(1-r)\cdot x+r\cdot y$

となります。したがって，**イ**が正解です。

問3 （平成28年春 応用情報技術者試験 午前 問11）

《解答》ウ

液晶ディスプレイにはSTN液晶とTFT液晶の2種類がありますが，どちらもマトリクス方式を用い，光の透過を画素ごとに制御します。カラーフィルタを用いて色を表現するので，**ウ**が正解です。

アは有機ELディスプレイ，イはCRTディスプレイ，エはプラズマディスプレイの説明です。

問4
（平成28年春 応用情報技術者試験 午前 問16）

《解答》ア

フェールセーフとは，システムに障害が発生したとき，安全側に制御する方法です。したがって，**ア**が正解です。イはフェールソフト，ウはフォールトトレランス，エはフールプルーフの説明です。

問5
（令和3年春 応用情報技術者試験 午前 問16改）

《解答》11［秒］

ジョブは到着順に処理されるので，到着時刻からA, B, Cの順に実行されます。このとき，到着と処理の順番を図示すると，以下のようになります。

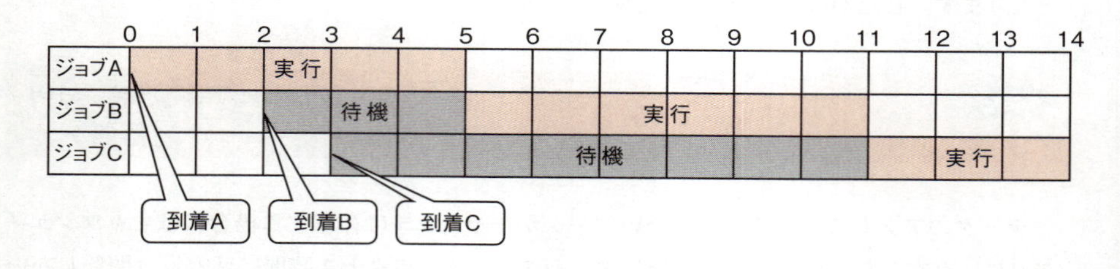

ジョブCは3秒後に到着しますが，他のジョブが終わるまでの3秒後から11秒後までの8秒間待機します。さらに，ジョブCの実行に3秒かかるので，ターンアラウンドタイムは8＋3＝**11秒**になります。

問6 （平成31年春 応用情報技術者試験 午前 問19）

《解答》ウ

最初の1→2→3→4の参照で，それぞれのページは4000，5000，6000，7000番地にページインされます。

以降のページ番号を順に見ていきます。

2 すでにページインされているので，変わりません。

5 存在しないのでページインしますが，ページ置換えアルゴリズムとしてLRU（Least Recently Used）方式を用いるので，参照されてからの期間が最も長い4000番地の1をページアウトして置き換えます。

3 すでにページインされているので，変わりません。

1 先ほどページアウトしたので，参照されてからの期間が最も長い7000番地の4をページアウトして置き換えます。

6 初出なので，参照されてからの期間が最も長い5000番地の2をページアウトして置き換えます。

5 すでにページインされているので，変わりません。

4 ページアウトしたので，参照されてからの期間が最も長い6000番地の3をページアウトして置き換えます。

まとめると，次のような順になります（ページインしたものが太字）。

ページ枠	**1**	**2**	**3**	**4**	**2**	**5**	**3**	**1**	**6**	**5**	**4**
4000	**1**	1	1	1	1	**5**	5	5	5	5	5
5000	-	**2**	2	2	2	2	2	2	**6**	6	6
6000	-	-	**3**	3	3	3	3	3	3	3	**4**
7000	-	-	-	**4**	4	4	4	**1**	1	1	1

したがって，最後の参照ページ4は6000番地にページインされることとなり，**ウ**が正解です。

問7

（平成28年秋 応用情報技術者試験 午前 問17改）

《解答》D

CPUの遊休時間を最も短くするには，優先度の高いタスクAがI/Oを行っている間にはまるようにCPUを動作させ，タスクAがCPUを使用している時間内にI/Oを終わらせるのが一番です。タスクAの単独実行時の動作順序と処理時間から，必要なタスクの条件を図にすると以下になります。

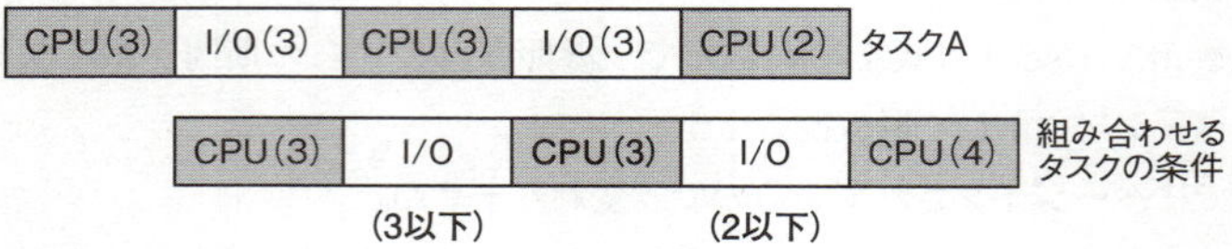

CPU(3)	I/O(3)	CPU(3)	I/O(3)	CPU(2)		タスクA
	CPU(3)	I/O (3以下)	CPU(3)	I/O (2以下)	CPU(4)	組み合わせる タスクの条件

タスクBは最初のCPU(2)で引っかかります。次のI/Oは3以下でないとCPUの空きが発生するので，タスクEは誤りです。次のCPU(3)で遊休時間がゼロとなっているのは**タスクDのみ**で，これが最も遊休時間が短くなります。

問8

（平成31年春 応用情報技術者試験 午前 問13）

《解答》イ

各装置の稼働率をXとします。このとき，稼働率は0より大きく1より小さいので，$0 < X < 1$となります。ここで，A，B，Cそれぞれのシステム全体の稼働率A，B，Cは，次の式で表されます。

$A = 1 - (1 - X)^2$

$B = X\{1 - (1 - X)^2\}$

$C = 1 - (1 - X^2)^2$

ここで，AとBの式では，単純に$B = X \times A$となっており，稼働率Xは$0 < X < 1$なので，$B < A$となります。また，AとCの式では，$0 < X < 1$のときには$X > X^2$となるので，$(1 - X)^2 < (1 - X^2)^2$となり，この値を1から引くと，$1 - (1 - X)^2 > 1 - (1 - X^2)^2$，つまり$A > C$となります。

BとCに関しては，Bを展開すると$B = X(1 - 1 + 2X - X^2) = 2X^2 - X^3$，Cを展開すると$C = 1 - 1 + 2X^2 - X^4 = 2X^2 - X^4$となります。$C - B = X^3 - X^4 = X^3(1 - X)$で，Xが$0 < X < 1$のとき，この値は必ず正の値になります。つまり，$C > B$が成り立ちます。

まとめると，システム全体の稼働率は$A > C > B$の順となります。したがって，**イ**が正解です。

問9 （令和元年秋 応用情報技術者試験 午前 問21）

《解答》ア

ウォッチドッグタイマとは，番犬のように吠えるタイマです。あらかじめ設定された一定時間内にタイマがクリアされなければ，アラームなどでシステムに通知します。したがって，アが正解です。

イ，エ　システム異常を検出した場合は，通常，すぐにシステムに通知します。

ウ　システム異常は通常，発生を抑えることができないノンマスカブル割込みで通知されます。

問10 （平成29年秋 応用情報技術者試験 午前 問23）

《解答》ウ

入力$G=0$のとき，各選択肢は以下のようになります。

ア　$X=(A$ AND $0)=0$，$Y=$ NOT （B AND $0)=1$

イ　$X=(A$ OR $0)=A$，$Y=(B$ OR $0)=B$

ウ　$X=(A$ XOR $0)=A$，$Y=(B$ XOR $0)=B$

エ　$X=(A$ AND $0)=0$，$Y=(B$ AND （NOT $0))=B$

この時点で正しい可能性があるのはイかウです。

入力$G=1$のとき，イ，ウは以下のようになります。

イ　$X=(A$ OR $1)=1$，$Y=(B$ OR $1)=1$

ウ　$X=(A$ XOR $1)=$ NOT A，$Y=(B$ XOR $1)=$ NOT B

したがって，正しいのは**ウ**のみです。

問11 （令和2年10月 応用情報技術者試験 午後 問7）

《解答》 下記参照

多言語多通貨対応両替システムに関する問題です。複数の装置で構成される両替機を用いた，多言語多通貨対応両替システムを題材に，周辺装置との通信仕様を理解する能力，両替機を制御するタスク設計能力及びそれらを実装するための基礎的能力が問われています。問題文を読み，正確にタスクを把握することが正答のカギとなります。

設問1

両替機についての問題です。〔両替機の動作概要〕，〔両替機の仕様〕などの記述をもとに，両替機の動作について考えていきます。

(1) 入金部

制御部が両替状態となったことを判断するのは，どの構成要素から通知を受けたときかについて，表1中の構成要素名で答えます。

本文中，〔両替機の動作概要〕の最初に，「両替機は，利用可のとき，利用者が1枚目の外貨紙幣を入金口に挿入したら，両替状態にする」とあります。外貨紙幣を入金口に挿入したことについては，表1の構成要素名“入金部”に，「外貨紙幣が入金口から挿入されたら、通貨・金種を識別して制御部に通知する」とあり，入金部が制御部に通知します。したがって，解答は**入金部**となります。

(2) 出金通知，印刷通知

制御部が管理サーバに利用可・利用不可のいずれかを報告するために受信する二つのメッセージについて答えます。

〔両替機の仕様〕の最後に，「印刷・排出と出金が全て完了した時，管理サーバに利用可・利用不可のいずれかを報告する」とあり，「印刷・排出」と「出金」が両方とも完了したときに，管理サーバに利用可・利用不可のいずれかが報告されます。表2「シリアルバスで通信される主なメッセージ」のうち，名称“出金通知”では，「日本円紙幣・硬貨の出金完了」が通知されるので，出金が完了したときに送られるメッセージとなります。また，表2の名称“印刷通知”では，「明細書の印刷・排出完了」が通知されるので，印刷・排出が完了したときに送られるメッセージとなります。したがって，解答は，**出金通知**と**印刷通知**となります。

設問2 1,000,000

処理時間が最も長くなるケースにおける，シリアルバスに必要な最低限の通信速度を求めます。

図5「シリアルバス通信のシーケンス」と設問文の（ⅰ）～（ⅲ）を対応させると，（ⅰ）は制御部→印刷部の通信なので⑤，（ⅱ）は印刷部→制御部の通信なので⑥，（ⅲ）は制御部→入金部の通信なので①に該当します。図5より，⑤と⑥の通信を行って①がスタートする前までは連続して合計10ミリ秒で終わらせる必要があるので，（ⅰ）と（ⅱ），及び（ⅲ）のデータ送信前の処理を合計で10ミリ秒以下とする必要があります。

設問文より，1バイトはスタートビット，ストップビットを含めて10ビットで送信されるものとし，必要な通信速度をx［ビット／秒］とすると，次の式で表されます。

894［バイト］$\times$10［ビット／バイト］／x［ビット／秒］$+ 750 \times 10^{-6}$［秒］$+$6［バイト］$\times$10［ビット／バイト］／x［ビット／秒］$+ 250 \times 10^{-6}$［秒］$\leqq 10 \times 10^{-3}$［秒］

9,000［ビット］／x［ビット／秒］$+ 1000 \times 10^{-6}$［秒］$\leqq 10 \times 10^{-3}$［秒］

9,000［ビット］／x［ビット／秒］$\leqq 9 \times 10^{-3}$［秒］

x［ビット／秒］$\geqq$9,000［ビット］／9×10^{-3}［秒］

$= 1 \times 10^{6}$［ビット／秒］$=$1,000,000［ビット／秒］

したがって，解答は**1,000,000**となります。

設問3

〔メインタスクのタイマ利用処理〕についての問題です。リアルタイムOSに設定するタイマについて，条件や処理の内容を考えていきます。

(1) a：3分，b：両替状態を解除，c：両替レートの更新

本文中の空欄穴埋め問題です。設定するタイマの時間や，処理内容について答えます。

空欄a

メインタスクが両替状態となった時，イベントを受信するように設定するリアルタイムOSのタイマの時間を考えます。本文中〔両替機の仕様〕に，「両替状態となってから，入金部の内部に外貨紙幣を1枚も格納しないまま3分経過した場合も，両替状態を解除する」とあります。両替状態の解除の判定をするために，タイマに3分を設定しておく必要があります。したがって，解答は**3分**となります。

空欄b

両替状態となった後で，外貨紙幣が納入されることでのタイマが取り消されず3分経過した時には，空欄aの説明で述べたとおり，両替状態を解除する必要があります。したがって，解答は**両替状態を解除**となります。

空欄c

両替状態を解除した時に必要な処理を考えます。〔両替機の仕様〕に，「両替状態では両替レートの更新を行わず，両替状態を解除した時に両替レートの更新を行う」とあるので，両替状態を解除した時には両替レートの更新を行います。したがって，解答は**両替レー**

トの更新となります。

(2) 入金部の内部に外貨紙幣を1枚も格納していないこと (24字)

本文中の下線①「ある条件」について，その条件を答えます。

(1) で述べたとおり，両替状態となってから，「入金部の内部に外貨紙幣を1枚も格納しないまま」3分が経過すると両替状態を解除し，両替レートの更新を行います。したがって，解答は，**入金部の内部に外貨紙幣を1枚も格納していないこと**，となります。

設問4 日本円額の合計が10万円を超えるから (18字)

両替状態となってから，日本円額91,000円分の外貨紙幣を入金部の内部に格納したところに，利用者が100米ドル紙幣1枚を挿入したら，格納されずに入金口に戻された理由を考えます。

本文中〔両替機の仕様〕に，「次のいずれかの場合は，挿入された外貨紙幣を入金部の内部に格納せずに，入金口に戻してエラーメッセージを表示する」とあり，そのうちの一つに，「挿入された外貨紙幣を格納すると，日本円額の合計が10万円を超えてしまう」があります。設問文に「両替レートは，1米ドル100円」とあり，100米ドル紙幣1枚では，100［米ドル］×100［円／米ドル］= 10,000［円］となります。すでに格納している日本円額91,000円分と合わせると，91,000［円］+ 10,000［円］= 101,000［円］となり，日本円額の合計が10万円を超えてしまいます。したがって，解答は，**日本円額の合計が10万円を超えるから**，となります。

第3章

技術要素

いろいろな情報技術について，実際の応用例での知識が問われるのが技術要素です。幅広い分野を学ぶことで，ITの全体像が見えてきます。分野は五つ。「ヒューマンインタフェース」「マルチメディア」「データベース」「ネットワーク」「セキュリティ」です。ヒューマンインタフェースとマルチメディアでは，近年の新しい技術について学びます。そして，データベース，ネットワーク，セキュリティでは，現在のITの基幹となっている三つの応用技術について学びます。応用情報技術者試験の午後ではそれぞれ1問ずつ出題される重要なポイントで，ボリュームがあって学習に時間がかかりますが，理解すると確実な得点源になります。

3-1 ヒューマンインタフェース

ヒューマンインタフェースとは，人間とコンピュータとの間で情報をやり取りする際の考え方です。人間の特性を応用し，より直感的に認識できるような工夫をします。

3-1-1 ヒューマンインタフェース技術

頻出度 ★☆☆

ヒューマンインタフェースでは，一つ一つの操作画面などを使いやすくするだけでなく，インフォメーションアーキテクチャやアクセシビリティの考え方が重要になってきます。

インフォメーションアーキテクチャ

インフォメーションアーキテクチャとは，情報を分かりやすく伝えたり，情報を探しやすくしたりするための表現技術です。Webサイト設計などでは次の3種類の要素が用いられます。

①サイト構造

Webサイトを分類し，階層構造で表現します。サイト構造を表現したページが，**サイトマップ**です。

②ナビゲーション

Webサイト上で，ユーザが求める情報を探し出し，適切に利用できるようにします。トップページからの道筋を示すことで今の位置が分かる**パンくずリスト**などがあります。

③ラベル

メニューやボタンに付けられた，ユーザにとって分かりやすい名前です。

アクセシビリティ

アクセシビリティとは，高齢者や障害者などを含む様々な人が誰でも，サービスや製品などを利用できる度合いのことです。文字の判読が難しい人のために音声で画面情報を読み上げるス

勉強のコツ

基本的に午前で出題されるのみなので，問題を中心に用語を押さえておきます。また，ユーザビリティやインタフェース設計の考え方は，しっかり理解しておく必要があります。普段から画面やブラウザなどを意識して，どのようなインタフェースが使いやすいかを感じてみましょう。

動画

技術要素の分野についての動画を以下で公開しています。
http://www.wakuwakuacademy.net/itcommon/3

本書では記載しきれなかった基本的な内容や，正規化の手法などの手順について詳しく解説しています。
本書の補足として，よろしければご利用ください。

クリーンリーダーという技術がありますが，それを利用できるように画像などに文字情報を加えるといったことが，アクセシビリティを向上させる例です。

それでは，次の問題を考えてみましょう。

問題

Webページの設計の例のうち，アクセシビリティを高める観点から最も適切なものはどれか。

ア　音声を利用者に確実に聞かせるために，Webページの表示時に音声を自動的に再生する。
イ　体裁の良いレイアウトにするために，表組みを用いる。
ウ　入力が必須な項目は，色で強調するだけでなく，項目名の隣に"(必須)"などと明記する。
エ　ハイパリンク先の内容が推測できるように，ハイパリンク画像のalt属性にリンク先のURLを付記する。

(平成30年春 応用情報技術者試験 午前 問24)

解説

アクセシビリティを高めるためには，様々な利用者を想定し，どのような人でも分かるようにすることが大切です。色での強調は色が分からないと判別できないので，ウのように，"(必須)"などと明記することでより多くの人に対応できます。

ア　音声を強制的に聞かせることは迷惑になることもあり，また，音が聞こえないと効果はありません。
イ　レイアウトに表組みを用いると，人や機器(PC，携帯電話，スマートフォンなど)に合わせて柔軟にレイアウトを変更できないので，アクセシビリティを低下させます。
エ　alt属性は，画像が見えない場合の代替として画像の説明を加える，といった使い方をします。

≪解答≫ウ

過去問題をチェック

Webサイトのヒューマンインタフェースに関する問題は，応用情報技術者試験の午前の定番です。

【Webサイトのヒューマンインタフェース】

・平成21年春 午前 問25
・平成21年秋 午前 問25
・平成22年秋 午前 問26
・平成23年特別 午前 問26
・平成24年秋 午前 問23
・平成25年春 午前 問25
・平成27年春 午前 問24
・平成27年秋 午前 問71
・平成28年秋 午前 問24
・平成29年秋 午前 問24
・平成30年春 午前 問24
・令和3年春 午前 問26

発展

アクセシビリティを向上させるための方法には，ほかにもハイパリンク画像のalt属性に画像の説明を文章で加える，表示を状況に応じて変更できるよう**スタイルシート**(CSSなど)を用いるなどがあります。

ユーザインタフェース

ユーザインタフェースを考える際の設計方針として，ヒューリスティックスがあります。この分野の第一人者であるヤコブ・ニールセンが提唱する，ユーザインタフェースに関する10か条のヒューリスティックスを以下に示します。

1. システム状態の視認性
2. システムと現実世界の一致
3. ユーザの主導権と自由
4. 一貫性と標準
5. エラー防止
6. 想起より認識
7. 使用の柔軟性と効率性
8. 美的で最小限の設計
9. ユーザに対するエラー認識，判断，回復の援助
10. ヘルプとドキュメント化

ユーザインタフェースには，ユーザがキーボードではなく音声で入力できるようにするVUI（Voice User Interface）もあります。

また，単にインタフェースを考えるだけでなく，顧客が製品やサービスを通じて得られる体験であるUX（User eXperience）を考慮したUXデザインを行うことも大切です。

用語

ヒューリスティックスとは「経験則」の意味で，今までの経験に基づいて共通する原則を生み出し，それを利用しようとするものです。この原則を用いてユーザビリティの評価を行う方法に，**ヒューリスティック評価**があります。

発展

ヤコブ・ニールセンのユーザインタフェースに関する10か条のヒューリスティックスは，「10 Usability Heuristics for User Interface Design」として，以下に原文が掲載されています。
https://www.nngroup.com/articles/ten-usability-heuristics/

覚えよう！

□ 情報の構造表現にはサイトマップ，サイト内での位置を確認するにはパンくずリスト

3-1-2 インタフェース設計

頻出度 ★★★

ヒューマンインタフェースには，望ましいインタフェースを設計するユニバーサルデザインという考え方があります。

ユニバーサルデザインとアクセシビリティ

ユニバーサルデザインとは，文化・言語・国籍・年齢・性別・障害・能力といった差異を問わずに利用できるデザインです。

アクセシビリティとは，アクセスのしやすさや使いやすさのことです。WAI（Web Accessibility Initiative）では，ユニバーサルデザインを実現するために，Webアクセシビリティにおけるガイドラインを作成しています。また，Webアクセシビリティを向上させるための規格にJIS X 8341があります。

スマートフォンやタブレットなどのスマート端末でのアクセシビリティを向上させる手法に，**モバイルファースト**があります。モバイルファーストを実現するための技術としては，端末の大きさに応じてWebデザインを変更する**レスポンシブWebデザイン**があります。

画面設計

画面設計においては，画面を標準化，及び共通化する必要があります。

次の問題で画面設計のポイントを確認してみましょう。

問題

ある業務用に開発した入力画面で，多くの利用者が誤操作していることが分かった。初めに実施する対策として適切なものはどれか。

ア　誤操作した利用者の操作記録をとり，インタビューして問題点を解析する。
イ　誤操作は慣れていないために起きることなので，利用者の習熟度を調べる。
ウ　入力画面を設計した人にインタビューして，問題点を明らかにする。
エ　プログラム設計書を調査して，設計に操作上の無理がないか分析する。

（平成21年秋 応用情報技術者試験 午前 問26）

過去問題をチェック

画面設計，帳票設計などのインタフェース設計の問題も，応用情報技術者試験の午前でよく出題されます。

【インタフェース設計】
・平成21年春 午前 問26
・平成22年春 午前 問26
・平成27年秋 午前 問24
・平成29年春 午前 問24

解説

画面設計で大切なのは，ユーザを中心に考えることです。アクセシビリティを意識し，すべてのユーザにとって使いやすい画面を設計する必要があります。そのためには，誤操作したユーザの操作履歴をとり，インタビューするなどして問題点を解析することが大切になります。したがって，アが正解です。

イについては，慣れた人でも誤操作は起こります。ウ，エのように設計した人を中心に考えるとユーザから離れた設計になってしまうので，先にユーザの意見を聞く必要があります。

≪解答≫ア

コード設計

データを扱う上で，適切なコード体系を設計し，長期にわたって利用できるようにすることは大切です。コードの種類には以下のものがあります。

①順番コード（シーケンスコード）

連続した番号を順番に付与します。

②桁別コード

桁ごとに意味をもたせるコードです。先頭から，大分類，中分類，小分類などの階層をもたせます。

③区分コード

グループごとにコードの範囲を決め，値を割り当てます。区分コードのうち，グループを連想できるようなコードのことを**ニモニックコード**（連想コード）といいます。

桁別コードの主な例としては，図書館の分類コードや，学年＋組＋出席番号での学籍番号などがあります。
区分コードは，ゼッケン番号を付けるときに，男性は1000番から，女性は6000番から順番にコードを割り振る場合などに用います。桁別コードと比べて桁数を短くできます。

3

ユーザビリティ評価

ユーザビリティとは，ユーザにとっての使いやすさの度合いです。「有効さ」「効率」「満足度」の三つの概念で表されます。

ユーザビリティを評価するための方法には，次のようなものがあります。

①ユーザビリティテスト

実際にユーザに使ってもらいながら問題点を洗い出します。

②ヒューリスティック評価

ユーザビリティの専門家が，これまでの経験に基づいて評価を行います。

③チェックリスト評価

ユーザビリティ基準表を使用し，基準を満たしているかどうかをチェックしていきます。

覚えよう！

- □ 端末の大きさに応じてデザインが変わるレスポンシブWebデザイン
- □ ヒューリスティック評価は，専門家が経験に基づいて判断

3-2 マルチメディア

マルチメディアとは，複数の種類の情報をまとめて扱うメディアです。文字，映像，動画，音声などは従来はそれぞれ別のものとして扱っていましたが，これらをディジタルデータにすることで同じように処理を行うことが可能になりました。

3-2-1 マルチメディア技術

マルチメディア技術には，音声処理，静止画・動画処理の技術があり，それらを統合する技術もあります。

音声処理

音声はアナログデータなので，これをディジタルデータにするには**A/D変換**が必要になります。A/D変換を行って符号化したデータの形式が，**PCM**（Pulse Code Modulation）です。PCMではデータの容量が大きくなるため，多くの場合，**MP3**（MPEG Audio Layer-3）などの圧縮技術を使用して圧縮されます。

静止画処理

静止画の色は，光の3原色（Red，Green，Blue）か，色の3原色（Cyan，Magenta，Yellow）を使って表現されます。また，画素（ピクセル）や階調，解像度により，画像の美しさに差が出てきます。

静止画処理の形式には次のようなものがあります。

- **BMP**（Microsoft Windows Bitmap Image）
  単純にX軸，Y軸の座標と色を設定する画像形式
- **GIF**（Graphics Interchange Format）
  可逆（元に戻せる）圧縮の画像形式
- **JPEG**（Joint Photographic Experts Group）
  非可逆圧縮にすることで容量を小さくした画像形式
- **PNG**（Portable Network Graphics）
  GIFの機能を拡張した形式。GIFは256色までしか扱えず，ライセンスに制約があるなどの問題がありますが，これらはPNGでは解消されており，利用が広がっています。

勉強のコツ

音声処理，画像処理，3D処理などについては頻繁に出題されます。それらの原理は第1章の基礎理論と深く関わっていますので，合わせて勉強していきましょう。

関連

「1-1-5 計測・制御に関する理論」でA/D変換，PCMについて説明しています。詳しい原理はそちらを参照してください。

発展

画像を表現するとき，ディスプレイ上では光を用いて表示するので，光の3原色が用いられます。赤，緑，青の3原色の組合せで様々な色を表現できます。例えば，3原色をそれぞれ**8ビット**（256段階）で表した場合には，24ビットで2^{24} = **16,777,216色**を表現することができます。

動画処理

動画は画像や音声の集合体なので，ほかのデータと比べてサイズが大きいという特徴があります。そのため，基本的に圧縮されることになります。その形式は様々ですが，代表的な動画の保存形式はMPEG（Moving Picture Experts Group）です。動画処理の代表的な規格には主に次のようなものがあります。

- **MPEG-1**
  1.5Mビット／秒程度の圧縮方式で，主にCD-ROMなどを対象とする
- **MPEG-2（H.262）**
  数M～数十Mビット／秒程度の圧縮方式で，主にDVDやBlu-rayなどを対象とする
- **MPEG-4**
  数十kビット～数百kビット／秒程度の低ビットレートの圧縮方式で，主にモバイル機器を対象とする。H.263をベースに拡張が図られている
- **H.264**
  MPEG4規格のパート10として標準化され，Blu-rayなどで使用されている。**AVC**（Advanced Video Coding）またはMPEG-4 AVCとも呼ばれる
- **H.265**
  4K/8K放送などで用いられる動画圧縮方式で，従来のH.264に比べて約2倍の圧縮性能を実現している。**HEVC**（High Efficiency Video Coding）とも呼ばれる。H.265の技術を活用している画像のフォーマットに，HEIF（High Efficiency Image File Format）があり，一つのファイルに複数の画像やアニメーションなど様々な情報を内包することが可能

過去問題をチェック

動画処理について，応用情報技術者試験では次の出題があります。

【MPEG-1】
・平成21年春 午前 問28
【H.264/MPEG-4 AVC】
・平成27年秋 午前 問25
・令和元年秋 午前 問25
【配信に必要な帯域幅】
・令和2年10月 午前 問25

マルチメディアとXML

マルチメディアコンテンツは，静止画，動画，音声，テキストなどの様々なメディアを統合します。XML（eXtensible Markup Language）は複数のデータを構造化して統合することに向いているので，XMLフォーマットでマルチメディアを表現する方法が普及しています。

MPEGでは**MPEG-7**がマルチメディア用のメタデータ表記方法の国際規格となり，XMLで記述されます。また，**SMIL**（Synchronized Multimedia Integration Language）は，同期させるレイアウトや再生のタイミングをXMLフォーマットで記述するマークアップ言語です。画像をベクターイメージ（P.233参照）で表現する**SVG**（Scalable Vector Graphics）も，XMLによって記述されています。

それでは，次の問題を考えてみましょう。

過去問題をチェック

マルチメディアの表現方法について，応用情報技術者試験では以下の出題があります。

【SMIL】
- 平成23年特別 午前 問27
- 平成25年秋 午前 問26
- 平成28年秋 午前 問25

【PDF】
- 平成26年春 午前 問24

【SVG】
- 平成24年秋 午前 問34
- 平成29年秋 午前 問25
- 令和3年春 午前 問27

問題

W3Cで仕様が定義され，矩（く）形や円，直線，文字列などの図形オブジェクトをXML形式で記述し，Webページでの図形描画にも使うことができる画像フォーマットはどれか。

ア OpenGL　イ PNG　ウ SVG　エ TIFF

（令和3年春 応用情報技術者試験 午前 問27）

解説

W3Cで仕様が定義された，図形オブジェクトをXML形式で記述する画像フォーマットは，SVG（Scalable Vector Graphics）です。したがって，ウが正解です。

ア　2D／3Dのコンピュータグラフィックライブラリです。

イ，エ　コンピュータでビットマップ画像を扱うファイルフォーマットです。

≪解答≫ウ

電子書籍の規格

電子書籍は，テキストや静止画を中心としたマルチメディアのコンテンツを，電子的なファイルとしてネットワーク上で配布できるようにしたものです。

電子書籍をはじめとする文書ファイルを配布する規格には，文書ファイルの中に文字のフォントなどの印刷情報を埋め込むことができ，作成時と同じ形式で表示できる**PDF**（Portable

Document Format) があります。また，電子書籍の代表的な規格として，EPUB (Electronic PUBlication) があります。EPUB には，各ページを画像で格納し，作成時と同じレイアウトで表示する**フィックス型**と，CSSを利用して，表示する環境に合わせてレイアウトを変更することができる**リフロー型**があります。

▶▶▶ 覚えよう！

- □ 可逆圧縮がGIF，PNG。非可逆圧縮がJPEG
- □ MPEGの容量の大きさは，MPEG-4＜MPEG-1＜MPEG-2

3-2-2 マルチメディア応用

マルチメディアの応用に欠かせない技術としては，まずコンピュータグラフィックスが挙げられます。これらを応用して，テレビゲームやAR (Augmented Reality：拡張現実) などが開発されました。

コンピュータグラフィックス (CG)

CGは2次元のCG (2DCG) と3次元のCG (3DCG) に大別されます。2DCGは，**ベクターイメージ**と**ラスターイメージ**という二つの形式で分けられます。ラスターイメージにおいて，周辺の要素との平均化演算などを行うことで斜線や曲線のギザギザを目立たなくする技術を**アンチエイリアシング**と呼びます。さらに，一つ一つの画素では表現できる色数が少ない環境でも，いくつかの画素を使って見掛け上，表示できる色数を増やし，滑らかで豊かな階調を表現する手法を**ディザリング**といいます。

用語

ベクターイメージとは，点で結ばれた線で図形を表す方法です。画像を拡大しても劣化しにくいという特徴があり，**ドローソフト**やCADソフトで利用されています。
ラスターイメージとは，画像を画素（ビットマップ）で表す方法です。**ペイントソフト**やフォトレタッチソフトで利用されています。

3DCGのモデル

3DCGでは，いろいろなモデルを考えて表現します。代表的なモデルを次に示します。

- **ワイヤフレームモデル**
  物体をすべて線で表現する手法

- サーフェスモデル
  物体を面の集合として表現する手法
- ソリッドモデル
  物体を中身の詰まった固形物として扱う手法

それでは，問題を解いて確認してみましょう。

問題

３次元の物体を表すコンピュータグラフィックスの手法に関する記述のうち，サーフェスモデルの説明として，最も適切なものはどれか。

ア　物体を，頂点と頂点をつなぐ線で結び，針金で構成されているように表現する。
イ　物体を，中身の詰まった固形物として表現する。
ウ　物体を，ポリゴンや曲面パッチを用いて表現する。
エ　物体を，メタボールと呼ぶ構造を使い，球体を変形させることによって得られる曲面で表現する。

（平成30年春 応用情報技術者試験 午前 問25）

解説

サーフェスモデルは，物体を面の集合として表現する手法なので，物体をポリゴンや曲面パッチで表現するウが正解です。ポリゴンとは，立体の形状を表現するときに使用する多角形のことで，曲面パッチは，曲面の表現形式とその表示のことです。

アはワイヤフレームモデル，イはソリッドモデル，エはメタボールの説明です。

≪解答≫ウ

3DCGの制作技法

3DCGでは，コンピュータの演算によって3次元空間を2次元（平面上）の画面に変換します。次のような様々な技法があります。

3Dの制作技法は，実際に例を見てみるのが一番です。残念ながら紙面では表現に限界がありますので，ぜひ3DCGのWebページや3DCGソフトなどで体験してみてください。

①テクスチャマッピング

形状が決められた物体の表面に，別に用意された画像ファイル（**テクスチャ**）を貼り付ける方法です。

②メタボール

物体を**球や楕円体の集合**としてモデル化する方法です。

③レイトレーシング

光源からの**光線の経路**を計算することで光の反射や透過などを表現する方法です。光線が届かない場所が真っ黒になるという特性があります。

④ラジオシティ

光の相互反射を利用して物体表面の光のエネルギーを算出することで，表面の明るさを決定する方法です。

⑤レンダリング

データとして与えられた情報を計算によって画像化することです。このとき，反射・透過方向への視線追跡を行わず，与えられた空間データのみから輝度を計算する方法を**ボリュームレンダリング**と呼びます。

⑥モーションキャプチャ

現実の人物や物体の動きをディジタルで記録し，解析する技術です。アニメーションやゲームなどのキャラクタに人間らしい動きをさせたりするために利用されます。

それでは，問題を解いて確認してみましょう。

問題

コンピュータグラフィックスにおける，レンダリングに関する記述として，適切なものはどれか。

ア 異なる色のピクセルを混ぜて配置することによって，中間色を表現すること
イ 複数の静止画を１枚ずつ連続表示することによって，動画を作ること
ウ 物体の表面に陰影を付けたり，光を反射させたりして，画像を作ること
エ 物体をワイヤフレーム，ポリゴンなどを用いて，モデル化すること

（平成31年春 応用情報技術者試験 午前 問25）

解説

レンダリングとは，データとして与えられた情報を計算によって画像化することです。物体の表面に陰影を付けたり，光を反射させたりして，画像を作っていきます。したがって，ウが正解です。

ア ディザリングに関する記述です。
イ アニメーションに関する記述です。
エ モデリングに関する記述です。

≪解答≫ウ

過去問題をチェック

コンピュータグラフィックスについて，応用情報技術者試験では次の出題があります。

【コンピュータグラフィックス】

・平成21年秋 午前 問28，問29
・平成22年春 午前 問28
・平成22年秋 午前 問27
・平成24年春 午前 問25
・平成24年秋 午前 問24
・平成26年秋 午前 問24
・平成28年春 午前 問26
・平成29年春 午前 問25
・平成30年秋 午前 問25
・平成31年春 午前 問25

マルチメディアテクノロジー

近年発達しているマルチメディアのテクノロジーには，次のようなものがあります。

①拡張現実（AR）

拡張現実（AR：Augmented Reality）とは，人間が知覚する現実の環境をコンピュータにより拡張する技術です。利用例としては，レンズ越しに動画やナビを表示させたりするウェアラブルデバイスなどがあります。

②仮想現実（VR）

仮想現実（VR：Virtual Reality，バーチャルリアリティ）とは，実際の形はないか形が異なる物を，ユーザの感覚を刺激することによって理工学的に作り出す技術のことです。利用例としては，振動や匂いなどで臨場感を出す映画やゲーム，遊園地のアトラクションなどが挙げられます。

それでは，次の問題を考えてみましょう。

問題

拡張現実（AR：Augmented Reality）の例として，最も適切なものはどれか。

ア　SF映画で都市空間を乗り物が走り回るアニメーションを，3次元空間上に設定した経路に沿って視点を動かして得られる視覚情報を基に作成する。

イ　アバタの操作によって，インターネット上で現実世界を模した空間を動きまわったり，会話したりする。

ウ　実際には存在しない衣料品を仮想的に試着したり，過去の建築物を３次元CGで実際の画像上に再現したりする。

エ　臨場感を高めるために大画面を用いて，振動装置が備わった乗り物に見立てた機器に人間が搭乗し，インタラクティブ性が高いアトラクションを体感できる。

（平成27年春 応用情報技術者試験 午前 問25）

解説

拡張現実(AR)とは，人間が知覚する現実の環境をコンピュータにより拡張する技術です。現実の環境との合成で，実際には存在しない衣料品を試着したように見せることや，何もない草原に3DCGで作成した過去の建築物を合成して画像上に再現したりすることが可能です。したがって，ウが正解です。

アはウォークスルーアニメーション，イは仮想世界(Metaverse)，エは仮想現実(VR：Virtual Reality)の例です。

≪解答≫ウ

▶▶▶覚えよう！

- □ **ワイヤフレームモデルは線，サーフェスモデルは面，ソリッドモデルは固体**
- □ **レイトレーシングは光源の経路，ラジオシティは相互反射**

3-3 データベース

データベースとは，もともとは「データの基地」という意味で，データを1か所に集めて管理しやすくしたものです。データベースを運用・管理するためのシステムがデータベース管理システム（DBMS：DataBase Management System）です。データベースを理解する上では，DBMSの中に入るデータとDBMSの管理を分けて考えるところがポイントです。

3-3-1 データベース方式

頻出度 

データベースの方式には様々なものがありますが，現在は関係データベースが中心です。また，3層スキーマ（3層データモデル）にすることでデータの独立性を高めます。

勉強のコツ

データベースについては，午前では全体的にまんべんなく出題されます。基本的な用語や正規化の考え方，トランザクション管理を中心に押さえておきましょう。午後で選択する場合には，正規化，E-R図，SQLの三つについては考え方をしっかり理解しておく必要があります。特にSQLはよく出てくるので，手書きで一から書けるレベルまで練習しておきましょう。

データベースの種類と特徴

データベースには，大きく分けて以下の4種類があります。

①階層型データベース

データを階層型の親子関係で表現します。最も古くからある手法であり，データ同士の関係はポインタで表します。

②ネットワーク型データベース

階層型で表現できない，子が複数の親をもつ状態を表現します。

③関係データベース（リレーショナルデータベース：RDB）

テーブル間の関連でデータを表現するデータベースです。数学の理論を基にしているので，上記の2種類とは考え方がまったく異なります。現在のデータベースの主流です。

④オブジェクト指向データベース（OODB）

オブジェクト指向に対応したデータベースです。データと操作を一体化して扱います。

発展

オブジェクト指向データベースには，関係データベースの概念にオブジェクト指向の概念を追加した**オブジェクト関係データベース**（ORDB）もあります。

デターベースのモデル

データベースを作成する際にモデリング（要件定義）が終わった段階でできるものは，全体のE-R図です。これが**概念データモデル**に該当します。これを，外部（システムの利用者やほかのプログラム）に向けたものが**論理データモデル**（外部モデル），内部（コンピュータやハードウェア）に向けたものが**物理データモデル**（内部モデル）です。また，データを具体的に表現したものがスキーマであり，**概念スキーマ**，**外部スキーマ**（副スキーマ），**内部スキーマ**（記憶スキーマ）があります。まとめると，次のようなイメージです（ただし，データモデルとスキーマが1対1に完全に対応しているわけではありません）。

関連
E-R図についてはP.251で説明していますので，そちらを参照してください。

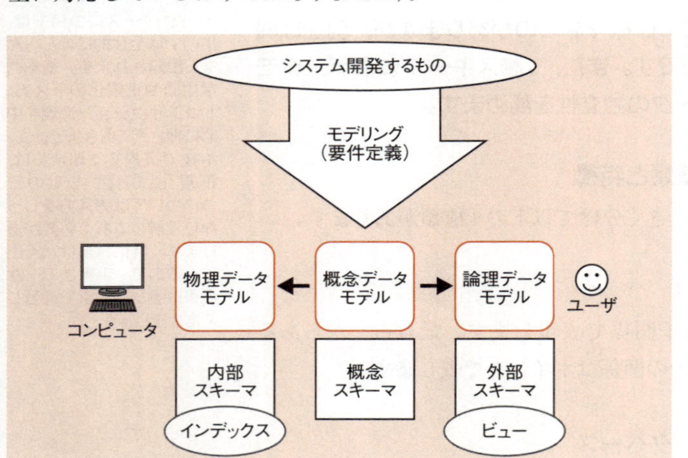

データベースのモデル

このように3層に分ける理由は，**データの独立性**を高めるためです。ユーザからの要求は日々変化しますが，そのたびにデータベースを変更していたら大変です。そのため，データベース構造の概念スキーマと外部スキーマを分け，ユーザからの変更要求は**外部スキーマ**で吸収します。外部スキーマでは**ビュー**を定義し，見せるための表を作ります。

また，データベースの性能改善を行うときにデータベースそのものに影響を与えないよう，概念スキーマと内部スキーマを分け，変更は**内部スキーマ**で行います。そのため，内部スキーマでは**インデックス**を定義し，検索を高速化します。

用語
概念データモデル（概念スキーマ）と論理データモデル（外部スキーマ）との間の独立性のことを**論理データ独立**，概念データモデル（概念スキーマ）と物理データモデル（内部スキーマ）の間の独立性のことを**物理データ独立**といいます。

DBMS（データベース管理システム）

DBMSの目的は，データを一つにまとめて管理することでデータの整合性を保ち，データを安全に保管することです。そのために，DBMSは次の三つの機能を備えています。

①メタデータ管理

データとその特性（**メタデータ**）を管理します。

> 用語
> **メタデータ**とは，データについてのデータです。本の情報を例にすると，「応用情報技術者教科書」がデータであり，それが「書籍名」であるということがメタデータです。
> DBMSでは，テーブル構造としてメタデータを管理します。

②質問（クエリ）処理

クエリ（SQL）を処理します。

③トランザクション管理

複数のトランザクションの同時実行を管理します。そのために排他制御や障害回復などを行います。

また，DBMSにはセキュリティの機能もあります。前述したように，DBMSは階層型，ネットワーク型，関係型などに分けられ，現在は関係型のRDBMS（リレーショナルDBMS）が主流です。RDBMSにはセキュリティ機能を備えるものも多くなっています。

▶▶▶ 覚えよう！

- □ 3層に分けるのは，データの独立性を高めるため
- □ 外部スキーマはビュー，内部スキーマはインデックス

3-3-2 データベース設計

データベース設計（モデリング）の手法には，大きく分けてトップダウンアプローチとボトムアップアプローチの2種類があります。

トップダウンアプローチ

全体から部分に落とし込むアプローチです。新しい要件や機能を追加する場合に使用します。流れは次のとおりです。

1. エンティティを洗い出し，リレーションシップを考えて**E-R図を作成**する
2. エンティティの**属性を洗い出し**，主キーを決定する
3. **正規化**を行い，多対多のリレーションシップを排除する

ボトムアップアプローチ

部分から全体にまとめていくアプローチです。元の帳票やシステムが存在する場合に使用します。流れは以下のとおりです。

1. 帳票や仕様から**属性の洗い出し**を行う
2. 主キーを見つけ，テーブルの**正規化**を行う
3. テーブル構造から**E-R図**を作成する

正規化

トップダウンアプローチでもボトムアップアプローチでも，洗い出した属性に対して正規化を行います。正規化とは，正しい規則に従ってテーブルを分割することです。

正規化の目的は，**更新時異状の排除**です。テーブルを分けてデータの重複を排除し，一つのデータを1か所に保管すること（1 fact in 1 place）により，データの**整合性**を保ちます。

それでは，問題を解いて確認してみましょう。

発展

正規化の目的は「更新時異状の排除」なので，逆に言うと，更新しないのなら正規化は行わなくてもかまいません。
正規化を行うことで速度は遅くなることの方が多いので，性能のためにあえて正規化しないということもよくあります。

問題

データの正規化に関する記述のうち，適切なものはどれか。

ア　正規化は，データベースへのアクセス効率を向上させるために行う。

イ　正規化を行うと，複数の項目で構成される属性は，単一の項目をもつ属性に分解される。

ウ　正規化を完全に行うと，同一の属性を複数の表で重複してもつことはなくなる。

エ　非正規形の表に対しては，選択，射影などの関係演算は実行不可能である。

（平成22年春 応用情報技術者試験 午前 問31）

解説

正規化を行う際，非正規形から第一正規形にすると，すべての属性がシンプル（単一の項目をもつ属性）になります。したがって，イが正解です。

ア　アクセス効率は，正規化することによって低下することもあります。

ウ　同一の属性については，表同士の関係を表すために複数の表でもちます。

エ　関係演算は正規化の有無とは関係ありません。

≪解答≫イ

主キー・候補キー

正規化を行うにあたり，候補キーと主キーの概念はとても大切です。まず，候補キーとは，「**すべての属性を一意に特定する属性または属性の組で最小のもの**」です。

例えば，次のような表（社員表）を考えてみます。

社員（社員番号，氏名，メールアドレス）

社員を一意に特定できるものとしては，まず社員番号が挙げられます。氏名は同姓同名の人がいるかもしれないので省きます。メールアドレスは，もっていない人もいますが，もっている人については一意です。こうした場合には，候補キーは{社員番号}，{メールアドレス}の二つになります。また，どの候補キーにも含まれない属性のことを非キー属性といいます。社員表の非キー属性は，候補キーではない{氏名}となります。

次に，主キーを求めます。主キーはデータベースに実装するときに設定するキーなので，各テーブルの行を一意に特定するために，主キーには候補キーのうちの一つを選びます。そのため主キーの条件には，候補キーであることに加えて，「**NULLを含まないこと**」があります。NULLとは**空値**のことで，値がないときに設定するものです。したがって，主キーは{社員番号}になります。

主キーの選び方を間違えると，整合性のあるデータベースができません。
そうすると，動くことは動くのですが，更新が大変だったりデータベースに矛盾が発生したりします。
主キー・候補キーは数学の概念で，人間の感覚とはちょっと違うので，注意が必要です。

それでは，問題で確認してみましょう。

問題

関係データベースの候補キーとなる列又は列の組に関する記述として，適切なものはどれか。

ア　値を空値（null）にすることはできない。
イ　検索の高速化のために，属性の値と対応するデータの格納位置を記録する。
ウ　異なる表の列と関連付けられている。
エ　表の行を唯一に識別できる。

（平成22年秋 応用情報技術者試験 午前 問29）

解説

候補キーは，表の行を唯一に識別できる列又は列の組なので，エが正解です。アの条件が加わると主キーになります。イはインデックスの説明，ウは外部キーの説明です。

≪解答≫エ

用語

外部キーとは，異なる表と関連付けるためのキーです。次に説明する正規化などで，テーブルが分割されたとき，分割されたテーブルの主キーを元のテーブルに残すことで関連させることができます。この元のテーブルに残った属性が外部キーとなります。

関数従属性

関数従属性とは，ある属性Aの値が決まったら別の属性Bの値も一意に決定できることです。A→Bと表記します。例えば，商品番号→商品名という関数従属性があるときには，商品番号“1001”が決まれば商品名“冷やし中華”も決まります。

次の問題で，関数従属性について考えてみましょう。

発展

関数従属性や主キー，候補キーを考えるときのコツは，**常識で考えず，純粋にデータだけから導き出す**ことです。
常識では成り立つはず，ではなく，実際にデータの一つ一つをチェックして，本当に成り立っているかどうかを確認することが大切です。

問題

六つのタプルから成る関係Rの単一の属性間において成立する全ての関数従属性を挙げたものはどれか。ここで，*X*→*Y*は，*X*が*Y*を関数的に決定することを表す。

R

A	B	C
300	阿部商店	3
300	阿部商店	3
400	鈴木商店	2
400	鈴木商店	2
500	鈴木商店	1
500	鈴木商店	1

ア　A→B

イ　A→C，C→A

ウ　A→B，A→C，C→A，C→B

エ　A→B，A→C，B→C，C→A，C→B

（平成24年秋 応用情報技術者試験 午前 問26）

解説

関係（表）Rを見ると，Aが300のときにはBは必ず阿部商店，Aが400，500のときにはBは必ず鈴木商店です。したがって，Aが決まればBは一意に決まるので，A→Bの関数従属性は成り立ちます。

同様に，Aが300のときにはCは必ず3，Aが400のときにはCは必ず2，Aが500のときにはCは必ず1です。したがって，A→Cの関数従属性は成り立ちます。

またAとCの場合は，逆から考えても，Cが3のときにはAは必ず300など，1対1に対応しているので，C→Aの関数従属性も成り立ちます。

BとCの場合には，Cが3のときにはBは阿部商店，Cが2と1のときにはBは鈴木商店と，Cが決まればBは一意に決定できます。つまり，C→Bは成り立ちます。

したがって，これらの四つの関数従属性を挙げているウが正解です。

≪解答≫ウ

正規化の手順

正規化の実際の流れは，次のとおりです。

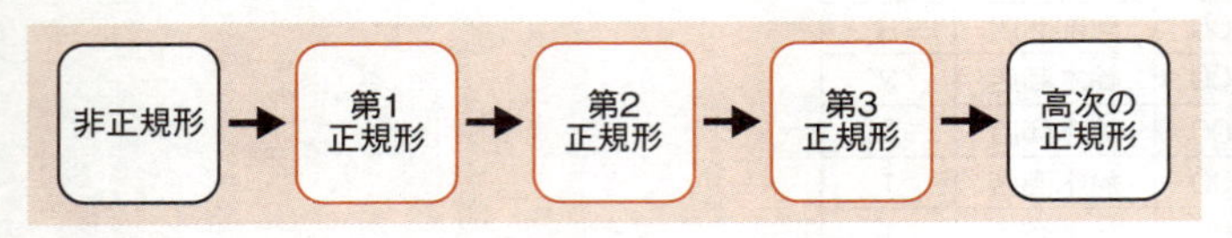

正規化の流れ

発展
高次の正規形には，ボイスコッド正規形，第4正規形，第5正規形の三つがあります。ボイスコッド正規形は，正規化を行うことで情報が失われることもあるので，注意が必要です。
通常は，第3正規形までの正規化を行います。

非正規形のテーブルを第1正規形にし，続いて第2正規形，第3正規形とテーブルを分割していきます。それぞれの正規形の条件は以下のとおりです。

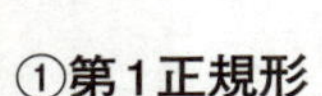

①第1正規形

ドメインが**シンプル**であることです。シンプルとは，データベースの1マスにデータが一つだけ入っている状態です。そのために，**繰返し属性を排除**して単純な表にします。

用語
ドメインとは，データベースの1マス，つまり1まとまりのデータが入るスペースのことを指します。

②第2正規形

第1正規形で，すべての非キー属性が候補キーに**完全関数従属**していることです。完全関数従属とは，すべての属性が候補キーの全部に関数従属しているということです。そのために，**候補キーの一部だけに関数従属している属性（部分関数従属性）を排除**して，別の表にします。

③第3正規形

第2正規形で，すべての非キー属性がいかなる候補キーにも**推移的に関数従属していない**ことです。推移的に関数従属するとは，A→B→Cのような形で，Aが決まればBが決まるが，Bが決まればAに関係なくCが決まるという関係です。このとき，Aは候補キー，Bは候補キー以外，Cは非キー属性である必要があります。そのため，**候補キー以外の属性に関数従属している属性を排除**し，別の表にします。

それでは，午後問題を例に，正規化を学習していきましょう。

問題

旅行業務用データベースの設計に関する次の記述を読んで，設問1，2に答えよ。

旅行会社であるZ社では，四半期ごとにパッケージツアー（以下，ツアーという）の計画を作成し，発売開始後，申込みを受け付ける。Z社には，本社のほかに，地域ごとに支店があり，ツアーの申込みは，インターネットと支店店頭の両方で行える。また，ツアーの申込みに関するデータは，本社のデータベースで一括して管理する。

〔ツアー〕

- ツアーにはツアーコードが付されている。ツアーの内容が同じであれば，出発日が異なってもツアーコードは同じであるが，日数が異なればツアーコードは異なる。
- ツアーは，ツアーコードが同じでも，出発日によって価格が異なることがある。

〔ツアーに関する業務〕

- ツアーの申込みを受け付けたときには，申込番号，申込者の顧客番号，申込日，申し込んだツアーのツアーコード，そのツアーの出発日，参加人数を登録する。新規の顧客の場合には顧客番号を新たに設定し，顧客の氏名，住所，郵便番号，電話番号，電子メールアドレスを登録する。
- ツアーを申し込んだ顧客には，店頭での申込みかインターネットからの申込みかにかかわらず，それ以降，支店から四半期ごとにツアーなどに関する情報をダイレクトメールで送付する。顧客を担当する支店は，顧客の郵便番号によって決めている。発送は，その時点で担当となっている支店が行う。なお，支店間の業務量の均等化のために，担当範囲を随時見直すことにしている。

〔データベースの設計〕

- E-R図を作成してテーブル設計を行った結果，ツアーテーブル，申込みテーブル，顧客テーブル，支店テーブルの四つのテーブルから成るデータベースを作成することにした。

・E-R図を図１に，設計したテーブルを表１に示す。なお，表１において，下線の引かれた列名は，主キーである。

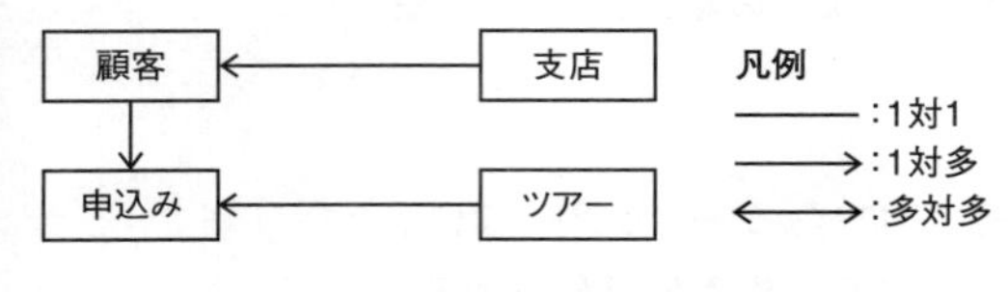

図1 E-R図

表1 テーブル設計

テーブル名	列名
ツアー	ツアーコード，出発日，日数，ツアー名称，価格
申込み	申込番号，顧客番号，申込日，ツアーコード，出発日，参加人数
顧客	顧客番号，氏名，住所，郵便番号，電話番号，電子メールアドレス，担当支店コード
支店	支店コード，支店名

〔データベースの運用〕

・ツアーテーブルには，四半期ごとにその期のツアー商品を追加する。当該四半期の間にツアーテーブルの内容が変更されることはない。
・ツアーの申込みを受け付けるごとに，申込みテーブルに行を１件追加する。申込番号は，ツアーの申込み１件ごとに設定する。

〔正規化に関する検討〕

ツアーテーブルの非キー属性の中には，候補キーに完全関数従属していない属性が存在するので，ツアーテーブルは第２正規形ではない。すなわち，非キー属性である［ a ］と［ b ］が，候補キーの一部である［ c ］だけに関数従属している。

顧客テーブルの非キー属性の中には，ほかの非キー属性を介して候補キーに関数従属（推移関数従属）している属性があるので，顧客テーブルは第３正規形ではない。具体的には，非キー属性である［ d ］は，やはり非キー属性である［ e ］に関数従属している。ただし，Z社では，入力間違いなどの可能性を考慮し，顧客テーブルの郵便番号は住所に関数従属しないものと考えている。

設問1 本文中の [a] ～ [e] に入れる適切な字句を解答群の中から選び，記号で答えよ。

解答群

ア 価格	イ 顧客番号	ウ 氏名
エ 住所	オ 出発日	カ 担当支店コード
キ ツアーコード	ク ツアー名称	ケ 電子メールアドレス
コ 電話番号	サ 日数	シ 郵便番号

設問2 正規化に関する検討について，(1) ～ (3) に答えよ。

(1) テーブルが第2正規形ではない場合，一般的には様々な問題が発生する可能性がある。しかし，ツアーテーブルの場合にはそのような問題は発生しないと考えられる。その理由を，本文の記述に照らし合わせて35字以内で述べよ。

(2) 顧客テーブルが第3正規形でないために発生する問題を，本文の記述に照らし合わせて60字以内で述べよ。

(3) 顧客テーブルを第3正規形になるように分解せよ。新規に追加するテーブルには適切なテーブル名を付け，表1に倣って列名を記述し，主キーを示す下線を引くこと。

（平成21年秋 応用情報技術者試験 午後 問6抜粋）

解説

設問1

・ツアーテーブル (空欄a，b，c)

ツアーテーブル (ツアーコード，出発日，日数，ツアー名称，価格) では，ツアーコードと出発日が主キー（候補キー）です。日数，ツアー名称，価格が非キー属性ですが，問題文〔ツアー〕に，「ツアーの内容が同じであれば，出発日が異なってもツアーコードは同じであるが，日数が異なればツアーコードは異なる」とあります。日数とツアー名称は，出発日が異なっても同じなので，この二つの属性はツアーコードのみに関数従属します。したがって，「非キー属性である [空欄a：日数（サ）] と [空欄b：ツアー名称（ク）] が，候補キーの一部である [空欄c：ツアーコード（キ）] だけに関数従属している」ので，ツアーテーブルは第2正規形ではありません。

このように，{候補キーの一部}→{非キー属性}というかたちで，候補キーの一部分のみの属性に関数従属が存在することを**部分関数従属性**といいます。

・顧客テーブル(空欄d，e)

顧客テーブル(顧客番号，氏名，住所，郵便番号，電話番号，電子メールアドレス，担当支店コード)では，顧客番号が主キー(候補キー)です。氏名，住所，郵便番号，電話番号，電子メールアドレス，担当支店コードが非キー属性ですが，問題文〔ツアーに関する業務〕に，「顧客を担当する支店は，顧客の郵便番号によって決めている」とあります。つまり，主キーである顧客番号から，{顧客番号}→{郵便番号}→{担当支店コード}という推移的な関数従属があることが分かります。したがって，「非キー属性である 空欄d：担当支店コード(カ) は，やはり非キー属性である 空欄e：郵便番号(シ) に関数従属している」ので，ツアーテーブルは第3正規形ではありません。

用語

推移的関数従属性とは，このように，{候補キー}→{候補キー以外}→{非キー属性}というかたちで，推移的な関数従属が存在することです。このとき，候補キーに関係なく，{候補キー以外}→{非キー属性}の関係が成立します。

設問2

(1)

テーブルが第2正規形でない場合には，一般に更新時異状の問題が発生します。例えばツアーテーブルでは，日数やツアー名称が変更されたときに，変更前のデータと変更後のデータで値が矛盾して不整合が起こります。しかし，問題文〔データベースの運用〕に，「当該四半期の間にツアーテーブルの内容が変更されることはない」とあり，変更が起こらないので，この問題は発生しません。したがって，**ツアーテーブルに追加された行がその後変更されることはないから**が理由となります。

(2)

顧客テーブルが第3正規形でないため，同じ{郵便番号}→{担当支店コード}の関係が複数の列に記述されることになります。このとき，郵便番号に対する担当支店コードが変更されたら，同じ郵便番号のすべての行の担当支店コードを修正する必要があります。したがって，**支店の担当範囲が変更されると，顧客テーブルの該当するすべての行の担当支店コードを修正しなければならないことが問題**となります。

なお，(1)のように変更されないのなら問題はありませんが，問題文〔ツアーに関する業務〕に，「支店間の業務量の均等化のために，担当範囲を随時見直すことにしている」とあるので，変更されることが分かります。

(3)

顧客テーブルを第3正規形になるように分割します。第3正規形にするときには，推移関数従属の {顧客番号} → **{郵便番号}** → **{担当支店コード}** の右の二つを取り出して別テーブルとし，真ん中の郵便番号を主キーとします。

つまり，担当支店(郵便番号，担当支店コード)というテーブルができます。このとき，担当支店コードは顧客テーブルから削除されますが，郵便番号は，テーブル間の関連を示すため，外部キーとして顧客テーブルに残しておきます。

≪解答≫

設問1　a：サ，b：ク，c：キ，d：カ，e：シ　(aとbは順不同)

設問2

(1)　ツアーテーブルに追加された行がその後変更されることはないから (30字)

(2)　支店の担当範囲が変更されると，顧客テーブルの該当するすべての行の担当支店コードを修正しなければならない。 (52字)

(3)

テーブル名	列名
顧客	顧客番号，氏名，住所，郵便番号，電話番号，電子メールアドレス
担当支店	郵便番号，担当支店コード

※テーブル名：担当支店は，同じ意味であればほかの文言でも可

E-R図

E-R図(Entity-Relationship Diagram)は，その名のとおり，エンティティ（実体)とリレーションシップ(関連)を表す図です。リレーションシップでは，対応関係(カーディナリティ)を記述しますが，対応関係には次の4種類があります。

参考

対応関係(カーディナリティ)では，1，多のほかに，ゼロを含むかどうかで区別することもあります。ゼロを含むとは，対応するデータがないこともあるということです。1だと，必ず対応するデータがあるということになります。このような記述では，多くの場合UMLが使用されます。

①1対1のリレーションシップ

一つのデータに一つのデータが対応します。先生と生徒なら，

家庭教師のようなマンツーマンの関係です。

②1対多のリレーションシップ

一つのデータに複数のデータが対応します。先生と生徒なら，学校の担任のように先生1人で複数の生徒を教える関係です。

③多対1のリレーションシップ

複数のデータに一つのデータが対応します。先生と生徒なら，複数の先生が1人の生徒に質問する面接のような関係です。

④多対多のリレーションシップ

複数のデータに複数のデータが対応します。先生と生徒なら，学校のように複数の先生が複数の生徒を教える関係です。

ボトムアップアプローチの場合，正規化したテーブルはそのままE-R図に変換できます。例えば，前掲の問題における顧客テーブルと担当支店テーブルは，次のようなE-R図になります。

一つのテーブルが，一つのエンティティに対応します。リレーションシップは，共通の属性“郵便番号”があるので，それが二つの間の関連を表しています。郵便番号が一つに決まれば担当支店は一つに決まるので，**担当支店側のカーディナリティは1**，郵便番号が決まっても顧客は1人とは限らないので，**顧客側のカーディナリティは多**です。

共通の属性といってもまったく同じ言葉である必要はなく，例えば，“社員番号”と“担当社員番号”のように，**同じ意味だと分かればOK**です。

また，1対多のリレーションシップの場合，**1の方の主キー（または候補キー）が多の方の外部キー**になります。したがって，担当支店テーブルの主キー“郵便番号”が顧客テーブルの外部キーになっています。

過去問題をチェック
応用情報技術者試験の午後に登場するE-R図の穴埋めでは，このリレーションシップ間の共通属性を問う問題が多く出題されます。
【リレーションシップ間の共通属性】
・平成21年春 午後 問6 設問1
・平成22年秋 午後 問6 設問1
・平成25年春 午後 問6 設問1
・平成25年秋 午後 問5 設問1
・平成27年春 午後 問6 設問1
・平成28年春 午後 問6 設問1
・平成28年秋 午後 問6 設問1
・平成29年春 午後 問6 設問1
・平成29年秋 午後 問6 設問1
・平成30年春 午後 問6 設問1
・平成30年秋 午後 問6 設問1
・平成31年春 午後 問6 設問1
・令和元年秋 午後 問6 設問1
・令和2年10月 午後 問6 設問1
・令和3年春 午後 問6 設問2

E-R図のUML表記

E-R図を，UMLのクラス図を用いて表記することもあります。この場合には，多は「*」と表現されます。また，UMLでの多重度では，ゼロを含むかどうかについても表記されます。「*」はゼロを含むので，UMLの多重度表記ルールで表現すると次のようになります。

多重度	意味
*	ゼロ以上の数字すべて
1..*	1以上
0..1	ゼロまたは1
1	1
a..b（a，bは任意の数字）	aからbまで

それでは，次の問題でUML表記を考えてみましょう。

問題

その月に受注した商品を，顧客ごとにまとめて月末に出荷する場合，受注クラスと出荷クラスとの間の関連のa，bに入る多重度の組合せはどれか。ここで，出荷のデータは実績に基づいて登録される。また，モデルの表記にはUMLを用いる。

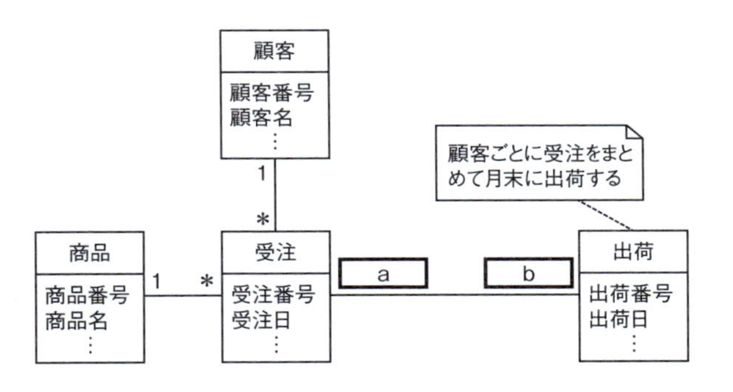

	a	b
ア	1	1..＊
イ	1	0..1
ウ	1..＊	0..1
エ	1..＊	1..＊

（平成26年秋 応用情報技術者試験 午前 問27）

解説

空欄aについて，出荷に対する受注は，注釈に「顧客ごとに受注をまとめて月末に出荷する」とあるので，複数の受注に対して出荷が一つになることが分かります。受注した商品を出荷するため受注は必ずあることになるので，多重度は1..＊です。

空欄bについて，受注に対する出荷は，問題文に「その月に受注した商品を，顧客ごとにまとめて月末に出荷」とあり，月の途中では，受注に対する出荷は存在しないことになります。したがって，受注に対する出荷はないこともあると考えられ，多重度は0..1となります。

これらを組み合わせると，ウが正解になります。

≪解答≫ウ

制約

関係データベースでは，正規化によって複数のテーブルにデータを分けますが，それぞれのテーブルにはリレーションシップ（関連）があります。そのリレーションシップを維持するため，テーブル間に制約をかけます。

最も重要な制約は，**参照制約**です。二つのテーブル間のリレーションシップでの参照整合性を満たすため，**外部キー**を設定し，データの追加・削除に制限をかけます。

前述の顧客と担当支店の例で考えてみましょう。

参照制約では，多の方の（顧客）テーブルを作るときに，1の方の（担当支店）テーブルを参照して制約をかけます。このとき，

参照制約のことを**外部キー制約**とも呼びます。これは，実装するときに外部キーを使って制約を書くからです。具体的には，顧客テーブルを作成するときに，SQLで次のように記述します。

```
FOREIGN KEY 郵便番号
REFERENCES 担当支店
```

顧客テーブルには**担当支店テーブルにない郵便番号の行は追加できません**。また，担当支店テーブルは，**顧客テーブルに残っている郵便番号の行は削除できません**。このようにして，二つのテーブル間の参照整合性を保ちます。

その他の制約としては，一つの列に同じ値を入れることができない**一意性制約**，データに空値（NULL値）を許さない**非ナル制約**があります。**主キー制約**は，一意性制約と非ナル制約を合わせたものです。また，データの値一つ一つに制約をかけることを**ドメイン制約**と呼び，そのうち，データの範囲などの形式を制限するものを**検査制約**（CHECK制約，形式制約）といいます。

それでは，問題を解いて確認してみましょう。

発展

実は，担当支店テーブルの郵便番号は，顧客テーブルに残っていても削除可能な場合があります。**CASCADE（カスケード）**という方法がその一つで，テーブル作成時にこのオプションを指定しておくと，担当支店テーブルの郵便番号が消えた場合には，対応する顧客テーブルのデータも一緒に削除します。

問題

次の表定義において，“在庫”表の製品番号に定義された参照制約によって拒否される可能性のある操作はどれか。ここで，実線は主キーを，破線は外部キーを表す。

在庫（在庫管理番号，製品番号，在庫量）
製品（製品番号，製品名，型，単価）

ア “在庫”表の行削除　　イ “在庫”表の表削除
ウ “在庫”表への行追加　　エ “製品”表への行追加

（平成22年秋 応用情報技術者試験 午前 問32）

解説

在庫と製品の関連をE-R図に表すと，次のようになります。

このとき，“在庫”表に行を追加する場合と，“製品“表から行を削除する場合に参照制約がかかります。“製品”表にないものを“在庫”表に追加する，まだ在庫があるのに“製品”表の製品を削除する，などが起こると参照整合性に異状が発生するので，これを阻

止します。したがって，ウが正解です。

≪解答≫ウ

パフォーマンス設計

データベースのパフォーマンスを向上させる方法は次の3種類です。

①データベース設計を変更する

データベース設計を変更し，テーブル構造やリレーションシップを変えることによってパフォーマンスを向上させます。代表的な方法に，正規化をあえて崩す**非正規化**があります。

②SQLのパフォーマンスチューニングを行う

SQLを効率良く処理できるように変更して，パフォーマンスを向上させます。テーブルの結合順序を変更したり，EXISTS句などを用いて判断を簡略化したりします。

用語

EXISTS句は,「ある」か「ない」かを判定する演算子です。次のように用いられます。

```
WHERE EXISTS
(SELECT * FROM A)
```

( )の中のSQL文の答えが1行でもあればTRUE，1行もなければFALSEを返します。

③DBMSの機能を使う

DBMSを使って処理を高速化させます。インデックスを設定したり，データベースを再編成してアクセス効率を上げたりします。また，DBMSのデータをすべてメモリ上に展開する**インメモリデータベース**を用いると，ディスクとの入出力が必要なくなり，高速化が実現できます。

物理設計

データベースの物理設計では，アクセス効率，記憶効率を考えてデータベースの最適化を図ります。データの保存にハードディスクだけでなくRAIDやSSDを用いるなど，システム構成を変更することも物理設計の対象です。

発展

近年，クラウドコンピューティングが普及しています。そこでデータベースも，仮想化技術を使って柔軟に伸縮させたり，複数サイトで冗長化させたりといったことに対応する必要が出てきました。こうしたことから，関係データベース以外の新しいデータベースもどんどん普及してくるでしょう。

関係データベース以外のデータベース

オブジェクト指向でシステム開発を行う際は，オブジェクトを永続化させるためにデータベースが必要です。このために，オブジェクト指向用に**オブジェクト指向データベース**が開発されました。従来の関係データベースを利用してオブジェクト指向のデータを連携する**O-Rマッピング**（オブジェクトリレーショナルマッピング）という手法も一般的です。

また，XMLのツリー構造をそのままデータベースで格納するための**XMLデータベース**も登場し，発展してきています。

▶▶▶ 覚えよう！

- □ 主キーは行を一意に特定する最小の属性の組，NULLもダメ
- □ 第2正規形では部分関数従属，第3正規形では推移関数従属を排除

3

3-3-3 データ操作

頻出度 ★★

データ操作を行う言語はいろいろありますが，関係データベースの操作を行うのはSQLです。SQLは演算を行うので，集合演算や関係演算についての理解も必要です。

集合演算

データベースでは，次の集合演算と関係演算を用いることによってデータの集合を表現します。

集合演算（和，差，積，直積）
関係演算（選択，射影，結合，商）

関連

和，差，積は，「1-1-1 離散数学」で学んだ集合と同じです。和がA＋B，差がA－B，積がA・Bに対応します。

直積は，二つのリレーションのすべての組合せです。例えば，集合Rと集合Sの直積R×Sは，次のようになります。

R

X	Y
1	あ
2	い
3	う

×

S

X	Z
1	か
2	き
3	く

＝

R×S

R.X	R.Y	S.X	S.Z
1	あ	1	か
1	あ	2	き
1	あ	3	く
2	い	1	か
2	い	2	き
2	い	3	く
3	う	1	か
3	う	2	き
3	う	3	く

直積

関係演算の**選択**は行を取り出す操作，**射影**は列を取り出す操作です。そして，**結合**は，**直積**，**選択**，**射影**を組み合わせた操作です。RとSの**自然結合**の場合，次のようになります。

発展

結合には，両方に共通する行を選択する**自然結合（内部結合）**のほかに，片方のテーブルだけに存在する行も選択する**外部結合**があります。

発展

商演算は，リレーションの割り算です。R÷Sは，表Sのすべての属性の値を同時に満たす表Rの行を選び出し，Sの属性を取り除いた列を取り出す演算です。すべての商品を買ってくれている人などを抽出するときなどに使います。

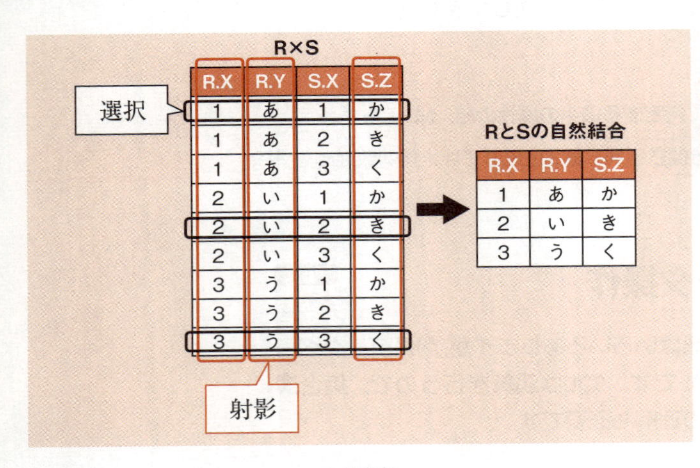

自然結合

SQL

SQLは，関係データベースを記述するための言語です。SQLは，次の2種類に大別できます。

・**データ定義言語**（**SQL-DDL**：SQL Data Definition Language）
・**データ操作言語**（**SQL-DML**：SQL Data Manipulation Language）

またSQLには，単独で一つ一つ使用する方法以外にも，プログラム言語から呼び出したり，あらかじめ登録しておいた**カーソル**や**ストアドプロシージャ**を呼び出したりする方法もあります。

発展

SQLには，ほかに，**データ制御言語**（SQL-DCL：SQL Data Control Language）があります。こちらは，アクセス権限を付与するGRANT文や，トランザクションを管理するCOMMIT，ROLLBACKなどの構文が含まれます。

データ定義言語（SQL-DDL）

データ定義言語では，**CREATE文**で新しくデータベースやテーブル，ビュー，インデックス，ストアドプロシージャなどを作成します。そこで作ったものを削除するのがDROP，変更するのがALTERです。例えば，前掲の正規化した顧客テーブルを作成すると次のようになります。

関係データベースの制約については，色文字で示します。

```
CREATE TABLE 顧客 (
 顧客番号  INTEGER  PRIMARY KEY,    主キー制約
 氏名    CHAR(20)    NOT NULL,    非ナル制約
 住所    CHAR(100),                参照制約
 郵便番号 CHAR(8) REFERENCES 担当支店(担当支店コード),
 電話番号  CHAR(12),
 電子メールアドレス CHAR(30)  UNIQUE ) 一意性制約
```

テーブルの作成

また，ビューを作成するときには，以下の構文で元のテーブルを指定します。

CREATE VIEW ビュー名 **AS** SELECT ～

それでは，午後問題で軽く演習をしてみましょう。

関連

CREATE TABLE文は，このようにテーブル名を定義したあとに列名を列挙します。その他の制約としては，形式制約にはCHECK句を用います。
また，制約についてはP.254を参照してください。

問題

販売管理システムに関する次の図を見て設問に答えよ。

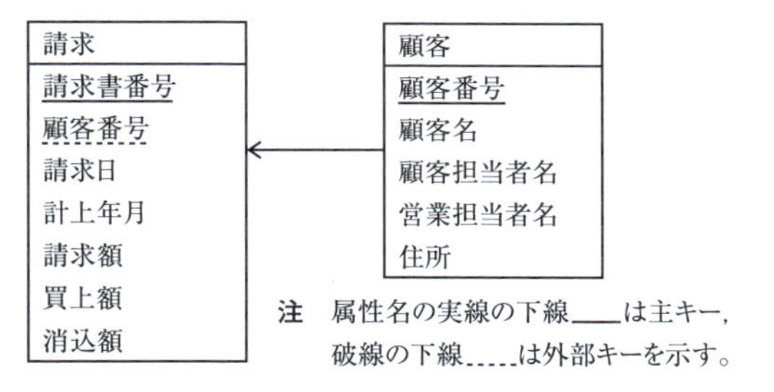

図1 販売管理システムのE-R図（抜粋）

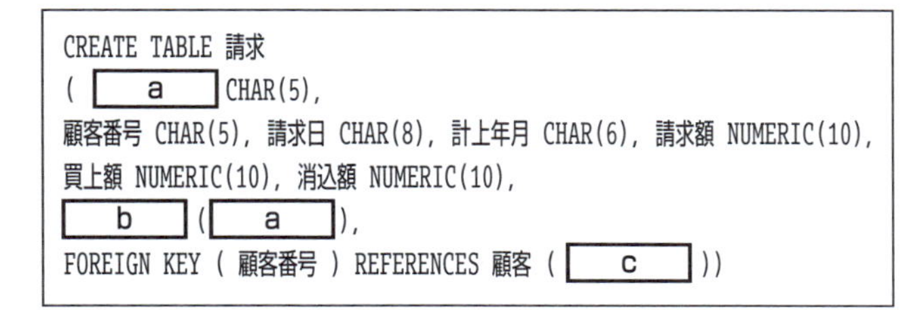

```
CREATE TABLE 請求
( [ a ] CHAR(5),
顧客番号 CHAR(5), 請求日 CHAR(8), 計上年月 CHAR(6), 請求額 NUMERIC(10),
買上額 NUMERIC(10), 消込額 NUMERIC(10),
[ b ] ( [ a ] ),
FOREIGN KEY ( 顧客番号 ) REFERENCES 顧客 ( [ c ] ))
```

図2 請求テーブルのCREATE文

参考

E-R図は，エンティティのみを書く場合と，この問題のような形式で書く場合があります。

エンティティ名
属性名1
属性名2
…

このとき，実線は主キー，点線は外部キーを示します。

設問 図2中の [a] ～ [c] に入れる適切な字句を答え，CREATE文を完成させよ。

(平成22年秋 応用情報技術者試験 午後 問6 設問2を再構成)

解説

図1を見ると，エンティティ“請求”には七つの属性があります。図2を見ると，請求書番号以外の六つの属性はすでに記述されているので，空欄aが**請求書番号**だと分かります。空欄aはもう1か所ありますが，図1を見ると請求書番号となっているので，この属性が主キーだということが分かります。したがって，空欄bは主キーを示す**PRIMARY KEY**となります。PRIMARY KEYはこのように，列の後にまとめて書く場合もあります。主キーが複数の列で構成される場合には，こちらが使われます。

顧客番号は外部キーです。外部キーの表記方法では，主キーなどは省略できますが，すべて書くと構文は次のようになります。

FOREIGN KEY (外部キー名) REFERENCES 表名(主キー名)

したがって，空欄cには顧客テーブルの主キーである**顧客番号**が入ります。

≪解答≫a：請求書番号，b：PRIMARY KEY，c：顧客番号

間違えやすい

PRIMARY KEY，FOREIGN KEYなどのスペルは間違えやすいので，正確に覚えておく必要があります。特に午後問題の空欄穴埋めで記述するときに，スペルミスがあるともったいないので注意しましょう。

データ操作言語（SQL-DML：SELECT）

データ操作言語のうち最もよく使われるのは，検索して表示するためのSELECT文です。SELECT文の構文は次のとおりです。

```
SELECT * | [ALL | DISTINCT] <列名1> [, <列名2>, ・・・. ]
    FROM <表名1> [, <表名2>, ・・・, ]
         [JOIN <表名2> ON <結合条件>]
    [WHERE <検索条件> (AND <検索条件2> ・・・)]
    [GROUP BY グループ化する列の位置 (または列名) ]
    [HAVING グループ化した後の行を抽出する条件]
    [ORDER BY 整列の元となる列 [ ASC | DESC] ]
```

・[ ]内はオプション
・|はORを示し，いずれか一つを選択する

SELECT文の構文

発展
テーブルの結合にJOIN句を用いる場合，内部結合（自然結合）の場合には，INNER JOINと記述します。外部結合の場合には，**LEFT (OUTER) JOIN**または，**RIGHT (OUTER) JOIN**として，列を残す方のテーブルを左か右か指定して記述します。

SELECT文に，射影して表示する列名を記述します。このとき，重複を許さない場合には**DISTINCT**を用います。

テーブルの結合は，使用する表名を**FROM**句で列挙して，結合に使う列名をWHERE句で指定する場合と，FROM句内で**JOIN**句を用いる場合の2通りがあります。

WHERE句では，行を選択する条件を記述します。

GROUP BY句は，グループ化，つまり指定された列の値が同じ複数の行を一つにまとめるものです。グループ化すると複数の行が一つになるので，元の行のデータは取り出せなくなります。グループ化後の選択条件は，**HAVING**句に記述します。

ORDER BY句は，指定された列を使って整列します。

それでは，問題を解いて確認してみましょう。

問題

表Ａから実行結果Ｂを得るためのSQL文はどれか。

A

社員コード	名前	部署コード	給料
10010	伊藤幸子	101	200,000
10020	斉藤栄一	201	300,000
10030	鈴木裕一	101	250,000
10040	本田一弘	102	350,000
10050	山田五郎	102	300,000
10060	若山まり	201	250,000

実行結果B

部署コード	社員コード	名前
101	10010	伊藤幸子
101	10030	鈴木裕一
102	10040	本田一弘
102	10050	山田五郎
201	10020	斉藤栄一
201	10060	若山まり

ア SELECT 部署コード, 社員コード, 名前 FROM A
　　GROUP BY 社員コード

イ SELECT 部署コード, 社員コード, 名前 FROM A
　　GROUP BY 部署コード

ウ SELECT 部署コード, 社員コード, 名前 FROM A
　　ORDER BY 社員コード, 部署コード

エ SELECT 部署コード, 社員コード, 名前 FROM A
　　ORDER BY 部署コード, 社員コード

（平成22年春 応用情報技術者試験 午前 問33）

解説

表Aと実行結果Bでは，行数が変わっていないことと，特にグループでまとめられていないことから，GROUP BY句は使われていないことが分かります。また，実行結果Bを見ると，データは部署コード順に整列されていて，さらに同じ部署コードなら社員コー

ド順に並んでいることが読み取れるので，**ORDER BY 部署コード，社員コード**というかたちで整列していることが分かります。したがって，エが正解です。

≪解答≫エ

3

その他のデータ操作言語 (SQL-DML：INSERT，UPDATE，DELETE)

SELECT文以外のSQL-DMLは更新系SQLとも呼ばれ，INSERT文，UPDATE文，DELETE文の三つがあります。構文は，次のとおり簡単です。

```
INSERT INTO <表名> (<列名1>, <列名2>, ･･･)
  VALUES(<値1>, <値2>, ･･･)
  または
INSERT INTO <表名> (<列名1>, <列名2>, ･･･)
  SELECT  ～ (以降, 通常のSELECT文)
```

```
UPDATE <表名> SET <列名1> = <値1>
 [,<列名2> = <値2> ･･･] WHERE <検索条件>
```

```
DELETE FROM  <表名> WHERE <検索条件>
```

上から，INSERT文，UPDATE文，DELETE文の構文

勉強のコツ

INSERTは**INTO**，DELETEは**FROM**，UPDATEは何も**なし**。
細かいところですが，SQLではこういう細かい文法が問われます。
スペルミス，前置詞のミスが多いのがSQLの特徴なので，手書きをして確実に覚えましょう。

副問合せ

SQL文の中でSQL文を呼び出すことを，副問合せといいます。カッコを使って，もう一つのSQL文を記述します。このとき，カッコ内のSQL文を**副問合せ**といいます。また，カッコ内とカッコ外で共通のテーブルを用い，外と中のSQL文を結び付けた問合せを**相関副問合せ**といいます。

問題を例に，副問合せを体感してみましょう。

問題

“社員”表から，男女それぞれの最年長社員を除くすべての社員を取り出すSQL文とするために，aに入る副問合せはどれか。ここで，“社員”表は次の構造とし，下線部は主キーを表す。

社員（<u>社員番号</u>，社員名，性別，生年月日）

```
SELECT 社員番号, 社員名 FROM 社員 AS S1
        WHERE 生年月日>( [ a ] )
```

ア
```
SELECT MIN(生年月日) FROM 社員 AS S2
                  GROUP BY S2.性別
```

イ
```
SELECT MIN(生年月日) FROM 社員 AS S2
                  WHERE S1.生年月日> S2.生年月日
                  OR S1.性別=S2.性別
```

ウ
```
SELECT MIN(生年月日) FROM 社員 AS S2
                  WHERE S1.性別=S2.性別
```

エ
```
SELECT MIN(生年月日) FROM 社員
                  GROUP BY S2.性別
```

（平成23年特別 データベーススペシャリスト試験 午前Ⅱ 問11）

発展
副問合せを接続するための方法にはまず，この問題の“>”をはじめとした，“<”，“=”，“>=”，“<=”，“<>”といった演算子があります。それ以外にも**IN**，**EXISTS**など，接続詞を用いて副問合せをつなげる場合もあります。

解説

“社員”表の例に，次のような表を考えてみます。

社員番号	社員名	性別	生年月日
1001	吉井 九兵衛	男	1961-01-01
1002	姫路 円	女	1971-03-03
1003	木下 理樹	男	1981-05-05
1004	坂本 恭介	男	1986-07-07
1005	島田 真実	女	1991-09-09

このとき，外側の問合せでは，「男女それぞれの最年長社員を除くすべての社員を取り出す」必要があるので，空欄aには，**自分と同じ性別の**最年長社員を求めるSQL文が入ります。したがって，**S1.性別＝S2.性別**という条件で最年長社員の生年月日**MIN（生年月日）**を検索するウが正解です。

ウを前提に上記の例を考えてみると，最初の社員番号1001の吉井さんは性別が男です。**'男'＝S2.性別**という条件で**MIN(生年月日)**を求めると'1961-01-01'となり，生年月日＞［ a ］という条件にはあてはまらないので，表示されません。

同様に，社員番号1002の姫路さんは性別が女です。ここで，**'女'＝S2.性別**という条件で**MIN（生年月日）**を求めると'1971-03-03'となり，生年月日＞［ a ］という条件にはあてはまらず，表示されません。あとの3行では，男でも女でも生年月日は最年長の社員より新しいため，表示されます。

≪解答≫ウ

その他のSQLの構文

そのほかに押さえておきたいSQLの構文としては，以下のものがあります。

①集計関数

SUM［合計］，AVG［平均］，MAX［最大］，MIN［最小］と，行をカウントするCOUNT(*)または**COUNT(列名)**があります。

COUNT（列名）は，NULLでない行をカウントします。したがって，NULL値が含まれる場合には，COUNT(*)とすると結果が変わってきます。

②比較演算子

1行ずつ比較する演算子には，<，>，<=，>=，<>があります。複数行を比較するIN（含まれる）も比較演算子です。また，次の構文で，値1から値2までの範囲を指定することができます。

```
BETWEEN 値1 AND 値2
```

③評価を行う演算子

結果をTRUE（真）かFALSE（偽）で返します。EXISTS（1行でも存在する），NOT EXISTS（1行もない）がよく使われます。

④あいまいな条件を比較する演算子

あいまいな条件の比較にはLIKEを用います。例えば，氏名 LIKE '吉井%' の場合は，「吉井」で始まる氏名を検索します。

参考

LIKEを使用するときに，0文字以上の任意の文字列を示すのに「%」(パーセント)を用います。
また，任意の1文字を示すのに「_」(アンダースコア)を用います。
これらのあいまいな文字を示す記号のことを，ワイルドカードといいます。

⑤SELECT文を合わせるUNION句

二つのSELECT文の結果を合わせる集合演算(**和演算**)を行う句にUNION句があります。二つのSELECT文の結果に同じ行があったとき，両方とも出力する場合にはUNION ALL，合わせて一つにまとめる場合には単にUNIONを使用します。

■カーソル

カーソルは，一連のデータに順にアクセスするための仕組みです。プログラムとともに用いられることが多く，1行ずつ読み出して処理を行うのに向いています。

```
DECLARE カーソル名 CURSOR FOR SELECT ~
```

上記の構文でカーソル文を定義し，OPENでカーソルをオープン，FETCHで1行ずつ取り込み，CLOSEでカーソルを閉じます。

■ビュー

ビューは，**見せるための表**です。導出表ともいいます。元の表から必要なデータを選択し，表示します。見せるだけなので，更新された場合は元の表に変更が加わります。すべてのビューが更新可能ではなく，元の行が特定できる必要があります。条件は次のとおりです。

- 集計関数，DISTINCT，GROUP BY句などで複数の行を一つにまとめていないこと
- 複数の表を結合していないこと(ただし，元の行を特定できれば変更可能)

■ストアドプロシージャ

ストアドプロシージャとは，データベースへの問合せを一連の処理としてまとめ，DBMSに保存したものです。使用するときには，プロシージャ名で呼び出すと，一連の処理を実行してくれます。

次の問題を解きながら，確認してみましょう。

問題

クライアントサーバシステムにおけるストアドプロシージャに関する記述のうち，適切でないものはどれか。

ア　機密性の高いデータに対する処理を特定のプロシージャ呼出しに限定することによって，セキュリティを向上させることができる。
イ　システム全体に共通な処理をプロシージャとして格納しておくことによって，処理の標準化を行うことができる。
ウ　データベースへのアクセスを細かい単位でプロシージャ化することによって，処理性能（スループット）を向上させることができる。
エ　複数のSQL文から成る手続を1回の呼出しで実行することによって，クライアントとサーバの間の通信回数を減らすことができる。

（平成27年秋 応用情報技術者試験 午前 問26）

過去問題をチェック

ストアドプロシージャについては，この問題のほかにも，応用情報技術者試験では次の出題があります。

【ストアドプロシージャ】

・平成21年春 午前 問31
・平成24年秋 午前 問25
・平成25年春 午前 問27
・平成25年秋 午前 問27
・平成29年秋 午前 問26

解説

ストアドプロシージャは一つのプロシージャ呼出しで複数の処理を行うことができるので，処理性能（スループット）が向上します。データベースのアクセスを細かい単位でプロシージャ化すると，スループットは逆に低下します。したがって，ウが誤りです。

ア　機密性の高いデータは，プロシージャ呼出しに限定して，そこにアクセス制限をかけることによってセキュリティを向上させることができます。
イ　共通な処理をプロシージャ化しておくことで，標準化が図れます。
エ　ストアドプロシージャには，通信回数を削減する効果もあります。

≪解答≫ウ

覚えよう！

□　PRIMARY KEY，FOREIGN KEY，EXISTSのスペルを正確に覚える！
□　グループ化すると，元の行のデータは取り出せなくなる

3-3-4 トランザクション処理

トランザクション処理を考えるときのポイントは，信頼性と性能の二つです。信頼性という点では，データベースの中のデータが失われたり改ざんされたりしないように適切に管理する必要があります。そのために，DBMSにはトランザクション管理機能があります。また，性能を向上させ，短い時間で応答するための工夫も大切です。

トランザクション管理

トランザクションとは，分けることのできない一連の処理単位です。例えば銀行の処理なら，Ａさんの口座からＢさんの口座に振り込む場合，次のような一連の処理が発生します。

Ａさんの口座の残高を減らす→Ｂさんの口座の残高を増やす

これらを途中で終わらせるわけにはいかないので，二つの処理をまとめてトランザクションとします。そのため，トランザクションには，技術的に満たすべき四つの性質があり，それを**ACID特性**といいます。ACID特性は，次の四つです。

①原子性（ATOMICITY）

トランザクションは，完全に終わる（コミット），もしくは元に戻す（ロールバック）のどちらかでなければなりません。

②一貫性（CONSISTENCY）

トランザクションで処理されるデータは，実行前と後で整合性をもち，一貫したデータを確保しなければなりません。

③独立性（ISOLATION）

トランザクションＡで変更中のデータを，トランザクションＢで処理してはなりません。

④耐久性（DURABILITY）

いったんコミットしたら，そのデータは障害時にも回復できなければなりません。

それでは，次の問題でACID特性を確認していきましょう。

問題

トランザクションのACID特性のうち，耐久性（durability）に関する記述として，適切なものはどれか。

ア　正常に終了したトランザクションの更新結果は，障害が発生してもデータベースから消失しないこと
イ　データベースの内容が矛盾のない状態であること
ウ　トランザクションの処理が全て実行されるか，全く実行されないかのいずれかで終了すること
エ　複数のトランザクションを同時に実行した場合と，順番に実行した場合の処理結果が一致すること

（令和2年10月 応用情報技術者試験 午前 問30）

解説

耐久性（durability）とは，障害時の耐久があるかどうかの指標です。耐久性があると，障害が発生しても，障害までにコミットしたデータについては，データベースから消失しないことが補償されます。したがって，アが正解です。

イ　一貫性（consistency）に関する記述です。
ウ　原子性（Atomicity）に関する記述です。
エ　独立性（Isolation）に関する記述です。

≪解答≫ア

過去問題をチェック

トランザクション処理について，応用情報技術者試験では，ACID特性の内容を問う問題のほかに，それぞれの特性に対応する技術に関する出題もあります。

【障害回復】
- 平成27年秋 午前 問30
- 平成28年春 午前 問30
- 平成28年秋 午前 問30
- 令和元年秋 午前 問29

【インデックス】
- 平成27年春 午前 問29
- 平成28年秋 午前 問27
- 平成29年春 午前 問28
- 平成30年秋 午前 問29

トランザクション管理では，これらの性質を満たすために排他制御を行い，障害回復機能をもちます。

排他制御

二つのトランザクションを同時に実行し，同じデータを更新してしまいデータに矛盾が発生することがあります。それを防ぐためには，**排他制御**を行い，一度に一つのトランザクションしかデー

タの更新が行えないようにする必要があります。そのための方法に**ロック**や**セマフォ**があります。

また，排他制御ではなく，同時に複数のトランザクションを実行する方法として，**MVCC**（MultiVersion Concurrency Control：多版同時実行制御）があります。複数のユーザの処理要求を同時並行性を失わずに処理し，可用性を向上させる制御技術です。具体的には，同時実行される二つのトランザクションがある場合，先発のトランザクションがデータを更新しコミットする前に，後発のトランザクションが同じデータを参照すると，更新前の値（書込み直前のスナップショット）を返すことで同時実行を可能にします。

ロック

ロックとは，データへの参照や更新を一時的に制限する仕組みです。参照・更新するデータにロックをかけ，使用が終わったときにロックを解除します。ロックの種類には以下のものがあります。

①共有ロック／専有ロック

データを参照するだけの場合には，複数のトランザクションで同時に実行しても問題ありません。そのために**共有ロック**をかけて，データの参照は自由に行えるようにします。データを更新する場合には，ほかのトランザクションに見えないように**専有ロック**（排他ロック）をかけ，参照もできないようにします。

②デッドロック

二つのトランザクションで複数のデータを参照するとき，ロックのために互いのデータが使用可能になるのを待ち続けて，互いに動けない状態になることが**デッドロック**です。

発展
デッドロックについては，データベース分野以外でもときどき出題されます。タスクの状態遷移での資源待ち状態や，オブジェクト指向でのデータアクセスなど，他分野でもデータを扱うときにデッドロックが起こる場合があるのです。

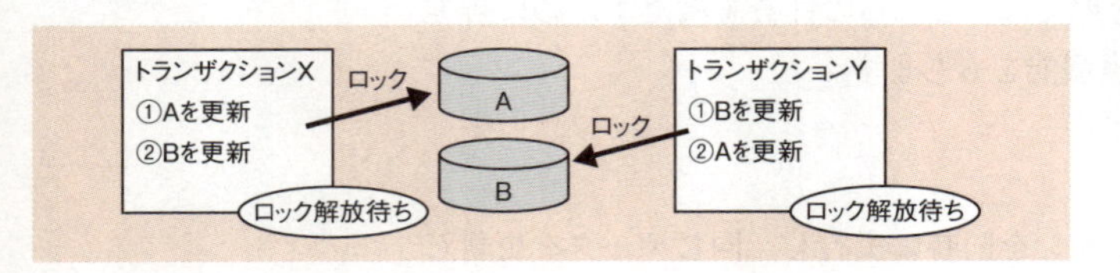

デッドロック

デッドロックが起こらないようにするためには，複数のトランザクションにおいて**データの呼出し順序を同じにする**方法が効果的です。

③2相ロック

複数のテーブルにロックをかける際，かけたり外したりするのではなく，ロックするときにはずっとかけ続け（**単調増加**），解除するときはずっと外した状態にしておく（**単調減少**）という考え方です。これにより，データベースの矛盾は起こりにくくなります。

セマフォ

セマフォとは，複数のプロセスが共有するメモリなどの資源にアクセスするのを制御するための排他制御の仕組みです。同時に使用可能な共有資源の数を管理します。

例えば，利用可能な共有資源が三つあり，どのプロセスも利用していない場合には，セマフォの値は3になります。ここで，一つのプロセスが利用するときに，利用を始める操作（P操作）を実行すると，セマフォの値は2となります。その後，利用を終えるときに，利用を終える操作（V操作）を実行すると，セマフォの値は3に戻ります。このように，セマフォを利用することで共有資源の管理が可能となります。

障害回復処理

データベースの障害には，大きく分けて次の三つがあります。

- **トランザクション障害**
- **ソフトウェア（電源）障害**
- **ハードウェア（媒体）障害**

トランザクション障害とは，デッドロックのような，トランザクションに不具合が起こる障害です。トランザクション障害ではDBMSは正常に動いており，データの不具合はないため，DBMSでロールバック命令などを実行することでのみ対処できます。

ソフトウェア障害とは，ソフトウェアの実行中止などで，DBMSのデータに不具合が起こる障害です。ハードウェア障害とは，ハードディスクの故障などでデータが損傷するような障害で，バックアップデータを用いて復元する必要があります。ただし，バックアップ後に更新されたデータやソフトウェア障害時のデータの復元には，次に挙げるログファイルが使われます。

ログファイルによる障害回復処理

データベース障害に備えるために，データベース用のハードディスクとは別のディスクにログファイルを用意します。用意するログファイルは，**更新前ログ**と**更新後ログ**の二つです。データベースを更新したらその都度，更新する前のデータを更新前ログに，更新した後のデータを更新後ログに記述します。トランザクションがコミットしたら，その情報もログファイルに書き込みます。これは，データベースの内容は実際にはメモリ上でのみ更新されており，ハードディスク上のデータは不定期にしか更新されないためです。

メモリからハードディスク上のデータベースに書込みを行うポイントが，**チェックポイント**です。チェックポイント後に更新されたデータは，障害が発生してメモリ上のデータが消えると失われてしまいます。そのためにログファイルを用意しておき，障害発生に備えます。

発展
更新前ログ，更新後ログに書き出されるのは，実際に行った操作ではなく実行結果のデータです。例えば，Aの値が100だったときにA＋100のトランザクションが実行された場合は，更新前ログには「A:100」，更新後ログには「A:200」という情報が格納されます。

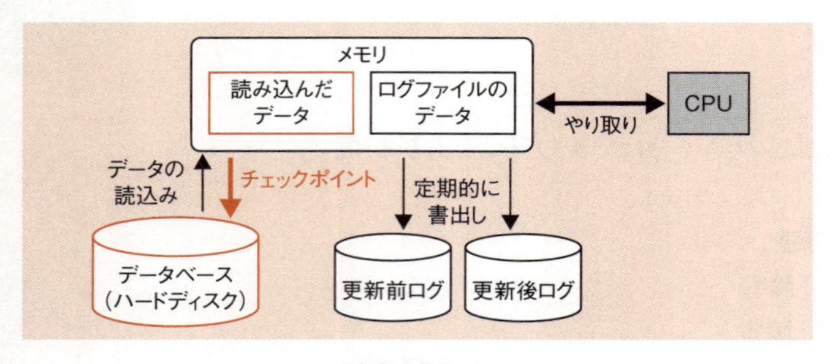

障害回復処理

データベースに障害が発生したときにトランザクションのコミットが完了していた場合には，**更新後ログ**を使って，チェックポイント後のデータを復元させます。この動作を**ロールフォワード**と呼びます。また，コミットが完了しないうちに障害が発生したときには，ハードディスクに書き込まれていた実行途中のデータをトランザクションの実行前の状態に戻す必要があります。そのためには，**更新前ログ**を用いて復元させます。この動作を**ロールバック**といいます。

それでは，次の問題を解いてみましょう。

問題

データベースの障害回復処理に関する記述のうち，適切なものはどれか。

ア　異なるトランザクション処理プログラムが，同一データベースを同時更新することによって生じる論理的な矛盾を防ぐために，データのブロック化が必要となる。

イ　システムが媒体障害以外の原因によって停止した場合，チェックポイントの取得以前に終了したトランザクションについての回復作業は不要である。

ウ　データベースの媒体障害に対して，バックアップファイルをリストアした後，ログファイルの更新前情報を使用してデータの回復処理を行う。

エ　トランザクション処理プログラムがデータベースの更新中に異常終了した場合には，ログファイルの更新後情報を使用してデータの回復処理を行う。

（平成21年秋 応用情報技術者試験 午前 問32）

解説

システムが媒体障害（ハードウェア障害）以外の原因によって停止した場合には，チェックポイント取得時点までのデータはハードディスク上に残っています。ですから，トランザクションの回復処理は，チェックポイント後にコミット，または途中終了したトランザクションに限定されます。したがって，イが正解です。

ア　同時更新することによる矛盾を防ぐための方法は，ブロック化ではなくロックです。

ウ　バックアップファイルには，コミットが完了していないデータは残っていません。そのため，ログファイルの更新後ログを用いたロールフォワードのみで回復が可能です。

エ 更新中に異常終了した場合には，更新前情報を使用してロールバック処理を行います。

≪解答≫イ

データベースの性能向上

データベースの性能を向上させる方法として一般的なものが**インデックス**です。インデックスとは，検索速度を上げるために設定する索引であり，元のテーブルとは別に，キーとデータの場所（ポインタ）の組を一緒に格納します。

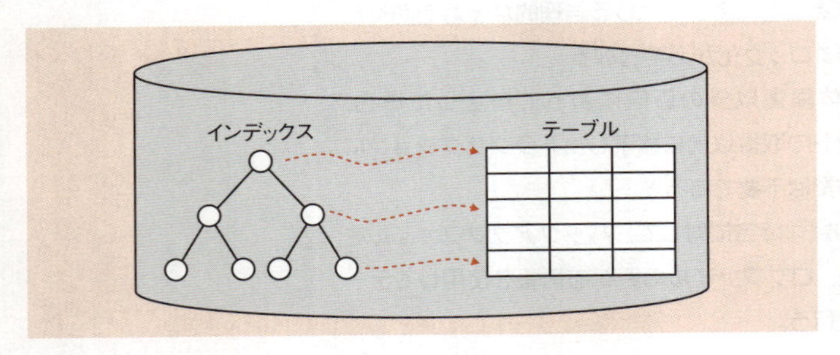

インデックス

インデックスはテーブルを更新するたびに更新する必要があるので，インデックスを設定すると，かえって処理速度が遅くなることがあります。また，インデックスのデータ構造としては，B木やB^+木，B^*木，ビットマップなどが用いられます。

それでは，次の問題を解いてみましょう。

問題

関係データベースにおけるインデックスの設定に関する記述のうち，適切なものはどれか。

ア インデックスの設定に際しては，検索条件の検討だけでなく，テーブルのレコード数についての考慮も必要である。
イ インデックスの設定によって検索性能が向上する場合は，更新・削除・追加処理の性能も必ず向上する。
ウ インデックスの設定は，論理設計段階で洗い出された検索条件に指定されるすべての列について行う必要がある。
エ 性別のように2値しかもたないような列でも，検索条件に頻繁に指定する場合は，インデックスの設定を行う方がよい。

（平成22年秋 応用情報技術者試験 午前 問31）

解説

インデックスの設定を行う場合には，検索条件の検討だけでなくレコード数の考慮も必要です。レコード数が少なければ直接検索した方が早い場合もあります。したがって，アが正解です。

イ 更新・削除・追加処理の性能は，インデックスの設定によって低下します。
ウ すべての列ではなく，検索効率が上がる列にのみインデックスを設定する必要があります。
エ 2値しかもたないような列にはインデックスは向きません。

≪解答≫ア

▶▶▶覚えよう！

- □ ACIDは原子性，一貫性，独立性，耐久性
- □ 更新前ログでロールバック，更新後ログでロールフォワード

3-3-5 データベース応用

頻出度 ★★★

これまで扱ってきたトランザクションを中心とした処理のことをOLTP（Online Transaction Processing）といいます。日々の業務を行うのには適しているのですが，データを分析するのには向いていません。そこで，OLAP（Online Analytical Processing）という，複雑で分析的な問合せに素早く回答する処理方法が考えられました。

OLAP

OLAPでは，従来のOLTPのデータ，つまり関係データベースなどのデータのスナップショット（ある時点のデータベースの内容）を取り，別のデータベースに移します。そのとき，多次元データとして再構成することで，いろいろな次元（分析軸）での分析を可能にします。この，多次元データの集まりが**データウェアハウス**です。

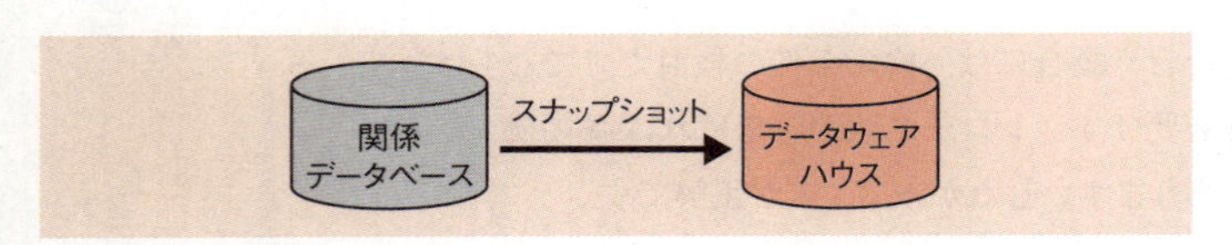

データウェアハウス

抽出したデータは**ファクトテーブル**に格納されます。複数の関係データベースを統合する場合には，**データクレンジング**を行い，データの形式やコード体系を統一します。また，分析軸のデータは**ディメンション（次元）テーブル**に格納されています。E-R図で示すと次のようなイメージです。

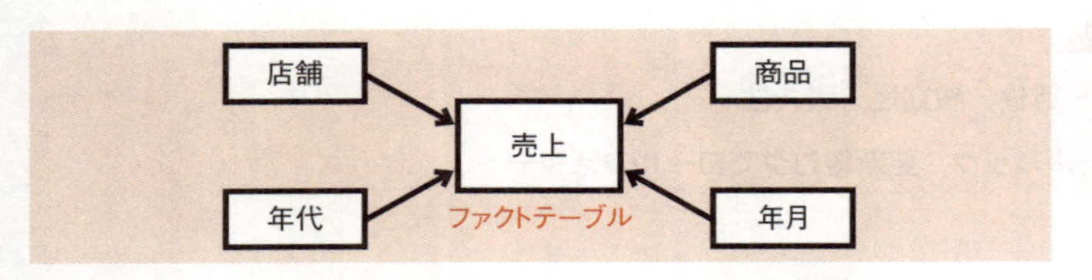

ファクトテーブルとディメンションテーブルの関係

発展

ディメンションテーブルを階層化して，さらに細かく分析できるようにした構造もあります。こちらは，雪の結晶のように見えることから，スノーフレークスキーマと呼ばれます。

図の売上テーブルがファクトテーブルで，その他がディメンションテーブルです。それぞれの分析軸を基にデータの分析を繰り返します。このE-R図の構造は，星形に見えることから**スタースキーマ**と呼ばれます。

データウェアハウスの基本操作を以下に挙げます。

①スライシング

多次元のデータを2次元の表に切り取る操作です。

②ダイシング

データの分析軸を変更し，視点を変える操作です。

③ドリリング

分析の深さを詳細にしたり，また，集計したりして変更する操作です。例えば，年月での分析を年単位にすることを**ドリルアップ**，日単位にすることを**ドリルダウン**といいます。**ロールアップ**，**ロールダウン**ともいいます。

データウェアハウスなどに，統計学，パターン認識，人工知能などのデータ解析手法を適用することで新しい知見を取り出す技術のことを**データマイニング**といいます。

分散データベース

データベース中のデータを複数のデータベースに分散配置したデータベースが，**分散データベース**です。

分散データベースでは，複数のDBMSが並行して稼働します。そのため，一貫性（Consistency）・可用性（Availability）・分断耐性（Partition-tolerance）の三つの特性のうち，同時に保証できるのは最大二つまでで，三つ同時に満たすことができません。この理論を**CAP定理**といいます。

分散データベースは，ユーザにデータの分散を意識させないようにするために**透過的**である必要があります。例えば，物理的に複数の場所に置かれたシステムであっても，全体で一つのシステムとして動く必要があります。そのために必要な仕組みが，**2相コミット**です。

過去問題をチェック

データウェアハウスやデータマイニングについて，応用情報技術者試験では次の出題があります。

【データマイニング】

- 平成26年秋 午前 問29
- 平成29年春 午前 問30
- 平成29年秋 午前 問30

【スタースキーマ】

- 平成28年春 午前 問31
- 令和3年春 午後 問6 設問2

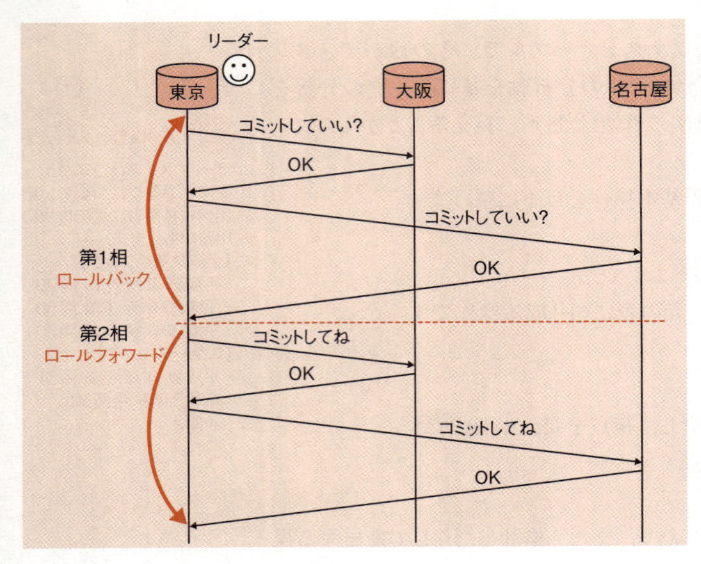

2相コミット

2相コミットでは，コミットを2段階に分けて考えます。ユーザからの要求はリーダー（調停者）が受け，リーダーがほかのすべてのデータベースに「コミットしていい？」と問い合わせます。これが第1相で，この段階で一つでもNGが返ってきたら，全体をロールバックします。

全員からOKが返ってきたら，第2相に移ります。この段階では，「コミットしてね」と，すべてのシステムにコミットを強制します。この段階で失敗した場合は，ログファイルなどを使ってロールフォワードさせるなどして，すべてのシステムをコミットさせます。

リーダー以外のシステムでは，第1相の問合せに返答してから第2相の要求が来るまでの間は，コミットもロールバックもできない状態（セキュア状態）になります。

それでは，次の問題を解いて確認してみましょう。

問題

分散データベースにおいて図のようなコマンドシーケンスがあった。調停者がシーケンスaで発行したコマンドはどれか。こ

こで，コマンドシーケンスの記述にUMLのシーケンス図の記法を用いる。

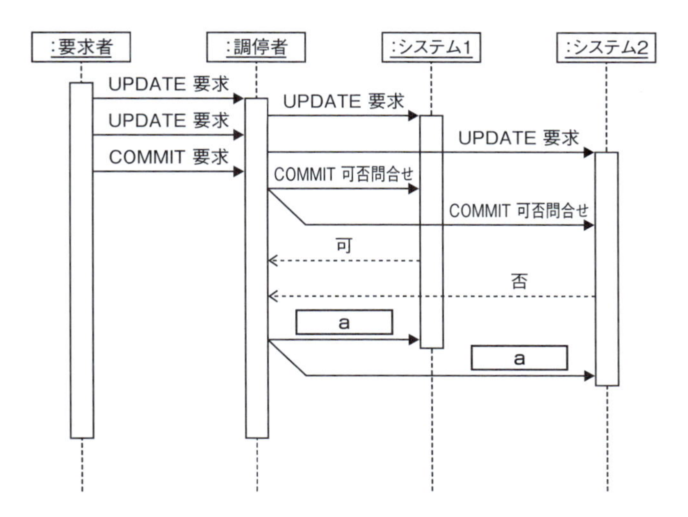

ア COMMITの実行要求
イ ROLLBACKの実行要求
ウ 判定レコードの書出し要求
エ ログ書出しの実行要求

（平成26年春 応用情報技術者試験 午前 問29）

解説

問題の図はUMLのシーケンス図ですが，要求者のUPDATE要求に対して，調停者がすべてのシステムにUPDATE要求を指示しています。その後，2相コミットの第1相でCOMMIT可否問合せが行われ，システム1からは“可”，システム2からは“否”の応答が返ってきています。この状態ではコミットはできないので，すべてのシステムをロールバックさせる必要があります。したがって，「ROLLBACKの実行要求」を出すイが正解です。

≪解答≫イ

ビッグデータ

ビッグデータとは，通常のDBMS（関係データベースなど）で取り扱うことが困難な大きさのデータの集まりのことです。単にデータ量が多いだけでなく，様々な種類があり，非構造化データ（構造化できないデータ）や定型的でないデータなども含まれます。

扱うデータはすべて**データレイク**に保存します。分析などで加工する前のデータをデータレイクに保存しておくことで，様々な視点での分析や利用が可能になります。

ビッグデータを扱うための技術には，**グリッド・コンピューティング**，**データマイニング**，超並列コンピュータなどがあります。

用語
グリッド・コンピューティングとは，インターネットなどの広域ネットワークにある計算資源を結びつけ，一つの複合的なシステムとして使用する仕組みです。

NoSQL

ビッグデータは，通常の関係データベースでSQLを使用する処理に向いていません。そのため，様々な新しいデータベースが考案されており，それらのDBMSを総称して**NoSQL**と呼びます。

NoSQLに分類される主なデータベースには，次のものがあります。

●キーバリュー型（KVS：Key-Value Store）データベース

様々な形式のデータを一つのキーに対応付けて管理するデータベースです。値の型は定義されていないので，様々な型の値を格納することができます。

●ドキュメント型データベース

データ項目の値として，階層構造のデータをドキュメントという単位で管理することができるデータベースです。JSON形式のデータなどが格納されます。

●グラフ指向データベース

グラフ構造をデータベースで実現するデータベースです。具体的には，グラフの一つ一つのデータをノードとして，ノードとノードの関係をリレーションとして定義します。ノードやリレーションは，情報としてプロパティをもつことができます。

それでは，次の問題を考えてみましょう。

問題

ビッグデータの基盤技術として利用されるNoSQLに分類されるデータベースはどれか。

ア　関係データモデルをオブジェクト指向データモデルに拡張し，操作の定義や型の継承関係の定義を可能としたデータベース

イ　経営者の意思決定を支援するために，ある主題に基づくデータを現在の情報とともに過去の情報も蓄積したデータベース

ウ　様々な形式のデータを一つのキーに対応付けて管理するキーバリュー型データベース

エ　データ項目の名称や形式など，データそのものの特性を表すメタ情報を管理するデータベース

（平成30年春 応用情報技術者試験 午前 問30）

解説

NoSQLとは，関係データベース以外のデータベースで，大量のデータを高速に処理する場合などに使用されます。NoSQLに分類されるデータベースの代表的なものに，データをキーという単位で管理するキーバリュー型（KVS：Key-Value Store）データベースがあります。したがって，ウが正解です。

アはオブジェクト指向型データベース，イはデータウェアハウス，エはデータディクショナリの説明です。

≪解答≫ウ

過去問題をチェック

ビッグデータやNoSQLについて，応用情報技術者試験では次の出題があります。最近出題が増えてきています。

【NoSQL】
- 平成30年春 午前 問30
- 令和3年春 午前 問28

【データレイク】
- 平成31年春 午前 問29
- 令和3年春 午前 問31

覚えよう！

- □ 視点を変えるのがダイシング，掘り下げるのがドリリング
- □ 分散データベースは，透過的であることが大事

3-4 ネットワーク

ネットワークはもともと，同じメーカーのコンピュータ同士を専用のケーブルでつないで通信するためのものでした。そのため，かつては様々な規格が存在し，メーカーの異なる機種同士を接続するのが困難でした。インターネットが普及した現在ではネットワークの接続にインターネットの技術を使うことが多く，電気通信事業者が提供するネットワークでも採用されています。

3-4-1 ネットワーク方式

ネットワークの種類には，大きく分けてLAN（Local Area Network）とWAN（Wide Area Network）があります。また，ネットワークの方式には，回線交換とパケット交換があります。

LANとWAN

LANは，**一つの施設内**で用いられるネットワークです。WANは，**広い範囲**を結ぶネットワークです。といっても二つの違いは広さではなく，**管理する人**によって区別されます。ユーザが主体となって運営・管理するのがLAN，**電気通信事業者**が関わる必要があるのがWANです。

回線交換とパケット交換

初期のネットワークは，二つのコンピュータを直接結ぶ専用線によるものでした。接続する端末が増えるにつれ，多くの人が使える仕組みが必要になりましたが，その仕組みは回線交換とパケット交換の2種類に大別されます。

固定電話の回線などで使用されているのが，**回線交換**です。帯域（ネットワーク回線）を使用する端末を交換機で切り替えます。切り替えた帯域は占有できます。

一方，ネットワークを流れるデータを**パケット**という一つのかたまりにして，それに宛先を付けて送ることで回線を共有する方法が**パケット交換**です。インターネットやフレームリレー，ATM（Asynchronous Transfer Mode）などが代表例です。帯域を共有するので，通信速度は状況によって変わります。

勉強のコツ

午前は用語問題や計算問題が中心です。TCP/IP技術を中心に押さえておきましょう。
午後では，TCP/IP技術，LAN技術に関する出題がほとんどなので，それらをしっかり理解しておく必要があります。また，セキュリティ技術との関連が深いので，セキュリティについてもしっかり学習しておきましょう。

間違えやすい

LANはユーザ自身が管理するので，技術や仕組みについての問題がよく出されます。WANは自分では設定できないので，技術よりもサービスの種類や通信量（通信料金）の計算が主な出題ポイントとなっています。

用語

電気通信事業者とは，NTTやKDDIなど，公共の場所にネットワークを構築することを許可された事業者です。

近年は，インターネットの普及によりパケット交換が主流になりました。それに伴い，従来は回線交換で行っていた通信もパケット交換のネットワークで行うことが増えています。その典型例がIP電話（VoIP：Voice over Internet Protocol）で，アナログ電話の音声をパケットにしてインターネットに流します。

回線計算

通信回線は100%の性能を出せるとは限らないので，回線速度以外に**伝送効率**や**実効速度**を考えることが大切です。通信時間とデータ量，速度の関係は以下のようになります。

$$通信時間 = \frac{データ量[バイト] \times 8}{通信速度[ビット/秒] \times 伝送効率}$$

それでは，実際の問題で練習してみましょう。

参考

通常，データ量はバイト単位，通信速度はビット単位で表されることが多いので，ビット／バイト換算（1バイト＝8ビットで変換）を忘れないようにしましょう。

問題

100Mビット／秒のLANに接続されているブロードバンドルータ経由でインターネットを利用している。FTTHの実効速度が90Mビット／秒で，LANの伝送効率が80%のときに，LANに接続されたPCでインターネット上の540Mバイトのファイルをダウンロードするのに掛かる時間は，およそ何秒か。ここで，制御情報やブロードバンドルータの遅延時間などは考えず，また，インターネットは十分に高速であるものとする。

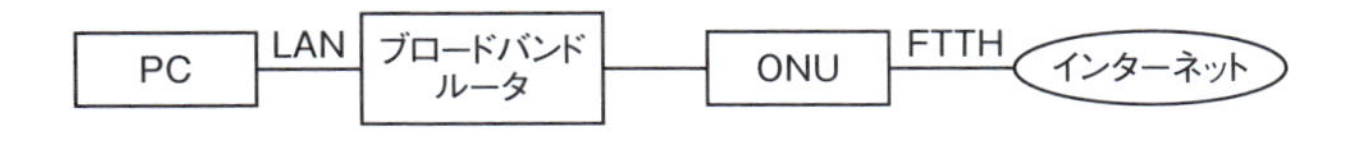

ア 43　　イ 48　　ウ 54　　エ 60

（平成28年春 応用情報技術者試験 午前 問32）

過去問題をチェック

ネットワークの計算問題は，地味ですが応用情報技術者試験の定番です。

【回線のビット誤り率】
- 平成21年秋 午前 問35
- 平成25年秋 午前 問33
- 平成30年春 午前 問33

【フレーム転送時間】
- 平成23年特別 午前 問35
- 平成27年春 午前 問32
- 平成27年秋 午前 問31
- 平成29年秋 午前 問32
- 平成30年春 午前 問31
- 平成30年秋 午前 問31
- 令和2年10月 午前 問32

【LANの利用率】
- 平成23年秋 午前 問34

解説

PCからブロードバンドルータまでのLANでは，100Mビット／秒の通信速度で，伝送効率80%で通信するので，次のようになります。

$$通信時間 = \frac{540\ [Mバイト] \times 8}{100\ [Mビット/秒] \times 0.8} = 54\ [秒]$$

また，FTTHでは実効速度が90Mビット／秒なので，以下のようになります。

$$通信時間 = \frac{540\ [Mバイト] \times 8}{90\ [Mビット/秒]} = 48\ [秒]$$

通信速度を考える場合，全体でデータをやり取りするので，速度が最も低いところに合わせます。この場合はLANの方が遅いので54秒となり，ウが正解となります。

≪解答≫ウ

関連
ネットワークの計算問題では，単純な計算以外に，待ち行列モデルを考慮した計算も出てきます。また，PCMの変換に関する計算はネットワーク分野でも出題されます。
「1-1-2　応用数学」や「1-1-4　通信に関する理論」で確認しておきましょう。

▶▶▶ 覚えよう！

- □ LANは施設内で自分で設置。WANは電気通信事業者が用意
- □ 通信速度［ビット／秒］とデータ量［バイト］は×8が必要

3-4-2 データ通信と制御

頻出度 ★☆☆

データ通信を理解する上でポイントとなるのは，通信プロトコルと階層化の考え方です。データ通信を行う際は，機器の間でデータをやり取りする方法を約束事として決めておく必要があります。それが通信プロトコルです。

また，一つの通信プロトコルに役割を詰め込みすぎると，処理が変わったときに変更するのが大変なので，プロトコルを階層化させて役割を分けておきます。

発展
通信プロトコルは，実際にはコンピュータのプログラムとして実装されます。階層化は，機能を分割して独立させるという，プログラムを開発するときのモジュール分割と同じ考え方です。

関連
通信プロトコルについては，「3-4-3　通信プロトコル」で詳しく解説します。

OSI基本参照モデル

ネットワーク階層化の考え方として最も有名なものが，OSI（Open Systems Interconnection）基本参照モデルです。コンピュータのもつべき通信機能を，次の七つの階層に分けて定義しています。

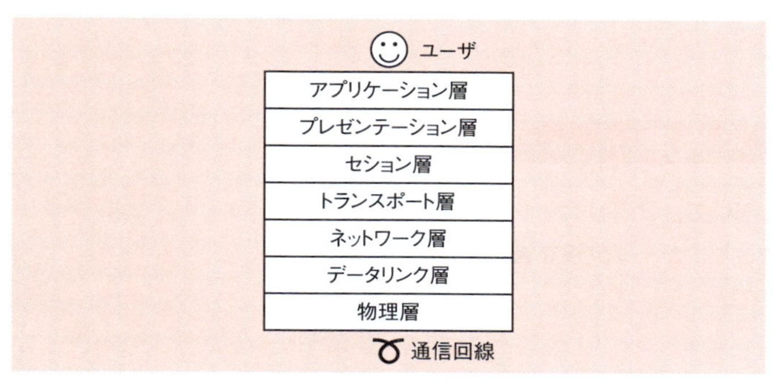

OSI基本参照モデル

発展
通信が行われるとき，OSI基本参照モデルでの上位層だけがつながることはありません。逆に，下位層だけつながることはあります。そのため，ネットワークのトラブルシューティングでは，下位層から順に接続を確認していき，どの層で障害が発生しているかを特定します。

ユーザが作成したデータは，通信に使用するアプリケーションに送られます。それがアプリケーション層です。その後，順にプレゼンテーション層，セション層……と送られ，最終的に物理層に到達し，電気信号として通信回線に流します。

それぞれの層の機能や役割は，以下のとおりです。

第7層　アプリケーション層

通信に使う**アプリケーション**（サービス）そのものです。

第6層　プレゼンテーション層

データの**表現**方法を変換します。例えば，画像ファイルをテキスト形式に変換したり，データを圧縮したりします。

第5層　セション層

通信するプログラム間で**会話**を行います。セションの開始や終了を管理したり，同期をとったりします。

第4層　トランスポート層

コンピュータ内でどの通信プログラム（サービス）と通信するのかを管理します。また，通信の**信頼**性を確保します。

第3層　ネットワーク層

ネットワーク上でデータが**始点から終点まで**配送されるように管理します。ルーティングを行い，データを転送します。

第2層　データリンク層

ネットワーク上でデータが**隣の通信機器まで**配送されるように管理します。通信機器間で信号の受渡しを行います。

第1層　物理層

物理的な接続を管理します。電気信号の変換を行います。

それでは，次の問題で確認してみましょう。

問題

OSI基本参照モデルにおいて，アプリケーションプロセス間での会話を構成し，同期をとり，データ交換を管理するために必要な手段を提供する層はどれか。

ア　アプリケーション層　　イ　セション層
ウ　トランスポート層　　エ　プレゼンテーション層

（平成22年春 応用情報技術者試験 午前 問36）

解説

アプリケーションプロセス間での「会話」を構成するのはセション層です。したがって，イが正解です。

トランスポート層では「信頼」，プレゼンテーション層では「表現」がポイントとなります。

≪解答≫イ

LAN間接続装置

OSI基本参照モデルでは階層ごとに機能や役割が違うので，ネットワークに接続するときに必要となる装置も異なります。それぞれの階層で必要な機器は以下のとおりです。

①リピータ（第1層　物理層）

電気信号を増幅して整形する装置です。リピータの機能で複数の回線に中継する**リピータハブ**が一般的です。すべてのパケットを中継するので，接続数が多くなってくるとパケットの衝突が発生し，ネットワークが遅くなります。

リピータ

②ブリッジ（第2層　データリンク層）

データリンク層の情報（MACアドレス）に基づき，通信を中継するかどうかを決める装置です。ブリッジの機能で複数の回線に中継するスイッチングハブ（レイヤ2スイッチ）が一般的です。リピータに加えて，**アドレス学習機能**と**フィルタリング機能**を備えています。送信元のMACアドレスを**アドレステーブル**に学習し，宛先のMACアドレスがアドレステーブルにある場合に，そのポートのみにデータを送信します。

発展
スイッチングハブは，アドレス学習を行ってアドレステーブルに記憶するため，ハブ内にCPUとメモリを備えて演算します。そのため，リピータハブよりも壊れやすいという特徴があり，スイッチングハブは冗長化することが推奨されます。

3

③ルータ（第3層　ネットワーク層）

ネットワーク層の情報（IPアドレス）に基づき，通信の中継先を決める装置です。ルーティングテーブルによって中継先を決める動作を**ルーティング**といいます。スイッチングハブの機能にルーティングの機能を加えたレイヤ3スイッチもあります。

④ゲートウェイ（第4～7層　トランスポート層以上）

トランスポート層以上でデータを中継する必要がある場合に用います。例えば，PCの代理でインターネットにパケットを中継する**プロキシサーバ**や，電話の音声をディジタルデータに変換して送出する**VoIPゲートウェイ**などは，ゲートウェイの一種です。

それでは，次の問題を解いてみましょう。

問題

スイッチングハブ（レイヤ2スイッチ）の機能として，適切なものはどれか。

ア　IPアドレスを解析することによって，データを中継するか破棄するかを判断する。

イ　MACアドレスを解析することによって，必要なLANポートにデータを流す。

ウ　OSI基本参照モデルの物理層において，ネットワークを延長する。

エ　互いに直接，通信ができないトランスポート層以上の二つの

過去問題をチェック
LAN間接続装置に関する問題は，応用情報技術者試験のネットワーク分野における定番です。
【ルータの機能】
・平成22年春 午前 問37
・平成23年秋 午前 問35
・平成28年秋 午前 問31
【スイッチングハブ】
・平成23年特別 午前 問36
・平成26年春 午前 問31
・平成30年秋 午前 問32
・令和2年10月 午前 問33
【ブリッジ】
・平成24年春 午前 問32

異なるプロトコルの翻訳作業を行い，通信ができるようにする。

（令和2年10月 応用情報技術者試験 午前 問33）

解説

スイッチングハブ（レイヤ2スイッチ）は，その名のとおり，レイヤ2，つまりOSI基本参照モデルの下から2番目のデータリンク層でパケットの転送を制御します。データリンク層のアドレスはMACアドレスで，スイッチングハブはMACアドレスに基づいて必要なLANポートにデータを中継するので，イが正解です。

ア　ルータ（レイヤ3スイッチ）の機能です。

ウ　リピータ（リピータハブ，レイヤ1スイッチ）の機能です。

エ　ゲートウェイの機能です。

≪解答≫イ

LANの方式

複数台のコンピュータでネットワークを共有するときは，競合しないように通信を管理することが重要です。そこで，トークンという送信権を設定し，トークンをもったもののみが通信できる**トークンリング**や，それを光ファイバで二重化した**FDDI**（Fiber-Distributed Data Interface）という方式が考えられました。

しかし，送信権の管理は複雑なので機器が高価になります。そこで，LANの標準規格である**イーサネット**ではもっと単純に，衝突したらそれを検出して再送するという仕組みが考えられました。これが，**CSMA/CD**（Carrier Sense Multiple Access with Collision Detection）方式です。CSMA/CD方式では次の手順で通信を管理します。

1. Carrier Sense ……………誰も使っていなければ使用可
2. Multiple Access …………全員向けに送る
3. Collision Detection ……衝突が起こったら検出

衝突を検出したら，**ランダムな時間待機**をしてから再送を試みます。

過去問題をチェック
CSMA/CD方式について，応用情報技術者試験では次の出題があります。
【CSMA/CD方式】
・平成24年秋 午前 問30
・平成25年春 午前 問32
・平成27年春 午前 問33
・平成28年春 午前 問33
・平成29年春 午前 問31
・平成29年秋 午前 問33
・令和元年秋 午前 問32

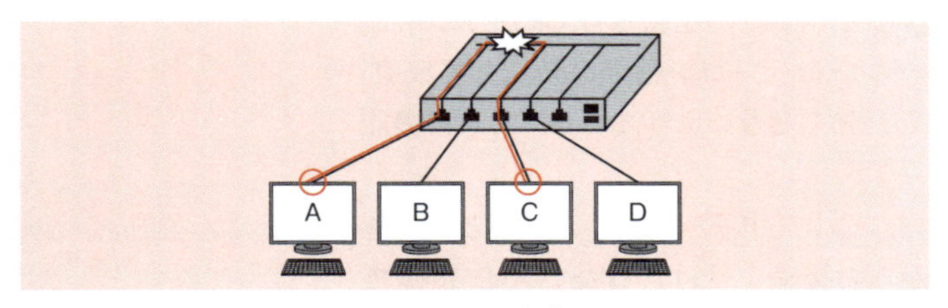

CSMA/CD方式

無線LAN

無線LANは有線LANと違って電波を使用するので，衝突は検出できません。そのため，衝突を避けるための仕組み**CSMA/CA**（Carrier Sense Multiple Access with Collision **Avoidance**）方式が用いられます。CSMA/CA方式では，衝突を回避するために，送信の前に毎回待ち時間を挿入します。

無線LANにはいくつか規格があります。代表的なものを次表に示します。

無線LANの規格

規格	周波数帯	公称速度
IEEE 802.11a	5GHz帯	54Mビット／秒
IEEE 802.11b	2.4GHz帯	11Mビット／秒
IEEE 802.11g	2.4GHz帯	54Mビット／秒
IEEE 802.11n	2.4GHz／5GHz帯	600Mビット／秒
IEEE 802.11ac	5GHz帯	1.3Gビット／秒
IEEE 802.11ah	920MHz帯	4Mビット／秒

IEEE 802.11nやIEEE 802.11acでは，複数のアンテナで送受信を行う**MIMO**（Multiple Input Multiple Output）という技術と，複数の周波数帯を結合する**チャネルボンディング**という技術を使用することで高速化を実現しています。IEEE 802.11ahはIoTデバイス向けの規格で，省電力で低速の通信を実現できます。

無線LANの代表的な機能には以下のものがあります。

①SSID（Service Set Identifier）

無線LANでネットワークを識別するIDです。複数のアクセスポイントに同じSSIDを設定することができるので，**ローミング**

発展

無線LANでは，電波の届かない端末同士が同時にデータを送出してフレームが衝突する**隠れ端末問題**や，逆に他の端末の送信を確認しすぎてデータを送れなくなる**さらし端末問題**があります。

過去問題をチェック

有線LAN，無線LANやLAN間接続装置について，応用情報技術者試験の午後では次のような出題があります。ネットワークには流行があり，同じ分野から連続して出題されることもあるので，直近の過去問題を押さえておくとよいでしょう。

【無線LAN】
- 平成22年春 午後 問5
- 平成22年秋 午後 問5

【スイッチ】
- 平成28年春 午後 問5
- 平成29年春 午後 問5

【SSID】
- 平成29年秋 午前 問31

(アクセスポイントが変わっても接続が維持されること)が可能です。通常，アクセスポイントはビーコン信号を発信してSSIDを周囲に知らせるのですが，知らせないようにする**ステルス**機能があります。

また，どのアクセスポイントにも接続できる「ANY」という特殊なSSIDがあり，ここからの接続を受け付けない**ANY接続拒否**の設定も可能です。

②暗号化

無線LANの暗号化の規格としては，**WEP**（Wired Equivalent Privacy）があります。しかし，アルゴリズムに脆弱性があるため，より強度な**WPA**（Wi-Fi Protected Access）が規定されています。現在の最新バージョンはWPA3で，**WPA2**か**WPA3**の使用が推奨されます。

③認証

無線LANでは，通信相手を認証し，制限を行います。最も単純なものに**MACアドレス認証**があり，MACアドレスを基にアクセスを制御します。また，認証規格である**IEEE 802.1X**を使い，複数の認証方式の中から選択して認証を行うことも多くあります。

IEEE 802.1Xは，有線LAN，無線LANの両方で使う認証規格です。IEEE 802.1Xでは，認証のために認証サーバを別途用意します。無線アクセスポイントなどの機器と認証サーバの間では，**RADIUS**（Remote Authentication Dial In User Service）というプロトコルを使って認証データをやり取りします。

スイッチの機能

スイッチ（レイヤ2スイッチ，レイヤ3スイッチ）には，有線／無線にかかわらず次のような機能をもっているものがあり，信頼性やセキュリティを向上させています。

①スパニングツリー

ネットワークの**冗長性**を確保するためのプロトコルです。スイッチをループ状に接続すると，パケットが永遠に巡回し続けるという問題があります。それを避けるために，優先するスイッチとそうでないスイッチを決め，論理的に接続を切断してループを止めます。

②VLAN（Virtual LAN：仮想LAN）

一つのスイッチに接続されているPCを，論理的に複数のネットワークに分ける仕組みです。部署ごとに接続するVLANを分ける，または，ウイルス対策は専用のVLAN（**検疫VLAN**）に隔離して行うなどの使い方があります。

VLANには，スイッチのポートごとにVLANを割り当てるポートベースVLANと，フレームにタグを付けることで同じポートで複数のVLANを利用することができる**タグVLAN**があります。タグVLANの規格にIEEE 802.1Qがあり，フレームにVLAN IDを付けて，接続するネットワークを制御します。

> 用語
> パケットの呼び方のうち，データリンク層のヘッダまで付いたパケット全体を**フレーム**と呼びます。ヘッダがネットワーク層までの場合はIPデータグラム，トランスポート層までの場合はセグメントです。

③認証スイッチ

スイッチのポート一つ一つで認証を行い，アクセス制御を行うスイッチです。よく用いられる規格は，**IEEE 802.1X**です。

LANの速度

LANは高速化し続けています。LANの種類を通信速度別に分けると次のようになります。

①10メガビット・イーサネット

転送速度が10Mビット／秒であるイーサネットです。同軸ケーブルの10BASE2や10BASE5と，**カテゴリ3**以上のUTP（Unshielded Twisted Pair）ケーブルを使用する**10BASE-T**があります。

> 用語
> **カテゴリ**とは，ツイストペアケーブルの規格です。主な利用目的は以下のとおりです。
> カテゴリ1：電話線
> カテゴリ2：ISDN
> カテゴリ3：10BASE-T
> カテゴリ4：トークンリング
> カテゴリ5：100BASE-TX
> エンハンストカテゴリ5（カテゴリ5e）：1000BASE-T
> カテゴリ6：10GBASE-T

②100メガビット・イーサネット

転送速度が100Mビット／秒のイーサネットです。**カテゴリ5**以上のUTPケーブルを使用する**100BASE-TX**があります。

③ギガビット・イーサネット

転送速度が1Gビット／秒のイーサネットです。**カテゴリ5e**以上のUTPケーブルを使用する1000BASE-Tや，光ファイバケーブルを使用する1000BASE-SX，LXなどがあります。

④10ギガビット・イーサネット

転送速度が10Gビット／秒のイーサネットです。**カテゴリ6**以上のUTPケーブルを使用する**10GBASE-T**や，光ファイバケーブルを使用する1000BASE-SR，LRなどがあります。

様々なネットワーク

ネットワークはイーサネットだけでなく，様々な機器や媒体を使ったものがあります。

①センサネットワーク

複数のセンサ付きの無線端末が，互いに協調して環境や物理的状況のデータを採取する無線ネットワークです。

②PLC（Power Line Communication：電力線通信）

電力線を通信回線として利用する技術です。機器を既存のコンセントに差すだけでネットワークを構築できます。

覚えよう！

- □ プレゼンテーション層は表現，セッション層は会話，トランスポート層は信頼
- □ 無線LANはWEP，WPAで暗号化，IEEE 802.1Xで認証

3-4-3 通信プロトコル

頻出度 ★★☆

OSI基本参照モデルは7階層から成りますが，これは理論上のモデルです。実際の通信は，以降で説明するTCP/IPプロトコルスイートのように，4階層に分けて行われています。

TCP/IPプロトコルスイート

インターネットや多くの商用ネットワークで使われるプロトコルをまとめたインターネットプロトコルスイートです。最初に定義された最も重要な二つのプロトコルであるTCP（Transmission Control Protocol）とIP（Internet Protocol）にちなんで，**TCP/IPプロトコルスイート**と呼ばれます。次の4階層にまとめられますが，OSI基本参照モデルの7階層と切り口は同じです。

発展

実際のコンピュータでは，通常，トランスポート層とインターネット層は，TCP/IPプロトコルとしてOSに内蔵されています。そして，アプリケーション層のプログラムをサービスとしてインストールします。ネットワークインタフェース層に該当するのは，ドライバなどの，ハードウェアとのインタフェースです。

TCP/IPプロトコル	OSI基本参照モデル
アプリケーション層	アプリケーション層
	プレゼンテーション層
	セション層
トランスポート層	トランスポート層
インターネット層	ネットワーク層
ネットワークインタフェース層	データリンク層
	物理層

TCP/IPプロトコルとOSI基本参照モデル

ネットワークを流れるフレームの様子

ネットワークを流れるフレームでは，データ部分がアプリケーション層で生成されます。その後，トランスポート層（TCPなど）のヘッダを付加し，さらにネットワーク層（IPなど）のヘッダを加えます。最後に，ネットワークインタフェース層（イーサネットなど）でヘッダやトレーラ（FCS：フレームチェックシーケンス）を付加して完成です。そのため，ネットワーク上を流れるフレームは，次図のような構成になります。

イーサネットヘッダ	IPヘッダ	TCPヘッダ	アプリケーションデータ	FCS

フレーム

ネットワークインタフェース層のプロトコル

ネットワークインタフェース層（物理層，データリンク層）の代表的な規格に，WANで使用される**PPP**（Point-to-Point Protocol）や**ATM**（Asynchronous Transfer Mode），主にLANで使用される**イーサネット**があります。

PPPは，2点間を接続してデータ通信を行うためのプロトコルで，ダイヤルアップネットワークで使用されてきました。通信相手の認証や，IPアドレスの取得などを行います。

ATMは，53バイトの固定長のデータであるセルを単位としてデータを送る通信プロトコルで，通信会社のバックボーン回線でよく用いられています。

イーサネットは，プロトコルとして**CSMA/CD**方式を用い，

勉強のコツ

パケットを理解し，パケットの動きがイメージできるようになると，難易度の高い問題にも対応できます。ヘッダの中のアドレス（MACアドレス，IPアドレス，ポート番号）やその変化に意識を向けて行きましょう。

用語

ADSLやFTTHで利用されるPPPは，イーサネット上でパケットを送る必要があります。そこで，**PPPoE**（PPP over Ethernet）という，イーサネットの上でPPPを使用するプロトコルを使用しています。

近年では，PPPoEに代わって，IPv6接続でのFTTHの通信を高速化するための規格である**IPoE**（Internet Protocol over Ethernet）も使われています。

発展

自分のPCのMACアドレスは，Windowsの場合はコマンドプロンプトで，

> ipconfig /all

と入力すると見ることができます。MACアドレスは物理アドレスともいわれます。MACアドレスは，一つのネットワークインタフェースにつき一つ割り当てられるので，無線LANと有線LANの両方に接続する場合は，1台の装置に二つのMACアドレスが割り当てられます。

MACアドレス（Media Access Control address）によって通信相手を決定します。**MACアドレス**は，各通信機器に固定で設定されているハードウェアアドレスで，同じネットワーク内で通信相手を識別するために使用されます。

MACアドレスに関するプロトコルには，次のものがあります。

①ARP（Address Resolution Protocol）

IPアドレスからMACアドレスを得るためのプロトコルです。通常，ネットワーク上で通信を開始するときには，IPアドレスは知っていてもMACアドレスは分かりません。そこで，「このIPアドレスに該当する人は，MACアドレスを教えてください」というARP要求パケットを**ブロードキャスト**（全員向けのパケット）で送出します。IPアドレスが該当する場合は，ARP応答パケットを**ユニキャスト**（相手だけに向けたパケット）で送出します。

②RARP（Reverse Address Resolution Protocol）

MACアドレスから**IPアドレス**を得るためのプロトコルです。ハードディスクがなく，自分のIPアドレスを保持しておけないPCなどが利用します。

それでは，問題を解いて確認していきましょう。

過去問題をチェック

インターネットのプロトコルについては，応用情報技術者試験で全般的に出題されています。

【RARP（ネットワークインタフェース層）】
- 平成25年春 午前 問33
- 平成30年春 午前 問34

【UDP（トランスポート層）】
- 平成21年秋 午前 問36
- 平成23年秋 午前 問37
- 平成25年秋 午前 問35
- 平成26年秋 午前 問33

【IP（ネットワーク層）】
- 平成27年春 午前 問35
- 平成28年春 午前 問35
- 平成28年秋 午前 問34
- 平成30年春 午前 問35
- 平成30年秋 午前 問34
- 令和3年春 午前 問34

【ARP（ネットワークインタフェース層）】
- 平成23年特別 午前 問37
- 平成24年春 午前 問33
- 平成28年秋 午前 問32
- 平成29年秋 午前 問34
- 令和元年秋 午前 問33

問題

TCP/IPに関連するプロトコルであるRARPの説明として，適切なものはどれか。

ア　IPアドレスを基にMACアドレスを問い合わせるプロトコル

イ　IPプロトコルのエラー通知及び情報通知のために使用されるプロトコル

ウ　MACアドレスを基にIPアドレスを問い合わせるプロトコル

エ　ルーティング情報を交換しながら，ルーティングテーブルを動的に作成するプロトコル

（平成22年秋 応用情報技術者試験 午前 問36）

解説

RARPは，MACアドレスを基にIPアドレスを問い合わせるプロトコルです。したがって，ウが正解です。

アはARP，イはICMP，エはダイナミックルーティングのプロトコル（RIP，OSPFなど）の説明です。

≪解答≫ウ

インターネット層のプロトコル

インターネット層のプロトコルの中心は，IP（Internet Protocol）です。**IPアドレス**によって，世界中のインターネットに接続されている機器の中から相手を見つけ，パケットを送ります。また，エラー通知や情報通知を行うICMP（Internet Control Message Protocol）がIPをサポートします。

ICMPを使う仕組みとして代表的なプロトコルに**ping**があります。特定のIPアドレスに向けてpingを実行することで，相手のホストが動いているかどうかを確認します。

IPアドレスは，ネットワークアドレス＋ホストアドレスで構成されます。IPv4（IP version 4）アドレスの場合は合計で32ビットです。同じネットワークであれば同じネットワークアドレスが割り当てられ，そのネットワーク内で一意のホストアドレスが割り当てられます。

ネットワークアドレスの長さはクラスを基準に定められます。クラスは，次の表のようにIPアドレスの範囲から設定されます。

クラスとIPアドレス

クラス	IPアドレスの範囲	ネットワークアドレス	ホストアドレス
クラスA	0.0.0.0～127.255.255.255	8ビット	24ビット
クラスB	128.0.0.0～191.255.255.255	16ビット	16ビット
クラスC	192.0.0.0～223.255.255.255	24ビット	8ビット
クラスD	224.0.0.0～239.255.255.255	IPマルチキャスト用	

アドレスクラスは，2進数に換算したときの先頭ビットで区別することもできます。例えば，IPアドレスの最初の区切り（0～255）を8桁の2進数にしたとき，0で始まればクラスA，10で始まればクラスB，110で始まればクラスC，1110で始まればクラスDであることが分かります。

ただ，近年では，クラスを固定してネットワークアドレスを割り当てるとIPアドレスが足りなくなるため，クラスに依存せずにネットワークアドレスを割り当てるCIDR（サイダー）（Classless Inter-Domain Routing）という技術が用いられるようになってきました。IPアドレスをCIDRで表記する場合は，ネットワークアドレスが占める範囲のビット数を"/"（スラッシュ）の後に付記します。例えば，200.200.200.1/28なら，先頭から28ビットがネットワークアドレス，残りの4ビットがホストアドレスであることを示します。

また，これと同じことを**サブネットマスク**を用いて表現することもあります。サブネットマスクは，ネットワークアドレスの部分を1，ホストアドレスの部分を0で示したアドレス表記なので，CIDRでの/28は255.255.255.240となります。以下の図で確認してください。

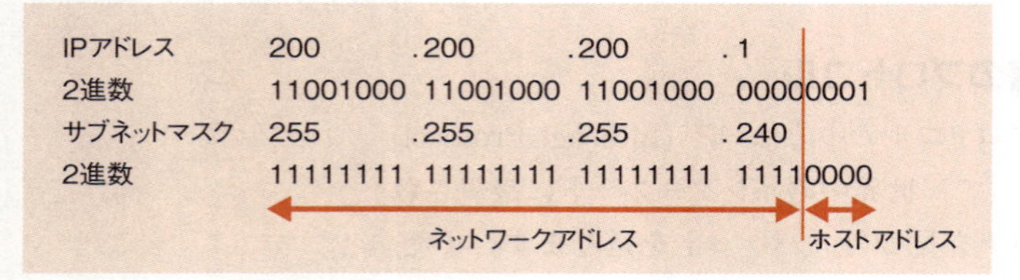

サブネットマスク

なお，ホストアドレスの**すべてのビットが0**のIPアドレス（**ネットワークアドレス**）と，**すべてのビットが1**のIPアドレス（**ブロードキャストアドレス**）は，普通のIPアドレスとしては使用できません。

それでは，次の問題でIPアドレスについて確認しましょう。

問題

IPネットワークにおいて，二つのLANセグメントを，ルータを経由して接続する。ルータの各ポート及び各端末のIPアドレスを図のとおりに設定し，サブネットマスクを全ネットワーク共通で255.255.255.128とする。

ルータの各ポートのアドレス設定は正しいとした場合，IPアドレスの設定を正しく行っている端末の組合せはどれか。

参考

IPアドレスが172.16.0.130でサブネットマスクが255.255.255.128のとき，最後の1バイトのアドレスを2進数にすると以下のようになります。

IP	130	10000010
マスク	128	10000000
── AND演算 ──		
NW	128	10000000

このように，IPアドレス（上図「IP」）とサブネットマスク（同「マスク」）をAND演算すると，ネットワークアドレス（同「NW」）が求められます。

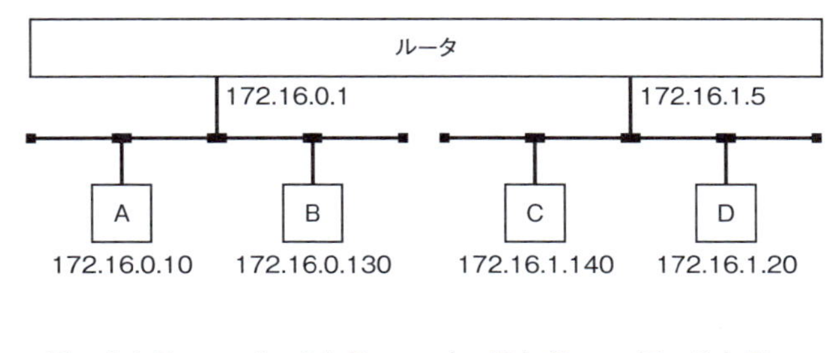

ア　AとB　　イ　AとD　　ウ　BとC　　エ　CとD

（平成21年春 応用情報技術者試験 午前 問36）

解説

ルータの各ポートの設定は正しいので，ルータの左ポートのIPアドレス172.16.0.1と同じネットワークに端末AとBは所属するはずです。サブネットマスクが255.255.255.128なので，最後の$(128)_{10}$ $=(10000000)_2$により，先頭から25ビット目までがネットワークアドレスです。ルータと端末A,Bのネットワークアドレスを求めると，以下のようになります。

ルータ左	172.16.0.1/25	→	172.16.0.0	
端末A	172.16.0.10/25	→	172.16.0.0	○
端末B	172.16.0.130/25	→	172.16.0.128	×

同様に，ルータの右ポートは172.16.1.5なので，端末C，Dのネットワークアドレスを求めます。

ルータ右	172.16.1.5/25	→	172.16.1.0	
端末C	172.16.1.140/25	→	172.16.1.128	×
端末D	172.16.1.20/25	→	172.16.1.0	○

したがって，設定が正しいのは端末AとDです。

≪解答≫イ

関連

基数変換の方法については「1-1-1　離散数学」で解説していますので，分からない場合はそちらを参照して考えてみてください。

トランスポート層のプロトコル

トランスポート層の主なプロトコルは，**TCP**（Transmission Control Protocol）と**UDP**（User Datagram Protocol）の二つです。どちらも**ポート番号**を使って，同じIPアドレスのコンピュータ内で**サービス**（プログラム）を区別します。

用語

TCPでは，信頼性を確保するために，3段階でコネクションを確立します。最初に，クライアントから**SYN**（コネクション確立要求）を送り，その返答に，サーバから**SYN＋ACK**（コネクション確立応答）を返します。さらにクライアントが**ACK**を返して，コネクションが確立されます。これを**3ウェイ・ハンドシェイク方式**と呼びます。

TCPでは，**信頼性**を確保するために，必ず**1対1**で通信し，3段階で**コネクションを確立**します。また，シーケンス（処理の流れ）をチェックして，パケットの再送管理やフロー制御などを行います。機能が多い分，速度が下がるので，信頼性よりリアルタイム性が要求される場合にはUDPを使います。

アプリケーション層のプロトコル

アプリケーション層は通信を行うアプリケーションなので，通信の用途によっていろいろなプロトコルが用意されています。以下に代表的なものを挙げます。

①HTTP（HyperText Transfer Protocol）

Webブラウザと Webサーバとの間で，HTML（HyperText Markup Language）などの**コンテンツの送受信**を行うプロトコルです。HTTP/1.1では，一つのTCPコネクションに対して一つの通信しか行えませんでしたが，HTTP/2では，複数の通信を並行して行うことができるようになりました。

②SMTP（Simple Mail Transfer Protocol）

インターネットで**メールを転送**するプロトコルです。

③POP（Post Office Protocol）

ユーザがメールサーバから自分のメールを取り出すときに使います。メールを**クライアントにダウンロード**します。

④IMAP（Internet Message Access Protocol）

メールサーバ上のメールにアクセスして操作するためのプロトコルです。**メールをサーバ上に保存**したまま管理します。

⑤DNS（Domain Name System）

インターネット上の**ホスト名・ドメイン名**と**IPアドレス**を対応付けて管理します。分散データベースシステムで，ルートサーバから階層的にデータを管理しています。ゾーン情報（元となるDNSレコード）をもつ**プライマリサーバ**と，その完全なコピーとなる**セカンダリサーバ**との間で**ゾーン転送**を行い，データの同期を実行します。

発展

HTTPプロトコルはインターネット通信の基本ですが，パケットの通信量が多くなります。
通信を軽量化するため，HTTPに似たプロトコルがいくつか存在します。代表的なものに，産業用のアプリケーションで用いられるMQTT（Message Queuing Telemetry Transport）や，IoTネットワークで用いられるCoAP（Constrained Application Protocol）などがあります。

⑥FTP（File Transfer Protocol）

ネットワーク上で**ファイルの転送**を行うプロトコルです。

⑦DHCP（Dynamic Host Configuration Protocol）

コンピュータがネットワークに接続するときに必要な**IPアドレス**などの情報を**自動的に割り当てる**プロトコルです。割り当てられるコンピュータが，探索パケットをブロードキャストし，それを受け取ったDHCPサーバがIPアドレスを提供することでIPアドレスを取得します。

用語

DHCPでは，IPアドレスだけでなく，サブネットマスクやデフォルトゲートウェイ，DNSサーバについても設定を行います。
デフォルトゲートウェイは，外部に接続する場合に最初にデータを転送するルータのことです。

⑧NTP（Network Time Protocol）

ネットワーク上の機器を**正しい時刻に同期**させるためのプロトコルです。

IPアドレスとMACアドレス

IPアドレスとMACアドレスはそれぞれ，OSI基本参照モデルのネットワーク層とデータリンク層のアドレスです。そのため，IPアドレスは**エンドツーエンド**，つまり通信の最初から最後までを管理するので，送信元IPアドレスと宛先IPアドレスは，基本的には変わりません。

一方，MACアドレスは，**リンクバイリンク**，つまり，一つのリンク（ネットワーク）ごとに宛先が変わります。端末から最初のルータまで，ルータから次のルータまで，最後のルータからサーバまで，というように，送信元MACアドレスと宛先MACアドレスの値は毎回変わります。

次の問題で，アドレスの動きを確認してみましょう。

問題

図のようなIPネットワークのLAN環境で，ホストAからホストBにパケットを送信する。LAN1において，パケット内のイーサネットフレームの宛先とIPデータグラムの宛先の組合せとして，適切なものはどれか。ここで，図中のMAC*n*/IP*m*はホスト又はルータがもつインタフェースのMACアドレスとIPアドレスを示す。

過去問題をチェック

IPアドレス，MACアドレスなど，アドレスに関する問題は応用情報技術者試験の定番です。

【IPアドレス,MACアドレス】
- 平成21年春 午前 問36
- 平成22年春 午前 問38
- 平成22年秋 午前 問34，問35
- 平成25年秋 午前 問36
- 平成26年秋 午前 問31

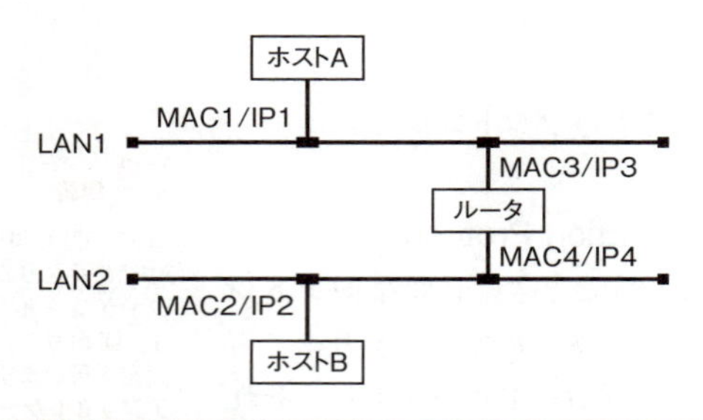

	イーサネットフレームの宛先	IPデータグラムの宛先
ア	MAC2	IP2
イ	MAC2	IP3
ウ	MAC3	IP2
エ	MAC3	IP3

（平成31年春 応用情報技術者試験 午前 問33）

解説

ホストAからホストBにパケットを送るとき，イーサネットフレームのMACアドレスは，リンクバイリンクで付け変わります。つまり，LAN1の場合は，ホストAからルータまでなので，送信元MACアドレスがMAC1，宛先MACアドレスが**MAC3**になります。

一方，IPデータグラムのIPアドレスは，エンドツーエンドで同じです。つまり，LAN1でもLAN2でも，送信元IPアドレスはホストAのIP1，宛先IPアドレスはホストBの**IP2**です。したがって，組合せはウが正解です。

≪解答≫ウ

アドレス変換

IPアドレスは，基本的にはエンドツーエンドで変わらないものですが，近年はIPv4アドレスの枯渇問題により，IPアドレスを節約するためにアドレスを変換することが一般的になりました。具体的には，社内LANなど，内部でしか使用できないアドレスとしては**プライベートIPアドレス**を使用し，外部と接続するときには**グローバルIPアドレス**を使用します。プライベートIPアドレスの範囲は，以下のように決まっています。

用語
アドレス変換のほかに，外部へのアクセスを1台の**プロキシサーバ**で代行する方法があります。クライアントの代理で外部に接続する通常のプロキシサーバのほかに，サーバへのアクセスを代行して受け付ける**リバースプロキシサーバ**があります。

クラスA　10.0.0.0 ～ 10.255.255.255
クラスB　172.16.0.0 ～ 172.31.255.255
クラスC　192.168.0.0 ～ 192.168.255.255

また，プライベートアドレスをグローバルアドレスに変換するために，次のような仕組みを利用します。

①NAT（Network Address Translation）

プライベートIPアドレスをグローバルIPアドレスに**1対1**で対応させます。あらかじめ決められたIPアドレス同士を対応させる**静的NAT**のほかに，接続ごとに動的に対応させる**動的NAT**も可能です。同時接続できるのは，IPアドレスの数分の端末のみです。

②NAPT（Network Address Port Translation）

IPアドレスだけでなく**ポート番号**も合わせて変換する方法です。一つのIPアドレスに対して異なるポート番号を用いることで，**1対多**の通信が可能になります。IPマスカレードと呼ばれることもあります。

それでは，次の問題で確認してみましょう。

問題

インターネット接続におけるNAPTの説明として，適切なものはどれか。

ア　IPアドレスとMACアドレスとの変換を行う。
イ　プライベートIPアドレスとグローバルIPアドレスとの1対1の変換を行う。
ウ　プライベートIPアドレスとポート番号の組合せと，グローバルIPアドレスとポート番号の組合せとの変換を行う。
エ　ホスト名とIPアドレスとの変換を行う。

（平成23年特別 応用情報技術者試験 午前 問34）

解説

NATやNAPTでは，プライベートIPアドレスとグローバルIP

アドレスの変換を行います。NAPTではポート番号も組み合わせて変換するので，ウが正解です。

アはARP，イはNAT，エはDNSの説明です。

≪解答≫ウ

参考

IPアドレスは，IPv4では最大で2^{32}（約42億）個でしたが，IPv6では最大で2^{128}（約340澗）個まで対応できます。澗（かん）とは，10^{36}のことで，1兆倍の1兆倍の1兆倍にあたり，事実上無限大と考えていいほど大きい数字です。

IPv6（Internet Protocol version 6）

現在のIPv4アドレスの枯渇を根本的に解決するための対策に，**IPv6**があります。IPv6ではIPアドレスを**128**ビットとし，十分なアドレス空間が用意されています。IPv6アドレスを表記する場合は16進数を使用し，4桁ごとにコロン(:)で区切ります。さらに，0が続く場合には1か所に限り，0を省略してコロン2つ(::)で表すことができます。

IPv6の特徴としては，以下のものがあります。

①IPアドレスの自動設定

DHCPサーバがなくても，IPアドレスを自動設定できます。

②ルータの負荷軽減

固定長ヘッダとなり，ルータはエラー検出を行う必要がなくなったので，負荷を軽減できます。

③セキュリティの強化

IPsecのサポートが可能（推奨）であるため，セキュリティが確保され，ユーザ認証やパケット暗号化を行うことができます。

参考

IPv6でのセキュリティ機能（IPsec）は以前のRFC 4294では必須でしたが，RFC6434では「推奨」と上書きされています。そのため，IPv6でIPsecを利用しないことも可能です。

④3種類のアドレス

一つのインタフェースに割り当てられる**ユニキャストアドレス**のほかに，複数のノードに割り当てられる**マルチキャストアドレス**や，複数のノードのうち，ネットワーク上で最も近い一つだけと通信する**エニーキャストアドレス**の三つのタイプのアドレスを設定できます。

それでは，次の問題で確認してみましょう。

問題

IPv6においてIPv4から仕様変更された内容の説明として，適切なものはどれか。

ア　IPヘッダのTOSフィールドを使用し，特定のクラスのパケットに対する資源予約ができるようになった。
イ　IPヘッダのアドレス空間が，32ビットから64ビットに拡張されている。
ウ　IPヘッダのチェックサムフィールドを追加し，誤り検出機能を強化している。
エ　IPレベルのセキュリティ機能(IPsec)である認証と改ざん検出機能がサポート必須となり，パケットを暗号化したり送信元を認証したりすることができる。

（平成22年秋 ネットワークスペシャリスト試験 午前Ⅱ 問11）

用語

フィールドとは，大きな集合を構成する小さなデータ構造のことです。IPアドレスの場合には，大きな集合であるIPヘッダを構成する各要素をフィールドといいます。
IPヘッダのフィールドには，送信元IPアドレスフィールド，宛先IPアドレスフィールド，TOSフィールド，チェックサムフィールドなどがあります。

解説

IPv6では，IPレベルのセキュリティ機能(IPsec)のサポートが必須となりました。そのため，パケットを暗号化したり送信元を認証したりすることができます。したがって，エが正解です。なお，IPv6の規格が改訂されたため，現在ではIPsecは必須ではなくなりましたが推奨はされています。

ア　TOS (Type of Service)フィールドは，IPv6ではTraffic Classフィールドになり，優先制御などの機能を果たすことができます。資源予約をするためのIPv6のフィールドはFlow Labelです。
イ　アドレス空間は，128ビットに拡張されました。
ウ　チェックサムはエラー検出のためのものですが，IPv6では廃止されました。

≪解答≫エ

覚えよう！

- □　ARPはIPアドレス → MACアドレス，RARPはその逆
- □　メール送信はSMTP，受信はPOP，IMAP

3-4-4 ネットワーク管理

ネットワークは，導入した後も障害が発生したり，PCの台数が増えて性能が落ちたりするなどいろいろな変化があるので，適切な管理が重要になります。

ネットワーク運用管理

ネットワークの運用においては,以下のような管理が行われます。

①構成管理

ネットワークの構成情報を維持し，変更を記録します。ネットワーク構成図を作成し，そのバージョンを管理します。

②障害管理

障害の検出，切り分け，障害原因の特定などを管理します。障害時の記録をとり，対応を管理して次に役立てます。

③性能管理

ネットワークのトラフィック量や転送時間を管理します。トラフィックを監視して不具合がないかチェックするほか，構成変更による負荷分散なども管理します。

関連

ネットワークの運用管理は，以前は独立した分野でしたが，最近では**ITIL**の管理アプローチなどが一般化したこともあり，ITサービスマネジメントの一環として行われることも多くなっています。
ITILについては,「6-1　サービスマネジメント」を参照してください。

ネットワーク管理ツール

ネットワーク管理に用いる一般的なツールには以下のものがあります。

①ping

相手先のホストにパケットが到達したかどうかを確かめるツールです。IPアドレス，ホスト名のいずれでも実行できます。

②ipconfig

Windowsのネットワーク設定を確認します。IPアドレスやデフォルトゲートウェイ，サブネットマスクなどを見ることができます。UNIXでの同様のツールは**ifconfig**です。

関連

その他のツールとしては，ルーティングの経路を調べる**traceroute**や，ARPテーブルを調べる**arp**などがあります。

③netstat

ネットワーク接続やルーティングテーブル，ネットワークインタフェースの統計情報などを確認できます。

ネットワーク機器の監視・制御

IPネットワーク上でネットワーク機器を監視，制御するためのプロトコルにSNMP（Simple Network Management Protocol）があります。SNMPは，TCP/IPプロトコルスイートではアプリケーション層に該当し，トランスポート層にはUDPを使用します。集中的にモニタリングして監視を行うためのサーバやPCをマネージャといい，管理情報を取得します。ルータやスイッチ，サーバなどの監視されるネットワーク機器はエージェントと呼ばれます。SNMPでやり取りされる情報はMIB（Management Information Base：管理情報ベース）という階層型のデータベースに集約されます。

それでは，次の問題で確認してみましょう。

問題

図で示したネットワーク構成において，アプリケーションサーバA上のDBMSのデーモンが異常終了したという事象とその理由を，監視用サーバXで検知するのに有効な手段はどれか。

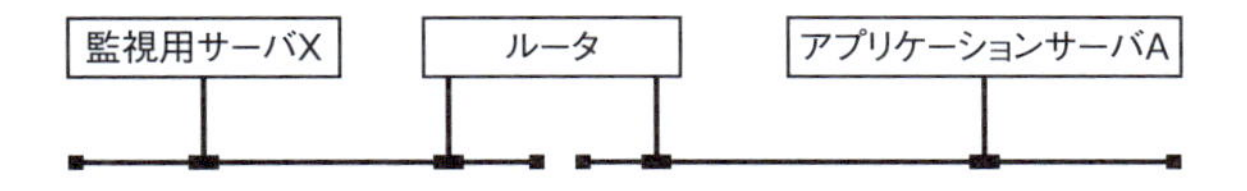

ア　アプリケーションサーバAから監視用サーバXへのICMP宛先到達不能（Destination Unreachable）メッセージ

イ　アプリケーションサーバAから監視用サーバXへのSNMPトラップ

ウ　監視用サーバXからアプリケーションサーバAへのfinger

エ　監視用サーバXからアプリケーションサーバAへのping

（平成24年春 応用情報技術者試験 午前 問35）

解説

アプリケーションサーバA上のDBMSのデーモンが異常終了したといったアプリケーションでの障害管理は，アプリケーション層での管理が可能なSNMPで行う必要があります。SNMPトラップは，エージェントがサーバに出す緊急信号で，異常終了などを知らせるのに役立ちます。したがって，イが正解です。

アのICMPはpingで使用されているプロトコルで，エのpingと同様，ネットワークへの到達性のみを確認できます。ウのfingerは，ユーザ情報など人間に関わるステータスを確認するためのツールです。

≪解答≫イ

仮想ネットワーク

物理的なサーバやネットワーク機器により構成されるネットワーク管理では，需要の変化に柔軟に対応することが難しく，また変更の記録も手作業となるため作業負荷が大きくなります。そこで，仮想化技術を利用し，サーバやネットワーク機器などをソフトウェアで管理することで，より効率的なネットワーク管理が可能となります。このようなネットワークを仮想ネットワークといいます。仮想ネットワークを実現する方法には，次のようなものがあります。

①SDN（Software Defined Network）

ネットワークの構成や機能，性能などをソフトウェアだけで動的に設定できるネットワークです。SDNで利用する代表的な方式に，OpenFlowがあります。

OpenFlowは，ONF（Open Networking Foundation）が標準化を進めているSDNの規格です。各フレームがもつMACアドレスやVLANタグ，IPアドレス，ポート番号などのような特徴をフローとして扱い，そのフローをベースにスイッチングを行い，経路を柔軟に制御できるようにします。

OpenFlowの代表的な特徴に，制御用のネットワークとパケット処理用のネットワークが分離されている点があります。制御用のネットワークはコントロールプレーン，パケット処理用のネットワークはデータプレーンと呼ばれます。

過去問題をチェック

仮想ネットワークに関する問題は，近年出題が増えている傾向があります。
午前では次の出題があります。

【OpenFlowを使ったSDN】
・平成29年春 午前 問34
・平成29年秋 午前 問35
・平成30年秋 午前 問35
・令和3年春 午前 問35

【NFV】
・平成30年春 午前 問32

午後でもSDNについて出題されています。

【SDNを利用したネットワーク設計】
・平成29年秋 午後 問5

コントロールプレーンでは，**OpenFlowコントローラ**と呼ばれる機器を用意し，経路制御などの管理機能を実行します。データプレーンでは，**OpenFlowスイッチ**と呼ばれる機器がパケットのデータ転送を行います。コントロールプレーンとデータプレーンは分離させて別々に用意する必要がありますが，物理的に分離させる必要はなく，仮想ネットワークを構築することで対応可能です。

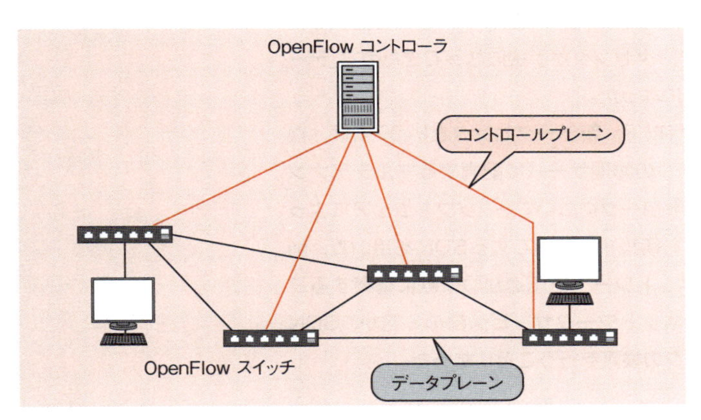

OpenFlowのデータプレーンとコントロールプレーン

また，WAN回線でSDNを使用する技術に**SD-WAN**（Software Defined Wide Area Network）があります。SD-WANを使用することで，様々な種類のネットワーク接続を効率的に管理することが可能になります。

②NFV（Network Functions Virtualization）

ETSI（欧州電気通信標準化機構）によって提案された，ソフトウェアによってネットワーク機器を実現する技術です。仮想化技術を利用し，ネットワーク機能を汎用サーバ上にソフトウェアとして実現したコンポーネントを用いることによって，柔軟なネットワーク基盤を構築します。SDNを補完する技術で，専用の機器を使用せず，汎用サーバでネットワーク機器を使用することが可能となります。

それでは，午後問題でSDNでのネットワーク設計を行っていきましょう。

問題

SDN（Software-Defined Networking）を利用したネットワーク設計に関する次の記述を読んで，設問１～４に答えよ。

T社は，中小企業向けにIaaSを提供する会社である。国内２か所にデータセンタをもち，約100社の顧客にサービスを提供している。T社では，既存のデータセンタが手狭になってきたので，データセンタを新設することになった。

新設するデータセンタ（以下，新データセンタという）では，複数顧客の仮想サーバを一つの物理サーバに配備するマルチテナント方式を採用する。ネットワークについても，ソフトウェアによって仮想的なネットワークを構築する技術であるSDNを用いて，顧客ごとに独立した仮想ネットワークを迅速かつ柔軟に構築することを目指している。T社ネットワークサービス部のS君が，SDNを用いた仮想ネットワークの検証を行うことになった。

〔検証対象の仮想ネットワーク〕

検証対象は，図１に示す二つの顧客のネットワーク構成を想定した仮想ネットワークである。顧客Y，ZのLANともに，同じネットワークアドレス192.168.0.0/24が利用されている。

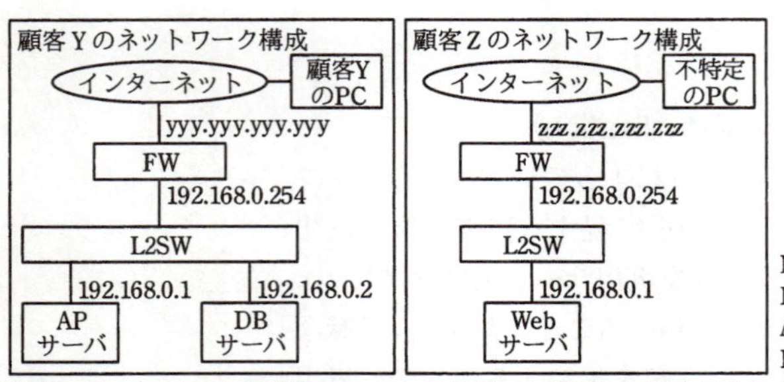

図１　二つの顧客のネットワーク構成

〔新データセンタの検証環境構築〕

S君は，新データセンタに設置予定の物理L2SW，物理サーバ，SDNコントローラを利用して検証環境を構築した。S君が構築した検証環境の構成を図２に示す。各物理サーバには仮想化ソフトウェアをインストールして，複数の仮想サーバ・FWと一つの仮想L2SWを定義した。仮想サーバや仮想FWは仮想L2SWに接続し，仮想L2SWの１番ポートは物理L2SWに接続する。仮想L2SW及び物理L2SWは，SDNコントローラで定義したルールに従って，イーサネットフレーム内の送信元MACアドレスと宛先MACアドレスに応じて，イーサネットフレームをL2SWのどのポートに転送するかを制御する。

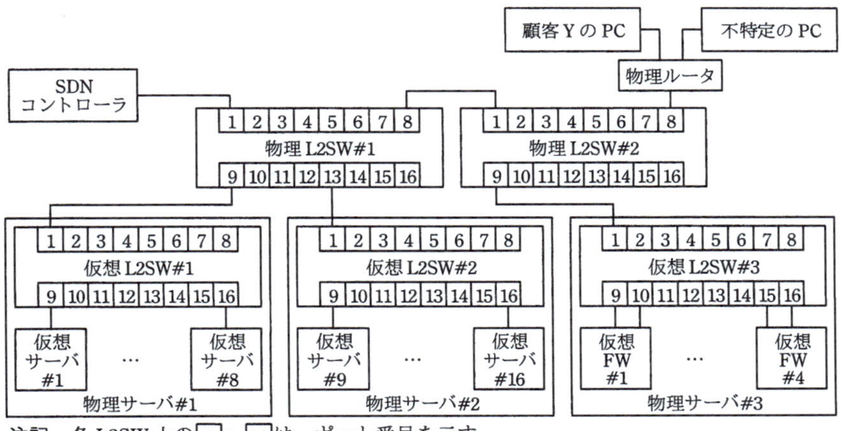

注記　各L2SW上の1～16は，ポート番号を示す。

図２　S君が構築した検証環境の構成

S君は，図１に示す二つの顧客のネットワークを図２の環境で構成するために，各顧客のサーバとFWを表１のように割り当てた。

表１　各顧客のサーバとFWの割当て

項番	顧客	サーバ・FW	割当て先仮想サーバ・FW	割当て仮想MACアドレス
1	顧客Y	APサーバ	仮想サーバ#1	aaa
2	顧客Y	DBサーバ	仮想サーバ#9	bbb
3	顧客Y	FW	仮想FW#1	ccc（LAN側），mmm（WAN側）
4	顧客Z	Webサーバ	仮想サーバ#16	ddd
5	顧客Z	FW	仮想FW#4	eee（LAN側），nnn（WAN側）

表１の割当てを行った図２の検証環境において，顧客YのPCから顧客YのAPサーバにアクセスする場合，FWとAPサーバの

間を流れるAPサーバ向けイーサネットフレームの送信元MACアドレスは［ a ］，宛先MACアドレスは［ b ］となる。

同一顧客のネットワーク内の機器が相互に通信できるように，物理L2SW及び仮想L2SWのネットワーク情報をSDNコントローラに設定した。物理L2SW#1の通信制御テーブルの内容を表2に示す。

新データセンタに設置する物理L2SW及び仮想L2SWは，各ポートから入力されたイーサネットフレームに対して，通信制御テーブルの項番1から順に判定条件の評価を行い，判定条件にマッチしたルールが存在した場合には，アクションに記載された内容に従って処理を行う。

例えば，顧客YのDBサーバからAPサーバ向けのイーサネットフレームが，物理L2SW#1の［ c ］番ポートに入力されると，通信制御テーブルの項番［ d ］のルールにマッチし，イーサネットフレームが物理L2SW#1の9番ポートに転送される。同様に仮想L2SW#1でも，MACアドレスによる通信制御が行われ，APサーバにイーサネットフレームが届く。

表2 物理L2SW#1の通信制御テーブル

項番	判定条件		アクション
	送信元 MAC アドレス	宛先 MAC アドレス	
1	aaa	bbb	Forward 13
2	aaa	ccc	Forward 8
3	bbb	aaa	Forward 9
4	bbb	ccc	Forward 8
5	ccc	aaa	Forward 9
6	ccc	bbb	Forward 13
7	ddd	eee	Forward ［ e ］
8	eee	ddd	Forward ［ f ］
9	aaa	any	Forward 8，13
10	bbb	any	Forward 8，9
11	ccc	any	Forward 9，13
12	ddd	any	Forward 8
13	eee	any	Forward 13
14	any	any	Drop

注記1 "Forward 番号"とは，指定された番号のポートにイーサネットフレームを転送することを指す。複数のポートの全てに転送する場合は，コンマ区切りで示す。
注記2 "any"とは，対象が全てのMACアドレスであることを示す。
注記3 "Drop"とは，イーサネットフレームを破棄することを示す。

各L2SWにおいてイーサネットフレーム内のMACアドレスを用いた通信制御を行うことによって，顧客Yと顧客Zのサーバのアドレスが同一であっても，それぞれの顧客の通信を区別することができる。

〔物理サーバ故障時の検証〕

S君は，物理サーバの故障に備えた仮想サーバの冗長化の検証を行うために，物理サーバ#1の故障時に，物理サーバ#1で動作していたAPサーバを物理サーバ#2に自動的に移動させる設定を行った。物理サーバ#2に移動させたAPサーバは仮想L2SW#2の2番ポートに接続する。

また，①物理サーバ#1が故障して，APサーバの移動を完了した場合に物理L2SW及び仮想L2SWの通信制御テーブルのルールを自動的に変更する設定をSDNコントローラに行った。

S君は，物理L2SW故障時に備えた冗長化や通信速度の検証なども行い，仮想ネットワークの検証作業を完了した。

設問1　本文中の［　a　］，［　b　］に入れる適切な字句を，表1中の字句を用いて答えよ。

設問2　本文中の［　c　］，［　d　］に入れる適切な数値を答えよ。

設問3　表2について，(1)，(2)に答えよ。

(1)　表2中の［　e　］，［　f　］に入れる適切な字句を答えよ。

(2)　表2中の項番9～13は，同一顧客内のサーバやFWがイーサネットフレームを用いて通信を行うために必要な情報を収集可能とするためのルールである。顧客Y，ZのサーバやFWが収集する情報とは何か。20字以内で答えよ。

設問4　本文中の下線①について，(1)，(2)に答えよ。

(1)　物理サーバ#1の故障時，物理L2SW#1の通信制御テーブルのルールのうちAPサーバを物理サーバ#2に移動させた場合に適用されなくなるルールはどれか。表2中の項番で全て答えよ。

(2) 物理サーバ#1の故障時，変更が必要となる物理L2SW#1の通信制御テーブルのルールはどれか。項番9, 10, 11以外のルールを表2中の項番で答えよ。また，変更後のアクションの内容を表2のアクションの表記に倣って答えよ。

（平成29年秋 応用情報技術者試験 午後 問5）

解説

SDN（Software-Defined Networking）を利用したネットワーク設計に関する問題です。IaaSを提供するサービスプロバイダを題材に，SDNに対応したレイヤ2スイッチでの通信制御の仕組みに関する理解について問われています。

設問1

本文中の空欄穴埋め問題です。表1の字句を用いて答えます。

空欄a

顧客YのPCから顧客YのAPサーバにアクセスする場合の，FWとAPサーバの間を流れるAPサーバ向けイーサネットフレームの送信元MACアドレスを考えます。図1より，顧客YのPCからAPサーバにアクセスする場合には，インターネットからFWを経由します。FWからAPサーバへはFWのLANポートで中継するので，送信元MACアドレスは，FWのLAN側ポートとなります。表1の項番3より，FWのLAN側での割当て仮想MACアドレスはcccです。したがって，空欄aは**ccc**となります。

空欄b

FWとAPサーバの間を流れるAPサーバ向けイーサネットフレームの宛先MACアドレスを考えます。顧客YのAPサーバでは，表1の項番1より，割当て仮想MACアドレスはaaaです。したがって，空欄bは**aaa**となります。

設問2

本文中の空欄穴埋め問題です。数値を用いて答えます。

空欄c

顧客YのDBサーバからAPサーバ向けのイーサネットフレームが，物理L2SW#1に到達するときのポートを考えます。表1の項番2より，DBサーバの割当て先仮想サーバは，仮想サーバ#9となります。図2より，仮想サーバ#9は物理サーバ#2に接続されており，物理L2SW#1に接続するには，仮想L2SW#2を経由して，物理L2SW#1の13番ポートに接続する必要があります。したがって，空欄cは**13**となります。

空欄d

顧客YのDBサーバからAPサーバ向けのイーサネットフレームが物理L2SW#1に到達したとき，表2でマッチするルールを考えます。表1の項番2より，DBサーバの割当て仮想MACアドレスはbbbなので，送信元MACアドレスはbbbです。また，APサーバについては，表1の項番1より，割当てMACアドレスはaaaなので，宛先MACアドレスはaaaです。この組合せは表2の項番3に該当し，アクションとしてForward 9となり，9番ポートに転送されます。したがって，空欄dは**3**となります。

設問3

表2についての問題です。通信制御テーブルについて，アクションや収集する情報を答えていきます。

(1)

表2中の空欄穴埋め問題です。Forwardするポートを考えます。

空欄e

送信元MACアドレスがddd，宛先MACアドレスがeeeの場合にForwardするポートを考えます。表1より，仮想MACアドレスがdddなのは顧客ZのWebサーバで，仮想サーバ#16となります。また，仮想MACアドレスがeeeなのは，顧客ZのFWのLAN側ポートで，仮想FW#4となります。図2より，仮想サーバ#16は物理サーバ#2，仮想FW#4は物理サーバ#3に存在します。そのため，物理サーバ#2から物理L2SW#1を経由し，物理L2SW#2を経て物理サーバ#3に到達する必要があります。このとき，物理L2SW#1から物理L2SW#2に転送するためのポートは，8番ポートです。したがって，空欄eは**8**となります。

空欄f

空欄eとは逆向きの場合のアクションを考えます。物理L2SW#2から物理L2SW#1が受け取ったパケットは，物理サーバ#2に転送されます。このときに使用するポートは，13番ポートです。したがって，空欄fは**13**となります。

(2)

項番9～13で収集している情報を考えます。

表2より，項番9～13は，送信元MACアドレスがaaa，bbb，ccc，ddd，eeeで，これらは表1で割当てられている，サーバやFWのMACアドレスです。不特定のPCがサーバやFWとイーサネットフレームで通信する場合には，ARP（Address Resolution Protocol）を用いて，サーバやFWのMACアドレスを取得する必要があります。このとき，PCが出したARP要求パケットに対して，サーバやFWが自身のMACアドレスをARP応答パケットで返答することで，宛先となるサーバやFWのMACアドレスを取得することができます。そのために，ARP応答パケットを通過させて，サーバやFWのMACアドレスを情報として伝える必要があります。

したがって解答は，**サーバやFWのMACアドレス**です。

設問4

本文中の下線①「物理サーバ#1が故障して，APサーバの移動を完了した場合に物理L2SW及び仮想L2SWの通信制御テーブルのルールを自動的に変更する設定」についての問題です。具体的な設定変更について問われています。

(1)

物理サーバ#1の故障時，物理L2SW#1の通信制御テーブルのルールのうちAPサーバを物理サーバ#2に移動させた場合に適用されなくなるルールを考えます。

APサーバは，表1より仮想MACアドレスaaaと仮想サーバ#1を割り当てられており，通常時は物理サーバ#1に存在します。そのため，このAPサーバが物理サーバ#2に移動すると，MACアドレスaaaに関連する通信のアクションが変わります。表2の項番

1のaaaからbbbへの通信は，bbbに該当するDBサーバ（仮想サーバ#9）は同じ物理サーバ#2に存在するため転送の必要はなくなります。同様に，項番3のbbbからaaaへの通信も転送の必要はありません。したがって解答は，**1，3**となります。

(2)

物理サーバ#1の故障時，変更が必要となる物理L2SW#1の通信制御テーブルのルールを考えます。

物理サーバ#1の故障に伴い，物理サーバ#1へ転送を行う通信制御を止める必要があります。具体的には，物理L2SW#1では9番ポートへの転送（Forward 9）が変更対象です。表2のうち項番3は(1)で述べたとおり，適用されなくなるルールです。項番5は，aaaの物理的な所在が物理サーバ#2に変わるので，Forward 9ではなくForward 13に変更し，物理サーバ#2に転送する必要があります。

したがって，項番は**5**，変更後のアクションの内容は**Forward 13**となります。

≪解答≫

設問1　a：ccc，b：aaa

設問2　c：13，d：3

設問3　(1)　e：8，f：13

(2)　サーバやFWのMACアドレス（14字）

設問4　(1)　1，3

(2)　項番：5，内容：Forward 13

▶▶▶覚えよう！

- □　ネットワーク層はping，アプリケーション層はSNMPで管理
- □　OpenFlowを用いて，ネットワークを仮想化したSDNを実現

3-4-5 ネットワーク応用

頻出度 ★☆☆

ネットワークは日々進化しており，新しい通信サービスもどんどん増えてきています。

ネットワーク上でのデータ交換

ネットワーク上でデータをやり取りするための応用的なプロトコルには，以下のようなものがあります。

①SOAP（ソープ）

ソフトウェア同士がオブジェクトを交換するためのプロトコルです。XMLに基づいており，HTTPやSMTPなど様々なコンピュータネットワークの通信プロトコルで利用できます。

②CORBA
（Common Object Request Broker Architecture）

ソフトウェアのオブジェクトを，ネットワークを通じてやり取りするための規格です。データはCDR（Common Data Representation）形式で送ります。

通信サービス

電気通信事業者が提供する公衆通信サービスは，主に以下のようなものです。

①フレームリレー

昔のパケット交換サービス（X.25）を簡素化して高速化したネットワークです。64kbps～1.5Mbps程度の通信速度です。

②ATM（Asynchronous Transfer Mode）

パケットを**53バイト**の固定長のセルに分割して通信する仕組みです。バックボーンネットワークで使われています。

③IP-VPN

通信事業者が提供する専用の**IPネットワーク**で，**VPN**（Virtual Private Network）を構築します。**MPLS**（Multi-Protocol Label

発展
IP-VPNはネットワーク層までのサービスなので，IPを用いた通信に限定されます。広域イーサネットはデータリンク層までのサービスなので，IP以外にもホスト間の通信など，別のプロトコルも使用可能です。

Switching）という，パケットの前にラベルを付けて通信を識別する技術を用います。

④広域イーサネット

通信事業者が提供する専用のイーサネット接続サービスです。**VLAN**を用い，ほかの顧客との通信を分離します。

⑤電話回線

通常の固定のアナログ電話回線のほかに，ディジタルな電話サービスである**ISDN**（Integrated Services Digital Network）があります。また，携帯電話やPHSを利用してデータを送信することもできます。

⑥FTTH（Fiber To The Home）

高速の光ファイバを建物内に直接引き込みます。回線の終端には**ONU**（Optical Network Unit）が設置され，これによって光と電気信号を変換します。

⑦ADSL（Asymmetric Digital Subscriber Line）

既存のアナログ回線を拡張利用して，高速なデータ通信を実現します。**スプリッタ**という装置によって音声とデータを分離及び混合します。

モバイルシステム

無線アクセスによる，モバイル通信サービスを用いたモバイルシステムが普及しています。代表的なシステムは次のとおりです。

①WiMAX，（WiMAX2，WiMAX2+）（Worldwide Interoperability for Microwave Access）

広帯域をカバーする無線アクセス技術の一つで，IEEE 802.16-2004として規格化されています。また，拡張規格としてさらに高速化させたWiMAX2やWiMAX2+なども考案されています。

参考

IP-VPNや広域イーサネットなどの通信サービスでは，通信速度だけでなく**QoS**（Quality of Service：サービス品質）が大切になってきます。
QoSは，サービスがどれだけニーズに合っているか，ユーザを満足させられるかという尺度です。
QoSを上げるために，優先制御を行い，より重要な通信を優先するといった処理が行われます。

3

②仮想移動体通信事業者
（MVNO：Mobile Virtual Network Operator）

電気通信事業者のうち，モバイル通信サービスを提供する事業者が**移動体通信事業者**です。そのうち**仮想移動体通信事業者（MVNO）**は，無線通信回線設備を設置・運用せずに，自社ブランドで通信サービスを提供する事業者のことです。移動体通信事業者では，通信サービスを利用できるようにするために**SIMカード**を提供します。

③LPWA（LowPower，WideArea）

バッテリ消費量が少なく，一つの基地局で広範囲をカバーできる無線通信技術です。IoTでの活用が行われており，複数のセンサが同時につながるネットワークに適しています。

■負荷分散とロードバランサ

負荷分散とは，処理の負荷を複数のコンピュータやプロセスに分散させることです。負荷分散を行うと，コンピュータの台数を増やすことで処理性能を向上させることができ，**スケーラビリティ（拡張性）**が向上します。また，故障が起きた場合でも他のコンピュータで処理を代替することができるため，**アベイラビリティ（可用性）**も向上します。

負荷分散を行うための専用の装置として，**ロードバランサ（Load Balancer：負荷分散装置）**があります。クライアントからの要求をロードバランサが一手に引き受け，それを複数のサーバに分散して転送します。外部のクライアントからは，ロードバランサがサーバに見えます。

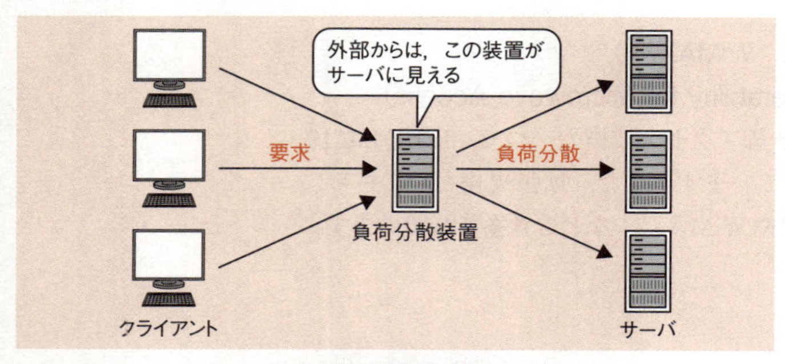

負荷分散装置の利用

ロードバランサでは，クライアントからの1回目の通信と2回目以降の通信を**同じサーバに振り分ける必要**があります。ロードバランサの負荷分散アルゴリズムの代表的な方法には，次のものがあります。

①ラウンドロビン

要求ごとに順番にサーバにセッションを振り分けていく方式です。優先的に分散先を指定する**重み付けラウンドロビン**という方式もあります。

②リーストコネクション

接続コネクション数を基に，接続が少ないサーバに振り分ける方式です。優先的に分散先を指定する重み付けリーストコネクションという方式もあります。

③ファーストアンサ

サーバに応答を確認し，最も応答が早かったサーバに接続する方式です。

▶▶▶ 覚えよう！

- □ IP-VPNではMPLS，広域イーサネットではVLANを使用
- □ 負荷分散で，順番に割り当てるラウンドロビン，コネクション数最小がリーストコネクション

3-5 セキュリティ

セキュリティはもともと，ネットワークの一部として考えられていました。そのため，ネットワーク技術と密接な関係があります。また，セキュリティは会社の経営や組織の運営などと深く関わるため，セキュリティマネジメントの考え方も重要になります。

3-5-1 情報セキュリティ

情報セキュリティというと，「暗号化する」「ファイアウォールを設置する」などといった技術的なことを思い浮かべがちですが，実は，情報セキュリティには経営寄りの考え方が不可欠です。

情報セキュリティの目的と考え方

情報セキュリティに関する要求事項を定めたJIS Q 27001（ISO/IEC 27001）では，情報セキュリティを確保するためのシステムである情報セキュリティマネジメントシステム（ISMS）について次のように説明しています。

「ISMSの採用は，組織の戦略的決定である。組織のISMSの確立及び実施は，その組織のニーズ及び目的，セキュリティ要求事項，組織が用いているプロセス，並びに組織の規模及び構造によって影響を受ける。」

つまり，「組織の戦略によって決定され，組織の状況によって変わる」というのが情報セキュリティの考え方です。

また，情報セキュリティについては，**情報の機密性，完全性及び可用性を維持すること**と定義されています。これら三つの要素は次のような意味をもち，それぞれの英字の頭文字をとってCIAと呼ばれることもあります。

①**機密性**（Confidentiality）

認可されていない個人，エンティティ又はプロセスに対して，情報を使用させず，また，開示しない特性

②**完全性**（Integrity：インテグリティ）

正確さ及び完全さの特性

勉強のコツ

午前では，用語問題だけでなく仕組みや考え方を問う問題が多く出題されます。暗号技術を中心に仕組みを理解しておきましょう。
午後では近年のセキュリティ攻撃について問われることが多いので，最近の動向も押さえておく必要があります。また，ネットワーク技術との関連が深いので，ネットワークについてもしっかり学習しておきましょう。
なお，平成26年から，情報セキュリティ分野の午後問題は必須となりました。避けて通れない内容ですので，しっかり力を入れて学習していきましょう。

参考

企業の目的は，事業を継続して利益を出すことです。損失がもたらされると困るものを保護し，利益を確保して事業を継続させなければなりません。そのために情報セキュリティが必要になります。
その際の視点として，情報を隠す機密性だけでなく，完全性や可用性を見落とさないようにしようというのが，情報セキュリティの3要素（CIA）の考え方です。

用語

ここでのエンティティとは，独立体，認証される1単位を指します。具体的には，認証される単位であるユーザや機器，グループなどのことです。

③**可用性**（Availability）

認可されたエンティティが要求したときに，**アクセス及び使用が可能である**特性

さらに，次の四つの特性を含めることがあります。

④**真正性**（Authenticity）

エンティティは，それが主張どおりであることを確実にする特性

⑤**責任追跡性**（Accountability）

あるエンティティの動作が，その動作から動作主のエンティティまで一意に追跡できることを確実にする特性

⑥**否認防止**（Non-Repudiation）

主張された事象又は処置の発生，及びそれを引き起こしたエンティティを証明する能力

⑦**信頼性**（Reliability）

意図する行動と結果とが一貫しているという特性

それでは，次の問題で確認してみましょう。

問題

完全性を脅かす攻撃はどれか。

ア　Webのページ改ざん

イ　システム内に保管されているデータの持出しを目的とした不正コピー

ウ　システムを過負荷状態にするDoS攻撃

エ　通信内容の盗聴

（平成24年秋 応用情報技術者試験 午前 問40）

機密性，可用性と異なり，完全性は「**インテグリティ**」と英語で表現されることも多いので，覚えておきましょう。

解説

完全性とは，情報の正確さ及び完全さを保護する特性です。それが脅かされるのは，Webページの改ざんなどのように，正確な情報が書き換えられる脅威です。したがって，アが正解です。イ

とエは機密性を脅かす攻撃，ウは可用性を脅かす攻撃です。

≪解答≫ア

情報セキュリティの重要性

企業の資産には，商品や不動産など形のあるものだけでなく，顧客情報や技術情報など形のないものもあります。業務に必要なこうした価値のある情報を**情報資産**といいます。ISMSでは，組織がもつ情報資産にとっての脅威を洗い出し，脆弱性を考慮することによって，最適なセキュリティ対策を考えます。

ここでの**脅威**とは，システムや組織に損害を与える可能性があるインシデントの**潜在的な原因**です。**脆弱性**とは，脅威がつけ込むことができる，**資産がもつ弱点**です。

それでは，次の問題を解いてみましょう。

問題

JIS Q 27002における情報資産に対する脅威の説明はどれか。

ア 情報資産に害をもたらすおそれのある事象の原因
イ 情報資産に内在して，リスクを顕在化させる弱点
ウ リスク対策に費用をかけないでリスクを許容する選択
エ リスク対策を適用しても解消しきれずに残存するリスク

（平成22年春 応用情報技術者試験 午前 問41）

解説

情報資産に対する脅威とは，情報資産に害をもたらすおそれのある事象（インシデント）の原因なので，アが正解です。

イは脆弱性，ウはリスク受容，エは残存リスクの説明です。

≪解答≫ア

用語

インシデントとは，望まないセキュリティ事象のことで，事業継続を危うくする確率の高いものです。具体的には，セキュリティ事故や攻撃などを指します。インシデントを起こす潜在的な原因が脅威であり，ISMSではこれに対応します。

不正のメカニズム

米国の犯罪学者であるD.R.クレッシーが提唱している**不正のトライアングル理論**では，人が不正行為を実行するに至るまでには，次の不正リスクの3要素が揃う必要があると考えられています。

- **機会** ……… 不正行為の実行が可能，または容易となる環境
- **動機** ……… 不正行為を実行するための事情
- **正当化** …… 不正行為を実行するための良心の呵責を乗り越える理由

発展

不正などの犯罪が起こらないようにするためには，以前は犯罪原因論という，犯罪の原因をなくすことに重点を置く考え方が主流でした。現在では，犯罪機会論という，犯罪を起こしにくくする環境を整備することも考えられています。

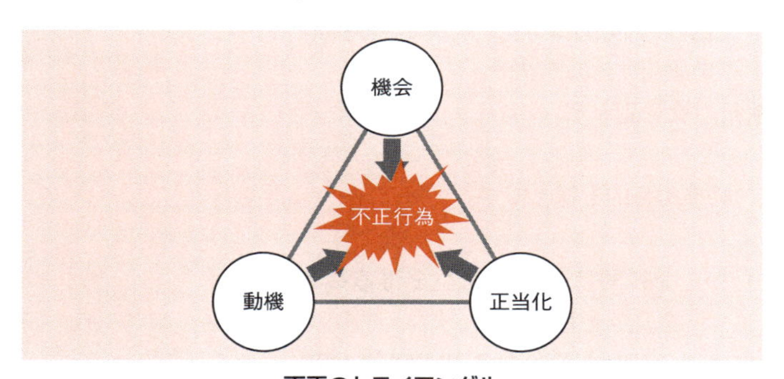

不正のトライアングル

不正のトライアングルを考慮して犯罪を予防する考え方の一つに，英国で提唱された**状況的犯罪予防論**があります。状況的犯罪予防では，次の五つの観点で犯罪予防の手法を整理しています。

1. 物理的にやりにくい状況を作る
2. やると見つかる状況を作る
3. やっても割に合わない状況を作る
4. その気にさせない状況を作る
5. 言い訳を許さない状況を作る

攻撃者の種類と動機・目的

情報セキュリティに関する攻撃者と一口にいっても，次のように様々な種類の人がいます。

- **スクリプトキディ** ……インターネット上で公開されている簡単なクラッキングツールを利用して不正アクセスを試みる攻撃者
- **ボットハーダー** ………ボットを利用することでサイバー攻撃などを実行する攻撃者
- **内部関係者** ……………従業員や業務委託先の社員など，組織の内部情報にアクセスできる権限を悪用する攻撃者
- その他（愉快犯，詐欺犯，故意犯など）

情報セキュリティ攻撃の動機や目的も様々です。

- **金銭奪取** ………………… 金銭的に不当な利益を得ることを目的とした攻撃
- **ハクティビズム** ………… 政治的・社会的な思想を基に積極的に行われるハッキング活動
- **サイバーテロリズム** …… ネットワークを対象に行われるテロリズム。組織や社会機能に大きな打撃を与える

暗号化技術

セキュリティ攻撃を防ぐために，様々な暗号化技術が開発され，使われています。暗号化技術とは，普通の文章（平文）を読めない文章（暗号文）に変換することです。読めないようにすることを**暗号化**，元に戻すことを**復号**といいます。

暗号化及び復号の際に必要となるのは，その方法である**暗号アルゴリズム**と，暗号化及び復号するための**鍵**です。暗号化するときに使う鍵が**暗号化鍵**，復号するときに使う鍵が**復号鍵**です。

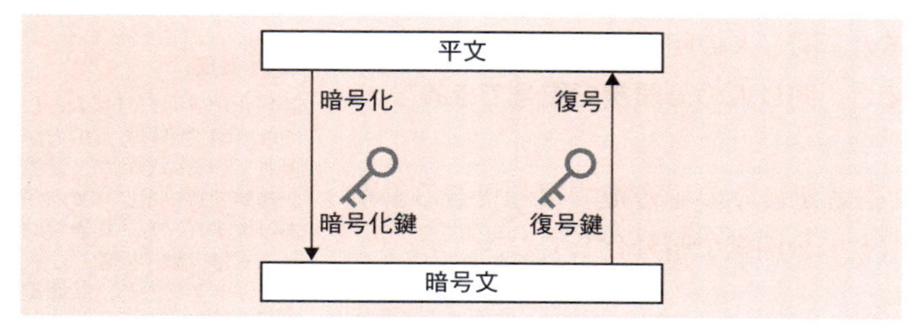

暗号化鍵と復号鍵

暗号化の方式は，次の二つに分けられます。

①共通鍵暗号方式

暗号化鍵と復号鍵が**共通である**暗号方式です。その共通で使用する鍵を**共通鍵**といい，通信相手だけとの秘密にしておきます。

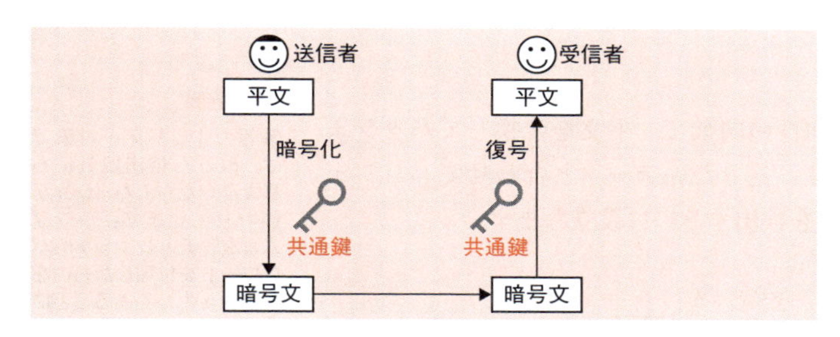

共通鍵暗号方式

共通鍵暗号方式では，暗号化する経路の数だけ鍵が必要になります。また，鍵を秘密にして共有しなければならないので，鍵を**受け渡す方法**が重要です。アルゴリズムが単純で**高速**なため，よく利用される方法です。

②公開鍵暗号方式

暗号化鍵と復号鍵が**異なる**方式です。使用する**人ごと**に**公開鍵**と**秘密鍵**のペア（**キーペア**）を作ります。そして，公開鍵は相手に渡し，秘密鍵は自分で保管しておきます。

暗号化と復号は，次の二つの方法で行うことが可能です。

1. 公開鍵で暗号化すると，同じ人の**秘密鍵**で復号できる
2. **秘密鍵**で暗号化すると，同じ人の公開鍵で復号できる

通常の暗号化では，受信者が自分の秘密鍵で復号できるように，1の方法を使って受信者の公開鍵で暗号化しておきます。

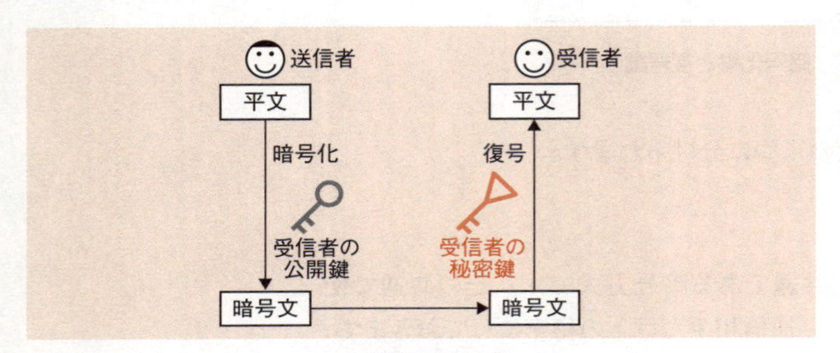

公開鍵暗号方式

発展

暗号化のアルゴリズムとしては公開鍵暗号方式の方が優れているのですが，計算が複雑で遅いという欠点があります。一方，共通鍵暗号方式は，鍵の受渡しが大変です。そのため，共通鍵暗号方式で使う共通鍵を公開鍵暗号方式で暗号化して送るというハイブリッド方式など，**二つの方式を組み合わせる**手法がよく用いられます。

ハッシュ

ハッシュ関数は一方向性の関数で，平文を変換してハッシュ値（ハッシュ）を求めます。送りたいデータと合わせてハッシュ値を送ることで，**改ざんを検出**するのに役立ちます。

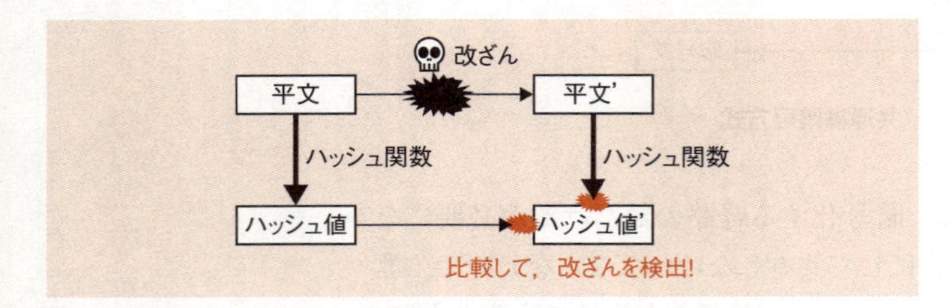

ハッシュ

発展

情報セキュリティ対策では，改ざん検出以外にも様々なかたちでハッシュが使われています。ランダムな値（チャレンジ）にパスワードを付加したものをハッシュ化して送ることによってユーザ認証を行うチャレンジレスポンス方式などがその一例です。

ハッシュ関数において，ハッシュ値が一致する二つのメッセージを発見することの困難さを**衝突発見困難性**といいます。また，メッセージと，そのハッシュ値が与えられたときに，同一のハッシュ値になる別のメッセージを計算することの困難さを**原像計算困難性**（一方向性）といいます。どちらも，ハッシュ関数の強度を示す指標となります。

ディジタル署名

公開鍵暗号方式は，暗号化以外にも使われます。本人の秘密鍵をもっていることが当の本人であるという真正性の証明になるのです。送信者の秘密鍵で暗号化し，それを受け取った受信者が送信者の公開鍵で復号することによって，本人であるという真正性を確認できます。前述の公開鍵暗号方式の2番目の使い方です。

さらに，ハッシュを組み合わせることで，データの改ざんも検出できます。この方法をディジタル署名といいます。

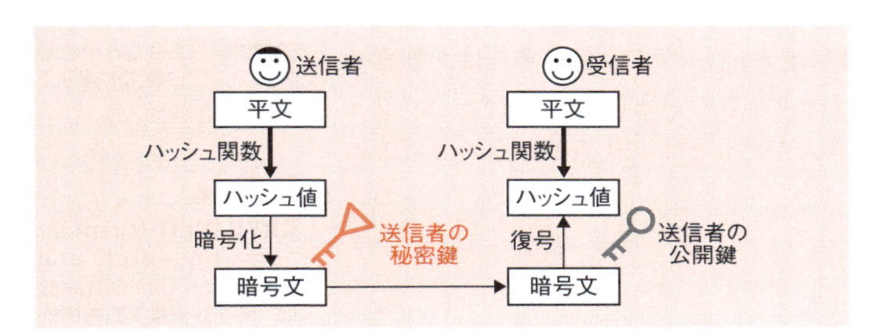

ディジタル署名

それでは，次の問題で確認してみましょう。

問題

ディジタル署名において，発信者がメッセージのハッシュ値からディジタル署名を生成するのに使う鍵はどれか。

ア　受信者の公開鍵　　イ　受信者の秘密鍵
ウ　発信者の公開鍵　　エ　発信者の秘密鍵

（平成25年秋 応用情報技術者試験 午前 問39）

過去問題をチェック

公開鍵暗号方式を用いた暗号化とディジタル署名の問題は，応用情報技術者試験のセキュリティ分野の定番です。

【ディジタル署名】
・平成21年秋 午前 問38
・平成23年秋 午前 問38
・平成24年春 午前 問40
・平成26年秋 午前 問36
・平成27年秋 午前 問37
・令和2年10月 午前 問40

【必要な鍵の数】
・平成22年秋 午前 問41
・平成25年春 午前 問39

【TLSによるサーバ証明書の確認】
・平成23年特別 午前 問38
・平成24年秋 午前 問33
・平成26年春 午前 問37
・平成29年春 午前 問37

解説

ディジタル署名を生成するときには，発信者が本人だという証明のために，発信者しかもっていない発信者の秘密鍵を使用します。したがって，エが正解です。

≪解答≫エ

暗号アルゴリズム

暗号化にはいくつかのアルゴリズムがあります。公開鍵暗号方式はアルゴリズムの難易度が高いので種類は多くはありませんが，共通鍵暗号方式には様々なものがあります。また，ハッシュにもいくつかのアルゴリズムがあります。代表的なものは以下のとおりです。

1. 公開鍵暗号方式

①**RSA**（Rivest Shamir Adleman）

大きい数での素因数分解の困難さを安全性の根拠とした方式です。公開鍵暗号方式で最もよく利用されています。

②**楕円曲線暗号**（Elliptic Curve Cryptography: ECC）

楕円曲線上の**離散対数問題**を安全性の根拠とした方式です。RSA暗号の後継として注目されています。

2. 共通鍵暗号方式

①**DES**（Data Encryption Standard）

ブロックごとに暗号化する**ブロック暗号**の一種です。米国の旧国家暗号規格で，**56ビット**の鍵を使います。しかし，鍵長が短すぎるため，近年は安全ではないと見なされています。

②**AES**（Advanced Encryption Standard）

米国立標準技術研究所（**NIST**）が規格化した新世代標準の方式で，DESの後継です。**ブロック暗号**で，鍵長は**128ビット**，**192ビット**，**256ビット**の三つが利用できます。

③**RC4**（Rivest's Cipher 4）

ビット単位で随時暗号化を行う**ストリーム暗号**の一種です。高速であり，無線LANのWEPなどで使用されています。

頻出ポイント

情報セキュリティの分野では，公開鍵暗号方式などの暗号アルゴリズムの問題が最もよく出題されています。

参考

CRYPTREC（Cryptography Research and Evaluation Committees）は，電子政府推奨暗号の安全性を評価・監視し，暗号技術の適切な実装法や運用法を調査・検討するプロジェクトです。CRYPTRECでは，電子政府における調達のために参照すべき暗号のリスト（**CRYPTREC暗号リスト**）を公開しています。CRYPTRECの具体的な内容については，CRYPTRECのWebページ（https://www.cryptrec.go.jp/index.html）に詳しい記述があります。CRYPTREC暗号リストなどは，こちらを参考にしてください。

発展

共通鍵暗号方式のアルゴリズムでは，排他的論理和の演算を中心に行います。そのため，2度同じ演算をすると元に戻って復号でき，また，コンピュータでの演算を高速に実行することも可能です。

3. ハッシュ

①**MD5**（Message Digest Algorithm 5）

与えられた入力に対して**128ビット**のハッシュ値を出力するハッシュ関数です。理論的な弱点が見つかっています。

②**SHA-1**（Secure Hash Algorithm 1）

NISTが規格化したハッシュ関数です。与えられた入力に対して**160ビット**のハッシュ値を出力します。脆弱性があり，すでに攻撃手法が見つかっています。

③**SHA-2**（Secure Hash Algorithm 2）

SHA-1の後継で，NISTが規格化したハッシュ関数です。それぞれ224ビット，256ビット，384ビット，512ビットのハッシュ値を出力するSHA-224，**SHA-256**，**SHA-384**，**SHA-512**の総称です。現在のところ，SHA-256以上は安全なハッシュ関数と見なされており，米国の新世代標準です。

それでは，次の問題を解いてみましょう。

暗号アルゴリズムは古くなると，コンピュータの計算能力の向上や解読手法の進歩などによって破られやすくなります。このことを暗号アルゴリズムの**危殆化**といい，古いアルゴリズムの使用は推奨されません。具体的には，DESやMD5，SHA-1などは現在推奨されていない暗号アルゴリズムであり，代わりにAESやSHA-2の使用が推奨されています。RSAも，鍵長が短いと破られやすいため，2,048ビット以上の鍵を使用することが推奨されています。

問題

暗号方式に関する記述のうち，適切なものはどれか。

ア　AESは公開鍵暗号方式，RSAは共通鍵暗号方式の一種である。

イ　共通鍵暗号方式では，暗号化及び復号に同一の鍵を使用する。

ウ　公開鍵暗号方式を通信内容の秘匿に使用する場合は，暗号化に使用する鍵を秘密にして，復号に使用する鍵を公開する。

エ　ディジタル署名に公開鍵暗号方式が使用されることはなく，共通鍵暗号方式が使用される。

（令和2年10月 応用情報技術者試験 午前 問42）

解説

共通鍵暗号方式は，暗号化する鍵と復号する鍵が共通（同一）な暗号方式です。したがって，イが正解です。

ア　AESは共通鍵暗号方式，RSAは公開鍵暗号方式になります。

ウ 公開鍵暗号方式で通信内容を秘匿にする場合には，暗号化に使用する鍵を公開して，復号に使用する鍵を秘密にします。

エ ディジタル署名では，公開鍵暗号方式が使用されます。

≪解答≫イ

PKI（Public Key Infrastructure）

PKI（公開鍵基盤）は，公開鍵暗号方式を利用した社会基盤です。政府や信頼できる第三者機関の**認証局**（**CA**：Certificate Authority）に証明書を発行してもらい，身分を証明してもらうことで，個人や会社の信頼を確保します。

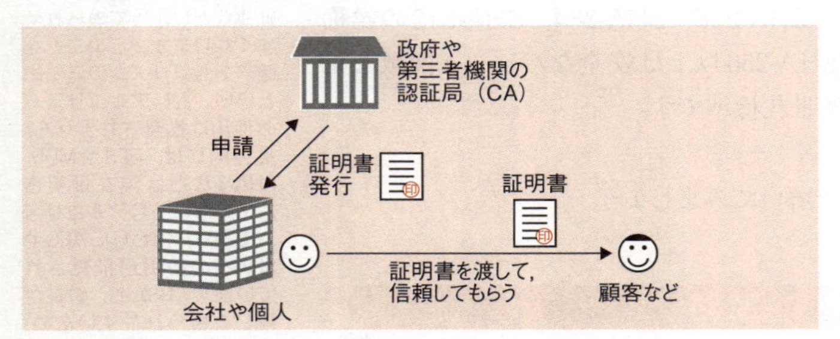

PKIの概要

政府が運営するPKIは一般とは区別され，政府認証基盤（**GPKI**：Government Public Key Infrastructure）と呼ばれます。

PKIのために，CAでは**ディジタル証明書**を発行します。ディジタル証明書ではCAがディジタル署名を行うことによって，申請した人や会社の公開鍵などの証明書の内容が正しいことを証明します。

ディジタル証明書を受け取った人は，CAの公開鍵を用いてディジタル署名を復元し，ディジタル証明書のハッシュ値と照合して一致すると，ディジタル証明書の正当性を確認することができます。一般にディジタル証明書は，Webサーバなどのサーバで使用される**サーバ証明書**と，クライアントが使用する**クライアント証明書**に区別されます。

発展

ディジタル証明書は，ブラウザで簡単に見ることができます。httpsで始まるWebサイトなどでブラウザの鍵マークをダブルクリックすると，Webサーバの証明書が表示されます。一度確認してみましょう。

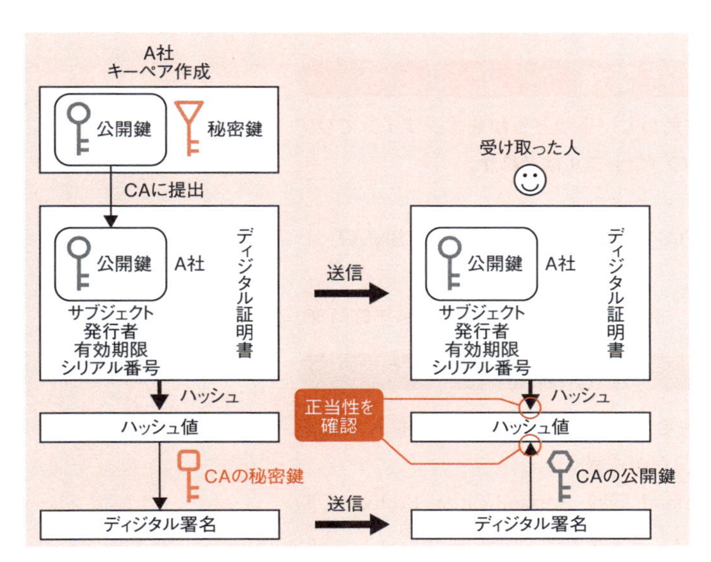

ディジタル証明書の役割

CRLとOCSP

ディジタル証明書には有効期限がありますが，その有効期限内に秘密鍵が漏えいしたりセキュリティ事故が起こったりしてディジタル証明書の信頼性が損なわれることがあります。その場合には，CAに申請し，**CRL**（Certificate Revocation List）に登録してもらいます。CRLは，失効したディジタル証明書のシリアル番号のリストで，これを参照することで，ディジタル証明書が失効しているかどうかを確認できます。

また，ディジタル証明書の失効情報を取得するためのプロトコルに**OCSP**（Online Certificate Status Protocol）があります。CRLの代替として提案されており，失効情報を問い合わせる際に使用します。OCSPのやり取りを行うサーバをOCSPレスポンダといいます。

それでは，次の問題で確認してみましょう。

問題

ディジタル証明書が失効しているかどうかをオンラインでリアルタイムに確認するためのプロトコルはどれか。

ア CHAP　イ LDAP　ウ OCSP　エ SNMP

(平成26年秋 応用情報技術者試験 午前 問38)

解説

ディジタル証明書の失効情報を確認するためのプロトコルは，OCSPです。したがって，ウが正解です。

ア CHAPはChallenge-Handshake Authentication Protocolの略で，ユーザの認証プロトコルです。

イ LDAPはLightweight Directory Access Protocolの略で，ディレクトリサービスに接続するためのプロトコルです。

エ SNMPはSimple Network Management Protocolの略で，ネットワーク機器の管理を行うためのプロトコルです。

≪解答≫ウ

暗号化技術の応用

これまでに解説した公開鍵暗号方式，共通鍵暗号方式及びハッシュの三つを組み合わせて応用することができます。代表例に以下のものがあります。

SSLが発展してTLSになっており，正確なバージョンとしては，SSL1.0，SSL2.0，SSL3.0，TLS1.0，TLS1.1，TLS1.2，TLS1.3というかたちで順に進化しています。現在のブラウザなどではTLSが使われていることが多いのですが，SSLという名称が広く普及したので，あまり区別せず，TLSをSSLと呼ぶこともあります。

①SSL/TLS

SSL（Secure Sockets Layer）は，セキュリティを要求される通信のためのプロトコルです。SSL3.0を基に，**TLS**（Transport Layer Security）1.0が考案されました。

提供する機能は，**認証**，**暗号化**，**改ざん検出**の**三つ**です。最初に，通信相手を確認するために認証を行います。このとき，サーバが**サーバ証明書**をクライアントに送り，クライアントがその**正当性を確認**します。クライアントがクライアント証明書を送ってサーバが確認することもあります。

さらに，サーバ証明書の公開鍵を用いて，クライアントはデータの暗号化に使う**共通鍵の種を，サーバの公開鍵で暗号化**して送ります。その種を基にクライアントとサーバで共通鍵を生成し，その共通鍵を用いて暗号化通信を行います。また，**データレコードにハッシュ値を付加**して送り，データの改ざんを検出します。

関連
SSL/TLSは様々なアプリケーションプロトコルと組み合わせて使用します。最も代表的なものが，HTTPと組み合わせるHTTPS(HTTP over SSL/TLS)です。HTTPSを用いる方がより安全に接続できるため，Webサイトでは，HTTPSでの通信をクライアントに強制するために，**HSTS**（HTTP Strict Transport Security）という仕組みを設定することがあります。

②IPsec（Security Architecture for Internet Protocol）

IPパケット単位でのデータの改ざん防止や秘匿機能を提供するプロトコルです。**AH**（Authentication Header）では完全性確保と認証を，**ESP**（Encapsulated Security Payload）ではAHの機能に加えて暗号化をサポートします。また，**IKE**（Internet Key Exchange protocol）により，共通鍵の鍵交換を行います。

③S/MIME（Secure MIME）

MIME形式の電子メールを暗号化し，ディジタル署名を行う標準規格です。**認証局（CA）**で正当性が確認できた公開鍵を用います。まず共通鍵を生成し，その**共通鍵でメール本文を暗号化**します。そして，その共通鍵を**受信者の公開鍵で暗号化**し，メールに添付します。このような暗号化方式のことを**ハイブリッド暗号**といいます。組み合わせることで，共通鍵で高速に暗号化でき，公開鍵で安全に鍵を配送できるようになります。また，**ディジタル署名**を添付することで，データの真正性と完全性も確認できます。

用語
MIME（Multipurpose Internet Mail Extension）とは，テキストしか使用できなかったインターネットの電子メール規格を拡張したものです。画像や音声，バイナリデータなど，様々なデータを利用することができます。

④PGP（Pretty Good Privacy）

S/MIMEと同様の，電子メールの暗号方式です。違いは，認証局を利用するのではなく，「信頼の輪」の理念に基づき，自分の友人が信頼している人の公開鍵を信頼するという形式をとります。小規模なコミュニティ向きです。

⑤SSH（Secure Shell）

ネットワークを通じて別のコンピュータにログインしたり，ファイルを移動させたりするプロトコルです。公開鍵暗号方式によって共通鍵の交換を行う**ハイブリッド暗号**を使用します。

SSHを利用したプログラムには，リモートホストでのファイルコピー用コマンドのrcpを暗号化するscpや，FTPを暗号化するsftpなどがあります。

⑥メッセージ認証（HMAC）

送信する内容が正しいことを確認する技術です。代表的なメッセージ認証の方式に，HMAC（Hash-based Message Authentication Code）があります。HMACでは，送信するメッセージにパスワード（秘密鍵，パスフレーズ）を加えたものに対してハッシュ値（HMAC）を求めます。この求めた値を相手に送り，通信相手もハッシュ値を計算することで，メッセージの内容が正しいことを確認できます。オンラインバンキングでの送金内容が正しいことを確認する送金内容認証などで用いられます。

⑦コードサイニング認証

インターネット上でソフトウェアを配布する場合に，ソフトウェアの開発者とソフトウェアの内容がどちらも正しいことを確認する技術をコードサイニング認証といい，そのために発行される証明書をコードサイニング証明書といいます。具体的には，信頼されたコードサイニング認証局が，ソフトウェアの開発者を証明する公開鍵証明書を発行します。ソフトウェアの開発者は，証明書に対応する秘密鍵を用いて，ソフトウェアのプログラムや実行可能ファイルなどにディジタル署名を行います。

⑧リスクベース認証

リスクベース認証とは，通常と異なる環境からログインをしようとする場合などに，通常の認証に加えて，合言葉などによる追加認証を行う認証方式です。ユーザの利便性をそれほど損わずに，第三者による不正利用が防止しやすくなります。

それでは，午後問題に挑戦してみましょう。

問題

営業支援サーバへのSSLの導入に関する次の記述を読んで，設問１～４に答えよ。

P社は，コンピュータ関連製品の販売会社である。P社では，営業支援システムと販売管理システムを運用している。営業支援システムでは，製品資料，顧客情報，プレゼンテーション資料などが参照できる。営業支援システムは，販売管理システムと連携しており，在庫数の確認や在庫の引当てもできる。各システムは，それぞれのサーバで稼働している。

P社では，全社員がノートPC（以下，PCという）を業務で使用している。営業員は，社内で営業支援サーバから各種資料をPCにダウンロードした後，PCを顧客先に持参して製品説明やプレゼンテーションなどを行っている。営業支援サーバへは，PCのブラウザを利用してアクセスしている。

P社のシステム構成を図１に示す。

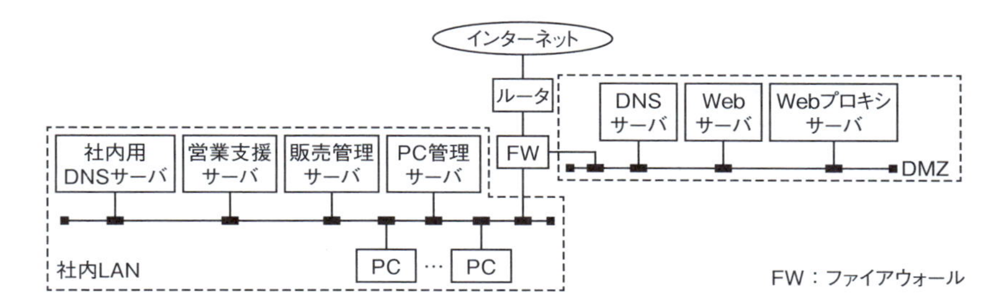

図1　P社のシステム構成（抜粋）

P社では，情報システム部が許可したアプリケーションプログラムだけを，PCにインストールさせている。PCは，社内LANに接続されたときにPC管理サーバにアクセスして，ウイルス対策ソフトの最新のパターンファイル，及びOSとアプリケーションプログラムのセキュリティパッチを適用する。

最近，営業員から，最新の在庫数の確認や在庫の引当てを社外からも行えるようにしてほしいとの要望が強くなった。そこで，情報システム部のQ課長は，営業支援システムをインターネット経由で利用できるようにするために，SSLの導入についての検討を，サーバ運用担当のR君に指示した。指示を受けたR君は，まず，SSLについて調査した。

〔SSLの機能概要〕

インターネットはオープンなネットワークなので，多くの脅威が存在する。これらの脅威に対応するためにSSLが利用される。

SSLでは，[a]，なりすまし及び[b]に対する対応策が提供される。

[a]防止は，公開鍵暗号方式と共通鍵暗号方式を組み合わせて実現される。なりすまし防止は，サーバ認証とクライアント認証によって行われる。送受信されるメッセージの[b]検知は，メッセージの中に埋め込まれる，MAC（Message Authentication Code）を基に行われる。

R君は，社外から営業支援サーバへのアクセスをSSLで行えば，営業支援システムの安全な利用が可能になると考え，営業支援サーバへのSSLの導入方法の検討を行うことにした。

〔クライアント認証の検討〕

営業支援サーバには，信頼できる認証機関によって発行されたサーバ証明書を導入して，営業支援サーバの正当性を証明する。

営業支援サーバにSSLを導入しても，社外から営業支援サーバへのアクセスが不特定のPCによって行われると，新たなセキュリティリスクが発生してしまう。そこで，R君は，社外から営業支援サーバにアクセスするときに，利用者IDとパスワードによる認証に加えて，SSLがもつ，クライアント証明書を用いたクライアント認証機能も利用することを考えた。クライアント認証には，クライアント証明書をインストールしたICカードやUSBトークンを利用することができるが，今回はこれらを利用せず，①クライアント証明書をPC自体にインストールする方式を採用することにした。

〔営業支援サーバを社外に公開する構成〕

次に，R君は，営業支援サーバを社外に公開する構成について検討した。

R君が考えた営業支援サーバを社外に公開するための二つの構成案を図2に示す。案1は，営業支援サーバにSSLを導入して，DMZに移設するものであり，案2は，SSLを導入したリバースプロキシサーバを，新規にDMZに設置するものである。

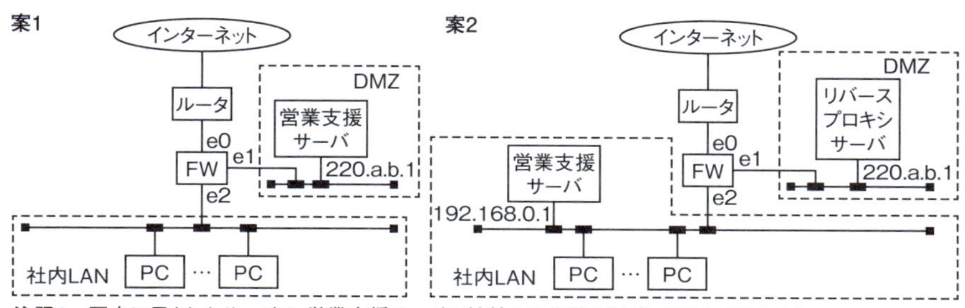

注記1　図中に示されたサーバは，営業支援サーバの社外への公開に関連するものだけである。
注記2　e0, e1, e2は，FWのイーサネットインタフェースを示す。
注記3　220.a.b.1はグローバルIPアドレスを示す。

図2　営業支援サーバを社外に公開するための二つの構成案

二つの案について検討した結果，案1と案2には，それぞれ，次の対応が必要になることが分かった。

案1では，新たな機器の導入は不要だが，三つの作業が必要になる。一つ目は，営業支援サーバにSSLを導入する作業，二つ目は，営業支援サーバをDMZに移設する作業，三つ目は，②営業支援サーバにアクセスする全てのPCに対する作業である。

案2では，二つの作業が必要になる。一つ目は，社外から営業支援サーバにアクセスする全てのPCに対する，案1と同様の作業であり，二つ目は，SSLを導入したリバースプロキシサーバを新規に構築してDMZに設置する作業である。

また，案1，案2ともに，インターネットからのDoS攻撃によって，サービスの提供が不能になるリスクがあるが，③案1と比較すると案2の被害は限定的である。

R君は，これらの検討結果を基に，案2を採用することにした。

案2を採用すると，FWで新たに通過を許可しなければならない通信が発生する。P社が導入しているFWは，ステートフルインスペクション機能をもつので，FWが最初に受信して通過させるパケットの内容の設定だけで済む。案2を採用する場合に，FWに追加が必要なフィルタリングルールを表1に示す。

表1　案2を採用する場合に，FWに追加が必要なフィルタリングルール

項番	方向	送信元IPアドレス	宛先IPアドレス	宛先ポート番号	処理
1	e0→e1	任意	220.a.b.1	443/TCP	許可
2	e1→e2	220.a.b.1	192.168.0.1	80/TCP	許可

R君は，以上の検討結果をQ課長に報告したところ，クライアント証明書の発行と運用についての追加検討を指示された。

〔クライアント証明書の発行と運用〕

クライアント証明書は，P社内だけで使用するものなので，リバースプロキシサーバのディジタル証明書発行機能を利用して発行することにした。発行した証明書は，クライアント認証の目的を確実に達成するために，社外に持ち出して営業支援サーバにアクセスする全てのPCに，情報システム部の担当者が直接インストールすることにした。

R君は，検討結果をQ課長に報告したところ，証明書の有効期限の満了によって社外から営業支援システムが利用できなくなったり，④PCの盗難や紛失が発生したりすることがあるので，PC管理台帳を作成して，間違いのない運用ができるようにしなければならないとの指摘があった。そこで，R君は，PC管理台帳で，証明書の発行日，有効期限，証明書の識別情報，使用者，インストールしたPCの情報などに加えて，証明書が有効かどうかを示す情報も併せて管理することにした。

R君は，以上の検討結果を基に，SSL導入の実施策をまとめ，Q課長に報告した。Q課長は，実施策に問題がないことを確認できたので，具体的な作業を進めるようR君に指示した。

設問1 本文中の［ a ］，［ b ］に入れる適切な字句を答えよ。

設問2 本文中の下線①の方法によるクライアント認証の目的を，30字以内で述べよ。

設問3 〔営業支援サーバを社外に公開する構成〕について，(1)～(3)に答えよ。

(1) 本文中の下線②の作業内容を，20字以内で答えよ。

(2) 本文中の下線③で，案2の方が営業支援サーバ利用における被害が限定的となる理由を，25字以内で述べよ。

(3) 表1中の項番1，2において，各項番のフィルタリングルールで通過が許可されるパケットのTCPの上位層のプロトコルを答えよ。

設問4　本文中の下線④が発生したとき，営業支援システムの不正利用を防ぐために，クライアント証明書に対して実施すべき対応策は何か。25字以内で述べよ。

（平成26年春 応用情報技術者試験 午後 問1）

解説

SSLの導入に関する問題です。クライアント証明書を利用して接続するSSLについて出題されています。SSLを中心とした暗号化，認証，PKIなどの情報セキュリティの基本を問う定番問題です。

設問1

SSLに関する空欄穴埋め問題です。

SSLでは，盗聴，なりすまし，及び改ざんの三つの情報セキュリティの脅威に対する対応策が提供されています。そのため，空欄a，bは盗聴，改ざんだと考えられます。

空欄a

二つめの空欄の後に「公開鍵暗号方式と共通鍵暗号方式を組み合わせて」という記述があります。暗号化によって対策できることは盗聴なので，空欄aは**盗聴**です。

空欄b

二つめの空欄の直後に「検知」とあることと，MAC（メッセージ認証コード）に触れられていることから，改ざんに関することだと考えられます。なお，改ざんはMACによって検知することは可能ですが，防止することはできません。したがって，空欄bは**改ざん**となります。

設問2

下線①「クライアント証明書をPC自体にインストールする方法」によるクライアント認証の目的について問われています。

クライアント証明書をICカードやUSBトークンに入れると，いろいろなPCでクライアント証明書を利用できるようになってしまいます。PCにクライアント証明書をインストールすると，そのPC以外でのアクセスはできなくなりますが，それにより営業支援システムを利用できるPCを制限することが可能になります。

したがって，クライアント認証の目的は，**営業支援システムを利用できるPCを限定するため**，となります。

設問3

〔営業支援サーバを社外に公開する構成〕についての問題です。図2の案1，案2の二つの構成案について，検討を行っていきます。

(1)

下線②「営業支援サーバにアクセスする全てのPCに対する作業」について問われています。

これは，案1，案2ともに必要な作業という記述があり，また，設問2でPCにクライアント証明書をインストールすることについて触れられています。そのため，PCに対する作業についての解答は，**クライアント証明書のインストール**，だと考えられます。

(2)

下線③「案1と比較すると案2の被害は限定的である」ことの理由について問われています。

インターネットからのDoS攻撃によってサービスが不能になるという状況では，インターネットからの攻撃はDMZに対して行われると考えられます。図2より，DMZに公開されているサーバは，案1では営業支援サーバ，案2ではリバースプロキシサーバです。リバースプロキシサーバは社外から営業支援サーバにアクセスするために必要なサーバで，社内LANのPCからは利用しません。そのため，被害が限定的になる理由は，**社内LANからの利用には被害が及ばないから**，となります。

(3)

表1中の項番1，2において，各項番のフィルタリングルールで通信が許可されるパケットのTCPの上位層（セション層～アプリケーション層）のプロトコルを考えます。

項番1

外部からDMZへの通信です。インターネットからの通信はSSLを利用する予定であり，表1より，宛先ポート番号が443/TCPとなっています。TCPのポート番号443は，HTTPS（HTTP over

TLS/SSL）なので，項番1の上位層のプロトコルは**HTTPS**であると考えられます。

項番2

宛先ポート番号が80/TCPであり，TCPのポート番号80はHTTPに該当します。案2では，リバースプロキシサーバでSSLの復号が行われるため，項番2の上位層のプロトコルは**HTTP**であると考えられます。

設問4

下線④「PCの盗難や紛失が発生した」場合には，営業支援システムが不正利用されるおそれがあります。盗難されたPCにはクライアント証明書がインストールされており，これを利用してアクセスさせないようにするには，当該PCのクライアント証明書を使えないようにする必要があります。本文中〔クライアント証明書の発行と運用〕に，PC管理台帳で，「証明書が有効かどうかを示す情報も併せて管理する」とあるので，証明書を無効にし，失効させれば，不正利用ができなくなることが分かります。したがって，実施すべき対策は，**当該PCのクライアント証明書を失効させる**，となります。

≪解答≫

設問1 a：盗聴，b：改ざん

設問2 営業支援システムを利用できるPCを限定するため（23字）

設問3

（1） クライアント証明書のインストール（16字）

（2） 社内LANからの利用には被害が及ばないから（21字）

（3） 項番1：HTTPS，項番2：HTTP

設問2 当該PCのクライアント証明書を失効させる。（21字）

▶▶▶ 覚えよう！

- ☐ PKIのディジタル証明書は，CAの秘密鍵でディジタル署名
- ☐ RSAは公開鍵暗号方式，AESなど，その他はほとんど共通鍵暗号方式

3-5-2 情報セキュリティ管理

★★★

情報セキュリティは，技術を導入するだけでは確保できません。万全にするには，どのように計画し，実践及び改善していくかといった情報セキュリティマネジメントが重要です。

情報セキュリティマネジメントシステム

情報セキュリティマネジメントシステム（**ISMS**：Information Security Management System）は，組織において情報セキュリティを管理するための仕組みです。ISMSの構築方法や**要求事項**などは**JIS Q 27001**（ISO/IEC 27001）に示されています。また，どのようにISMSを実践するかという**実践規範**は**JIS Q 27002**（ISO/IEC 27002）に示されています。ISMSでは，**情報セキュリティ基本方針**を基に，次のような**PDCAサイクル**を繰り返します。

勉強のコツ

JIS規格やISO規格は，すべての番号を覚えている必要はありませんが，代表的なものを知っておくと役に立ちます。情報セキュリティ関連では，ここに登場する**ISO 27001（要求事項）**と**ISO 27002（実践規範）**が最もよく出てくるので，押さえておきましょう。

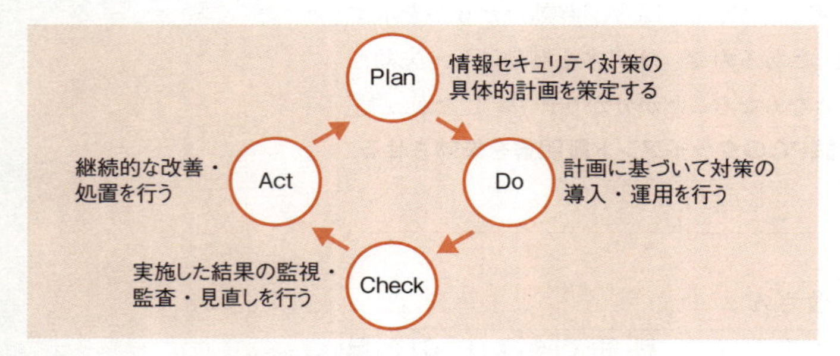

情報セキュリティのPDCAサイクル

PDCAサイクルのPlanフェーズでは，具体的な計画を立て，情報セキュリティポリシなどを策定します。

Doフェーズでは，組織全員が情報セキュリティを確保できるように，責任者が適切に**リーダシップ**をとり，法的及び契約において情報セキュリティを順守させるようにします。そのため，定期的に**情報セキュリティ教育**や訓練を行う必要があります。

Checkフェーズでは，内部監査やマネジメントレビューなどの**パフォーマンス評価**を行います。また，コーポレートガバナンスと，それを支える内部統制の仕組みを情報セキュリティの観点から運用する**情報セキュリティガバナンス**も意識する必要があります。

Actフェーズでは，継続的な改善を行います。

情報セキュリティ継続

組織は，危機または災害発生による非常事態に備えて，継続した情報セキュリティの運用を確実にするためのプロセスである**情報セキュリティ継続**を策定しておく必要があります。具体的には，**コンティンジェンシープラン**（緊急時対応計画）や復旧計画，バックアップ対策などを事前に考案しておきます。

リスクマネジメント

リスクとは，もしそれが発生すれば情報資産に影響を与える不確実な事象や状態のことです。**リスクマネジメント**では，リスクに関して組織を指揮し，管理します。その際に行われるのが**リスクアセスメント**であり，**リスク分析**によって情報資産に対する脅威と脆弱性を洗い出し，そのリスクの大きさを算出します。なお，リスクの大きさは，そのリスクの**発生確率**と，事象が起こったときの**影響の大きさ**とを組み合わせたもので，金額などで算出されます。

そして，リスクの大きさに基づき，それぞれのリスクに対して**リスク評価**を行います。

リスク評価には，**定性的評価**と**定量的評価**の2種類があります。定性的評価はリスクの大きさを金額以外で評価する手法で，定量的評価は**リスクの大きさを金額で表す**手法です。

リスク対応

リスクを評価した後で，それぞれのリスクに対してどのように対応するかを決めるのが**リスク対応**です。その方法は次の四つに分けることができます。

①リスク最適化（低減）

損失の発生確率や被害額を減少させるような対策を行うことです。一般的なセキュリティ対策はこれにあたります。

②リスク回避

リスクの根本原因を排除することでリスクを処理します。リスクの高いサーバの運用をやめるなどがその一例です。

関連
リスクマネジメントはマネジメント全体に通じる大切な考え方なので，情報セキュリティだけでなく他の分野でも登場します。「5-1-8 プロジェクトリスクマネジメント」も参考にしてください。

用語
リスク分析の手法として代表的なものに，日本情報処理開発協会（JIPDEC）が開発した**JRAM**（JIPDEC Risk Analysis Method）があります。その後，JIPDECでは2010年に，新たなリスクマネジメントシステムである**JRMS2010**を公表しました。

発展
リスク対応は，実際には予算との兼ね合いで行われます。リスク評価で金額が多いものは優先してリスクを最適化しますが，被害額が小さいもの，または発生しても許容できる範囲であれば，リスクを保有し，対応を行わないケースも多く見られます。

用語
リスク対応の考え方には，**リスクコントロール**と**リスクファイナンス**があります。**リスクコントロール**は，技術的な対策など，何らかの行動で対策をすることですが，**リスクファイナンス**は**資金面で対応**することです。

③リスク移転

リスクを第三者へ移転します。保険をかけるなどしてリスク発生時の費用負担を外部に転嫁するといった方法があります。

④リスク保有（受容）

特にリスクに対応せず，そのことを受容します。

リスク対応の後に残ってしまったリスクのことを**残留リスク**といいます。

それでは，次の問題で確認してみましょう。

問題

個人情報の漏えいに関するリスク対応のうち，リスク回避に該当するものはどれか。

ア　個人情報の重要性と対策費用を勘案し，あえて対策をとらない。
イ　個人情報の保管場所に外部の者が侵入できないように，入退室をより厳重に管理する。
ウ　個人情報を含む情報資産を外部のデータセンタに預託する。
エ　収集済みの個人情報を消去し，新たな収集を禁止する。

（平成29年春 情報処理安全確保支援士試験 午前Ⅱ 問9）

解説

リスク回避とは，リスクの根本原因を排除することでリスクを処理することです。新たな収集を禁止し，収集済みの個人情報を消去することで，情報漏えいのリスクを回避できます。したがって，エが正解です。

アはリスク保有，イはリスク最適化，ウはリスク移転に該当します。

≪解答≫エ

情報セキュリティポリシ

情報セキュリティポリシとは，組織の情報資産を守るための方針や基準を明文化したもので，基本構成は次の二つです。

①情報セキュリティ基本方針

情報セキュリティに対する組織の基本的な考え方や方針を示すもので，**経営陣によって承認**されます。目的や対象範囲，管理体制や罰則などについて記述されており，全従業員及び関係者に通知して公表されます。

②情報セキュリティ対策基準

情報セキュリティ基本方針と，**リスクアセスメントの結果**に基づいて対策基準を決めます。適切な情報セキュリティレベルを維持・確保するための具体的な遵守事項や基準を定めます。

それでは，次の問題で確認していきましょう。

参考

情報セキュリティポリシはあくまで方針と基準なので，実際の細かい内容は定めれられていません。そのため，情報セキュリティマネジメントを行う際には，情報セキュリティ対策実施手順や規程類を用意し，詳細な手続きや手順を記述するようにします。

3

問題

ISMSにおいて定義することが求められている情報セキュリティ基本方針に関する記述のうち，適切なものはどれか。

ア　重要な基本方針を定めた機密文書であり，社内の関係者以外の目に触れないようにする。

イ　情報セキュリティの基本方針を述べたものであり，ビジネス環境や技術が変化しても変更してはならない。

ウ　情報セキュリティのための経営陣の方向性及び支持を規定する。

エ　特定のシステムについてリスク分析を行い，そのセキュリティ対策とシステム運用の詳細を記述する。

（平成25年秋 応用情報技術者試験 午前 問40）

解説

情報セキュリティ基本方針は，経営陣によって承認されるもので，情報セキュリティのための経営陣の方向性及び支持を規定します。したがって，ウが正解です。

ア 機密文書とするのではなく，全社員に公開し，必要なら外部関係者にも通知します。

イ 「変更してはならない」は誤りです。ISMSの一環として整備されるものなので，PDCAサイクルに則って定期的に改善する必要があります。

エ 基本方針ではなく，情報セキュリティ対策実施手順，規程類のことです。

≪解答≫ウ

認証の3要素

ユーザ認証の方法には大きく次の3種類があり，それを認証の3要素といいます。

- **記憶**……ある**情報**をもっていることによる認証
  例：パスワード，暗証番号など
- **所持**……ある**もの**をもっていることによる認証
  例：ICカード，電話番号，秘密鍵など
- **生体**……身体的な**特徴**による認証
  例：指紋，虹彩，静脈など

それぞれの認証には一長一短があるため，このうちの2種類以上を組み合わせて**多要素認証**（または**2要素認証**）とすることが重要です。

情報セキュリティ組織・機関

進化する情報セキュリティ攻撃から組織を守るためには，組織の中に情報セキュリティを確保する仕組みを作り，組織同士で連携する必要があります。そのための仕組みとしては次のようなものがあります。

用語

ICカードは，通常の磁気カードと異なり，情報の記録や演算をするためにICが組み込まれています。そして，内部の情報を読み出そうとすると壊れるなどして情報を守ります。このような，物理的あるいは論理的に内部の情報を読み取られることに対する耐性のことを**耐タンパ性**といいます。

発展

2段階認証とは，認証を2段階で行う認証方式です。2要素認証とは少し異なる概念ですが，重なる部分も多くあります。
例えば，Googleの2段階認証プロセスでは，パスワードでの認証の成功後に，携帯電話などに送られるコードの入力やスマートフォン上のアプリに回答することで認証します。これは，"記憶"であるパスワードと，携帯電話などを"所持"していることによる2要素認証に該当します。
ここで安全性を高めるために必要なのは"2要素認証"の条件を満たすことで，認証の段階自体は1段階でも2段階でもかまいません。
2段階認証では1段階目の認証の可否で攻撃者に手がかりを与えてしまうので，理想は"1段階・2要素認証"だとされています。

①情報セキュリティ委員会

組織の中における，情報セキュリティ管理責任者（CISO：Chief Information Security Officer）をはじめとした経営層の意思決定組織が**情報セキュリティ委員会**です。

②SOC（セキュリティオペレーションセンター）

SOC（Security Operation Center）は，セキュリティ監視の拠点です。セキュリティ管理サービスを提供するIT企業が複数の顧客への対応を集中して行うためにSOCを用意し，顧客のセキュリティ機器を監視し，サイバー攻撃の検出やその対策を行います。

③CSIRT

CSIRT（シーサート）（Computer Security Incident Response Team）とは，主にセキュリティ対策のためにコンピュータやネットワークを監視し，問題が発生した際にはその原因の解析や調査を行う組織です。CSIRTでは，インシデントが発生したときに適切に対処する**インシデントハンドリング**を行います。

日本には，他のCSIRTとの情報連携や調整を行うJPCERT/CC（Japan Computer Emergency Response Team Coordination Center）があります。

④IPAセキュリティセンター

IPAセキュリティセンターは，IPA（情報処理推進機構）内に設置されているセキュリティセンターです。ここでは情報セキュリティ早期警戒パートナーシップという制度を運用しており，コンピュータウイルス，不正アクセス，脆弱性などの届出を受け付けています。経済産業省と共同で，**サイバーセキュリティ経営ガイドライン**を公開しています。

用語

サイバーセキュリティ経営ガイドラインなどIPAが関連した標準については，「9-2-2 セキュリティ関連法規」で取り上げています。

⑤JVN

JVN（Japan Vulnerability Notes）は，日本で使用されているソフトウェアなどの脆弱性関連情報とその対策情報を提供する脆弱性対策情報ポータルサイトです。JPCERT/CCとIPAが共同で運営しています。

⑥内閣サイバーセキュリティセンター

内閣サイバーセキュリティセンター（NISC：National center of Incident readiness and Strategy for Cybersecurity）は，内閣官房に設置された組織です。サイバーセキュリティ基本法に基づき，内閣にサイバーセキュリティ戦略本部が設置され，同時に内閣官房にNISCが設置されました。サイバーセキュリティ戦略の立案と実施の推進などを行っています。

⑦ホワイトハッカー

コンピュータやネットワークに関する高い技術をもつハッカーと呼ばれる人のうち，その技術を善良な目的に生かす人をホワイトハッカーといいます。サイバー犯罪に対処するためにも，**ホワイトハッカー**の育成は急務といわれています。

⑧J-CRAT（サイバーレスキュー隊）

J-CRAT（Cyber Rescue and Advice Team against targeted attack of Japan）は，IPAが経済産業省の支援のもとに設立した，相談を受けた組織の被害の低減と攻撃の連鎖の遮断を支援する活動を行う団体です。「標的型サイバー攻撃特別相談窓口」で，広く一般からの相談や情報提供を受け付けており，調査結果を用いた助言を実施します。基本的にはメールや電話などでのやり取りですが，場合によっては，現場組織に赴いて支援を行うこともあります。

それでは，次の問題を考えてみましょう。

問題

サイバーレスキュー隊（J-CRAT）の役割はどれか。

ア　外部からのサイバー攻撃などの情報セキュリティ問題に対して，政府横断的な情報収集や監視機能を整備し，政府機関の緊急対応能力強化を図る。
イ　重要インフラに関わる業界などを中心とした参加組織と秘密保持契約を締結し，その契約の下に提供された標的型サイバー攻撃の情報を分析及び加工することによって，参加組織間で情報共有する。

ウ　セキュリティオペレーション技術向上，オペレータ人材育成，及びサイバーセキュリティに関係する組織・団体間の連携を推進することによって，セキュリティオペレーションサービスの普及とサービスレベルの向上を促す。

エ　標的型サイバー攻撃を受けた組織や個人から提供された情報を分析し，社会や産業に重大な被害を及ぼしかねない標的型サイバー攻撃の把握，被害の分析，対策の早期着手の支援を行う。

（平成29年秋 応用情報技術者試験 午前 問42）

解説

サイバーレスキュー隊（J-CRAT）とは，IPAが経済産業省の支援のもとに設立した，相談を受けた組織の被害の低減と攻撃の連鎖の遮断を支援する活動を行う団体です。したがって，エが正解です。

アはCSIRT，イはJ-CSIP（サイバー情報共有イニシアティブ），ウはISOG-J（日本セキュリティオペレーション事業者協議会）の役割です。

≪解答≫エ

▶▶▶ 覚えよう！

- □　**リスク対応には，最適化，回避，移転，保有の4種類がある**
- □　**認証の3要素は，記憶，所持，生体で，組み合わせて多要素認証とすることが大事**

3-5-3 セキュリティ技術評価

情報セキュリティに“完璧な対策”はありません。資金面での限界もありますし，日々新しい攻撃が考案されている現状からも，「すべてのことに対応する」のは現実的ではありません。しかし，最低限の対策は，会社の信用を高めたり，リスクを減少させたりするために必要です。完璧ではなくても，「同業他社や世間一般と同じぐらいのレベル」で守らなければなりません。そこで，「いったいどこまで対策をすればよいのか」を示すために，情報セキュリティに関する様々な規格や制度が制定されています。

用語

情報セキュリティマネジメント（ISMS）の場合は，ISO/IEC27001や27002が基準にされています。そして，そうした規格で定義されている活動を実際に行っているかどうかを**ISMS適合性評価制度**で判断し，それに合致した組織が**ISMS認証**を取得します。つまり，認証を受けるということは，セキュリティ対策が完璧であるということではなく，規格で定義されている対策をひととおり行っているということが認定されるものです。

ISO/IEC 15408

情報セキュリティマネジメントではなくセキュリティ技術を評価する規格に**ISO/IEC 15408**（JIS規格では**JIS X 5070**）があります。これは，IT関連製品や情報システムのセキュリティレベルを評価するための国際規格です。**CC**（Common Criteria：**コモンクライテリア**）とも呼ばれ，主に次のような概念を掲げています。

①ST（Security Target：セキュリティターゲット）

セキュリティ基本設計書のことです。製品やシステムの開発に際して，STを作成することは最も重要であると規定されています。利用者が自分の要求仕様を文書化したものです。

用語

共通の評価基準であるCCに加え，評価結果を理解し，比較するための評価方法「Common Methodology for Information Technology Security Evaluation」が開発されました。共通評価方法（Common Evaluation Methodology）と略され，その頭文字をとって**CEM**と呼ばれます。ここには，評価機関がCCによる評価を行うための手法が記されています。

②EAL（Evaluation Assurance Level：評価保証レベル）

製品の保証要件を示したもので，製品やシステムのセキュリティレベルを客観的に評価するための指標です。EAL1（機能テストの保証）からEAL7（形式的な設計の検証及びテストの保証）まであり，数値が高いほど保証の程度が厳密です。

JISEC（ITセキュリティ評価及び認証制度）

JISEC（Japan Information Technology Security Evaluation and Certification Scheme）とは，IT関連製品のセキュリティ機能の適切性・確実性をISO/IEC 15408に基づいて評価し，認証する制度です。評価は第三者機関（評価機関）が行い，認証はIPA（情報処理推進機構）が行います。

JCMVP（暗号モジュール試験及び認証制度）

JCMVP（Japan Cryptographic Module Validation Program）は，暗号モジュールの認証制度です。暗号化機能，ハッシュ機能，署名機能などのセキュリティ機能を実装したハードウェアやソフトウェアなどから構成される暗号モジュールが，セキュリティ機能や内部の重要情報を適切に保護していることについて，評価，認証します。この制度は，製品認証制度の一つとして，IPAによって運用されています。

PCI DSS

PCI DSS（Payment Card Industry Data Security Standard：PCIデータセキュリティスタンダード）とは，**クレジットカード情報の安全な取扱い**のために，JCB，American Express，Discover，マスターカード，VISAの5社が共同で策定した，クレジットカード業界におけるグローバルセキュリティ基準です。

PCI DSSは，カード会員情報を格納及び処理するすべての組織を対象としており，安全なネットワークの構築や維持，カード会員データの保護などに関する要件を具体的に定めています。

SCAP

NIST（National Institute of Standards and Technology）が開発した，情報セキュリティ対策の自動化と標準化を目指した技術仕様を**SCAP**（Security Content Automation Protocol：セキュリティ設定共通化手順）といいます。

現在，SCAPは次の六つの標準仕様から構成されています。

SCAPについては，IPAセキュリティセンターのWebサイトに詳しい説明があります。
https://www.ipa.go.jp/security/vuln/SCAP.html
それぞれの詳しい内容は，こちらを参考にしてください。

①脆弱性を識別するためのCVE
（Common Vulnerabilities and Exposures：共通脆弱性識別子）

個別製品中の脆弱性を対象として，米国政府の支援を受けた非営利団体のMITRE社が採番している識別子です。脆弱性検査ツールやJVNなどの脆弱性対策情報提供サービスの多くがCVEを利用しています。

②セキュリティ設定を識別するためのCCE
(Common Configuration Enumeration:共通セキュリティ設定一覧)

システム設定情報に対して共通の識別番号「CCE識別番号(CCE-ID)」を付与し，セキュリティに関するシステム設定項目を識別します。識別番号を用いることで，脆弱性対策情報源やセキュリティツール間のデータ連携を実現します。

③製品を識別するためのCPE
(Common Platform Enumeration：共通プラットフォーム一覧)

ハードウェア，ソフトウェアなど，情報システムを構成するものを識別するための共通の名称基準です。

④脆弱性の深刻度を評価するためのCVSS
(Common Vulnerability Scoring System:共通脆弱性評価システム)

情報システムの脆弱性に対するオープンで包括的，汎用的な評価手法です。CVSSを用いると，脆弱性の深刻度を同一の基準の下で定量的に比較できるようになります。また，ベンダー，セキュリティ専門家，管理者，ユーザ等の間で，脆弱性に関して共通の言葉で議論できるようになります。

CVSSでは，次の三つの視点から評価を行います。

- **基本評価基準**(Base Metrics)
  脆弱性そのものの特性を評価する視点
- **現状評価基準**(Temporal Metrics)
  脆弱性の現在の深刻度を評価する視点
- **環境評価基準**(Environmental Metrics)
  製品利用者の利用環境も含め，最終的な脆弱性の深刻度を評価する視点

⑤チェックリストを記述するためのXCCDF
(eXtensible Configuration Checklist Description Format：セキュリティ設定チェックリスト記述形式)

セキュリティチェックリストやベンチマークなどを記述するための仕様言語です。

⑥脆弱性やセキュリティ設定をチェックするためのOVAL （Open Vulnerability and Assessment Language：セキュリティ検査言語）

コンピュータのセキュリティ設定状況を検査するための仕様です。

CWE

CWE（Common Weakness Enumeration：共通脆弱性タイプ一覧）は，ソフトウェアにおけるセキュリティ上の弱点（脆弱性）の種類を識別するための共通の基準です。CWEでは多種多様な**脆弱性の種類**を脆弱性タイプとして分類し，それぞれにCWE識別子（CWE-ID）を付与して階層構造で体系化しています。脆弱性タイプは，下記の4種類に分類されます。

- ビュー（View）
- カテゴリ（Category）
- 脆弱性（Weakness）
- 複合要因（Compound Element）

脆弱性検査

システムを評価するために脆弱性を発見する検査のことを**脆弱性検査**といいます。脆弱性検査として，システムに実際に攻撃して侵入を試みる手法をペネトレーションテストといいます。

覚えよう！

- □ ISO/IEC 15408（CC）は，セキュリティ製品の評価規格
- □ CVSSは共通脆弱性評価システムで，三つの視点から評価

3-5-4 情報セキュリティ対策

情報セキュリティ対策というと，技術面での対策を思い浮かべがちですが，それだけでは十分ではありません。人的セキュリティ，物理セキュリティの対策を行い，総合的に情報資産を守っていく必要があります。また，実際のセキュリティ攻撃を知ることで，守る方法が見えてきます。

参考

セキュリティ問題は，最終的には「人」が原因で発生することがほとんどです。どんなに強固なファイアウォールを設置しても，内部の人間が会社に不満をもち，セキュリティ犯罪を犯す場合もあります。人的セキュリティを軽視せず，現実的に対処していくことが大切です。

情報セキュリティ対策の種類

情報セキュリティ対策には，大きく次の3種類があります。

①技術的セキュリティ対策

暗号化，認証，アクセス制御など，技術によるセキュリティ対策です。技術的な対策には，攻撃を防いで内部に侵入させないための**入口対策**と，侵入された後にその被害を外部に広げないための**出口対策**があります。また，一つの対策だけでなく複数の対策を組み合わせる**多層防御**も大切です。

②人的セキュリティ対策

教育，訓練や契約などにより，人に対して行うセキュリティ対策です。管理的セキュリティと呼ばれることもあります。組織における不正行為は，**内部関係者**によって行われることが多いため，それを防ぐ対策が必要です。IPAでは『**組織における内部不正防止ガイドライン**』を公表し，内部不正を防止するための証拠確保などの具体的な方法を示しています。

③物理的セキュリティ対策

建物や設備などを対象とした，物理的なセキュリティ対策です。入退室管理やバックアップセンタ設置などを行います。離席時にはPCの画面を見えないようにする**クリアスクリーン**や，帰宅時に机の上のものをPCなども含めてすべてロッカーにしまって施錠する**クリアデスク**などの対策を行う必要があります。

個人情報保護対策

個人情報とは，氏名，住所，メールアドレスなど，それ単体もしくは組み合わせることによって個人を特定できる情報のことです。個人情報保護の基本的な考え方は，個人情報は本人の財産なので，それが勝手に別の人の手に渡ったり，間違った方法で使われたり，内容を勝手に変えられたりしないように適切に管理する必要があるということです。そのために，**個人情報の保護に関する法律**（**個人情報保護法**）では，個人情報の利用目的の特定と公表などについて定められています。個人情報に関しても，法律や標準に従って，適正な管理を行う必要があります。

参考
個人情報保護に関しての標準は，JIS Q 15001「個人情報保護マネジメントシステム」で示されています。基本的な考え方はISMSと同じであり，個人情報保護のためのISMSと考えても差し支えありません。

関連
個人情報保護法については，「9-2-2 セキュリティ関連法規」で詳しく取り上げています。

典型的なサイバー攻撃

サイバー攻撃（セキュリティ攻撃）には様々なものがあり，日々進化しています。近年の代表的な攻撃には以下のようなものがあります。

発展
セキュリティ攻撃の手法は日々進化しているので，最新の情報を確認することがとても大切です。IPAセキュリティセンターのWebサイト（https://www.ipa.go.jp/security/）を参考に，流行している攻撃手法は理解しておきましょう。

①バッファオーバフロー攻撃（BOF）

バッファの長さを超えるデータを送り込むことによって，バッファの後ろにある領域を破壊して動作不能にし，プログラムを上書きする攻撃です。対策としては，入力文字列長をチェックする方法が一般的ですが，それを言語としてチェックしないC言語やC++言語などは使わないという方法もあります。

②SQLインジェクション

不正なSQLを投入することで，通常はアクセスできないデータにアクセスしたり更新したりする攻撃です。

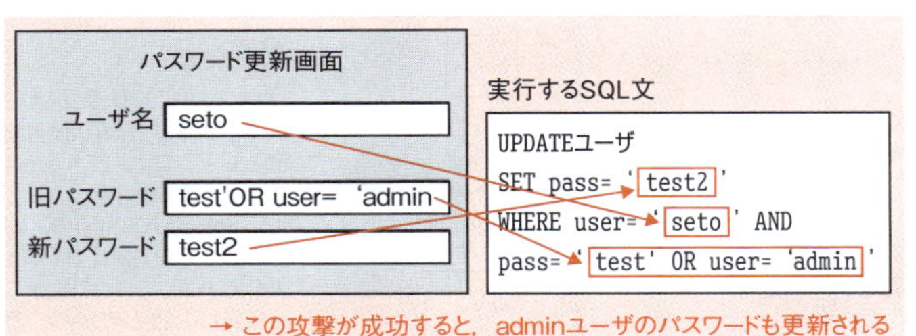

SQLインジェクションの例

このように，SQLインジェクションでは，「'」(シングルクォーテーション)などの制御文字をうまく組み入れることによって，意図しない操作を実行できます。対策としては，制御文字を置き換える**エスケープ処理**や，プレースホルダを利用する**バインド機構**が有効です。

③クロスサイトスクリプティング攻撃（XSS）

悪意のあるスクリプトを，標的サイトに埋め込む攻撃です。

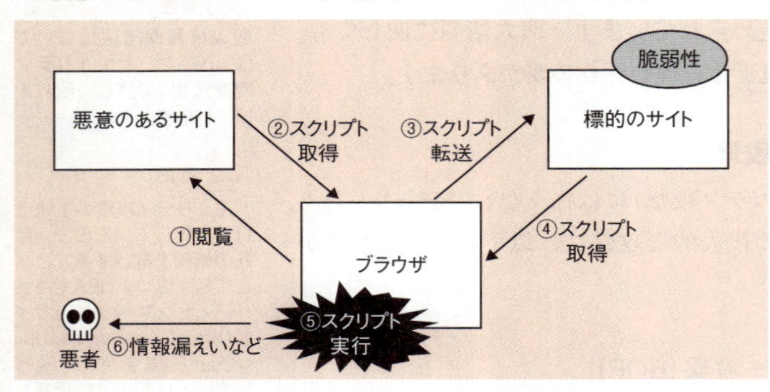

クロスサイトスクリプティング攻撃

対処方法としては，スクリプトを実行できないようにする，制御文字をエスケープ処理するなどがあります。

④クロスサイトリクエストフォージェリ攻撃（CSRF）

Webサイトにログイン中のユーザのスクリプトを操ることで，Webサイトに被害を与える攻撃です。

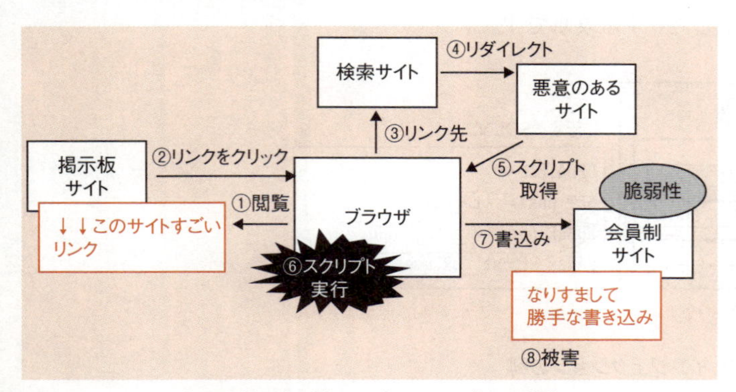

クロスサイトリクエストフォージェリ攻撃

用語

バインド機構とは，入力データの部分を埋め込んで文字列を組み立てる際に，文字列の連結ではなく**プリペアドステートメント**という各プログラム言語に用意された関数を利用して，SQL文を事前に組み立てておく方法です。具体的には，

```
preparedStatement("SELECT name FROM table WHERE code=?");
```

といったかたちであらかじめSQL文をコンパイルしておき，「?」の部分に文字列を挿入します。この「?」を**プレースホルダ**と呼びます。

参考

クロスサイトスクリプティング(XSS)とクロスサイトリクエストフォージェリ(CSRF)の違いは，攻撃がブラウザ上で行われるかサーバに向けて行われるかです。クライアントでスクリプトを実行して被害を起こすのがXSSで，スクリプトによってサーバ上に被害を起こすのがCSRFです。

発展

クロスサイトリクエストフォージェリ攻撃の有名な例として，「はまちちゃん」トラップがあります。
大手SNSであるmixiで，同時に数多くの日記に「ぼくははまちちゃん，こんにちはこんにちは!!」と書かれ，その下にあるリンクをクリックすることで被害が広がるという攻撃です。

⑤セッションハイジャック

セッションIDやクッキーを盗むことで，別のユーザになりすましてアクセスするという不正アクセスの手口です。

⑥DNSキャッシュポイズニング攻撃

DNSのキャッシュに不正な情報を注入することで，不正なサイトへのアクセスを誘導する攻撃です。

⑦DoS（Denial of Service）攻撃（サービス不能攻撃）

サーバなどのネットワーク機器に大量のパケットを送るなどしてサービスの提供を不能にする攻撃です。踏み台と呼ばれる複数のコンピュータから一斉に攻撃を行う**DDoS**（Distributed DoS）攻撃もあります。

発展
セキュリティ攻撃を成功させた後，その痕跡を消して見つかりにくくするためのツールに，rootkitがあります。

⑧フィッシング

信頼できる機関を装い，偽のWebサイトに誘導する攻撃です。例えば，銀行のメールを装って「本人情報の再確認が必要なので入力してください」などと詐称し，個人情報を入力させるといった手口があります。

⑨パスワードクラック

パスワードを不正に取得する攻撃です。辞書に出てくる用語を使用する**辞書攻撃**，適当な文字列を組み合わせて力任せに攻撃を繰り返す**ブルートフォース攻撃**などがあります。また，ネットワークを盗聴する手法には，認証情報の入ったパケットを取得し，それを送信する**リプレイ攻撃**や，パスワードを盗聴する**スニッフィング**などの手法があります。

さらに近年では，他のサイトで取得したパスワードのリストを利用して攻撃を行う**パスワードリスト攻撃**がさかんです。

それでは，次の問題を解いてみましょう。

3

問題

パスワードリスト攻撃に該当するものはどれか。

ア　一般的な単語や人名からパスワードのリストを作成し，インターネットバンキングへのログインを試行する。
イ　想定され得るパスワードとそのハッシュ値との対のリストを用いて，入手したハッシュ値からパスワードを効率的に解析する。
ウ　どこかのWebサイトから流出した利用者IDとパスワードのリストを用いて，他のWebサイトに対してログインを試行する。
エ　ピクチャパスワードの入力を録画してリスト化しておき，それを利用することでタブレット端末へのログインを試行する。

（平成27年春 応用情報技術者試験 午前 問39）

解説

パスワードリスト攻撃とは，パスワードのリストを使ってログインを試行する攻撃で，そのリストにはどこかのWebサイトから流出した利用者IDとパスワードなどが使用されます。したがって，ウが正解です。

アは辞書攻撃，イはレインボー攻撃の説明です。エのピクチャパスワードとは，画像を用意し，その画像の特定の部分をクリックするなどの動作を登録しておき，その動作をログインに使う認証方法です。

≪解答≫ウ

⑩ランサムウェア

コンピュータをロックしたり重要なファイルを暗号化したりしてシステムへのアクセスを制限し，その制限を解除するための**身代金を要求するマルウェア**です。

身代金を支払ってもデータが復元されるとは限らないため，事前の**バックアップ**などの対策が重要です。

マルウェアは，「malicious（悪意のある）」と「Software」の合成語です。

⑪ディレクトリトラバーサル

Webサイトのパス名（Webサーバ内のディレクトリやファイル名）に上位のディレクトリを示す記号（../ や ..¥）を入れることで，公開が予定されていないファイルを指定する攻撃です。サーバ内の機密ファイルの情報の漏えいや，設定ファイルの改ざんなどに利用されるおそれがあります。対策としては，パス名などを直接指定させない，アクセス権を必要最小限にするなどがあります。

⑫ポリモーフィック型マルウェア

自己を複製するときにプログラムのコードを変化させ，検知されないようにするマルウェアです。感染ごとにマルウェアのコードを異なる鍵で暗号化することによって，同一のパターンでは検知されないようにします。

⑬ドライブバイダウンロード

Webサイトにアクセスしただけで，ソフトウェアをダウンロードさせる攻撃です。利用者がWebサイトを閲覧したとき，利用者に気付かれないように，利用者のPCに不正プログラムを転送させます。

⑭SEOポイズニング

Web検索サイトの順位付けアルゴリズムを悪用して，検索結果の上位に，悪意のあるWebサイトを意図的に表示させる攻撃です。ドライブバイダウンロードと合わせて，マルウェアに感染させることもあります。

⑮ビジネスメール詐欺

海外の取引先や自社の経営者層等になりすまし，偽の電子メールを送って送金を行わせる詐欺のことです。BEC（Business Email Compromise）とも呼ばれます。

⑯クリプトジャッキング

仮想通貨を得ることを目的に行われる攻撃です。他人のコンピュータを許可なく使用し，リソースを消費することで仮想通貨のマイニングをさせ，仮想通貨を自分のものとします。

過去問題をチェック

様々なサイバー攻撃に関する問題は，近年出題が増えている傾向があります。以下のような出題があります。

【クロスサイトスクリプティング】
- 平成25年秋 午前 問42
- 平成27年秋 午前 問36
- 平成30年春 午前 問37
- 平成30年秋 午前 問41

【パスワードクラック】
- 平成24年春 午前 問60
- 平成25年秋 午前 問44
- 平成27年春 午前 問39
- 平成29年春 午前 問60

【ディレクトリトラバーサル】
- 平成21年春 午前 問42
- 平成27年春 午前 問46
- 平成30年春 午前 問38

【ポリモーフィック型マルウェア】
- 平成30年春 午前 問39

【SEOポイズニング】
- 平成29年秋 午前 問37
- 令和2年10月 午前 問39

【ドライブバイダウンロード】
- 平成29年秋 午前 問40

【クリプトジャッキング】
- 令和2年10月 午前 問41

【クリックジャッキング】
- 令和3年春 午前 問37

⑰クリックジャッキング

罠ページの上に別のWebサイトをiFrameを使用して表示させ，透明なページを重ね合わせることで不正なクリックを誘導する攻撃です。HTTPレスポンスヘッダに，X-Frame-Optionsヘッダフィールドを出力してフレームの使用を制限することで，重ね合わせを防ぐことができます。

標的型攻撃

特定の企業や組織を狙った攻撃です。標的とした企業の社員に向けて，関係者を装ってウイルスメールを送付するなどして感染させます。また，その感染させたPCからさらに攻撃の手を広げて，最終的に企業の機密情報を盗み出します。**APT**（Advanced Persistent Threat：先進的で執拗な脅威）と呼ばれることもあります。

標的型攻撃の手口には，標的の組織や個人がよく利用するWebサイトを改ざんし，そこでマルウェアなどの導入を仕込む**水飲み場型攻撃**や，複数回のメールのやり取りで担当者を信頼させる**やり取り型攻撃**などがあります。感染したマルウェアが遠隔操作型ウイルスとなり，**C＆Cサーバ**（Command and Control Server）と通信することで，情報を外部に流出させます。

マルウェアはウイルス対策ソフトで防げないことも多いため，攻撃を防ぐ入口対策だけでなく，感染後に被害を広げないための**出口対策**を適切に行うことが大切です。

用語

C＆Cサーバとは，不正プログラムに対して指示を出し，情報を受け取るためのサーバです。

セキュリティ対策

様々な攻撃から情報資産を守るためには，多くのセキュリティ対策が必要です。代表的な対策を以下に挙げます。

①アカウント管理

ユーザとアカウントを1対1で対応させ，ユーザに必要最小限のアクセス権を与えます。

②ログ管理

ログを収集し，その完全性を管理します。**ディジタルフォレンジックス**を意識し，証拠となるようにログを残すことが大切です。

用語

ディジタルフォレンジックスとは，法科学の一分野です。不正アクセスや機密情報の漏えいなどで法的な紛争が生じた際に，原因究明や捜査に必要なデータを収集・分析し，その法的な証拠性を明らかにする手段や技術の総称です。
ログを法的な証拠として成立させるためには，ログが改ざんされないような工夫をする必要があります。

また，複数のサーバのログを一元管理することで，不審なアクセスを見つけやすくなります。複数のサーバやネットワーク機器のログを収集分析し，不審なアクセスを検知する仕組みとして，**SIEM**（Security Information and Event Management）があります。

③入退室管理

ICカードなどを用いて，入退室を管理・記録します。

④アクセス制御

ファイアウォールなどを用いてアクセスを制御します。

⑤マルウェア対策

ウイルス対策ソフトを全PCに導入し，ウイルス定義ファイルを最新版にアップデートするなど，マルウェアに感染しない対策を行います。また，**検疫ネットワーク**を用いて，ウイルス対策を行っていないPCはネットワークに接続させないという手法も有効です。

⑥不正アクセス対策

IDS／IPSなどの侵入検知／防止の対策を行い，不正アクセスに対処します。

関連
IDS／IPSについては，「3-5-5　セキュリティ実装技術」を参照してください。

⑦情報漏えい対策

データを暗号化したり，物理的に持ち出さないようにしたりして，情報が漏えいしないようにします。PCの内部のデータが盗まれないようにする仕組みに**TPM**（Trusted Platform Module）があります。TPMは，PCなどの機器に搭載され，鍵生成やハッシュ演算及び暗号処理を行うセキュリティチップです。

⑧無線LANセキュリティ

WEPやWPAで暗号化，IEEE 802.1Xで認証などを行うことで，無線LANのセキュリティを確保します。

関連
無線LANのセキュリティ技術については，無線LANの説明と合わせて，「3-4-2　データ通信と制御」で詳しく解説しています。

⑨携帯端末のセキュリティ

スマートフォンやタブレットPCなどの携帯端末は，PCと同様の機能をもっています。そのため，ウイルス対策ソフトを導入するなど，PCと同等のセキュリティ対策を講じることが必要です。

⑩ペネトレーションテスト

ペネトレーションテストは，サーバやファイアウォールなどのシステムに対して疑似攻撃を行うテストです。実際に侵入可能かどうかを確かめることによって，システムの安全性を確認します。

覚えよう！

- □ セキュリティ対策は，技術的，人的，物理的の3種類
- □ クライアントで動くのがXSS，サーバで動くのがCSRF

3-5-5 セキュリティ実装技術

セキュリティ実装技術には，OSのセキュリティ，ネットワークセキュリティ，データベースセキュリティ，アプリケーションセキュリティなど，様々なものがあります。

> **用語**
> 情報セキュリティ対策の基本的な考え方の一つに，**最小権限の原則**があります。必要以上に権限を与えると，それがセキュリティ犯罪を誘発する原因になるので，権限を最低限に抑えるという考え方です。具体的には，すべてのアクセス権を1人に集中させるのではなく，管理者権限を複数に分け，必要な人に必要なアクセス権のみを与えるという方法などがあります。

セキュアOS

セキュアOSとは，セキュリティを強化したOSです。UNIXやWindowsなどの通常のOSは，**DAC**（任意アクセス制御：Discretionary Access Control）と呼ばれる，ユーザが自分自身でアクセス権限を設定できる方式を採用しています。それに対し，セキュアOSでは，**MAC**（強制アクセス制御：Mandatory Access Control）と呼ばれる，管理者がアクセス権限を強制する方式を使用します。また，業務に合わせて**ロール**（役割）を定義することで，**RBAC**（ロールベースアクセス制御：Role Base Access Control）を行うことも可能です。

それによって，不要なアクセス権を与えずに安全を確保するという**最小権限**の原則を満たすことができます。

代表的なセキュアOSには，SELinuxやTrusted Solarisなどがあります。

ネットワークセキュリティ

ネットワークのセキュリティを守るための方法には，次のようなものがあります。

①ファイアウォール（FW）

ファイアウォールは，ネットワークを中継する場所に設置され，あらかじめ設定されたACL（アクセス制御リスト：Access Control List）に基づいてパケットを中継したり破棄したりする機能をもつものです。主な方式に，**IPアドレスとポート番号**を基にアクセス制御を行うパケットフィルタ型と，HTTP，SMTPなどのアプリケーションプログラムごとに細かく中継可否を設定できるアプリケーションゲートウェイ型があります。

インターネットから内部ネットワークへのアクセスは，ファイアウォールによって制御されます。しかし，完全に防御するだけでなく，外部に公開する必要があるWebサーバやメールサーバなどの機器もあります。そこで，インターネットと内部ネットワークの間に，中間のネットワークとしてDMZ（非武装地帯：Demilitarized Zone）を設定します。

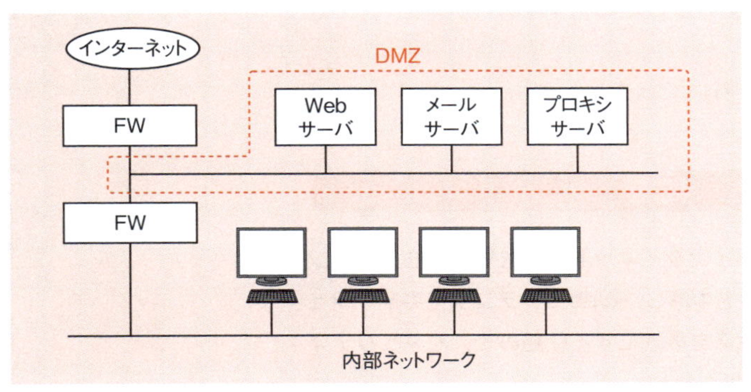

DMZ

DMZを中間に設置することで，内部ネットワークの安全性が高まります。また，DMZにプロキシサーバを置き，PCからインターネットへのWebアクセスなどを中継することもできます。

②IDS ／ IPS

IDS（侵入検知システム:Intrusion Detection System）は，ネットワークやホストをリアルタイムで監視して侵入や攻撃を検知し，管理者に通知するシステムです。ネットワークに接続されてネットワーク全般を管理する**NIDS**（ネットワーク型IDS）と，ホストにインストールされ特定のホストを監視する**HIDS**（ホスト型IDS）があります。また，IDSは侵入を検知するだけで防御はできないので，防御も行えるシステムとして，**IPS**（侵入防御システム：Intrusion Prevention System）も用意されています。

発展
ファイアウォールとIDSの違いは，ファイアウォールでは，IPヘッダやTCPヘッダなどの限られた情報しかチェックできないのに対して，IDSでは検知する内容を自由に設定できることです。不正なアクセスのパターンを集めた**シグネチャ**を登録しておき，それと照合することで不正アクセスを検出できます。また，正常パターンを登録しておき，それ以外を異常と見なす**アノマリ検出**も可能です。

③NAT ／ NAPT（IPマスカレード）

内部ネットワークにプライベートIPアドレスを使用することで，外から内部ネットワークの存在を隠蔽することができます。**プロキシサーバ**を経由することによっても同様の効果を得られます。

関連
NAT関連については，「3-4-3 通信プロトコル」で説明しています。IPアドレスを有効活用する技術ですが，セキュリティ確保にも役立ちます。

④VPN（Virtual Private Network）

VPNでは，インターネットやIP-VPN網などの共有のネットワークを利用して，仮想的な専用線を構築します。利用される技術としては，IPパケットを暗号化して通信する**IPsec**や，SSLを利用して暗号化する**SSL-VPN**などがあります。

それでは，次の問題を解いてみましょう。

問題

社内ネットワークからインターネット接続を行うときに，インターネットへのアクセスを中継し，Webコンテンツをキャッシュすることによってアクセスを高速にする仕組みで，セキュリティ確保にも利用されるものはどれか。

ア DMZ　　イ IPマスカレード(NAPT)
ウ ファイアウォール　　エ プロキシ

（平成22年春 応用情報技術者試験 午前 問39）

解説

インターネットへのアクセスを代理で中継してくれるサーバがプロキシ(サーバ)です。プロキシには，Webコンテンツをキャッシュする機能があるので，複数のユーザが同じページを閲覧したときにはアクセスを高速化できます。そして，内部のネットワークを隠蔽することができるのでセキュリティ確保にも役立ちます。したがって，エが正解です。イのIPマスカレードもセキュリティ確保の効果は同様ですが，アドレス変換なのでキャッシュはできません。

≪解答≫エ

3

データベースセキュリティ

データベースを運用・管理するDBMSには，以下のようなセキュリティ機能があります。

DBMSのアクセスログにDBMSのアカウント情報が残りますが，通常，Webアプリケーションではアカウントは共通なので，その場合は利用者を識別できません。ログに利用者情報を残すためには，Webサーバ側から利用者IDなどの情報を送ってもらう必要があります。

①利用者認証

DBMSへのログイン用アカウントによって利用者認証を行います。しかし，Webサーバ上のプログラムからアクセスされる場合などは，複数のユーザが同じDBMSアカウントを使うので，利用者の記録が残らないことがあります。その場合は，Webサーバ側でアクセス制御をします。

②暗号化

データベースに格納されるデータ自体を暗号化します。そのため，DBMSが格納されているストレージなどが盗難された場合でもデータを保護できます。しかし，プログラムからアクセスされた場合には復号されるので，解読可能になります。SQLインジェクションなど，アプリケーションを中継した攻撃には対応できないので，注意が必要です。

③ロール

DBMSのアカウントには，ユーザだけでなくロール(役割)を設定し，ロールごとにアクセスを制御することが可能です。

アプリケーションセキュリティ

Webアプリケーションに対する攻撃を抑制する対策がアプリケーションセキュリティです。次のような手法があります。

①セキュアプログラミング

システム開発時に脆弱性を作り込まないようにするプログラミングが**セキュアプログラミング**です。クロスサイトスクリプティングやSQLインジェクションなど，多くのサイバー攻撃は，セキュアプログラミングによって避けることができます。

例えば，次の点に配慮してプログラムを組むことなどが大切です。

- 入力値の内容チェックを行う
- SQL文の組み立てはすべてプレースホルダで実装する
- エラーをそのままブラウザに表示しない

関連
セキュアプログラミングの具体的な方法は，IPAセキュリティセンターのサイト「IPAセキュア・プログラミング講座」に詳しくまとめられています。
https://www.ipa.go.jp/security/awareness/vendor/programming/index.html
実務でシステム開発を行う場合には，ぜひ参考にしてみてください。

②脆弱性低減技術

脆弱性低減技術としては，ソースコード静的検査やプログラムの動的検査に加えて，未知の脆弱性を検出する技術である**ファジング**などがあります。

③Same Origin Policy

Same Origin Policy（同一生成元ポリシ）とは，あるオリジン（ドメインなどが同一のサイト）から読み込まれた文書やスクリプトを他のオリジンで利用できないように制限する機能です。外部からの干渉を防ぐために利用されます。

④パスワードクラック対策

パスワードファイルを取得されるなどのパスワードクラックへの対策として，パスワードをハッシュ化するときに**ソルト**と呼ばれる文字列を付加する方法があります。また，ハッシュ値の計算を何回も繰り返す**ストレッチング**という手法もあります。

⑤WAF

Webアプリケーションで発生する脆弱性を防ぐ対策としては，**WAF**（Web Application Firewall）があります。WAFには，脆弱性を取り除ききれなかったWebアプリケーションに対する攻撃を防御する機能があります。

その他のセキュリティ

セキュリティ技術や対策には，ほかにも様々なものが用意されています。代表的なものを以下に示します。

①スパム対策／ウイルス対策

ウイルスの対処方法は，基本的に次の三つです。

- ウイルス対策ソフトをインストールする
- ウイルス定義ファイルを最新状態に更新し続ける
- OSやアプリケーションを最新版にアップデートする

これらが守られていないと，ウイルスやスパムの被害にあう可能性が高くなります。しかし，完全に対応することは難しく，脆弱性の発見にウイルス定義ファイルの更新が間に合わないと**ゼロデイ攻撃**にあう場合があります。

用語

ゼロデイ攻撃とは，OSやアプリケーションの修正プログラムが提供されるよりも前に，実際にセキュリティホールを突いた攻撃が行われることです。

②テンペスト技術

PCや周辺機器から発する微弱な電磁波（漏えい電磁波）を受信することで通信を傍受することを**テンペスト**（TEMPEST: Transient Electromagnetic Pulse Surveillance Technology）技術と呼びます。対抗するためには，電磁波を遮断する部屋に機器を設置するなどの対応が必要です。

③ステガノグラフィ

音声や画像などのデータに秘密のメッセージを埋め込む技術です。同様の技術である電子透かしでは，コンテンツに関係がある情報を埋め込んで著作権を守ることが主な目的であるのに対して，ステガノグラフィでは秘匿メッセージをやり取りします。

④時刻認証（タイムスタンプ）

契約書や領収書などが電子化されると，それが改ざんされる危険があります。PKIでのディジタル署名は，他人の改ざんは証明できますが，本人による改ざんには対処できません。そこで，**TSA**（時刻認証局）が提供している**時刻認証**サービスを利用して書類のハッシュ値に時刻を付加し，TSAのディジタル署名を行ったタイムスタンプを付与することによって，その時刻に書類が存在していたこと（**存在性**），その時刻の後に改ざんされていないこと（**完全性**）が証明できます。

⑤ソーシャルエンジニアリング

人間の心理的，社会的な性質につけ込んで秘密情報を入手する手法のことです。上司や重要顧客などを詐称してシステム管理者に電話をかけパスワードなどを聞き出す，ゴミ箱をあさってパスワードの紙を見つけるなどの方法があります。

⑥CAPTCHA

ユーザ認証のときに合わせて行うテストで，利用者がコンピュータでないことを確認するために使われます。Completely Automated Public Turing test to tell Computers and Humans Apartの頭文字をとったものです。コンピュータには認識困難な画像で，人間は文字として認識できる情報を読み取らせることで，コンピュータで自動処理しているのではないことを確かめます。

認証プロトコル

ユーザや機器を認証するプロトコルのうち，代表的なものを以下に挙げます。

①SPF（Sender Policy Framework）

電子メールの認証技術の一つで，差出人のIPアドレスなどを基にメールのドメインの正当性を検証します。DNSサーバにSPFレコードとしてメールサーバのIPアドレスを登録しておき，送られたメールと比較します。

②DKIM（Domain Keys Identified Mail）

電子メールの認証技術の一つで，ディジタル署名を用いて送信者の正当性を立証します。署名に使う公開鍵をDNSサーバに公開しておくことで，受信者は正当性を確認できます。

過去問題をチェック
認証プロトコルについては，応用情報技術者試験で近年出題が増えてきています。
【SMTP-AUTH】
・平成26年秋 午前 問37
・平成28年春 午前 問44
・平成28年秋 午前 問37
【SPF】
・平成27年春 午前 問44
・平成28年秋 午前 問43
【DNSSEC】
・平成31年春 午前 問40
午後では以下の出題があります。
・平成27年春 午後 問1

③SMTP-AUTH

送信メールサーバで，ユーザ名とパスワードなどを用いてユーザを認証する方法です。通常のSMTPのポート番号ではなく，サブミッションポートと呼ばれる特別なポートを利用する場合が多いです。

④OP25B（Outbound Port 25 Blocking）

迷惑メールの送信に自社のネットワークを使われないようにするための対策です。外部のメールサーバと直接，25番ポートでSMTP通信を行うことを禁止します。

⑤OAuth

あらかじめ信頼関係を構築したサービス間で，ユーザの合意のもと，セキュリティを確保した上でユーザの権限を受け渡しする手法です。現在のバージョンは**OAuth2.0**で，Webアプリだけでなく，モバイルアプリなど様々な用途で利用可能です。

OAuthの利用例としては，外部サービス利用時に，その外部サービスにGmailのアドレス帳へのアクセス権を与えることなどがあります。これによって，ユーザ名やパスワードを外部サービスに設定することなく，Gmailのアドレス帳を利用できます。

⑥DNSSEC（DNS Security Extensions）

DNSの応答の正当性を保証するための仕様です。DNSのドメイン登録情報にディジタル署名を付加することで，正当な応答レコードであることと,内容が改ざんされていないことを保証します。

⑦Diameter

Diameterは，認証・認可・課金(AAA：Authentication, Authorization, Accounting)プロトコルで，RADIUS（Remote Authentication Dial In User Service)の後継です。トランスポート層のプロトコルとしてUDPの代わりにTCPを利用し，セキュリティに関してはTLSを利用して暗号化することが可能です。

それでは，次の問題を解いてみましょう。

問題

SPF (Sender Policy Framework) を利用する目的はどれか。

ア HTTP通信の経路上での中間者攻撃を検知する。
イ LANへのPCの不正接続を検知する。
ウ 内部ネットワークへの不正侵入を検知する。
エ メール送信のなりすましを検知する。

(平成27年春 応用情報技術者試験 午前 問44)

解説

SPFは送信ドメインを認証するための技術で，該当ドメインに対するメールサーバのIPアドレスをDNSサーバに登録しておき，受信したメールサーバがそのIPアドレスを確認することで，送信元のメールサーバが正規のメールサーバであることを確認する技術です。メール送信のなりすましを検知することができるので，エが正解です。

アはHTTPS通信の利用，イはパーソナルファイアウォールの導入，ウはIDSなどの導入によって対処できます。

≪解答≫エ

ブロックチェーン

ブロックチェーンとは，取引履歴などのデータとそのハッシュ値を一組として，それをリストとしてつなげて記録した分散型台帳です。同じ台帳をネットワーク上の多数のコンピュータで同期して保有し管理することで，一部の台帳で取引データが改ざんされても，取引データの完全性と可用性が確保されます。タイムスタンプやハッシュ，メッセージ認証など，様々なセキュリティ技術を組み合わせて利用しています。

ビットコインなどの仮想通貨で利用されている技術ですが，どのようなデータでも利用できるため，商取引の記録など，ログや履歴が必要な様々な場面で応用されています。

▶▶▶ 覚えよう！

- ☐ **FWはアクセス制御，IDSは侵入検知，防御するのはIPS**
- ☐ **内部ネットワークの隠蔽にはNAT ／ NAPT ／プロキシ**

新情報をチェックするためのWebサイト

情報セキュリティについては，攻撃手法もその対策もどんどん進化していきます。そのため，書籍などによる学習では最新技術を追い切れないことはよくあります。そんなときの情報源としてWebサイトは有効ですが，単純にキーワードで検索しているだけでは，信頼できる情報かどうかを見分けるのは難しいでしょう。

そこで，信頼できる最新情報を提供しているWebサイトとしては，IPA（Information-technology Promotion Agency, Japan：独立法人情報処理推進機構）の情報セキュリティのページがおすすめです。

https://www.ipa.go.jp/security/

ここでは，「安全なウェブサイトの作り方」などの情報セキュリティに役立つ情報や，「情報セキュリティ 10大脅威」など，その年のセキュリティのトレンドも発信しています。また，セキュリティを啓蒙するための活動として，「まもるくん」などのオリジナルキャラクターや，少女漫画風のパスワード啓発漫画ポスターなど，様々なものが公開されていて，楽しみながら学習ができます。

特別に“がんばってお勉強”という感じで見る必要はないのですが，「最新の情報も少し知っておこう」というくらいの気持ちで定期的にチェックしておくと，時代の流れにも敏感になれるのでいいと思います。

IPAは，情報処理技術者試験を実施している団体でもありますし，ここで発信される情報は試験でもよく出題されます。テキストで勉強するだけでなく，インターネットの情報もしっかりチェックしておくと，試験以外でもいろいろと役立ちます。

3-6 演習問題

問1 アクセシビリティ設計 CHECK ▶ □□□

アクセシビリティ設計に関する規格であるJIS X 8341-1:2010（高齢者・障害者等配慮設計指針－情報通信における機器，ソフトウェア及びサービス－第1部：共通指針）を適用する目的のうち，適切なものはどれか。

ア 全ての個人に対して，等しい水準のアクセシビリティを達成できるようにする。
イ 多様な人々に対して，利用の状況を理解しながら，多くの個人のアクセシビリティ水準を改善できるようにする。
ウ 人間工学に関する規格が要求する水準よりも高いアクセシビリティを，多くの人々に提供できるようにする。
エ 平均的能力をもった人々に対して，標準的なアクセシビリティが達成できるようにする。

問2 3DCGの用語 CHECK ▶ □□□

CGに関する用語の説明として，適切なものはどれか。

ア アンチエイリアシングとは，画像のサンプリングが不十分であることが原因で生じる現象のことである。
イ クリッピングとは，曲面を陰影によって表現することである。
ウ レンダリングとは，ウィンドウの外部の図形を切り取り，内部だけを表示する処理のことである。
エ ワイヤフレーム表現とは，3次元形状を全て線で表現することである。

問3 正規化 CHECK ▶ □□□

“受注明細”表は，どのレベルまでの正規形の条件を満足しているか。ここで，実線の下線は主キーを表す。

受注明細

受注番号	明細番号	商品コード	商品名	数量
015867	1	TV20006	20型テレビ	20
015867	2	TV24005	24型テレビ	10
015867	3	TV28007	28型テレビ	5
015868	1	TV24005	24型テレビ	8

問4 NULLを含む表に対するSQL CHECK ▶ □□□

“電話番号”列にNULLを含む“取引先”表に対して，SQL文を実行した結果の行数は幾つか。

取引先

取引先コード	取引先名	電話番号
1001	A社	010-1234-xxxx
2001	B社	020-2345-xxxx
3001	C社	NULL
4001	D社	030-3011-xxxx
5001	E社	(010-4567-xxxx)

〔SQL文〕

```
SELECT * FROM 取引先 WHERE 電話番号 NOT LIKE '010%'
```

ア 1　　イ 2　　ウ 3　　エ 4

問5 データベースの媒体障害時の回復法 CHECK ▶ □□□

データベースに媒体障害が発生したときのデータベースの回復法はどれか。

ア 障害発生時，異常終了したトランザクションをロールバックする。
イ 障害発生時点でコミットしていたがデータベースの実更新がされていないトランザクションをロールフォワードする。
ウ 障害発生時点でまだコミットもアボートもしていなかった全てのトランザクションをロールバックする。
エ バックアップコピーでデータベースを復元し，バックアップ取得以降にコミットした全てのトランザクションをロールフォワードする。

問6 回線計算 CHECK ▶ □□□

伝送速度30Mビット／秒の回線を使ってデータを連続送信したとき，平均して100秒に1回の1ビット誤りが発生した。この回線のビット誤り率は幾らか。有効数字3桁で答えよ。

問7 プロトコル CHECK ▶ □□□

IPの上位階層のプロトコルとして，コネクションレスのデータグラム通信を実現し，信頼性のための確認応答や順序制御などの機能をもたないプロトコルはどれか。

ア ICMP　　イ PPP　　ウ TCP　　エ UDP

問8 アドレス集約 CHECK ▶ □□□

二つのIPv4ネットワーク 192.168.0.0/23と192.168.2.0/23 を集約したネットワークはどれか。

ア 192.168.0.0/22　　イ 192.168.1.0/22
ウ 192.168.1.0/23　　エ 192.168.3.0/23

問9 パスワードの理論的な総数 CHECK ▶ □□□

パスワードに使用できる文字の種類の数をM，パスワードの文字数をnとするとき，設定できるパスワードの理論的な総数を求める数式はどのようになるか。

問10 ディジタル署名で受信者が確認できること CHECK ▶ □□□

送信者Aからの文書ファイルと，その文書ファイルのディジタル署名を受信者Bが受信したとき，受信者Bができることはどれか。ここで，受信者Bは送信者Aの署名検証鍵Xを保有しており，受信者Bと第三者は送信者Aの署名生成鍵Yを知らないものとする。

ア ディジタル署名，文書ファイル及び署名検証鍵Xを比較することによって，文書ファイルに改ざんがあった場合，その部分を判別できる。
イ 文書ファイルが改ざんされていないこと，及びディジタル署名が署名生成鍵Yによって生成されたことを確認できる。
ウ 文書ファイルがマルウェアに感染していないことを認証局に問い合わせて確認できる。
エ 文書ファイルとディジタル署名のどちらかが改ざんされた場合，どちらが改ざんされたかを判別できる。

問11 ボットネットにおけるC&Cサーバの役割 CHECK ▶ □□□

ボットネットにおけるC&Cサーバの役割として，適切なものはどれか。

ア Webサイトのコンテンツをキャッシュし，本来のサーバに代わってコンテンツを利用者に配信することによって，ネットワークやサーバの負荷を軽減する。
イ 外部からインターネットを経由して社内ネットワークにアクセスする際に，CHAPなどのプロトコルを中継することによって，利用者認証時のパスワードの盗聴を防止する。
ウ 外部からインターネットを経由して社内ネットワークにアクセスする際に，時刻同期方式を採用したワンタイムパスワードを発行することによって，利用者認証時のパスワードの盗聴を防止する。
エ 侵入して乗っ取ったコンピュータに対して，他のコンピュータへの攻撃などの不正な操作をするよう，外部から命令を出したり応答を受け取ったりする。

3

問12 IPsec, L2TP, TLSの位置関係 CHECK ▶ □□□

VPNで使用されるセキュアなプロトコルであるIPsec，L2TP，TLSの，OSI基本参照モデルにおける相対的な位置関係はどれか。

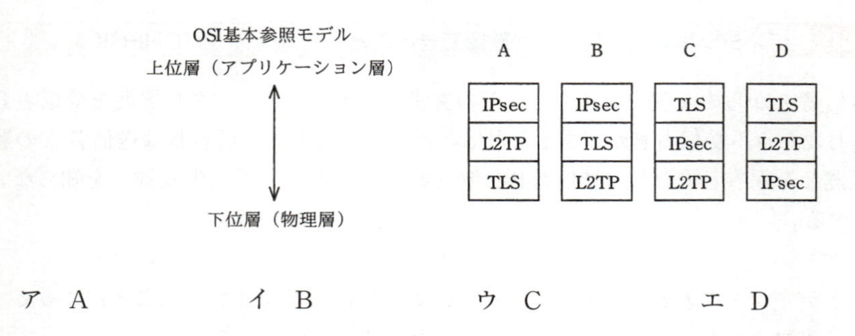

ア A　　イ B　　ウ C　　エ D

問13 SIEM CHECK ▶ □□□

SIEM（Security Information and Event Management）の特徴はどれか。

ア DMZを通過する全ての通信データを監視し，不正な通信を遮断する。
イ サーバやネットワーク機器のMIB（Management Information Base）情報を分析し，中間者攻撃を遮断する。
ウ ネットワーク機器のIPFIX（IP Flow Information Export）情報を監視し，攻撃者が他者のPCを不正に利用したときの通信を検知する。
エ 複数のサーバやネットワーク機器のログを収集分析し，不審なアクセスを検知する。

3

演習問題の解答

問1 (平成29年秋 応用情報技術者試験 午前 問24)

《解答》イ

JIS X 8341-1:2010では,「4.2　適用の枠組み」に,「この規格の指針が支援できることは,(一般的な)アクセシビリティを多様な人々に対して達成し，利用の状況を理解しながら，多くの個人のアクセシビリティ水準を改善することである」とあります。したがって，**イ**が正解です。

ア 「等しい水準のユーザビリティをすべての個人について達成することではなく」と記述されています。

ウ 「利用者の要求事項を理解し適用する」と記述されています。

エ 「平均的能力の人々に対する設計ではなく，様々な障害をもつ人々を含む最も幅広い層の人々のための設計」と記述されています。

問2 (平成26年秋 応用情報技術者試験 午前 問24)

《解答》エ

CGにおける基本的な用語の問題です。

ア アンチエイリアシングとは，周辺の要素との平均化演算などを行うことで，斜め線や曲線のギザギザを目立たなくする技術のことです。アはエイリアシングの説明であり，これをなくすことがアンチエイリアシングです。

イ クリッピングとは，ウィンドウの内部だけを表示する処理のことです(選択肢ウの内容に該当します)。局面を陰影によって表現する技法はシェーディングといいます。

ウ レンダリングとは，データとして与えられた情報を計算によって画像化することです。

エ ワイヤフレーム表現とは，3次元形状をすべて線で表現することです(正解)。

問3 (平成29年春 応用情報技術者試験 午前 問27)

《解答》第2正規形

“受注明細”表より，一つのマスに一つのデータしか入っておらず，すべてのドメインがシンプルであることが分かります。したがって,少なくとも第一正規形の条件は満たしています。

次に,“受注明細”表の主キーは {受注番号，明細番号} ですが，その一部である {受注番号} {明細番号} だけに関数従属しているものは存在しません。したがって，“受注明細”表は第2正規形であるといえます。

非キー属性である商品コードを見ると，商品コード→商品名という関数従属があることが分かります。{受注番号，明細番号} →商品コード→商品名という推移的な関数従属があるので，第3正規形ではありません。

したがって，“受注明細”表は**第2正規形**になります。

問4 （平成27年春 応用情報技術者試験 午前 問26）

《解答》ウ

NULLを含む列は，WHERE句の条件式で条件が設定されたとき，NULLを明記した条件以外では選択されなくなります。条件式である「電話番号 NOT LIKE '010%'」では，010で始まらない電話番号の行を求めるので，取引先コード2001，4001，及び5001（先頭に「(」が付いているため010では始まりません）の3行が表示されます。なお，電話番号がNULLである取引先コード3001は表示されません。したがって，**ウ**の3が正解です。

問5 （令和元年春 応用情報技術者試験 午前 問29）

《解答》エ

データベースシステムの障害には，トランザクション障害，ソフトウェア（電源）障害，ハードウェア（媒体）障害の3種類があります。トランザクション障害の場合は，アのように，異常終了したトランザクションをロールバックするだけで回復できます。ソフトウェア障害の場合には，障害発生時点の媒体データが残っているので，イのロールフォワードやウのロールバックを行うことで，トランザクションに応じて適切な状態に回復できます。

ハードウェア障害の場合は媒体（ハードディスクなど）のデータがなくなっているので，バックアップコピーでデータベースを復元します。さらに，更新後ログを用いてロールフォワードすることで，障害発生以前にコミットしていたデータまで復元可能です。したがって，**エ**が正解です。

問6 （平成30年春 応用情報技術者試験 午前 問33改）

《解答》3.33×10^{-10}

30Mビット／秒の回線でデータを連続送信したとき，100秒では30M×100ビットのデータが送信されます。その100秒で1ビットの誤りが発生するということは，ビット誤り率は有効数字3桁で次のようになります。

$1/(30 \times 10^6[\text{ビット}] \times 100[\text{秒}]) = 3.3333\cdots \times 10^{-10} \fallingdotseq \mathbf{3.33 \times 10^{-10}}$

問7 (平成26年秋 応用情報技術者試験 午前 問33)

《解答》エ

IPはネットワーク層で，その上位の階層はトランスポート層になります。トランスポート層プロトコルにはTCPとUDPがありますが，コネクションレスのデータグラム通信を行うのはUDPなので，**エ**が正解です。

問8 (平成30年春 応用情報技術者試験 午前 問35)

《解答》ア

ネットワークアドレス192.168.0.0/23と192.168.2.0/23では，プレフィックス長が両方とも23ビットです。これらの二つのネットワークを集約して同じネットワークとするには，ネットワークアドレスが共通となる部分までプレフィックス長をずらす必要があります。

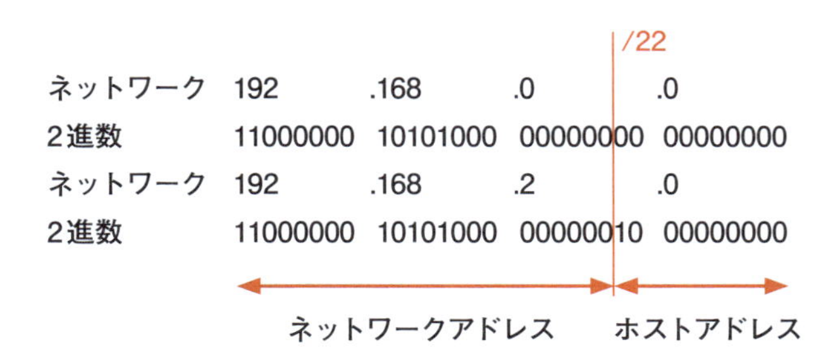

先頭から22ビット目までは同じなので，ここまでがプレフィックス長で，/22となります。また，ネットワークアドレスではホストアドレスのすべてのビットが0なので，次のようになります。

2進数	11000000	10101000	00000000	00000000
IPアドレス	192	. 168	. 0	. 0

したがって，192.168.0.0/22となり，**ア**が正解です。

問9 (平成29年秋 応用情報技術者試験 午前 問39改)

《解答》M^n

パスワードに使用できる文字の種類の数をM，パスワードの文字数をnとすると，設定できるパスワードの総数は，$M \times M \times \cdots \times M$で，$M$を$n$回かけることになるので，正解は$M^n$となります。

問10 (令和2年10月 応用情報技術者試験 午前 問40)

《解答》イ

送信者Aが作成した文書ファイルのディジタル署名は，文書ファイルのハッシュ値に対して，送信者Aの署名生成鍵Yを用いて暗号化したものです。受信者Bでは，ディジタル署名を署名検証鍵Xで復号し，文書ファイルのハッシュ値と照合することで，文書ファイルが改ざんされていないことと，ディジタル署名が署名生成鍵Yによって生成されたことの両方が確認できます。したがって，**イ**が正解です。

ア　改ざんの部位は，ディジタル署名では判別できません。

ウ　マルウェアに感染していないことは，ディジタル署名では判定できません。

エ　改ざんが行われた方を判別することは，ディジタル署名ではできません。

問11 (令和2年10月 応用情報技術者試験 午前 問43)

《解答》エ

ボットとは，人間が行うようなことを代わりに行うプログラムです。ボットネットでは，ボット同士が連携して動作を行います。C&C (Command and Control) サーバとは，ボットネットに対して指示を出し，情報を受け取るためのサーバです。ボットに感染させることで侵入して乗っ取ったコンピュータに対して，C&Cサーバが命令を出すことで，他のコンピュータへの攻撃などの不正な操作が行われます。したがって，**エ**が正解です。

ア　キャッシュサーバの役割です。

イ　CHAP (Challenge Handshake Authentication Protocol) は，ユーザ認証の際に使用されるプロトコルで，乱数とパスワードを合わせた値をハッシュ関数で演算した値を認証先に送信します。毎回異なる乱数を用いることで，パスワードを盗聴することでの不正アクセスを防ぐことができます。

ウ　ワンタイムパスワードでのパスワードの盗聴対策となります。

問12 (平成31年春 応用情報技術者試験 午前 問42)

《解答》ウ

VPNで使用されるプロトコルのうち，IPsecはネットワーク層，L2TPはデータリンク層，TLSはトランスポート層です。OSI基本参照モデルの上位層から順に並べると，TLS（トランスポート層），IPsec（ネットワーク層），L2TP（データリンク層）となり，Cの位置関係になります。したがって，**ウ**が正解です。

問13 (平成29年秋 応用情報技術者試験 午前 問38)

《解答》エ

SIEMとは，サーバやネットワーク機器のログを収集分析し，不審なアクセスを検知する仕組みです。したがって，**エ**が正解です。

アはIPS（侵入防御システム），イはSNMP，ウはNetFlowの特徴です。

実際に試しながら勉強する

技術要素のデータベースやネットワーク，セキュリティを勉強するときにおすすめなのは，実際に機器やソフトを試しながら勉強して，その感覚をつかむことです。実務ですべて経験できればベストですが，そうでない場合も多いと思われますし，自分でやってみることで新たな発見があります。そして，一度自分で実践したことは，暗記しようと思わなくても体が覚えているので，楽しく学習できます。

●データベースなら…

データベースの場合には，一度自分でデータベースを構築してみることをおすすめします。Microsoft Officeをおもちの方なら，Accessでデータベースを作成してみるのが手軽でしょう。テーブルを作成し，主キーや外部キーを設定する，そしてSQLビューで実際にSQLを記述してみるといったことを行うと，データベースを総合的に学習できます。オープンソースなら，MySQLはフリーで入手でき，実務でもよく用いられているのでおすすめです。

●ネットワークなら…

ネットワークの場合には，自宅の無線LANルータを自分で設定するなどの経験が役に立ちます。DHCPやNAPTなどの設定も自分でできるので，テキストを暗記するより印象に残るでしょう。また，LANアナライザでパケットを取得してみることも役に立ちます。フリーで公開されているLANアナライザとしては，Microsoft Network MonitorやWiresharkなどがあります。自分のPCにインストールして，どのようなパケットが実際に流れているのか観察してみると面白いです。

●セキュリティなら…

セキュリティの場合には，自分で公開鍵と秘密鍵のキーペアを作ってみるという方法があります。SSHクライアントのPuTTYというフリーソフトがありますが，PuTTY用ツールの一つであるPuTTYgenを利用すると，公開鍵と秘密鍵のペアを生成できます。また，もっと気軽な方法として，「https:// ～」で始まるWebサイトにアクセスするたびに，そのサイトのサーバ証明書を確認してみるというのもおすすめです。

応用情報技術者試験の出題内容には，実際の情報技術のエッセンスが集められています。ですので，実際の技術を知るというのが一番役に立ちます。テキストを読むだけの勉強に飽きてきたら，ぜひ実践による学習も試してみましょう。

第4章

開発技術

システム開発やその管理の手法について学ぶ分野が「開発技術」で,「システム開発技術」「ソフトウェア開発管理技術」の二つで構成されます。システム開発技術では,システム開発のそれぞれの工程で実行されることについて学びます。ソフトウェア開発管理技術では,開発プロセスなどソフトウェア開発を管理するための技術について学びます。

開発技術は,用途や種類によって様々で,特徴に応じて使い分ける必要があります。大きくは従来からの構造化設計の手法と,オブジェクト指向の手法の2種類がありますが,用語だけでなく,それぞれの開発手法の考え方を理解しておくことが大切です。

4-1 システム開発技術

システム開発には様々な手法や技術があり，正解はありません。しかし，多数のステークホルダ（利害関係者）が存在し，またいろいろな会社が協力し合って開発することが多いため，開発プロセスについて，ある程度の標準化や共通の物差しが必要になってきます。

共通フレーム

開発プロセスを標準化し，共通の物差しとするための共通基盤として日本で考案されたのが，**共通フレーム**です。国際標準のソフトウェアライフサイクルプロセス規格ISO/IEC 12207を基に，日本独自の仕様としてまとめられました。現在のバージョンは**共通フレーム2013**（SLCP-JCF2013）で，情報処理技術者試験のシステム開発技術はこれを中心にまとめられています。

共通フレームでは，**ソフトウェア開発及び取引の明確化**のために，システム開発プロセス以外にも，**企画プロセス**や**要件定義プロセス**，**保守プロセス**やサービスマネジメントプロセス，廃棄プロセス，監査プロセスなど，様々なプロセスを定義しています。

共通フレームは，以下の階層構造で構成されています。プロセスを徐々に詳細化していき，最小単位が注記です。

プロセス＞アクティビティ＞タスク＞注記

また，ソフトウェアやシステムは事業（ビジネス）や業務のために作られるということから，次のような視点で要求仕様などを考えます。

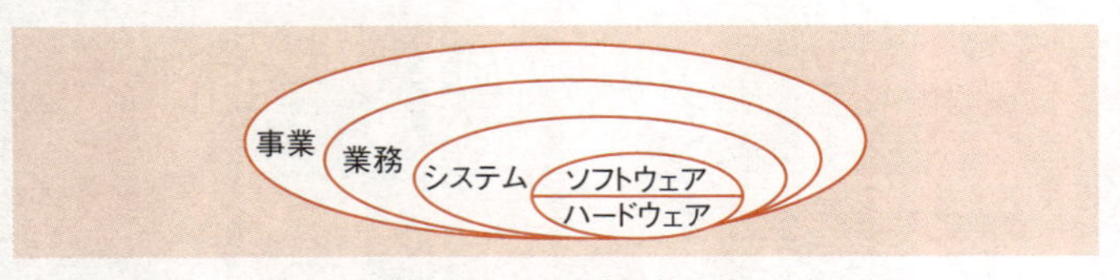

共通フレームにおける視点

そして，各視点で次のようなＶ字型での開発を行い，テスト・評価を何段階も実施して，様々な立場からシステムを評価します。

勉強のコツ

午前では，主に用語について出題されます。共通フレームで定義されている用語を中心に押さえておきましょう。
午後では，実際のシステムを擬似的に開発する出題が多いので，用語ではなく実際の開発手法を理解しておく必要があります。また，データベース技術との関連が深いので，データベースについてもしっかり学習しておきましょう。

関連

共通フレームで定義されている内容については，ほかの章でも取り扱います。システム監査プロセスについては「6-2 システム監査」で扱います。企画プロセスと要件定義プロセスについては，「7-2 システム企画」で主に取り上げます。

動画

開発技術の分野についての動画を以下で公開しています。
http://www.wakuwakuacademy.net/itcommon/4

共通フレームの内容やオブジェクト指向などについて，詳しく解説しています。本書の補足として，よろしければご利用ください。

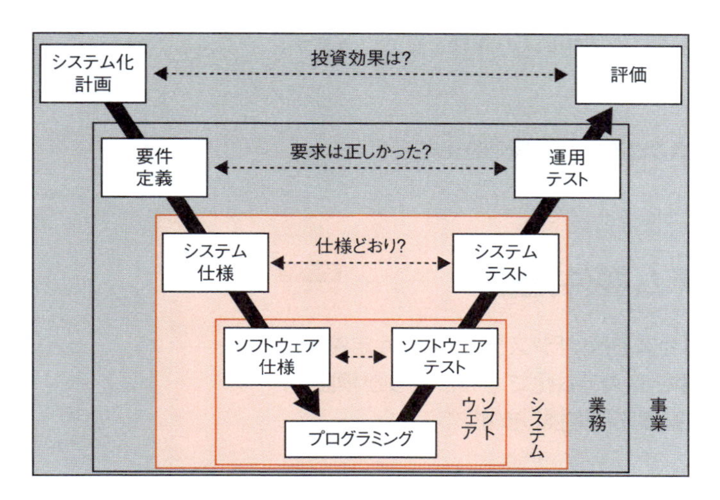

システム開発のV字型モデル

本章では，システム関連とソフトウェア関連のプロセスについて，次のようなプロセスを取り扱います。

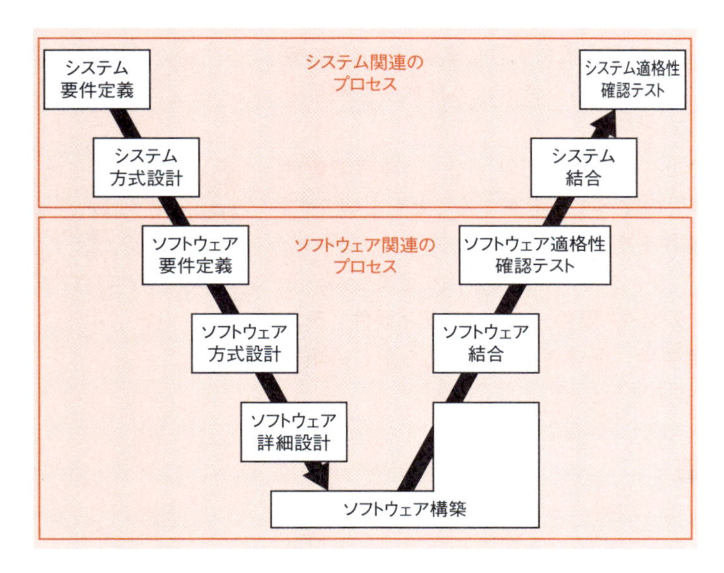

システム関連とソフトウェア関連のプロセス

ポイントは，左側のプロセスで設計したものを右側のプロセスでテストするために，要件定義や設計の段階でテストケースを作成しておくことです。以降で各プロセスの詳細を見ていきます。

▶▶▶ 覚えよう！

□ 共通フレームは，共通の物差しで取引を明確化する

4-1-1 システム要件定義

頻出度 ★★★

システム要件定義プロセスでは，「システム」の要件定義を行います。ビジネスの要件をシステム化できるかどうか検証し，システム設計が可能な技術要素に変換します。

システム要件の定義

システム要件では，システム化の目標と対象範囲をまとめ，機能及び能力，業務・組織及び利用者の要件などを定義します。また，その他の要件として，システム構成要件，設計制約条件，適格性確認要件（開発するシステムが利用可能な品質であることを確認する基準）を定義し，開発環境を検討します。システム要件を明らかにするために，開発するシステムの具体的な利用方法について分析します。

また，システム要件では，**機能要件**だけでなく，**非機能要件**と呼ばれる，機能要件以外のすべてを考慮することも大切です。非機能要件とは，性能要件や信頼性，拡張性，セキュリティなどですが，ユーザへのヒアリングではなかなか出てきません。そのため，**性能要件**，**データベース要件**，**セキュリティ要件**，**テスト要件**，**移行要件**，**運用要件**，**保守要件**など，あらかじめ項目を決めて定義する必要があります。

関連

非機能要件については，要件定義プロセスで重点的に取り上げます。「7-2-2 要件定義」も参考にしてください。

システム要件の評価

システム要件の評価では，取得ニーズへの追跡可能性や一貫性，テスト計画性，システム方式設計や運用及び保守の実現可能性を考慮して，システム要件を評価します。

評価結果は文書化します。

▶▶▶ 覚えよう！

□ 要件定義では非機能要件も大切

4-1-2 システム方式設計

頻出度 ★★★

システム方式設計プロセスでは，ハードウェア，ソフトウェアの識別などのシステム方式の確立と，システム方式の評価及びレビューを実施します。

システム方式の確立

システム方式の確立では，システムの最上位の方式を確立します。ハードウェアやソフトウェア，システム処理，データベースの方式設計を行います。これらのうち，**システム処理方式設計**では，Webシステム，クライアントサーバシステムなど，システムの処理方式を検討し，決定します。

4

システム方式の評価及びレビュー

システム方式の評価及びレビューでは，プロジェクトの進行状況や成果物を適宜評価するために**レビュー**を行います。レビューでは，まず文書を作成してからレビュー方式の決定，レビューの評価基準の決定へと進み，レビュー参加者を選出してレビューを実施します。その後，レビュー結果を文書へ反映します。

参考

レビューは，システム方式設計だけでなく，要件定義や設計の各段階で実施します。設計の段階では設計レビュー，プログラミングの段階ではコードレビュー，テスト段階ではテスト仕様レビューなど，段階によって行う内容は異なりますが，基本的な考え方は同じです。

レビューの種類

主なレビュー方式には，以下のものがあります。

①**ウォークスルー**

開発に携わった人が集まり，相互に検討を行う場です。非公式に問題点を探し，解決策を検討します。

②**インスペクション**

成果物に対して，実際に動作させず人間の目で検証します。責任者として**モデレータ**が任命され，インスペクション作業全体を統括します。

システム結合テストの設計

システム方式設計に対し，システム結合テストを実施します。そのために，あらかじめ**暫定的なテスト要求事項や予定を定義**

し，文書化しておきます。

覚えよう！

- □ モデレータが統括するレビューがインスペクション
- □ システム方式設計の段階で，あらかじめシステム結合テストのテスト要求事項を定義しておく

4-1-3 ソフトウェア要件定義

頻出度 ★☆☆

ソフトウェア要件定義プロセスでは，「ソフトウェア」の要件定義を行います。ソフトウェア要件の確立，ソフトウェア要件の評価，ソフトウェア要件の共同レビューを実施します。

ソフトウェア要件

ソフトウェア要件定義では，品質特性やセキュリティの仕様，安全性の仕様，人間工学的な仕様，**ソフトウェア品目とその周辺のインタフェース，データ定義及びデータベースに対する要件**などを確立し，文書化します。

ソフトウェア開発のアプローチ

ソフトウェア開発では，主に次の三つのアプローチが用いられます。

①プロセス中心アプローチ（POA）

プロセス中心アプローチ（Process Oriented Approach）とは，ソフトウェアの機能（プロセス）を中心としたアプローチです。プロセスに着目し，システムをサブシステムに，さらに段階的に詳細化していき，最終的には最小機能の単位であるモジュールに分割します。それを示す代表的な図法としては，データの流れを表現する**DFD**（Data Flow Diagram）やプロセスの状態遷移を表現する**状態遷移図**などが用いられます。また，言語としてはC言語などの構造化言語がよく用いられます。

②データ中心アプローチ（DOA）

データ中心アプローチ（Data Oriented Approach）とは，業務で扱うデータに着目したアプローチです。まず，業務で扱うデー

勉強のコツ

ポイントは，「ソフトウェア」についての要件定義というところです。システムの要件定義はシステム要件定義プロセスで実施されているので，それをソフトウェアに関する部分について実現可能かどうか検証し，ソフトウェア設計が可能な技術要素に変換します。

用語

ソフトウェア品目とは，全体のソフトウェアを構成する一つ一つのコンテンツのことです。例えば，OS，データベースソフトウェア，通信ソフトウェア，アプリケーションソフトウェアなどを指します。これらは多くの場合，さらに細分化して管理されます。

参考

従来の開発が，プロセス中心アプローチに当たります。

データベースの設計にはデータ中心アプローチが用いられるため，応用情報技術者試験の午後のデータベース問題では，データ中心アプローチによる設計の問題がよく出題されます。

近年はオブジェクト指向も普及してきているので，システム開発問題としてオブジェクト指向アプローチもよく出題されます。

タ全体について，E-R図を用いてモデル化し，全体のE-Rモデルを作成します。個々のシステムはこのデータベースを中心に設計することによって，データの整合性や一貫性が保たれ，システム間のやり取りが容易になります。プログラミングとデータベースを分離するデータ独立という考え方です。

③オブジェクト指向アプローチ（OOA）

オブジェクト指向アプローチ（Object Oriented Approach）とは，プログラムやデータをオブジェクトとしてとらえ，それを組み合わせてシステムを構築するアプローチです。それを示す図法としては，クラス図やシーケンス図などのUML（Unified Modeling Language）が用いられます（P.392参照）。プログラム言語としてはJavaなどのオブジェクト指向言語が用いられます。

それでは，次の問題を解いてみましょう。

問題

ソフトウェアの分析・設計技法の特徴のうち，データ中心分析・設計技法の特徴として，最も適切なものはどれか。

ア　機能を詳細化する過程で，モジュールの独立性が高くなるようにプログラムを分割していく。
イ　システムの開発後の仕様変更は，データ構造や手続の局所的な変更で対応可能なので，比較的容易に実現できる。
ウ　対象業務領域のモデル化に当たって，情報資源であるデータの構造に着目する。
エ　プログラムが最も効率よくアクセスできるようにデータ構造を設計する。

（平成31年春 応用情報技術者試験 午前 問46）

解説

データ中心分析・設計技法（データ中心アプローチ）では，対象業務領域をデータ構造に着目してE-R図などにモデル化します。したがって，ウが正解です。エのように，データ構造をプログラム中心で考えることはしません。アはプロセス中心アプローチ，イはオブジェクト指向アプローチの説明です。

≪解答≫ウ

DFD（データフローダイアグラム）

DFD（Data Flow Diagram）は，**プロセスを中心**に，**データの流れ**を記述する図です。以下の四つの要素で構成されます。

①プロセス

入力データに対して何かの処理を施し，データを出力します。**必ず，入力と出力のデータフローが存在**します。

②データストア

データの保管場所です。データベースに限らず，ファイルなどのデータを保管する媒体全体を指します。

③外部実体（ターミネータ，情報源）

システム外に存在するものです。データを入力する作業者や，出力する媒体，外部システムなどを指します。

④データフロー

ほかの部品間でのデータの移動経路を矢印で表したものです。移動するデータについて矢印の上に記述することもあります。

四つの構成要素を図で表すと，次のようになります。

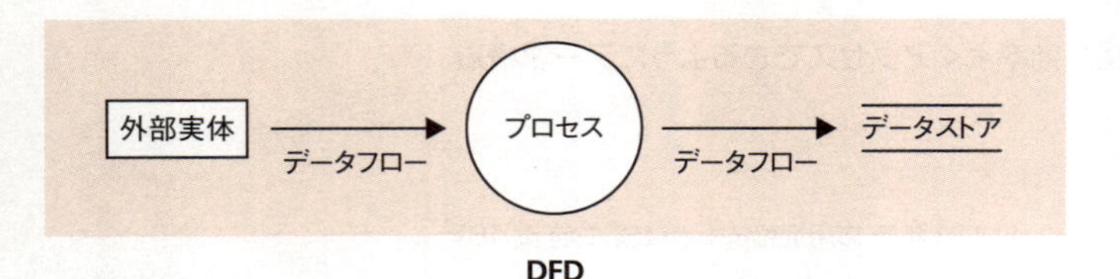

DFD

また，DFDは構造化設計手法の一環なので，一つ作って終わりではありません。大きく次の二つの方法を用いて，段階的に複数のDFDを作成します。

1. 段階別詳細化（トップダウンアプローチ）

最初に，システム全体のDFDを作成し，それぞれのプロセスを別のDFDに詳細に記述します。プロセスが一つのモジュールに対応できるまで，詳細化の工程を繰り返します。

2. 新物理モデルの作成

既存のシステムや業務を新しいシステムとして作成する場合，まず現状の業務を**現物理モデル**として洗い出します。それを一般的に抽象化して**現論理モデル**とし，さらに新しくイメージした**新論理モデル**を作成します。最終的に，具体的な業務に落とし込んだ**新物理モデル**を作成します。また，現行業務で使用されているすべてのデータ項目を抽出し，**データディクショナリ**に登録しておきます。

それでは，次の問題を解いてみましょう。

問題

新システムのモデル化を行う場合のDFD作成の手順として，適切なものはどれか。

ア　現物理モデル→現論理モデル→新物理モデル→新論理モデル
イ　現物理モデル→現論理モデル→新論理モデル→新物理モデル
ウ　現論理モデル→現物理モデル→新物理モデル→新論理モデル
エ　現論理モデル→現物理モデル→新論理モデル→新物理モデル

（平成21年春 応用情報技術者試験 午前 問44）

解説

新システムのモデル化を行う場合のDFD作成の手順としては，最初に現物理モデルを作成してからそれを現論理モデルとし，さらにそれを新論理モデルにしてから新物理モデルを完成させます。したがって，イが正解です。

≪解答≫イ

UML（統一モデリング言語）

UML（Unified Modeling Language）は，オブジェクト指向で使われる表記法です。従来から用いられているフローチャートや状態遷移図なども取り込み，現行の最新バージョンであるUML 2.5では，次の**13種類**のダイアグラム（図）が定義されています。

発展

UMLは本来，様々な流派のオブジェクト指向の開発方法論を統一することを目的としていました。しかし，手法自体は統一できず，結局，図の表記法だけが統一され，現在のUMLとなっています。

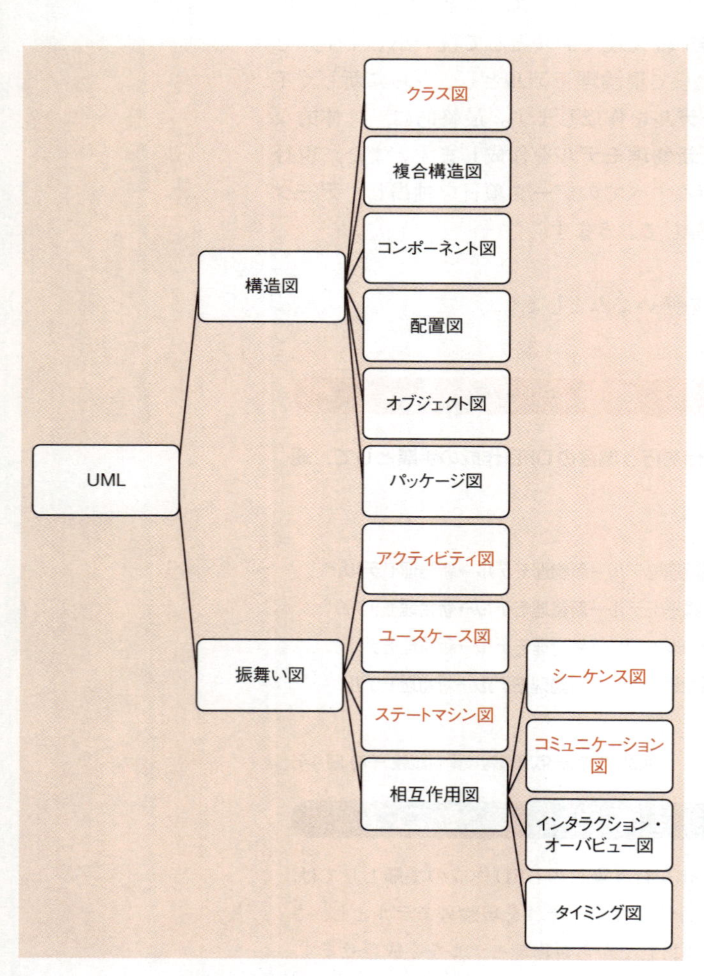

UML 2.5のダイアグラム

UMLでは，すべての図を使い切るということではなく，必要に応じて適切な図を使い分けます。オブジェクト指向分析・設計でよく使われる図としては，次のものがあります。

①クラス図

クラスの仕様とクラス間の関連を表現する図です。ほとんどのオブジェクト指向開発に用いられます。E-R図の発展形ですが，データのエンティティだけでなく，プロセスなどプログラムの静的な構造を表現します。

関連
クラス図のメソッドがシーケンス図のメッセージとなり，この二つの図は連動します。クラス図やシーケンス図の具体例については，次項で取り上げる午後問題(P.403)で詳しく扱います。

②シーケンス図

インスタンス間の相互作用を時系列で表現する図です。クラスではなく，クラスの具体的な表現であるオブジェクト(インスタンス)がどのように相互作用していくかを時系列に沿って上から下に表現していきます。

③コミュニケーション図

オブジェクト間の相互作用を構造中心に表現する図です。シーケンス図と表現する内容は同じで，置換え可能です。

④ユースケース図

システムが提供する機能と利用者の関係を表現する図です。ユーザとの要件定義でよく利用されます。

⑤アクティビティ図

一連の処理における制御の流れを表現する図です。フローチャートの発展形で，業務の流れなどを記述します。

⑥ステートマシン図

オブジェクトの状態変化を表現する図です。状態遷移図の発展形です。組込み系の開発でよく利用されます。

それでは，次の問題を解いてみましょう。

問題

UMLのユースケース図の説明はどれか

ア 外部からのトリガに応じて，オブジェクトの状態がどのように遷移するかを表現する。
イ クラスと関連から構成され，システムの静的な構造を表現する。
ウ システムとアクタの相互作用を表現する。
エ データの流れに注目してシステムの機能を表現する。

（平成28年秋 応用情報技術者試験 午前 問46）

解説

UML（Unified Modeling Language）はオブジェクト指向や設計のための記法で，様々な図があります。ユースケース図では，アクタとシステム内のユースケースを定義し，相互作用を表現します。したがって，ウが正解です。

アはステートマシン図，イはクラス図の説明です。エはUMLではありませんが，DFD（データフローダイアグラム）の説明です。

≪解答≫ウ

過去問題をチェック

UMLに関する問題は，応用情報技術者試験の午前の定番です。この問題のほかにも以下の出題があります。

【UML】
- 平成21年春 午前 問43
- 平成21年秋 午前 問43
- 平成22年春 午前 問44
- 平成23年特別 午前 問45
- 平成23年秋 午前 問43
- 平成24年秋 午前 問44
- 平成25年春 午前 問45
- 平成26年秋 午前 問46
- 平成28年春 午前 問48
- 令和2年10月 午前 問46

午後問題でも，オブジェクト指向設計の一環として，クラス図やシーケンス図などが頻繁に使用されます。

SysML

SysML（Systems Modeling Language）とは，システムの設計及び検証を行うために用いられる，UML仕様の一部を流用して機能拡張したグラフィカルなモデリング言語です。UMLよりもコンパクトな仕様となっており，覚えやすく導入が容易です。

▶▶▶ 覚えよう！

- □ POAではDFD，DOAではE-R図，OOAではUML
- □ UMLでよく使われるのはクラス図とシーケンス図

4-1-4 ソフトウェア方式設計・ソフトウェア詳細設計

頻出度 ★★

ソフトウェア方式設計とソフトウェア詳細設計のプロセスでは，ソフトウェア要件定義で定義された要件をソフトウェアコンポーネントやソフトウェアユニットに詳細化します。

ソフトウェア品質

ソフトウェア製品の品質特性に関する規格にJIS X 25010（ISO/IEC 25010）（システム及びソフトウェア製品の品質要求及び評価（SQuaRE）－システム及びソフトウェア品質モデル）があります。JIS X 25010によると，要件定義やシステム設計の際には，次のような八つの品質特性と，それに対応する品質副特性を考慮する必要があります。

発展

品質特性の考え方は，「すべての特性を満たすようにソフトウェアの品質を上げましょう」ではありません。品質特性は，信頼性と効率性といったトレードオフの関係になるもの，満たすとコストがかかるものなど様々です。顧客の要望を聞き，どの品質特性を優先させるかを考えてシステムを設計することが肝心です。

●システム／ソフトウェア製品品質（JIS X 25010：2013）

- **機能適合性** ……… ニーズを満足させる機能を提供する度合い
  品質副特性：機能完全性，機能正確性，機能適切性
- **性能効率性** ……… 資源の量に関係する性能の度合い
  品質副特性：時間効率性，資源効率性，容量満足性
- **互換性** …………… 他の製品やシステムなどと情報交換できる度合い
  品質副特性：共存性，相互運用性
- **使用性** …………… 明示された利用状況で，目標を達成するために利用できる度合い
  品質副特性：適切度認識性，習得性，運用操作性，ユーザエラー防止性，ユーザインタフェース快美性，アクセシビリティ
- **信頼性** …………… 機能が正常動作し続ける度合い
  品質副特性：**成熟性**，**可用性**，**障害許容性（耐故障性）**，**回復性**
- **セキュリティ** …… システムやデータを保護する度合い
  品質副特性：機密性，インテグリティ，否認防止性，責任追跡性，真正性
- **保守性** …………… 保守作業に必要な努力の度合い

品質副特性：モジュール性，再利用性，**解析性**，修正性，試験性

・**移植性** …………… 別環境へ移してもそのまま動作する度合い

品質副特性：適応性，設置性，置換性

また，製品を利用するときの品質モデルについても，次のような五つの特性と，それに対応する副特性が定義されています。

●利用時の品質モデル

・**有効性** …………… 目標を達成する上での正確さ及び完全さの度合い

・**効率性** …………… 目標を達成するための正確さ及び完全さに関連して，使用した資源の度合い

・**満足性** …………… 製品又はシステムが明示された利用状況において使用されるとき，利用者ニーズが満足される度合い

品質副特性：実用性，信用性，快感性，快適性

・**リスク回避性** …… 経済状況，人間の生活又は環境に対する潜在的なリスクを緩和する度合い

品質副特性：経済リスク緩和性，健康・安全リスク緩和性，環境リスク緩和性

・**利用状況網羅性** … 有効性，効率性，リスク回避性及び満足性を伴って製品又はシステムが使用できる度合い

品質副特性：利用状況完全性，柔軟性

それでは，次の問題を考えてみましょう。

問題

JIS X 25010：2013で規定されたシステム及びソフトウェア製品の品質副特性の説明のうち，信頼性に分類されるものはどれか。

ア　製品又はシステムが，それらを運用操作しやすく，制御しやすくする属性をもっている度合い

イ　製品若しくはシステムの一つ以上の部分への意図した変更が製品若しくはシステムに与える影響を総合評価すること，欠陥若しくは故障の原因を診断すること，又は修正しなければならない部分を識別することが可能であることについての有効性及び効率性の度合い

ウ　中断時又は故障時に，製品又はシステムが直接的に影響を受けたデータを回復し，システムを希望する状態に復元することができる度合い

エ　二つ以上のシステム，製品又は構成要素が情報を交換し，既に交換された情報を使用することができる度合い

（平成27年春 応用情報技術者試験 午前 問48）

解説

JIS X 25010：2013で規定された製品品質モデルには，機能適合性，信頼性，性能効率性，使用性，セキュリティ，互換性，保守性及び移植性の八つの特性があります。このうち信頼性は，成熟性，可用性，障害許容性（耐故障性），回復性の四つの副特性の集合から構成されます。中断又は故障時にデータを回復し復元することは，信頼性のうちの回復性に当たるので，ウが正解です。

アは使用性のうちの運用操作性，イは保守性のうちの解析性，エは互換性のうちの相互運用性の説明です。

≪解答≫ウ

ソフトウェア設計手法

ソフトウェア設計手法には，プロセス中心アプローチで主に使われる**構造化設計**や，オブジェクト指向アプローチで使われる**オブジェクト指向設計**があります。

構造化設計

構造化設計とは，機能を中心にプログラムの構造を考える設計手法です。機能分割を行い，**段階別詳細化**をすることで階層構造を作成します。このとき，プログラムの最小単位であるモジュールにまで分割します。

構造化設計は，**構造化プログラミング**の考え方に基づいた設計手法です。構造化プログラムでは，**構造化定理**と呼ばれる「一つの入口と一つの出口をもつプログラムは，順次・選択・反復の三つの論理構造によって記述できる」という考え方により，プログラム上の手続きをいくつかの単位に分け，モジュールに分割します。

関連
三つの論理構造は，ダイクストラの基本３構造とも呼ばれ，プログラムを考える際の基本的な考え方です。実際の構造については，「1-2-2 アルゴリズム」の流れ図で詳しく解説しています。

モジュール分割手法

代表的なモジュールの分割手法には，以下のものがあります。

①STS（Source Transform Sink）分割

データの流れに着目します。データの入力処理（Source），データの変換処理（Transform），データの出力処理（Sink）の３種類のモジュールに分割します。

②TR（Transaction）分割

トランザクションの種類ごとに一つのモジュールにします。データの種類によってトランザクションが分かれる場合などにモジュール分割する手法です。

③共通機能分割

システム全体で同じような機能を洗い出し，それを共通機能としてモジュールにする手法です。

④ジャクソン法とワーニエ法

データの構造に着目します。入力データと出力データのデータ構造からプログラムの構造を求めるのがジャクソン法で，入力データのデータ構造を分析し，プログラムの論理構造図（ワーニエ図）を作成するのがワーニエ法です。

モジュール分割の基準

モジュール分割を行った後のモジュールは，それぞれのモジュールの**独立性が高いほど良い**とされています。モジュールの独立性を高めることで，あるモジュールを変更してもほかへの影響が最小限にとどまるため**保守性**が上がります。また，独立したモジュールは別のソフトウェアで利用しやすくなるので，**再利用性**が上がります。

モジュールの独立性を確認する基準として，**モジュール強度**と**モジュール結合度**があります。モジュール結合度が弱いほどモジュールの独立性は高いと判断されます。

①モジュール強度

モジュール強度はモジュール凝集度，結束性とも呼ばれ，モジュール内の結び付きの強さを示す度合いです。以下の七つの強度があり，**強いほど優れた設計**であると判断されます。

モジュール強度の分類

	モジュール強度	説明
強	機能的強度	一つの機能だけを実現するモジュール
↑	情報的強度	特定の**データ**を扱う複数の機能を一つのモジュールにまとめたもの
	連絡的強度	モジュールの要素間で同じ**データの受渡しや参照**が行われるもの
	手順的強度	**順番**に行う複数の機能をまとめたもの
	時間的強度	時間的に連続した複数の機能をまとめたもの
↓	論理的強度	論理的に関連のある複数の機能をまとめたもの
弱	暗合的強度	関係のない複数の機能をまとめたもの

②モジュール結合度

モジュール結合度は，二つのモジュール間の結合の度合いです。次の六つの強度があり，**弱いほど優れた設計**であると判断されます。

モジュール結合度の分類

	モジュール結合度	説明
弱	データ結合	**単一データ**の変数を**引数**として受け渡すもの
↑	スタンプ結合	**データ構造**（構造体，レコードなど）を**引数**として受け渡すもの
	制御結合	**制御情報**を引数として与えるもの
	外部結合	**単一データ**の変数を**グローバル変数**として宣言し，参照するもの
↓	共通結合	**データ構造**を**グローバル変数**として宣言し，参照するもの
強	内容結合	ほかのモジュールの内部を直接参照しているもの

4

それでは，次の問題を解いてみましょう。

問題

モジュール設計に関する記述のうち，モジュール強度（結束性）が最も強いものはどれか。

ア　ある木構造データを扱う機能をこのデータとともに一つにまとめ，木構造データをモジュールの外から見えないようにした。
イ　複数の機能のそれぞれに必要な初期設定の操作が，ある時点で一括して実行できるので，一つのモジュールにまとめた。
ウ　二つの機能A，Bのコードは重複する部分が多いので，A，Bを一つのモジュールにまとめ，A，Bの機能を使い分けるための引数を設けた。
エ　二つの機能A，Bは必ずA，Bの順番に実行され，しかもAで計算した結果をBで使うことがあるので，一つのモジュールにまとめた。

（平成29年秋 応用情報技術者試験 午前 問46）

解説

モジュール強度をそれぞれの選択肢で考えてみると，次のようになります。

ア　同じデータ構造を扱うので，情報的強度に関する記述です。
イ　同じ時点で行う動作をまとめたので，時間的強度に関する記述です。
ウ　引数で手順を選択的に実行するので，論理的強度に関する記述です。
エ　順番が決まっており，さらに同じデータを引き継いで使用するため，連絡的強度に関する記述です。

このうち，モジュール強度（結束性）が最も強いのは，アの情報的強度です。

≪解答≫ア

過去問題をチェック

モジュール強度／結合度に関する問題は，応用情報技術者試験の午前の定番です。この問題のほかにも次の出題があります。最も望ましいモジュールとはどのようなものかを理解することがポイントです。

【モジュール強度／結合度】
・平成21年秋 午前 問45
・平成22年春 午前 問45
・平成23年特別 午前 問47
・平成26年春 午前 問46
・平成28年春 午前 問47

また，モジュール分割全般について，午後でも出題されています。

【モジュール分割】
・平成28年秋 午後 問8

オブジェクト指向設計

オブジェクト指向は，オブジェクト同士の相互作用としてシステムをとらえる考え方です。システムの静的な構造や動的な振舞い，システム間の協調などをモデル化して，プログラミングするための仕様を記述します。オブジェクト指向でシステム開発をすることによって，プログラムの**保守性と再利用性**を上げることができます。

オブジェクト指向における代表的な考え方を次に挙げます。

①クラス

クラス名
属性1 …
操作1 …

クラス図

クラスは，オブジェクト指向の基本単位です。**属性**（プロパティ，変数，データ）と**操作**（関数，メソッド）が記述されます。クラス図では，クラス名と属性，操作は右図のように表現されます。

クラス自体は抽象的なデータ型で，クラスから生成したインスタンス（オブジェクト）が実際の処理を行います。

②カプセル化

クラスに定義された属性や操作にアクセス権を指定することで，クラスの外からのアクセスを制限することをカプセル化といいます。カプセル化を行うことで，内部の属性や操作を変更してもクラスの外部には影響を与えずにすみます。

③継承（インヘリタンス）

あるクラスを基にして別のクラスを作ることを継承といいます。継承の基となったクラスを**スーパクラス**，継承してできたクラスを**サブクラス**といいます。

④多相性（ポリモーフィズム）

同一の呼出しに対して，受け取った側のクラスの違いに応じて多様な振舞いを見せる性質です。多態性，多様性とも呼ばれます。例えば，「図形を描画する」という同じメソッドを呼び出しても，そのクラスが三角だったら△を描画し，四角だったら□を描画するといったように，クラスによって別の振舞いを起こすような動作です。

用語

ポリモーフィズムの利用において，実際に実装する技術は継承であり，スーパクラスとサブクラスを使用します。このとき，スーパクラスがそれ自体で処理を実行できないようにするため，スーパクラスはインスタンスをもてないように実装します。ここで利用するクラスが**抽象クラス**であり，抽象クラスは，継承してサブクラスを作成しないと，インスタンスを作成して実行することができません。

⑤オブジェクトコンポジション

オブジェクトをまとめる，あるいは取り込むことによって，より複雑な新しい機能を作ることです。機能を再利用するための，継承以外の方法であり，継承を**is-a関係**というのに対し，コンポジションは**has-a関係**と呼ばれます。また，取り込んだオブジェクトに処理を任せることを**委譲**といいます。

それでは，次の問題を解いてみましょう。

問題

オブジェクト指向におけるインヘリタンスの説明はどれか。

ア　幾つかのオブジェクトを集めて，これらを成分とするオブジェクトを作成する。
イ　オブジェクトのデータ構造や値を隠ぺいし，オブジェクトの外部から直接，内部のデータにアクセスできないようにする。
ウ　基底クラスで定義したデータ構造と手続をサブクラスで引き継いで使用する。
エ　同一のデータ構造と同一の手続をもつオブジェクトをまとめて表現する。

（平成21年秋 応用情報技術者試験 午前 問44）

解説

オブジェクト指向におけるインヘリタンスは，継承とも呼ばれ，基底クラス（スーパクラス）で定義したデータ構造と手続をサブクラスで引き継いで使用します。したがって，ウが正解です。アはオブジェクトコンポジション，イはカプセル化，エはクラスの説明です。

≪解答≫ウ

過去問題をチェック

オブジェクト指向設計についてはこの分野で最もよく出されるポイントで，応用情報技術者試験の午前の定番です。この問題のほかにも次の出題があります。

【オブジェクト指向設計】

- 平成21年春 午前 問46
- 平成23年特別 午前 問45
- 平成24年春 午前 問45
- 平成25年春 午前 問45
- 平成25年秋 午前 問47
- 平成28年秋 午前 問47
- 平成29年春 午前 問47

午後でも出題されており，ポリモーフィズム（多様性）の理解と，クラス図とシーケンス図の描き方がポイントとなります。

- 平成21年春 午後 問8
- 平成22年春 午後 問8
- 平成23年特別 午後 問8
- 平成24年秋 午後 問8
- 平成26年春 午後 問8
- 平成27年春 午後 問8
- 平成28年春 午後 問8
- 令和3年春 午後 問8

オブジェクト指向設計は，用語を覚えるだけでなく，実際にやってみることも大切です。午後問題を解いて，オブジェクト指向設計を体験してみましょう。

問題

ソフトウェアのオブジェクト指向設計に関する次の記述を読んで，設問1～3に答えよ。

今まで，Q鉄道会社の自動券売機は，乗車券の発売しかできなかった。このたび，急行券も発売できる新型の自動券売機を開発することになった。急行券は，座席の指定は行わないが，乗車する急行列車を指定して発売する。

新型の自動券売機の主なシナリオは，次のとおりである。

〔前提〕

- 乗車券は，普通列車，急行列車にかかわらず，列車に乗るときに必要であり，乗車駅と降車駅を指定することによって，金額（運賃）が決まる。
- 急行券は，急行列車に乗るときに必要であり，列車とその乗車駅，降車駅を指定することによって，金額（料金）が決まる。

〔発売時〕

- 乗客は，まず購入する切符の種類（乗車券又は急行券）を選択し，乗車日，乗車駅，降車駅，人数及び急行券の場合は列車を自動券売機に入力する。
- 自動券売機は，入力されたデータに基づいて，金額（運賃又は料金）を算出し，表示する。
- 乗客は，表示内容でよければ，自動券売機に現金を投入し，発売ボタンを押す。表示内容でよくなければ，取消しボタンを押し，初期状態に戻す。
- 発売ボタンが押されると，自動券売機は投入されている現金を確認して収納し，発券するとともに，釣りがあれば釣銭を返却する。

ソフトウェアの設計には，UMLのクラス図などを利用している。乗車券だけを発売する現在の自動券売機のクラス図を，図1に示す。

新型の自動券売機では，クラス“乗車券”と“急行券”についてはスーパクラスを設けることにし，図2に示すクラス図を作成した。

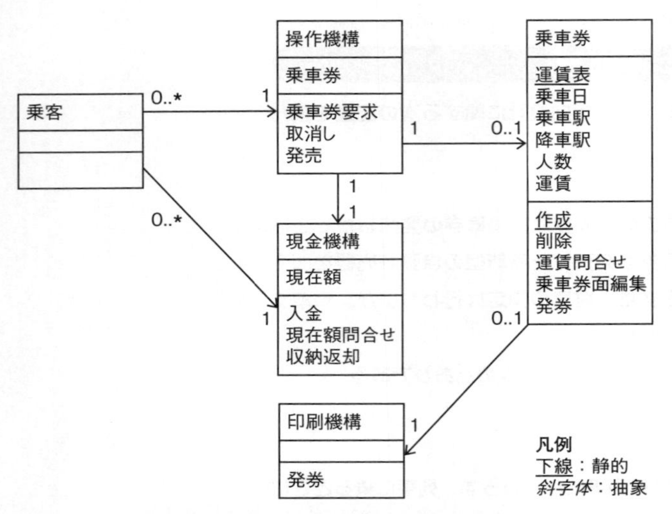

図1 現在の自動券売機のクラス図

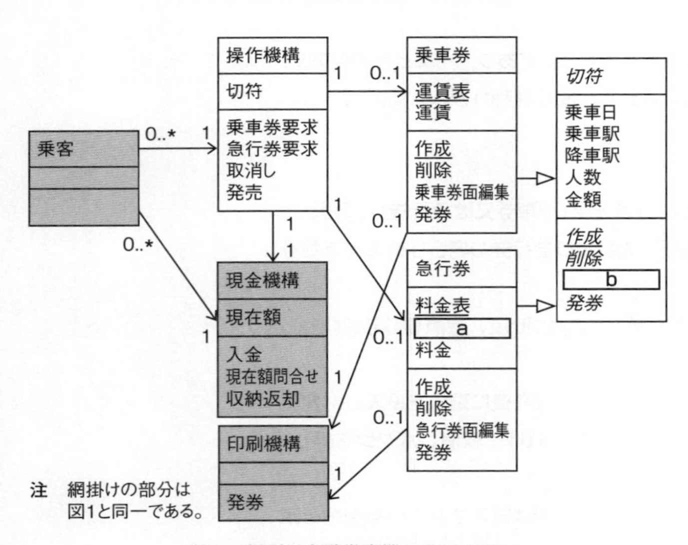

図2 新型の自動券売機のクラス図

図２のクラス図におけるスーパクラス“切符”とそのサブクラス“乗車券”及び“急行券”では，共通の属性をスーパクラスに，サブクラス個別の属性を各サブクラスにもたせている。ただし，属性“運賃”と“料金”については，個別に残しながら，共通の属性“金額”を追加した。また，乗車券面編集と急行券面編集は，切符に印刷す

るイメージを作るための，それぞれのサブクラス個別の操作である。

図２のクラス“操作機構”の属性“切符”は，実装ではオブジェクト“乗車券”又は“急行券”を指していて，“操作機構”からそれらのオブジェクトの操作を呼び出すことを可能にする。

新型の自動券売機で急行券を発売する場合の正常処理について，図3に示すシーケンス図を作成した。範囲 c にはメッセージが入る。

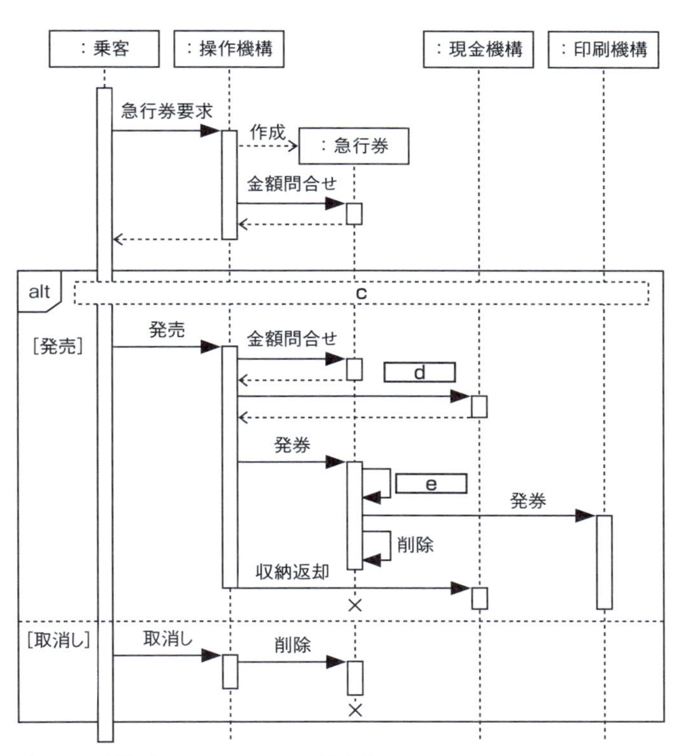

注　altは選択を表す。　→はメッセージを表す。

図3　急行券発売時のシーケンス図

設問１　継承を使用した図２のクラス図について，(1)，(2)に答えよ。

(1)　a ， b ，に入れる適切な属性名又は操作名を答えよ。

(2) 多様性（ポリモルフィズム）をもつメッセージに該当する操作名を一つ答えよ。ただし，"発売"，"取消し"と"削除"は除く。

設問2 図3のシーケンス図について，(1)，(2)に答えよ。メッセージ名については，図2のクラス図中にある操作から選べ。

(1) [c] に入れるメッセージについて，送信側と受信側のクラス名，及び適切なメッセージ名を答えよ。

(2) [d]，[e] に入れる適切なメッセージ名を答えよ。

設問3 乗客が乗車券と急行券など，複数の切符を同時に購入する場合を考慮し，まとめて発売する機能を追加したい。乗客が，切符要求の入力後，更に次の切符要求の入力を行い，最後に発売ボタンを押すことによって，それまでに入力した切符をまとめて発売できるようにする。

これを実現するために，クラス図としては図2のクラスの配置は変えず，いずれかのクラスの属性一つと，そのクラスにかかわる関係の多重度を変えて対応する。

変更する必要がある属性の所属するクラス名と属性名を答えよ。また，その属性の変更内容が分かる適切な変更後の属性名を，10字以内で答えよ。

（平成22年春 応用情報技術者試験 午後 問8）

解説

オブジェクト指向の設計は，**保守性と再利用性**が高いことが特徴です。今回のように，乗車券の発売を行っていた自動券売機のシステムに急行券の発売を追加するといった場合には，スーパクラス"切符"を作成して継承を利用することで，切符の種類が増えても対応しやすくなります。

設問1

(1)

・空欄a

問題文中〔前提〕に「急行券は，急行列車に乗るときに必要であり，列車とその乗車駅，降車駅を指定することによって，金額（料金）が決まる」とあります。ここから，急行券クラスの属性として，列車，乗車駅，降車駅，金額，料金を洗い出すことができます。このうち，乗車駅，降車駅，金額はスーパクラスである切符クラスに，料金は急行券クラスにあります。足りないのは列車だけなので，空欄aは**列車**となります。

・空欄b

図1のクラス図の乗車券クラスにあって，図2のクラス図の乗車券クラスにない操作に，「運賃問合せ」があります。しかし，問題文中に「属性“運賃”と“料金”については，個別に残しながら，共通の属性“金額”を追加した」とあります。“運賃”というのは，乗車券でのみ使われる言葉で，両方のスーパクラスである切符クラスには，“金額”の方が適切です。したがって，空欄bは**金額問合せ**になります。

(2)

多様性（ポリモルフィズム）とは，同じ名前の操作を呼び出しても，クラスによって処理が変わることです。発券の操作は，乗車券クラスの場合には切符に乗車券の印刷イメージを作って印刷し，急行券クラスの場合には急行券の印刷イメージを作って印刷するので，多様性をもつメッセージに該当します。したがって，操作名は**発券**です。

ポリモルフィズム（ポリモーフィズムと表記されることもあります）は，継承を用いて表現され，スーパクラスに操作が定義されて，サブクラスでオーバーライド（上書き）されます。切符クラスと乗車券，急行券クラスでともに存在する属性には，作成，削除，および発券があります。このうち，作成や削除はインスタンスを生成，消滅させるときに使うメソッドなので除外すると発券が残ります。

設問2

(1)

図3は，急行券発売時のシーケンス図です。空欄cの位置は，[alt]（Alternative：分岐処理）が使われており，上半分は［発売］時のシーケンス，下半分は［取消し］時のシーケンスです。問題文中の〔発売時〕に「乗客は，表示内容でよければ，自動券売機に現金を投入し，発売ボタンを押す」とあるとおり，乗客は，発売ボタンを押す前に現金を投入する必要があります。

シーケンス図のメッセージは，呼び出されるクラスの操作に対応します。図2を見ると，現金機構に“入金”という操作があるので，こちらを乗客から呼び出せばよいことが分かります。したがって，送信側のクラス名は**乗客**，受信側のクラス名は**現金機構**，メッセージ名は**入金**となります。

(2)

・**空欄d**

操作機構から現金機構に向けて呼び出すメッセージについて考えます。現金機構には，入金，現在額問合せ，収納返却の三つの操作がありますが，入金，収納返却はほかで使われていることからも，発売時の操作としては**現在額問合せ**が適切です。

・**空欄e**

急行券クラス内での自己を呼び出す操作です。操作機構から発券のメッセージが送られた後の動作なので，発券のための印刷イメージを作る**急行券面編集**が適切です。

設問3

複数の切符を同時に購入する場合には，その複数の切符をまとめて管理するための仕組みが必要になります。現在のところ，切符の情報を管理しているのは操作機構クラスで，属性“切符”を用いて，乗車券か急行券のどちらか1枚の切符のみを管理しています。複数枚管理するためには，この属性“切符”を，切符の配列や切符リストなど，切符の集合を表すことができる属性に変更すればOKです。したがって，変更する必要がある属性の所属するクラス名は**操作機構**，属性名は**切符**となります。変更後の属性名は，**切符の集合**です。切符リスト，切符配列など，集合であることが分かる属性名なら正解です。

≪解答≫

設問1　(1) a：列車，b：金額問合せ
(2) 発券

設問2　(1) 送信側クラス名：乗客
受信側クラス名：現金機構
メッセージ名：入金
(2) d：現在額問合せ，e：急行券面編集

設問3　クラス名：操作機構
属性名：切符
変更後の属性名：切符の集合 (5字)

部品化と再利用

ソフトウェアは，モジュールなどの部品として作成することも可能です。これを**部品化**といいます。ソフトウェアの部品化を行うと，最初は通常の開発よりも工数がかかりますが，部品は**再利用**しやすいため，2回目以降の開発の工数を削減することができます。

従来の部品化の例としては，標準ライブラリ関数やクラスライブラリなどがあります。再利用の方法はオブジェクト指向の仕組みによりさらに発展し，アプリケーションの基本的な部分を提供する枠組みであるフレームワークなどができています。

それでは，次の問題を解いてみましょう。

問題

ソフトウェアの再利用の説明のうち，適切なものはどれか。

ア 再利用可能な部品の開発は，同一規模の通常のソフトウェアを開発する場合よりも工数がかかる。

イ 同一機能のソフトウェアを開発するとき，一つの大きい部品を再利用するよりも，複数の小さい部品を再利用する方が，開発工数の削減効果は大きい。

ウ 部品の再利用を促進するための表彰制度などによるインセンティブの効果は，初期においては低いが，時間の経過とともに高くなる。

エ 部品を再利用したときに削減できる工数の比率は，部品の大きさに反比例する。

（平成24年秋 応用情報技術者試験 午前 問46）

解説

ソフトウェアの再利用では，再利用可能な部品の開発には，同一規模の通常のソフトウェアを開発する場合よりも工数がかかります。しかし，それを再利用するときに工数が削減できるので，似たようなシステムを何度も開発する場合には効率的です。したがって，アが正解です。

イ，エ　部品が大きい方が，開発工数の削減効果が大きく，また，削減できる工数の比率も高くなります。

ウ　再利用を促進するインセンティブの効果は，まだ慣れておらず，やりたがる人が少ない初期の頃の方が高くなります。

≪解答≫ア

パターン

再利用は単なる部品だけでなく，ソフトウェアの設計や構造など，さらに大きな単位で考えられるようになりました。

デザインパターンでは，設計のノウハウを集結させて再利用を可能にしました。

アーキテクチャパターンでは，ソフトウェアの構造（アーキテクチャ）に関するパターンを集約しています。アーキテクチャパターンの一つに，**MVC**（Model View Controller）があります。MVCでは，機能を業務ロジック（Model），画面出力（View），それらの制御（Controller）の三つのコンポーネントに分けていきます。

デザインパターンの有名なものには，**GoF**（Gang of Four）と呼ばれる４人が作成した23個のパターンがあります。また，アーキテクチャパターンの有名なものには，MVCのほかにPOSA（Patterns Oriented Software Architecture）があります。これらのパターンを使うことで，オブジェクト指向での開発を効率的に行うことができ，プログラムの状態を会話で説明することが容易になります。

覚えよう！

- □ モジュール強度は強いほど，モジュール結合度は弱いほど良い
- □ 同じメッセージで異なる動作をするポリモーフィズム

4-1-5 ソフトウェア構築

ソフトウェア構築プロセスでは，ソフトウェアユニットとデータベースを実際に作成し，そのユニットごとのテストを行います。具体的には，ソフトウェアユニットとデータベースの作成及びテスト手順とテストデータの作成，ソフトウェアユニットとデータベースのテストの実施，利用者文書の更新，ソフトウェア結合テスト要求事項の更新，ソフトウェアコード及びテスト結果の評価を実施します。

関連

ソフトウェアコード作成で使用するプログラム言語については「1-2-4　プログラム言語」で，コード作成やテストで使用するツールについては「2-3-4　開発ツール」で解説しています。

ソフトウェアユニットの作成

ソフトウェアユニットの作成において，それぞれが好き勝手にコードを書くと，形式が統一されず読みにくくなってしまいます。そこで，あらかじめ**コーディング基準**を決め，コードの形式を揃えておきます。また，**コーディング支援手法**にも様々なものがあります。

発展

コーディング支援手法とは，ソフトウェアコードの作成を簡易にするための手法，またはツールです。例えば，開発ソフトに組み込むツールを使用し，定型文を簡略化してコーディングする手法や，コピー＆ペーストで使えるコードをまとめたスニペット集を利用するなどの手法があります。

ソフトウェアユニットのテスト

ソフトウェアユニットのテストは，ソフトウェア詳細設計で定義したテスト仕様に従って行い，要求事項を満たしているかどうかを確認します。モジュール（ソフトウェアユニット）単体でのテストになるので，ほかのモジュールと関連する部分に次のような仮のモジュールを用意します。

①ドライバ

テストするモジュールの**上位モジュール**が未完成の場合，つまり，そのモジュールを呼び出すモジュールが未完成の場合の仮のモジュールのことをドライバと呼びます。

②スタブ

テストするモジュールの**下位モジュール**が未完成の場合，つまり，そのモジュールから呼び出すモジュールが未完成の場合のモジュールのことをスタブと呼びます。

それでは，次の問題を解いてみましょう。

問題

テスト工程におけるスタブの利用方法に関する記述として，適切なものはどれか。

ア 指定した命令が実行されるたびに，レジスタや主記憶の一部の内容を出力することによって，正しく処理が行われていることを確認する。

イ トップダウンでプログラムのテストを行うとき，作成したモジュールをテストするために，仮の下位モジュールを用意して動作を確認する。

ウ プログラムの実行中，必要に応じて変数やレジスタなどの内容を表示し，必要であればその内容を修正して，テストを継続する。

エ プログラムを構成するモジュールの単体テストを行うとき，そのモジュールを呼び出す仮の上位モジュールを用意して，動作を確認する。

（平成22年秋 応用情報技術者試験 午前 問45）

解説

スタブとは，作成したモジュールをテストするために用意された仮の下位モジュールのことです。したがって，イが正解です。エがドライバです。アはスナップショットダンプ，ウは開発ツールなどで用いられるエディットコンティニュの説明です。

≪解答≫イ

過去問題をチェック

ドライバとスタブは混同しやすいですが，応用情報技術者試験ではよく出題される問題で，午前の定番です。この問題のほかにも次の出題があります。

【ドライバ，スタブ】
- 平成21年春 午前 問47
- 平成23年特別 午前 問48
- 平成29年秋 午前 問47

テストの手法

テストの手法は，ホワイトボックステストとブラックボックステストの2種類に大別されます。ホワイトボックステストは，ソースコードなどのシステム内部の構造を理解した上で行うテストで，ブラックボックステストは，外部から見て仕様書どおりの機能をもつかどうかをテストするものです。

それぞれの代表的なテスト設計手法は，次のとおりです。

1. ホワイトボックステスト

①制御パステスト

プログラム中のソースコードがすべて実行されるようにテストデータを与えるテストです。最も代表的なホワイトボックスのテスト設計手法で，どの程度のソースコードが網羅されたかをカバレッジ（網羅率）で示します。テストする経路によって，次のような様々な網羅方法があります。

- 命令網羅
  すべての**命令**を最低1回は実行するように設計します。
- 判定条件網羅（分岐網羅）
  すべての**分岐**で，その**分岐経路のすべて**を1回は実行するように設計します。
- 条件網羅
  すべての**条件**で，その**可能な結果のすべて**を1回は実行するように設計します。判定条件網羅との違いは，例えば，
  if (a > 0 and b > 0)
  という命令があったとき，andで合わせた全体が真か偽かを考えるのが判定条件網羅，それぞれの条件，つまりa > 0やb > 0のそれぞれについて真偽を考えるのが条件網羅です。
- 判定条件・条件網羅
  判定条件網羅と条件網羅の両方を満たすように設計します。
- 複数条件網羅
  すべての条件判定の**組合せ**を網羅するように設計します。テストケースの数は最も多くなります。
- 経路組合せ網羅（経路網羅）
  すべての**経路**を最低1回は実行するように設計します。

制御パステストには，網羅の度合いに応じてC0網羅（命令網羅），C1網羅（分岐網羅），C2網羅（条件網羅）という三つの網羅基準があります。
テストの精度は，網羅基準が高いほど高くはなりますが，大規模なシステムではテストケースが膨大になり，現実的な方法ではなくなることもあります。ですから，必ずしも網羅率100％を目指す方がいいとは限りません。

②データフロー・パステスト

制御部分ではなく使用されるデータに焦点を当てて行うテストです。ソースコード内で扱うデータや変数について，定義→生成→使用→消滅の各ステップが正しく順番どおりに行われているかを調べます。

2. ブラックボックステスト

①同値分割

入力値と出力値を，システムとして動作が同じと見なせる値の範囲（同値クラス）に分類し，各同値クラスを代表する値に対してテストを行う方法です。

②限界値分析

同値クラスの両端の値（境界値）をテストする方法です。エラーは分岐の境界で起こりやすいので，そこを重点的にテストします。

③決定表（デシジョンテーブル）

考慮すべき条件と，その条件に対する結果のマトリックスを作成する方法です。主に，テスト項目を作成するために用いられます。

④原因・結果グラフ

入力と出力の関係を表す以下のような図や表を作成し，テストを行う方法です。

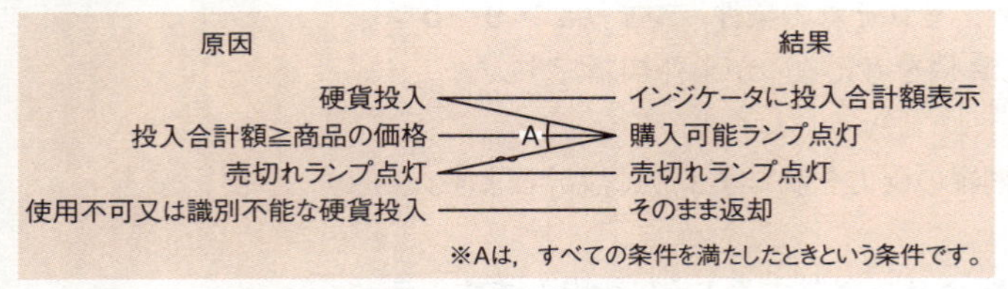

原因・結果グラフの例

それでは，次の問題を考えてみましょう。

問題

ホワイトボックステストのテストケースを設計する際に使用するものはどれか。

ア　原因－結果グラフ　　イ　限界値分析

ウ　条件網羅　　エ　同値分割

（平成22年秋 応用情報技術者試験 午前 問46）

過去問題をチェック

ホワイトボックステスト，ブラックボックステストの手法については，応用情報技術者試験でよく出題されます。この問題のほかに次の出題があります。

【ホワイトボックステスト，ブラックボックステスト】

・平成21年秋 午前 問47
・平成22年春 午前 問48
・平成23年秋 午前 問47
・平成25年春 午前 問48
・平成25年秋 午前 問49
・平成26年秋 午前 問47
・平成29年春 午前 問48
・平成30年秋 午前 問49
・令和3年春 午前 問48

午後でも出題されています。それぞれの手法の種類を知ることとそれを理解することがポイントです。

・平成21年秋 午後 問8
・平成26年秋 午後 問8

解説

ホワイトボックステストに分類されるのは，制御パステストの一つであるウの条件網羅です。ア，イ，エはブラックボックステストに分類されます。

≪解答≫ウ

メトリクス計測

ソフトウェアの品質を評価するために，ツールなどを使い，客観的な指標を計測することを**メトリクス計測**といいます。メトリクス計測では，関数やクラスの**モジュール強度**や**モジュール結合度**，**分岐**の数，アクセス率などを計測することで，ソフトウェアの弱点を具体的に把握することができます。

覚えよう！

- □ 呼び出すモジュールは上位がドライバ，下位がスタブ
- □ ○○網羅はホワイトボックステスト

4-1-6 ソフトウェア結合・ソフトウェア適格性確認テスト

頻出度 ★★★

ソフトウェア結合プロセスでは，ソフトウェアユニットやソフトウェアコンポーネントを結合し，結合が完了したらテストを行います。ソフトウェア適格性確認テストのプロセスでは，ソフトウェア品目が適格性確認要求事項に従っているかどうかのテストを行います。

テストの管理手法

テストの実行後には，テストの結果を分析して管理する必要があります。テストを管理する方法には，次のようなものがあります。

①信頼度成長曲線（ゴンペルツ曲線）

ソフトウェア開発のテスト工程では，エラー（バグ）を発見して修正する作業が順次行われるので，テスト項目の消化とともに，発見されるエラーの増加割合は減少していきます。そのことを**ソフトウェア信頼度成長モデル**といいます。その総エラー数の増加度合いは，経験的に次図のような曲線に従うとされており，この曲線のことを**信頼度成長曲線**（**ゴンペルツ曲線**）と呼びます。

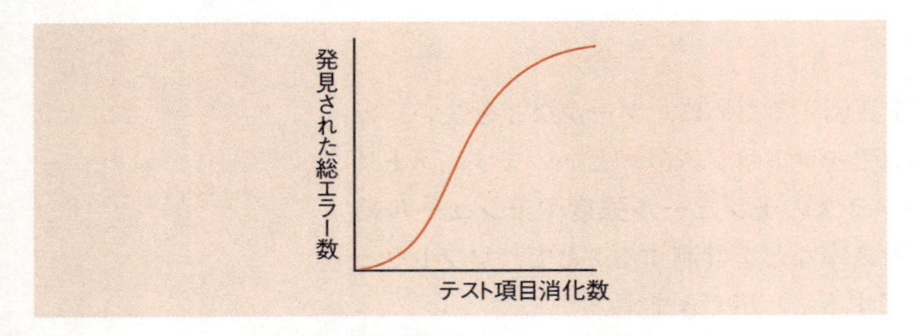

信頼度成長曲線（ゴンペルツ曲線）

テスト項目に対して発見される総エラー数がこの曲線に沿わない場合はテストに問題があると見なし，検討します。発見されるエラー数が少なすぎる場合は，プログラムの品質が高いことも考えられますが，テストケースが適切でないという疑いもあります。発見された総エラー数が上図の曲線のように収束に向かっていくことをテスト終了の要件にすることも多いです。

②管理図

バグの管理では，時間の経過に伴うバグ検出数や未消化テスト項目数，未解決バグ数をプロットし，**バグ管理図**を作成します。未消化テスト項目数と累積誤り検出数を並記する**テスト工程品質管理図**を作成することもあります。

③エラー埋込法

プログラムに意図的にエラーを埋め込んだ状態でテストを行う方法です。埋込みエラーと真のエラーは同じ割合で発見されるという仮定の下，発見された埋込エラー数から，まだ発見されていない真のエラー数を推測します。

次の問題を考えてみましょう。

問題

エラー埋込み法による残存エラーの予測において，テストが十分に進んでいると仮定する。当初の埋込みエラーは48個である。テスト期間中に発見されたエラーの内訳は，埋込みエラーが36個，真のエラーが42個である。このとき，残存する真のエラーは何個と推定されるか。

ア 6　　イ 14　　ウ 54　　エ 56

（平成25年春 応用情報技術者試験 午前 問47）

解説

埋込みエラー数と真のエラー数を，発見されたエラー数と残存エラーに分けて計算すると以下のようにまとめられます。

	埋込みエラー数	真のエラー数
発見されたエラー	36	42
残存エラー	12（＝48－36）	?

埋込みエラーと真のエラーで残存エラーの割合が同じだとすると，残存する真のエラー数は，12 × (42 ／ 36) = 14となります。したがって，イが正解です。

≪解答≫イ

▶▶▶ 覚えよう！

- □ **ゴンペルツ曲線で，バグは収束していく**
- □ **バグ摘出数は，多すぎても少なすぎてもダメ**

4

4-1-7 システム結合・システム適格性確認テスト

頻出度 ★★★

システム結合プロセスでは，ソフトウェア・ハードウェア・手作業・ほかのシステムなど様々なものを合わせてシステムを結合します。システム適格性確認テストのプロセスでは，システムに関しての適格性確認要求事項に従っているかどうか，つまり，システム要件どおりにシステムが構築されているかについてテストを行います。

チューニング

システム適格性確認テストでは，単に不具合がないかというデバッグだけでなく，性能などの要件についてもテストを行い，システムの**チューニング**を行います。

> 用語
> **チューニング**とは，目的とする状態に調整することです。システムのチューニングの場合，性能（パフォーマンス）を最適な状態にする**パフォーマンスチューニング**などが行われます。ボトルネックを見つけ出し，その原因を推定して，ボトルネックを解消するサイクルを実施します。そのときに行われるテストはシステムにストレスをかけるので，**ストレステスト**とも呼ばれます。

テストの種類

システム結合・システム適格性確認テストでは，システム全体を検証するために次のようなテストを行います。

①機能テスト

ユーザから要求された機能要件をシステムが満たしているかを検証するテストです。

②非機能要件テスト

機能要件以外の，システムの非機能要件を満たしているかを検証するテストです。

③性能テスト

システムの性能要件が確保されているかを検証するテストです。

④負荷テスト

短時間に大量のデータを与えるなどの高い負荷をかけたときにシステムが正常に機能するかを検証するテストです。

⑤セキュリティテスト

システムのセキュリティ要件を満たしているかを検証するテストです。

⑥リグレッションテスト（回帰テスト，退行テスト）

システムを変更したときに，その変更によって予想外の影響が現れていないかを確認するテストです。変更した部分以外のプログラムも含めてテストを行います。

覚えよう！

□ **バグを取るのはデバッグ，性能の最適化はチューニング**

4-1-8 導入

頻出度 ★★★

システム又はソフトウェアの導入では，実環境にハードウェアを用意し，ソフトウェア製品を導入（インストール）します。

システム又はソフトウェアの導入のタスク

システム又はソフトウェアの導入では，システム又はソフトウェアの導入計画を作成し，導入を実施します。

システム又はソフトウェアの導入時には，新旧システムの移行をどのように実施するのかを考え，データ保全や業務への影響を検討し，スケジュールや体制を考えます。古くなったシステムやハードウェア，ソフトウェアを新しいものや別のものに置き換えることを**リプレース**といいます。また，ソフトウェア導入にあたっては，利用者を支援する作業も行います。

4-1-9 受入れ支援

受入れ支援では，システムの取得者（利用者）がシステム又はソフトウェアを受け入れることを，システムの供給者（開発者）が支援します。

システム又はソフトウェアの受入れ支援のタスク

システム又はソフトウェアの受入れ支援では，取得者の受入れレビューと受入れテストの支援，ソフトウェア製品の納入，取得者への**教育訓練及び支援**を行います。利用者支援のため，業務やコンピュータ操作手順，業務応用プログラム運用手順などを**利用者マニュアル**として文書化します。

覚えよう！

☐ ソフトウェアの受入れは，取得者が主体になって行い，開発者はそれを支援する

4-1-10 保守・廃棄

保守プロセスでは，サービスレベルなどの保守を受ける側の要求や，保守を提供する側の実現性や費用を考慮して，保守要件を決定します。保守作業では，具体的には，問題の発生や改善，機能拡張要求などへの対応として，現行ソフトウェアの修正や変更を行います。また，廃棄プロセスでは，システムやソフトウェアを起動不能や解体などによって最終の状態にします。

参考

保守プロセスは開発プロセスとは別に定義されますが，まったく独立して行われるわけではなく，保守のしやすいシステムにするための開発も大切です。

保守の形態

保守はバグ修正，つまり**是正保守**だけとは限りません。ソフトウェア保守の形態には，日々のチェックを行う**日常点検**や，定期的に行う**定期保守**があります。また，障害や不具合などが起こる前に行う**予防保守**と，起こった後に行う**事後保守**（是正保守）にも分類できます。予防的に改良を加えて完全にする**完全化保守**，システムの変化に適応させる**適応保守**を行うこともあります。さらに，修理を現場で行う**オンサイト保守**と，ほかの場所から行う**遠隔保守**にも分けられます。

システム信頼性のための解析手法

保守段階でのシステム信頼性のために，信頼性工学の視点を用いて障害のリスクを評価します。**FTA**（Fault Tree Analysis：故障木解析）は，発生しうる障害の原因を分析するトップダウンの手法です。特定の障害に対して，その障害が発生する原因を洗い出し，木構造にまとめます。また，**FMEA**（Failure Mode and Effects Analysis：故障モード影響解析）は，信頼性を定性的に評価するボトムアップの手法です。システムの構成品目の故障モードに着目して，故障の推定原因を列挙し，システムへの影響を評価することによって分析します。

廃棄

廃棄プロセスは，システム又はソフトウェア実体の存在を終了させます。廃棄では，システムもしくはソフトウェアを最終の状態にし，廃棄しても運用に支障のない状態にして，起動不能にしたり，解体したり，取り除いたりします。

組織の運用の完整性（完全に整っている状態，integrity）を保ちながら，システムの既存ソフトウェア製品又はソフトウェアサービスを廃止にすることが目標です。

▶▶▶ 覚えよう！

□ 障害後の事後保守だけでなく，事前に行う予防保守もある

4-2 ソフトウェア開発管理技術

ソフトウェア開発のプロセスや手法は様々です。ソフトウェア開発の工程では，自社のものではないソフトウェアを利用すると同時に，自社で開発したソフトウェアを守る必要もあるため，知的財産権の適用管理を行います。また，効率的な開発を行うためには，開発環境の管理や，開発時の構成品目を管理するための構成管理・変更管理も必要です。本章では，開発の周辺で必要になるこのような管理技術について学習します。

4-2-1 開発プロセス・手法

頻出度 ★★★

勉強のコツ

ソフトウェア開発プロセスや開発管理技術には，こうすれば完璧という「正解」はありません。いろいろな手法の中から，現実的に最適な解を見つけ出していくのです。そのため，この分野のポイントは，「いろいろな手法があるんだな」ということと，それぞれの手法の基本的な考え方を理解することです。

開発プロセスとしては，ウォーターフォールモデルなど従来の構造化手法を中心とした開発モデルと，スパイラルモデルなどのオブジェクト指向を中心とした開発モデルがあります。

ソフトウェア開発モデル

ソフトウェア開発の効率化や品質向上のために用いられるのがソフトウェア開発モデルです。代表的なものを以下に挙げます。

①ウォーターフォールモデル

最も一般的な，古くからある開発モデルです。開発プロジェクトを時系列に，「要件定義」「設計」「プログラミング」「テスト」というかたちでいくつかの作業工程に分解し，それを順番に進めていきます。なるべく後戻りしないように，各工程の最後にレビューを行うなどして信頼性を上げます。

②プロトタイピングモデル

開発の早い段階で試作品（プロトタイプ）を作成し，それをユーザが確認し評価することで，システムの仕様を確定していく方法です。

③スパイラルモデル

システム全体をいくつかの部分に分け，分割した単位で開発のサイクルを繰り返します。その発展形として，オブジェクト指向開発において，分析と設計，プログラミングを何度か行き来しながらトライアンドエラーで完成させていく**ラウンドトリップ**という手法もあります。

④RAD（Rapid Application Development）

“早く，安く，高品質”を目的とした短期のシステム開発の手法です。CASEツールや開発ツールなどを活用し，プログラム作成を半自動化します。

⑤アジャイル開発

迅速に無駄なくソフトウェア開発を行う手法の総称です。代表的な手法にXP（eXtreme Programming）やスクラムがあります。

⑥インクリメンタルモデル（Incremental Model）

大きなシステムをいくつかの独立性の高いサブシステムに分け，そのサブシステムごとに開発，リリースしていく手法です。段階的にリリースするので，すべての機能がそろっていなくてもシステムの動作を確認できます。

⑦エボリューショナルモデル（Evolutionary Model）

開発プロセスの一連の作業を複数回繰り返し行います。要求に従ってソフトウェアを作成してその出来を評価し，改訂された要求に従って再度ソフトウェアを作成する，という作業を繰り返します。**成長モデル**，**進化型モデル**ともいいます。

⑧DevOps

開発担当者と運用担当者が連携して協力する開発手法です。開発（Development）と運用（Operations）の合成語です。

アジャイル開発の手法

アジャイル開発は，迅速かつ適応的にソフトウェア開発を行う軽量な開発手法で，従来の開発手法とは考え方に違いがあります。特に価値については，**アジャイルソフトウェア開発宣言**で次のように表されています。

プロセスやツールよりも個人と対話を
包括的なドキュメントよりも動くソフトウェアを
契約交渉よりも顧客との協調を
計画に従うことよりも変化への対応を

アジャイル開発の代表的な手法には次のものがあります。

①XP（エクストリームプログラミング）

事前計画よりも柔軟性を重視する，難易度の高い開発や状況が刻々と変わるような開発に適した手法です。

XPでは，「コミュニケーション」「シンプル」「フィードバック」「勇気」「尊重」の五つに価値が置かれます。その価値の下に，いくつかのプラクティス（習慣，実践）が定められています。代表的なプラクティスには，次のようなものがあります。

・イテレーション

アジャイル開発を繰り返す単位です。短いサイクルで繰り返すことで，反復し，柔軟に対処しながら開発を行います。

・ペアプログラミング

二人一組で実装を行い，一人がコードを書き，もう一人がそれをチェックしナビゲートするという手法です。二人のペアを変えながら開発を行うことで，コミュニケーションを円滑にします。教育的な効果もあります。

・テスト駆動開発（Test-Driven Development：TDD）

実装より先にテストを作成します。

・リファクタリング

完成済のコードを，動作を変更させずに改善します。

・継続的インテグレーション

品質改善や納期短縮のための習慣です。開発者がソースコードの変更を頻繁にリポジトリに登録し，ビルドとテストを定期的に実行することで，テストの効率化や段階的な機能追加を実現できます。

・バーンダウンチャート

時間と作業量の関係をグラフ化したものです。プロジェクトの状況を可視化することができます。

・レトロスペクティブ（ふりかえり）

イテレーションごとにチームの作業方法を見返し，作業を改善していく手法です。

それでは，次の問題を考えてみましょう。

問題

アジャイル開発などで導入されている“ペアプログラミング”の説明はどれか。

ア 開発工程の初期段階に要求仕様を確認するために，プログラマと利用者がペアとなり，試作した画面や帳票を見て，相談しながらプログラムの開発を行う。
イ 効率よく開発するために，2人のプログラマがペアとなり，メインプログラムとサブプログラムを分担して開発を行う。
ウ 短期間で開発するために，2人のプログラマがペアとなり，交互に作業と休憩を繰り返しながら長時間にわたって連続でプログラムの開発を行う。
エ 品質の向上や知識の共有を図るために，2人のプログラマがペアとなり，その場で相談したりレビューしたりしながら，一つのプログラムの開発を行う。

（令和３年春 応用情報技術者試験 午前 問50）

解説

ペアプログラミングとは，2人のプログラマがペアとなり開発を行う手法です。2人で分担するのではなく，一つのプログラムを一緒に開発していきます。一方がプログラミングを行っているときに他方がレビューを行ったり，相談を行うことなどで，品質の向上や知識の共有を図ることができます。したがって，エが正解です。

ア 利用者とプログラマは要求仕様の確認を一緒に行うことはありますが，プログラムの開発は行いません。
イ 分担して行うプログラミングであり，ペアプログラミングではありません。
ウ 交代でプログラミングを行う作業は，ペアプログラミングではありません。

≪解答≫エ

過去問題をチェック

エクストリームプログラミング（XP）やアジャイルについては，応用情報技術者試験での出題が増えています。

【XP】
・平成26年春 午前 問49
・平成27年秋 午前 問49
・平成28年春 午前 問50

【アジャイル】
・平成26年秋 午前 問49
・平成29年春 午前 問49
・平成29年春 午後 問8
・平成29年秋 午前 問48
・平成30年春 午前 問48，問49
・平成30年秋 午前 問50
・令和3年春午前問50

【スクラム】
・令和2年10月 午前 問49
・令和3年春 午前 問49

【リーンソフトウェア開発】
・令和元年秋 午前 問49

午後でも，アジャイルの手法について出題されています。

【継続的インテグレーション】
・平成30年秋 午後 問8

【アジャイル手法の導入】
・令和2年10月 午後 問8

②スクラム

開発チームが一体となって，共通のゴールに向けて働くことを目的とした方法論です。プロジェクトの途中で，顧客が要求や必要事項を変えられるということを想定しています。

スクラムでは，プロダクトオーナ，開発チーム，スクラムマスタという三つの役割から**スクラムチーム**を形成します。**プロダクトオーナ**は，作成するプロダクトに最終的に責任をもつ人で，スクラムマスタは，プロジェクトの推進に責任をもつ人になります。

スクラムの工程の単位は**スプリント**で，開発，まとめ，レビュー，調整などの作業を繰り返します。また，プロダクトバックログ，スプリントバックログという2種類の**バックログ**を作成し，製品に必要な要素や，スプリントで実現する仕様をまとめて管理します。

それでは，次の問題を考えてみましょう。

問題

アジャイル開発手法の説明のうち，スクラムのものはどれか。

ア　コミュニケーション，シンプル，フィードバック，勇気，尊重の五つの価値を基礎とし，テスト駆動型開発，ペアプログラミング，リファクタリングなどのプラクティスを推奨する。

イ　推測（プロジェクト立上げ，適応的サイクル計画），協調（並行コンポーネント開発），学習（品質レビュー，最終QA／リリース）のライフサイクルをもつ。

ウ　プロダクトオーナなどの役割，スプリントレビューなどのイベント，プロダクトバックログなどの作成物，及びルールから成るソフトウェア開発のフレームワークである。

エ　モデルの全体像を作成した上で，優先度を付けた詳細なフィーチャリストを作成し，フィーチャを単位として計画し，フィーチャ単位に設計と構築を繰り返す。

（令和2年10月 応用情報技術者試験 午前 問49）

解説

アジャイル開発手法でのスクラムとは，チームで開発を行うためのプロセスのフレームワークです。プロダクトオーナなどの役割や，スプリントレビューなどのイベント，プロダクトバックログなどの作成物，ルールなどが含まれています。したがって，ウが正解です。

ア XP（eXtreme Programming）で提唱される価値やプラクティスの説明です。

イ ASD（Adaptive Software Development）の説明です。

エ FDD（Feature Driven Development）の説明です。

≪解答≫ウ

③リーンソフトウェア開発

リーンソフトウェア開発とは，製造業の現場から生まれた考え方をアジャイル開発のプラクティスに適用したものです。次の七つの原則を重視しながら開発を進めていきます。

1. ムダをなくす
2. 品質を作り込む
3. 知識を作り出す
4. 決定を遅らせる
5. 早く提供する
6. 人を尊重する
7. 全体を最適化する

ソフトウェアライフサイクルプロセス

SLCP（Software Life Cycle Process：ソフトウェアライフサイクルプロセス）は，ソフトウェアの開発プロジェクトにおいて，取得者（発注者）と供給者（受注者）の間で開発作業についての誤解が生じないように，ソフトウェア開発に関連する作業内容を詳細に規定したものです。現在のバージョンは**SLCP-JCF2013**で，ISO/IEC 12207（JIS X 0160）を包含しており，共通フレーム2013とも呼ばれます。

プロセス成熟度

開発と保守のプロセスを評価，改善するために，システム開発組織のプロセスの成熟度をモデル化したものが**CMMI**(Capability Maturity Model Integration：能力成熟度モデル統合）です。CMMIでは，組織を次の5段階のプロセス成熟度モデルに照らし合わせ，等級をつけて評価します。

CMMIのレベル

レベル	段階	概要
レベル1	初期	場当たり的で秩序がない状態。成功は，担当する人員の力量に依存する
レベル2	管理された	基本的なプロジェクト管理が確実に行われる状態。反復可能
レベル3	定義された	標準の開発プロセスがあり，利用されている状態
レベル4	定量的に管理された	品質と実績のデータをもち，プロセスの実情を定量的に把握している状態
レベル5	最適化している	プロセスの状態を継続的に改善するための仕組みが備わっている状態

それでは，次の問題を解いてみましょう。

問題

CMMIの説明はどれか。

ア　ソフトウェア開発組織及びプロジェクトのプロセスの成熟度を評価するためのモデルである。
イ　ソフトウェア開発のプロセスモデルの一種である。
ウ　ソフトウェアを中心としたシステム開発及び取引のための共通フレームのことである。
エ　プロジェクトの成熟度に応じてソフトウェア開発の手順を定義したモデルである。

（平成29年秋 応用情報技術者試験 午前 問49）

過去問題をチェック

SLCPとCMMIに関する問題は，応用情報技術者試験の午前の定番です。この問題のほかにも次の出題があります。

【SLCP，CMMI】
・平成21年春 午前 問48
・平成21年秋 午前 問49
・平成22年春 午前 問49
・平成23年特別 午前 問49
・平成24年秋 午前 問47
・平成27年春 午前 問49
・平成28年秋 午前 問48
・平成31年春 午前 問50

午後でも，共通フレームのプロセスを中心に出題されています。
・平成21年秋 午後 問8

解説

CMMI (Capability Maturity Model Integration) とは，ソフトウェア開発の成熟度をレベル1～5の5段階で表したモデルです。ソフトウェア開発組織などでプロセスの成熟度を評価するので，アが正解です。

イ ウォーターフォールモデル，スパイラルモデルなどが該当します。

ウ 共通フレーム2013などが該当します。

エ OPM3（Organizational Project Management maturity model 3）などのプロジェクトマネジメントの成熟度モデルがあります。

≪解答≫ア

リバースエンジニアリング

ソフトウェアにおける**リバースエンジニアリング**とは，ソフトウェアの動作を解析するなどして構造を分析し，ソースコードを明らかにすることです。オブジェクトコードをソースコードに変換する**逆コンパイラ**や，関数の呼出関係を表現したグラフである**コールグラフ**などを使用して解析します。

リバースエンジニアリングを行い，元のソフトウェア権利者の許可なくソフトウェアを開発，販売すると，元のソフトウェアの**知的財産権を侵害**するおそれがあります。また，利用許諾契約によってはリバースエンジニアリングを禁止している場合もあるので注意が必要です。

用語

リバースエンジニアリングと似た名前の用語に**リファクタリング**があります。こちらは，既存のプログラムに対して，外部から見た振舞いを変更しないようにプログラムを改善することです。より良いコードに書き換えることで，保守性の高いプログラムにすることができます。

マッシュアップ（Mashup）

マッシュアップとは，複数の提供者による**API**（Application Programming Interface）を組み合わせることで新しいサービスを提供する技術です。主にWebプログラミングで用いられており，複数のWebサービスのAPIを組み合わせて，あたかも一つのWebサービスのように提供します。

マッシュアップの具体例としては，Google Mapsの地図情報を活用し，地図を表示しながら店舗や観光地の口コミ情報を掲載するサイトなどがあります。GoogleやAmazon，Yahoo!などで公開されているAPIを用いることで，様々なWebサービスを簡単に組み合わせることができます。

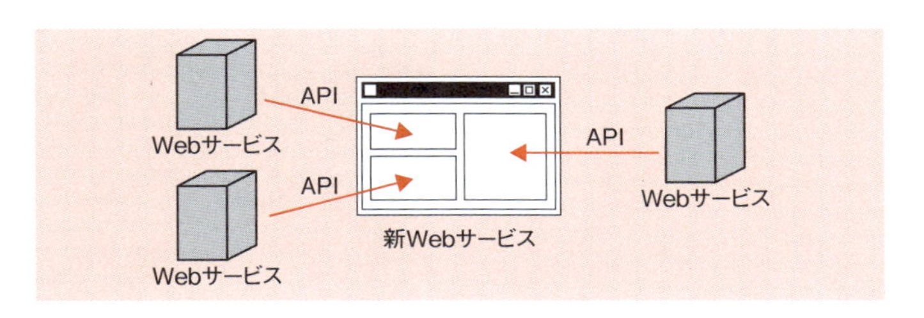

マッシュアップのイメージ

それでは，次の問題を解いてみましょう。

問題

マッシュアップに該当するものはどれか。

ア　既存のプログラムから，そのプログラムの仕様を導き出す。
イ　既存のプログラムを部品化し，それらの部品を組み合わせて，新規プログラムを開発する。
ウ　クラスライブラリを利用して，新規プログラムを開発する。
エ　公開されている複数のサービスを利用して，新たなサービスを提供する。

（平成26年春 応用情報技術者試験 午前 問50）

解説

マッシュアップとは，公開されている複数のサービスを利用して新たなサービスを提供することです。したがって，エが正解です。アはリバースエンジニアリング，イ，ウはコンポーネント指向のソフトウェアコンポーネント（部品）を用いたプログラミングです。

≪解答≫エ

▶▶▶ 覚えよう！

- □ CMMIレベルは，1－初期，2－管理，3－定義，4－定量的管理，5－最適化
- □ マッシュアップは複数のサービスを組み合わせて作る

4-2-2 知的財産適用管理

知的財産に関する知的財産権には，著作権や産業財産権である特許権など，様々なものがあります。

著作権管理

開発するプログラムの著作権は，著作権法で保護されます。プログラムの著作権（人格権・財産権）は，契約の内容が優先されます。契約書などでの取決めがない場合には，以下のようになります。

- **個人**が作成した場合は，プログラマが著作者です。二人以上が共同で作成した場合は，**共同著作者**となります。
- **従業員が職務で作成**した場合は，**雇用者である法人**が創作者となり，著作権をもちます。ただし，契約・勤務規則などで別途取決めがある場合は異なることもあります。
- **委託**によって作成された場合は，**原始的には作成者**（受託者）が著作権をもちます。そのため，**契約などで受託者から委託者へ著作権の移転**が行われるケースが多く見られます。プログラムを外注する際は注意が必要です。

それでは，次の問題を考えてみましょう。

問題

プログラムの著作権侵害に該当するものはどれか。

ア　A社が開発したソフトウェアの公開済プロトコルに基づいて，A社が販売しているソフトウェアと同等の機能をもつソフトウェアを独自に開発して販売した。

イ　ソフトウェアハウスと使用許諾契約を締結し，契約上は複製権の許諾は受けていないが，使用許諾を受けたソフトウェアにはプロテクトがかけられていたので，そのプロテクトを外し，バックアップのために複製した。

ウ 他人のソフトウェアを正当な手段で入手し，逆コンパイルを行った。

エ 複製及び改変する権利が付与されたソース契約の締結によって，許諾されたソフトウェアを改造して製品に組み込み，ソース契約の範囲内で製品を販売した。

（平成24年秋 応用情報技術者試験 午前 問49）

解説

使用許諾を受けていても，複製権の許諾を受けていなければ複製を行うことはできません。したがって，イが著作権侵害になります。

ア 公開済プロトコルは著作権保護の対象外です。

ウ 逆コンパイル自体は，特に著作権で規制されていません。

エ 契約の範囲内なら改造しても問題ありません。

≪解答≫イ

■特許管理

ソフトウェア開発工程で発生した「発明」は，ソフトウェア特許として保護することができます。特許権を得るには，特許の出願を行って審査を受ける必要があります。

また，ソフトウェア開発時に他者のもつ特許を利用したい場合は，使用許諾を受ける必要があります。特許されている発明を実施するための権利を実施権といい，**専用実施権**と**通常実施権**の2種類があります。専用実施権は，ライセンスを受けた者だけが独占的に実施できる権利，通常実施権は実施するだけの権利です。

先使用権は，他人が特許を出願する前にその発明を使用していた場合などには，他人が特許権を取得しても，その発明を継続して利用できる通常使用権です。

特許の実施権の許諾を受けた者がさらに第三者にその特許の実施権を許諾する権利のことを**サブライセンス**（再実施権）といいます。特許権者の承認を得た場合に限り，サブライセンスを許諾することが可能です。

ライセンス管理

ソフトウェア開発時に，自社が権利をもっていないソフトウェアを利用する必要がある場合には，そのライセンスを受ける必要があります。また，獲得したライセンスについては，使用実態や使用人数がライセンス契約で許された内容を超えないよう管理しなければなりません。

技術的保護

知的財産権を確保するための技術的保護の手法には，メディアの無断複製を防止する**コピーガード**や，コンテンツの不正利用を防ぐ**DRM**（Digital Rights Management：ディジタル著作権管理）などがあります。また，不正コピーが使われないように，インストール後にライセンスの登録を行う**アクティベーション**が必要なソフトウェアもあります。

覚えよう！

- □ 会社で作成したプログラムは，その会社（法人）に著作権が帰属する
- □ 特許権申請前の技術には，先使用権が認められる

4

4-2-3 開発環境管理

頻出度 ★★★

快適に効率的な開発を行うためには，開発要件に合わせて開発環境を整える必要があります。

開発環境構築

効率的な開発のためには，開発用ハードウェア，ソフトウェア，ネットワーク，シミュレータなどの開発ツールと，そのソフトウェアライセンスを準備する必要があります。また，開発環境の**セキュリティ**も確保すべきです。さらに，組込システムなど，ソフトウェアを実行する機器に適切な開発環境がない場合には，CPUのアーキテクチャが異なる通常のPCなどで開発を行う**クロス開発**のためのツールを用意する必要があります。

管理対象

開発環境管理では，以下の管理を行います。

①開発環境稼働状況管理

開発環境を構築して準備するとともに，コンピュータ**資源の稼働状況**を適切に把握，管理する必要があります。

②設計データ管理

設計にかかわるデータの**バージョン管理**や，プロジェクトでの共有管理を行います。また，**アクセス権**や**更新履歴**を管理し，誰がいつ何の目的で利用したのか，不適切な持出しや改ざんがないかなどを管理する必要があります。

③ツール管理

開発に利用するツールやバージョンが異なると，ソフトウェアの**互換性**に問題が生じることがあります。そのため，ソフトウェアの**構成品目**とバージョンを管理し，ツールに起因するバグやセキュリティホールの発生などを抑えます。

④ライセンス管理

ライセンスの内容を理解し，定期的にインストール数と保有ライセンス数を照合確認することで，適切に使用しているかどうか確認します。

プラットフォーム開発

プラットフォーム開発とは，組込みソフトウェア開発でよく利用される，最初に複数の製品で共通となる部分をプラットフォームとして開発する手法です。ソフトウェアを複数の異なる機器に共通して利用することが可能になるので，ソフトウェア開発効率を向上できます。

▶▶▶ 覚えよう！

☐　**開発環境に起因する問題を回避するために，開発環境自体も管理する必要がある**

4-2-4 構成管理・変更管理

頻出度 ★★★

システム開発における構成管理や変更管理，リリース管理などは，共通フレームでは支援ライフサイクルプロセスの構成管理プロセスに該当します。

構成管理

構成管理では，プロジェクトにおいて管理するソフトウェア品目やそれらのバージョンを識別する体系を確立します。

ソースコードや文書などの成果物とその変更履歴を管理し，任意のバージョンの製品を再現可能にする方法論を**SCM**(Software Configuration Management：ソフトウェア構成管理）といいます。**バージョン管理システム**はSCMのためのツールです。構成管理の対象物として変更と管理を行うものを**SCI**（Software Configuration Item：ソフトウェア構成品目）といいます。

用語

バージョン管理システムとは，ソフトウェアや文書などのファイルの変更履歴を管理するためのシステムです。「2-3-4 開発ツール」で説明した**リポジトリ**を利用します。

変更管理

変更管理では，対象としているソフトウェア品目について，状況や履歴を管理し文書化します。また，そのソフトウェア品目の機能的及び物理的な完全性を保証する必要があります。そして，リリース管理を行い，ソフトウェアやそれに関連する文書の新しいバージョンを出荷します。ソフトウェアのソースコードや文書は，開発後もソフトウェアの寿命がある間は保守しなければなりません。

▸▸▸ 覚えよう！

□ SCMでは，ソフトウェアの成果物や変更履歴を管理

4-3 演習問題

問1 UMLのアクティビティ図の特徴　CHECK ▶ □□□

UMLのアクティビティ図の特徴はどれか。

ア　多くの並行処理を含むシステムの，オブジェクトの振る舞いが記述できる。
イ　オブジェクト群がどのようにコラボレーションを行うか記述できる。
ウ　クラスの仕様と，クラスの間の静的な関係が記述できる。
エ　システムのコンポーネント間の物理的な関係が記述できる。

問2 ソフトウェアアーキテクチャパターン　CHECK ▶ □□□

ソフトウェアアーキテクチャパターンのうち，仕様の追加や変更による影響が及ぶ範囲を限定できるようにするために，機能を業務ロジック，画面出力，それらの制御という，三つのコンポーネントに分けるものはどれか。

ア　Broker　　イ　Layers　　ウ　MVC　　エ　Pipes and Filters

問3 スタブとドライバ　CHECK ▶ □□□

テストで使用されるスタブ又はドライバの説明のうち，適切なものはどれか。

ア　スタブは，テスト対象モジュールからの戻り値を表示・印刷する。
イ　スタブは，テスト対象モジュールを呼び出すモジュールである。
ウ　ドライバは，テスト対象モジュールから呼び出されるモジュールである。
エ　ドライバは，引数を渡してテスト対象モジュールを呼び出す。

問4 テストケース設計技法 CHECK ▶ □□□

プログラムの誤りの一つに，繰返し処理の終了条件として A≧a とすべきところを A＞a とコーディングしたことに起因するものがある。このような誤りを見つけ出すために有効なテストケース設計技法はどれか。ここで，A は変数，a は定数とする。

ア 限界値分析　イ 条件網羅　ウ 同値分割　エ 分岐網羅

問5 イテレーション CHECK ▶ □□□

アジャイル開発で"イテレーション"を行う目的のうち，適切なものはどれか。

ア ソフトウェアに存在する顧客の要求との不一致を短いサイクルで解消したり，要求の変化に柔軟に対応したりする。
イ タスクの実施状況を可視化して，いつでも確認できるようにする。
ウ ペアプログラミングのドライバとナビゲータを固定化させない。
エ 毎日決めた時刻にチームメンバが集まって開発の状況を共有し，問題が拡大したり，状況が悪化したりするのを避ける。

問6 他社への使用許諾 CHECK ▶ □□□

自社開発したソフトウェアの他社への使用許諾に関する説明として，適切なものはどれか。

ア 既に自社の製品に搭載して販売していると，ソフトウェア単体では使用許諾できない。
イ 既にハードウェアと組み合わせて特許を取得していると，ソフトウェア単体では使用許諾できない。
ウ ソースコードを無償で使用許諾すると，無条件でオープンソースソフトウェアになる。
エ 特許で保護された技術を使っていないソフトウェアであっても，使用許諾することは可能である。

演習問題の解答

問1 (令和2年10月 応用情報技術者試験 午前 問46)

《解答》ア

UML (Unified Modeling Language)は，オブジェクト指向システムの開発のためのモデリング言語で，様々な図が定義されています。アクティビティ図は，システムの流れを表すフローチャートのような図です。並行処理を含むシステムを記述でき，オブジェクトの振る舞いを順に書いていきます。したがって，**ア**が正解です。

イ　コミュニケーション図の特徴です。
ウ　クラス図の特徴です。
エ　コンポーネント図の特徴です。

問2 (平成30年秋 応用情報技術者試験 午前 問47)

《解答》ウ

ソフトウェアアーキテクチャパターンの一種で，機能を業務ロジック(Model)，画面出力(View)，それらの制御(Controller)の三つのコンポーネントに分ける手法をMVC (Model View Controller)といいます。したがって，**ウ**が正解です。

ア　分散ソフトウェアシステムを構築するために利用できるアーキテクチャパターンです。
イ　アプリケーションをサブタスクのグループ群に分割するという構造化に有効なアーキテクチャパターンです。
エ　データをストリーム(連続したデータの流れ)として扱うシステムのためのアーキテクチャパターンです。

問3 (平成29年秋 応用情報技術者試験 午前 問47)

《解答》エ

スタブは，テスト対象モジュールから呼び出されるモジュールで，ドライバは，テスト対象モジュールに引数を渡して呼び出すモジュールです。したがって，**エ**が正解であり，イはドライバ，ウはスタブの説明です。

アの戻り値を表示・印刷するのはドライバの役目になります。

問4 (平成30年秋 応用情報技術者試験 午前 問49)

《解答》ア

ブラックボックステストの手法で，同値クラスの両端の値（境界値）をテストする方法に限界値分析があります。A≧a と A＞aの違いは限界値分析で見つけ出すことが可能です。したがって，**ア**が正解です。

イ　すべての条件で，その可能な結果のすべてを1回は実行するように設計する手法です。

ウ　入力値と出力値を，システムとして動作が同じと見なせる値の範囲（同値クラス）に分類し，各同値クラスを代表する値に対してテストを行う方法です。

エ　すべての分岐で，その分岐経路のすべてを1回は実行するように設計する手法です。

問5 (平成30年秋 応用情報技術者試験 午前 問50)

《解答》ア

イテレーションとは，反復しながら繰り返すことです。ソフトウェアに存在する顧客の要求との不一致を短いサイクルで解消したり，要求の変化に柔軟に対応したりすることができます。したがって，**ア**が正解です。

イはタスクボード，ウはペアプログラミング，エは会議に関連します。

問6 (令和元年秋 応用情報技術者試験 午前 問50)

《解答》エ

ソフトウェアの使用許諾契約は，ソフトウェアの生産者と購入者の間の契約です。ソフトウェアの購入者がもつ使用や保管，コピーや再販，バックアップなどの権利を定義します。特許との関係はなく，特許で保護された技術を使っていないソフトウェアであっても，使用許諾することは可能です。したがって，**エ**が正解です。

ア　ソフトウェア単体でも，組み合わせても使用許諾することは可能です。

イ　特許と使用許諾には，特に関係はありません。

ウ　無償の場合でも，ソースコードを公開するかどうかは別の条件となります。

第5章

プロジェクトマネジメント

この章からマネジメント系の分野に入ります。
本章では，開発プロジェクトを中心としたプロジェクトマネジメントの手法について学びます。
分野は，「プロジェクトマネジメント」の一つだけです。PMBOKで説かれているツールや方法論を中心に，プロジェクトを成功させるために必要な様々な考え方について取り上げます。
手薄になりがちな分野ですが，覚えることも少ないですし，考え方を理解すると確実な得点源になります。
それぞれの知識エリアの目的をしっかり押さえておきましょう。

5-1 プロジェクトマネジメント

プロジェクトマネジメントでは，毎回異なるプロジェクトを無事完了させるために，プロジェクトマネージャが様々な行動をする必要があります。そのときに活用できる方法論がPMBOKにまとめられています。

5-1-1 プロジェクトマネジメント

頻出度 ★★★

プロジェクトマネジメントでは，プロジェクトの目標を達成するために，計画し（Plan），計画どおりに作業を進め（Do），計画と実績の差異を検証し（Check），差異の原因に対する処置を行う（Act），PDCAマネジメントサイクルで管理します。

プロジェクトとは

プロジェクトとは，**目標達成のために行う有期の活動**です。つまり，定常的な業務と異なり，そのプロジェクトならではの**独自性**をもち，ゴールがあります。そして，明確な始まりと終わりがあることもプロジェクトの特徴です。プロジェクトが終わりになるのは，プロジェクト目標が達成されたときか，プロジェクトが中止されたときです。

プロジェクトマネジメント

プロジェクトマネジメントとは，プロジェクトの要求事項を満たすため，知識，スキル，ツール及び技法をプロジェクト活動に適用することです。具体的には，**テーラリング**（プロジェクトの設計）を実施し，プロセスごとに適切なツールや技法を決めます。**ステークホルダ**（利害関係者）のニーズと期待に応えつつ，競合する要求のバランスをとります。プロジェクトは，プロジェクトマネジメントを行うことによって，組織が意図する成果を創造するのです。

勉強のコツ

プロジェクトマネジメントのベストプラクティス集であるPMBOKには，実際の現場での経験則が詰まっています。そのため，プロジェクトで働いた経験があれば，理解しやすい分野です。PMBOKに出てくる様々なプロジェクトマネジメントの手法についての知識が出題の中心なので，用語を中心に理解しておきましょう。

動画

プロジェクトマネジメント分野についての動画を以下で公開しています。
http://www.wakuwakuacademy.net/itcommon/5

プロジェクトマネジメントの考え方やリスクマネジメントなどについて，詳しく解説しています。
本書の補足として，よろしければご利用ください。

用語

ステークホルダとは，直接／間接的に利害関係をもつ人全体のことです。取引先やスポンサー，顧客，従業員などはすべてステークホルダです。詳細は「5-1-3 プロジェクトのステークホルダ」で取り上げます。

PMBOK

プロジェクトマネジメントの専門家が，「実務でこうすればプロジェクト成功の可能性が高くなる」という方法論やスキルなどを集めて作成された標準が**PMBOK**（Project Management Body of Knowledge：プロジェクトマネジメント知識体系）です。

PMBOKでは，次のような五つの**プロセス群**と，十の**知識エリア**が定義されています。

参考
PMBOKの最新版は，2021年に改訂された第7版です。第7版は，プロセス中心ではなく"原理・原則"中心になり，大幅にコンパクトになっています。
また，プロジェクトマネジメントの標準規格として，JIS Q 21500:2018（プロジェクトマネジメントの手引）があります。こちらはPMBOKの内容とほぼ同じですが，包括的な概念について記述されています。

プロジェクトマネジメントの五つのプロセス群

プロセス群	内容
立上げプロセス群	プロジェクトの認可を得て，新しいフェーズを明確に定める
計画プロセス群	プロジェクトのスコープを定義し，目標を洗練し，一連の行動を規定する
実行プロセス群	プロジェクトの作業を実行する
監視コントロール・プロセス群	プロジェクトの進捗やパフォーマンスを追跡し，統制し，変更を開始する
終結プロセス群	プロジェクトを公式に完結し，すべてのアクティビティを終了する

各プロセス群は次のような相互関係にあります。

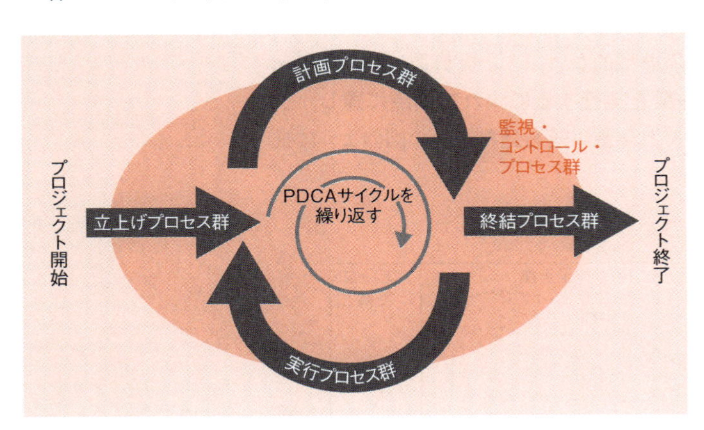

各プロセス群の相互関係

参考
プロジェクトマネジメントを行うためには，プロジェクトマネジメントの知識以外にも必要とされる知識がたくさんあります。**人間関係のスキル**や**マネジメントする分野の知識**などはその代表例です。PMBOKは，それらの知識は必要であるという前提で，**プロジェクトマネジメントに関する知識だけ**がまとめられたものになります。

プロジェクトマネジメントに必要な知識は，次の十の知識エリアに分けられます。

1. プロジェクト統合マネジメント
2. プロジェクトステークホルダマネジメント
3. プロジェクトスコープマネジメント
4. プロジェクト資源マネジメント
5. プロジェクトスケジュールマネジメント
6. プロジェクトコストマネジメント
7. プロジェクトリスクマネジメント
8. プロジェクト品質マネジメント
9. プロジェクト調達マネジメント
10. プロジェクトコミュニケーションマネジメント

この章では，この十の知識エリアに沿って，プロジェクトマネジメントに必要な知識を学んでいきます。

プロジェクトライフサイクル

プロジェクトライフサイクルとは，プロジェクトのフェーズの集合です。プロジェクトの規模や複雑さは様々ですが，ライフサイクルはプロジェクト開始，組織編成と準備，作業実施，プロジェクト終結の4段階で表現することができます。また，プロジェクトライフサイクルにおける典型的なコストと要員数は，**プロジェクト開始時に少なく，作業を実行するにつれて頂点に達し，プロジェクトが終了に近づくと急激に落ち込む**，次の図のように推移します。

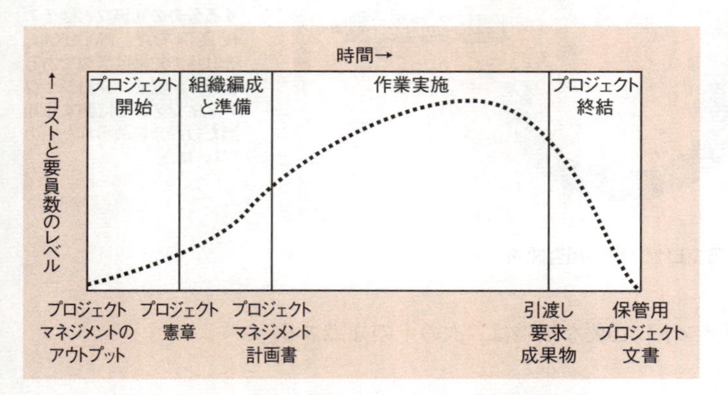

プロジェクトライフサイクルにおけるコストと要員数の推移

また，ステークホルダの影響力，リスク，不確実性は，プロジェクト開始時に最大であり，プロジェクトが進むにつれて徐々に低下します。変更コストは，プロジェクトが終了に近づくにつれて図のように大幅に増加していきます。

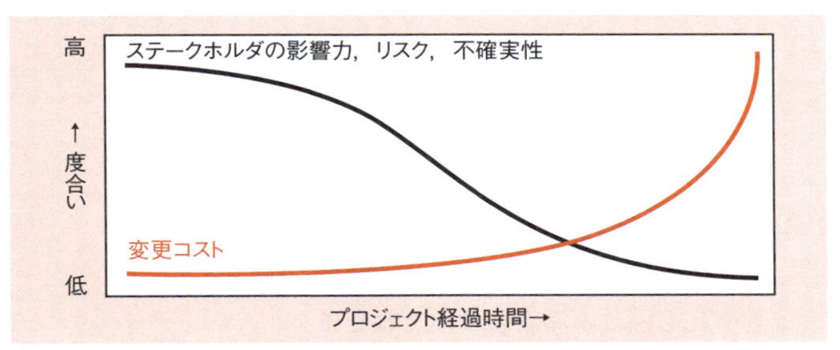

ステークホルダの関わり方と変更コストの推移

それでは，次の問題を解いてみましょう。

問題

多くのプロジェクトライフサイクルに共通する特性はどれか。

ア　プロジェクト完成時のコストに対してステークホルダが及ぼす影響の度合いは，プロジェクトの終盤が最も高い。

イ　プロジェクトの開始時は不確実性の度合いが最も高いので，プロジェクト目標が達成できないリスクが最も大きい。

ウ　プロジェクト要員の必要人数は，プロジェクトの開始時点が最も多い。

エ　変更やエラー訂正にかかるコストは，プロジェクトの初期段階が最も高い。

（平成22年春 応用情報技術者試験 午前 問51）

解説

不確実性の度合いはプロジェクトの開始時が最も高いため，プロジェクトが成功せず，プロジェクト目標が達成できないリスクも最も高くなります。したがって，イが正解です。

ア コストに対してステークホルダが及ぼす影響の度合いは，プロジェクト開始時が最も高く，終盤に向けて低くなっていきます。
ウ プロジェクト要員の必要人員は，開始時点と終盤は少なく，途中の作業実施時に最も多くなります。
エ 変更やエラー訂正にかかるコストは，プロジェクトの終盤が最も高くなります。

≪解答≫イ

複数のプロジェクトのマネジメント

プロジェクトが複数あり，それぞれが独立しているわけではなく，一緒に管理することで効率化を図れる場合には，それをまとめて**プログラム**という単位にします。複数のプロジェクトを合わせてプログラムとして管理することを**プログラムマネジメント**といいます。一つのプロジェクトを管理する人がプロジェクトマネージャ，関連する複数のプロジェクトを調整して管理するのがプログラムマネージャです。

また，複数のプロジェクトやプログラムを一元的にマネジメントし，全体として最適化を図る役割を担う部署のことを**PMO**(Project Management Office)といいます。PMOでは，プロジェクトに関するプロセスを標準化し，ツールや技法などをプロジェクトと共有します。さらに，企業の戦略目標から，どのようなプロジェクトやプログラムを実行し，資源を配分するのかを決定することを**ポートフォリオ・マネジメント**といいます。

▶▶▶覚えよう！

- □ プロジェクトは目標を達成するために実施する有期の活動
- □ プロジェクトの必要人員は，作業実施時が最も多い

5-1-2 プロジェクトの統合

頻出度 ★★★

プロジェクト統合マネジメントの目的は，プロジェクトマネジメント活動の各エリアを統合的に管理，調整することです。プロジェクトの定義や統一，調整など，必要なプロセスを実施します。個々のプロセスは相互に関係しているので，その中で競合する目標と代替案などのトレードオフを行い，相互依存関係のマネジメントを実施します。

> 用語
> **トレードオフ**とは，一方を追求すれば他方を犠牲にせざるを得ないという状態／関係です。プロジェクトマネジメントでは，このようなトレードオフを調整することが求められます。

プロジェクト統合マネジメントのプロセス

プロジェクト統合マネジメントに含まれるプロセスには，プロジェクト憲章作成，統合変更管理，プロジェクトやフェーズの終結などがあります。統合変更管理プロセスでは，プロジェクトのプロダクトの構成要素などに対する変更と実施状況を記録・報告したり，要求事項への適合性を検証する活動を支援するため，**コンフィギュレーションマネジメント（構成管理）**を行います。

プロジェクト憲章

プロジェクト憲章は，プロジェクトやフェーズを**公式に認可する**文書です。**立上げプロセス群**の中で実行される，**ステークホルダ**のニーズと期待を満足させる初期の要求事項を文書化するプロセスが，**プロジェクト憲章作成**です。

プロジェクト憲章には，次のような内容が記述されます。

- プロジェクトの目的や妥当性
- 測定可能なプロジェクト目標とその成功基準
- 予算，スケジュールなどの概要

プロジェクトやフェーズの終結

プロジェクトやフェーズを公式に終了するために**すべてのプロジェクトマネジメントプロセス群のすべてのアクティビティ**を完結するプロセスが，プロジェクトやフェーズの終結です。プロジェクトマネージャは，すべての作業が完了し，その目標を達成したことを確認します。

▶▶覚えよう！

□ **プロジェクト憲章でプロジェクトは正式に認可される**

5

5-1-3 プロジェクトの ステークホルダ

頻出度 ★★★

プロジェクトステークホルダマネジメントでは，プロジェクトに影響を受けるか，あるいは影響を及ぼす個人，グループ又は組織を明らかにすることが目的です。PMBOK第５版で新たに加わった知識エリアです。

ステークホルダ

ステークホルダ（利害関係者）とは，プロジェクトに積極的に関与しているか，またはプロジェクトの実行や完了によって利益にプラス又はマイナスの影響を受ける個人や組織です。具体的には，顧客やユーザ，スポンサー，プロジェクトチームのメンバ，メンバが所属する組織，商品の納入を行う業者などです。

プロジェクトステークホルダマネジメントのプロセス

プロジェクトステークホルダマネジメントに含まれるプロセスには，ステークホルダマネジメント計画，ステークホルダエンゲージメントマネジメントなどがあります。エンゲージメントとは，ステークホルダの関係や関わりの度合を，強すぎず弱すぎず適切なものとするような活動です。

ステークホルダ登録簿

ステークホルダを適切に管理するため，ステークホルダの利害や環境に関する情報を文書化します。**ステークホルダ登録簿**を作成し，ステークホルダの氏名や評価情報などを記載します。

▶▶▶ 覚えよう！

- ☐ ステークホルダには，顧客やメンバ，関係組織など，様々な人がいて，利害関係が対立する
- ☐ ステークホルダとプロジェクトとの関係が適度な距離になるよう管理する

5-1-4 プロジェクトのスコープ

頻出度 ★★★

プロジェクトスコープマネジメントでは，プロジェクトに必要な作業を過不足なく含めることが目的です。プロジェクトスコープとはプロジェクトの範囲であり，必要なプロダクトやサービスを生み出すために行わなければならない作業です。

プロジェクトスコープマネジメントのプロセス

プロジェクトスコープマネジメントに含まれるプロセスには，スコープマネジメント計画，要求事項収集，スコープ定義，WBS作成，スコープ妥当性確認，スコープコントロールがあります。

発展

要求事項収集とは，プロジェクト目標を達成するためにステークホルダにニーズを定義し，文書化するプロセスです。スポンサーや顧客など，ステークホルダのニーズを**要求事項文書**にまとめます。

プロジェクトスコープ記述書

プロジェクトスコープマネジメントでは，**スコープ定義**において，専門家の判断やプロダクト分析，ワークショップなどの結果を参考にしながらスコープを定義します。

定義したスコープは，プロジェクトスコープ記述書に，プロジェクトの要求**成果物**，成果物受入れ基準，プロジェクトからの**除外事項**などの項目を含めて記述します。

スコープコントロール

プロジェクトスコープマネジメントでは，プロジェクトスコープに従って，スコープの変更や，予定と異なるスコープになることを最小限に抑えるためコントロールする必要があります。プロジェクトのスコープは，時間の経過とともに拡大していく傾向があり，そうなった状態を**スコープクリープ**といいます。スコープクリープが起こるとプロジェクトの成功が危うくなるため，プロジェクトマネージャは，起こらないように適切にスコープコントロールを行う必要があります。

WBS

WBS（Work Breakdown Structure）は，成果物を中心に，プロジェクトチームが実行する作業を階層的に要素分解したものです。WBSを使うと，プロジェクトのスコープ全体を系統立ててまとめて定義することができます。

過去問題をチェック

WBSについて，応用情報技術者試験では，この問題のほかに次の出題があります。

【WBS】

- 平成21年春 午前 問50
- 平成22年秋 午前 問50
- 平成26年秋 午前 問51
- 平成27年秋 午前 問51

5

WBSでは，上位のWBSレベルから下位のWBSレベルへと，より詳細な構成要素に分解します。最も詳細に分解した**最下位のWBS**を**ワークパッケージ**といいます。ワークパッケージには，実際に行う作業である**アクティビティ**を割り当てます。

WBSの構造は，プロジェクトライフサイクルのフェーズを要素分解の第1レベルに置く方法，主要な成果物を第1レベルに置く方法，組織単位・契約単位で分ける方法など，いろいろな形態で利用することができます。

WBSの構造は次の図のようになります。

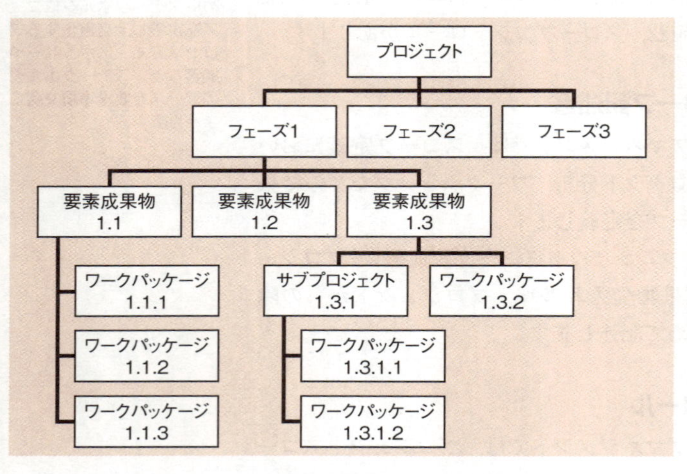

WBSの構造

WBSは毎回一から作るのではなく，これまでのプロジェクトで作成されたWBSを参考にすることで，より効率的にプロジェクトを運営できます。過去のプロジェクトの実績に基づき，典型的な作業の階層構造や作業項目をまとめたひな形を**WBSテンプレート**といいます。WBSテンプレートを作ることで，中長期的にスケジュール作成の効率と精度を高めることができるようになります。

それでは，次の問題を解いてみましょう。

問題

PMBOKのWBSで定義するものはどれか。

ア　プロジェクトで行う作業を階層的に要素分解したワークパッケージ
イ　プロジェクトの実行，監視・コントロール，及び終結の方法
ウ　プロジェクトの要素成果物，除外事項及び制約条件
エ　ワークパッケージを完了するために必要な作業

（平成23年特別 応用情報技術者試験 午前 問50）

解説

WBSでは，プロジェクトで行う作業を階層的に要素分解していき，ワークパッケージまで細分化します。したがって，アが正解です。

イはプロジェクトマネジメント計画書，ウはプロジェクトスコープ記述書，エはアクティビティの説明です。

≪解答≫ア

5

WBS辞書

WBS辞書は，WBS作成プロセスにおいて生成する文書であり，WBSを補完します。各WBS要素に対応する**作業の詳細な記述**や，技術的な文書の詳細な記述を行います。

覚えよう！

- □ **スコープはプロジェクトに必要なものを過不足なく定義**
- □ **WBSの最下位の要素はワークパッケージ**

5-1-5 プロジェクトの資源

プロジェクト資源マネジメントは，プロジェクトチームのメンバが各々の役割と責任を全うすることでチームとして機能し，プロジェクトの目標を達成することを目的に行われます。

プロジェクト資源マネジメントのプロセス

プロジェクト資源マネジメントのプロセスには，資源マネジメント計画作成，プロジェクトチーム編成，プロジェクトチーム育成などがあります。複数のプロジェクトにまたがる資源のマネジメントについては，PMOが取り扱います。

責任分担マトリックス

責任分担マトリックスとは，プロジェクトチームのメンバの役割や責任の分担を明らかにした表です。とは，R（Responsible：実行責任者），A（Accountable：説明責任者），C（Consulted：相談先），I（Informed：報告先）の四つの責任について，利害関係者の分担をマトリックス表にしたものです。

それでは，次の問題を解いて，RACIチャートを理解していきましょう。

問題

表は，RACIチャートを用いた，ある組織の責任分担マトリックスである。条件を満たすように責任分担を見直すとき，適切なものはどれか。

〔条件〕

・各アクティビティにおいて，実行責任者は１人以上とする。

・各アクティビティにおいて，説明責任者は１人とする。

アクティビティ	要員				
	菊池	佐藤	鈴木	田中	山下
①	R	C	A	C	C
②	R	R	I	A	C
③	R	I	A	I	I
④	R	A	C	A	I

ア　アクティビティ①の菊池の責任をIに変更
イ　アクティビティ②の佐藤の責任をAに変更
ウ　アクティビティ③の鈴木の責任をCに変更
エ　アクティビティ④の田中の責任をRに変更

（令和３年春 応用情報技術者試験 午前 問52）

解説

〔条件〕の一つ目に，「各アクティビティにおいて，実行責任者は1人以上とする」とあるので，アクティビティ①～④に実行責任者（R）の要員が1人以上必要です。問題文の表では，この条件は満たしています。

〔条件〕の二つ目に，「各アクティビティにおいて，説明責任者は1人とする」とあるので，アクティビティ①～④に説明責任者（A）の要員が1人だけ必要です。表を見ると，アクティビティ④でAが2人（佐藤，田中）に割り当てられているので，どちらかを別の役割にする必要があります。

実行責任者（R）は1人以上なので増えても問題はなく，アクティビティ④の田中の責任をRにすることで〔条件〕をすべて満たすことができます。したがって，エが正解です。

≪解答≫エ

教育技法

プロジェクトの人材育成では，知識中心ではなく，より実践的な教育技法が用いられます。代表的なものに，日常業務の中で先輩や上司が個別指導するOJT（On the Job Training）や，具体的な事例を取り上げて詳細に分析し，解決策を見出していくケーススタディ，その応用で，制限時間内で多くの問題を処理させるインバスケットなどがあります。

▶▶▶ 覚えよう！

□ インバスケットは，一定時間に数多くの案件を処理する

5-1-6 プロジェクトの時間

プロジェクトスケジュールマネジメントでは，プロジェクトを所定の時期に完了させることが目的です。プロジェクトだけでなく，プロジェクトに関わる要員それぞれの進捗管理も重要です。

プロジェクトスケジュールマネジメントのプロセス

プロジェクトスケジュールマネジメントに含まれるプロセスには，スケジュールマネジメント計画，アクティビティ定義，アクティビティ順序設定，アクティビティ資源見積り，アクティビティ所要期間見積り，スケジュール作成，スケジュールコントロールがあります。

アクティビティ

プロジェクトのWBSで定義された**ワークパッケージ**を，より小さく，よりマネジメントしやすい単位に要素分解したものが**アクティビティ**です。チームメンバや専門家などと協力してアクティビティを分解し，必要なすべてのアクティビティを網羅した**アクティビティ・リスト**を作成します。そして，すべて**マイルストーン**を特定し，マイルストーン・リストを作成します。さらに，アクティビティの**順序関係**をまとめ，プロジェクトのスケジュールを**アローダイアグラム**で表現します。

用語
マイルストーンとは，プロジェクトにおいて重要な意味をもつ時点やイベントのことで，節目の工程となるものです。

スケジュールの作成方法

アクティビティごとに，資源がいつどれだけ必要になるか，作

業量や期間はどの程度かを見積もり，スケジュールを作成します。スケジュール作成の代表的な手法には以下のものがあります。

①クリティカルパス法

アクティビティ（作業）の順序関係を表した**アローダイアグラム**から，プロジェクト完了までにかかる最長の経路である**クリティカルパス**を計算し，それを基準にそれぞれのアクティビティがプロジェクト完了を延期せずにいられる余裕がどれだけあるか（**トータルフロート**）を計算します。

具体的には，最初にスケジュール・ネットワークの経路の往路時間計算（**フォワードパス**）を求め，作業期間の合計が最も大きい経路を**クリティカルパス**とし，その期間を**プロジェクト全体の所要時間**とします。そして，その所要時間から逆算して復路時間計算（**バックワードパス**）を行います。フォワードパスにより，すべてのアクティビティの**最早開始日**と**最早終了日**を，バックワードパスにより**最遅開始日**と**最遅終了日**を求めることができます。

②クリティカルチェーン法

クリティカルパス法では，資源（人員など）に関する制限を考慮せずに計算していました。しかし実際には資源に限度があるので，その資源に合わせてクリティカルパスを修正する手法がクリティカルチェーン法です。

③スケジュール短縮手法

スケジュールの予定がスケジュール目標に間に合わない場合にスケジュールを短縮させる方法に，クラッシングとファストトラッキングがあります。**クラッシング**とは，コストとスケジュールのトレードオフを分析し，最小の追加コストで最大の**期間短縮**を実現する手法を決定することです。**ファストトラッキング**は，順を追って実行するフェーズやアクティビティを**並行して実行**するというスケジュール短縮手法です。

それでは，次の問題を考えてみましょう。

発展

クリティカルパス法とよく似た手法に**PERT**（Program Evaluation and Review Technique）があります。PERTでは，三点見積りという，時間見積りを確率的に行う方法を用いて，全体スケジュールの所要期間を計算します。
PMBOKでは，三点見積りはアクティビティ所要時間見積り手法として紹介されています。

参考

クリティカルパスは，プロジェクト完了までにかかるそれぞれの経路の所要時間の合計から最長の経路を選択して求めるものです。このクリティカルパスでの所要時間が，プロジェクト全体で必要な最短の時間となります。

用語

トータルフロートは，最早日付と最遅日付の差で測定される値で，スケジュールの柔軟性を示す指標になります。

参考

クリティカルチェーンを題材にした小説に『クリティカルチェーン　なぜ，プロジェクトは予定どおりに進まないのか』（エリヤフ・ゴールドラット著／ダイヤモンド社刊）があります。プロジェクトマネジメントの方法を肌で感じられる本としておすすめです。

問題

図のプロジェクトを最短の日数で完了したいとき，作業Ｅの最遅開始日は何日目か。

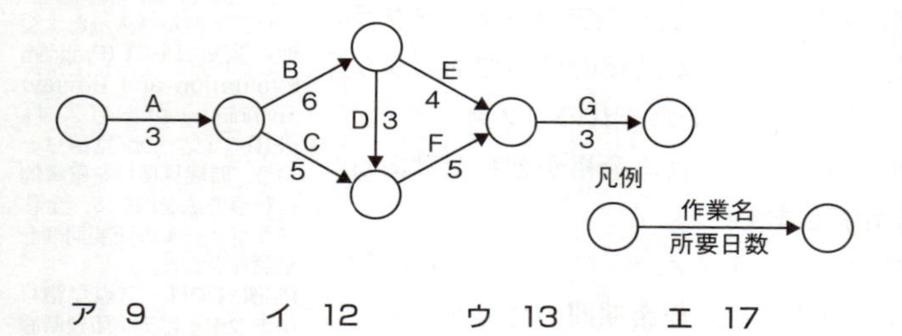

ア 9　　イ 12　　ウ 13　　エ 17

（平成22年春 応用情報技術者試験 午前 問52）

解説

フォワードパスを求め，クリティカルパスとそれぞれの作業の最早終了日を求めると，以下の赤字で示したようになります。

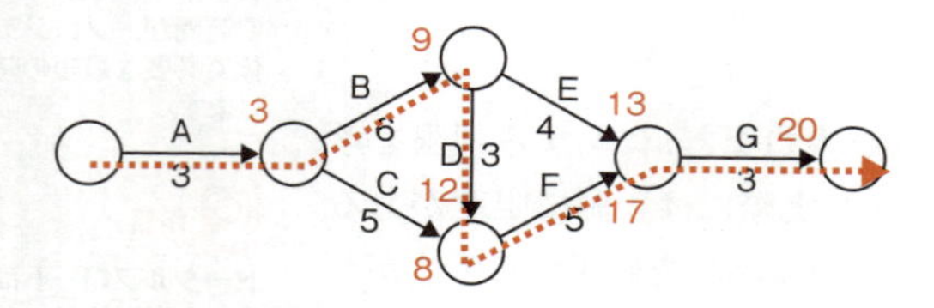

プロジェクト全体の所要日数はクリティカルパス上の20日なので，ここから逆算して求めると，作業Ｅは作業Ｆと同じく最遅終了日が17日となり，作業Ｅは所要日数4日で終わるため，最遅開始日は13日となります。したがって，ウが正解です。

≪解答≫ウ

過去問題をチェック

クリティカルパス法は，応用情報技術者試験のプロジェクトマネジメント分野で最もよく出てくる午前問題の定番中の定番です。ほぼ毎回出題されます。

【クリティカルパス法】

- 平成22年秋 午前 問52
- 平成23年特別 午前 問51
- 平成23年秋 午前 問51
- 平成24年春 午前 問51
- 平成24年秋 午前 問52
- 平成26年秋 午前 問54
- 平成27年秋 午前 問53
- 平成28年春 午前 問53
- 平成28年秋 午前 問52
- 平成29年春 午前 問52
- 平成29年秋 午前 問53
- 平成31年春 午前 問53
- 令和元年秋 午前 問52
- 令和3年春 午前 問53

午後でも，以下の出題があります。

- 平成22年春 午後 問10
- 平成24年秋 午後 問10
- 平成31年春 午後 問9

④プレシデンスダイアグラム法

プレシデンスダイアグラム法とは，プロジェクトのアクティビティの関係を表す図です。アクティビティの依存関係には，次の四つの関係があります。

・**終了ー開始関係**（FS：Finish to Start）
　先行しているアクティビティが終了しないと，次のアクティビティが開始できない関係
・**終了ー終了関係**（FF：Finish to Finish）
　先行しているアクティビティが終了しないと，次のアクティビティを終了できない関係
・**開始ー開始関係**（SS：Start to Start）
　先行しているアクティビティが開始しないと，次のアクティビティが開始できない関係
・**開始ー終了関係**（SF：Start to Finish）
　先行しているアクティビティが開始しないと，次のアクティビティが終了できない関係

　それでは，次の問題でプレシデンスダイアグラム法での作業日数を計算してみましょう。

問題

**　図は，実施する三つのアクティビティについて，プレシデンスダイアグラム法を用いて，依存関係及び必要な作業日数を示したものである。全ての作業を完了するのに必要な日数は最少で何日か。**

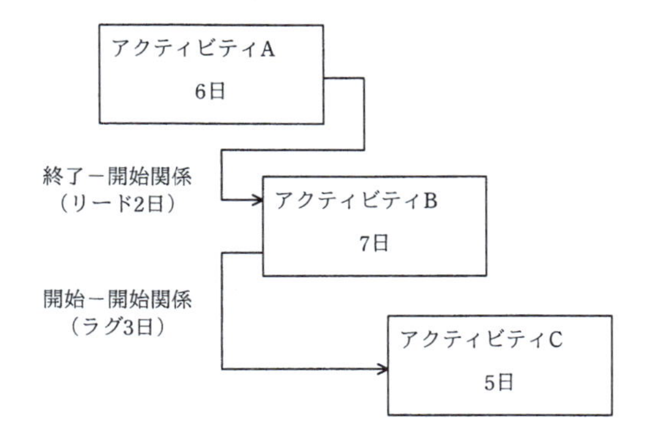

ア　11　　イ　12　　ウ　13　　エ　14

（令和2年10月 応用情報技術者試験 午前 問53）

解説

アクティビティＡとアクティビティＢは終了－開始関係で，アクティビティＡが終了してからアクティビティＢを開始できますが，リード（早められる時間）が2日あるので，アクティビティＡの終了2日前，6－2＝4日が経過した後にアクティビティＢを開始できることになります。

次に，アクティビティＢとアクティビティＣは開始－開始関係で，アクティビティＢを開始したときにアクティビティＣも開始可能になりますが，ラグ（遅れる時間）が3日あるため，4＋3＝7日が経過した後にアクティビティＣを開始します。アクティビティＢは7日かかるので終了するのは4＋7＝11日，アクティビティＣは5日かかるので終了するのは7＋5＝12日です。そのため，全ての作業を完了するのに要する最少日数は，アクティビティＣが終了するまでの12日となります。したがって，イが正解です。

≪解答≫イ

スケジュールコントロール

スケジュールコントロールでは，プロジェクトの進捗を更新するためにプロジェクトの状況を監視し，スケジュールに対する変更をマネジメントします。スケジュール作成で行われたクリティカルパス法などの分析により，基本となるスケジュールである**スケジュールベースライン**を決定します。それを基に差異分析を行い，スケジュールを調整します。プロジェクトの費用管理と進捗管理を同時に行うため，横軸に開発期間，縦軸に予算消化率を設定してグラフ化した**トレンドチャート**を用いることもあります。

ガントチャート

ガントチャートは，作業の進捗状況を表す図です。プロジェクト管理などにおいて工程管理に用いられます。縦軸でWBSのそれぞれの要素を表し，横棒で実施される期間や実施状況を色分けなどして表します。ガントチャートは，次のような一種の棒グラフのかたちで示されます。

アクティビティ	開始	終了	1	2	3	4	5	6	7	8	9
要件定義	1月	1月									
概要設計	2月	3月									
詳細設計	4月	5月									
プログラミング	6月	8月									
テスト	7月	9月									

ガントチャートの例

▶▶▶ 覚えよう！

- □ クリティカルパスは日程に余裕のない経路
- □ ガントチャートは進捗管理に利用される図

5-1-7 プロジェクトのコスト

プロジェクトコストマネジメントは，プロジェクトを決められた予算内で完了させることを目的に行われます。プロジェクトだけでなく，プロジェクトに関わる要員それぞれのコスト管理も重要です。

プロジェクトコストマネジメントのプロセス

プロジェクトコストマネジメントに含まれるプロセスには，コストマネジメント計画，コスト見積り，予算設定，コストコントロールがあります。

コスト見積手法

代表的なコスト見積手法としては，次のものがあります。

①ファンクションポイント法（FP法）

ソフトウェアの**機能（ファンクション）**を基本にして，その処理内容の**複雑さ**から**ファンクションポイント**を算出します。帳票，画面，ファイルなどのソフトウェアの機能を洗い出し，その数を見積もります。その後，機能を次の5種類のファンクションタイプに分け，それぞれの難易度を容易・普通・複雑の3段階で評価して点数化し，それを合計して**基準値**とします。

ファンクションの評価基準の例

ファンクション	ファンクションタイプ	容易	普通	複雑
トランザクションファンクション	外部入力（EI）	3	4	6
	外部出力（EO）	4	5	7
	外部参照（EQ）	3	4	6
データファンクション	内部論理ファイル（ILF）	7	10	15
	外部インタフェースファイル（EIF）	5	7	10

次に，システム特性に対してその複雑さを14の項目で0～5の6段階で評価し，それを合計して**調整値**を求めます。基準値と調整値を基に，次の式でファンクションポイントを算出します。

ファンクションポイント＝基準値×（0.65＋調整値／100）

ファンクションポイント法は，プログラミングに入る前にユーザ要件が決まり，必要な機能が見えてきた段階で見積りが行えるという特徴があります。

②LOC法

LOC（Lines Of Code）法は，ソースコードの行数でプログラムの規模を見積もる方法です。オンライン系とバッチ系に分けて機能を洗い出します。従来からある方法ですが，担当者によって見積り規模に大きな偏差が出ることから，客観的に計算できるファンクションポイント法が普及してきました。

③COCOMO

COCOMO（Constructive Cost Model）は，ソフトウェアで予想されるソースコードの行数に，エンジニアの能力や要求の信頼性などによる補正係数をかけ合わせ，開発に必要な工数，期間などを算出します。現在は，ファンクションポイントやCMMIなどの概念を取り入れて発展させたCOCOMO Ⅱが提唱されています。

④三点見積法（PERT分析）

見積りの不確実性を考慮して，コストの精度を高めます。具体的には，最も起こる可能性のある最頻値（C_M）と，最良のケースを想定した楽観値（C_O），最悪のケースを想定した悲観値（C_P）の3種類を見積もります。これらの3種類の見積りを加重平均し，次の式でコストの期待値（C_E）を求めます。

$$C_E = \frac{C_O + 4C_M + C_P}{6}$$

それでは，次の問題を解いてみましょう。

問題

ソフトウェアの機能量に着目して開発規模を見積もるファンクションポイント法で，調整前FPを求めるために必要となる情報はどれか。

ア　開発者数　　　　イ　画面数
ウ　プログラムステップ数　　　　エ　利用者数

（平成30年秋 応用情報技術者試験 午前 問54）

解説

ファンクションポイント法では，ソフトウェアの機能（ファンクション）を基本にして，その処理内容の複雑さからファンクションポイントを算出します。このとき，帳票，画面，ファイルなどのソフトウェアの機能を洗い出すので，画面数の情報は必要となります。したがって，イが正解です。

ア，エ　開発者数や利用者数は，ファンクションポイントを計算する際には考慮されません。

ウ　ファンクションポイント法では，プログラムのステップ数は利用しません。

≪解答≫イ

過去問題をチェック

ファンクションポイント法に関する問題は，応用情報技術者試験の午前の定番です。

【ファンクションポイント法】
- 平成22年秋 午前 問54
- 平成23年秋 午前 問52
- 平成24年春 午前 問53
- 平成25年春 午前 問52
- 平成25年秋 午前 問51
- 平成27年秋 午前 問54
- 平成30年秋 午前 問54

午後でも出題されています。次の問題には，ファンクションポイントを実際に計算する設問があります。ファンクションポイント法を体験してみたい方にはおすすめです。

【ファンクションポイントの計算問題】
- 平成25年秋 午後 問7
- 令和3年春 午後 問9

開発規模と開発工数の関係

COCOMOでは，システム開発の工数を見積もる際に以下のような式を使います。

$$MM = 3.0 \times (KDSI)^{1.12}$$

MMは開発工数[人月]で，KDSIは開発規模[行(ソースコードの行数)]です。つまり，**開発規模が大きくなると，それに比例する以上に，指数的に開発工数が大きくなる**というモデルです。一般的にはこのように，開発規模が大きくなるほど開発工数もどんどん大きくなると考えられています。

それでは，次の問題を解いてみましょう。

問題

ソフトウェアの開発規模と開発工数の関係を表すグラフはどれか。

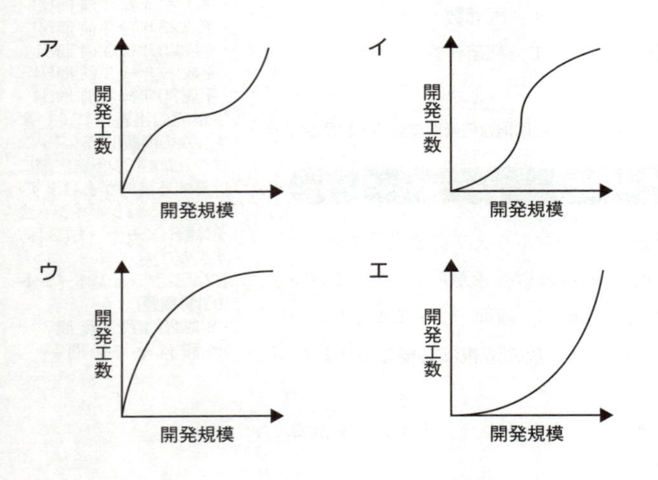

(平成21年秋 応用情報技術者試験 午前 問53)

解説

一般に，ソフトウェアの開発規模が大きくなるにつれて，開発工数も指数的に大きくなっていくと考えられています。したがって，エのようなグラフになります。

≪解答≫エ

EVM（Earned Value Management）

アーンド・バリュー・マネジメント（EVM）は，予算とスケジュールの両方の観点からプロジェクトの遂行を定量的に評価するプロジェクトマネジメントの技法です。PMBOKでは，コスト・コントロールの技法として使われています。

アーンド・バリュー・マネジメントでは，次の三つの値を用いて測定し，監視します。

> 発展
> EVMの長所は，スケジュールだけでなくコストも同時に管理できる点です。そのため，スケジュールは遅れていないが残業が発生してコストがかかっているといった事象もチェックすることができます。また，定量的に管理するため，進捗がどれくらい遅れそうかという予測も立てやすくなります。

①PV（Planned Value：計画値）

遂行すべき作業に割り当てられた予算です。計画から求められます。

②EV（Earned Value：出来高）

実施した作業の価値です。完了済の作業に対して当初割り当てられていた予算を算出します。

③AC（Actual Cost：実コスト）

実施した作業のために実際に発生したコストです。実測値から求められます。

これらの三つの値を使って，次のような差異や効率指数を計算することができます。

- **SV（Schedule Variance：スケジュール差異）**
  SV＝EV－PVで，進捗の遅れをコストで表します。
  SVが＋ならスケジュールは進んでおり，－なら遅れています。
- **CV（Cost Variance：コスト差異）**
  CV＝EV－ACで，コストの超過を表します。
  CVが＋ならコストは黒字，－なら赤字です。
- **SPI（Schedule Performance Index：スケジュール効率指数）**
  SPI＝EV／PVで，進捗状況を指数で表します。
  SPI＞1なら進んでおり，SPI＜1なら遅れています。
- **CPI（Cost Performance Index：コスト効率指数）**
  CPI＝EV／ACで，コストの効率を指数で表します。
  CPI＞1なら黒字，CPI＜1ならコスト超過です。

5

それでは，次の午後問題を解いて，EVMを実際に体験してみましょう。

問題

EVM（Earned Value Management）に関する次の記述を読んで，設問1～4に答えよ。

A社では，顧客のニーズにきめ細かく対応し，マーケティングを強化するために，CRM（Customer Relationship Management）システムを導入することを決定した。

CRMシステムの構築プロジェクトでは，できるだけ早期の完了を目指し，プロジェクトにはA社のほかに，ITベンダとしてB社，C社が参加する。

構築するCRMシステムにはソフトウェアパッケージを用いる。B社は導入するパッケージのカスタマイズと，開発完了後の操作説明会の実施を担当し，C社はインフラの構築とハードウェアの納入を担当する。

作業の進捗は，A社で定期的に行われる進捗会議において，B社及びC社からの報告内容を基に，EVMで管理することにした。

EVMでは，主にPV（計画価値），EV（出来高），AC（実コスト）を用いてプロジェクトの進捗を管理する。PV，EV及びACから，次の式で，コストとスケジュールのそれぞれに関する効率指数を算出できる。

CPI（コスト効率指数）＝ [a] ／ [b]
SPI（スケジュール効率指数）＝ [a] ／ [c]

[a] はタスクごとの予算に進捗率をかけて算出する。進捗にわずかな遅れが生じた場合も含め，すべてに対応策をとることは効率が悪いので，今回のプロジェクトでは進捗に当初計画比15%よりも大きな遅れが認められたタスクがあるときに，計画変更などの対応策を検討することにした。

過去問題をチェック

EVMについては，応用情報技術者試験の午前では定番でよく出題されます。

【EVM】

- 平成24年春 午前 問52
- 平成24年秋 午前 問53
- 平成25年秋 午前 問53
- 平成26年春 午前 問52
- 平成26年秋 午前 問53
- 平成27年秋 午前 問52
- 平成29年春 午前 問51
- 平成29年秋 午前 問52
- 平成31年春 午前 問52
- 令和2年10月 午前 問52

午後でも出題されています。

- 平成22年春 午後 問10
- 平成25年春 午後 問10
- 令和元年秋 午後 問9

〔プロジェクトの計画〕

プロジェクトを完了させるために必要なタスクを表1に示す。各社について，表1のリソース欄に値が入っていないタスクは作業スコープ外である。

また，表1を基に作成したアローダイアグラムを，図に示す。

表1 タスク一覧

タスク		先行タスク	予定工数（人月）			リソース（人）		
			A社	B社	C社	A社	B社	C社
t1	要件定義，基本設計	なし	2.0	1.0	1.0	2.0	1.0	1.0
t2	ソフトウェア設計	t1		6.0			3.0	
t3	ライブラリ機能追加	t2		3.0			2.0	
t4	アプリケーション機能追加	t3		4.0			2.0	
t5	インフラ導入計画立案	t1	1.0		1.0	1.0		1.0
t6	ハードウェア選定，調達	t5			2.0			1.0
t7	機器設置，環境設定	t6			1.0			1.0
t8	インストール，テスト	t4，t7	3.0	3.0		1.0	1.0	
		合計	6.0	17.0	5.0			

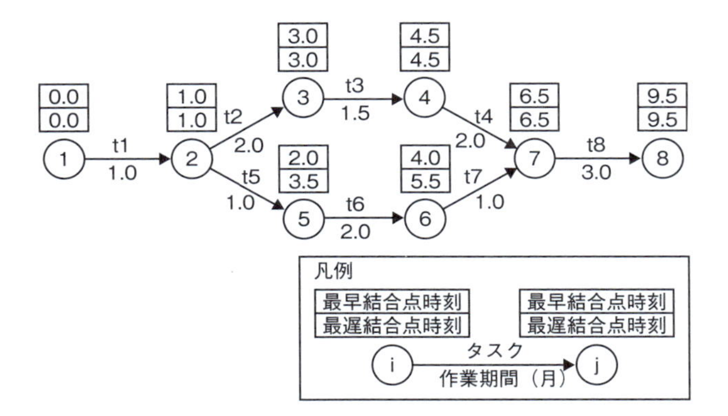

図 アローダイアグラム

今回のプロジェクトでは，工期を延ばすと開発完了後の操作説明会の日程調整に影響する危険性が高まってしまうので，計画を変更する必要がある場合でも，開発の工期はできるだけ延ばさない方針とした。

〔プロジェクトのコントロール〕

プロジェクト開始から3か月の時点で，A社，B社，及びC社から報告された進捗率をもとに，EVMで用いる値を算出し，表2を作成した。

なお，ACは実投入工数を人件費に換算したものであり，B社，C社の人月当たりの人件費は，B社スタッフが90万円，C社スタッフが［ d ］万円である。

表2中で算出された値から，プロジェクトの計画変更などの対応策を検討する必要があると判断できる。

表2 プロジェクト開始3か月後の進行状況

タスク		PV（万円）	進捗率（%）		EV（万円）	AC（万円）	CPI	SPI
			当初計画	実施				
t1	要件定義，基本設計	350	100	100	350	400	［ e ］	1.00
t2	ソフトウェア設計	540	100	80	432	450	0.96	0.80
t3	ライブラリ機能追加	0	0	0	0	0	－	－
t4	アプリケーション機能追加	0	0	0	0	0	－	－
t5	インフラ導入計画立案	190	100	100	190	190	1.00	1.00
t6	ハードウェア選定，調達	120	50	［ f ］	60	60	1.00	0.50
t7	機器設置，環境設定	0	0	0	0	0	－	－
t8	インストール，テスト	0	0	0	0	0	－	－
	プロジェクト全体	1,200			1,032	1,100	0.94	0.86

プロジェクトの計画変更を検討するに当たって，表2の内容からは，次のことが分かる。

(1) B社，C社のいずれも，［ g ］が小さすぎるタスクは存在しないので，タスク自体の進め方を変える必要はない。

(2) C社のタスクのうち，進行中のものは，当初のスケジュールと比べて日程に遅れが出ていても，［ h ］上にはないので，全体のスケジュールに影響を与える状況には至っていない。

これらを踏まえて，タスクt3，t4を並行作業で実施できるように調整することにした。それによって，コストが多少増大したとしても，期間内に作業を完了させることができる。

設問1 本文中の［ a ］～［ c ］に入れる適切な略号を答えよ。

設問2 本文中の［ d ］～［ f ］に入れる適切な数値を答えよ。答えは，［ d ］，［ f ］は整数で，［ e ］は小数第3位を四捨五入して小数第2位まで求めよ。

設問3 タスクt1～t8について，本文中の下線部のように判断できる理由を，表2中で算出された値を根拠として35字以内で述べよ。

設問4 プロジェクトの計画変更について，本文中の［ g ］，［ h ］に入れる適切な字句を答えよ。

（平成22年春 応用情報技術者試験 午後 問10）

解説

設問1

用語問題です。CPI（コスト効率指数）はコストの効率を見るためのものなので，分母にAC（実コスト）を使い，EV（出来高）が実際のコストに対してどれだけコスト効率がいいのかを算出します。

SPI（スケジュール効率指数）はスケジュールの効率を見るためのものなので，分母にPV（計画値）を用い，EVがどれだけ計画より進んでいるかというスケジュール効率を算出します。したがって，空欄aは**EV**，空欄bは**AC**，空欄cは**PV**となります。

設問2

空欄dは，C社スタッフの人件費を，表1と表2から求めます。

表1のタスクt6を見ると，予定工数はC社が2.0人月です。表2より，

t6のPVは120万円，当初計画の進捗率は50%なので，2.0人月×0.5＝1.0人月分が当初計画のPVの120万円になります。したがって，空欄dは**120**です。

空欄e，fはEVMを実際に行います。

タスクt1の要件定義，基本設計では，ACが400（万円），EVが350（万円）なので，CPI＝EV／AC＝350／400＝0.875になります。小数第3位を四捨五入して小数第2位まで求めると，0.88になります。したがって，空欄eは**0.88**です。

タスクt6のハードウェア選定，調達では，PVが120（万円），EVが60（万円）です。SPIが0.50であることからも，計画された進捗に対して50%しか完了していないことが分かります。進捗率は，当初計画が50%なので，その50%ということで25%になります。したがって，空欄fは**25**です。

設問3

問題文中に，「今回のプロジェクトでは進捗に当初計画比15%よりも大きな遅れが認められたタスクがあるときに，計画変更などの対応策を検討することにした。」とあります。これは，表2で算出された値で考えると，スケジュール効率指数であるSPIが0.85未満ということに対応します。表2では，現在進行中の二つのタスク，つまり，タスクt2とタスクt6がそれぞれ0.80，0.50なので，この二つが0.85未満で対応策を検討する必要があります。したがって，本文中の下線部のように判断できる理由は，**タスクt2とタスクt6のSPIが0.85を下回っているから**，または**現在進行中のタスクのSPIが0.85未満だから**となります。

設問4

プロジェクトの計画変更について，タスク自体の進め方を変える必要があるのは，作業の効率が悪い，つまりコスト効率指数CPIの値が低いときです。CPIは，最低でも空欄eで計算した0.88なので，極端に悪い値は存在しません。したがって，空欄gは**CPI**となります。

また，図のアローダイアグラムを見ると，最早結合点時刻と最遅結合点時刻に差がないクリティカルパスは，t1→t2→t3→t4→t8になります。そのため，C社のタスクのうち進行中のタスクt6はクリティカルパス上にないので，全体のスケジュールには影響を与えません。したがって，空欄hは**クリティカルパス**です。

≪解答≫

設問1　a：EV，b：AC，c：PV

設問2　d：120，e：0.88，f：25

設問3　※次の中から一つを解答

・タスクt2とタスクt6のSPIが0．85を下回っているから（29字）

・現在進行中のタスクのSPIが0．85未満だから（23字）

設問4　g：CPI，h：クリティカルパス

▶▶▶覚えよう！

- □ **帳票や画面など機能を基に見積もるファンクションポイント法**
- □ **EVMは進捗とコストの両方を定量的に評価する**

5-1-8 プロジェクトのリスク

頻出度 ★★★

プロジェクトリスクマネジメントでは，プロジェクトに関するリスクについてマネジメントの計画，特定，分析，対応，監視・コントロール等を実施します。プロジェクトにマイナスとなる事象の発生確率と影響を低減することが目的です。

プロジェクトリスクマネジメントのプロセス

プロジェクトリスクマネジメントに含まれるプロセスには，リスク・マネジメント計画，リスク特定，定性的リスク分析，定量的リスク分析，リスク対応計画，リスクコントロールがあります。

リスク特定

リスクとは，もしそれが発生すれば，プロジェクト目標に影響を与える不確実な事象あるいは状態のことです。常に**将来において起こるもの**が対象になります。すでに起こっていて明らかなものは**課題**（または問題点）と呼ばれ，リスクとは区別して管理

過去問題をチェック

プロジェクトのリスクマネジメントについては，応用情報技術者試験では午後で詳しく出題されます。次の問題は，リスクマネジメントの一連の流れを一度体験してみたい方におすすめです。

【プロジェクトリスクマネジメント】

・平成21年秋 午後 問10

・平成26年秋 午後 問9

関連

リスクマネジメントに関しては，「3-5-2　情報セキュリティ管理」でも取り上げています。セキュリティに特化した場合でも，プロジェクト全般でも，リスクに対する考え方は同じなので，こちらも参考にしてください。

します。リスク特定では，可能性のある**リスクを洗い出し**ます。リスクの情報収集方法としては，参加者が自由にアイディアを出す**ブレーンストーミング**や，専門家の間でアンケートを使用して質問を繰り返すことで合意を形成する**デルファイ法**，根本原因分析などが挙げられます。

■リスク分析

リスク分析では，リスクの**発生確率**とその**影響度**を策定し，プロジェクトへの影響を分析します。大まかにリスクの優先順位付けを行う**定性的リスク分析**と，リスクの影響を数量的に分析する**定量的リスク分析**があります。

■リスク対応

リスク対応では，リスク分析の結果を基に，プロジェクト目標に対する好機を高め，脅威を減少させるための選択肢と方法を策定します。

●プラスのリスクもしくは好機に対する戦略

- **活用**……好機が確実に到来するようにする
- **共有**……能力の高い第三者に好機の実行権を与える
- **強化**……好機の発生確率や影響力を増加させる
- **受容**……特に何もしないが，実現したときには利益を享受する

●マイナスのリスクもしくは脅威に対する戦略

- **回避**……脅威を完全に取り除くために，プロジェクトマネジメント計画を変更する
- **転嫁**……脅威によるマイナスの影響や責任の一部または全部を第三者に移転する。保険，担保などの方法がある
- **軽減**……リスク事象の発生確率や影響度を減少させる
- **受容**……脅威に対して特別な対策は行わないが，状況に応じて次のような対応をとる

  能動的な受容：脅威の発生に備えて時間や資金に予備を設けるなど

  受動的な受容：何もせず，起きたときに対応する

それでは，次の問題を解いてみましょう。

問題

プロジェクトマネジメントにおけるリスクの対応例のうち，PMBOKのリスク対応戦略の一つである転嫁に該当するものはどれか。

ア　あるサブプロジェクトの損失を，他のサブプロジェクトの利益と相殺する。

イ　個人情報の漏えいが起こらないように，システムテストで使用する本番データの個人情報部分はマスキングする。

ウ　損害の発生に備えて，損害賠償保険を掛ける。

エ　取引先の業績が悪化して，信用に不安があるので，新規取引を止める。

（平成27年春 応用情報技術者試験 午前 問54）

解説

PMBOKのリスク対応戦略のうちの“転嫁”とは，リスクを他者に移転することです。損害の発生に備えて損害賠償保険を掛けることは，リスクが保険会社に移転することになるので転嫁に当たります。したがって，ウが正解です。

アはリスクヘッジの説明で，戦略としてはリスク回避に該当します。イはリスク低減，エはリスク回避の戦略です。

≪解答≫ウ

過去問題をチェック

リスクマネジメントについては，近年，応用情報技術者試験での出題が増えている傾向があります。リスクマネジメントの考え方を理解するためにこれらの問題を解いてみるのもおすすめです。

【リスクマネジメント】

- 平成25年春 午前 問54
- 平成25年秋 午前 問54
- 平成28年秋 午前 問54
- 平成29年春 午前 問54
- 令和2年10月 午前 問54
- 令和3年春 午前 問54

▶▶▶ 覚えよう！

- □ **リスクは，まだ起こっていないもの。起こったら課題**
- □ **リスクを第三者に移すのは転嫁，代替策は回避**

5-1-9 プロジェクトの品質

プロジェクト品質マネジメントの目的は，プロジェクトが取り組むニーズを満足させることです。プロジェクトでは，必要に応じて行われる継続的プロセス改善活動とともに，方針，手順を通して品質マネジメントを実施します。

プロジェクト品質マネジメントのプロセス

プロジェクト品質マネジメントに含まれるプロセスには，品質マネジメント計画，品質保証，品質コントロールがあります。それぞれのプロセスでは，以下のことを行います。

①品質マネジメント計画（品質計画）

品質要求事項や品質標準を定め，プロジェクトでそれを順守するための方法を文書化します。

②品質保証

適切な品質標準と運用基準の適用を確実に行うために，品質の要求事項と品質管理測定の結果を監査します。

③品質コントロール（品質管理）

パフォーマンスを査定し，必要な変更を提案するために品質活動の実行結果を監視し，記録します。QC七つ道具や新QC七つ道具などを駆使します。

QC七つ道具や新QC七つ道具については，「9-1-2　OR・IE」で詳しく説明します。

それでは，次の問題を解いてみましょう。

問題

品質の定量評価の指標のうち，ソフトウェアの保守性の評価指標になるものはどれか。

ア　（最終成果物に含まれる誤りの件数）÷（最終成果物の量）

イ　（修正時間の合計）÷（修正件数）

ウ　（変更が必要となるソースコードの行数）÷（移植するソースコードの行数）

エ （利用者からの改良要求件数）÷（出荷後の経過月数）

（平成29年秋 応用情報技術者試験 午前 問54）

解説

ソフトウェアの品質特性を定義した規格ISO/IEC 25010（JIS X 25010）では，ソフトウェアの保守性を，「意図した保守者によって，製品又はシステムが修正することができる有効性及び効率性の度合い」と定義しています。修正の容易さを表すので，（修正時間の合計）÷（修正件数）で，修正1件当たりにかかる時間を算出することは，保守性の評価指標になります。したがって，イが正解です。

アは信頼性，ウは移植性，エは機能適合性の評価指標となります。

≪解答≫イ

品質マネジメントの手法

代表的な品質マネジメントの手法には，以下のものがあります。

①管理図

管理図は，プロセスが安定しているかどうか，またはパフォーマンスが予測どおりであるかどうかを判断するための図です。許容される**上方管理限界**と**下方管理限界**を設定します。

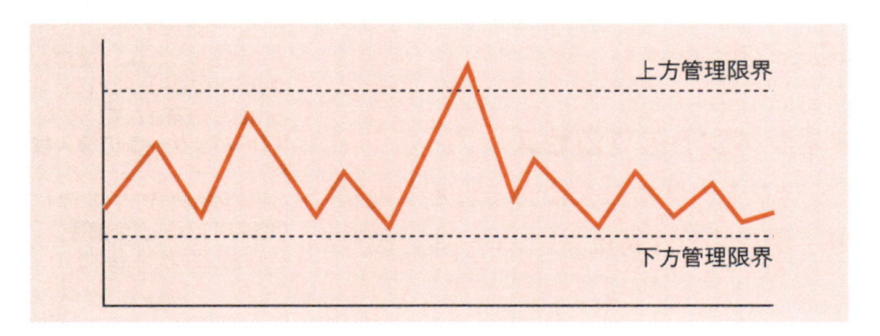

管理図の例

②ベンチマーク

実施中または計画中のプロジェクトを類似性の高いプロジェクトと比べることによって，ベストプラクティスを特定したり，改善策を考えたり，測定基準を設けたりすることです。

③レビュー，テスト

ウォークスルー，インスペクションなどのレビューや，段階的なテストは，品質を向上させるための大切な手法です。

関連

レビューについては「4-1-2 システム方式設計」で，ソフトウェア品質については「4-1-4 ソフトウェア方式設計・ソフトウェア詳細設計」で，テストについては「4-1-5 ソフトウェア構築」以降の節で詳しく説明しています。

④品質の指標

JIS X 25010（ISO/IEC 25010）で定められているソフトウェア品質特性の指標は，ソフトウェア開発時の品質の指標としてよく用いられます。

覚えよう！

- □ 品質マネジメントは，品質を確実にするための体系的な活動
- □ 品質マネジメント計画では，手順を定めて文書化する

5-1-10 プロジェクトの調達

頻出度 ★★★

プロジェクト調達マネジメントの目的は，作業の実行に必要な資源やサービスを外部から購入，取得するために必要な契約やその管理を適切に行うことです。

過去問題をチェック

マネジメントの手法については，応用情報技術者試験の午後問題を解いてみると流れがよく理解できます。以下の問題のように，実際の調達マネジメントが行われる内容が出題されています。

【ERPパッケージの導入検討】

・平成23年特別 午後 問10

【会計パッケージの調達】

・平成23年秋 午後 問10

プロジェクト調達マネジメントのプロセス

プロジェクト調達マネジメントのプロセスに含まれるものには，調達マネジメント計画，調達実行，調達コントロール，調達終結があります。

それぞれのプロセスでは，以下のことを行います。

①調達マネジメント計画

プロジェクト調達の意思決定を文書化し，取り組み方を明確にして，納入候補を特定します。

②調達実行

納入候補から回答を得て，納入者を選定し，契約を締結します。

③調達コントロール

調達先との関係をマネジメントし，契約のパフォーマンスを監視して，必要に応じて変更と是正を行います。

④調達終結

プロジェクトにおける個々の調達を完結します。

5-1-11 プロジェクトのコミュニケーション

頻出度 ★★★

プロジェクトコミュニケーションマネジメントは，プロジェクト情報の生成，収集，配布，保管，検索，最終的な廃棄を適宜，適切かつ確実に行うためのプロセスから構成されます。人と情報を結び付ける役割を果たすことが目的です。

プロジェクトコミュニケーションマネジメントのプロセス

プロジェクトコミュニケーションマネジメントのプロセスには，コミュニケーションマネジメント計画，コミュニケーションマネジメント，コミュニケーションコントロールがあります。

コミュニケーションマネジメント計画書を作成し，ステークホルダのコミュニケーションに関するニーズに応えるための仕組みを構築します。

コミュニケーションをとる場合の伝達方法を**コミュニケーションチャネル**といいます。近年は，SNSや動画配信なども重要なコミュニケーションチャネルと見なされています。

グラフ

コミュニケーション技法として，文章だけでなくグラフで表現することは大切です。

次の問題を考えてみましょう。

問題

グラフの使い方のうち，適切なものはどれか。

ア　企業の財務評価などで，複数の特性間のバランスを把握するために，円グラフを使用する。

イ　商品価格の最高値と最安値など，ある期間内に幅のある数値を時系列で表現するために，浮動棒グラフを使用する。

ウ　全支社の商品ごとの売上高の比率など，二つ以上の関連する要素の比率の変化を比較するために，積上げ棒グラフを使用する。

エ　年度ごとの売上高の内訳の推移など，要素の変化と要素の合計の変化を比較するために，帯グラフを使用する。

（平成21年春 応用情報技術者試験 午前 問53）

関連

プロジェクトマネジメントの問題としても，グラフの書き方や使い方はよく出題されます。なお，グラフについては「9-1-2 OR・IE」で主に取り上げるので，詳しいグラフの種類についてはそちらを参考にしてください。

解説

浮動棒グラフとは，ある期間のデータの最高値と最低値をローソク足と呼ばれる棒で表し，その値の推移を時系列で表現することで値の推移を見ることができるグラフです。したがって，イが正解です。

アはレーダチャート，ウは複合棒グラフ，エは積上げ棒グラフが適しています。

参考

浮動棒グラフの例

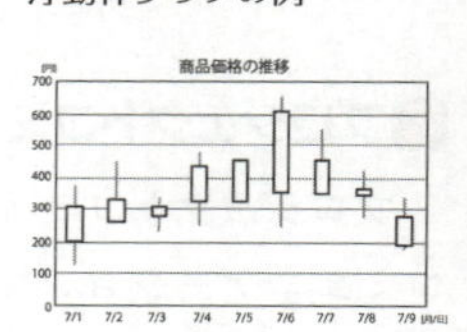

≪解答≫イ

▶▶▶覚えよう！

□ SNSや動画配信は重要なコミュニケーションチャネル

□ 浮動棒グラフでは，ローソク足を使って時系列で表現

先人の知恵の結晶

優れたプロジェクトマネージャは，ほかのプロジェクトマネージャが有効に活用している手法を学び取り，それを活用しています。身近に偉大なプロジェクトマネージャがいて，その仕事の進め方を観察し，その人から指導してもらうという幸運に恵まれればベストですが，普通はそううまくはいきません。そんなときに役に立つのが，実際のプロジェクトで役に立った技法を集約したPMBOKです。

プロジェクトマネジメントの技法はもともと建設プロジェクトのために開発されたものですし，魔法の杖ではないので，それさえ知っていれば何にでも役に立つというわけではありません。しかし，自分で試行錯誤するよりは，効率良く役に立つツールを見つけることができます。そんな先人の知恵の結晶がPMBOKであり，学習すると実務にも応用できます。

情報技術の分野では，ほかにもそうした先人の知恵の結晶があります。次の章で紹介するITILは，ITサービスマネジメントのベストプラクティス集ですし，第3章のセキュリティの項で紹介したISMSも，セキュリティを守るための考え方の規範です。その他，プログラミングでのアルゴリズムやデザインパターンなども，先人の知恵の結晶ですし，覚えておくと実際のプログラミング時に役立ちます。先人の知恵を学んで，それを基本に自分なりの経験を積み重ねていきましょう。

5-2 演習問題

問1 実行のプロセス群 CHECK ▶ □□□

JIS Q 21500:2018（プロジェクトマネジメントの手引）によれば，プロジェクトマネジメントの“実行のプロセス群”の説明はどれか。

ア　プロジェクトの計画に照らしてプロジェクトパフォーマンスを監視し，測定し，管理するために使用する。
イ　プロジェクトフェーズ又はプロジェクトが完了したことを正式に確定するために使用し，必要に応じて考慮し，実行するように得た教訓を提供するために使用する。
ウ　プロジェクトフェーズ又はプロジェクトを開始するために使用し，プロジェクトフェーズ又はプロジェクトの目標を定義し，プロジェクトマネージャがプロジェクト作業を進める許可を得るために使用する。
エ　プロジェクトマネジメントの活動を遂行し，プロジェクトの全体計画に従ってプロジェクトの成果物の提示を支援するために使用する。

問2 アローダイアグラム CHECK ▶ □□□

アローダイアグラムで表される作業Ａ～Ｈを見直したところ，作業Ｄだけが短縮可能であり，その所要日数は6日に短縮できることが分かった。作業全体の所要日数は何日短縮できるか。

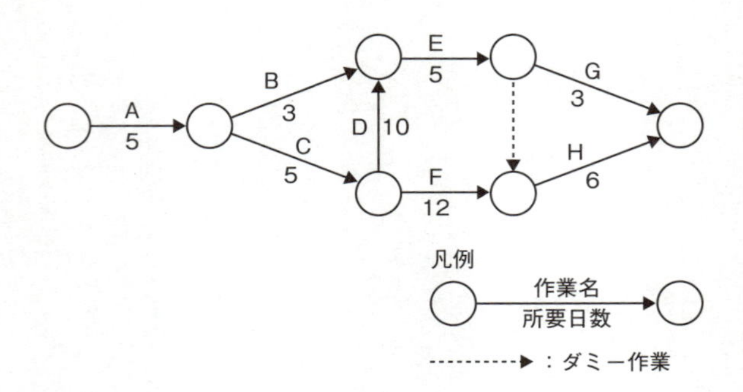

問3 開発規模の見積り CHECK ▶ □□□

アプリケーションにおける外部入力，外部出力，内部論理ファイル，外部インタフェースファイル，外部照会の五つの要素の個数を求め，それぞれを重み付けして集計する。集計した値がソフトウェア開発の規模に相関するという考え方に基づいて，開発規模の見積りに利用されるものはどれか。

ア COCOMO　　イ Dotyモデル
ウ Putnamモデル　　エ ファンクションポイント法

問4 リスク対応戦略 CHECK ▶ □□□

PMBOKガイド第6版によれば，脅威と好機の，どちらに対しても採用されるリスク対応戦略として，適切なものはどれか。

ア 回避　　イ 共有　　ウ 受容　　エ 転嫁

問5 EVM（アーンド・バリュー・マネジメント） CHECK ▶ □□□

ある組織では，プロジェクトのスケジュールとコストの管理にアーンドバリューマネジメントを用いている。期間10日間のプロジェクトの，5日目の終了時点の状況は表のとおりである。この時点でのコスト効率が今後も続くとしたとき，完成時総コスト見積り（EAC）は何万円か。

管理項目	金額（万円）
完成時総予算（BAC）	100
プランドバリュー（PV）	50
アーンドバリュー（EV）	40
実コスト（AC）	60

問6 プロジェクト・スコープ記述書に記述する項目 CHECK ▶ □□□

PMBOKガイド第6版によれば，プロジェクト・スコープ記述書に記述する項目はどれか。

ア WBS　　イ コスト見積額
ウ ステークホルダ分類　　エ プロジェクトからの除外事項

演習問題の解答

問1 （平成31年春 応用情報技術者試験 午前 問51）

《解答》エ

プロジェクトマネジメントの“実行のプロセス群”は，プロジェクトマネジメント計画書に従って，人員と資源を調整して，アクティビティを統合，実行するプロセス群です。プロジェクトマネジメントの活動を実際に遂行し，プロジェクトの全体計画に従ってプロジェクトの成果物の提示を支援するために使用することが目的となります。したがって，**エ**が正解です。

ア　監視・コントロールプロセス群の説明です。

イ　終結プロセス群の説明です。

ウ　立上げプロセス群の説明です。

問2 （令和元年秋 応用情報技術者試験 午前 問52改）

《解答》3［日］

クリティカルパス上でのクラッシングを行う問題です。アローダイアグラムより，最早終了日で現在のクリティカルパスを求めると，以下のようになります。

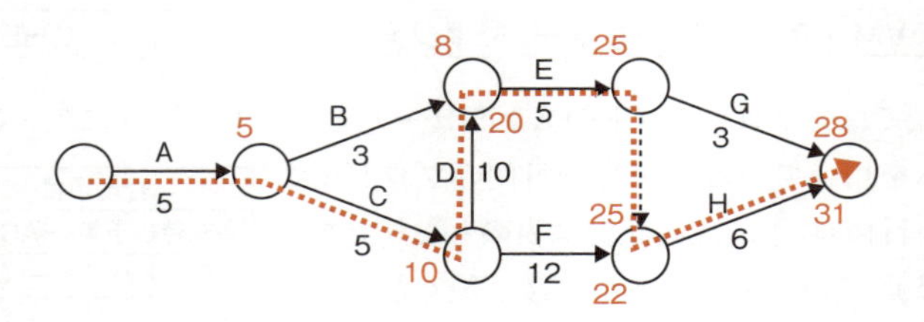

作業全体の所要日数は31日で，作業Dはクリティカルパス上にあるので，日程短縮は全体の所要日数短縮につながります。しかし，作業Dを6日にしてもう一度クリティカルパスを求めると，次のようになります。

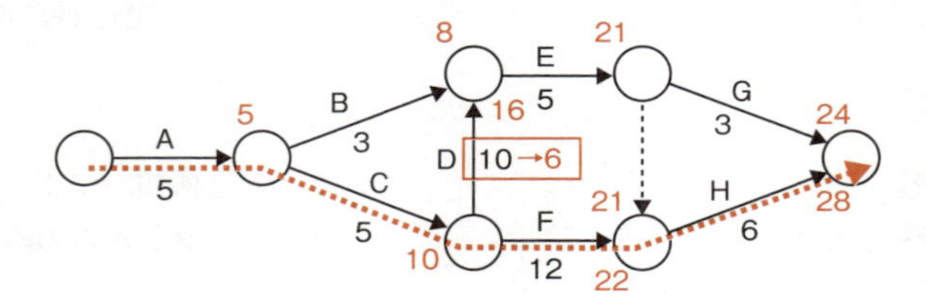

作業Dを4日短縮すると，作業Dがクリティカルパスでなくなるので，全体の所要日数は28日です。短縮できる日数は，31－28＝**3日**になります。

問3 (平成25年秋 応用情報技術者試験 午前 問51)

《解答》エ

ファンクションポイント法では，外部入力，外部出力，外部照会の三つのトランザクションファンクションと，内部論理ファイル，外部インタフェースファイルの二つのデータファンクションに対して個数を求め，それぞれを難易度で重み付けして集計し，工数を見積ります。したがって，**エ**が正解です。

アのCOCOMO，イのDotyモデル，ウのPutnamモデルでは，ソースコードの行数を基に工数を見積ります。

問4 (令和2年10月 応用情報技術者試験 午前 問54)

《解答》ウ

PMBOKガイド第6版によれば，脅威となるマイナスのリスクに対する戦略には，回避，転嫁，軽減，受容があります。好機となるプラスのリスクに対する戦略には，活用，共有，強化，受容があります。どちらにもあるのは受容なので，**ウ**が正解です。

問5 (平成31年春 応用情報技術者試験 午前 問52改)

《解答》150［万円］

現在のコスト効率CPIは，CPI＝EV ／ AC＝40 ／ 60＝2 ／ 3≒0.666…です。つまり，かけたコストに対して予定の2 ／ 3の生産性しかないということになります。

このコスト効率が今後も続く場合には，完成時の総コスト見積りEACは，以下のようになります。

EAC＝BAC÷CPI＝100［万円］÷（2／3）＝**150［万円］**

イメージとしては，100万円だと2 ／ 3しか終わらないので，全部終わらせるのには3 ／ 2＝1.5倍のコストが必要という考え方になります。

問6 （令和2年10月 応用情報技術者試験 午前 問51）

《解答》エ

プロジェクト・スコープ記述書とは，プロジェクトのスコープとなる作業範囲や必要となる成果物について記述したものです。PMBOKガイド第6版によると，プロジェクト・スコープ記述書には，プロダクト・スコープ記述書や成果物，受入基準に加えて，プロジェクトからの除外事項についても記述します。プロジェクトで行わないことをまとめることで，プロジェクトの範囲を明確にします。したがって，**エ**が正解です。

ア　プロジェクトのスコープを考えるときにWBSを使用することもありますが，プロジェクト・スコープ記述書に記述する必要はありません。

イ　プロジェクトコストマネジメントで決定する内容です。

ウ　プロジェクトステークホルダマネジメントで記述する内容です。

第6章

サービスマネジメント

ITサービスに関連するマネジメントについて学ぶ分野がITサービスマネジメントです。
内容は二つ，「サービスマネジメント」と「システム監査」です。サービスマネジメントでは，ITILを中心に，システム運用管理，ITサービスマネジメントの手法や考え方について学びます。そして，システム監査では，システムを監査し，情報システムが適切にコントロールされていることを確保する方法や，その考え方について学びます。
マネジメント系の分野については勉強することを忘れがちなのですが，意外と出題数も多く，午後問題でも狙い目です。
一度，考え方を押さえながらきちんと学習し，確実に解答できるようにしておきましょう。

6-1 サービスマネジメント

ITのサービスマネジメントの基本はシステムの運用管理ですが，それだけではありません。システムの運用や保守などを，顧客の要求を満たす「ITサービス」としてとらえて体系化し，効果的に提供するための統合されたサービスマネジメントシステムです。

6-1-1 サービスマネジメント

頻出度 ★★★

サービスマネジメントでは，サービスをただ実施するだけでなく，顧客にとっての価値を創造することが重要です。

サービスマネジメントの目的と考え方

ITILではサービスマネジメントを「顧客に対し，サービスの形で価値を提供する組織の専門能力の集まり」と定義しています。システムの運用や保守などを**サービス**としてとらえて体系化し，適切な**サービス品質**で，**サービス価値**を提供します。ITILでは，サービスをコアサービス，実現サービス，強化サービスの三つに分類します。また，サービス提供者だけでなく，**ユーザの遵守事項**も決定します。

サービスマネジメント構築手法

ITサービスマネジメントでは，計画（Plan），実行（Do），点検（Check），処置（Act）のPDCAマネジメントサイクルによってサービスマネジメントの目的を達成します。それに基づき，ITサービス全体をマネジメントする仕組みとして**ITSMS**（IT Service Management System：ITサービスマネジメントシステム）を構築します。

サービスマネジメント構築手法には以下のものがあります。

①ベンチマーキング

業務やプロセスのベストプラクティスを探し出して分析し，それを指標（ベンチマーク）にして現状の業務のやり方を評価し，変革に役立てる手法です。現状とベストプラクティスの差異を分析することを**ギャップ分析**といいます。

勉強のコツ

従来からの「運用管理」の考え方と，新しく運用や保守をとらえ直した「ITサービスマネジメント」の考え方の両方について出題されます。
ITILのマネジメント手法を中心に，システム運用管理手法全般についての方法論を押さえておきましょう。
知識としては，ITILのサービスマネジメントシステムのそれぞれの管理について出題されますので，一度しっかりそれぞれのサービスマネジメントシステムを押さえておくと確実です。

動画

サービスマネジメントの分野についての動画を以下で公開しています。
http://www.wakuwakuacademy.net/itcommon/6
ITILの概要やサービスマネジメントなどについて，詳しく解説しています。
本書の補足として，よろしければご利用ください。

②リスクアセスメント

ITサービスにかかわるリスクを洗い出し，リスクの大きさや，許容できるリスクかどうかということと，対策の優先順位などを評価します。

③CSFとKPIの定義

ITサービスマネジメントが成功したかどうかを，あいまいにせず確実に評価するため，**CSF**（Critical Success Factor：重要成功要因）を定義します。そして，そのCSFが実現できたかどうかを確認する指標として，**KPI**（Key Performance Indicator：重要業績評価指標）を設定します。

関連
CSFやKPIの考え方は，「8-1-3　ビジネス戦略と目標・評価」に出てくるバランススコアカードの評価指標と同じです。これは，ITサービスマネジメントは経営戦略の一部であるという考え方があるためです。CSFやKPIの詳しい内容は，8-1-3を参照してください。

ITIL

ITIL（Information Technology Infrastructure Library）は，**ITサービスマネジメントのフレームワーク**で，現在，デファクトスタンダードとして世界中で活用されています。ITサービスマネジメントに対する**ベストプラクティス**がまとめられたものです。また，ITサービスマネジメントの規格には**JIS Q 20000**（**ISO/IEC 20000**）があります。JIS Q 20000は，**ITSMS**の構築にあたって適用する運用管理手順でもあります。ITILがベストプラクティスとして，「このようにすればよい」という手法を示すのに対して，JIS Q 20000は**ITSMS適合性評価制度**として，ITSMSが適切に運用されていることを認定するために使用します。

ITILでは，**サービスライフサイクル**からサービスマネジメントにアプローチしています。サービスライフサイクルは，サービスマネジメントの構造や，様々なライフサイクル要素の関連などについての組織モデルです。サービスライフサイクルには5段階あり，それぞれの関係は，次のようになっています。

参考
ITILの最新バージョンは，2019年にリリースされたITIL 4です。
情報処理技術者試験のカリキュラムは，JIS Q 20000-1:2020を基準に作成されています。

6

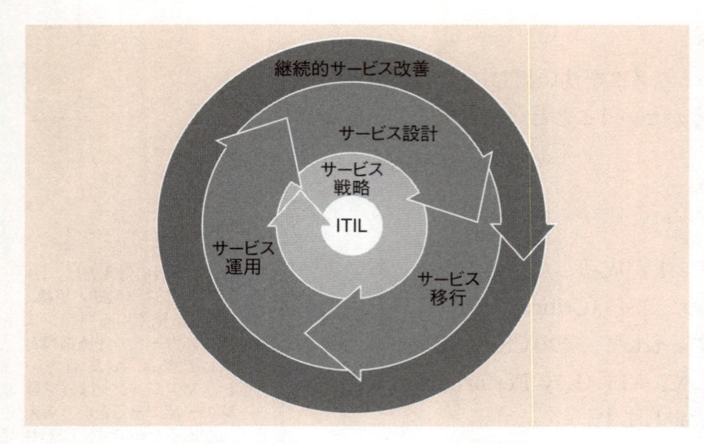

ITILにおけるサービスライフサイクル

1. **サービス戦略**：ITサービスの**指針を定義**する段階
2. **サービス設計**：適切なITサービスを**設計及び開発**する段階
3. **サービス移行**：サービスの実現を**計画立案及び管理**する段階
4. **サービス運用**：サービスの提供とサポートに**必要な活動**をする段階
5. **継続的サービス改善**：ITサービスの有効性と効率性を**継続的に改善**する段階

ITIL及びJIS Q 20000のそれぞれのサービスマネジメントシステムについては，「6-1-2　サービスマネジメントシステムの計画及び運用」で詳しく学習します。

過去問題をチェック

ITILの問題は，応用情報技術者試験の定番です。

【ITIL】

<午前>
- 平成25年春 午前 問56
- 平成25年秋 午前 問55
- 平成26年春 午前 問55
- 平成27年春 午前 問55
- 平成27年秋 午前 問55, 56, 57
- 平成28年春 午前 問55, 56, 57
- 平成28年秋 午前 問56
- 平成29年春 午前 問55, 57
- 平成30年春 午前 問55, 56
- 平成30年秋 午前 問55, 56, 57
- 平成31年春 午前 問54, 55
- 令和3年春 午前 問56

<午後>
- 平成21年秋 午後 問11
- 平成22年春 午後 問11
- 平成23年特別 午後 問11
- 平成24年春 午後 問11
- 平成25年春 午後 問11
- 平成26年秋 午後 問10
- 平成28年春 午後 問10
- 平成29年春 午後 問10
- 平成30年秋 午後 問10
- 令和2年10月 午後 問10

SLA

SLA（Service Level Agreement）とは，サービスの提供者と委託者との間で，提供するサービスの**内容と範囲，品質に対する要求事項**を明確にし，さらにそれが**達成できなかった場合のルール**も含めて合意しておくことです。それを明文化した文書や契約書もSLAと呼ばれ，ITILでは，**サービス設計**の**サービスレベル管理プロセス**で文書化されます。

サービスレベルを管理することを，**SLM**（Service Level Management：サービスレベル管理）といいます。

それでは，次の問題を解いてみましょう。

発展

SLAは，もともとは通信事業者がネットワークサービスのQoS（Quality of Service）を保証するために行った契約形態で，故障回復時間や遅延時間，稼働率などの品質要件が一定の水準を下回った場合に料金を返還するというものでした。
現在では，ホスティングやアウトソーシング，ソフトウェア開発など，様々な場面に広がっています。

問題

SLAに記載する内容として，適切なものはどれか。

ア　サービス及びサービス目標を特定した，サービス提供者と顧客との間の合意事項
イ　サービス提供者が提供する全てのサービスの特徴，構成要素，料金
ウ　サービスデスクなどの内部グループとサービス提供者との間の合意事項
エ　利用者から出されたITサービスに対する業務要件

（平成26年秋 応用情報技術者試験 午前 問55）

過去問題をチェック

SLAの問題は，午前，午後を問わず，応用情報技術者試験でよく出題されます。
【SLA】
<午前>
・平成21年春 午前 問55
・平成23年特別 午前 問55
・平成23年秋 午前 問54
・平成25年春 午前 問55
・平成26年秋 午前 問55
・平成27年秋 午前 問56
・平成28年春 午前 問56
・平成30年秋 午前 問56
<午後>
・平成21年春 午後 問11
・平成24年春 午後 問3
・平成25年秋 午後 問10
・平成28年秋 午後 問10
・令和3年春 午後 問10

解説

SLAでは，サービスやサービス目標を設定し，サービス提供者と顧客との合意事項を記載します。したがって，アが正解です。
イ　すべてのサービスについて記載するわけではありません。
ウ　内部グループとの間での契約ではありません。
エ　RFPに記載する内容です。

≪解答≫ア

覚えよう！

- □ **ITILはベストプラクティス，JIS Q 20000は評価の基準**
- □ **SLAは，サービスの提供者と委託者の間であらかじめ合意すること**

6-1-2 サービスマネジメントシステムの計画及び運用

頻出度 ★★★

サービスマネジメントシステムでは，サービスポートフォリオを管理し，関係及び合意の形成，供給及び需要の管理，サービスの設計・構築・移行の実施，解決及び実現のため継続的な管理を行います。さらに，サービス保証や情報セキュリティ管理を行い，適切に管理されていることを確認します。

サービスマネジメントシステムの計画と支援

サービスマネジメントシステムでは，サービスマネジメントシステムの計画を作成し，実施及び維持することでPDCAサイクルを回します。このとき，**文書化した情報**，**知識**を共有し，コミュニケーションを正確に行うことが大切です。

サービスポートフォリオ

サービスポートフォリオとは，提供する**すべてのサービスの一覧**です。どのようなサービスがあるのかを把握し，適切なレベルで資源を配分し，何に重点を置くのかを決定します。サービスポートフォリオの管理では，サービスの提供や計画，サービスライフサイクルに関与する関係者の管理，資産管理，構成管理を行います。代表的な内容の詳細は，次のとおりです。

過去問題をチェック
サービスポートフォリオについては，次の出題があります。
【サービスポートフォリオ】
・令和3年春 午前 問56

●サービスの計画

サービスの要求事項を決定し，利用可能な資源を考慮して，変更要求及び新規サービスまたはサービス変更の提案の優先順位付けを行います。特定の市場や顧客に向けたサービスの状態(計画中，開発中，稼働中，廃止など)の一覧である**サービスパイプライン**を作成し，どの顧客にどのようなサービスを提供するのかを考えます。

●サービスカタログ管理

顧客に提供するサービスについての文書化した情報として，**サービスカタログ**を作成し，維持します。サービスカタログには，サービスの意図した成果や，サービス間の依存関係を説明する情報を含めます。サービスカタログはすべて公開するのではなく，顧客，利用者及びその他の利害関係者に対して，サービスカタログの適切な部分へのアクセスを提供します。

●資産管理

サービスマネジメントシステムの計画における要求事項及び義務を満たすために，サービスを提供するために使用されている資産を確実に管理します。**アセットマネジメント**とは，アセット（資源・資産）を適正に数量も数えて管理することです。ITアセットマネジメント（ITAM:IT asset management），ソフトウェアアセットマネジメント（SAM）を行い，IT資産やソフトウェアを管理します。さらに，ライセンスマネジメントも行い，ライセンス数も適切に管理します。

●構成管理

構成管理では，サービスや製品を構成するすべての**CI**（Configuration Item：構成品目）を識別し，維持管理します。構成管理では，大規模で複雑なITサービスとインフラを管理するため，**CMS**（Configuration Management System：構成管理システム）を構築して一元管理します。CMSで使われるデータベースを**CMDB**（Configuration Management DataBase：構成管理データベース）といい，プロジェクト情報やツール，イベントなど様々な情報を一元管理します。

■関係及び合意

サービスマネジメントでは，事業関係者との関係を管理する必要があります。また，関係者の間を調整し，合意を形成する必要があります。代表的な管理には次のものがあります。

●事業関係管理

顧客関係を管理し，顧客満足を維持し，顧客及び他の利害関係者との間のコミュニケーションのための取決めを確立します。サービスのパフォーマンス傾向やサービスの成果のレビューを行い，サービス満足度の測定，サービスに対する苦情の管理を行います。

●サービスレベル管理

サービスレベル管理（SLM：Service Level Management）の最終目標は，現在のすべてのITサービスに対して合意されたレベルを達成すること，そして将来のサービスが，合意された達成可能な目標値を満たすように提供されることです。SLMでは，サービスの利用者とサービスの提供者の間で**SLA**を締結し，PDCAマネジメントサイクルでサービスの維持,向上を図ります。さらに，あらかじめ決められた間隔で，サービスレベル目標に照らしたパフォーマンスや実績の周期的な変化を監視し，レビューし，報告を行います。

●供給者管理

サービス提供者が委託などにおいて，さらにサービスマネジメントプロセスの導入や移行のために供給者（サプライヤ）を用いる場合には，その供給者の管理が必要です。運用を委託する場合や，内部での提供でも別の部署として管理する場合には，運用レベルを保証するためOLA（Operation Level Agreement：運用レベル合意書）を作成します。また,アウトソーシングとして，SaaS，PaaS，IaaSなどのクラウドサービスの利用も増えてきています。

関連
SaaS，PaaS，IaaSなどのクラウドサービスについては，「7-1-3 ソリューションビジネス」で詳しく取り上げます。

■供給及び需要

サービスを提供するにあたり，資源や費用などの供給や需要に関する管理を行います。代表的な業務や管理内容は次のとおりです。

●サービスの予算業務及び会計業務

財務管理の方針に従って，サービス提供費用の予算を計画・管理する予算業務を行います。ITサービスのコストを明確にし，事業を行う者がその内容を確実に理解するようにします。

サービス指向の会計機能により，サービスに直接的に寄与するコストである**直接費**と，直接的には確認できない**間接費**を求めます。そして，サービスごとに必要なコストを算出し，基本的にはサービスの受益者（利用者）が負担するように課金を行います。サービスを実施するコストだけでなく，ランニングコストなどの必要な経費を含めた総保有コストであるTCO（Total Cost of Ownership：総所有費用）を意識することが大切です。

●需要管理

サービスに対する現在の需要を決定し，将来の需要を予測することが需要管理です。あらかじめ定めた間隔で，サービスの需要及び消費を監視し報告します。特定の顧客の要望に合わせて，提供するサービスを組み合わせたものを**サービスパッケージ**といいます。コアサービス，実現サービス，強化サービスを組み合わせて，提供するサービスの需要管理を行います。

過去問題をチェック
サービスパッケージについては，次の出題があります。
【サービスパッケージ】
・令和元年秋 午前 問55

●容量・能力管理

資源の容量，能力などシステムの容量（キャパシティ）を管理し，最適なコストで合意された需要を満たすために，サービス提供者が十分な能力を備えることを確実にする一連の活動が**容量・能力管理**（キャパシティ管理）です。CPU使用率，メモリ使用率，ディスク使用率，ネットワーク使用率などの管理指標を計画し，それぞれのリソースの**しきい値**（閾値）を設定します。

また，容量･能力の利用状況を監視し，容量･能力及びパフォーマンスデータを分析し，パフォーマンスを改善するためのポイントを特定していきます。

それでは，次の問題を考えてみましょう。

問題

新システムの開発を計画している。提案された４案の中で，TCO（総所有費用）が最小のものはどれか。ここで，このシステムは開発後，３年間使用されるものとする。

単位 百万円

	A案	B案	C案	D案
ハードウェア導入費用	30	30	40	40
システム開発費用	30	50	30	40
導入教育費用	5	5	5	5
ネットワーク通信費用／年	20	20	15	15
保守費用／年	6	5	5	5
システム運用費用／年	6	4	6	4

ア A案　イ B案　ウ C案　エ D案

（平成29年春 応用情報技術者試験 午前 問56）

解説

TCOは，開発費用だけでなく，運用などのランニングコストを含んだコストです。

開発，導入までの初期費用は，ハードウェア導入費用＋システム開発費用＋導入教育費用で，それぞれ次のようになります（単位百万円）。

A案：30＋30＋5＝65　B案：30＋50＋5＝85

C案：40＋30＋5＝75　D案：40＋40＋5＝85

その後，ランニングコストは合計で3年分かかるので，それぞれ次のようになります。

A案：(20＋6＋6)×3［年］＝96

B案：(20＋5＋4)×3［年］＝87

C案：(15＋5＋6)×3［年］＝78

D案：(15＋5＋4)×3［年］＝72

合計すると，次のようになります。

A案：65＋96＝161　B案：85＋87＝172

C案：75＋78＝153　D案：85＋72＝157

以上より，TCOはC案が最小となります。したがって，ウが正解です。

≪解答≫ウ

サービスの設計・構築・移行

サービスの設計・構築・移行では，新規サービスや変更サービスの設計・構築を行います。サービス内容の変更や移行時のリリース・展開についても管理を行います。管理の内容には次のものがあります。

●変更管理

変更管理は，サービスやコンポーネント，文書の変更を安全かつ効率的に行うための管理です。事業やITからの**RFC**(Request for Change：変更要求)を受け取り，対応します。すべての変更はもれなくCMDBに記録し，反映させる必要があります。

ITサービスに変更を加える要因には，単純なオペレーションだけでなく事業戦略やビジネスプロセスの変更など，様々なものがあります。そのため，顧客やユーザ，開発者，システム管理者，サービスデスクなどの様々な立場の利害関係者が定期的に集まり，サービスの追加，廃止または提案を含む変更をアセスメントする**CAB**（Change Advisory Board：変更諮問委員会）が開かれます。

●サービスの設計及び移行

サービスの設計及び移行では，まず新規サービスまたはサービス変更の計画を立て，設計を行った後，構築及び移行を行います。それぞれの段階で行うことは，次のとおりです。

1. 新規サービスまたはサービス変更の計画

サービス計画で決定した新規サービスや，サービス変更についてのサービスの要求事項を用いて，新規サービスまたはサービス変更の計画を立案します。

2. 設計

サービス計画で決定したサービスの要求事項を満たすようにサービス受入れ基準を決定してサービスを設計し，サービス設計書として文書化します。このとき，SLAやサービスカタログ，契約書なども必要に応じて新設，更新を行います。

3. 構築及び移行

文書化した設計に適合する構築を行い，サービス受入れ基準を満たしていることを検証するために，**受入れテストや運用テスト**などの試験を行います。リリース及び展開管理を使用して，新規サービスやサービス変更を，稼働環境に展開していきます。

●リリース及び展開管理

変更管理プロセスで承認された変更内容を，ITサービスの本番環境に正しく反映させる作業（リリース作業）を行うのがリリース管理及び展開管理です。リリース管理では，本番環境にリリースした確定版のすべてのソフトウェアのソースコードや手順書，マニュアルなどの**CI**（構成品目）を1か所にまとめて管理します。まとめておく書庫のことを**DML**（Definitive Media Library：確定版メディアライブラリ）といいます。

■解決及び実現

サービスマネジメントシステムの構築後の不具合を解決し，さらに改善したシステムを実現するためには，インシデントを適切に取り扱うだけではなく，根本原因を解決することが大切です。解決及び実現に向けた管理には，次のものがあります。

●インシデント管理

サービスマネジメントシステムにおける**インシデント**とは，サービスに対する計画外の中断，サービスの品質の低下だけでなく，顧客または利用者へのサービスにまだ影響していないが今後影響する可能性のある事象のことです。インシデントの対応手順は，次のようになります。

1. 記録し，分類する
2. 影響及び緊急度を考慮して，優先順位付けをする
3. 必要であれば，**エスカレーション**する
4. 解決する
5. 終了する

過去問題をチェック

インシデント管理，サービス要求管理，問題管理は，出題の定番です。それぞれ次のような出題があります。

【インシデント管理】
- 平成24年秋 午前 問55
- 平成25年秋 午前 問55
- 平成27年秋 午前 問55

【インシデント及びサービス要求管理】
- 令和元年秋 午前 問57

【問題管理】
- 平成21年秋 午前 問57
- 平成22年春 午前 問54
- 平成27年秋 午前 問57
- 平成29年春 午前 問57
- 平成31年春 午前 問54

エスカレーションとは，自身で解決できない問題を他の人に引き継ぐことです。技術部など他の部署などに引き継ぐことを**機能的エスカレーション**，上司など上の立場の人に引き継ぐことを**階層的エスカレーション**といいます。インシデントが発生したときに早急に行われる，サービスへの影響を低減または除去する方法のことを，**回避策**(**ワークアラウンド**)といいます。

また，重大なインシデントを特定する基準を決定しておくことも大切です。重大なインシデントは，文書化された手順に従って分類して管理し，**トップマネジメントに通知する**必要があります。

●サービス要求管理

サービス要求管理では，サービス要求に対して，次の事項を実施します。

1. 記録し，分類する
2. 優先順位付けをする
3. 実現する
4. 終了する

また，サービス要求の実現に関する指示書を，サービス要求の実現に関与する要員が利用できるようにする必要があります。

●問題管理

一つまたは複数のインシデントの根本原因のことを**問題**といいます。その問題を突き止めて，登録し管理するのが**問題管理**です。

問題を特定するために，インシデントのデータ及び傾向を分析し，根本原因の分析を行い，インシデントの発生または再発を防止するための処置を決定します。

問題管理は，次の事項を実施します。

1. 記録し，分類する
2. 優先順位付けをする
3. 必要であれば，**エスカレーション**する
4. 可能であれば，解決する
5. 終了する

問題管理に必要な変更は，**変更管理の方針**に従って管理されます。根本原因が特定されても問題が恒久的に解決されていない場合には，問題がサービスに及ぼす影響を低減，除去するための処置を決定する必要があります。また，**既知の誤り**は記録しておき，再度調査しないようにすることも大切です。

それでは，次の問題を考えてみましょう。

問題

ITサービスマネジメントにおける問題管理プロセスにおいて実施することはどれか。

ア インシデントの発生後に暫定的にサービスを復旧させ，業務を継続できるようにする。
イ インシデントの発生後に未知の根本原因を特定し，恒久的な解決策を策定する。
ウ インシデントの発生に備えて，復旧のための設計をする。
エ インシデントの発生を記録し,関係する部署に状況を連絡する。

（平成31年春 応用情報技術者試験 午前 問54）

解説

ITサービスマネジメントにおける問題管理プロセスでは，インシデントの未知の根本原因を特定し，恒久的な解決策を策定します。したがって，イが正解です。

ア インシデント管理プロセスにおいて実施することです。
ウ サービス継続管理プロセスにおいて実施することです。
エ サービスデスクで実施することです。

≪解答≫イ

サービス保証

サービスが適切に運用されていることを確認し，保証する必要があります。サービス保証に向けた管理には，次のものがあります。

●サービス可用性管理

すべてのサービスで提供されるサービス可用性のレベルが，費用対効果に優れた方法であり，合意されたビジネスニーズに合致するように実行するための管理が**サービス可用性管理**です。サービス可用性管理では，次の四つの側面をモニタ，測定，分析，報告します。

・**サービス可用性** …… 必要なときに合意された機能を実行する能力（指標例：稼働率）
・**信頼性** ……………… 合意された機能を中断なしに実行する能力（指標例：MTBF）
・**保守性** ……………… 障害の後，迅速に通常の稼働状態に戻す回復力（指標例：MTTR）
・**サービス性** ………… 外部プロバイダが契約条件を満たす能力

●サービス継続管理

顧客と合意したサービス継続をあらゆる状況の下で満たすことを確実にするための活動が**サービス継続管理**です。サービス継続に関する要求事項は，事業計画や**SLA**，リスクアセスメントに基づいて決定します。サービス継続管理では，災害のインパクトを定量化するために**ビジネスインパクト分析**や，サービス継続性に関する**リスク分析**を行います。

また，災害発生時に最小時間でITサービスを復旧させ，事業を継続させるために事業継続計画（BCP）を立て，事業継続管理（BCM）を実施します。

関連
事業継続計画（BCP）や事業継続管理（BCM）については，「7-1-1 情報システム戦略」で，詳しく取り上げます。

情報セキュリティ管理

情報資産の機密性，完全性，可用性を保つように，情報セキュリティを管理します。ISO/IEC 27000 シリーズ（及びそれに基づき制定されているJIS 規格群）をもとに**ISMS**を構築し，情報セキュリティマネジメントに関する作業を適切に実施します。

▶▶▶ 覚えよう！

- □ **インシデント管理はとりあえず復旧，問題管理で根本的原因を解明**
- □ **変更管理では，RFCを作成し，それをCABで検討する**

6-1-3 パフォーマンス評価及び改善

サービスマネジメントシステムでは，パフォーマンスを定期的に評価し，改善していく必要があります。サービスマネジメントシステムのパフォーマンスを適切に監視し，測定しておくことで，評価や改善につながります。

パフォーマンス評価

サービスマネジメントシステムの**パフォーマンス**は，サービスマネジメントの目的に合わせて有効性を評価する必要があります。このとき，目的に合わせて作成したサービスの要求事項と照らし合わせ，監視，測定，分析，評価を行います。

パフォーマンス評価を行うための手法としては，内部監査やマネジメントレビューがあります。監査項目を設定し，サービスの要求事項を満たしているかを監査します。また，報告の要求事項や目的に沿って作成された，サービスマネジメントシステムやサービスのパフォーマンスや有効性に関する**サービスの報告**を作成する必要があります。

パフォーマンスの改善

パフォーマンス評価で**不適合**が発生した場合には，不適合を管理し修正するための処置を行う必要があります。不適合によって起こった結果に対処する処置，不適合が再発しないようにするための処置のことを**是正処置**といいます。

パフォーマンスの改善は，一度で終わりではなく，**継続的改善**を行っていくことが大切です。サービスマネジメントシステムやサービスの適切性，妥当性及び有効性を継続的に改善するために，改善の機会に適用する**評価基準**を決定しておくことで，承認された改善活動を管理することが可能になります。

評価基準には，CSF，KPIなどがあります。

CSF，KPIなどの評価指標については，「6-1-1 サービスマネジメント」で取り上げています。

7ステップの改善プロセス

7ステップの改善プロセスは，ITIL 2011 editionの**継続的サービス改善**で紹介されている改善プロセスです。次のように，サービスやプロセスを着実に改善するためにやるべきことを具体的に示しています。

1. 改善の戦略を識別する
2. 測定するものを定義する
3. データを収集する
4. データを処理する
5. 情報とデータを分析する
6. 情報を提示して利用する
7. 改善を実施する

それでは，次の問題を考えてみましょう。

6

問題

ITIL 2011 editionによれば，7ステップの改善プロセスにおけるa，b及びcの適切な組合せはどれか。

〔7ステップの改善プロセス〕

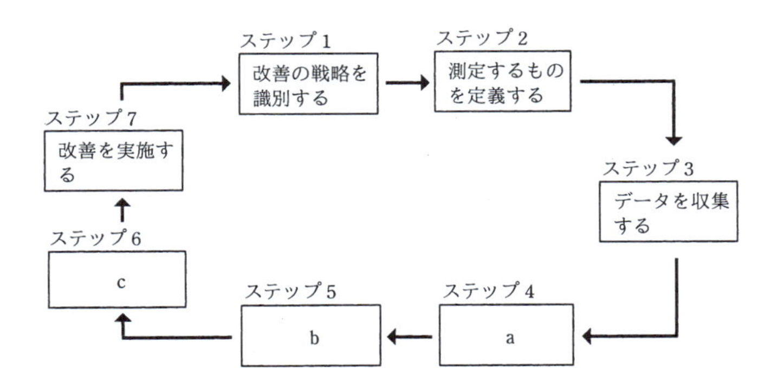

	a	b	c
ア	情報とデータを分析する	情報を提示して利用する	データを処理する
イ	情報とデータを分析する	データを処理する	情報を提示して利用する
ウ	データを処理する	情報とデータを分析する	情報を提示して利用する
エ	データを処理する	情報を提示して利用する	情報とデータを分析する

（令和元年秋 応用情報技術者試験 午前 問56）

解説

7ステップの改善プロセスは，継続的にサービスの品質を改善するための七つの方法で，ステップ4はデータを処理する，ステップ5は情報とデータを分析する，ステップ6は情報を提示して利用するとなっています。したがって，組合せが正しいウが正解です。

≪解答≫ウ

覚えよう！

- □ 事業目的に合わせてパフォーマンスの評価指標を決定して評価する
- □ 継続的にサービスの品質を改善していくため，プロセスを回す

6-1-4 サービスの運用

サービスの運用では，システム運用管理者の役割が重要になってきます。通常時の運用と障害時の運用の両方を考える必要があります。また，システムの導入，移行においても，あらかじめ手順を決めておくことが大切です。

システム運用管理者の役割

システム運用管理者の役割は，業務を行うユーザに対してITサービスを提供し，業務に役立ててもらうことです。従来は依頼があったときに対応する**リアクティブ**（受動的）な運用が主で

したが，最近は自発的に貢献するプロアクティブ（能動的）な取り組みが推奨されます。

システム運用管理者が，運用以外にもプロアクティブに関わっていくことで，より良いITサービスを提供できるようになります。

スケジュール設計

通常時の運用では，**日次処理**，**週次処理**，**月次処理**など，段階別に運用内容を決定しておく必要があります。運用ジョブに対しても，プロジェクトマネジメントの場合と同様に，先行ジョブとの関連を考え，**ジョブネットワーク**（ジョブのつながり方）を考慮してスケジュール設計を行います。

障害時運用設計

障害時には，待機系の切替え，データの回復などを行いますが，その手法はあらかじめ設計しておく必要があります。**BCP**を策定し，**RTO**（Recovery Time Objective：目標復旧時間），**RPO**（Recovery Point Objective：目標復旧時点）を決めておきます。RPOとは，障害時にどの時点までのデータを復旧できるようにするかという目標です。

災害などによる致命的なシステム障害から情報システムを復旧させることや，そういった障害復旧に備えるための復旧措置のことを**ディザスタリカバリ**（災害復旧）と呼びます。

また，障害が起こると業務に重大な影響があるため24時間365日常に稼働し続ける必要があるシステムを**ミッションクリティカルシステム**といいます。ミッションクリティカルシステムでは，システム障害が起こっても停止しないように待機系を複数用意するなど，万全の対策が求められます。

BCP（Business Continuity Planning：事業継続計画）については，「7-1-1　情報システム戦略」でも取り上げています。運用管理もシステム戦略の一環ととらえ，障害時の計画を立てておく必要があります。

バックアップ

バックアップを取得する際，バックアップ対象をすべて取得することを**フルバックアップ**といいます。それに対し，前回のフルバックアップとの増分や差分のみを取得することを**増分バックアップ**，**差分バックアップ**といいます。**増分バックアップ**では，前回のフルバックアップまたは**増分バックアップ以後**に変更されたファイルだけをバックアップします。**差分バックアップ**では，前回の**フルバックアップ以後**に変更されたファイルだけをバックアップします。図で示すと次のようになります。

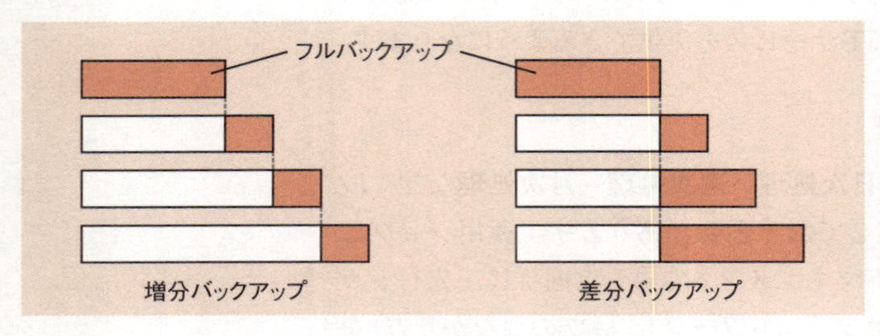

増分バックアップと差分バックアップ

フルバックアップを取得する周期が短い方が，復旧にかかる時間は短くなります。また，増分バックアップでは，1回のバックアップにかかる時間は短くて済みますが，復旧時にはすべての増分ファイルを順番に使用する必要があるため，復旧に時間がかかります。

それでは，次の問題を解いてみましょう。

問題

データの追加・変更・削除が，少ないながらも一定の頻度で行われるデータベースがある。このデータベースのフルバックアップを磁気テープに取得する時間間隔を今までの2倍にした。このとき，データベースのバックアップ又は復旧に関する記述のうち，適切なものはどれか。

ア　フルバックアップ1回当たりの磁気テープ使用量が約2倍になる。

イ　フルバックアップ1回当たりの磁気テープ使用量が約半分になる。

ウ　フルバックアップ取得の平均実行時間が約2倍になる。

エ　ログ情報によって復旧するときの処理時間が平均して約2倍になる。

（平成26年春 応用情報技術者試験 午前 問56）

過去問題をチェック

バックアップに関する問題は，応用情報技術者試験の隠れた定番です。午前では，この問題のほかに以下の出題があります。

【バックアップ】

<午前>

・平成22年春 午前 問56
・平成22年秋 午前 問56
・平成25年秋 午前 問56
・平成26年秋 午前 問57
・平成28年秋 午前 問57
・平成29年秋 午前 問56
・平成31年春 午前 問56
・令和3年春 午前 問57

<午後>

・平成22年秋 午後 問11

解説

フルバックアップを取得する時間間隔を2倍にすると，フルバックアップ取得以後に復元する必要があるログ情報が平均して約2倍になります。そのため，ログ情報からの復旧処理時間は平均して約2倍になります。したがって，エが正解です。データの増減は，取得する時間間隔とは関係がないので，フルバックアップ取得の平均実行時間や1回当たりの磁気テープ使用量は同じです。

≪解答≫エ

システム運用の評価項目

システム運用が運用要件を満たしているかどうかを定期的に評価することは重要です。様々な視点からの評価項目が設定されます。例として，次のようなものがあります。

- **機能性評価指標**：要求機能の実現度
- **使用性評価指標**：特定の利用の実現度
- **性能指標**：応答時間，処理時間
- **資源の利用状況に関する指標**：資源の利用状況
- **信頼性評価指標**：システム故障の頻度，障害件数，回復時間，稼働率

その他，安全性とセキュリティ，**運用者の作業負担**，利用者のシステム使用性なども評価項目として考えられます。

サービスデスク（ヘルプデスク）

サービスデスクとは，様々なサービスやイベントに関わるスタッフを擁する機能です。ユーザにとっては，問題が起こったときに連絡する**単一窓口**（**SPOC**：Single Point Of Contact）です。サービスデスクで問合せの内容をすぐに解決できない場合には，**エスカレーション**を行います。

サービスデスクの構造に，通信技術を利用して，複数の拠点に分散したサービスデスクを単一のサービスデスクに見せる**バーチャルサービスデスク**があります。さらに，時差がある分散

拠点にサービスデスクを配置し，連携することで24時間対応のサービスを提供する**フォロー・ザ・サン**という方法があります。

覚えよう！

- □ 増分バックアップは前回からの差，差分バックアップはフルバックアップとの差
- □ サービスデスクは単一窓口（SPOC）で，他の部署にエスカレーションする

6-1-5 ファシリティマネジメント

頻出度 ★★★

ファシリティマネジメントとは，経営の視点から業務用不動産（土地や建物や設備など）を保有，運用し，維持するための総合的な管理手法です。単なる施設管理ではなく，施設を適切に使っていくためのあらゆるマネジメントを含みます。

施設管理・設備管理

データセンタなどの施設や，コンピュータ，ネットワークなどの設備を管理し，コストの削減，快適性，安全性などを管理します。また，停電時に数分間電力を供給し，システムを安定して停止させることができる**UPS**（Uninterruptible Power Supply：無停電電源装置）や停電時に自力で電力を供給できるようにする**自家発電装置**などを利用した電源管理も行います。PCなどにワイヤを取り付ける**セキュリティワイヤ**の利用などにより，物理的なセキュリティを確保します。

それでは，次の問題で確認してみましょう。

問題

電源の瞬断時に電力を供給したり，停電時にシステムを終了させるのに必要な時間の電力を供給したりすることを目的とした装置はどれか。

ア AVR　　イ CVCF　　ウ UPS　　エ 自家発電装置

（平成26年春 応用情報技術者試験 午前 問57）

解説

電源の瞬断時に数分間だけ電力を供給し，その間に安全にシステムを終了させることを目的にした装置は，ウのUPSです。

ア　AVR（Automatic Voltage Regulator）は自動定電圧装置で，電圧の変動を安定させるために使用します。

イ　CVCF（Constant Voltage Constant Frequency）は定電圧定周波数装置で，瞬間的な電圧や周波数の変動を安定させるために使用します。

エ　自家発電装置は，停電時に自分で電力を用意するための装置です。

≪解答≫ウ

環境側面

環境側面では，地球環境に配慮したIT製品やIT基盤，環境保護や資源の有効活用につながるIT利用を推進することが大切です。この思想のことを**グリーンIT**といいます。

また，データセンタの省エネを目指し，**データセンタ総合エネルギー効率指標**が設定されました。代表的な効率指標に**PUE**（Power Usage Effectiveness）などがあります。

PUEは，データセンタの総消費エネルギーをIT機器の消費エネルギーで割った値です。この値が小さいほど，空調や照明といった付帯設備の効率化が図られていると評価されます。

▶▶▶ 覚えよう！

- □ ファシリティマネジメントでは設備を管理する

6-2 システム監査

システム監査とは，情報システムに関する監査です。監査とは，ある対象に対し，遵守すべき法令や基準に照らし合わせ，業務や成果物がそれに則っているかについて証拠を収集し，評価を行って利害関係者に伝達することです。システム監査では，システム監査基準やシステム管理基準などの基準に則り，情報システムの監査を行います。

6-2-1 システム監査

システム監査を行うことで，対象の組織体（企業や政府など）が情報システムにまつわるリスクに対するコントロールを適切に整備・運用しているかどうかをチェックします。そうすることで，情報システムが組織体の経営方針や戦略目標を実現し，組織体の安全性，信頼性，効率性を保つために機能できるようになります。

勉強のコツ
システム監査基準に出てくるシステム監査の考え方や手順について，主に問われます。監査の独立性や専門性などの考え方と，監査調書や監査証跡，指摘事項など，用語は正確に押さえておきましょう。
勉強の分量は少ないので，午後では意外に狙い目の科目となります。

関連
システム監査基準の原本は，経済産業省のホームページ（下記）に掲載されています。
https://www.meti.go.jp/policy/netsecurity/downloadfiles/system_kansa_h30.pdf

監査業務

監査の業務には，その対象によって，**システム監査**，会計監査，**情報セキュリティ監査**，個人情報保護監査，コンプライアンス監査など，様々なものがあります。

また，社外の独立した第三者が行う**外部監査**と，その組織自体の内部で行われる**内部監査**の2種類に分けられます。

さらに，基準に照らし合わせて適切であることを保証する**保証型監査**と，問題点を検出して改善提案を行う**助言型監査**という分け方もあります。

システム監査人の要件

システム監査人の要件で最も大切なのは**独立性**です。内部監査の場合でも，システム監査は社内の独立した部署で行われます。システム監査人は監査対象から独立していなければなりません。身分上独立している**外観上の独立性**だけでなく，公正かつ客観的に監査判断ができるよう**精神上の独立性**も求められます。また，システム監査人は，**職業倫理と誠実性**，そして**専門能力**をもって職務を実施する必要があります。

それでは，次の問題を考えてみましょう。

問題

システム監査実施体制のうち，システム監査人の独立性の観点から避けるべきものはどれか。

ア　監査チームメンバに任命された総務部のAさんが，他のメンバと一緒に，総務部の入退室管理の状況を監査する。

イ　監査部のBさんが，個人情報を取り扱う業務を委託している外部企業の個人情報管理状況を監査する。

ウ　情報システム部の開発管理者から５年前に監査部に異動したCさんが，マーケティング部におけるインターネットの利用状況を監査する。

エ　法務部のDさんが，監査部からの依頼によって，外部委託契約の妥当性の監査において，監査人に協力する。

（平成25年秋 応用情報技術者試験 午前 問58）

解説

総務部のAさんが，総務部の入退室管理の状況を監査するという行為は，自分の所属する部署の監査になるので，外観上の独立性から問題になります。したがって，アが正解です。イ，エは，監査対象から独立しているので問題ありません。ウのように，関係部署に以前所属していたという場合は問題になることもありますが，5年前だと，ある程度年数が経っていると判断されるので，問題ないと考えられます。

≪解答≫ア

関連

システム監査では独立性が重視されるので，現在関係がある会社に依頼することは避ける必要があります。まったく独立して監査を行う企業を探すための資料としては，**システム監査企業台帳**があります。経済産業省が公表しており，こちらを参考に，システム監査を行う企業を探すことができます。
https://www.meti.go.jp/policy/netsecurity/sys-kansa/

システム監査の手順

システム監査は，①**監査計画**に基づき，②**予備調査**，③**本調査**及び④**評価・結論**の手順で実施します。

システム監査計画

システム監査人は，実施するシステム監査の目的を有効かつ効率的に達成するために，監査手続の内容，時期及び範囲などについて適切な**監査計画**を立案します。監査計画は，事情に応じて修正できるよう，弾力的に運用します。

システム監査の実施（予備調査，本調査，評価・結論）

監査手続は，十分な**監査証拠**を入手するための手続です。システム監査人は適切かつ慎重に監査手続を実施し，監査結果を裏付けるのに十分かつ適切な監査証拠を入手します。

そして，監査手続の結果とその関連資料を**監査調書**として作成します。監査調書は，監査結果の裏付けとなるため，監査の結論に至った過程が分かるように記録し，保存します。

システム監査の報告

システム監査人は，実施した監査についての**監査報告書**を作成し，監査の依頼者（**組織体の長**）に提出します。監査報告書には，実施した監査の対象や概要，保証意見または助言意見，制約などを記載します。また，監査を実施した結果において発見された**指摘事項**と，その改善を進言する**改善勧告**について明瞭に記載します。

頻出ポイント

システム監査の分野では，監査調書や報告書など，システム監査手続に関する問題がよく出題されています。午後でも監査手続は頻出ポイントです。

システム監査終了後の任務

システム監査人は，**監査報告書の記載事項**について責任を負います。そして，監査の結果に基づいて改善できるよう，監査報告に基づく**改善指導**（**フォローアップ**）を行います。また，システム監査の実施結果の妥当性を評価する**システム監査の品質評価**も行うことがあります。

それでは，次の午後問題でシステム監査で行われる内容を体験してみましょう。

問題

新会計システム導入に関する監査について，次の記述を読んで，設問１～５に答えよ。

Ｌ社は，中堅の総合商社であり，子会社が６社ある。Ｌ社及び子会社６社は，長い間，同じ会計システム（以下，旧会計システムという）を利用してきたが，ソフトウェアパッケージをベースにした新会計システムに，２年掛かりで移行させる予定である。ただし，子会社のＭ社だけは，既に新会計システムを導入して３か月が経過している。

Ｌ社の監査室は，Ｌ社，及びＭ社を除く子会社５社が新会計システムの導入に着手する前に，Ｍ社の新会計システムに関する運用状況のシステム監査を実施し，検討すべき課題を洗い出すことにした。

〔予備調査の概要〕

新会計システムについて，Ｍ社に対する予備調査で入手した情報は，次のとおりである。

１．伝票入力業務の特徴及び現状

旧会計システムでは，経理部員が手作業で起票し，経理課長の承認印を受けた後，起票者が伝票入力して，仕訳データを生成していた。このため，手作業が多く，紙の帳票も大量に作成されていた。

新会計システムでの伝票入力業務の特徴及び現状は，次のとおりである。

（1） 新会計システムでは，経費の請求などは各部署で直接伝票を入力することにした。そのために，経理部は各部署に操作手順書を配布し，伝票入力業務説明会を実施した。また，各部署で入力された伝票データ（以下，仮伝票データという）に対して各部署の上司が承認入力を行うことで仕訳データを生成し，請求書などの証ひょう以外に紙は一切使用しないようにした。①新会計システムに承認入力を追加することによって，旧会計システムにおいて不正防止のために経理部が伝票入力後に実施していたコントロールは，不要となった。

過去問題をチェック

システム監査の午後問題では，問題文中にある様々な監査内容に対して，監査手続や指摘事項などを読み取って考えていきます。近年出題された監査の内容には次のものがあります。

【監査】

- 平成27年春 午後 問11 財務会計システムの運用の監査
- 平成27年秋 午後 問11 コンピュータウイルス対策の監査
- 平成28年春 午後 問11 業績管理システムの監査
- 平成28年秋 午後 問11 ID管理の監査
- 平成29年春 午後 問11 新会計システム導入に関する監査
- 平成29年秋 午後 問11 受発注業務に関わる情報システムの監査
- 平成30年春 午後 問11 システム更改プロジェクトの監査
- 平成30年秋 午後 問11 ERPソフトウェアパッケージを採用した基幹システムの運用・保守管理体制の監査
- 平成31年春 午後 問11 RPAの監査
- 令和元年秋 午後 問11 購買業務のシステム監査
- 令和2年10月 午後 問11 販売システムの監査
- 令和3年春 午後 問11 新会計システムのシステム監査

(2) 新会計システムでは，各利用者に対し，権限マスタで，伝票の種類（経費請求伝票，支払依頼伝票，振替伝票など）ごとに入力権限と承認権限が付与される。

(3) 経理部によると，“各部署で入力された仕訳データの消費税区分，交際費勘定科目などに誤りが散見される”ということであった。

2. 伝票入力業務の手続

新会計システムにおける伝票入力業務の手続は，次のとおりである。

(1) 担当者が入力すると伝票番号が自動採番され，仮伝票データとして登録される。このとき，担当者は証ひょうに伝票番号を記入する。

(2) 承認者が仮伝票データの内容を画面で確認し，適切であれば承認入力を行う。

(3) 承認入力が済むと，仮伝票データから仕訳データが生成され，仮伝票データは削除される。仕訳データには，仮伝票データの入力日と承認日が記録される。

(4) 承認された伝票の証ひょうは，経理部に送られる。

(5) 経理部は，各部署から送られてきた証ひょうを保管する。

3. 仕入販売システムとのインタフェース

M社は，大量の仕入・販売取引を仕入販売システムで処理している。旧会計システムでは，仕入販売システムから出力した月次集計リストに基づいて，経理部が手作業で伝票入力をしていた。これに対し，新会計システム導入後は，夜間バッチ処理で仕入販売システムから会計連携データを生成した後に，経理部員が新会計システムへの“取込処理”を実行するように改良した。

(1) 会計連携データは，システム部が日次の夜間バッチ処理で生成している。会計連携データには，必須項目の他に，各子会社が必要に応じて設定した任意項目が含まれている。これらの項目は仕訳データに引き継がれ，新会計システムの情報として利用される。

(2) 夜間バッチ処理の翌朝，経理部員が取込処理を実行することで，会計連携データが新会計システムに取り込まれる。

(3) 経理部によると，“新会計システム導入当初には，取込処理の漏れ，及びエラー発生などによる未完了が発生していた。

また，夜間バッチ処理のトラブルで会計連携データが生成されず，前日と同じ会計連携データを取り込んでしまったこともある"ということであった。この対策として，経理部では，当月から取込処理の実施前と実施後に追加の手続を実施することにした。

4. 管理資料

新会計システムでは，各部署の利用者が自ら分析ツールを利用して仕訳データの抽出・集計が可能であることから，効果的な管理資料が作成でき，各部署での会計情報の利用増加が期待されていた。しかし，一部の利用者からは，"新会計システムでは仕入・販売取引に関する情報が不足しており，必要な分析ができない"という意見があった。

〔本調査の計画〕

L社の監査室では，予備調査の情報に基づいて監査項目を検討し，本調査の監査手続を表1にまとめた。

表1 本調査の監査手続（抜粋）

項番	監査項目	監査手続
1	伝票入力業務が正確・適時に行われているか。	①各部署の承認者が伝票の正確性をどのように確認しているか，複数の承認者に質問する。 ②各部署で直接伝票を入力することから，各部署の承認者が伝票の正確性についてチェックできるように，適切な内容の［ a ］が実施されたかどうかを確かめる。 ③仕訳データの仮伝票データの入力日と承認日の比較，及び［ b ］の［ c ］と監査実施日の比較を行って，承認入力の適時性について分析する。
2	伝票入力業務の不正が防止されているか。	①職務分離の観点から，承認者に［ d ］が設定されていないことを確かめる。
3	取込処理が適切に実行されているか。	①処理前に［ e ］の結果をチェックしているかどうかを確かめる。 ②処理後に［ f ］をチェックしているかどうかを確かめる。
4	効果的な管理資料が作成されているか。	①設計時に［ g ］について適切に検討していたかどうかを確かめる。

設問1 表1中の[a]～[c]に入れる適切な字句を，それぞれ10字以内で答えよ。

設問2 表1中の[d]に入れる適切な字句を，5字以内で答えよ。

設問3 〔予備調査の概要〕の下線①で想定されていた旧会計システムでの不正を，20字以内で述べよ。

設問4 表1中の[e]，[f]に入れる適切な字句を，それぞれ10字以内で答えよ。

設問5 表1中の[g]に入れる適切な字句を，15字以内で答えよ。

（平成29年春 応用情報技術者試験 午後 問11）

解説

新会計システム導入に関する監査に関する問題です。新システムの導入によって業務プロセスに変更が生じた場合，コントロールも適切に見直されていることを確認するための監査について出題されています。問題文を正確に読み解く必要があり，難易度は高めです。

設問1

表1中の項番1の空欄穴埋め問題です。監査項目「伝票入力業務が正確・適時に行われているか」を監査する監査手続について考えます。

空欄a

各部署の承認者が伝票の正確性についてチェックできるようにする手続を考えます。〔予備調査の概要〕1. 伝票入力業務の特徴及び現状(1)に，「新会計システムでは，経費の請求などは各部署で直接伝票を入力することにした。そのために，経理部は各部署に操作手順書を配布し，伝票入力業務説明会を実施した」とあります。つまり，伝票入力業務説明会を行うことで，操作手順などを周知徹底することができます。しかし(3)に，「各部署で入力された仕訳データの消費税区分，交際費勘定科目などに誤りが散見される」とあり，伝票入力業務説明会での説明や実施内容が不十分であったことが疑われます。したがって，空欄aは**伝票入力業務説明会**となります。

空欄b，c

承認入力の適時性について，監査実施日と比較を行う日付を考えます。すでに承認入力が行われている場合には，仮伝票データの入力日と承認日を比較することで，入力から承認までどれくらいの日数がかかったかを確認できます。まだ承認入力が行われていない場合には，仮伝票データの入力日と監査実施日を比較することで，承認までに適切な日数以上がかかっていないかどうかを確認できます。したがって，空欄bは**仮伝票データ**，空欄cは**入力日**となります。

設問2

表1中の項番2の空欄穴埋め問題です。監査項目「伝票入力業務の不正が防止されているか」を監査する監査手続について考えます。

空欄d

職務分離の観点からは，承認者と入力者を分ける必要があります。〔予備調査の概要〕1. 伝票入力業務の特徴及び現状(2)に,「各利用者に対し, 権限マスタで, 伝票の種類(経費請求伝票, 支払依頼伝票，振替伝票など)ごとに入力権限と承認権限が付与される」とあり，この入力権限と承認権限は，職務分離の観点からは分ける必要があります。そのため，承認権限のある承認者に入力権限が与えられていないことを確認することが必要です。したがって，空欄dは**入力権限**となります。

設問3

〔予備調査の概要〕の下線①「新会計システムに承認入力を追加することによって，旧会計システムにおいて不正防止のために経理部が伝票入力後に実施していたコントロールは，不要となった」について，想定されていた旧会計システムでの不正を考えます。

〔予備調査の概要〕1. 伝票入力業務の特徴及び現状に，「旧会計システムでは，経理部員が手作業で起票し，経理課長の承認印を受けた後，起票者が伝票入力して，仕訳データを生成していた」とあります。つまり，起票した経理部員自らが伝票入力して仕訳データを生成することができるので，承認を受けず伝票を受けることが原理的に可能です。そのため，承認が行われたことを確認するコントロールが必要でしたが，システムで承認入力を追加することによって不要となりました。したがって，解答は，**経理部員が承認を受けず伝票を入力する**，となります。

設問4

表1中の項番3の空欄穴埋め問題です。監査項目「取込処理が適切に実行されているか」を監査する監査手続について考えます。

空欄e

取込処理の処理前に行うべきことを考えます。〔予備調査の概要〕3. 仕入販売システムとのインタフェース(2)に，「夜間バッチ処理の翌朝，経理部員が取込処理を実行する」とあります。また(3)に，「夜間バッチ処理のトラブルで会計連携データが生成されず，前日と同じ会計連携データを取り込んでしまったこともある」とあり，取込処理の前に，夜間バッチ処理が正常に完了しているかどうかを確認しないと，誤ったデータを取り込んでしまうおそれがあります。したがって，空欄eは**夜間バッチ処理**となります。

空欄f

取込処理の処理後に行うべきことを考えます。〔予備調査の概要〕3. 仕入販売システムとのインタフェース(3)に，「新会計システム導入当初には，取込処理の漏れ，及びエラー発生などによる未完了が発生していた」とあります。取込処理の未完了が発生することがあるため，処理の正常完了を処理後に確認することは必要です。したがって，空欄fは**処理の正常完了**となります。

設問5

表1中の項番4の空欄穴埋め問題です。監査項目「効果的な管理資料が作成されているか」を監査する監査手続について考えます。

空欄g

〔予備調査の概要〕3. 仕入販売システムとのインタフェース(1)に，「会計連携データには，必須項目の他に，各子会社が必要に応じて設定した任意項目が含まれている。これらの項目は仕訳データに引き継がれ，新会計システムの情報として利用される」とあるので，会計連携データには任意項目を設定でき，新会計システムの情報として利用できることが分かります。しかし，4. 管理資料に，「新会計システムでは仕入・販売取引に関する情報が不足しており，必要な分析ができない」とあり，仕訳データが十分に分析に活用できない状況であるため，任意項目の設定が不十分であることが読み取れます。したがって，空欄gは**会計連携データの任意項目**となります。

≪解答≫

設問1　a　伝票入力業務説明会　(9字)

　　　　b　仮伝票データ　(6字)　　c　入力日　(3字)

設問2　d　入力権限　(4字)

設問3　経理部員が承認を受けず伝票を入力する。　(19字)

設問4　e　夜間バッチ処理　(7字)

　　　　f　処理の正常完了　(7字)

設問5　g　会計連携データの任意項目　(12字)

システム監査技法

システム監査の技法としては，一般的な資料の閲覧・収集，ドキュメントレビュー（査閲），チェックリスト，質問書・調査票，インタビューなどのほかに次のような方法があります。

①統計的サンプリング法

母集団からサンプルを抽出し，そのサンプルを分析して母集団の性質を統計的に推測します。

②監査モジュール法

監査対象のプログラムに監査用のモジュールを組み込んで，プログラム実行時の監査データを抽出します。

③ITF（Integrated Test Facility）法

稼働中のシステムにテスト用の架空口座（ID）を設置し，システムの動作を検証します。実際のトランザクションとして架空口座のトランザクションを実行し，正確性をチェックします。

④ウォークスルー法

データの生成から入力，処理，出力，活用までのすべてのプロセスや，組み込まれているコントロールについて，書面上で，または実際に追跡する技法です。

⑤コンピュータ支援監査技法
（CAAT：Computer Assisted Audit Techniques）

監査のツールとしてコンピュータを利用する監査技法の総称です。③のITF法もCAATの一例であり，テストデータ法など様々な技法があります。

■監査証跡とコントロール

監査証跡とは，監査対象システムの入力から出力に至る過程を追跡できる一連の仕組みと記録です。情報システムに対して，**信頼性**，**安全性**，**効率性**の**コントロール**が適切に行われていることを実証するために用いられます。

監査におけるコントロールとは，統制を行うための手続きです。コントロールの具体例としては，画面上で入力した値が一定の規則に従っているかどうかを確認する**エディットバリデーションチェック**や，数値情報の合計値を確認することでデータに漏れや重複がないかを確認する**コントロールトータルチェック**などがあります。

それでは，次の問題を解いてみましょう。

問題

業務システムの利用登録をするために，利用者登録フォーム画面（図1）から登録処理を行ったところ，エラー画面（図2）が表示され，再入力を求められた。このコントロールはどれか。

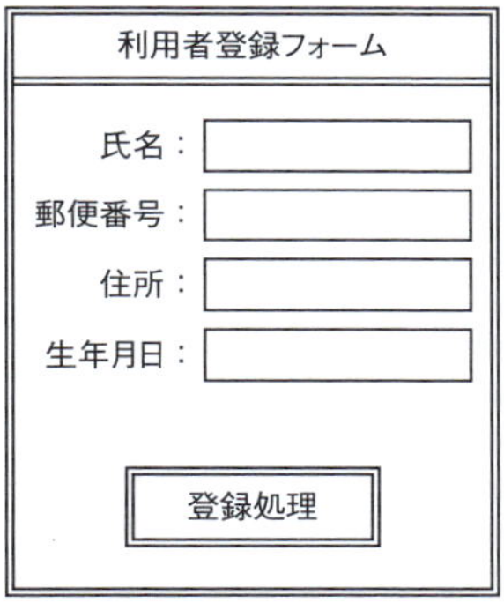

利用者登録フォーム

氏名：
郵便番号：
住所：
生年月日：

登録処理

図1　利用者登録フォーム画面

エラー

・郵便番号は半角数字で入力して下さい。
・住所は必ず入力して下さい。
・生年月日は西暦で入力して下さい。

確認

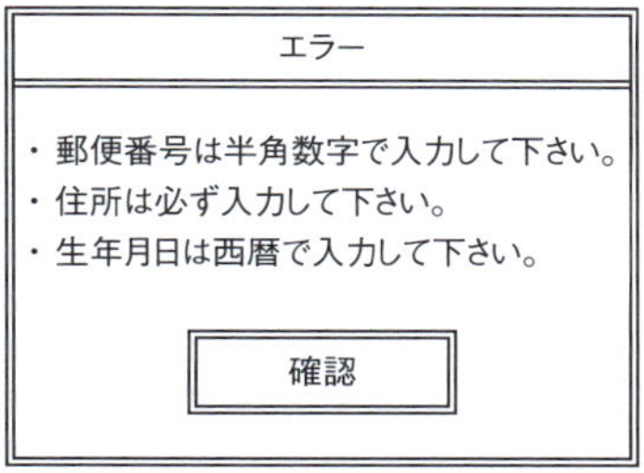

図2　エラー画面

ア　アクセスコントロール
イ　エディットバリデーションチェック
ウ　コントロールトータルチェック
エ　プルーフリスト

（平成24年秋 応用情報技術者試験 午前 問59）

解説

図2のエラーの内容は，図1の利用者登録フォーム画面で入力したデータに対してチェックが行われて表示されたものです。そのため，入力値に対するエラーをチェックするエディットバリデーションチェックが行われていることが分かります。したがって，イが正解です。

アは，ファイアウォールなどを使用して，許可されたアクセス以外を通さないように制御するコントロールです。ウは，数値の合計値をチェックして，漏れや重複がないことを確認するコントロールです。エのプルーフリストは，入力データを処理・加工せずにそのまま出力したものです。入力した値が正しかったかどうかをチェックするためのコントロールに利用されます。

≪解答≫イ

監査関連法規・標準

システム監査に関連する標準や法規としては主に以下のものがあります。

①システム監査基準

システム監査人のための行動規範です。一般基準，実施基準，報告基準からなっています。

②システム管理基準

システム監査基準に従って**判断の尺度に使う項目**です。全部で287項目あり，情報戦略，企画業務，開発業務，運用業務，保守業務，共通業務について，システム管理基準の項目を活用しながらシステム監査を行っていきます。

③情報セキュリティ監査基準

情報セキュリティ監査人のための行動規範です。システム監査基準の情報セキュリティバージョンといえます。

④情報セキュリティ管理基準

情報セキュリティ監査基準に従って**判断の尺度**に使う項目です。平成20年度改正版では，ISO/IEC 27001とISO/IEC 27002を基に策定されており，**「ISMS適合性評価制度」**で用いられる**適合性評価の尺度と整合**するように配慮されています。

⑤個人情報保護関連法規

個人情報保護に関する法律や，プライバシーマーク制度で使われる**JIS Q 15001**などのガイドラインは，個人情報保護に関する監査に対して利用されます。

関連

法律については「9-2 法務」で詳しく解説しています。そちらを参照してください。

⑥知的財産権関連法規

システム監査では権利侵害行為を指摘する必要があるため，

著作権法，特許法，不正競争防止法などの知的財産権に関する法律を参考にします。

⑦労働関連法規

システム監査では法律に照らして労働環境における問題点を指摘する必要があるので，労働基準法，労働者派遣法，男女雇用機会均等法などの労働に関する法律を参考にします。

⑧法定監査関連法規

システム監査は，会計監査などの法定監査との連携を図りながら実施する必要があるため，株式会社の監査等に関する商法の特例に関する法律や金融商品取引法，商法など法定監査に関わる法律も参考にします。

覚えよう！

- □ 監査証拠を集めて監査調書を作り，監査報告書にまとめる
- □ 監査証跡は信頼性，安全性，効率性をコントロールする
- □ システム監査基準は行動規範，具体的な尺度はシステム管理基準

6-2-2 内部統制

内部統制とは，健全かつ効率的な組織運営のための体制を，企業などが自ら構築し運用する仕組みです。内部監査と密接な関係があります。内部統制の実現には，業務プロセスの明確化，職務分掌，実施ルールの設定，チェック体制の確立が必要です。

内部統制

内部統制のフレームワークの世界標準は，米国のトレッドウェイ委員会組織委員会(COSO：the Committee of Sponsoring Organization of the Treadway Commission)が公表した**COSOフレームワーク**です。日本では，金融庁の企業会計審議会・内部統制部会が，「**財務報告に係る内部統制の評価及び監査の基準**」及び「**財務報告に係る内部統制の評価及び監査に関する実施基準**」を制定し，日本における内部統制の実務の基本的な枠組みを定めています。この基準によると，内部統制の意義は次の四つの目的を達成することです。

●四つの目的

- **業務の有効性及び効率性**
  事業活動の目的の達成のため，業務の有効性及び効率性を高めること
- **財務報告の信頼性**
  財務諸表及び財務諸表に重要な影響を及ぼす可能性のある情報の信頼性を確保すること
- **事業活動に関する法令等の遵守**
  事業活動に関わる法令その他の規範の遵守を促進すること
- **資産の保全**
  資産の取得，使用及び処分が正当な手続及び承認の下に行われるよう，資産の保全を図ること

そして，内部統制の目的を達成するために，次の六つの基本的要素が定められています。

●六つの基本的要素

- **統制環境**
  組織の気風を決定する倫理観や経営者の姿勢，経営戦略など，他の基本的要素に影響を及ぼす基盤
- **リスクの評価と対応**
  リスクを洗い出し，評価し，対応する一連のプロセス
- **統制活動**
  経営者の命令や指示が適切に実行されることを確保するための要素。**職務の分掌**などの方針や手続が含まれる
- **情報と伝達**
  必要な情報が識別，把握，処理され，組織内外の関係者に正しく伝えられることを確保するための要素
- **モニタリング**
  内部統制が有効に機能していることを継続的に評価するプロセス
- **ITへの対応**
  組織の目標を達成するために適切な方針や手続を定め，それを踏まえて組織の内外のITに適切に対応すること。**IT環境への対応とITの利用及び統制**から構成される。COSOフレームワークにはない**日本独自の追加要素**

それでは，次の問題を解いてみましょう。

用語

職務の分掌とは，業務を実行する人とそれを承認する人を分けるなど，業務を1人で完了できないようにすることです。
職務の分掌を行うことによって，「内部牽制」と呼ばれる，内部で不正が行われないように相互にチェックして未然に防ぐ体制を実現できます。

問題

金融庁の“財務報告に係る内部統制の評価及び監査の基準”では，内部統制の基本的要素の一つとして“ITへの対応”を示している。“ITへの対応”に関する記述のうち，適切なものはどれか。

ア　COSOの“内部統制の統合的枠組み”にも，構成要素の一つとして示されている。
イ　IT環境への対応とITの利用及び統制からなる。
ウ　ITを利用しない手作業での統制活動では内部統制の目的は達成できない。
エ　ほかの内部統制の基本的要素と独立に存在する。

（平成22年春 応用情報技術者試験 午前 問60）

過去問題をチェック

内部統制に関する問題は，応用情報技術者試験の定番です。
【内部統制】
<午前>
・平成21年秋 午前 問60
・平成23年特別 午前 問60
・平成24年秋 午前 問60
・平成27年秋 午前 問60
<午後>
・平成21年秋 午後 問12

解説

内部統制の基本的要素“ITへの対応”は，IT環境への対応，ITの利用及び統制から構成されています。したがって，イが正解です。アのCOSOにはない要素で，ウのようにITを利用しなければならないということではありません。また，内部統制の基本的要素は互いに関連しています（エ）。

≪解答≫イ

ITガバナンス

ITガバナンスとは，企業などが競争力を高めることを目的として情報システム戦略を策定し，戦略実行を統制する仕組みを確立するための組織的な仕組みです。より一般的な**コーポレートガバナンス**（企業統治）は，企業価値を最大化し，企業理念を実現するために企業の経営を監視し，規律する仕組みです。そのための手段として，**内部統制**や**コンプライアンス**（法令遵守）が実施されます。

ITガバナンスのベストプラクティス集（フレームワーク）には **COBIT**（Control Objectives for Information and related Technology）があります。

それでは，次の問題を考えてみましょう。

問題

システム監査報告書に記載された改善勧告に対して，被監査部門から提出された改善計画を経営者がITガバナンスの観点から評価する際の方針のうち，適切なものはどれか。

ア　1年以内に実現できる改善を実施する。

イ　情報システムの機能面の改善に絞って実施する。

ウ　経営資源の状況を踏まえて改善を実施する。

エ　被監査部門の情報化予算の範囲内で改善を実施する。

（平成23年特別 応用情報技術者試験 午前 問60）

解説

ITガバナンスは企業が競争力を高めることを目的としているので，経営資源の状況を踏まえて改善を実施するウが正解です。経営全体の統治なので，ア，イ，エのように，期間や部門に制限はなく，情報システムの機能のみなどの制約はありません。

≪解答≫ウ

法令遵守状況の評価・改善

情報システムの構築，運用は，システムにかかわる法令を遵守して行う必要があります。そのために，適切なタイミングと方法で遵守状況を継続的に評価し，改善していきます。

内部統制報告制度は，財務報告の信頼性を確保するために金融商品取引法に基づき義務付けられる制度です。また，**CSA**(Control Self Assessment：統制自己評価)は，内部統制等に関する統制活動の有効性について，維持・運用している人自身が自らの活動を主観的に検証・評価する手法です。

覚えよう！

- □ **内部統制は，企業自らが構築し運用する仕組み**
- □ **ITガバナンスは，IT戦略をあるべき方向に導く組織能力**

6-3 演習問題

問1 ITILのサービス・ポートフォリオ CHECK ▶ □□□

ITIL 2011 editionによれば，サービス・ポートフォリオの説明のうち，適切なものはどれか。

ア　サービス・プロバイダの約束事項と投資を表すものであって，サービス・プロバイダによって管理されている“検討中か開発中”，“稼働中か展開可能”及び“廃止済み”の全てのサービスが含まれる。

イ　サービスの販売と提供の支援に使用され，顧客に公開されるものであって，“検討中か開発中”と“廃止済み”のサービスは含まれず，“稼働中か展開可能”のサービスだけが含まれる。

ウ　投資の機会と実現される価値を含むものであって，“廃止済み”のサービスは含まれず，“検討中か開発中”のサービスと“稼働中か展開可能”のサービスが含まれる。

エ　どのようなサービスが提供できたのか，実力を示すものであって，“検討中か開発中”のサービスは含まれず，“稼働中か展開可能”のサービスと“廃止済み”のサービスが含まれる。

問2 サービスレベル管理プロセス CHECK ▶ □□□

ITサービスマネジメントにおけるサービスレベル管理プロセスの活動はどれか。

ア　ITサービスの提供に必要な予算に対して，適切な資金を確保する。

イ　現在の資源の調整と最適化，及び将来の資源要件に関する予測を記載した計画を作成する。

ウ　災害や障害などで事業が中断しても，要求されたサービス機能を合意された期間内に確実に復旧できるように，事業影響度の評価や復旧優先順位を明確にする。

エ　提供するITサービス及びサービス目標を特定し，サービス提供者が顧客との間で合意文書を交わす。

問3 バックアップ CHECK ▶ □□□

次の処理条件で磁気ディスクに保存されているファイルを磁気テープにバックアップするとき，バックアップの運用に必要な磁気テープは最少で何本か。

〔処理条件〕

(1) 毎月初日（1日）にフルバックアップを取る。フルバックアップは1本の磁気テープに1回分を記録する。

(2) フルバックアップを取った翌日から次のフルバックアップを取るまでは，毎日，差分バックアップを取る。差分バックアップは，差分バックアップ用としてフルバックアップとは別の磁気テープに追記録し，1本に1か月分を記録する。

(3) 常に6か月前の同一日までのデータについて，指定日の状態にファイルを復元できるようにする。ただし，6か月前の月に同一日が存在しない場合は，当該月の末日までのデータについて，指定日の状態にファイルを復元できるようにする（例：本日が10月31日の場合は，4月30日までのデータについて，指定日の状態にファイルを復元できるようにする）。

ア 12　　イ 13　　ウ 14　　エ 15

問4 監査手続 CHECK ▶ □□□

システム監査における“監査手続”として，最も適切なものはどれか。

ア 監査計画の立案や監査業務の進捗管理を行うための手順
イ 監査結果を受けて，監査報告書に監査人の結論や指摘事項を記述する手順
ウ 監査項目について，十分かつ適切な証拠を入手するための手順
エ 監査テーマに合わせて，監査チームを編成する手順

6

問5 指摘事項 CHECK ▶ □□□

システム利用者に対して付与されるアクセス権の管理状況の監査で判明した状況のうち，監査人がシステム監査報告書で報告すべき指摘事項はどれか。

ア アクセス権を付与された利用者ID・パスワードに関して，システム利用者が遵守すべき事項が規程として定められ，システム利用者に周知されていた。

イ 業務部門長によって，所属するシステム利用者に対するアクセス権の付与状況のレビューが定期的に行われていた。

ウ システム利用者に対するアクセス権の付与・変更・削除に関する管理手続が，規程として定められていた。

エ 退職・異動したシステム利用者に付与されていたアクセス権の削除・変更は，定期人事異動がある年度初めに全てまとめて行われていた。

問6 ウォークスルー法 CHECK ▶ □□□

システム監査基準（平成30年）におけるウォークスルー法の説明として，最も適切なものはどれか。

ア あらかじめシステム監査人が準備したテスト用データを監査対象プログラムで処理し，期待した結果が出力されるかどうかを確かめる。

イ 監査対象の実態を確かめるために，システム監査人が，直接，関係者に口頭で問い合わせ，回答を入手する。

ウ 監査対象の状況に関する監査証拠を入手するために，システム監査人が，関連する資料及び文書類を入手し，内容を点検する。

エ データの生成から入力，処理，出力，活用までのプロセス，及び組み込まれているコントロールを，システム監査人が，書面上で，又は実際に追跡する。

演習問題の解答

問1 (令和3年春 応用情報技術者試験 午前 問56)

《解答》ア

サービス・ポートフォリオとは，提供するすべてのサービスの一覧です。どのようなサービスがあるのかを把握し，適切なレベルで資源を配分し，何に重点を置くのかを決定することです。サービス・プロバイダの約束事項と投資を表すもので，サービス・プロバイダによって管理されている“検討中か開発中”，“稼働中か展開可能”及び“廃止済み”のすべてのサービスが含まれます。したがって，**ア**が正解です。

イ　サービス・カタログの説明です。

ウ　サービス・パイプラインの説明です。

エ　“廃止済み”のサービスは，サービス・ポートフォリオ管理の一部として管理されます。“廃止済み”のサービスをサービス・カタログに含めて管理することもあります。

問2 (平成30年秋 応用情報技術者試験 午前 問56)

《解答》エ

サービスレベル管理プロセスでは，サービス提供者が顧客との間にSLA（Service Level Agreement：サービス品質保証）という合意文書を交わします。SLAには，提供するITサービス及びサービス目標が記述されるので，**エ**が正解です。

ア　サービスの予算業務及び会計業務の活動です。

イ　キャパシティ管理プロセスの活動です。

ウ　サービス継続管理プロセスの活動です。

問3 (平成31年春 応用情報技術者試験 午前 問56)

《解答》ウ

バックアップに必要な磁気テープは，〔処理条件〕(1) (2) のフルバックアップ，差分バックアップでそれぞれ月に1本，計2本です。(3) より，差分バックアップは6か月前までのものが必要です。このとき，例にある10月31日の場合では，4月30日までのデータを復元できるようにするので，4，5，6，7，8，9，10月分，つまり7か月分のバックアップが必要です。そのため，必要本数は，2［本／月］×7［月］＝14［本］となります。したがって，**ウ**が正解です。

問4

(平成31年春 応用情報技術者試験 午前 問58)

《解答》ウ

監査手続は，十分な監査証拠を入手するための手順です。システム監査人は適切かつ慎重に監査手続を実施し，監査結果を裏付けるのに十分かつ適切な監査証拠を入手します。したがって，**ウ**が正解です。

ア　システム監査計画に該当します。

イ　システム監査報告に該当します。

エ　システム監査の体制整備に該当します。

問5

(平成30年春 応用情報技術者試験 午前 問58)

《解答》エ

システム利用者に対して付与されるアクセス権については，不正利用されるおそれがあるため，退職・異動したシステム利用者に付与されていたアクセス権の削除・変更は，退職・異動後に速やかに行われる必要があります。定期人事異動がある年度初めに行うことはアクセス権の管理として不適切なので，指摘事項に該当します。したがって，**エ**が正解です。

ア　規程を定めて利用者に周知することは適切です。

イ　アクセス権の付与状況のレビューは，定期的に行われることが望ましいです。

ウ　管理手続が規程として定められることは適切です。

問6

(令和2年10月 応用情報技術者試験 午前 問58)

《解答》エ

ウォークスルー法については，システム監査基準（平成30年）のⅣ．システム監査実施に係る基準【基準8】監査証拠の入手と評価 ＜解釈指針＞3の監査手続の適用に際して利用する技法の一つとして，(4)に「データの生成から入力、処理、出力、活用までのプロセス、及び組み込まれているコントロールを、書面上で、又は実際に追跡する技法」と記述されています。システム監査人は，監査証拠を入手するためにウォークスルー法を用いて追跡を行い，その内容をシステム監査に利用します。したがって，**エ**が正解です。

ア　テストデータ法の説明です。

イ　インタビュー法の説明です。

ウ　ドキュメントレビュー法の説明です。

第7章

システム戦略

この章から，ストラテジ系の分野に入ります。
ITサービスに関連する戦略について学ぶ分野がシステム戦略です。内容は二つ，「システム戦略」と「システム企画」です。システム戦略では，様々な情報システムについて，経営を踏まえた戦略の考え方や手法を学びます。システム企画では，システムを企画し，要件定義を行って調達する手法や考え方について学びます。
ストラテジ系の分野の中でも，システム戦略はシステム開発との関連が強いので，これまでの勉強で触れた概念も多いと思います。復習も兼ね，ここまでに得た知識に新しい知識を関連させて身に付けていきましょう。

7-1 システム戦略

システム戦略の分野では，経営戦略のうち情報システムに関わる戦略と，組織の業務に関わる情報システムについて学びます。

7-1-1 情報システム戦略

情報システム戦略の目的は，経営戦略を実現させることです。そのため，経営戦略に沿って効果的な情報システム戦略を策定することが重要になります。

情報システム戦略の策定

情報システム戦略の策定では，経営陣の一人であるCIO（Chief Information Officer：最高情報責任者）が中心となり，経営戦略に基づいて全体システム化計画や情報化投資計画を策定します。このとき，自社の状況を知るために，経済産業省が提案した，IT活用度を測る「物差し」である**IT経営力指標**を利用することもあります。

また，情報システム戦略では，ビジネスの課題を洗い出し，問題解決を行うビジネスアナリシスが重要です。この実践においては，ビジネスアナリシスの計画やモニタリングをはじめとする七つの知識エリアをまとめた知識体系であるBABOK（Business Analysis Body of Knowledge）を活用するのが効率的です。

全体システム化計画

全体システム化計画では，全体のシステム化についての計画を立てます。最初に**全体最適化方針**を決め，それに基づいて**全体最適化計画**を立てます。

情報化投資計画

情報化投資計画では，情報化投資に関する予算を適切に配分します。**経営戦略との整合性**を考慮して策定することと，投資対効果の算出方法を明確にすることが求められます。情報システムの全体的な業績や個別のプロジェクトの業績を**財務的な観**

勉強のコツ

エンタープライズアーキテクチャなどの全体最適化と，SaaS，PaaSなどのクラウドコンピューティングが出題の中心です。
経営戦略に沿って全体最適化を行い，情報システムを構築していくという考え方をしっかり押さえておきましょう。
出題の中心は知識問題で，問われる内容は限られているので，過去問題を中心に用語を確認しておきましょう。

発展

全体最適化や情報化投資など，情報戦略についての指針や考え方は，**システム管理基準**の**I. 情報戦略**にまとめられています。試験問題ではよく，「システム管理基準によれば，」という書き出しで登場することがあるので，一度原本を眺めてみるのもおすすめです。

点から評価し，ITの投資効果をマネジメントするIT投資マネジメントの観点も大切です。

全体最適化方針

全体最適化方針は，組織全体としてシステムがとるべき方法を示す指針です。全体最適化目標を制定し，ITガバナンスの方針を明確にします。To-Beモデルといわれる，情報システムのあるべき姿を明確にした業務モデルを作成します。

組織で進行している複数のプロジェクトを有機的に組み合わせ，全体として最適化を図る**プログラムマネジメント**の考え方も大切です。

動画

システム戦略の分野についての動画を以下で公開しています。
http://www.wakuwakuacademy.net/itcommon/7
非機能要件やEAなど，システム戦略分野の重要用語について，詳しく解説しています。
本書の補足として，よろしければご利用ください。

全体最適化計画

全体最適化計画は，全体最適化方針に基づき，事業者の各部署において個別に作られたルールや情報システムを統合化し，効率性や有効性を向上させるための計画です。

全体最適化計画では，コンプライアンスを考慮し，情報化投資の方針及び確保すべき経営資源を明確にしてシステムのあるべき姿を定義することなどが求められています。

また，組織体制としては，情報システムの全体最適化を実現するために情報システム化委員会が設置されます。情報システム化委員会では，情報システムに関する活動全般についてモニタリングを実施し，必要に応じて**是正措置**をとります。また，技術情報の動向に対応するため，**技術採用指針**を明確にすることも大切です。

用語

コンプライアンスは法令遵守と翻訳される概念で，法令や規則などのルールや社会的規範を守ることです。企業のコンプライアンスのことを企業コンプライアンスと呼び，区別することもあります。

それでは，次の問題を考えてみましょう。

問題

情報戦略における全体最適化計画策定の段階で，業務モデルを定義する目的はどれか。

ア　企業の全体業務と使用される情報の関連を整理し，情報システムのあるべき姿を明確化すること
イ　システム化の範囲や開発規模を把握し，システム化に要する期間，開発工数，開発費用を見積もること
ウ　情報システムの構築のために必要なハードウェア，ソフトウェア，ネットワークなどの構成要素を洗い出すこと
エ　情報システムを実際に運用するために必要なユーザマニュアルや運用マニュアルを作成するために，業務手順を確認すること

（平成23年秋 応用情報技術者試験 午前 問62）

過去問題をチェック

全体最適化計画に関する問題は，応用情報技術者試験のシステム戦略分野では定番です。この問題のほかに以下の出題があります。
【全体最適化計画】
・平成21年秋 午前 問64
・平成23年特別 午前 問61，62
・平成26年春 午前 問62

解説

全体最適化計画策定の段階では，情報システム全体の最適化を行います。業務モデルを定義し，情報システムのあるべき姿を確認します。したがって，業務モデルを定義する目的は，アの「企業の全体業務と使用される情報の関連を整理し，情報システムのあるべき姿を明確化すること」です。

イは企画業務の開発計画段階，ウは企画業務の分析段階，エは共通業務のドキュメント管理の説明です。

≪解答≫ア

頻出ポイント

情報システム戦略では，全体最適化計画やシステム化計画など，システム管理基準の定義に従った内容がよく出題されています。

システム化計画

全体システム化計画に従って，個別システム化計画を立案します。企業の戦略性を向上させ，企業全体または事業活動の統合管理を実現するシステムとしては次のようなものがあります。

①ERP（Enterprise Resource Planning）

ERPは企業資源計画などと訳されます。企業全体の経営資源を**統合的に管理**して経営の効率化を図るための手法で，これを実現するためのソフトウェアを**ERPパッケージ**と呼びます。

②SCM（Supply Chain Management）

SCMは，原材料の調達から最終消費者への販売に至るまでの**調達→生産→物流→販売**の一連のプロセスを，企業の枠を超えて統合的にマネジメントするシステムです。このとき，一連のプロセスで在庫，売行き，販売・生産計画などの情報を共有することで，余分な在庫の削減が可能となり，ムダな物流が減少します。

③CRM（Customer Relationship Management）

CRMは顧客関係管理などと訳されます。顧客との関係を構築することで顧客満足度を向上させる経営手法です。これを実現するためのシステムがCRMシステムで，詳細な顧客情報の管理や分析，問合せやクレームへの対応などを一貫して管理することが可能になります。

④SFA（Sales Force Automation）

営業支援のための情報システムです。商談の進捗管理や営業部内の情報共有などを行います。また，**CRMの一環**として扱われることも多くなっています。

⑤KMS（Knowledge Management System）

ナレッジマネジメントを行うためのシステムです。ナレッジマネジメントとは，個人のもつ暗黙知を形式知に変換することにより知識の共有化を図り，より高いレベルの知識を生み出すという考え方です。フレームワークとしてSECIモデルがあり，①**共同化**（Socialization），②**表出化**（Externalization），③**結合化**（Combination），④**内面化**（Internalization）の4段階のプロセスが定義されています。

用語

暗黙知とは，言葉で表現できる知識の背景にある，暗黙のうちに「知っている」「分かっている」状態にある知識のことです。
暗黙知を言葉で表現できる形式知にすることで，その知識を人と共有できるようになります。
ナレッジマネジメントでは，SECIモデルを使って，暗黙知と形式知の変換を行います。

⑥シェアドサービス

関連する複数の会社が共通してもっている部門（経理や総務など）をそれぞれ社内から切り離して共同の新会社を設立し，そこで業務を請け負うという形態です。

それでは，次の問題を解いてみましょう。

問題

A社は，ソリューションプロバイダから，顧客に対するワントゥワンマーケティングを実現する統合的なソリューションの提案を受けた。この提案が該当するソリューションとして，最も適切なものはどれか。

ア CRMソリューション　　イ HRMソリューション
ウ SCMソリューション　　エ 財務管理ソリューション

（平成31年春 応用情報技術者試験 午前 問62）

解説

顧客に対するワントゥワンマーケティングを実現する統合的なソリューションは，CRM（Customer Relationship Management：顧客関係管理）ソリューションといいます。したがって，アが正解です。

イ HRM（Human Resource Management：人的資源管理）ソリューションは，人事管理や労務管理などを実現します。
ウ SCM（Supply Chain Management）ソリューションでは，調達→生産→物流→販売の一連のプロセスを，企業の枠を超えて統合的にマネジメントします。
エ 財務管理ソリューションでは，会計業務などの財務管理を実現します。

≪解答≫ア

エンタープライズアーキテクチャ（EA）

エンタープライズアーキテクチャ（**EA**：Enterprise Architecture）は，組織全体の業務とシステムを統一的な手法でモデル化し，業務とシステムを同時に改善することを目的とした，組織の設計・管理手法です。**全体最適化**を図るためには，**アーキテクチャモデル**を作成し，目標を明確に定めることが大切です。

エンタープライズアーキテクチャでは，まず，業務の現状を**As-Isモデル**としてまとめます。次に，最終目標のあるべき姿を**To-Beモデル**とし，そのギャップを分析します。そして，より現実的な次期モデル（Targetモデル）を作成し，それを構築します。
それでは，次の問題を解いてみましょう。

問題

エンタープライズアーキテクチャを説明したものはどれか。

ア 企業が競争優位性の構築を目的にIT戦略の策定・実行をコントロールし，あるべき方向へ導く組織能力のことである。
イ 業務を管理するシステムにおいて，承認された業務がすべて正確に処理，記録されることを確保するために，業務プロセスに組み込まれた内部統制のことである。
ウ 組織全体の業務とシステムを統一的な手法でモデル化し，業務とシステムを同時に改善することを目的とした，業務とシステムの最適化手法である。
エ プロジェクトの進捗や作業のパフォーマンスを，出来高の価値によって定量化し，プロジェクトの現在及び今後の状況を評価する手法である。

（平成25年秋 応用情報技術者試験 午前 問62）

過去問題をチェック

エンタープライズアーキテクチャの問題は，応用情報技術者試験の定番中の定番です。この問題のほかに以下の出題があります。エンタープライズアーキテクチャの考え方やモデルについては，用語とともに押さえておきましょう。

【エンタープライズアーキテクチャ】
・平成21年秋 午前 問61，62
・平成22年秋 午前 問61，63
・平成23年秋 午前 問61
・平成24年秋 午前 問61
・平成26年春 午前 問61
・平成27年春 午前 問62
・平成27年秋 午前 問61
・平成29年秋 午前 問61
・令和3年春 午前 問61
午後でも出題されています。
・平成23年秋 午後 問3

解説

エンタープライズアーキテクチャでは，組織全体の業務とシステムをモデル化し，業務も合わせて全体最適化を行います。したがって，ウが正解です。アはITガバナンス，イはIT統制，エはEVMの説明です。

≪解答≫ウ

EVMについては，「5-1-7 プロジェクトのコスト」で説明しています。

EAのアーキテクチャモデル

エンタープライズアーキテクチャ（EA）では，アーキテクチャモデルとして，次の四つの分類体系で整理する方法がとられています。

①政策・業務体系（BA）

ビジネスアーキテクチャ（BA：Business Architecture）とも

呼ばれ，組織の目標や業務を体系化したアーキテクチャです。**機能構成図**（DMM：Diamond Mandala Matrix）や**業務流れ図**（**WFA**：Work Flow Architecture）を作成します。DFDやUMLを用いて記述します。

②データ体系（DA）

データアーキテクチャ（DA：Data Architecture）とも呼ばれ，組織の目標や業務に必要となるデータの構成，データ間の関連を体系化したアーキテクチャです。データ定義表や**情報体系整理図**（UMLのクラス図），**E-R図**（ERD：Entity Relationship Diagram）を作成します。

③適用処理体系（AA）

アプリケーションアーキテクチャ（AA：Application Architecture）とも呼ばれ，組織としての目標を実現するための業務と，それを実行するアプリケーションの関係を体系化したアーキテクチャです。**情報システム関連図**や**情報システム機能構成図**を作成します。

④技術体系（TA）

テクノロジアーキテクチャ（TA：Technology Architecture）とも呼ばれ，業務を実行するためのハードウェア，ソフトウェア，ネットワークなどの技術を体系化したアーキテクチャです。**ソフトウェア構成図**，**ハードウェア構成図**，**ネットワーク構成図**を作成します。

それぞれの体系の関連を図にすると，以下のようになります。

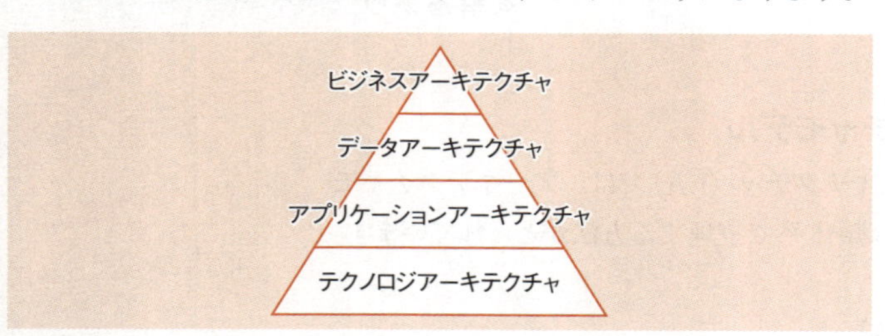

アーキテクチャモデル

それでは，次の問題を解いてみましょう。

問題

エンタープライズアーキテクチャを構成する四つの体系のうち，ビジネスアーキテクチャを策定する場合の成果物はどれか。

ア 業務流れ図　　イ 実体関連ダイアグラム
ウ 情報システム関連図　　エ ソフトウェア構成図

（平成21年秋 応用情報技術者試験 午前 問62）

解説

ビジネスアーキテクチャを策定する場合の成果物は，業務全体の流れを表す必要があるので業務流れ図になります。したがって，アが正解です。イはE-R図のことでデータアーキテクチャの成果物，ウはアプリケーションアーキテクチャ，エはテクノロジアーキテクチャでの成果物です。

≪解答≫ア

ソフトウェアライフサイクルプロセス

第4章で取り上げた**共通フレーム**の企画プロセスや要件定義プロセスについては，本章で扱います。共通フレームでは，ソフトウェアライフサイクルプロセスの主ライフサイクルプロセスのうち，システム開発関連のプロセス群を次の三つの視点によって定義しています。

①企画と要件定義の視点

システムの企画と要件定義を行うプロセスです。**企画プロセス**と**要件定義プロセス**が含まれます。

企画プロセスでは，システムが関与する**システム化構想の立案**，**システム化計画の立案**などを行います。**要件定義プロセス**では，システムが実現する**仕組みに関わる要件を定義**します。

過去問題をチェック
共通フレームの問題は，応用情報技術者試験ではシステム開発の分野だけでなく，情報システム戦略の分野でもよく出題されます。ここで紹介する問題のほかにも以下の出題があります。それぞれのプロセスの特徴とともに押さえておきましょう。
【共通フレーム】
・平成21年春 午前 問61
・平成21年秋 午前 問65
・平成22年春 午前 問61
・平成23年特別 午前 問64
・平成24年春 午前 問64
・平成27年秋 午前 問50
・令和2年10月 午前 問62

②エンジニアリングの視点

ソフトウェアを中心としたシステムの開発を行うプロセスです。**開発プロセス**と**保守プロセス**が含まれます。

③運用の視点

システムを運用する**運用プロセス**が含まれます。

過去問題をチェック

BCPについては，応用情報技術者試験の午後問題で以下の出題があります。一度解いてみるとBCPのイメージがつかめるでしょう。
【BCP】
・平成23年特別 午後 問3

事業継続計画（BCP）

BCP（Business Continuity Plan：事業継続計画）は，企業が事業の継続を行う上で基本となる計画です。災害や事故などが発生したときに，**目標復旧時点**（**RPO**：Recovery Point Objective）以前のデータを復旧し，**目標復旧時間**（**RTO**：Recovery Time Objective）以内に再開できるようにするために，**事前に計画を策定**しておきます。より包括的な管理のことを**BCM**（Business Continuity Management：事業継続管理）ともいいます。この場合は，事前にリスク分析を行い，対応策を決定しておきます。

▶▶▶覚えよう！

- □ 全体最適化計画では情報システム化委員会を設立
- □ EAは，業務体系（BA）・データ体系（DA）・適用処理体系（AA）・技術体系（TA）の四つ

7-1-2 業務プロセス

★★★

業務プロセスの改善と問題解決においては，既存の組織構造や業務プロセスを見直し，効率化を図ります。それとともに，情報技術を活用して，業務・システムを最適化します。

業務プロセスの改善手法

業務プロセスの改善手法には，以下のものがあります。

①業務プロセスの改善と問題解決

業務プロセスの改善においては，既存の組織構造や業務プロセスを見直し，効率化を図ります。そのときに使用される情報技術に**RPA**（Robotic Process Automation）があります。RPAは，

PCの中でロボット的な動作を行うソフトウェアを用いて，業務の自動化を行う仕組みです。RPAを用いることで，業務の最適化を図ることができます。

②ビジネスプロセスマネジメント

BPM（Business Process Management）は，業務分析，業務設計，業務の実行，モニタリング，評価のサイクルを繰り返し，継続的なプロセス改善を遂行する経営手法です。

③ビジネスプロセスリエンジニアリング

BPR（Business Process Reengineering）とは，顧客の満足度を高めることを主な目的とし，最新の情報技術を用いて業務プロセスを**抜本的に改革する**ことです。品質・コスト・スピードの三つの面から改善し，**競争優位性を確保**します。

④ビジネスプロセスアウトソーシング

BPO（Business Process Outsourcing）は，企業などが自社の業務の一部または全部を，外部の専門業者に一括して委託することです。業務を外部に出すことで，**経営資源をコアコンピタンスに集中**できます。海外の事業者や子会社に開発をアウトソーシングする**オフショア**開発も一般的です。

関連

コアコンピタンスについては，「8-1-1　経営戦略手法」を参照してください。

用語

オフショアとは，もともとは「沖合い」を意味します。沖合いを航海する船は課金されないことから，それが転じて無税もしくはほとんど課税されない地域のことを指すようになりました。さらに，システム開発を海外のコストの安い地域に委託することをオフショア開発と呼びます。

⑤業務プロセスの可視化

業務プロセスを可視化するための手法には様々なものがあります。**WFA**（Work Flow Architecture：業務流れ図）や**BP図**（BPD：Business Process Diagram），**E-R図**（ERD：Entity Relationship Diagram），**UML**（Unified Modeling Language）などの手法を用います。これらによって業務プロセスを把握，分析して問題点を発見し，業務改善の提案を行います。

用語

BP図とは，ビジネスにおける物流，ワークフローなどを流れ図として表現したものです。ビジネスモデルを表す図ともいえます。業務フローなどを示すときによく用いられます。

それでは，次の問題を考えてみましょう。

問題

業務プロセスを可視化する手法としてUMLを採用した場合の活用シーンはどれか。

ア　対象をエンティティとその属性及びエンティティ間の関連で捉え，データ中心アプローチの表現によって図に示す。
イ　データの流れによってプロセスを表現するために，データ送出し，データ受取り，データ格納域，データに施す処理を，データの流れを示す矢印でつないで表現する。
ウ　複数の観点でプロセスを表現するために，目的に応じたモデル図法を使用し，オブジェクトモデリングのために標準化された記述ルールで表現する。
エ　プロセスの機能を網羅的に表現するために，一つの要件に対して発生する事象を条件分岐の形式で記述する。

（平成30年秋 応用情報技術者試験 午前 問62）

解説

UML（Unified Modeling Language：統一モデリング言語）とは，主にオブジェクト指向のために考え出されたモデリング言語です。複数の観点でプロセスを表現するために，目的に応じたモデル図法を使用します。したがって，ウが正解です。
ア　E-R図（ERD：Entity Relationship Diagram）が適切です。
イ　DFD（Data Flow Diagram）が適切です。
エ　BP図（BPD：Business Process Diagram）が適切です。

≪解答≫ウ

覚えよう！

□　**BPRは抜本的に改革，BPOは業務をアウトソーシング**

7-1-3 ソリューションビジネス

ソリューションビジネスとは，顧客の経営課題をITと付加サービスを通して解決する仕組みです。最新のITを活用して，顧客の経営課題を解決するサービスを提供します。

ソリューションビジネスの種類とサービス形態

ソリューションビジネスでは，顧客の経営課題を解決するサービスを提案するので，業種別，業務別，課題別など様々なサービスの形態があります。代表的なソリューションサービスの形態としては，**クラウドサービス**や**アウトソーシングサービス**，**ホスティングサービス**，**ERPパッケージ**，**CRMソリューション**などが挙げられます。

クラウドサービス

クラウドサービスとは，ソフトウェアやデータなどを，インターネットなどのネットワークを通じて，サービスというかたちで必要に応じて提供する方式です。公開されるものを**パブリッククラウド**，組織内などで限定して使用されるものを**プライベートクラウド**といいます。また，クラウドコンピューティングに対して，自社でサーバを立ててサービスを構築することを**オンプレミス**といいます。

ソフトウェア機能をサービスと見立て，そのサービスをネットワーク上で連携させてシステムを構築する手法に**SOA**（Service Oriented Architecture：サービス指向アーキテクチャ）があります。この方法により，ユーザの要求に合わせてサービスを提供することができます。

クラウドサービスの形態には，**SaaS**（Software as a Service），**PaaS**（Platform as a Service），**IaaS**（Infrastructure as a Service）などがあります。

SaaSとは，**ソフトウェア**（アプリケーション）をサービスとして提供するものです。**PaaS**では，OSやミドルウェアなどの基盤（プラットフォーム）を提供します。**IaaS**では，ハードウェアやネットワークなどのインフラを提供します。図にすると，次のようなかたちになります。

参考

ソリューションサービスを利用するときの考え方に，**「提供されるサービスに業務を合わせる」**というものがあります。自社の業務に合わせてシステムを構築するという従来の考え方では，業務自体の改革ができません。ERPパッケージなどのソリューションサービスは，先進的なサービスを研究し，理想的な業務モデルを基に開発されています。そのため，サービスに合わせて業務を変えることで，同時に業務改善も実現できることになります。

用語

アプリケーションソフトの機能をネットワーク経由で顧客に提供するサービスに**ASP**（Application Service Provider）があります。基本的にはSaaSと同じ意味で，従来からあったサービスです。ビジネスとして重要度が増してきたことから，マーケティングの観点から，SaaSという新たな名前で再登場したと考えられます。

発展

SaaS，PaaS，IaaSは，クラウドコンピューティングの構成要素にどこまでクラウド側のサービスを利用するかという観点で分類したものです。
その他のサービスには，端末のデスクトップ環境をネットワーク越しに提供する**DaaS**（Desktop as a Service）や，サーバレスでアプリケーション開発を行う**FaaS**（Function as a Service）があります。

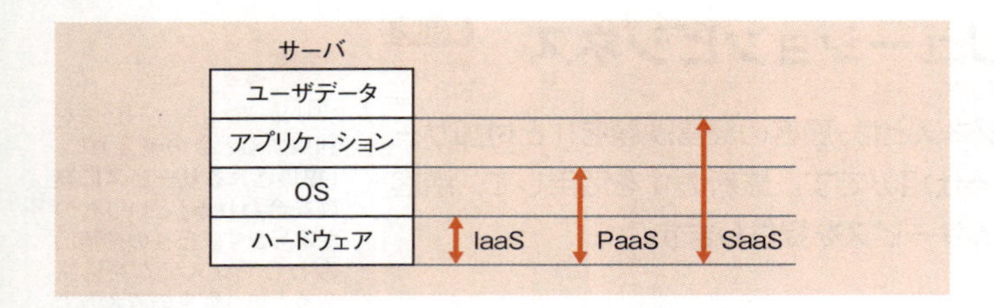

SaaS，PaaS，IaaSで提供される構成要素

それでは，次の問題を解いてみましょう。

問題

企業の業務システムを，自社のコンピュータでの運用からクラウドサービスの利用に切り替えるときの留意点はどれか。

ア　企業が管理する顧客情報や従業員の個人情報を取り扱うシステム機能は，リスクを検討するまでもなく，クラウドサービスの対象外とする。

イ　企業の情報セキュリティポリシやセキュリティ関連の社内規則と，クラウドサービスで提供される管理レベルとの不一致の存在を確認する。

ウ　クラウドサービスの利用開始に備え，自社で保有しているサーバの機能強化や記憶域の増加を実施する。

エ　事業継続計画は自社の資産の範囲で実施することを優先し，クラウドサービスを利用する範囲から除外する。

（平成30年秋 応用情報技術者試験 午前 問63）

解説

自社のコンピュータでの運用からクラウドサービスの利用に移行すると，自社内での情報セキュリティポリシなどの規程が適用されなくなります。そのため，クラウドサービスで提供される管理レベルを事前に確認し，現行の情報セキュリティポリシで規定されている管理レベルとの不一致をあらかじめ確認しておく必要があります。したがって，イが正解です。

ア プライベートクラウドなど，セキュリティを考慮したクラウドサービスもあるので，検討は必要です。

ウ クラウドサービスを利用すると，自社サーバなどを増強する必要性は少なくなります。

エ クラウドサービスの利用方法も事業継続計画の範囲です。

≪解答≫イ

覚えよう！

- □ 既存の業務をパッケージの業務モデルに合わせる方が効率的
- □ SaaSはソフトウェア，PaaSはプラットフォーム，IaaSはインフラを提供

7-1-4 システム活用促進・評価

頻出度 ★★★

情報システムを有効に活用し，経営に生かすためには，情報システムの構築時から活用促進活動を継続的に行う必要があります。

データの分析と活用

情報システムに蓄積されたデータは，**データサイエンス**の手法によって分析し，今後の事業戦略に活用します。データサイエンスの手法には，**データマイニング**，**ナレッジマネジメント**，**BI**（Business Intelligence）などがあります。活用するデータとしては，**ビッグデータ**や**オープンデータ**，個人のパーソナルデータを扱うことが増えています。また，個人所有のスマートフォンを業務利用する**BYOD**（Bring Your Own Device）や，会話に応じて自動で応答する**チャットボット**などを用いてデータ活用を行うこともあります。

データサイエンスの手法で分析を行う専門家に，**データサイエンティスト**がいます。データサイエンティストに必要とされるスキルカテゴリは，次の三つとなります。

関連
データマイニングとビッグデータについては「3-3-5 データベース応用」で，ナレッジマネジメントについては「7-1-1 情報システム戦略」で説明しています。

用語
BIは，企業内の膨大なデータを蓄積し，分類・加工・分析をすることで企業の迅速な意思決定に活用しようとする手法です。

用語
オープンデータとは，原則無償で利用できる形で公開された官民データのことです。営利・非営利の目的を問わず二次利用が可能という利用ルールが定められており，編集や加工をする上で機械判読に適した形式（CSVやXML，RDFなど）で公開されます。
気象庁が公開している気象データなどが代表例です。

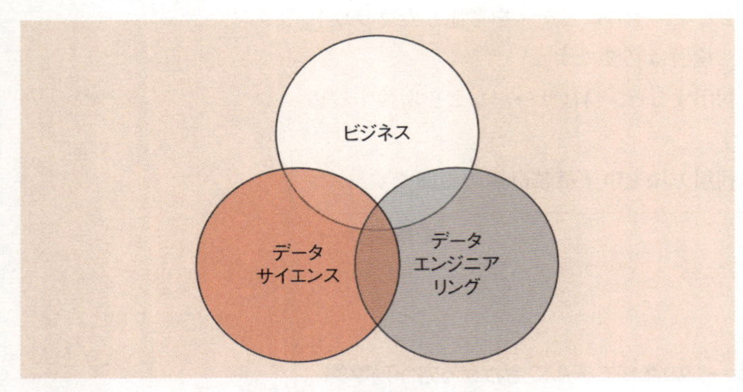

データサイエンス領域のスキルカテゴリ

データサイエンティストには，統計学やAIなどのデータサイエンスのスキルだけでなく，データベースなどの情報技術を扱うデータエンジニアリングや，ビジネスを理解して解決するビジネスのスキルが求められます。

それでは，次の問題を考えてみましょう。

問題

ビッグデータを有効活用し，事業価値を生み出す役割を担う専門人材であるデータサイエンティストに求められるスキルセットを表の三つの領域と定義した。データサイエンス力に該当する具体的なスキルはどれか。

データサイエンティストに求められるスキルセット

ビジネス力	課題の背景を理解した上で，ビジネス課題を整理・分析し，解決する力
データサイエンス力	人工知能や統計学などの情報科学に関する知識を用いて，予測，検定，関係性の把握及びデータ加工・可視化する力
データエンジニアリング力	データ分析によって作成したモデルを使えるように，分析システムを実装，運用する力

ア 扱うデータの規模や機密性を理解した上で，分析システムをオンプレミスで構築するか，クラウドサービスを利用して構築するかを判断し，設計できる。
イ 事業モデル，バリューチェーンなどの特徴や事業の主たる課題を自力で構造的に理解でき，問題の大枠を整理できる。
ウ 分散処理のフレームワークを用いて，計算処理を複数サーバに分散させる並列処理システムを設計できる。
エ 分析要件に応じ，決定木分析，ニューラルネットワークなどのモデリング手法の選択，モデルへのパラメタの設定，分析結果の評価ができる。

（平成31年春 応用情報技術者試験 午前 問63）

解説

決定木分析，ニューラルネットワークなどのモデリング手法は，機械学習と呼ばれる人工知能の一手法です。分析要件に応じて適切に，人工知能や統計学などの情報科学の知識を使い分けることは，データサイエンス力に該当します。したがって，エが正解です。
ア，ウ　システムの設計は，データエンジニアリング力に該当します。
イ　事業に関する課題整理は，ビジネス力に該当します。

≪解答≫エ

情報システム利用実態の評価・検証

情報システムの投資対効果を分析し，システムの利用実態を調査して評価します。評価指標としては，投資利益率（**ROI**：Return On Investment）や利用者満足度があります。

ROIについては「9-1-3　会計・財務」でも学びます。

普及啓発

パソコンやインターネットなどの利用においては，使いこなせる人と使いこなせない人に生じる格差，**ディジタルディバイド**ができてしまいがちです。そのため，情報システムを活用するためには，各人に合わせた教育・訓練の実施などで，全社員の**情報リテラシ**（情報を活用する能力）を向上させるための普及啓発活動を行う必要があります。どのように人材を育成するかについて**人材育成計画**を立て，講習会などを開いて利用方法を説明します。また，教育訓練の手法として，従来の集合研修の他にも，ネット上で学習を行う**e-ラーニング**や，課題解決などにゲームデザインを活用する**ゲーミフィケーション**などが利用されます。

▶▶▶ 覚えよう！

- □ データサイエンティストに求められるのは，ビジネス力，データサイエンス力，データエンジニアリング力
- □ 情報システムの評価に投資対効果分析を行う

7-2 システム企画

システム企画で扱う内容は，共通フレームの企画プロセス，要件定義プロセス，および供給プロセスに当たります。第4章で学んだ開発プロセスとの関連も押さえながら，エンジニアリングとは異なる視点でシステム開発作業を見ていきましょう。

7-2-1 システム化計画

頻出度 ★★★

勉強のコツ

共通フレームの内容と，RFPを中心とした調達関連が出題の中心です。要件定義プロセスと開発プロセスでのシステム要件定義の違いなど，共通フレームの内容は押さえておきましょう。また，調達についての出題が多いので，調達の実施手順を知っておくと頭に入りやすくなります。

システム化構想とシステム化計画の立案は，共通フレームの企画プロセスのアクティビティです。企画プロセスの目的は，要求事項を集めて合意し，システム化の方針を決め，システムの実施計画を策定することです。

システム化構想の立案のプロセス

システム化構想の立案のプロセスでのタスクは，**経営要求・課題**の確認，**事業環境・業務環境**の**調査分析**，**現行業務・システム**の調査分析，**情報技術動向**の調査分析，対象となる業務の明確化，業務の新全体像の作成，システム化構想の文書化と承認，システム化推進体制の確立です。EAを導入することもあります。経営層や各部門などいろいろな方向から**システムに関係する要求事項が集められ**，合意されます。

システム化構想の立案の段階で考えるべきシステム設計に，次の三つがあります。

・**SoR**（Systems of Records）
記録のシステム。社内の情報を記録する
・**SoE**（Systems of Engagement）
顧客とつながるシステム。社外のユーザとのつながりを意識する
・**SoI**（Systems of Insight）
SoR，SoEの情報から新たな洞察や知見を引き出すシステム

7

システム化計画の立案のプロセス

システム化計画の立案プロセスの目的は，**システムを実現するための実施計画を得ること**です。全体システム化計画，個別システム化計画を行うことによって全体最適化を図ります。また，システムの目的や適用範囲，開発範囲を決め，業務モデルを作成します。サービスレベルと品質に対する基本方針や開発プロジェクト体制も策定します。

システム化計画における検討事項には次のものがあります。

①全体開発スケジュールの作成

対象となったシステムを必要に応じてサブシステムに分割し，サブシステムごとに優先順位を付けます。また，要員，納期，コスト，整合性などを考え，各サブシステムについて開発スケジュールの大枠を作成します。

②要員教育計画

業務・システムに関する教育訓練について，教育訓練体制やスケジュールなどの基本的な要件を明確にします。

③投資の意思決定

経済性計算の手法である**PBP法**，**DCF法**，**NPV法**などを利用してより正確な投資の価値を算出し，投資の意思決定を行います。

関連

PBP法，DCF法，NPV法などの具体的な手法については，「9-1-3 会計・財務」の「経済性計算」を参照してください。

④開発投資対効果（IT投資効果）

システム実現時の定量的，定性的な効果予測を行います。また，期間・体制などの大枠を予測し，費用を見積もります。このとき，**IT投資ポートフォリオ**やシステムライフサイクルを意識します。

用語

IT投資ポートフォリオとは，組織全体の観点から情報化資産を適切に配分することです。情報化投資をリスクや投資価値の類似性でいくつかのカテゴリに整理し，経営戦略実現のための最適な資源配分を管理します。

⑤情報システム導入リスク分析

導入に伴うリスクの種類や大きさを分析します。

それでは，次の問題を解いてみましょう。

問題

IT投資ポートフォリオの目的はどれか。

ア　IT投資を事業別，システム別，ベンダ別，品目別などに分類して，経年推移や構成比率の変化などを分析し，投資額削減の施策を検討する。

イ　個別のIT投資案件について，情報戦略との適合性，投資額や投資効果の妥当性，投資リスクの明瞭性などの観点から投資判断を行う。

ウ　個別プロジェクトの計画，実施，完了に応じて，IT投資の事前評価，中間評価，事後評価を一貫して行い，戦略目標に対する達成度を評価する。

エ　投資リスクや投資価値の類似性で分類したカテゴリごとのIT投資について，企業レベルで最適な資源配分を行う。

（平成27年春 応用情報技術者試験 午前 問64）

解説

IT投資ポートフォリオとは，IT投資についての資源配分を最適に行うための手法です。投資リスクや投資価値の類似性で分類したカテゴリごとに考えるので，エが正解です。

アはIT投資マネジメント，イは個別IT投資案件の評価，ウはIT投資の評価プロセスの目的についての説明です。

≪解答≫エ

▶▶▶ 覚えよう！

- □　システム化構想では，いろいろ分析して要求事項を集める
- □　システム化計画では，全体の大枠の計画を立てる

7-2-2 要件定義

システムへの要求を洗い出して分析することを要求分析といいます。そして，要求分析の結果をまとめて明確にし，定義するのが要件定義です。

要求分析

要求分析は，要求項目の洗出し，分析，システム化ニーズの整理，前提条件や制約条件の整理という手順で行います。このときに，利害関係者（ステークホルダ）から提示されたユーザのニーズや要望を識別し，整理します。

要件定義

要件定義の目的は，**システムや業務全体の枠組みやシステム化の範囲と機能を明らかにすること**です。共通フレーム2013の要件定義プロセスでは，プロセス開始の準備，利害関係者の識別，要件の識別，要件の評価，要件の合意，要件の記録の六つのアクティビティが定義されています。

①要件定義で明確化する内容

要件定義で明確化する内容には，大きく分けて**機能要件**と**非機能要件**があります。機能要件は，業務要件を実現するために必要なシステムの機能です。**非機能要件**とは，機能として明確にされない要件です。

また，情報・データ要件や移行要件など，システム以外に関連する様々な要件についても定義します。

関連

非機能要件については，「4-1-1 システム要件定義」の「システム要件の定義」も参照してください。

②要件定義の手法

要件定義の手法には，構造化分析手法やデータ中心分析手法，オブジェクト指向分析手法などがあります。プロセス仕様を明らかにしてDFDなどを記述するのが**構造化分析手法**です。**データ中心分析手法**では，E-R図を記述してデータの全体像を把握します。**オブジェクト指向分析手法**ではUMLを利用します。

③利害関係者への要件の確認

要件定義者は，定義された要件の実現可能性を十分に検討した上で，ステークホルダに要件の合意と承認を得ます。

非機能要件

非機能要件とは，システム要件のうち，機能要件以外の要件です。その要件に対する要求を非機能要求といいます。

機能要求に比べて非機能要求は顧客の意識に上がってこないことが多いため，**要求分析時に見落とされやすく**，トラブルの原因になりがちです。そのため，意識して非機能要求を洗い出す必要があります。

IPAで公開している「非機能要求グレード」には，以下の六つのカテゴリがあります。

- **可用性**：システムを継続的に利用可能にするための要求
- **性能・拡張性**：システムの性能と将来のシステム拡張に関する要求
- **運用・保守性**：システムの運用と保守のサービスに関する要求
- **移行性**：現行システム資産の移行に関する要求
- **セキュリティ**：構築する情報システムの安全性の確保に関する要求
- **システム環境・エコロジー**：システムの設置環境やエコロジーに関する要求

それでは，次の問題で確認してみましょう。

独立行政法人情報処理推進機構（IPA）の「ソフトウェア・エンジニアリング」のサイトには，「非機能要求」についての確認を行う手法として**非機能要求グレード2018**が公開されています。
https://www.ipa.go.jp/sec/softwareengineering/std/ent03-b.html
具体的な項目についてはこちらを参考にしてください。

7

問題

受注管理システムにおける要件のうち，非機能要件に該当するものはどれか。

ア　顧客から注文を受け付けるとき，与信残金額を計算し，結果がマイナスになった場合は，入力画面に警告メッセージを表示すること

イ　受注管理システムの稼働率を決められた水準に維持するために，障害発生時は半日以内に回復できること

ウ　受注を処理するとき，在庫切れの商品であることが分かるように担当者に警告メッセージを出力すること

エ　出荷できる商品は，顧客から受注した情報を受注担当者がシステムに入力し，営業管理者が受注承認入力を行ったものに限ること

（平成26年秋 応用情報技術者試験 午前 問64）

解説

非機能要件とは，システムの機能に関係しない可用性や性能などの要件です。障害発生時の回復は可用性の要件となり，非機能要件の一つなので，イが正解です。

ア，ウ，エはシステムの機能なので，機能要件です。

≪解答≫イ

▶▶▶ 覚えよう！

- □　要件定義プロセスでは，利害関係者（ステークホルダ）の要求をまとめ合意をとる
- □　機能以外の要件を非機能要件といい，見落とされやすい

7-2-3 調達計画・実施

頻出度 ★★☆

ここでの調達には，開発するシステムに必要な製品やサービスの購入だけでなく，組織内部や外部委託によるシステム開発なども含まれます。開発するシステムの用途，規模，取組方針，前提や制約条件に応じた調達方法を考える必要があります。

調達計画

調達計画の策定では，調達の対象，調達の条件，調達の要求事項などを定義します。また，要件定義を踏まえ，既存の製品またはサービスの購入，組織内部でのシステム開発，外部委託によるシステム開発などから調達方法を選択します。

このとき，何を社内で実施し，社外には何を委託するかを決める**内外作基準**を作成します。

調達の方法

調達の代表的な方法には，企画競争，一般競争入札，総合評価落札方式などがあります。

情報提供依頼書（RFI）

調達にあたって，ベンダ企業に対し，システム化の目的や業務内容を示し，RFP（次項参照）を作成するための情報の提供を依頼する**RFI**（Request For Information：**情報提供依頼書**）を作成します。ベンダ企業は，RFIに対して情報を提供します。

提案依頼書（RFP）

ベンダ企業に対し，調達対象システム，提案依頼事項，調達条件などを示した**RFP**（Request For Proposal：提案依頼書）を提示し，提案書・見積書の提出を依頼します。

RFPには，システムの対象範囲やモデル，サービス要件，目標スケジュール，契約条件，ベンダの経営要件，ベンダのプロジェクト体制要件，ベンダの技術及び実績評価などを含みます。

それでは，次の問題を解いてみましょう。

問題

ベンダに対する提案依頼書(RFP)の提示に当たって留意すべきことはどれか。

ア 工程ごとの各種作業の完了時期は，ベンダに一任するよう提示する。
イ 情報提供依頼書(RFI)を提示したすべてのベンダに提示する。
ウ プログラム仕様書を提案依頼書に添付して，ベンダに提示する。
エ 要件定義を機能要件，非機能要件にまとめて，ベンダに提示する。

(平成22年春 応用情報技術者試験 午前 問65)

解説

RFPには，要件定義で定義した要件を記述します。要件定義では機能要件，非機能要件の両方を定義するので，それはRFPに記述されます。したがって，エが正解です。

ア 完了時期などのスケジュールは，RFPに含まれます。
イ RFIを提示したメーカのうち，得られた情報で対象外と判断されたベンダにはRFPを提示しないこともあります。
ウ プログラム仕様書は開発プロセスで作成される資料なので，ここでは添付しません。

≪解答≫エ

過去問題をチェック

RFP，RFIなどの調達に関する文書の問題は，応用情報技術者試験の定番です。

【RFP，RFI】
・平成21年春 午前 問66
・平成21年秋 午前 問67
・平成22年春 午前 問65
・平成24年春 午前 問65
・平成24年秋 午前 問65
・平成25年春 午前 問66
・平成27年秋 午前 問65
・平成30年春 午前 問66
・令和3年春午前問64

午後でも以下の出題があります。RFPやRFIの位置付けを理解し，調達の流れをイメージしてみましょう。

【RFP作成】
・平成24年春 午後 問4

提案書・見積書

ベンダ企業では，提案依頼書を基にシステム構成，開発手法などを検討し，提案書や見積書を作成して発注元に提案します。このとき，見積りを依頼するためにRFQ（Request For Quotation：見積依頼書）を作成することもあります。

発展

ソフトウェアの調達を行うとき，購入するのではなく月額費用を払うなどで，一定期間だけ利用権を借りるライセンスの一形態を**サブスクリプション方式**といいます。
サブスクリプション方式の代表的な例には，Microsoft 365（旧Office 365）やAdobe Creative Cloudなどがあります。

調達選定

調達先の選定にあたっては，提案評価基準や要求事項適合度の重み付けを行う選定手順を確立する必要があります。このとき，コストや工期だけでなく**法令遵守**（コンプライアンス）や**内部統制**などの観点からも比較評価して選定することが大切です。

また，**CSR**（Corporate Social Responsibility：企業の社会的責任）も意識する必要があります。CSRとは，企業が利益を追求するだけでなく，社会へ与える影響にも責任をもち，利害関係者（ステークホルダ）からの要求に対して適切な意思決定をすることです。CSRを意識した調達を**CSR調達**といいます。

さらに，製品やサービスなどを調達するときには，購入前に必要性を考慮し，環境への負担が少ないものから優先的に選択することを**グリーン調達**といいます。

ファブレス

ファブレスとは，ファブ（fabrication facility：工場）をもたない会社のことです。工場を所有せずに製造業の活動を行う企業を指します。具体的には，製品の企画設計や開発は行いますが，製造は自社工場で行わず，**EMS**（Electronics Manufacturing Service：電子機器の受託生産サービス）などを行う企業などに委託します。このとき，製品は**OEM**（Original Equipment Manufacturer：相手先ブランド名製造）での供給を受けるかたちで，自社ブランドとして発売します。

発展

主なファブレス企業としては，半導体メーカのAMD，玩具業界では任天堂やセガ，食品業界では伊藤園やダイドードリンコなどが挙げられます。

ファブレスが主流になっている業種には半導体産業があります。ファブレスとは逆に，製造のみを専門に行うサービスのことを**ファウンドリサービス**と呼びます。半導体産業のほかに，コンピュータ，食品，玩具，造船業界など様々な業種でもファブレスの形態が見られるようになっています。

それでは，次の問題を考えてみましょう。

問題

半導体ファブレス企業の説明として，適切なものはどれか。

ア 委託者の依頼を受けて，自社工場で半導体製造だけを行う。
イ 自社で設計し，自社工場で生産した製品を相手先ブランドで納入する。
ウ 自社内で回路設計から製造まで全ての設備をもち，自社ブランド製品を販売する。
エ 製品の企画，設計及び開発は行うが，半導体製造の工場は所有しない。

(平成29年秋 応用情報技術者試験 午前 問66)

解説

半導体ファブレス企業では，工場を所有せず，企画，設計及び開発のみを行うので，エが正解です。

アはファウンドリサービス，イはOEMの説明です。ウのような形態はIDM（Integrated Device Manufacturer：垂直統合型デバイスメーカ）といい，インテルがその代表例です。

≪解答≫エ

調達リスク分析

調達にあたっては，内部統制，法令遵守，CSR調達，グリーン調達などの観点による**リスク管理**が必要です。リスクを分析および評価して，対策を立てる必要があります。また，調達のリスクには信用リスク，事務リスク，風評リスクなど様々あり，リスクの内容に合わせて分ける必要があります。

契約締結

選定したベンダ企業と契約について交渉を行い，納入システム，費用，納入時期，発注元とベンダ企業の役割分担などを確認し，契約を締結します。このとき，情報システムの取引において業務を委託するときに締結する契約には，**請負契約**と**準委任契約**の2種類があります。**請負契約**では，頼んだ仕事を**完成させる責任**がベンダ企業にあるのに対し，**準委任契約**では，完成責任は発注者側にあり，ベンダ企業には仕事の完成ではなく**業務の実施**が求められます。

契約の方法としては，委託ではなくリスクを共有し，パートナーと協力して，あらかじめ決めた配分率で利益を分け合う**レベニューシェア**という方法もあります。

さらに，業務の委託ではなく労働力を提供してもらうときに締結する契約に**派遣契約**と**出向契約**があります。いずれも**指揮命令は発注者側**が行います。そして，労働条件（残業するかどうかなど）を受注者（派遣会社など）が決めるのが派遣契約，発注者（出向先企業など）が決めるのが出向契約です。

情報システムの契約のモデルとなる契約書については，経済産業省が「**情報システム・モデル取引・契約書**」を公開しています。そこでは，要件定義やシステム開発などの工程ごとに個別契約を行う**多段階契約**の考え方が示されています。

それでは，次の問題を解いてみましょう。

関連

「情報システム・モデル取引・契約書」は以下から参照できます。
https://www.meti.go.jp/policy/it_policy/keiyaku/
RFP の例などもあるので，実例を知りたい方はこちらを参考にするとイメージがつかめると思います。

問題

“情報システム・モデル取引・契約書”によれば，情報システムの開発において，多段階契約の考え方を採用する目的はどれか。ここで，多段階契約とは，工程ごとに個別契約を締結することである。

ア 開発段階において，前工程の遂行の結果，後工程の見積前提条件に変更が生じた場合に，各工程の開始のタイミングで，再度見積りを可能とするため

イ サービスレベルの達成・未達の結果に対する対応措置（協議手続，解約権，ペナルティ・インセンティブなど）及びベンダの報告条件などを定めるため

ウ 正式な契約を締結する前に，情報システム構築を開始せざるを得ない場合の措置として，仮発注合意書（Letter of Intent：LOI）を交わすため

過去問題をチェック

システム開発の契約については，様々なかたちで出題されています。

【請負契約】
- 平成21年春 午前 問79
- 平成21年秋 午前 問79
- 平成24年秋 午前 問79
- 平成25年春 午前 問80
- 平成26年秋 午前 問80
- 平成29年春 午前 問80
- 令和2年10月 午前 問80

【準委任契約】
- 平成25年秋 午前 問80

【情報システム・モデル取引・契約書】
- 平成26年秋 午前 問66
- 平成28年秋 午前 問66
- 平成29年秋 午前 問65
- 平成30年秋 午前 問66

【レベニューシェア】
- 令和2年10月 午前 問66
- 令和3年春 午前 問66

エ　ユーザ及びベンダのそれぞれの役割分担を，システムライフサイクルプロセスに応じて，あらかじめ詳細に決定しておくため

（平成29年秋 応用情報技術者試験 午前 問65）

解説

経済産業省が公開する“情報システム・モデル取引・契約書”では，見積り時期とそのリスクを踏まえて，多段階契約と再見積りの考え方を採用しています。多段階契約の考え方を採用する目的は，開発段階で見積前提条件に変更が生じた場合に，後工程での再見積を可能にするためです。したがって，アが正解です。

イ　SLA（サービス合意書）の目的です。
ウ　仮発注を文書化する考え方です。
エ　責任関係を明確化する考え方です。

≪解答≫ア

覚えよう！

- □ RFIで情報をもらって，RFPで提案書を提出する
- □ 完成させるのが請負契約，業務を行うのが準委任契約

7-3 演習問題

問1 SOA CHECK ▶ □□□

SOAの説明はどれか。

ア　会計，人事，製造，購買，在庫管理，販売などの企業の業務プロセスを一元管理することによって，業務の効率化や経営資源の全体最適を図る手法

イ　企業の業務プロセス，システム化要求などのニーズと，ソフトウェアパッケージの機能性がどれだけ適合し，どれだけかい離しているかを分析する手法

ウ　業務プロセスの問題点を洗い出して，目標設定，実行，チェック，修正行動のマネジメントサイクルを適用し，継続的な改善を図る手法

エ　利用者の視点から各業務システムの機能を幾つかの独立した部品に分けることによって，業務プロセスとの対応付けや他のソフトウェアとの連携を容易にする手法

問2 システム化構想の立案プロセスで行うべきこと CHECK ▶ □□□

ある企業が，AIなどの情報技術を利用した自動応答システムを導入して，コールセンタにおける顧客対応を無人化しようとしている。この企業が，システム化構想の立案プロセスで行うべきことはどれか。

ア　AIなどの情報技術の動向を調査し，顧客対応における省力化と品質向上など，競争優位を生み出すための情報技術の利用方法について分析する。

イ　AIなどを利用した自動応答システムを構築する上でのソフトウェア製品又はシステムの信頼性，効率性など品質に関する要件を定義する。

ウ　自動応答に必要なシステム機能及び能力などのシステム要件を定義し，システム要件を，AIなどを利用した製品又はサービスなどのシステム要素に割り当てる。

エ　自動応答を実現するソフトウェア製品又はシステムの要件定義を行い，AIなどを利用した実現方式やインタフェース設計を行う。

問3 クラウドサービスモデル　CHECK ▶ □□□

NISTの定義によるクラウドサービスモデルのうち，クラウド利用企業の責任者がセキュリティ対策に関して表中の項番1と2の責務を負うが，項番3～5の責務を負わないものはどれか。

項番	責　務
1	アプリケーションに対して，データのアクセス制御と暗号化の設定を行う。
2	アプリケーションに対して，セキュアプログラミングと脆(ぜい)弱性診断を行う。
3	DBMSに対して，修正プログラム適用と権限設定を行う。
4	OSに対して，修正プログラム適用と権限設定を行う。
5	ハードウェアに対して，アクセス制御と物理セキュリティ確保を行う。

ア　HaaS　　イ　IaaS　　ウ　PaaS　　エ　SaaS

問4 業務フローを記述する図　CHECK ▶ □□□

業務要件定義において，業務フローを記述する際に，処理の分岐や並行処理，処理の同期などを表現できる図はどれか。

ア　アクティビティ図　　イ　クラス図
ウ　状態遷移図　　エ　ユースケース図

問5 レベニューシェア型契約 CHECK ▶ □□□

システムを委託する側のユーザ企業と，受託する側のSI事業者との間で締結される契約形態のうち，レベニューシェア型契約はどれか。

ア SI事業者が，ユーザ企業に対して，クラウドサービスを活用したシステム開発と運用に関わるSEサービスを月額固定料金で課金する。
イ SI事業者が，ユーザ企業に対して，ネットワーク経由でアプリケーションサービスを提供する際に，サービスの利用時間に応じて加算された料金を課金する。
ウ 開発したシステムによって将来，ユーザ企業が獲得する売上や利益をSI事業者にも分配することを条件に，開発初期のSI事業者への委託金額を抑える。
エ システム開発に必要な工数と人員の単価を掛け合わせた費用をSI事業者が見積もり，システム構築費用としてシステム完成時にユーザ企業に請求する。

問6 ファウンドリサービス CHECK ▶ □□□

半導体メーカが行っているファウンドリサービスの説明として，適切なものはどれか。

ア 商号や商標の使用権とともに，一定地域内での商品の独占販売権を与える。
イ 自社で半導体製品の企画，設計から製造までを一貫して行い，それを自社ブランドで販売する。
ウ 製造設備をもたず，半導体製品の企画，設計及び開発を専門に行う。
エ 他社からの製造委託を受けて，半導体製品の製造を行う。

演習問題の解答

問1 (令和2年10月 応用情報技術者試験 午前 問63)

《解答》エ

SOA (Service Oriented Architecture) は，サービス（機能）を中心とした手法で，利用者の視点で分けた各業務システムを独立した部品とします。分けることによって，ソフトウェアの連携を容易にすることができるので，**エ**が正解です。

アはERP (Enterprise Resource Planning)，イはフィット＆ギャップ分析，ウはPDCAサイクルによる継続的改善の説明です。

問2 (平成30年秋 応用情報技術者試験 午前 問65)

《解答》ア

共通フレーム2013のシステム化構想の立案プロセスでは，市場，競争相手，取引先，法規制，社会情勢などの事業環境，業務環境を分析し，事業目標，業務目標との関係を明確にします。AIなどの情報技術の動向を調査することや，情報技術の利用方法について分析することは，システム化構想の立案プロセスで行うべきこととなります。したがって，**ア**が正解です。

イ　ソフトウェア要件定義プロセスで行うべきこととなります。

ウ　システム方式設計プロセスで行うべきこととなります。

エ　システム要件定義プロセス及びソフトウェア方式設計プロセスで行うべきこととなります。

問3 (平成27年春 応用情報技術者試験 午前 問42)

《解答》ウ

NIST (National Institute of Standards and Technology) の定義によるクラウドサービスモデルのうち，項番1，2のデータやアプリケーションに対してはクラウド利用者が責務を負い，それ以外のDBMS，OS，ハードウェアに対してはクラウドサービス事業者が責務を負うようなサービスモデルは，PaaS (Platform as a Service) です。したがって，**ウ**が正解です。

アのHaaS (Hardware as a Service) は項番1～4，イのIaaS (Infrastructure as a Service) は項番1～3，エのSaaS (Software as a Service) は項番1に対して，クラウド利用者が責務を負います。

問4 (平成29年春 応用情報技術者試験 午前 問64)

《解答》ア

業務要件定義で業務フローを記述する際に，処理の分岐や並列処理，処理の問題などを表現するための図には，フローチャートや，それをUMLで表現するアクティビティ図があります。したがって，**ア**が正解です。

業務要件定義では，イのクラス図（E-R図）は業務全体のデータの関連を，ウの状態遷移図は組込みシステムなどにおける状態の変化を，エのユースケース図は利用者とシステムの関係を示すために用いられます。

問5 (令和2年10月 応用情報技術者試験 午前 問66)

《解答》ウ

レベニューシェア（Revenue Share）型契約とは，支払額が固定される委託契約ではなく，収益（Revenue）の一定割合をシェア（Share）する契約です。開発したシステムによって将来，ユーザ企業が獲得する売上や利益をSI事業者にも分配することを条件に，開発初期のSI事業者への委託金額を抑えることは，レベニューシェア型契約となります。したがって，**ウ**が正解です。

ア　定額制による課金形態です。
イ　従量制による課金形態です。
エ　人月による工数見積りを利用した固定額での契約形態です。

問6 (令和元年秋 応用情報技術者試験 午前 問66)

《解答》エ

ファウンドリサービスとは，半導体製造のみを専門に行うサービスのことです。他社からの製造委託を受けて，半導体製品の製造を行うことはファウンドリサービスに該当します。したがって，**エ**が正解です。

ア　フランチャイズチェーンにおける，本部（フランチャイザー）が行うことです。
イ　通常の，半導体製造と販売まですべて自社で行う企業のことです。
ウ　ファブレス企業の説明です。

第8章

経営戦略

この章では，企業を経営する上で大切な経営戦略を学びます。
ITの専門家は，技術だけでなく経営的な視点をもつことも必要です。
この分野では，純粋に経営に関することと，それをITをはじめとした技術とどう結び付けていくかについて学びます。
分野は三つ，「経営戦略マネジメント」「技術戦略マネジメント」と「ビジネスインダストリ」です。経営戦略マネジメントでは，経営戦略やマーケティングなど，経営全般の知識や手法について学びます。技術戦略マネジメントでは，技術中心の会社での経営マネジメント手法について学びます。そして，ビジネスインダストリでは，実際のビジネスや製品の応用例について学びます。
ITとは関連性が薄い部分が多いので，経営学を学んできていない方にとっては見慣れない知識が多いと思います。あせらず一つ一つ確実にステップアップしていきましょう。

8-1 経営戦略マネジメント

経営戦略マネジメントは，経営戦略全体をマネジメントすることです。経営戦略の手法やマーケティング，ビジネス戦略，経営管理システムなど，経営全般について学びます。

8-1-1 経営戦略手法

経営戦略は大きく，全社戦略，事業戦略（ビジネス戦略），機能戦略に階層的に分類されます。企業は，経営理念や経営ビジョンに沿って能動的に行動することが求められます。

全社戦略の策定

全社戦略ではまず，企業の事業領域である**ドメイン**を決めます。ドメイン内ではほかの企業に対して競争優位性をもつことが重要であり，その源泉が**コアコンピタンス**です。事業を効率化し，ITの力で良い方向に変化させるためにも，**DX**（Digital Transformation）が大切になってきます。

ドメイン以外のものは，積極的に外部に出すことも大切です。複数の組織で共通に実施している業務を組織から切り離し，別会社として独立させて共同で利用する**シェアドサービス**を利用し，業務の効率化を図ることもあります。

また，組織で働く様々な人たちの多様性，例えば年齢や性別，人種などの違いを競争優位の源泉として活用する**ダイバーシティマネジメント**も大切です。さらに，地球環境に配慮し，持続可能な世界を実現するために，**SDGs**（Sustainable Development Goals：持続可能な開発目標）を意識することも重要になってきます。

それでは，次の問題を考えてみましょう。

勉強のコツ

午前は知識問題が中心です。PPMやSWOT分析，BSCなどの定番用語を中心に，経営戦略でよく使う用語を押さえておきましょう。午後では，マーケティングの手法やSWOT分析の実例などが出題されますので，用語を暗記するだけでなく，その目的や手法を押さえておくことが大切です。

用語

コアコンピタンスとは，経営資源を組み合わせて企業の独自性を生み出す組織能力のことです。

用語

DX（Digital Transformation）とは，スウェーデンのウメオ大学のErik Stolterman教授が提唱した概念で，人々に良い生活（Good life）を実現させる，ITを中心としたテクノロジーを指します。具体的には，AIやIoT，VRなどの先進的な技術と，クラウドやスマートフォンなどのプラットフォームなどを組み合わせて，既存の業界のビジネスモデルを脱却し，ITを活用して新たなビジネス価値を創造することをDXと呼びます。

問題

コアコンピタンスに該当するものはどれか。

ア　主な事業ドメインの高い成長率
イ　競合他社よりも効率性が高い生産システム
ウ　参入を予定している事業分野の競合状況
エ　収益性が高い事業分野での市場シェア

（平成31年春 応用情報技術者試験 午前 問67）

解説

コアコンピタンスとは，ある企業の活動において，競合他社よりも圧倒的に高い能力があるもののことです。競合他社よりも効率性が高い生産システムは，コアコンピタンスといえるので，イが正解です。

アの成長率やエの市場シェアは，PPM（Product Portfolio Management）で用いる指標の一つです。ウは，ファイブフォース分析などで用いる競争企業間の敵対関係を示します。

≪解答≫イ

ベンチャービジネス

それまでになかった新しいビジネスを展開することを**ベンチャービジネス**といいます。ベンチャービジネスは事業に必要なスキルがないと失敗するリスクが高いので，支援を行う**インキュベータ**という組織や制度があります。ベンチャービジネスでは，コストをそれほどかけず，最小限の実用性をもつ製品を短期間で作り，それを改善していく**リーンスタートアップ**という手法が多くとられています。

また，新規ビジネスを立ち上げるときには，そのビジネスの実行可能性や採算性を分析し，評価を行う**フィージビリティスタディ**を実施します。

用語

インキュベータとは，もともとは「孵卵器」を意味します。卵を保護して，それを無事，雛になるまで育てる機械です。アニメ『魔法少女まどか☆マギカ』や『マギア・レコード』に出てくるキュゥべえも，魔法少女を育てるインキュベータです。

M&A

M&A（Mergers and Acquisitions）とは，企業の合併・買収のことで，企業が行う統合の手段ととらえられます。M&Aの代表的な手法には，**TOB**（Take Over Bid：**公開買付け**），**LBO**（Leveraged Buy Out），**MBO**（Management Buy Out）などがあります。

TOBは，買収側の企業が，被買収側の企業の株式の価格などを公開し，直接株主から買い取る方法です。**LBO**は，買収側の企業が，被買収側の企業の資産などを担保に，銀行借入れなどで資金を手に入れて買収する方法です。**MBO**は，子会社などにおいて，現経営陣が株式を買い取って経営権を取得する方法です。

用語
MBOと似た方法に**EBO**（Employee Buy Out）があります。経営陣ではなく従業員による買収で経営権を取得する方法です。

プロダクトポートフォリオマネジメント

PPM（Product Portfolio Management：プロダクトポートフォリオマネジメント）は，戦略の策定に用いられる手法です。次のようなチャートを作成し，商品や事業の戦略を考えます。

動画
経営戦略の分野についての動画を以下で公開しています。
http://www.wakuwakuacademy.net/itcommon/8
PPMや競争地位別戦略など，経営戦略分野の定番用語について，詳しく解説しています。
本書の補足として，よろしければご利用ください。

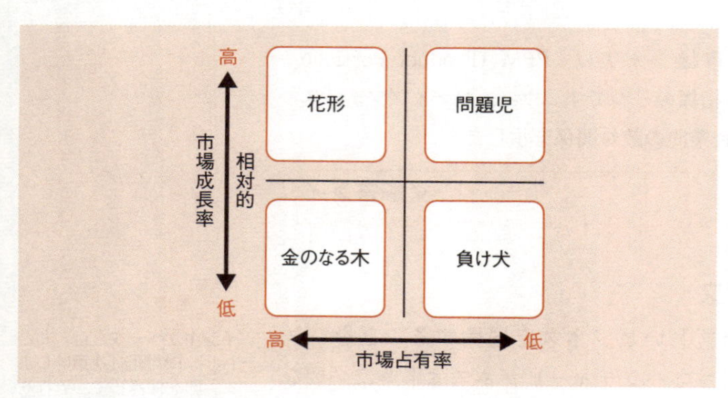

プロダクトポートフォリオのチャート

発展
PPMは，BCG（ボストン・コンサルティング・グループ）によって開発されたツールです。企業が**多角化**により複数の事業を展開するときの指針となるものです。

各カテゴリの内容は以下のとおりです。

①問題児

市場が成長しているので資金流出が大きく，市場占有率が低いため，キャッシュフローはマイナスです。**資金を投入して**，相対的市場占有率を上げることで**花形に移行**します。

発展
すべての問題児が，資金を投入すれば花形に育つわけではありません。また，研究開発などを行うことで，最初から花形の事業を作ることもできます。
どの事業に注力するか，その選別が重要となります。

②花形

資金流入も資金流出も大きく，キャッシュフローの源ではありません。成熟期になって市場成長率が低くなると**金のなる木に移行**するので，それまで投資を続ける必要があります。

③金のなる木

資金流入が多く，資金流出が少ないので，**キャッシュフローの源**です。ここの資金を花形や問題児に投資します。

④負け犬

資金流入，資金流出がともに少ないので，撤退するのが基本です。ただ，残存者利益を獲得できる場合もあります。

それでは，次の問題を解いてみましょう。

問題

PPMにおいて，投資用の資金源と位置付けられる事業はどれか。

ア　市場成長率が高く，相対的市場占有率が高い事業
イ　市場成長率が高く，相対的市場占有率が低い事業
ウ　市場成長率が低く，相対的市場占有率が高い事業
エ　市場成長率が低く，相対的市場占有率が低い事業

（平成30年春 応用情報技術者試験 午前 問67）

解説

PPMでは，投資用の資金源となるのは“金のなる木”と呼ばれる事業で，市場成長率が低く，相対的市場占有率が高いため，投資が少なくても利益を確保できます。したがって，ウが正解です。

アは花形，イは問題児，エは負け犬の事業です。

≪解答≫ウ

過去問題をチェック

PPMの問題は，応用情報技術者試験の午前ではよく出題されます。この問題のほかに以下の出題があります。

【PPM】

- 平成21年春 午前 問67
- 平成21年秋 午前 問69
- 平成23年特別 午前 問67
- 平成25年春 午前 問67
- 平成30年春 午前 問67
- 令和元年秋 午前 問67
- 令和3年春 午前 問67

8

ファイブフォース分析

米国の経営学者であるマイケル・ポーターによると，特定の事業分野における競争要因には次の五つがあり，それらを分析することを**ファイブフォース分析**といいます。

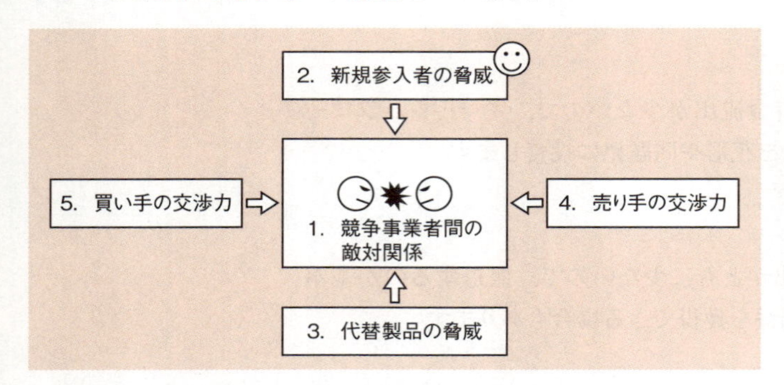

ファイブフォースの要素

発展

新規参入者の脅威に対し，既存企業が利益の減少などを防ぐために築くものに**参入障壁**があります。規模の経済性があり，規模が増大するに従ってコストが減少していく場合には，新規参入の参入障壁は高くなります。

SWOT分析

SWOT分析は，影響を与える要因を次の四つの要素に整理して分析する手法です。

SWOT分析の四つの要素

	外部環境	内部環境
良い影響	機会（Opportunity）	強み（Strength）
悪い影響	脅威（Threat）	弱み（Weakness）

発展

SWOT分析ではまず，業界や市場の動向などの**外部環境**を分析し，機会と脅威を整理します。次に，自社と競合他社を比較して**内部環境**を分析し，自社の強みと弱みを整理します。SWOT分析によって，事業の**KSF**（Key Success Factor：成功要因）と自社の**コアコンピタンス**を見極めます。

バリューチェーン分析

バリューチェーン分析は，企業が提供する製品やサービスの付加価値が，事業活動のどの部分で生み出されているかを分析する手法です。企業の事業活動には，**主活動**である

購買物流→製造→出荷物流→販売・マーケティング→サービス

の五つに加え，**支援活動**として人事・労務管理，技術開発，調達活動，全般管理の四つがあります。それぞれの活動の**役割やコスト，事業戦略への貢献度を明確にする**ことがポイントです。

それでは，次の問題を解いてみましょう。

発展

バリューチェーンは価値の連鎖なので，一部の活動だけで低コストや差別化を実現しても，その有効性はあまりありません。**全体として連結**させた上ではじめて，その価値を顧客まで届けることができます。

問題

バリューチェーンによる分類はどれか。

ア 競争要因を，新規参入の脅威，サプライヤの交渉力，買い手の交渉力，代替商品の脅威，競合企業という五つのカテゴリに分類する。

イ 業務を，購買物流，製造，出荷物流，販売・マーケティング，サービスという五つの主活動と，人事・労務管理などの四つの支援活動に分類する。

ウ 事業の成長戦略を，製品（既存・新規）と市場（既存・新規）の２軸を用いて，市場浸透，市場開発，製品開発，多角化という４象限のマトリックスに分類する。

エ 製品を，市場の魅力度と自社の強みの２軸を用いて，花形，金のなる木，問題児，負け犬という４象限のマトリックスに分類する。

（平成30年秋 応用情報技術者試験 午前 問68）

解説

バリューチェーンによる分類では，主活動と支援活動に分類します。主活動には，購買物流，製造，出荷物流，販売･マーケティング，サービスの五つがあります。支援活動には，人事・労務管理，技術開発，調達活動，全般管理の四つがあります。したがって，イが正解です。

ア ファイブフォース分析の分類になります。

ウ アンゾフの成長マトリックスの分類になります。

エ プロダクトポートフォリオマネジメント（PPM）の分類になります。

≪解答≫イ

過去問題をチェック

バリューチェーンについては，次の出題があります。

【バリューチェーン】

・平成22年春 午前 問66
・平成26年春 午前 問68
・平成30年秋 午前 問68
・令和2年10月 午前 問67

製品・市場マトリクス

製品・市場マトリクスは，経営戦略の展開エリアを四つに分類したマトリクスです。製品と市場の2軸に，既存と新規という基準を重ね合わせたものです。

製品・市場マトリクスにおける四つの展開エリア

		製品（技術）	
	既存／新規	既存	新規
市場	既存	市場浸透戦略	製品開発戦略
	新規	市場開拓戦略	多角化戦略

- **市場浸透戦略**：既存市場に既存製品を投入していく戦略
- **市場開拓戦略**：新しい顧客層，地域など新規市場に展開する戦略
- **製品開発戦略**：新しい特徴をもった新製品を既存市場に投入する戦略
- **多角化戦略**　：新規市場に新製品を投入していく戦略

市場浸透戦略では，マーケティングを有効活用し，市場でのシェアを拡大します。

競争優位の戦略

競争相手に対して優位性を築くための戦略として，マイケル・ポーターは以下の三つの基本戦略を提唱しています。

①コストリーダシップ戦略

競争企業よりも，低い**コスト**で生産・販売する戦略です。技術が成熟し，価格以外で差別化ができなくなる**コモディティ化**した製品でよく選択されます。

②差別化戦略

買い手にとって魅力的な**独自性**を打ち出す戦略です。

③集中戦略

市場を細分化し，**一部のセグメント**に焦点を当てる戦略です。その市場において差別化やコストの面で優位に立ちます。

これらの基本戦略以外に，競争の激しい既存市場を避けて，未開拓市場を切り開く**ブルーオーシャン戦略**などがあります。

ブルーオーシャン戦略の例としては，任天堂のWiiなどが挙げられます。高性能化が進んでいたゲーム業界において，ゲーム慣れしていない層というブルーオーシャン（競合のいない領域）を見つけ，そこに参入していくという戦略を実践しました。

競争地位別戦略

業界での市場占有率によって企業は次の四つに分類され，それぞれの位置付けにおける基本戦略が示されています。

①リーダー戦略

業界内で最大の市場占有率を誇るので，製品はフルライン化し，**非価格対応**を行います。

②フォロワ戦略

リーダーに追随し，危険を冒さず，**低価格化**で対応します。

③チャレンジャ戦略

リーダーに果敢に挑戦し，**差別化**を図ります。

④ニッチ戦略

特定市場のみに**集中化**し，資源もそこに集中させます。

それでは，次の問題を解いてみましょう。

用語

非価格対応とは，価格を高くするということではなく，値崩れを起こさないよう適切な価格を維持することです。業界が低価格競争に巻き込まれると，最も利益が減少するのはリーダー企業なので，リーダーは非価格対応が基本です。

問題

企業の競争戦略におけるフォロワ戦略はどれか。

ア　上位企業の市場シェアを奪うことを目標に，製品，サービス，販売促進，流通チャネルなどのあらゆる面での差別化戦略をとる。

イ　潜在的な需要がありながら，大手企業が参入してこないような専門特化した市場に，限られた経営資源を集中する。

ウ　目標とする企業の戦略を観察し，迅速に模倣することによって，開発や広告のコストを抑制し，市場での存続を図る。

エ　利潤，名声の維持・向上と最適市場シェアの確保を目標として，市場内の全ての顧客をターゲットにした全方位戦略をとる。

（令和３年春 応用情報技術者試験 午前 問68）

過去問題をチェック

競争地位別戦略については，応用情報技術者試験では定番としてよく登場します。この問題のほか以下の出題があります。

【競争地位別戦略】

- 平成22年春 午前 問67
- 平成24年春 午前 問67
- 平成24年秋 午前 問67
- 平成25年春 午前 問68
- 平成26年秋 午前 問67
- 平成28年春 午前 問67

解説

フォロワ戦略とは，リーダーに追随する戦略です。目標とする企業の戦略を観察し，迅速に模倣して低価格化することで市場での存続を図るので，ウが正解です。

アはチャレンジャ戦略，イはニッチ戦略，エはリーダー戦略の説明です。

≪解答≫ウ

覚えよう！

- □ 企業の競争優位性の源泉はコアコンピタンス
- □ PPMは問題児→花形→金のなる木，そして負け犬

8-1-2 マーケティング

頻出度 ★☆☆

マーケティングとは，売れる仕組み作りです。販売やプロモーションだけでなく，消費者のニーズを認識し，魅力的な商品を開発し，流通経路を確保するなどの一連のプロセスがマーケティングです。

用語

適切なマーケティングを行い続けるには，**マーケティングマネジメントプロセス**が必要です。マーケティングマネジメントプロセスでは，以下の一連のプロセスを実現します。

1. 市場機会の分析
2. 標本市場の選定
3. マーケティングミックス戦略の開発
4. マーケティング活動の管理

マーケティングミックス

マーケティングミックスとは，マーケティングの要素である**4P**の適切な組合せです。また，売り手側の**4P**に合わせて，買い手側に**4C**の要素があるという考え方があります。4Pに対応する4Cは次のとおりです。

マーケティングミックスの4Pと4C

売り手側の4P	内容	買い手側の4C
製品（Product）	市場のニーズにマッチした製品を提供するための戦略	顧客価値（Customer Value）
価格（Price）	最適な市場投入価格を策定するための戦略	顧客コスト（Customer Cost）
チャネル・流通（Place）	消費者に製品を届けるために流通を最適化するための戦略	利便性（Convenience）
プロモーション（Promotion）	様々な手段を用いて認知や購買促進を図る戦略	コミュニケーション（Communication）

それでは，次の問題を考えてみましょう。

問題

施策案 a～d のうち，利益が最も高くなるマーケティングミックスはどれか。ここで，広告費と販売促進費は固定費とし，1 個当たりの変動費は 1,000円とする。

施策案	価格	広告費	販売促進費	売上数量
a	1,600円	1,000千円	1,000千円	12,000個
b	1,600円	1,000千円	5,000千円	20,000個
c	2,400円	1,000千円	1,000千円	6,000個
d	2,400円	5,000千円	1,000千円	8,000個

ア a　　イ b　　ウ c　　エ d

（平成27年春 応用情報技術者試験 午前 問69）

解説

広告費と販売促進費は固定費とし，1個当たりの変動費を1,000円としたとき，施策案a～dのマーケティングミックスの利益は，それぞれ次のようになります。

a：(1,600 − 1,000) × 12,000 − 1,000,000 − 1,000,000 = 5,200,000
b：(1,600 − 1,000) × 20,000 − 1,000,000 − 5,000,000 = 6,000,000
c：(2,400 − 1,000) × 6,000 − 1,000,000 − 1,000,000 = 6,400,000
d：(2,400 − 1,000) × 8,000 − 5,000,000 − 1,000,000 = 5,200,000

したがって，最も利益が高くなるのは施策案cなので，ウが正解です。

≪解答≫ウ

マーケティング分析

マーケティング分析では，市場規模，顧客ニーズ，自社の経営資源，競合関係などの分析を行います。代表的な手法には次のものがあります。

①3C分析

3Cとは, **市場**(Customer), **競合**(Competitor), **自社**(Company)の頭文字を取ったもので, これらを個別に具体的に分析する際のフレームワークを**3C分析**といいます。市場分析と競合分析が外部分析, 自社分析が内部分析に相当します。

②RFM分析

RFM分析とは, 顧客に対して, Recency (**最終購買日**), Frequency (**購買頻度**), Monetary (**購買金額**) という三つの観点でポイントを付け, その合計点で顧客をランク付けしていく手法です。

③マーケティングリサーチ(市場調査)

マーケティングリサーチとは, マーケティングに必要な情報を体系的に収集, 分析, 評価するための活動です。データの収集方法には, **質問法**, **観察法**, **実験法**があります。また, 全数調査を行うか**サンプリング**を行うかは状況に応じて決定します。

用語

質問法は調査対象者に質問することでデータを収集します。面接法, 電話法, 郵送法, 留置法などがあります。
観察法は, 動線調査や他店調査, 通行量調査など, 観察対象者の行動や反応を直接観察する方法です。
実験法は, ある変数(マーケティング要素)を操作することで, 別の変数へ影響するかどうかを調査する方法です。

④消費者行動モデル(AIDMA)

消費者行動モデルの**AIDMA**とは, 消費者がある商品を知って購入に至るまでの段階を, Attention (**注意**), Interest (**関心**), Desire (**欲求**), Memory (**記憶**), Action (**行動**) の五つに分けたモデルです。それぞれの段階で消費者に対するアプローチの仕方が異なるので, 段階に応じたマーケティングが大切です。

用語

全数調査:対象をすべて調査すること
サンプリング:全対象から一部を抽出すること。抽出した対象を調査することをサンプリング調査(標本調査)という

ターゲットマーケティング

消費者のニーズを単一的なものととらえて同じ製品を大量に投入していく**マスマーケティング**では, 消費者の個々のニーズに適合するのが困難になってきました。そこで, 市場を細分化(**セグメンテーション**)し, その中から最も効果的な市場を標的(**ターゲティング**)とし, その市場の中で自社がいかにして優位に立つか(**ポジショニング**)を検討します。それが**ターゲットマーケティング**です。市場をセグメンテーションする際に使用される基準としては, 次のものがあります。

①地理的基準（ジオグラフィック基準）

地域や気候，人口密度などによる地理的な基準です。

②人口統計的基準（デモグラフィック基準）

年齢，性別，所得，職業などの人口統計的な基準です。

③心理的基準（サイコグラフィック基準）

消費者の価値観やライフスタイルなど，消費者の心理的な側面に焦点を当てた基準です。

④行動変数基準

使用率，ロイヤルティなど，消費者の製品に対する知識，態度，反応などに焦点を当てた基準です。

マーケティング戦略

マーケティングの戦略には，次のものがあります。

①製品戦略

製品に対する戦略です。製品戦略を立てる上で大切な考え方に，PLC（Product Life Cycle：製品ライフサイクル）があります。PLCとは，製品が市場に投入され，廃棄されるまでの生命周期のことで，導入期，成長期，成熟期，衰退期の段階に分けられます。それぞれの段階と売上高の関係は次の図のようになります。

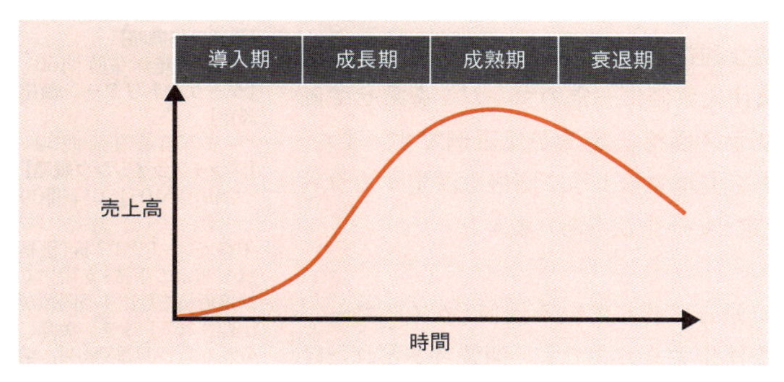

PLC（製品ライフサイクル）

PLCへの対策に**計画的陳腐化**があります。製品のモデルチェンジを頻繁に行い，消費者に対して常に新製品を提供していくという戦略です。また，新製品を作成する場合には，自社の製品が他の自社製品と競合してしまい，ともにマーケットシェアを落としてしまう**カニバリゼーション**を避ける必要があります。逆に，製品寿命を延ばしてロングセラー化を実現しようとする取組みのことを**ライフサイクル・エクステンション**（製品寿命の延命化）といいます。また，製品が一般化し，他と差別化が図れなくなることを**コモディティ化**といいます。

②広告戦略（プロモーション戦略）

商品を消費者に認知してもらうコミュニケーション手段です。消費者行動モデルを活用した広告などがあります。

③ブランド戦略

商品をブランド化し，価値を上げる戦略です。まず，ブランドの位置付けである**ポジショニング**を検討し，次にブランドの特色である**パーソナリティ**を検討します。その後，どのように商品を認知させるかという**ブランディング**の検討を行います。

④価格戦略

価格を設定する戦略です。価格設定方法には次の3種類があります。

・コスト（原価）志向型

コスト（原価）に適切な利益を加算し，価格を決定する方式です。製造原価または仕入原価に一定のマージンを乗せて価格を決定する**コストプラス価格決定法**が代表例です。また，目標とする投資収益率を実現するように価格を決定する**ターゲットリターン価格設定**という方法もあります。

・需要志向型

消費者がその商品に対して感じている価値（カスタマーバリュー）を基準に価格を決定する方式です。消費者がどれだけの価値を知覚するかに合わせる**知覚価値法**があります。また，顧客層，時間帯，場所など市場セグメントごとに異なった価格を決定する**差別価格設定**もあります。消費者の需要に合わせ

過去問題をチェック

価格戦略に関する問題は，近年の午前試験で頻出しています。

【コストプラス価格決定法】
・平成23年秋 午前 問68
【浸透価格戦略】
・平成29年春 午前 問68
【ターゲットリターン価格設定】
・平成30年春 午前 問69
【プライスライシング戦略】
・令和2年10月 午前 問69

午後では，PSM分析（価格感度測定の手法）を用いて最適価格を算出する問題が出題されています。実際に分析を行う問題であり，学習に適しているので，機会があれば解いてみることをおすすめします。

【PSM分析】
・平成26年春 午後 問2

て，製品を売るのではなく使用権を販売し，必要な期間だけ提供する**サブスクリプションモデル**を使用することもできます。

価格を調査する方法には，消費者にアンケートを実施して4通りの価格帯を探り，そこから最適な価格を導出する**PSM（Price Sensitivity Measurement）分析**という手法（価格感度測定の手法）があります。

・競争志向型

競合他社がいることを前提に，市場ベースでの価格決定を行う方式です。現在の市場価格に合わせる**実勢価格設定法**などがあります。新製品を浸透させるため，低価格戦略と積極的なプロモーションによって新製品のマーケットシェアの増大を図る**浸透価格戦略**を用いる方法もあります。

逆に，先に製品を発売したときには，先行者利益を獲得するために，製品投入の初期段階で高価格を設定する**スキミングプライシング**という戦略を用いることもあります。

さらに，複数の製品に対して5,000円均一，10,000円均一などの製品ランクごとに販売する**プライスライニング戦略**を用いる方法もあります。

それでは，次の問題を考えてみましょう。

8

問題

事業戦略のうち，浸透価格戦略に該当するものはどれか。

ア　売上高をできるだけ維持しながら，製品や事業に掛けるコストを徐々に引き下げていくことによって，短期的なキャッシュフローの増大を図る。

イ　事業を分社化し，その会社を売却することによって，投下資金の回収を図る。

ウ　新規事業に進出することによって，企業を成長させ，利益の増大を図る。

エ　低価格戦略と積極的なプロモーションによって，新製品のマーケットシェアの増大を図る。

（平成29年春 応用情報技術者試験 午前 問68）

解説

浸透価格戦略とは，新製品を浸透させるため，低価格戦略と積極的なプロモーションによって新製品のマーケットシェアの増大を図る戦略です。したがって，エが正解です。

アは収穫戦略，イは投資の回収，ウは新規事業進出の戦略です。

≪解答≫エ

マーケティング手法

マーケティング手法としては，これまで出てきた**マスマーケティング**や**ターゲットマーケティング**のほかに次のようなものがあります。

①ワントゥワンマーケティング

顧客との対話により把握した**個々の顧客**の属性，ニーズや嗜好,購買履歴などに合わせてマーケティングを展開することです。顧客シェアが拡大しても，情報技術を駆使して**マスカスタマイゼーション**を行うことで実現できます。

> **用語**
> **マスカスタマイゼーション**とは，大量生産とカスタムを合成したものです。製品のモジュール化などで，大量生産と豊富なバリエーションの両方を実現し，個々の顧客ニーズに対応します。

②リレーションシップマーケティング

企業と外部（顧客，取引先，社会など）との関係に注目し，**長期的な相互利益と成長**を目指すという概念です。

③ダイレクトマーケティング

流通業者を経由せずに直接消費者に販売を実施していく手法です。一人一人を対象にマーケティング活動を行います。

④バイラルマーケティング

製品やサービスの**口コミ**を意図的に広める手法です。

⑤インバウンドマーケティング

ブログや動画などの有益なコンテンツをWebサイトで公開し，SNSなどでシェアされたりして注目を集めることで自社製品を広める方法です。

それでは，マーケティング戦略の一連の流れを理解するためにも，次の午後問題を解いてみましょう。

問題

販売戦略に関する次の記述を読んで，設問１～４に答えよ。

〔Ｚ社の概要〕

Ｚ社は，海外旅行を専門とする中堅の旅行会社で，首都圏に本部と複数の店舗を展開している。Ｚ社では，自社で企画した“パッケージツアー”（以下，ツアーという）を，幅広い顧客層に向けて手ごろな価格で販売している。Ｚ社のツアーは，人気がある海外の名所旧跡を訪問するツアーを中心とした品ぞろえで，利用する航空会社や宿泊施設，食事，観光などがあらかじめ決められている。ツアーの企画は，店舗を訪れた顧客やツアーに参加した顧客へのアンケート結果も参考にして，本部で行っている。アンケートでは，旅行で訪れてみたい場所や，ツアーに支払ってもよい上限金額などを質問し，答えてもらっている。これら顧客の希望を取り入れ，かつ，収益を確保するため，ツアーを企画する担当者には，世界各地のホテルや交通機関の事情についての専門知識などが求められる。

顧客は，目的とする訪問先や日程などに合ったツアーを探し出し，選択している。顧客にはシニア世代が多いので，店舗の担当者はそれぞれのツアーの内容を分かりやすく説明し，ツアー選択のアドバイスをするなど丁寧な販売を心掛けていて，顧客からの評判が良い。このことが口コミで広まり，集客に役立っている。一方で，店舗の担当者からは，店舗の老朽化などの意見が寄せられている。

〔Ｚ社を取り巻く経営環境〕

近年，競合他社から多くの類似商品が発売されてきている。これらのツアーは差別化が難しいので価格競争となり，利益が低下している。また，繰り返し海外旅行に出掛ける顧客が増え，ツアーに対するニーズが多様化してきている。例えば，アフリカ大陸の秘境を訪れる旅や，訪問先で環境保護のイベントに参加するなど特定の目的をもった旅に関する問合せが増えている。しかし，Ｚ社のツアーは，

過去問題をチェック

マーケティング戦略については，応用情報技術者試験の午後でよく出題されます。次のような題材で，マーケティングマネジメントプロセスの一連の内容について問われます。

【マーケティング戦略】
- 平成21年春 午後 問1
- 平成28年秋 午後 問2

【販売戦略】
- 平成22年秋 午後 問1
- 平成26年春 午後 問2

【家電量販店の営業戦略】
- 平成23年秋 午後 問1

【ブランド戦略】
- 平成27年春 午後 問2

【成長戦略】
- 令和元年秋 午後 問2

これら顧客のニーズにこたえられる品ぞろえや，仕組みとはなっていないので，対応できていない。そのほか，自分オリジナルの旅行に出掛けたいという要望も寄せられているが，個別の要望に対応するには，手間や時間，ノウハウが必要となるので実施できていない。

Ｚ社は，世界各地の多くの旅行会社（以下，ツアーオペレータという）と提携していて，これを強みとしている。ツアーオペレータは，現地の情報に詳しく，Ｚ社からの依頼で宿泊施設や移動手段，食事，観光など，旅行素材の手配を専門に行っている。ツアーオペレータからは，著名な指揮者による演奏会や４年に１度開催されるサッカーのワールドカップのチケットなど，他社では入手が困難な“希少価値の高い旅行素材”が度々持ち込まれる。しかし，これをツアーに組み入れると，提供価格が高額となるので，手ごろな価格での提供を特徴としているＺ社では活用していない。

Ｚ社では，これらの状況から“競合他社との価格競争”及び“多様化した顧客ニーズ”の二つの課題への対応策として，“希少価値の高い旅行素材”を活用することにした。さらに，商品の見直し，対象顧客層の設定，販売施策の検討などを実施し，これまでの手ごろな価格での販売から，高付加価値による高価格での販売へと販売戦略を転換し，これに向かって経営資源をシフトすることにした。

〔商品の見直し〕

“希少価値の高い旅行素材”をテーマにしてツアーを構成した“テーマツアー”を開発する。例えば，有名な豪華客船でのクルーズをテーマにしたツアーに，ベテラン添乗員の同行，ゆとりある日程，荷物の配送サービスなどを付加して，最上級の旅を演出する。

また，“希少価値の高い旅行素材”に，自分がよく利用する航空会社や好みのホテル，レストラン，観光地などを組み合わせ，これに航空機の乗継情報やホテルの居心地の良い部屋など担当者のノウハウを提供して，自分オリジナルのこだわりの旅行計画を作ることができる“フリープラン”を新たに開発する。

これらの商品について，図に示す商品マップを作成し，それぞれの位置付けを確認した。

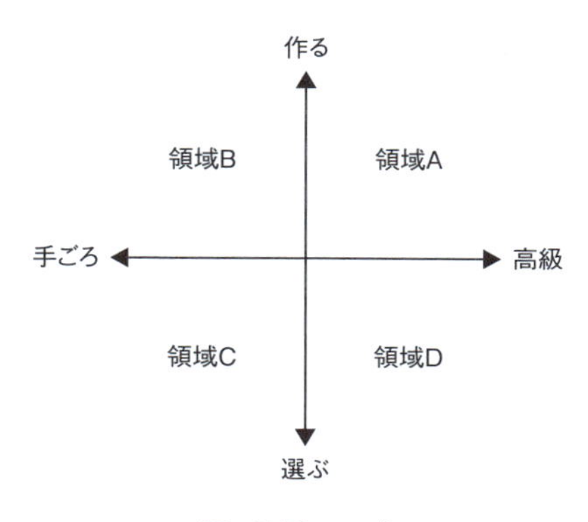

図　商品マップ

〔対象顧客層の設定〕

海外旅行を希望する人を，地理的変数や人口統計的変数，心理的変数，行動的変数などを使用して共通するニーズや特徴を明らかにし，グループ分けする。また，市場の規模や収益性，参入障壁，競合状態，相乗効果などの判断基準から，各グループの有効性を分析した。

その結果，“競合他社との価格競争”への対応には，価格が高くても質の高い旅行を求める“時間と資金に余裕のあるシニア世代”を対象顧客層に設定し，テーマツアーを提供することにした。しかし，もう一つの課題である“多様化した顧客ニーズ”への対応が不十分と判断し，“時間と資金に余裕のあるシニア世代”のほかに“［　a　］顧客”も併せて対象顧客層に設定し，フリープランを提供することにした。

〔販売施策の検討〕

店舗での対面販売は，顧客の要望を最大限に実現することを目標とする。中でもフリープランでは，個々の顧客の要望をヒアリングし，それに合ったプランを提示する。これを繰り返し行い，顧客とともにフリープランを作り上げ，その対応に満足してもらうことで付加価値を高め，高価格での販売を実現する。そのためには，店舗の担当者にも新たなスキルが求められるようになる。

また，店舗を改装し，顧客がゆっくりと商品を検討できるなど，施策に合った店舗作りを実現する。

以上に基づいて，販売戦略の転換を進めることにした。

設問1 “テーマツアー”と“フリープラン”は，本文中の図のどの領域に位置付けられるか。それぞれの領域を，図中の記号で答えよ。

設問2 対象顧客層の設定について，(1)，(2)に答えよ。

(1) 本文中の下線部の判断基準は，マーケティングのどの段階で使用されるか。解答群の中から選び，記号で答えよ。

解答群

ア 自社の位置付けの確認

イ 市場の細分化

ウ ターゲット市場の選定

エ マーケティングミックスの検討

(2) 本文中の［ a ］に入れる適切な字句を，Z社の課題に考慮して，20字以内で述べよ。

設問3 販売施策の検討について，(1)，(2)に答えよ。

(1) 店舗での対面販売において，店舗の担当者に求められるようになる新たなスキルを30字以内で具体的に述べよ。

(2) 店舗作りのコンセプト案として，Z社の施策から考えて**適切でないもの**を解答群の中から選び，記号で答えよ。

解答群

ア 機能と効率を優先したカフェのイメージ

イ 高級感とくつろいだ雰囲気を演出するラウンジのイメージ

ウ 自分にフィットしたものを提供してくれるブティックのイメージ

設問4 販売戦略の転換の検討過程において，従来のツアーの販売継続についても検討した。販売を継続する場合のメリット，デメリットを，経営リスクの観点からそれぞれ30字以内で述べよ。

(平成22年秋 応用情報技術者試験 午後 問1)

解説

Z社の販売戦略では，〔Z社の概要〕が内部環境，〔Z社を取り巻く経営環境〕が外部環境です。これらを分析し，〔商品の見直し〕で製品戦略を考え，〔対象顧客層の設定〕でターゲッティングを行っています。さらに，〔販売施策の検討〕でプロモーション戦略を検討します。

設問1

“テーマツアー”は，〔商品の見直し〕によると，“希少価値の高い旅行素材”をテーマにして構成したツアーです。例を見ると，有名な豪華客船のクルーズなので，これは高級な商品に分類されます。また，ツアーの構成は決まっているので，作る／選ぶでは「選ぶ」に分類されます。したがって，テーマツアーは図では領域Dに位置付けられます。

“フリープラン”は，自分オリジナルのこだわりの旅行計画を作ることができるプランです。つまり，選ぶのではなく自分で作る旅行です。また，自分で組み合わせると割高になり，価格の面では高級に分類されます。したがって，フリープランは図では領域Aに位置付けられます。

設問2

(1)

下線部の判断基準「市場の規模や収益性，参入障壁，競合状態，相乗効果」から，各グループの有効性を分析しています。このグループ分析後の対象顧客層の設定がターゲッティング，つまりターゲット市場の選定なので，**ウ**が正解です。

(2)

Z社の課題の一つは，〔Z社を取り巻く経営環境〕によると，“多様化した顧客ニーズへの対応”です。それを考慮し，対象顧客層を問題文から探すと，「**繰り返し海外旅行に出掛ける**顧客が増え」とあり，これが解答です。また，同様の記述として，「**自分オリジナルの旅行に出掛けたい**という要望も寄せられている」があり，こちらも解答となります。

設問3

(1)

店舗の担当者に求められる新たなスキルを考えます。〔Z社の概要〕によると，従来は，ツアーの企画は本部のみで行っていました。しかし，フリープランを扱う上では，店舗の担当者にもツアーを企画するスキルが求められます。ツアーを企画する担当者には，「世界各地のホテルや交通機関の事情についての専門知識」などが求められるので，店舗の担当者にも，**世界各地のホテルや交通機関の事情についての専門知識の活用**が求められます。

(2)

Z社の施策での対象顧客層は，〔対象顧客層の設定〕より，“時間と資金に余裕のあるシニア世代”と，“自分オリジナルの旅行に出掛けたい顧客”です。シニア世代にはイのラウンジ，オリジナル旅行の顧客はウのブティックのイメージが合いますが，**ア**のカフェはどちらにも合いません。

設問4

従来のツアーを販売継続すると，従来のツアーからの収益も見込めます。新製品が思うように売れなかったときに，その収益での補てんが見込めるわけです。そのため，メリットは，**新製品の売上げが目標未達成のときに補てんが見込める**となります。しかし，販売継続によって，従来の手頃な価格で販売するというブランドイメージが残ってしまい，イメージ転換がなかなかできません。そのため，デメリットとしては，**高級化へのブランドイメージの転換が市場に浸透しない**ことが挙げられます。また，継続販売を行うには，そのための人員が必要なので，経営資源が分散されます。そのため，新規の販売戦略に割く労力が削られます。したがって，**経営資源が分散されるので，販売戦略の転換が遅れる**こともデメリットとなります。

≪解答≫

設問1　テーマツアー：（領域）D
　　　　フリープラン：（領域）A

設問2

（1）　ウ

（2）　a：自分オリジナルの旅行に出掛けたい（16字）

　　　繰り返し海外旅行に出掛ける（13字）

設問3

（1）　世界各地のホテルや交通機関の事情についての専門知識の活用（28字）

（2） ア

設問4

メリット：

新	商	品	の	売	上	が	目	標	未	達	成	の	と	き
に	補	て	ん	が	見	込	め	る	。	

（25字）

デメリット：※次の中から一つを解答

高	級	化	へ	の	ブ	ラ	ン	ド	イ	メ	ー	ジ	の	転
換	が	市	場	に	浸	透	し	な	い	。	

（26字）

経	営	資	源	が	分	散	さ	れ	る	の	で	，	販	売
戦	略	の	転	換	が	遅	れ	る	。	

（25字）

覚えよう！

☐ 4Pは，Product（製品），Price（価格），Place（チャネル・流通），Promotion（プロモーション）

☐ ターゲットマーケティングは，セグメンテーション→ターゲティング→ポジショニング

8-1-3 ビジネス戦略と目標・評価

頻出度 ★☆☆

ビジネス戦略（事業戦略）とは，ビジネスを実際に行う上での戦略です。企業理念や企業ビジョン，全社戦略を踏まえ，ビジネス環境分析，ビジネス戦略立案を行い，具体的な戦略目標を定めます。

ビジネス戦略と目標の設定・評価

ビジネス戦略を立てる上では，まず企業・組織のビジョンを明確にする必要があります。そして，どのようにしてビジョンを実現するか，どの分野に力を入れるかという戦略を立て，具体的な戦略目標を定めます。そして，目標達成のために重点的に取り組むべきCSF（Critical Success Factor：重要成功要因）を明確にします。最後に，目標達成の度合いを測る指標を設定し，評価します。また，新規ビジネスを立ち上げる上では，新規ビジネスの採算性や実行可能性を投資前に分析して評価する**フィージビリティスタディ**も大切です。

関連

ビジネスモデルを全体的に考える手法に，**ビジネスモデルキャンバス**があります。ビジネスモデルキャンバスでは，次の3分野，9つの視点でビジネスを分析していきます。

<組織体制・マネジメント>
- キーパートナー
- 主要活動
- キーリソース

<マーケティング>
- 価値提案
- 顧客との関係
- チャネル
- 顧客

<収益・コスト構造>
- コスト構造
- 収益の流れ

バランススコアカード

BSC（Balanced Score Card：**バランススコアカード**）は，企業の業績評価システムです。企業のもつ要素が企業のビジョンや戦略にどのように影響し，業績に表れているかを評価します。具体的には，従来の評価の視点は**財務**のみであることが多かったため，それ以外の**顧客**，**内部ビジネスプロセス**，**学習と成長**を合わせた**四つの視点**で評価します。

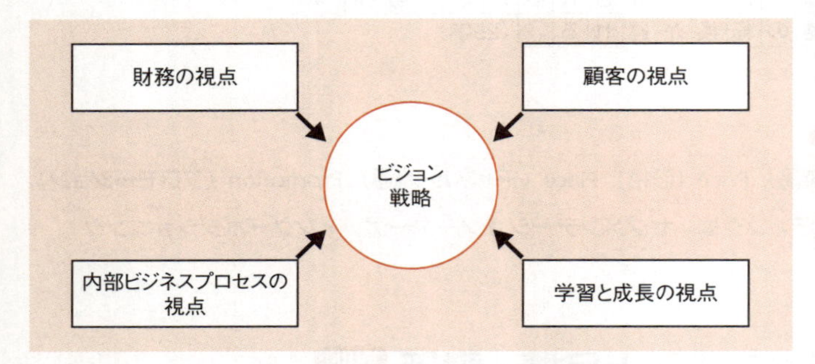

バランススコアカードの四つの視点

それぞれの視点での戦略目標を決めます。そして，その目標が達成されたかを確認する指標として，**KGI**（Key Goal Indicator：**重要目標達成指標**）を決めます。例えば，財務の視点では「利益率の向上」などを指標とします。そして，KGIを達成するために決定的な影響を与える**CSF**を決定します。例えば，KGI「利益率の向上」に対しては，「既存顧客の契約高の向上」などがCSFになります。そして，業務プロセスの実施状況を**モニタリング**するために設定される指標が，**KPI**（Key Performance Indicator：**重要業績評価指標**）です。例えば，KGI「利益率の向上」に対しては，「当期純利益率」や「保有契約高」などがKPIです。

そして，KPIを達成するために具体的なアクションプランを立て，それを実行します。

それでは，次の問題を解いてみましょう。

問題

バランススコアカードを説明したものはどれか。

ア　外部環境と内部環境の視点から，自社にとっての事業機会を導き出す手法
イ　計画，行動，評価，修正のサイクルで，戦略実行の管理を行うフレームワーク
ウ　財務，顧客，内部ビジネスプロセス，学習と成長の視点から，経営戦略の立案と実行を支援する手法
エ　ビジネス戦略を実現するために設定した，業務プロセスをモニタリングする指標

（平成26年春 応用情報技術者試験 午前 問70）

解説

バランススコアカード（BSC）は，四つの視点で経営戦略の立案と実行を支援する手法なので，ウが正解です。アはSWOT分析の説明です。外部環境（機会，脅威）と内部環境（強み，弱み）の視点から分析します。イはPDCAサイクル，エはKPIの説明です。

≪解答≫ウ

過去問題をチェック

バランススコアカードの問題は，応用情報技術者試験の経営戦略分野の定番です。この問題のほかに以下の出題があります。
【バランススコアカード】
・平成22年春 午前 問68
・平成22年秋 午前 問69
・平成23年特別 午前 問68
・平成23年秋 午前 問69
・平成24年春 午前 問70
・平成25年春 午前 問69
・平成25年秋 午前 問69
・平成26年秋 午前 問61
・平成28年秋 午前 問62
・平成29年春 午前 問63
・平成30年秋 午前 問64
・平成31年春 午前 問68
・令和3年春 午前 問70
午後でも，バランススコアカード作成を実際に行う問題が出題されています。
【バランススコアカード作成】
・平成22年春 午後 問3
・平成29年春 午後 問2

8

PEST分析

企業を取り巻くマクロな外部環境を分析するのが**マクロ環境分析**です。マクロ環境を分析する手法のうち，**PEST**を利用して外部環境を洗い出し，その影響度や変化を分析する手法を**PEST分析**といいます。

PESTとは，P（Political：**政治的**），E（Economic：**経済的**），S（Sociocultural：**社会文化的**），T（Technological：**技術的**）の頭文字を取ったもので，マクロ環境を網羅的に見ていくためのフレームワークです。

覚えよう！

- □ **BSCの4視点は財務，顧客，内部ビジネスプロセス，学習と成長**
- □ **KGIは最終的な目標，KPIは中間的なモニタリング指標**

8-1-4 経営管理システム

頻出度 ★☆☆

経営管理システムは，企業の経営に関する情報を収集して分析を行い，経営課題の解決に役立てるシステムです。経営管理システムには，全社を対象としたものだけでなく，特定の部門を対象としたシステムもあります。

BI

BI（Business Intelligence）とは，業務システムなどから得られるビジネスにおける大量のデータを蓄積して分析・加工し，企業の意思決定に活用するという概念です。その仕組みを支えるシステムのことをBIと呼ぶ場合もあります。データウェアハウスやデータマイニングなどは，BIのテクノロジとして位置付けられます。

経営管理システムの例

経営管理システムの代表例には，**KMS**，**ERP**，**CRM**，**SFA**，**SCM**などがあります。また，**EIP**（Enterprise Information Portal：企業内情報ポータル）など，企業内の情報を集めたポータルサイトも経営管理システムです。

関連
KMSやERP，CRM，SFA，SCMについては，「7-1-1 情報システム戦略」で解説しています。

バリューチェーンマネジメント

VCM（Value Chain Management：**バリューチェーンマネジメント**）とは，**バリューチェーン**（価値連鎖）を意識し，個々の業務だけでなく，全体最適の視点でマネジメントすることです。その基本となる考え方が**TOC**（Theory of Constraints：制約条件理論）であり，生産性の向上に対してボトルネック（制約条件）になっている部分を見つけて集中的に改善することで，全体のスループットを増大させます。

発展
TOCを題材にした小説に，『ザ・ゴールー企業の究極の目的とは何か』（エリヤフ・ゴールドラット著／ダイヤモンド社刊）があります。TOCだけでなく，経営戦略の手法を肌で感じてみるのにおすすめです。

また，VCMの考え方を受け継いだものに**SCM**（Supply Chain Management：**サプライチェーンマネジメント**）があります。サプライチェーン全体で連携して全体最適化を図るという考え方でシステムを構成しています。経営戦略としては**ECR**（Efficient Consumer Response：効率的消費者対応）があり，製造・卸売・小売が連携して効率的な流通機構を構築することで，消費者に対して迅速に商品を届けることができるようにします。
それでは，次の問題を解いてみましょう。

問題

部品や資材の調達から製品の生産，流通，販売までの，企業間を含めたモノの流れを適切に計画・管理し，最適化して，リードタイムの短縮，在庫コストや流通コストの削減などを実現しようとする考え方はどれか。

ア CRM　イ ERP　ウ MRP　エ SCM

（平成26年秋 応用情報技術者試験 午前 問69）

解説

企業間を含めた全体でモノの流れを最適化する考え方は，SCM（Supply Chain Management）です。したがって，エが正解です。

ア CRM（Customer Relationship Management）は，顧客との関係を構築することに注力する経営手法です。

イ ERP（Enterprise Resource Planning）は，企業のもつ資源を統合的に管理することを目指す手法です。

ウ MRP（Materials Requirements Planning）は，資材の所要量を計画することです。

≪解答≫エ

▸▸▸覚えよう！

- □ **BIは，業務データを企業の意思決定に活用**
- □ **SCMでは，サプライチェーン全体で最適化して，コストの削減などを図る**

8-2 技術戦略マネジメント

企業の持続的な発展のためには，技術開発への投資とともにイノベーションを促進し，技術と市場ニーズとを結び付けて事業を成功に導く技術開発戦略が重要です。技術戦略マネジメントは，MOT（技術経営）ともいわれます。

8-2-1 技術開発戦略の立案

経営戦略や事業戦略の下で技術開発戦略を立案します。技術開発は長期にわたることが多いため，中心となるコア技術を見極め，柔軟に外部資源を活用する必要があります。

イノベーション

イノベーションとは，新しい技術の発明や創造的なアイディアを実行に移すことで新たな利益や社会的に大きな変化をもたらす変革です。イノベーションの類型としては次の四つが挙げられます。

①プロダクトイノベーション

これまでにない新製品を開発するための技術革新です。

②プロセスイノベーション

生産工程や技術を改良する革新です。

③ラディカルイノベーション

従来にはない，まったく異なる価値を市場にもたらす革新です。一般に，最初はなかなか評価されない変革です。

④オープンイノベーション

自社でのイノベーションにとどまらず，他社や研究機関などの異分野のアイディアや知見を活用する革新です。オープンに行うことで，個人でものづくりを行う人も含め，様々な人が3Dプリンタやレーザーカッターなどを活用して，新しい製品を作る**メイカームーブメント**が起こっています。

勉強のコツ

知識問題が中心であり，基本的には午前の出題のみです。
技術系のいろいろな新用語が登場し，カタカナ用語やアルファベットの略語が多いので，用語の意味と英語の意味を結び付けて押さえておくのがおすすめです。頻出の用語は色文字で示していますので，時間がなければそれだけでもチェックしてください。

用語

MOT（Management of Technology：技術経営）とは，経営戦略や事業戦略の下で，企業の技術を確立するための技術戦略を構築し，その技術戦略に沿った事業活動を行うことです。MOTプログラムとしては教育プログラムが開発されており，これは経営学修士（MBA）の工学版としても位置付けられています。

それでは，次の問題を解いてみましょう。

問題

オープンイノベーションに関する事例として，適切なものはどれか。

ア　社外からアイディアを募集し，新サービスの開発に活用した。
イ　社内の製造部と企画部で共同プロジェクトを設置し，新規製品を開発した。
ウ　物流システムを変更し，効率的な販売を行えるようにした。
エ　ブランド向上を図るために，自社製品の革新性についてWebに掲載した。

（平成31年春 応用情報技術者試験 午前 問70）

解説

オープンイノベーションとは，自社だけでなく他社や研究機関など異分野のアイディアや知見を活用してイノベーションにつなげることです。社外からのアイディア募集は，自社以外のアイディアを活用することになるので，オープンイノベーションに該当します。したがって，アが正解です。

イ　社内での部署内の共同プロジェクトは，オープンイノベーションではありません。
ウ　物流システムの一般的な変更は，イノベーションではありません。
エ　Webへの掲載は広報活動であり，イノベーションではありません。

《解答》ア

イノベータ理論

イノベータ理論とは，新しい製品やサービスの普及の過程を五つの区分で表したものです。五つの区分とは，イノベータ，アーリーアダプター，アーリーマジョリティ，レイトマジョリティ，ラガードで，それぞれの区分の利用者によって商品に対する価値観（新しいものへの反応）が異なります。

イノベータとアーリーアダプタを初期市場，アーリーマジョリティからラガードをメインストリーム市場とし，特にハイテク製品では，二つの市場の間には**キャズム**と呼ばれる深い溝があるというキャズム理論が提唱されています。

技術経営での価値創出

技術経営（MOT）では，技術開発を経済的価値に結び付けるためには，技術・製品価値創造（Value Creation），価値実現（Value Delivery），価値利益化（Value Capture）の3要素が重要であるという考え方があります。

MOTでの価値創出においてポイントとなる概念を以下に示します。

①技術のSカーブ

一つの製品の技術進歩のパターンを追っていくと，次のようなS字型の曲線をたどるのが一般的です。

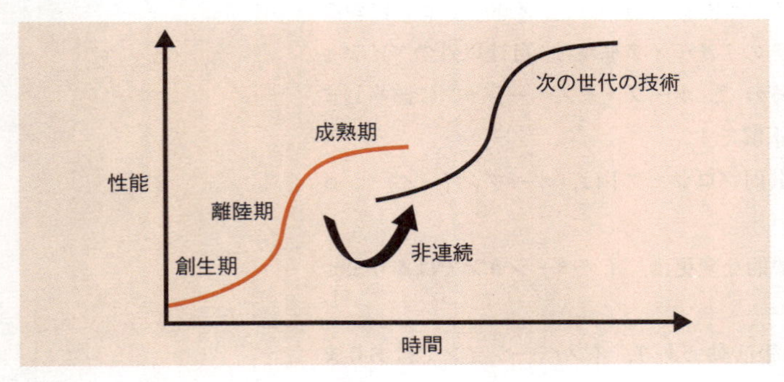

技術のSカーブ

発展
ある技術の確立に先行し成功した企業は，その技術に固執し，成熟期になっても移行できず，次世代技術に対応した後発企業に追い抜かれてしまうことがよくあります。このことを**イノベーションのジレンマ**と呼びます。

技術開発を行うと，当初は緩やかなペースでしか技術進歩が進みません（創生期）。それが，あるポイントを過ぎると急激に成長します（離陸期）。そして，しばらくすると再び成長が鈍化します（成熟期）。古い技術が新しい技術に取って代わるとき，それぞれのS字カーブは**非連続**であることがほとんどで，技術とともに主役である企業が交代することが多くあります。

②魔の川，死の谷，ダーウィンの海

技術を基にしたイノベーションを実現するためには，研究成果が実用化され，使える技術として確立されるまでに，次のような様々な障壁を越えることになります。

- **魔の川**（Devil River）
  研究段階から開発段階に移行するときに存在する障壁
- **死の谷**（Valley of Death）
  開発段階から事業化の段階に移行するときに存在する障壁
- **ダーウィンの海**（Darwinian Sea）
  事業化のあと，その事業を成功させるときに存在する障壁

③PoC，PoV

新しい概念やアイディアを実証するために，試作品の前段階として，概念が正しいかどうかの検証として，**PoC**（Proof of Concept：概念実証）を行います。また，概念やアイディアが実際に価値を提供するかどうかを**PoV**（Proof of Value：価値実証）によって確かめます。

それでは，次の問題を解いてみましょう。

問題

"技術のSカーブ"の説明として，適切なものはどれか。

ア　技術の期待感の推移を表すものであり，黎(れい)明期，流行期，反動期，回復期，安定期に分類される。

イ　技術の進歩の過程を表すものであり，当初は緩やかに進歩するが，やがて急激に進歩し，成熟期を迎えると進歩は停滞気味になる。

ウ　工業製品において生産量と生産性の関係を表すものであり，生産量の累積数が増加するほど生産性は向上する傾向にある。

エ　工業製品の故障発生の傾向を表すものであり，初期故障期間では故障率は高くなるが，その後の偶発故障期間での故障率は低くなり，製品寿命に近づく摩耗故障期間では故障率は高くなる。

（令和３年春 応用情報技術者試験 午前 問71）

解説

技術のSカーブでは，最初は緩やかで，やがて急激に進歩し，成熟期には進歩が停滞します。したがって，イが正解です。

アは**ハイプサイクル**，ウは経験曲線，エはバスタブ曲線の説明です。

≪解答≫イ

> 用語
> **ハイプサイクル**とは，話題や評判が先行する新技術の期待感の推移を表すものです。
> 黎明期には一部のみの注目しか集めませんが，流行期には知名度が広がり，過剰期待といえるほどに期待が高まります。その後，過剰な期待がしぼんで反動期となり，それが回復して回復期となります。最終的には，安定期になり，その技術の真の有用性が知られるようになります。

技術開発戦略の立案手順

技術開発戦略の立案に先立ち，製品動向，技術動向，標準化動向などを分析しておく必要があります。また，自社の核となる技術である**コア技術**を見極めることが大切です。

コア技術以外の技術開発や商品開発にはなるべく手を出さず，他社の**成功事例**などの外部資源を積極的に活用していく必要があります。また，柔軟に技術開発戦略を行うためには，従来のやり方にとらわれない**発想法**も大切です。

外部資源活用戦略

外部資源活用戦略において外部資源を活用する方法には，技術獲得，技術供与，技術提携，M＆A（Mergers and Acquisitions）などがあります。複数の企業がコンソーシアム（共同事業体）を作成して自社の特許権をもち寄り，特許権を一括して管理する仕組みである**パテントプール**を利用する場合もあります。

また，**産学官連携**として，大学などの教育機関・研究機関と民間企業が連携して研究開発や事業を行うことによる技術開発も可能です。このとき，大学などが開発した技術などを**特許化**し，企業にライセンスを供与するための組織である**TLO**（Technology Licensing Organization：技術移転機関）が**大学と産業界の橋渡し**を行います。そのために大学等技術移転促進法（TLO法）が施行されるなど，国も支援しています。

それでは，次の問題を解いてみましょう。

問題

MPEG-4などに存在するパテントプールの説明として，適切なものはどれか。

ア 国際機関及び標準化団体による公的な標準ではなく，市場の実勢によって事実上の標準とみなされるようになった規格及び製品
イ 著作権表示を保持することによって，ソフトウェアの使用，複製，改変，及び再頒布が認められる仕組み
ウ 特許料が無償でライセンスされている技術
エ 複数の企業が自社の特許権をもち寄り，特許権を一括して管理する仕組み

（令和2年10月 応用情報技術者試験 午前 問70）

解説

パテントプールとは，複数の企業がコンソーシアム（共同事業体）を作成して自社の特許権をもち寄り，特許権を一括して管理する仕組みのことです。したがって，エが正解です。

ア デファクトスタンダードの説明です。
イ クリエイティブコモンズなどの著作権管理の仕組みの説明です。
ウ 無償での特許ライセンスに該当します。

≪解答≫エ

覚えよう！

- □ 技術も経営も新しいのがラディカルイノベーション
- □ TLOは，特許化を通じて大学と企業の仲介役をする

8-2-2 技術開発計画

頻出度 ★★★

経営戦略や技術開発戦略に基づいて作成されるのが技術開発計画です。技術開発投資計画や技術開発拠点計画，人材計画などを作成します。

技術開発のロードマップ

技術開発の具体的なシナリオとして，科学的裏付けとコンセンサスのとれた**未来像**を時系列で描くのが**ロードマップ**です。ロードマップの種類には以下のものがあります。

①技術ロードマップ

企業が計画している技術開発や，周りの技術動向をまとめたものです。

②製品応用ロードマップ

技術開発を製品に応用していく過程を表したものです。

③特許取得ロードマップ

開発した技術に特許を取得する過程を表したものです。

参考

技術ロードマップは，民間企業が１社で作成するものだけでなく，業界団体が共通で行うもの，政府が行うものなどいろいろな意味合いのものがあります。
日本において政府が策定する技術ロードマップとしては，経済産業省が発表している「**技術戦略マップ**」があります。

▶▶▶覚えよう！

☐ 技術開発のロードマップは，コンセンサスのとれた未来像

8-3 ビジネスインダストリ

ビジネスインダストリとは，その職種や専門分野において押さえておくべき知識のことで，主に業界に特化したシステムや標準などに関する業務知識，業界知識のことです。

8-3-1 ビジネスシステム

頻出度 ★☆☆

いろいろなビジネス分野で用いられる情報システムについて取り上げるのがビジネスシステムの分野です。

社内業務支援システム

社内業務で活用される情報システムには，会計・経理・財務システム，人事･給与システム，営業支援システム，グループウェア，ワークフローシステム，Web会議システムなどがあります。

財務報告用の情報を作成・流通・再利用できるように標準化されたXMLベースの規格に**XBRL**（eXtensible Business Reporting Language）があります。金銭にまつわる情報を標準化することで，情報のサプライチェーンを実現できます。

基幹業務支援システム及び業務パッケージ

業務を支援する代表的な情報システムには，流通情報システム，物流情報システム，金融情報システム，医療情報システム，**POS**（Point of Sales）システム，**EOS**（Electronic Ordering System：電子補充発注システム），販売管理システム，購買管理システム，在庫管理システム，顧客情報システム，ERP，電子カルテなどがあります。

また，様々な機器にコンピュータチップとネットワークが埋め込まれ，人間がコンピュータの存在を意識することなく利用できる**ユビキタスコンピューティング**を利用した業務システムも開発されました。例えば，流通情報システムでは，物品にコンピュータチップを埋め込むことで，生産段階から消費段階，廃棄段階まで流通経路を追跡する**トレーサビリティ**を実現できます。

勉強のコツ

生産管理やNC（Numerical Control：数値制御）など，計算問題が結構出されます。やり方を押さえ，本番であわてずに解けるようにしておきましょう。また，どんどん新しくなっていく分野なので，見慣れない用語はしっかり押さえておくことが大切です。
システムや機器の具体例はあまり覚えなくてもいいので，「こんなのがあるんだ」というイメージをつかんでおきましょう。

行政システム

行政で使用される代表的な情報システムには，有価証券報告書等の電子開示システムである**EDINET**（Electronic Disclosure for Investors' Network）や，電波管理業務システム，出入国管理システム，登記情報システム，社会保険オンラインシステム，特許業務システム，地域気象観測システム（アメダス），公共情報システム，住民基本台帳ネットワークシステム，公的個人認証サービスなどがあります。

公共情報システム

公共分野における代表的な情報システムには，**GPS**（Global Positioning System：全地球測位システム）応用システム，**VICS**（Vehicle Information and Communication System：道路交通情報通信システム），**ETC**（Electronic Toll Collection System：自動料金支払システム），座席予約システム，スマートグリッドなどがあります。

スマートグリッド（次世代送電網）とは，電力の流れを供給する側と利用する側の両方から制御し，最適化する仕組みです。利用者の住宅には，通信機能や管理機能を備えた電力システムである**スマートメータ**が設置され，機器の稼働状況などを電力会社が管理します。

3PL

3PL（3rd Party Logistics）とは，物流業務に加え，流通加工なども含めたアウトソーシングサービスを行い，荷主企業の物流企画も代行する仕組みです。既存の物流業者とは別の物流企業が，物流のコンサルタントやシステム提供を合わせて，物流業務を一括して受託することで実現できます。

Society 5.0

Society 5.0とは，内閣府が提唱している科学技術政策の一つで，「サイバー空間（仮想空間）とフィジカル空間（現実空間）を高度に融合させたシステムにより，経済発展と社会的課題の解決を両立する，人間中心の社会（Society）」です。第5期科学技術基本計画において我が国が目指すべき未来社会の姿として提唱されました。

Society 5.0で実現する社会では，**IoT**（Internet of Things）ですべての人とモノがつながり，様々な知識や情報が共有され，今までにない新たな価値を生み出すことができます。

IoTがもたらす効果は，監視，制御，最適化，自律化の4段階に分類されます。IoTやブロックチェーンなどを適切に活用することで**超スマート社会**が実現できます。さらに，IoTを活用し，現実の物理空間と同じものを仮想空間で実現させる**ディジタルツイン**や，センサからのデータを活用して仮想世界を構築する**CPS**（Cyber-Physical System）も実現できます。

また，AI（人工知能）により，必要な情報が必要な時に提供されるようになり，ロボットや自動運転などの技術で，少子高齢化，地方の過疎化，貧富の格差などの様々な課題を克服します。

それでは，次の問題を解いてみましょう。

超スマート社会とは，Society 5.0で実現させようとしている社会で，様々なイノベーションで，新しい価値やサービスが次々と創出される社会のことを指します。Society 5.0の概要や，超スマート社会の実現については，内閣府のホームページ（下記URL）で紹介されています。
https://www8.cao.go.jp/cstp/society5_0/index.html

問題

IoTがもたらす効果を“監視”，“制御”，“最適化”，“自律化”の4段階に分類すると，IoTによって工場の機械の監視や制御などを行っているシステムにおいて，“自律化”の段階に達している例はどれか。

ア 機械に対して，保守員が遠隔地の保守センタからインターネットを経由して，機器の電源のオン・オフなどの操作命令を送信する。

イ 機械の温度や振動データをセンサで集めて，インターネットを経由してクラウドシステム上のサーバに蓄積する。

ウ クラウドサービスを介して，機械同士が互いの状態を常時監視・分析し，人手を介すことなく目標に合わせた協調動作を自動で行う。

エ クラウドシステム上に常時収集されている機械の稼働情報を基に，機械の故障検知時に，保守員が故障部位を分析して特定する。

（平成30年秋 応用情報技術者試験 午前 問71）

解説

IoTがもたらす効果について，米国の経営学者マイケル E.ポーターらは“監視”，“制御”，“最適化”，“自律化”の4段階に分類しています。このうち“自律化”は，監視，制御，最適化を組み合わせて行う最終段階です。自律化の段階に達すると，機械同士が人手を介すことなく目標に合わせた協調動作を自動で行うことができます。したがって，ウが正解です。

ア “制御”の段階です。
イ “監視”の段階です。
エ “最適化”の段階です。

≪解答≫ウ

覚えよう！

- □ XBRLは，財務報告用の情報のXML規格
- □ IoTによって，監視，制御，最適化，自律化が実現できる

8-3-2 エンジニアリングシステム

頻出度 ★☆☆

エンジニアリングシステムは，生産や開発，設計などの工学分野で情報技術を利用したシステムです。

生産の自動制御

生産工程を自動制御し，生産を自動化することでコストを削減できます。また，危険を伴う作業を機械化できるという利点もあります。生産方式には以下のようなものがあります。

①ライン生産方式

生産ライン上の各作業ステーションに作業を割り当て，品物がラインを移動することで加工が進んでいく方式です。

②セル生産方式

異なる機械をまとめた機械グループ（セル）を構成して工程を

編成する生産方式です。多品種少量生産に向いています。

③ JIT（Just In Time：ジャストインタイム）生産方式

すべての工程において，必要なものを，必要なときに，必要な量だけ生産する生産方式です。かんばん方式ともいわれます。

また，生産の自動制御を行う際，その動作を数値情報で指令する制御方式をNC（Numerical Control：数値制御）といいます。

それでは，次の問題を解いてみましょう。

問題

製造業のA社では，NC工作機械を用いて，四つの仕事a～dを行っている。各仕事間の段取り時間は表のとおりである。合計の段取り時間が最小になるように仕事を行った場合の合計段取り時間は何時間か。ここで，仕事はどの順序で行ってもよく，a～dを一度ずつ行うものとし，FROMからTOへの段取り時間で検討する。

単位　時間

FROM＼TO	仕事a	仕事b	仕事c	仕事d
仕事a		2	1	2
仕事b	1		1	2
仕事c	3	2		2
仕事d	4	3	2	

ア 4　　イ 5　　ウ 6　　エ 7

（平成24年秋 応用情報技術者試験 午前 問73）

解説

四つの仕事a～dの段取り時間を図にまとめると，以下のようになります。

過去問題をチェック

応用情報技術者試験で生産計画などの計算問題が多く出てくるのが，エンジニアリングシステムの分野です。この問題のほかに以下の出題があります。複雑な計算が多いので，演習をしっかり積んで慣れておきましょう。

【生産計画の計算】

- 平成21年春 午前 問71, 72
- 平成22年秋 午前 問72
- 平成24年春 午前 問71
- 平成26年春 午前 問72, 73
- 平成27年春 午前 問71
- 平成28年秋 午前 問71
- 平成29年秋 午前 問70
- 平成30年秋 午前 問73

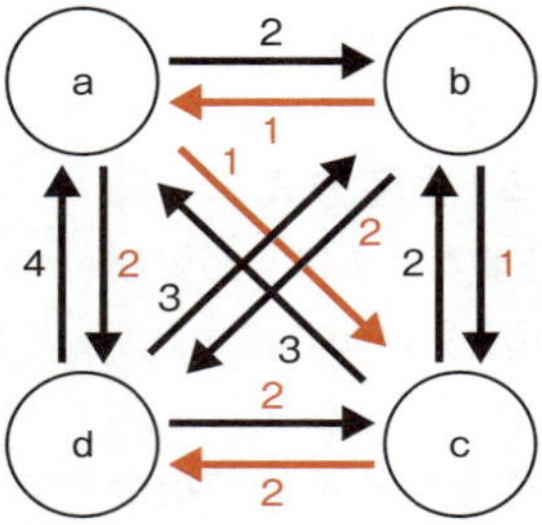

それぞれの経路でより段取り時間の少ない経路（赤字）を考慮し，合計の段取り時間が最小となる経路を探すと，仕事b→仕事a→仕事c→仕事dとなり，合計時間は1＋1＋2＝4時間となります。したがって，アが正解です。

≪解答≫ア

生産システム

生産システムとは，生産に関わる情報システムの総称で，中心となる工場の生産管理にその関連情報システムが含まれます。具体的には，品質管理，工程管理，日程管理，在庫管理，設計管理，積算支援，調達管理，原価管理，利益管理，戦略管理などのシステムから構成されます。主な生産システムには，次のようなものがあります。

①CAD（Computer Aided Design）／CAM（Computer Aided Manufacturing）／CAE（Computer Aided Engineering）

コンピュータ支援による設計（CAD）／生産（CAM）／解析（CAE）システムです。

②MRP（Material Requirement Planning）

資材所要量計画を行います。資材所要量計画とは，製品を作る上で必要な資材の量を計算して求めることです。

③FMC（Flexible Manufacturing Cell）

個々の工程を行う機械を組み合わせたものです。

④FMS（Flexible Manufacturing System）

生産設備の全体をコンピュータで統括的に管理します。

⑤FA（Factory Automation）

FMSに資材調達，設計データの管理や受渡し，間接業務などを加え，すべて自動化するシステムのことです。

覚えよう！

- □ **JITは，必要なときに，必要なものを，必要な量だけ生産**
- □ **生産システムFMSにそれ以外の業務を統合するとFA**

8-3-3 e-ビジネス

インターネットを介して行うビジネスがe-ビジネスです。EC（Electronic Commerce：電子商取引）とは，インターネットなどのネットワーク上で，情報通信によって商品やサービスを売買，分配する仕組みです。

電子決済システム

電子決済システムとは，現金を用いずに電子的なデータ交換で料金を支払うシステムで，**キャッシュレス化**を実現できます。金融取引では，**インターネットバンキング**やEFT（Electronic Funds Transfer：電子資金移動）システムが利用されています。インターネット上のクレジットカードの標準規格であるSET（Secure Electronic Transaction）はPKIを利用した仕組みで，暗号化やディジタル署名を行います。

金融システムに情報技術を組み合わせたテクノロジーに，**フィンテック**（FinTec）があります。フィンテックのサービスとしては，複数の金融機関の口座（アカウント）を一元管理する**アカウントアグリゲーション**や，AIを活用した投資助言サービスである**ロボアドバイサー**などがあります。また，ブロックチェーンや暗号技術などを利用した財産的価値をもつものに，**暗号資産**（仮想通貨）があります。

用語

インターネットバンキングは顧客と銀行間のシステムです。**EFTシステム**は，預金口座間の資金振替や銀行間の決済を処理するシステムです。

関連

PKI（公開鍵基盤）やディジタル署名，SSLの詳細は「3-5-1 情報セキュリティ」で説明しています。SETでは，暗号化にDESとRSA，ディジタル署名にRSAが採用されています。

参考

電子決済システムでは，通信回線のセキュリティを確保するため，SSL/TLSを用いて通信することが一般的です。

ICカード

電子マネーなどに利用して，情報の記録や演算を行うためにICを組み込んだカードに**ICカード**があります。ICカードには，カードリーダなどで接触させて読み込む必要がある**接触型**と，無線通信を利用して接触しなくても利用できる**非接触型**の2種類があります。

RFID

物品などに接続された**RFタグ**からRFリーダを使って無線通信で情報をやり取りする仕組みが**RFID**（Radio Frequency IDentification）です。RFIDのタグ（無線ICタグ）の種類には，RFリーダからの電波をエネルギー源として動作するため電池を内蔵する必要がない**パッシブRFタグ**と，電池を内蔵する**アクティブRFタグ**があります。

e-ビジネスの進め方

e-ビジネスは，**企業**（Business），**消費者**（Customer）及び**政府**（Government）の3種類の役割の間で進めます。企業対企業の取引が**B to B**（Business to Business），**インターネットショッピング**などの企業と消費者の取引が**B to C**（Business to Consumer）です。インターネットネットオークションなどの顧客同士の取引は**C to C**（Consumer to Consumer）です。また，政府と企業や消費者が取引する**G to B**（Government to Business）や**G to C**（Government to Citizen）もあります。

e-ビジネスでは距離の制約がなくなるので，従来とは違うビジネスも可能になります。例えば，売れ筋商品に絞り込んで販売するのではなく，多品種少量販売を行う**ロングテール**によって利益を得ることができます。

それでは，次の問題を解いてみましょう。

問題

インターネットショッピングで売上の全体に対して，あまり売れない商品の売上合計の占める割合が無視できない割合になっていることを指すものはどれか。

ア アフィリエイト　　　　イ オプトイン
ウ ドロップシッピング　　エ ロングテール

(平成30年春 応用情報技術者試験 午前 問73)

解説

あまり売れない商品は，それぞれの売上は小さいですが，その数が多いため売上全体に占める割合が多くなることがあります。このことをロングテールといいます。したがって，エが正解です。

ア ネット広告の課金方式の一つで，Webサイトのリンクを経由して商品が購入された場合に報酬が支払われる方式です。
イ 加入や参加の意思を相手方に明示することです。例えば，明確にメールマガジンを受信することに同意した人にだけメールを送る，といった形態をオプトイン方式といいます。
ウ ネット販売の一形態で，Webサイトで商品を購入した場合に，商品の発送をサイト管理者ではなく製造元や卸元が行う取引です。

≪解答≫エ

オンラインマーケティング

e-ビジネスではオンラインでのマーケティングが行われます。インターネット上では検索によってそのビジネスを見つけてもらう必要があるので，検索エンジンでの表示順位を上げるための**SEO**（Search Engine Optimization）対策を行います。

広告を出してアクセスを増やすときには，その効果を測定する必要があります。Webサイトに訪問した人の中で成約した人の割合である**コンバージョン率**や，広告にかけた費用に対する利益の割合である**CPA**（Cost Per Action）など，様々な指標があります。

また，お勧め商品を提案する**レコメンデーション**では，ポピュラリティ（人気ランキング）を利用する方法や，顧客の利用履歴を分析して類似した傾向をもつ他の顧客が購入したものを勧める**協調フィルタリング**などの方法があります。

さらに，複数の企業が提供するサービスを集約（Aggregation）して一つのサービスとしたものを**アグリゲーションサービス**といいます。ワンストップでのサービス提供によって，顧客の利便性が高まります。

EDIの仕組みと特徴

EDI（Electronic Data Interchange：電子データ交換）は，標準化したプロトコルに基づいて電子文書を通信回線上でやり取りする規格です。EDI規格は次の4レベルがあります。

EDIの4レベル

レベル		内容
レベル4	取引基本規約	EDIにおける取引の有効性を確立するための契約書
レベル3	業務運用規約	業務やシステムの運用に関する取り決め
レベル2	情報表現規約	対象となる情報データを互いのコンピュータで理解できるようにする取り決め
レベル1	情報伝達規約	ネットワーク回線の種類や伝送手順などに関する取り決め

基本的に，レベル3，4は当事者間で取り決めます。レベル2の情報表現規約として代表的なものに，UN/CEFACTが取り決めた**UN/EDIFACT**などがあります。また，レベル1の情報伝達規約としては，**JCA**（Japan Chain Stores Association）**手順**や全国銀行協会手順（**全銀手順**）などがあります。

それでは，次の問題を考えてみましょう。

用語

UN/CEFACT（United Nations Centre for Trade Facilitation and Electronic Business：貿易簡易化と電子ビジネスのための国連センター）は，国際連合の下位機関で，商取引や貿易の促進を目的に，世界規模で活動しています。

問題

EDIを実施するための情報表現規約で規定されるべきものはどれか。

ア　企業間の取引の契約内容　　イ　システムの運用時間
ウ　伝送制御手順　　　　　　　エ　メッセージの形式

（令和2年10月 応用情報技術者試験 午前 問73）

解説

レベル2の情報表現規約で規定されるのは，共通のメッセージの形式です。したがって，エが正解です。アは取引基本規約，イは業務運用規約，ウは情報伝達規約の内容です。

≪解答≫エ

ソーシャルメディア

ソーシャルメディアとは，個人による情報発信や個人間のコミュニケーションなどの社会的な要素を含んだメディアのことです。個人が情報発信するための手段としての**ブログ**や**ミニブログ**があり，コンテンツを管理するためのシステムとして**CMS**（Content Management System：コンテンツ管理システム）があります。また，個人間のコミュニケーションの場としての**SNS**（Social Networking Service）があります。SNSでは，利用者が好ましいと思う情報が多く表示されるため，実社会とは隔てられてた情報空間となる**フィルタバブル**に取り込まれがちになります。

代表的な**SNS**には，Twitterや LINE などがあります。Mobage（モバゲー）も，ゲームのポータルサイトであると同時にSNSでもあります。

▶▶▶覚えよう！

- □ **Bは企業，Cは消費者，Gは政府**
- □ **EDIの情報表現規約はメッセージの形式を決める**

8-3-4 民生機器

頻出度 ★★★

民生機器とは，一般家庭で使用される電化製品のことです。

組込みシステム

民生機器や産業機器にはコンピュータが組み込まれており，これらを制御するために組込みシステムが必要です。

ビジネス戦略として組込みシステムをとらえた場合には，設計や製造などで複数のメーカから電子機器の受託生産を行う**EMS**(Electronics Manufacturing Service)が挙げられます。

関連
組込みシステムの技術的な内容については，「2-4-1 ハードウェア」などで解説しています。

民生機器

民生機器には，コンピュータ周辺機器やOA機器，民生用通信端末機器，情報家電などがあります。幅広い製品にコンピュータが組み込まれ，組込みシステムにより，細かな制御を実現しています。

特に，情報機器の小型化，ネットワーク化が進み，**個人用情報機器**(携帯電話，**スマートフォン**，**タブレット端末**など)が普及しました。スマートフォンには，インターネットに接続するだけでなく，自身を経由してほかのコンピュータなどをインターネットに接続させる**テザリング**機能を備えているものもあります。また，ディスプレイに映像，文字などを表示する電子看板である**ディジタルサイネージ**や，ホームネットワークを利用してテレビなどの映像をスマートフォンなどで視聴できる**DLNA**(Digital Living Network Alliance)などの技術もあります。

さらに，拡張現実を実現するためのAR(Augmented Reality)グラスや，音声で様々な操作を行う**スマートスピーカ**なども登場しています。

それでは，次の問題を考えてみましょう。

参考
スマートフォン，タブレット端末などを総称して，**スマートデバイス**と呼ぶこともあります。高性能でPCと同様のことができる反面，PCと同様にセキュリティを守る必要があることなどを意識することが大切です。

問題

携帯電話端末の機能の一つであるテザリングの説明として，適切なものはどれか。

ア　PC，ゲーム機などから，携帯電話端末をモデム又はアクセスポイントのように用いて，インターネットなどを利用したデータ通信ができる。
イ　携帯電話端末に，異なる通信事業者のSIMカードを挿して使用できる。
ウ　契約している通信事業者のサービスエリア外でも，他の事業者のサービスによって携帯電話端末を使用できる。
エ　通信事業者に申し込むことによって，青少年に有害なサイトなどを携帯電話端末に表示しないようにできる。

（平成24年春 応用情報技術者試験 午前 問73）

解説

テザリングとは，スマートフォンなどの機能の一つで，アクセスポイントのように他の機器から用いてデータ通信が行えます。したがって，アが正解です。

イはSIMフリー，ウはローミングサービス，エはコンテンツフィルタリングの説明です。

≪解答≫ア

▶▶▶ 覚えよう！

□　電子機器の受託生産を行うEMS

8-3-5 産業機器

産業機器とは，産業で使用される機器のことです。産業機器では，幅広い製品にコンピュータが組み込まれ，組込みシステムによる細かな分析，計測，制御を実現しています。また近年は，省力化，無人化，ネットワーク化などが行われています。

産業機器の例

産業機器の例としては，ルータ，MDF（Main Distributing Frame：主配電盤）などの通信設備機器，船舶，航空機などの運輸機器，薬物検知，水質調査などを行う分析機器，計測機器，空調などの設備機器，建設機器などがあります。「8-3-1　ビジネスシステム」で取り上げたスマートグリッドを実現させるための**スマートメータ**も，産業機器の一例で，様々な機器を組み合わせて自動化することで工場全体を**スマートファクトリー**にすることができます。

また，自動車を制御する自動車制御システムも，産業機器の例です。自動車内には車載ネットワークとして**CAN**（Controller Area Network）が装備されており，車内で様々な情報をやり取りしています。自動運転を支援するために，車車間通信（Vehicle-to-Vehicle：**V2V**）を行うこともあります。このような，車外からのデータを取り込むICT端末としての機能を備えた自動車を，**コネクテッドカー**といいます。

覚えよう！

- □ スマートメータを用いて，スマートグリッドを実現させる

8-4 演習問題

問1 バランススコアカード CHECK ▶ □□□

ITベンダにおけるソリューションビジネスの推進で用いるバランススコアカードの，学習と成長のKPIの目標例はどれか。ここで，ソリューションとは“顧客の経営課題の達成に向けて，情報技術と専門家によるプロフェッショナルサービスを通して支援すること”とする。

ア　サービスを提供した顧客に対して満足度調査を行い，満足度を5段階評価で3.5以上とする。
イ　再利用環境の整備によってソリューション事例の登録などを増やし，顧客提案数を前年度の1.5倍とする。
ウ　情報戦略のコンサルティングサービスに重点を置くために，社内要員30名をITのプロフェッショナルとして育成する。
エ　情報戦略立案やシステム企画立案に対するコンサルティングの受注金額を，全体の15%以上とする。

問2 超スマート社会実現への取組み CHECK ▶ □□□

政府は，IoTを始めとする様々なICTが最大限に活用され，サイバー空間とフィジカル空間とが融合された“超スマート社会”の実現を推進してきた。必要なものやサービスが人々に過不足なく提供され，年齢や性別などの違いにかかわらず，誰もが快適に生活することができるとされる“超スマート社会”実現への取組は何と呼ばれているか。

ア　e-Gov　　イ　Society 5.0
ウ　Web 2.0　　エ　ダイバーシティ社会

問3 KPIとKGI　CHECK ▶ □□□

営業部門で設定するKPIとKGIの適切な組合せはどれか。

	KPI	KGI
ア	既存顧客売上高	新規顧客売上高
イ	既存顧客訪問件数	新規顧客訪問件数
ウ	新規顧客売上高	新規顧客訪問件数
エ	新規顧客訪問件数	新規顧客売上高

問4 ディジタルツイン　CHECK ▶ □□□

IoT活用におけるディジタルツインの説明はどれか。

ア　インターネットを介して遠隔地に設置した3Dプリンタへ設計データを送り，短時間に複製物を製作すること

イ　システムを正副の二重に用意し，災害や故障時にシステムの稼働の継続を保証すること

ウ　自宅の家電機器とインターネットでつながり，稼働監視や操作を遠隔で行うことができるウェアラブルデバイスのこと

エ　ディジタル空間に現実世界と同等な世界を，様々なセンサで収集したデータを用いて構築し，現実世界では実施できないようなシミュレーションを行うこと

問5 生産システム　CHECK ▶ □□□

ある期間の生産計画において，表の部品表で表される製品Aの需要量が10個であるとき，部品Dの正味所要量は何個か。ここで，ユニットBの在庫残が5個，部品Dの在庫残が25個あり，他の在庫残，仕掛残，注文残，引当残などはないものとする。

<table>
<tr><th colspan="2">レベル0</th><th colspan="2">レベル1</th><th colspan="2">レベル2</th></tr>
<tr><th>品名</th><th>数量（個）</th><th>品名</th><th>数量（個）</th><th>品名</th><th>数量（個）</th></tr>
<tr><td rowspan="4">製品A</td><td rowspan="4">1</td><td rowspan="2">ユニットB</td><td rowspan="2">4</td><td>部品D</td><td>3</td></tr>
<tr><td>部品E</td><td>1</td></tr>
<tr><td rowspan="2">ユニットC</td><td rowspan="2">1</td><td>部品D</td><td>1</td></tr>
<tr><td>部品F</td><td>2</td></tr>
</table>

問6 協調フィルタリングを用いたもの CHECK ▶ □□□

レコメンデーション（お勧め商品の提案）の例のうち，協調フィルタリングを用いたものはどれか。

ア　多くの顧客の購買行動の類似性を相関分析などによって求め，顧客Ａに類似した顧客Ｂが購入している商品を顧客Ａに勧める。
イ　カテゴリ別に売れ筋商品のランキングを自動抽出し，リアルタイムで売れ筋情報を発信する。
ウ　顧客情報から，年齢，性別などの人口動態変数を用い，“20代男性”，“30代女性”などにセグメント化した上で，各セグメント向けの商品を提示する。
エ　野球のバットを購入した人に野球のボールを勧めるなど商品間の関連に着目して，関連商品を提示する。

演習問題の解答

問1 (平成28年秋 応用情報技術者試験 午前 問62)

《解答》ウ

バランススコアカードには四つの視点(財務の視点，顧客の視点，業務プロセスの視点，学習と成長の視点)があり，このうち学習と成長の視点では，企業の戦略を達成するために，どのように従業員などの能力や環境を向上させるかということを考えます。KPI (Key Performance Indicator：重要業績評価指標)とは，目標を達成するための過程を評価するための具体的な評価指標です。社内要員30名をITのプロフェッショナルとして育成することは，学習と成長の視点でのKPIとなります。したがって，**ウ**が正解です。

アは顧客の視点，イは業務プロセスの視点，エは財務の視点での目標例となります。

問2 (令和3年春 応用情報技術者試験 午前 問72)

《解答》イ

内閣府の統合イノベーション戦略で目指す，「サイバー空間(仮想空間)とフィジカル空間(現実空間)を高度に融合させたシステムにより，経済発展と社会的課題の解決を両立する，人間中心の社会(Society)」のことを，Society 5.0といいます。したがって，**イ**が正解です。

ア 電子政府の情報窓口です。政府に関する情報を提供し，行政機関に対する申請・届出等の手続を行うことができます。

ウ 誰もがWebサイトを通じて情報を発信することができるようになったWebの利用状態のことを指します。

エ 多様な背景をもつ人々や，多様な価値観を受容する社会のことを指します。

問3 (平成29年秋 応用情報技術者試験 午前 問67)

《解答》エ

バランススコアカードでのKPI (Key Performance Indicator)は重要業績評価指標であり，具体的なアクションを測るための指標です。そのため，イやエの顧客訪問件数などが適しています。KGI (Key Goal Indicator)は重要目標達成指標であり，最終的な目標なので，アやエの売上高が適しています。そして，KPIとKGIは連動する必要があるので，目標が既存顧客なら既存顧客，新規顧客なら新規顧客で統一する必要があります。これらをすべて満たすのは，KPIが新規顧客訪問件数，KGIが新規顧客売上高の**エ**となります。

問4 (平成31年春 応用情報技術者試験 午前 問71)

《解答》エ

IoT活用におけるディジタルツインとは，現実の物理空間と同じものを仮想空間で実現させることです。様々なセンサで収集したデータを用いて仮想空間に物体を構築します。自動運転車の衝突など，現実世界では実施できないようなシミュレーションを行うことができます。したがって，**エ**が正解です。

ア　3Dプリンタを活用した遠隔複製です。

イ　デュプレックスシステムの説明です。

ウ　遠隔作業を支援するスマートグラスの説明です。

問5 (平成30年秋 応用情報技術者試験 午前 問73改)

《解答》90［個］

まず，レベル1の商品Aを作るのに，レベル1のユニットBとユニットCが必要です。このとき，商品Aを10個作るには，ユニットBが4×10＝40個，ユニットCが1×10＝10個必要になります。ここで，ユニットBは在庫残が5個なので，40－5＝35個でいいことになります。

さらに，レベル2のユニットBを作るには，レベル3の商品Dと商品Eが必要です。ユニットBを35個作るには，商品Dは3×35＝105個，商品Eは1×35＝35個必要です。同様に，ユニットCを作るには，商品Dと商品Fが必要であり，必要な個数は，商品Dが1×10＝10個，商品Fが2×10＝20個です。

合計すると，商品Dは105＋10＝115個必要ですが，ここから在庫残の25個を引き，必要な数は115－25＝**90**個となります。

問6　（令和３年春 応用情報技術者試験 午前 問63）

《解答》ア

協調フィルタリングとは，顧客の利用履歴を分析して行うレコメンデーション手法です。多くの顧客の購買行動の類似性を相関分析などによって求め，顧客Ａに類似した顧客Ｂが購入している商品を顧客Ａに勧めることは，協調フィルタリングに該当します。したがって，**ア**が正解です。

イ　ポピュラリティ（人気ランキング）を用いたものです。

ウ　セグメンテーションを用いたものです。

エ　コンテンツベースフィルタリングを用いたものです。

第9章

企業と法務

この章では，企業が活動を行うのに大切な，企業と法務のかかわりについて学びます。
企業を適切に運営していくには，会計や財務，法律についての知識を身に付けておくことが必要です。この分野では，経営・組織に関すること，OR・IEや会計・財務，法務に関することなどを学びます。
分野は二つ，「企業活動」と「法務」です。企業活動では，企業が業務を継続させていくのに必要な考え方について学びます。法務では，会社を運営していく上で必要な法律や標準について学びます。
OR・IEと会計・財務の分野は，ただ覚えるだけでなく，理解して使いこなすことが求められます。実際に手を動かしながら考え方を理解していきましょう。

9-1 企業活動

企業では，部品や材料など必要なものを調達し，それを消費者のニーズに合ったものに変えて提供します。そのためには資金や人員が必要になるので，資金調達をしたり従業員を雇用したりします。こういった活動が企業活動です。

9-1-1 経営・組織論

企業では，企業理念の下，目的を実現するために企業活動を行います。その際に大切になる経営資源には，ヒト・モノ・カネ・情報の四つがあり，これを管理するのが経営管理です。

勉強のコツ
午前でも午後でも最もよく出題されるのは，会計・財務の分野です。利益の計算，経営分析の方法など，会計・財務の基本を押さえておきましょう。
用語はほかの分野と重なる部分も多いので，復習も兼ねて知識を身に付けていきましょう。

企業経営

企業は営利活動を行う組織ですが，単に利益を追求するだけでなく，企業理念をもち，**CSR**（Corporate Social Responsibility：企業の社会的責任）を果たすことも重要です。また，地球環境に配慮したIT活用を行う**グリーンIT**の思想も大切です。

法人化された企業を会社と呼びますが，現在，日本で設立できる会社の形態は，合資会社，合名会社，**合同会社**（LLC：Limited Liability Company），**株式会社**の4種類です。株式会社では，市場で株式の売買を行えるよう，**株式公開**（**IPO**：Initial Public Offering）ができます。

企業の特徴

企業が将来にわたって無期限に事業を継続することを前提とした考え方が**ゴーイングコンサーン**（継続的事業体）です。そして，企業の特性や個性を明確に提示し，共通したロゴやメッセージなどを発信することで社会に向けたイメージを形成していくことを**コーポレートアイデンティティ**といいます。また，企業は一般投資家や株主，債権者などに情報を開示する必要があります。その投資家向け広報が**IR**（Investor Relations）です。

発展
一つの取引しか行わない期限のある企業の場合は，収支を精算して終わりになります。しかし，**ゴーイングコンサーン**を前提にすると**企業に終わりはない**ので，収支の算出は，一定期間ごとに意図的に行う必要があります。それが**会計期間**です。

そして，企業は1社だけで活動するのではなく，様々な利害関係者との相互作用で成り立っています。そのため，企業に対する利害関係者（ステークホルダ）の視点から，企業経営の社会性や政治性を確保する必要があります。この考え方を**コーポレートガバナンス**といい，利害関係者は企業の経営者が適切にマネジメントを行っているかをチェックします。

それでは，次の問題を考えてみましょう。

問題

企業経営の透明性を確保するために，企業は誰のために経営を行っているか，トップマネジメントの構造はどうなっているか，組織内部に自浄能力をもっているか，などを問うものはどれか。

ア　コアコンピタンス
イ　コーポレートアイデンティティ
ウ　コーポレートガバナンス
エ　ステークホルダアナリシス

（平成26年秋 応用情報技術者試験 午前 問74）

解説

コーポレートガバナンスでは企業の社会性を確認する必要があるので，企業経営の透明性が必要です。そこで，企業は誰のために経営を行っているか，トップマネジメントはどうなっているのか，ということを問いかけます。したがって，ウが正解です。

ア　コアコンピタンスは，企業の経営資源を組み合わせて，企業の独自性を生み出す組織能力のことです。
イ　コーポレートアイデンティティは，企業の特性や個性を明確に提示し，社会に向けたイメージを形成していくことです。
エ　**ステークホルダアナリシス（ステークホルダ分析）**は，企業を取り巻くステークホルダ（利害関係者）を洗い出し，対策を考えることです。

≪解答≫ウ

動画
企業と法務の分野についての動画を以下で公開しています。
http://www.wakuwakuacademy.net/itcommon/9
線形計画法やゲーム理論など，経営と法務分野の定番用語について，詳しく解説しています。
本書の補足として，よろしければご利用ください。

発展
企業経営のマネジメントでは，他のマネジメントと同様，PDCA（Plan，Do，Check，Act）サイクルを回していくことが基本です。
近年では，PDCA以外にも**OODA**ループが注目されています。OODAとは，Observe（観察），Orient（方向づけ），Decide（意思決定），Act（行動）の頭文字を取ったもので，先の読めない状況で意思決定を行う方法を示すものです。

9

ヒューマンリソースマネジメント

経営管理においては，ヒューマンリソースマネジメント（HRM：Human Resource Management：人的資源管理）はとても大切です。HRMには，人事管理や労務管理だけでなく，組織の設計や教育・訓練，報酬体系の設計，福利厚生など様々な内容が総合的に含まれます。

HRMを技術で解決する方法も増えてきており，人事や採用などを行うためのテクノロジーのことを**HRテック**（Human Resource Tech）といいます。

HRMには従業員の教育も含まれ，eラーニングや**アダプティブラーニング**など，状況に合わせた教育が必要となっています。

従来は能力主義だった人事制度は徐々に，具体的な成果を基準とする成果主義に変わってきました。成果主義では**MBO**（Management by Objectives：目標管理制度）などが導入され，評価の公平性や透明性を上げています。

さらに，従業員のコンピテンシに重点を置き，コンピテンシの高い人材を採用する，またコンピテンシで従業員を評価するといった概念の導入も進んでいます。

用語
アダプティブラーニング（適応学習）とは，学習者一人一人の状況や理解度に応じて，学習内容やレベルを調整する仕組みです。

用語
コンピテンシとは，高い業務成果を生み出す顕在化された個人の行動特性です。職種別に高い業績を上げている個人の行動特性（例えば「ムードメーカー」「論理思考」など）を分析し，その行動特性を評価基準として従業員を評価します。

行動科学

企業組織での人間行動に影響する理論に，マズローの欲求段階説があります。これは，人間の欲求を低次のものから挙げると，

1. **生理的欲求**
2. **安全欲求**
3. **所属と愛の欲求**
4. **承認欲求**
5. **自己実現欲求**

の五つであり，低次の欲求が満たされるとより高次の欲求へと段階的に移動するという考え方です。

また，別の側面からの理論にマクレガーが提唱したXY理論があります。**X理論**とは，「人間は本来ナマケモノなので，放っておくと仕事をしない。だから命令や懲罰で管理する必要がある」という考え方です。**Y理論**は，「人間は本来進んで働きたがる生き物であり，自己実現のために自ら行動する」という考え方です。低次の欲求が満たされている現代では，**Y理論に基づいた経営**

発展
欲求段階説では，1～4の欲求を欠乏欲求といい，これらの欲求が満たされないときに，人は緊張や不安を感じます。また，自己実現欲求に動機付けられた欲求を成長欲求といい，一度充足してもより強く充足させようと指向するといわれています。

参考
マズローとマクレガーは，米国の心理学者です。

手法が望ましいとされています。

また，部下の成熟度によって有効なリーダシップは異なるという**SL理論**（Situational Leadership Theory）があります。SL理論では，仕事志向の強さと人間志向の強さを基準に，次の四つのリーダシップスタイルに分類します。

・教示的リーダシップ（仕事指向が高く，人間指向が低い場合）
・説得的リーダシップ（仕事指向と人間指向が共に高い場合）
・参加的リーダシップ（仕事指向が低く，人間指向が高い場合）
・委任的リーダシップ（仕事指向と人間指向が共に低い場合）

経営組織

経営者の職能のうち，すべての業務を統括する役員のことを**CEO**（Chief Executive Officer：最高経営責任者）といいます。また，情報を統括する役員は**CIO**（Chief Information Officer：最高情報責任者）です。

経営組織の構造には，経営者，部長，課長，平社員といった**階層型組織**や，人事，営業，情報システムなどの職能で分ける**職能別組織**，製品やサービスごとに事業部を分ける**事業部制組織**などがあります。また，職能別組織と事業部制組織を合わせた**マトリックス組織**という形態もあります。

参考
CEO，CIOという呼び方は米国由来のもので，日本では法的な効力はもちませ ん。日本では，最高責任者は**代表取締役**となります。

経営環境の変化

社会環境の変化により，仕事だけを一生懸命するのではなく，**ワークライフバランス**に考慮した勤務形態を実現する必要が出てきました。そのために，遠隔勤務のできるオフィスである**サテライトオフィス**や自宅でビジネスを行う**SOHO**（Small Office Home Office）といった形態が発展してきました。

また，国際化により，利害関係者に対して，経営や財務の状況など各種の情報を公開する**ディスクロージャ**や，企業が株主から委託された資金を適正な使途に配分し，その結果を説明する責任があるとする**アカウンタビリティ**も大切になっています。そして投資家も，単に利益を追求するのではなく，経営陣に対して**CSRに配慮した経営**を求めていく**SRI**（Socially Responsible Investment：社会的責任投資）を行う必要があります。また，地球環境と調和した企業経営を行う**環境経営**という考え方もあり

用語
ワークライフバランスとは，一人一人が仕事上の責任を果たすとともに，家庭や地域生活などにおいても多様な生き方を実現できるようにするという考え方です。仕事と生活を調和させ，仕事のために他の私生活を犠牲にしないようにする必要があります。

9

ます。さらに，企業の悪い評判が広がることによるリスクである**レピュテーションリスク**も考慮する必要があります。

覚えよう！

□　**企業の経営を監視する仕組みがコーポレートガバナンス**

□　**SRIでは，CSRに配慮した企業に投資する**

9-1-2 OR・IE

企業経営では，オペレーションズリサーチ（OR）やインダストリアルエンジニアリング（IE）の手法が用いられます。

OR・IE

オペレーションズリサーチ（OR：Operations Research）とは，数学的・統計的モデルやアルゴリズムなどを利用して，様々な計画に対して最も効率的な方法を決定する技法です。

インダストリアルエンジニアリング（IE：Industrial Engineering）とは，企業が経営資源をより効率的・効果的に運用できるよう，作業手順や工程，管理方法などを分析・評価して，改善策を現場に適用できるようにする技術です。生産工学，経営工学などと訳されます。

以降で，OR・IEの代表的な手法を見ていきます。

線形計画法（LP）

ORの手法の一つに線形計画法があります。LP（Linear Programming：**線形計画法**）とは，いくつかの一次式を満たす変数の中で，ある一次式を最大化または最小化する値を求める方法です。具体的には，次に示す問題のような例が線形計画法になります。一緒に解いてみましょう。

問題

ある工場では表に示す3製品を製造している。実現可能な最大利益は何円か。ここで，各製品の月間需要量には上限があり，組立て工程に使える工場の時間は月間200時間までとする。また，複数種類の製品を同時に並行して組み立てることはできないものとする。

	製品X	製品Y	製品Z
1個当たりの利益（円）	1,800	2,500	3,000
1個当たりの組立て所要時間（分）	6	10	15
月間需要量上限（個）	1,000	900	500

ア 2,625,000　　イ 3,000,000
ウ 3,150,000　　エ 3,300,000

（平成23年秋 基本情報技術者試験 午前 問72）

解説

この条件から，製品X，Y，Zの個数をそれぞれx，y，zとすると，表の条件は以下のような式になります。

$0 \leqq x \leqq 1{,}000$［個］，$0 \leqq y \leqq 900$［個］，$0 \leqq z \leqq 500$［個］

$6 \times x + 10 \times y + 15 \times z \leqq 200 \times 60 = 12{,}000$［分］

ここで，1個当たりだけでなく，**1個当たり1分当たりの利益率を考えて**みると，次のようになります。

製品X　$1{,}800 \div 6 = 300$［円／個・分］
製品Y　$2{,}500 \div 10 = 250$［円／個・分］
製品Z　$3{,}000 \div 15 = 200$［円／個・分］

そこで，できる限り製品Xを作り，順にY，Zと作っていくと，実現可能な利益額が最大になることが分かります。

$x \leqq 1{,}000$［個］なので，製品Xを最大の1,000個作ると，所要時間は$6 \times 1{,}000 = 6{,}000$［分］です。続いて，$y \leqq 900$［個］なので，製品Yを最大の900個作ると，所要時間は$10 \times 900 = 9{,}000$［分］となり，XとYだけで200時間（12,000分）を超えてしまいます。そこで，製品Xを最大限（1,000個）作り，製品Zを作らず，製品Yをできるだけ作ることにすると，次のようになります。

勉強のコツ

線形計画法の問題は，以前は連立方程式を立てて解くものが多かったのですが，今では減っています。現在はこの問題のように，利益率を計算し，**利益率の高い製品から順番に製造**していくというやり方で解く問題が主流です。資源当たりの利益が高い製品はどれかという観点で問題を考えていきましょう。

$$6 \times 1{,}000 + 10 \times y = 12{,}000$$
$$10 \times y = 6{,}000$$
$$y = 600 \text{［個］}$$

つまり，製品Yを600個作ればよいことが分かります。

このときの利益は，1,800 × 1,000 + 2,500 × 600 = 3,300,000となるので，エが正解です。

≪解答≫エ

在庫管理

在庫管理の考え方には，一定期間ごとに発注を行う**定期発注方式**と，一定量の発注を行う**定量発注方式**の2種類があります。在庫は，**もっているだけで在庫費用**がかかります。そのため，定期発注方式の場合は，発注費用と在庫費用を最小化する**EOQ**（Economic Ordering Quantity：**経済的発注量**），または**発注ロットサイズ**を考えることが重要です。定量発注方式の場合には，在庫がこの数を切ったら発注するという**発注点**を考えることが大切になります。

また，どの商品を在庫としてもつか，集中して管理するかということも在庫管理では重要です。**ABC分析**では，商品を売上高が多い順にA，B，Cの三つに分類し，能率的に管理を行います。品目，売上高，売上高累積構成比をグラフにすると，おおよそ以下のようになります。

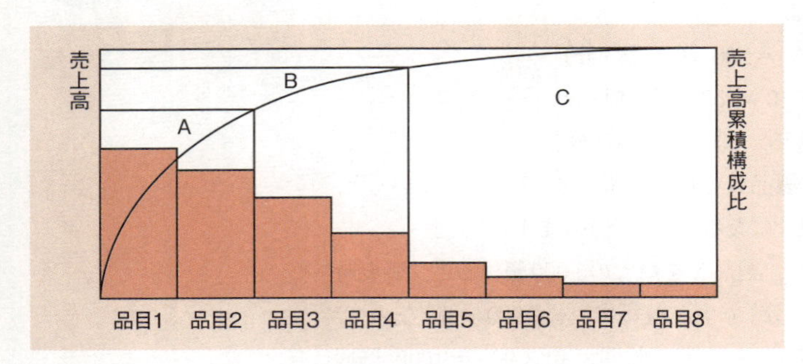

ABC分析

過去問題をチェック

在庫管理について，応用情報技術者試験の午前では以下の出題があります。

【定期発注方式】
・平成22年春 午前 問77
・平成24年春 午前 問75
・平成27年春 午前 問76

【定量発注方式】
・平成26年秋 午前 問76
・平成29年春 午前 問75
・平成31年春 午前 問75
・令和2年10月 午前 問75

午後でも出題されています。以下の問題は，定量発注方式と定期発注方式の両方に関する内容で，発注点を求めて最適な在庫管理を考えます。

【最適な在庫管理】
・平成22年秋 午後 問3

【在庫管理システムの監査】
・平成29年秋 午前 問60

ゲーム理論

ゲーム理論とは，ある特定の条件下において，互いに影響を与え合う複数のプレイヤーの間での意思決定の考え方を研究するものです。ビジネスの分野でも，競争相手がいる場合にはゲーム理論を応用できる場面はいろいろあります。

ゲーム理論では，ゲームを支配するルールを決め，その行動戦略がいくつかあり，プレイヤーがそれを選択する，という枠組みの中でどう意思決定すると利得（利益などの効用）を最大化できるかを考えます。

戦略の例として，毎回同じ行為をする**純粋戦略**と，毎回異なった行為をする**混合戦略**があります。また，意思決定を行う際の判断基準として，最悪の場合の利得を最大とする基準を**マクシミン原理**，最良の場合の利得を最大とする基準を**マクシマックス原理**といいます。また，各プレイヤーが自己の利得を最大化することを考え，どのプレイヤーも戦略変更によってより高い利得を得ることができなくなった戦略の組合せのことを**ナッシュ均衡**といいます。

それでは，次の問題を考えてみましょう。

問題

経営会議で来期の景気動向を議論したところ，景気は悪化する，横ばいである，好転するという三つの意見に完全に分かれてしまった。来期の投資計画について，積極的投資，継続的投資，消極的投資のいずれかに決定しなければならない。表の予想利益については意見が一致した。意思決定に関する記述のうち，適切なものはどれか。

予想利益（万円）		景気動向		
		悪化	横ばい	好転
投資計画	積極的投資	50	150	500
	継続的投資	100	200	300
	消極的投資	400	250	200

ア　混合戦略に基づく最適意思決定は，積極的投資と消極的投資である。

イ　純粋戦略に基づく最適意思決定は，積極的投資である。

ウ　マクシマックス原理に基づく最適意思決定は，継続的投資である。

エ　マクシミン原理に基づく最適意思決定は，消極的投資である。

（平成27年秋 応用情報技術者試験 午前 問75）

解説

混合戦略，純粋戦略という分類は，今回は当てはまりません。今回の意思決定は，戦略を一つに決定するという意味では純粋戦略です。それぞれの景気動向が3分の1の確率で起こるとし，**期待利益を最大化するという戦略**を取る場合の利得は，積極的投資は(50＋150＋500)÷3＝233，継続的投資は(100＋200＋300)÷3＝200，消極的投資は(400＋250＋200)÷3≒283となり，消極的投資が有利です。また，マクシマックス原理では，最良の場合の利得，つまり積極的投資だと500，継続的投資だと300，消極的投資だと400のうちで利得を最高にするので，積極的投資が最適です。マクシミン原理では，最悪の場合，つまり積極的投資だと50，継続的投資だと100，消極的投資だと200のうちで利得を最高にするので，消極的投資が最適になります。

したがって，エが正解です。

≪解答≫エ

検査手法

検査を行うとき，あるロットのすべての物品を調べるのではなく，**抜取検査**で少数の標本を調べることがあります。しかし，単純に不良品がn個以下のロットを合格とすると，抜取り方によって品質にばらつきが出てしまうので，そのロットの合格確率を統計的に求めます。

このとき，横軸にロットの不良率，縦軸にロットの合格確率をとった曲線を**OC**（Operating Characteristic：検査特性）**曲線**といいます。OC曲線を見れば，ある不良率をもったロットがどの

OR・IEの分野では，OC曲線などの検査手法についてよく出題されています。QC七つ道具と合わせて頻出ポイントです。

程度の確率で合格するのかを判断できます。
それでは，次の問題を解いてみましょう。

問題

横軸にロットの不良率，縦軸にロットの合格率をとり，抜取検査でのロットの品質とその合格率との関係を表したものはどれか。

ア　OC曲線　　イ　バスタブ曲線
ウ　ポアソン分布　　エ　ワイブル分布

（平成30年秋 応用情報技術者試験 午前 問75）

解説

この問はOC曲線の説明そのものなので，アが正解です。

ウの**ポアソン分布**は統計的な分布で，待ち行列モデルの到着率などで使われています。エの**ワイブル分布**は，物体の体積と強度との関係を定量的に記述するための確率分布です。寿命を統計的に記述するためにも利用されています。

≪解答≫ア

用語
バスタブ曲線とは**故障率曲線**のことで，機械や装置の時間経過に伴う故障率の変化を表したものです。
時間の経過により，**初期故障期**，**偶発故障期**，**摩耗故障期**の三つに分けられます。通常，偶発故障期の故障率は低く，その前後の故障率が高く，グラフがバスタブのような形になることから，この名前が付けられています。

9

稼働分析

稼働分析とは，IEの代表的な作業測定方法で，一定の期間内での生産活動の中で，人または機械がどのような作業にどれだけの時間を掛けているかを明らかにする分析です。稼働分析の手法として基本的なものには，実際の作業動作そのものをストップウォッチで数回反復測定して，作業時間を調査する**ストップウォッチ**(Stop Watch)**法**があります。また，作業を基本動作に分解して，基本動作の時間標準テーブルから，構成される基本動作の時間を合計して作業時間を求める**PTS** (Predetermined Time Standard system)**法**も用いられています。さらに，すべてを調査するのではなく，観測回数・観測時刻を設定し，実地観測によって観測された要素作業数の比率などから，統計的理論に基づいて作業時間を見積もる**ワークサンプリング法**もあります。

品質管理手法

品質管理手法において，主に**定量分析**に用いられるものが**QC七つ道具**です。また，主に**定性分析**に用いられるのが**新QC七つ道具**です。

【QC七つ道具】

①層別

母集団をいくつかの層に分割することです。

②ヒストグラム

データの分布状況を把握するのに用いる図です。データの範囲を適当な間隔に分割し，度数分布表を棒グラフ化します。

③パレート図

項目別に層別して，**出現頻度の高い順に並べる**とともに，累積和を示して，累積比率を折れ線グラフで表す図です。前述した**ABC分析**とほぼ同様の図になります。

参考
パレート図では，出現頻度の順に層別を比較します。ABC分析では，品目ごとに売上高を比較します。扱うものは違いますが，重要なものを見つけ出して重点を置くという考え方は同じです。

④散布図

二つの特性を横軸と縦軸とし，観測値をプロットします。相関関係や異常点を探るのに用いられます。

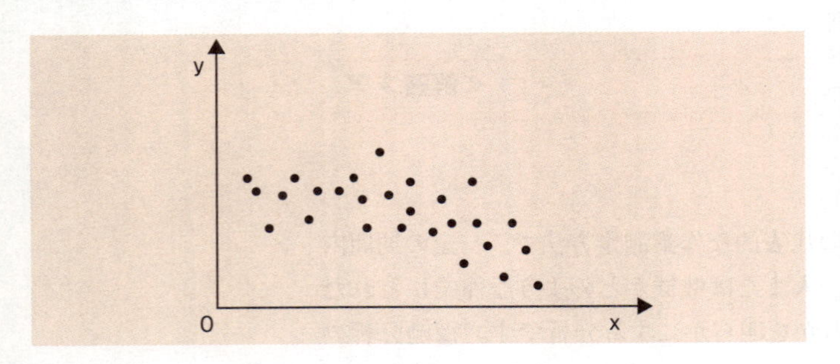

散布図

点の散らばり方に**直線的な関係**があるときには，xとyの間に**相関がある**といわれます。右肩上がりのときは**正の相関**，右肩下がりのときは**負の相関**です。統計分析によって**相関係数**を求めることもありますが，正の相関のときには**相関係数は正**，負の相関のときには**相関係数は負**になります。

関連
相関係数については，「1-1-2 応用数学」も参考にしてください。

⑤特性要因図

ある特性をもたらす一連の原因を階層的に整理するものです。

矢印の先に結果を記入して，因果関係を図示します。

⑥チェックシート

事実を区分して，詳しく定量的にチェックするためにデータをまとめてグラフ化する手法です。

⑦管理図

連続した量や数値などのデータを時系列に並べ，異常かどうかの判断基準を管理限界線として引いて管理する図です。

【新QC七つ道具】

①親和図法

多くの散乱した情報から，言葉の意味合いを整理して問題を確定する手法です。

②連関図法

問題が複雑にからみ合っているときに，問題の因果関係を明確にすることで原因を特定する手法です。

③系統図法

目的と手段を多段階に展開する手法です。

④マトリックス図法

目的や現象と，手段や要因のそれぞれの対応関係を多元的に整理する手法です。

⑤マトリックスデータ解析法

問題に関係する特性値間の相関関係を手がかりに総合特性を見つけ，個体間の違いを明確にする手法です。

⑥PDPC（Process Decision Program Chart）法

プロセス決定計画図と訳され，計画を実行する上で，事前に考えられる様々な結果を予測し，プロセスをできるだけ望ましい方向に導く手法です。

⑦アローダイアグラム法

クリティカルパス法やPERTで使われている手法です。

それでは，次の問題で確認してみましょう。

関連

クリティカルパス法については「5-1-6　プロジェクトの時間」を，PERTについては「5-1-7　プロジェクトのコスト」を参照してください。

問題

発生した故障について，発生要因ごとの件数の記録を基に，故障発生件数で上位を占める主な要因を明確に表現するのに適している図法はどれか。

ア 特性要因図　　　イ パレート図
ウ マトリックス図　　エ 連関図

（平成31年春 応用情報技術者試験 午前 問74）

解説

品質管理手法において，主に定量分析に用いられるものがQC七つ道具です。QC七つ道具のうち，項目別に層別して，出現頻度の高い順に並べるとともに，累積和を示して，累積比率を折れ線グラフで表す図をパレート図といいます。パレート図では，発生した故障について，発生要因ごとの故障発生件数を上位から順に並べることで，故障に占める主な要因を明確に表現することが可能です。したがって，イが正解です。

ア QC七つ道具の一つで，ある特性をもたらす一連の原因を階層的に整理する手法です。
ウ 新QC七つ道具の一つで，目的とその手段など，二つの関係を行と列の二次元に表し，行と列の交差点に二つの関係の程度を記述する手法です。
エ 新QC七つ道具の一つで，問題が複雑にからみ合っているときに，問題の因果関係を明確にすることで原因を特定する手法です。

≪解答≫イ

分析手法

ORやIEで利用される分析手法には様々なものがあります。代表的な分析手法は以下のとおりです。

①回帰分析

相互関係がある二つの変数の間の関係を統計的な手法で推測します。**最小二乗法**などが用いられます。

②パレート分析

複数の事象などを，現れる頻度によって分類し，管理効率を高める手法です。パレート図を作成して行います。

③クラスタ分析

対象の集合を似たようなグループに分け，その特徴となる要因を分析する手法です。

④モンテカルロ法

乱数を用いてシミュレーションや数値演算を行うことで答えを求める手法です。

覚えよう！

- □ ABC分析，パレート図では，重要なものに重点を置く
- □ 最良の場合の利益を最大にするマクシマックス，最悪の場合の利益を最大にするマクシミン

9-1-3 会計・財務

企業の財政状態や利益を計算するための方法が会計（アカウンティング）です。そして，企業の資金の流れに関する活動が財務（ファイナンス）です。会計・財務では，この両方について学びます。

企業会計には，法律に定められた情報公開の仕組みである財務会計と，企業活動の見直しや経営計画の策定に使われる管理会計があります。

売上と利益の関係

企業では，売上高＝利益となるわけではありません。売上を上げるために様々な費用がかかっているからです。売上を上げるためにかかる費用を**売上原価**といい，**固定費**と**変動費**に分けられます。固定費は，売上高にかかわらず固定でかかる費用，変動費は，売上高によって変動する費用です。

また，**売上高－売上原価＝売上総利益**で売上総利益が0となる点のことを**損益分岐点**といいます。

次の問題で，その関係を確認してみましょう。

過去問題をチェック

固定費，変動費から売上高や損益分岐点を求める問題は，応用情報技術者試験の午前ではよく出題されます。この問題のほかに以下の出題があります。

【固定費，変動費から売上高や損益分岐点を求める問題】

・平成21年春 午前 問77
・平成21年秋 午前 問77
・平成22年秋 午前 問75
・平成23年特別 午前 問76
・平成23年秋 午前 問77
・平成25年秋 午前 問76
・平成26年春 午前 問77
・平成27年春 午前 問77
・平成28年春 午前 問77
・平成28年秋 午前 問76
・平成29年春 午前 問77
・平成29年秋 午前 問77
・平成30年春 午前 問77
・平成30年秋 午前 問77
・令和元年秋 午前 問77
・令和2年10月 午前 問77

問題

表の事業計画案に対して，新規設備投資に伴う減価償却費（固定費）の増加1,000万円を織り込み，かつ，売上総利益を3,000万円とするようにしたい。変動費率に変化がないとすると，売上高の増加を何万円にすればよいか。

単位 万円

売上高		20,000
売上原価	変動費	10,000
	固定費	8,000
	計	18,000
売上総利益		2,000
⋮		⋮

ア 2,000　イ 3,000　ウ 4,000　エ 5,000

（平成31年春 応用情報技術者試験 午前 問76）

解説

売上高の増加をx［万円］とします。固定費は1,000万円増加して8,000＋1,000＝9,000万円になります。また，変動費は，売上高が20,000［万円］のときに10,000［万円］なので，変動費率＝変動費÷売上高＝10,000÷20,000＝0.5となります。

さらに売上総利益が3,000万円になったとき，売上高－売上原価＝売上総利益の関係は，次のようになります。

$$(20{,}000 + x) - \{(20{,}000 + x) \times 0.5 + 9{,}000\} = 3{,}000$$

$$(20{,}000 + x) \times 0.5 = 12{,}000$$

$$x = 4{,}000$$

したがって，ウが正解です。

≪解答≫ウ

決算の仕組み

決算とは，一定期間の収支を計算し，利益(または損失)を算出することです。そのために**財務諸表**を作成します。半年ごとの決算を**中間決算**，3か月ごとの決算を**四半期決算**といいます。会計基準には日本独自のものもありますが，国際的な会計基準として**IFRS**(International Financial Reporting Standards：国際財務報告基準)があります。

財務諸表

企業が作成を義務づけられている財務諸表の代表的なものに，**貸借対照表**と**損益計算書**があります。また，上場企業では**キャッシュフロー計算書**も求められます。

貸借対照表では，**ある時点**における企業の**財政状態**を表します。**バランスシート**(Balance Sheet：**B/S**)ともいいます。その名のとおり，会社の資産と負債，純資産(資本)の関係が**資産＝負債＋純資産**となり，完全に等しくなります。

<table>
<tr><td rowspan="2">資産</td><td>負債</td></tr>
<tr><td>純資産(資本)</td></tr>
</table>

貸借対照表の構成

損益計算書では，**一定期間**における企業の**経営成績**を表します。利益（Profit）と損失（Loss）を表すことから，**P/L**ともいいます。損益計算書では，次のような計算を行います。

売上高－売上原価		＝**売上総利益**
さらに	**－販売費及び一般管理費**	＝**営業利益**
さらに	**＋営業外収益－営業外費用**	＝**経常利益**
さらに	＋特別収益－特別損失	＝税引前当期純利益
さらに	－法人税，住民税及び事業税	＝当期純利益

キャッシュフロー計算書では，一定期間の**キャッシュの増減**を表します。具体的には，**営業活動によるキャッシュフロー**，**投資活動によるキャッシュフロー**，**財務活動によるキャッシュフロー**の三つに分けて表示されます。また，キャッシュフロー計算書の「**現金及び現金同等物の期末残高**」は，貸借対照表（期末）の「**現金及び預金**」の**合計額と一致**します。

それでは，次の問題を考えてみましょう。

用語

営業活動によるキャッシュフローは，本業で稼いだキャッシュの増減です。

投資活動によるキャッシュフローは，固定資産の取得や売却，投資などによるキャッシュの増減です。

財務活動によるキャッシュフローは，資金の調達や返済によるキャッシュの増減です。

問題

期末の決算において，表の損益計算資料が得られた。当期の営業利益は何百万円か。

単位　百万円

項目	金額
売上高	1,500
売上原価	1,000
販売費及び一般管理費	200
営業外収益	40
営業外費用	30

ア　270　　イ　300　　ウ　310　　エ　500

（平成22年春 応用情報技術者試験 午前 問78）

過去問題をチェック

財務諸表を計算する問題は，応用情報技術者試験でよく出題されます。この問題のほかに以下の出題があります。

【財務諸表の計算】

<午前>
- 平成21年春 午前 問77
- 平成23年特別 午前 問74，76
- 平成24年春 午前 問77
- 平成27年秋 午前 問76
- 平成30年春 午前 問77
- 平成30年秋 午前 問77
- 平成31年春 午前 問76

<午後>
- 平成22年春 午後 問1
- 平成26年秋 午後 問2

解説

売上高－売上原価＝売上総利益なので，1,500 － 1,000 = 500で，エが売上総利益になります。さらにここから，販売費及び一般管理費を引くと，営業利益になります。500 － 200 = 300となるので，イが正解です。

さらに，営業外収益を足し，営業外費用を引くと，経常利益が出ます。これは，300 + 40 － 30 = 310となり，ウに該当します。

≪解答≫イ

資産管理

資産管理を行うときは，在庫や固定資産をどのように管理するかを決めておくことが大切です。棚卸資産評価を行うときには，在庫の取得原価を求める方法を決めます。方法としては，先に取得したものから順に吐き出される**先入先出法**，合計金額を総数で割って平均を求める**総平均法**，仕入れのたびに購入金額と受入数量の合計から単価の平均を計算する**移動平均法**などがあります。

また，設備などの固定資産は，その年に買った経費とするのではなく，利用する期間にわたって費用配分するという**減価償却**という考え方があります。減価償却の主な方法には，毎年均等額を計上する**定額法**や，毎年期末残高に一定の割合を掛けて求めた額を計上する**定率法**などがあります。

経営分析

経営分析とは，財務諸表の数値を用いて計算・分析し，企業の収益性や効率性などを評価・判定するための技法です。

企業内部の経営者・管理者が行うのが**内部分析**で，企業の現状の把握や経営戦略立案に役立てます。企業外部のステークホルダが行うのが**外部分析**で，投資などに役立てます。

経営分析の主な視点には，**収益性分析**，**安全性分析**，**生産性分析**などがあります。それぞれの分析で用いられる主な指標は，次のとおりです。

1. 収益性指標

企業の収益獲得能力に関する指標です。利益を絶対額ではなく比率として見ることで，企業規模に関係なく比較できます。主な収益性指標には，以下のものがあります

①ROI（Return on Investment：投資利益率）

投資した資本に対して，どれだけの利益を獲得したかを表します。

$$\text{ROI} = \frac{\text{利益}}{\text{投資資本}} \times 100\ [\%]$$

上の式で求められますが，資本の概念，利益の概念によって，いくつかの指標があります。

②ROA（Return On Assets：総資産利益率）

$$\text{ROA} = \frac{\text{事業利益}}{\text{総資本}} \times 100\ [\%]$$

事業利益とは，営業利益＋受取利息・配当金です。

③ROE（Return On Equity：自己資本利益率）

$$\text{ROE} = \frac{\text{当期純利益}}{\text{自己資本}} \times 100\ [\%]$$

株主が自ら出資した資本でどれだけの利益を獲得したかを示す指標です。

④売上高総利益率（粗利益率）

$$\text{売上高総利益率} = \frac{\text{売上総利益}}{\text{売上高}} \times 100\ [\%]$$

売上総利益は**粗利**ともいいます。企業が提供しているサービスそのものの収益性です。

> **用語**
> 収益性の指標で売上高を基に計算するものには，**売上高総利益率**のほかに，売上総利益の代わりに経常利益を使う**売上高経常利益率**や，当期純利益を使う**売上高当期純利益率**があります。

⑤総資本回転率

$$\text{総資本回転率} = \frac{\text{売上高}}{\text{総資本}}$$

総資本をどの程度効率的に使って売上高を獲得しているかを表す指標です。

2. 安全性指標

企業の支払能力や財務面での安全性に関する指標です。代表的な安全性指標には，以下のものがあります。

①流動比率

$$流動比率 = \frac{流動資産}{流動負債} \times 100\ [\%]$$

1年以内に現金化できる流動資産がどれくらいあるかを示す指標で，**200%以上**が望ましく，少なくとも100%以上あることが必要とされています。

②当座比率

$$当座比率 = \frac{当座資産}{流動負債} \times 100\ [\%]$$

流動資産を当座資産に置き換え，支払能力をより厳格に評価します。流動比率と当座比率の差が大きいと，将来の資金繰りの悪化が懸念されます。

③固定比率

$$固定比率 = \frac{固定資産}{自己資本} \times 100\ [\%]$$

固定資産が，負債ではなく自己資本によってどれだけカバーされているかを示します。固定比率は低い方がより安全で，**100%以下**が安全な水準となります。

④固定長期適合率

$$固定長期適合率 = \frac{固定資産}{自己資本 + 固定負債} \times 100\ [\%]$$

固定資産が長期資本によってどれだけカバーされているかを示します。固定長期適合率は**100%以下**であることが必要です。

⑤自己資本比率

$$自己資本比率 = \frac{自己資本}{総資本} \times 100\ [\%]$$

総資本（負債＋自己資本）に占める自己資本の割合です。高い

9

方がより安全です。

3. 生産性指標

企業のインプット（経営資源，投入量）をどれだけアウトプット（産出量）に変換できたかを表す指標です。主な指標には，次のものがあります。

①労働生産性

$$労働生産性 = \frac{付加価値額}{従業員数}$$

従業員1人当たりの付加価値（円／人）です。

②資本生産性（設備生産性）

$$資本生産性 = \frac{付加価値額}{有形固定資産 - 建設仮勘定}$$

資本（生産設備）の投資効率です。

それでは，次の午後問題で経営分析を行ってみましょう。

問題

企業の経営分析に関する次の記述を読んで，設問1～4に答えよ。

〔Y社の概要〕

資本金5,500万円，年商約35億円の外食チェーンY社は，首都圏に23店舗のイタリア料理店を展開している。外食産業は業績の低迷が続いているが，Y社は，吟味した食材を使った料理を手ごろな価格帯で提供することで，売上を順調に伸ばし，過去3期連続で増収増益を続けている。昨年度は5店舗を新規に開店させ，現在，セントラルキッチンの拡張工事を計画している。

Y社では，業績が好調なうちに経営体質の問題点を特定し，解決しておくために，経営分析を実施することにした。Y社の貸借対照表と損益計算書を表1，2に示す。

表1　貸借対照表

単位　百万円

勘定科目	2008年度	2009年度	勘定科目	2008年度	2009年度
流動資産	132	166	流動負債	430	550
現金及び預金	85	107	買掛金	150	190
売掛金	15	19	短期借入金	210	280
原材料	11	14	その他流動負債	70	80
仕掛品	2	5	固定負債	190	180
その他流動資産	19	21	長期借入金	190	180
固定資産	585	708	負債合計	620	730
有形固定資産	360	450	資本金	55	55
無形固定資産	5	18	法定準備金	8	8
投資等	220	240	未処分利益	34	81
			（うち当期利益）	(20)	(55)
			資本合計	97	144
資産合計	717	874	負債・資本合計	717	874

表2　損益計算書

単位　百万円

勘定科目	2008年度	2009年度
当期売上高	2,590	3,540
売上原価	1,640	2,450
売上総利益	950	1,090
販売費・一般管理費	860	960
営業利益	90	130
営業外収益	4	3
営業外費用	1	2
経常利益	93	131
特別損益	▲64	▲11
税引前当期利益	29	120
法人税等	9	65
当期利益	20	55

9

〔経営分析とその評価〕

経営分析は，収益性・安全性・生産性の３点から実施し，経営分析のための指標を表３のように計算した。

表３ 経営分析指標

収益性分析		2008年度	2009年度
	総資本対経常利益率（%）	13.0	15.0
	総資本回転率（回）	3.6	4.1
	固定資産回転率（回）	4.4	5.0
	売上高対総利益率（%）	36.7	30.8
	売上高対経常利益率（%）	3.6	3.7

生産性分析		2008年度	2009年度
	労働生産性（円／時間）	1,890	1,950
	労働装備率（千円）	430	480
	１人当たり売上高（千円）	3,100	3,800
	１人当たり粗収入高（千円）	2,200	2,700

安全性分析		2008年度	2009年度
	流動比率（%）	30.7	30.2
	当座比率（%）	23.3	22.9
	固定長期適合率（%）	203.8	218.5
	固定比率（%）	603.1	491.7
	自己資本比率（%）	13.5	16.5

これらの情報などを基に，2009年度の経営分析結果を次のようにまとめた。

・収益性分析の結果は，おおむね良好である。特に総資本額が22%増加したにもかかわらず，総資本回転率が0.5回向上したのは，[a]が貢献した結果である。また，売上高対総利益率は，原材料の高騰の結果低下したが，そのほかの収益性指標は向上しており，特に①売上高対経常利益率が向上した点が評価できる。

・安全性分析の結果には問題がある。固定長期適合率が極めて[b]水準にある点である。ただし，流動比率は極めて低い水準にあるものの，受取手形がなく，[c]ので，流動資産の回収に問題が生じても影響は小さく，短期支払能力は指標が示すほどには低い水準ではないといえる。

・2009年度における有形固定資産の増加は，新規開店に伴うものであったが，固定長期適合率に大きな変化はなかった。一方で，長期借入金が若干減少し，短期借入金が増加した。これは，本来長期に利用可能な資金によって賄うべき設備投資を，［ d ］と短期借入金とで賄っていることを示しており，健全な財務構造とはいえない。

・新規開店に伴う人員増を最低限に抑えた結果，生産性分析では，各指標とも2008年度に比べて向上した。しかし，同業他社と比較した場合，従業員１人当たりの売上高や粗収入高が見劣りしている。［ e ］などによって，生産性の一層の向上を図る必要がある。

〔キャッシュフロー計算書の作成と分析〕

Ｙ社は，財務の安全性に問題があるとの認識のもと，キャッシュフローを分析するために，キャッシュフロー計算書を次の方針で作成することにした。

(1)　直接法と間接法のうち，間接法によって作成する。

(2)　フリーキャッシュフローは，“営業活動によるキャッシュフロー＋投資活動によるキャッシュフロー”で計算する。

(3)　キャッシュフロー計算書とフリーキャッシュフローは，過去３期分を作成・算定して，トレンドを分析する。

過去２期分のキャッシュフロー計算書と過去３期分のフリーキャッシュフローは，それぞれ表４と表５に示すとおりである。<u>②これらから，新たな問題・課題を抽出することができた。</u>

表4 キャッシュフロー計算書

単位 百万円

	2008年度	2009年度
Ⅰ 営業活動によるキャッシュフロー		
税引前当期利益	29	120
減価償却費	41	46
売上債権の増減	▲15	▲4
棚卸資産の増減	3	▲6
その他資産の増減	▲2	▲2
仕入債務の増減	10	40
その他負債の増減	38	10
法人税等の支払額	▲9	▲65
合計	95	139
Ⅱ [f] によるキャッシュフロー		
有形固定資産の増減	▲130	▲136
無形固定資産の増減	▲1	▲13
その他資産の増減	▲44	▲20
合計	▲175	▲169
Ⅲ [g] によるキャッシュフロー		
借入金の増減	89	60
資本金の増減	0	0
配当金支払額	▲1	[ ]
合計	88	[h]
Ⅳ 現金及び現金同等物の増減	8	22
Ⅴ 現金及び現金同等物の期首残高	77	85
Ⅵ 現金及び現金同等物の期末残高	85	107

注 [ ] には，特定の数値が入る。

表5 フリーキャッシュフロー

単位 百万円

年度	金額
2007	14
2008	▲80
2009	▲30

設問1 本文中の [a]，[b]，[d]，[e] に入れる適切な字句を解答群の中から選び，記号で答えよ。

解答群

ア 販売費・一般管理費の増加　　イ 売上高の増加

ウ 運転資金の増加　　エ 買掛金の減少

オ 自己資本の増加　　カ 高い

キ 中途採用の拡大　　ク 低い

ケ 福利厚生の充実

コ レイバースケジューリングの工夫

設問2 (1) 本文中の [c] に入れる適切な字句を25字以内で述べよ。

(2) 本文中の下線①が実現できた理由を財務諸表から読み取り，30字以内で述べよ。

設問3 (1) 表4中の [f]，[g] に入れる適切な字句を答えよ。

(2) 表4中の [h] に入れる適切な数値を答えよ。

設問4 本文中の下線②に該当する問題・課題を解答群の中から二つ選び，記号で答えよ。

解答群

ア 2009年度の営業活動によるキャッシュフローが2008年度に比べて増加していることから，Y社の現在の財務構造に問題がないと判断できる。

イ 財務活動によるキャッシュフローから投資活動によるキャッシュフローへの資金の流れが認められる。このような財務構造においては，長期資金が増加していない点に問題がある。

ウ 投資活動によるキャッシュフローがマイナスになっているので，設備投資が過多になっていると判断すべきである。

エ 投資活動によるキャッシュフローのマイナス分の大半が，財務活動ではなく，営業活動によるキャッシュフローによって賄われている構造は，好ましい状態ではない。

オ フリーキャッシュフローが2期連続してマイナスになっているので，セントラルキッチンの拡張工事の延期を検討する必要がある。

（平成22年春 応用情報技術者試験 午後 問1）

9

解説

〔Y社の概要〕にある貸借対照表と損益計算書を基に,〔経営分析とその評価〕により,経営分析指標を算出してその結果を分析します。

設問1

・空欄a

総資本回転率は,**売上高÷総資本**で表されます。総資本額が分母なので,総資本回転率が上がるためには,売上高がそれ以上に増加する必要があります。したがって,**イ**の「売上高の増加」が正解です。

・空欄b

固定長期適合率が2008年度,2009年度とも200%を超えています。固定長期適合率は,**固定資産÷(自己資本+固定負債)×100**で求められる値で,100%以下であることが必要なので,200%は高すぎます。したがって,**カ**の「高い」が正解です。

・空欄d

有形固定資産が増加しているにもかかわらず固定長期適合率に大きな変化がなかったということは,固定資産の分だけ,自己資本+固定負債が増加していることが分かります。固定負債は短期借入金で賄っていますが,それ以外にも**オ**の「自己資本の増加」が必要です。

・空欄e

労働生産性は,今回の分析では円／時間なので,付加価値額÷従業員労働時間で表されていると考えられます。時間当たりの生産性が1人当たりの売上高などに比べて低いので,時間効率があまり良くないことが推測されます。その場合,**コ**の「レイバースケジューリングの工夫」が,効果が高いと見込まれます。

設問2

(1)

・空欄c

流動比率は**流動資産÷流動負債×100**で求められます。200%以上あるのが望ましいのですが,両年度とも30%程度ときわめて低くなっています。流動資産が少ないのが原因ですが，表1を見ると，**流動資産に占める現金及び預金の割合が高い**ので，回収に問題が生じても影響は少ないと考えられます。また，流動比率より厳密に安全性を見るのが当座比率ですが，こちらは22～23%程度です。流動比率との差が10%もなく，**相対的に当座比率が高い水準にある**ため安全であるともいえます。さらに，表1の原材料や仕掛品の額は，ほかの流動資産に比べて小さく，**原材料や仕掛品の金額が少ない**から安全性は高いともいえます。

(2)

売上高経常利益率は，経常利益÷売上高×100で求められます。また，売上高総利益率は，売上総利益÷売上高×100で求められます。ここで表3を見ると，売上高総利益率は減少しているのに，売上高経常利益率は向上しています。この二つの差は，経常利益と売上総利益の差の部分，つまり販売費・一般管理費や営業外収益，営業外費用の部分の差だと考えられます。表2の損益計算書を見ると，売上高の状況に比べて，販売費・一般管理費はあまり変わっていません。そのため，**販売費・一般管理費の上昇を抑制できたから**売上高経常利益率が向上したと考えられます。

設問3

(1)

キャッシュフロー計算書は，営業活動によるキャッシュフロー，投資活動によるキャッシュフロー，財務活動によるキャッシュフローの三つに分かれます。したがって，**空欄fは投資活動**，**空欄gは財務活動**になります。

(2)

表4のⅣ「現金及び現金同等物の増減」は，Ⅰ，Ⅱ，Ⅲの三つのキャッシュフローの合計です。2009年度において，Ⅰが139，Ⅱが▲169，Ⅲが空欄h，Ⅳが22なので，**空欄h**は，22－139＋169＝52で**52**となります。

設問4

表4と表5から，新たな問題・課題を抽出します。

ア　キャッシュフローが増加していることだけで財務構造に問題がないと判断することはできません。

イ 投資活動によるキャッシュフローは赤字で，財務活動によるキャッシュフローは黒字なので，流れとしては財務活動→投資活動と資金は流れています。この源泉は，表4より借入金の増加だと考えられますが，表1によるとこの増加は短期借入金で賄っています。長期借入金などの長期資金が増加していない点は問題なので，正解です。

ウ 投資活動によるキャッシュフローがマイナスになっているのは設備投資が原因ですが，マイナスだから過多になっているかどうかは判断できません。

エ 投資活動によるキャッシュフローのマイナス分は，営業活動によるキャッシュフローと財務活動によるキャッシュフローの両方で賄われています。2009年度は，営業活動が139百万円，財務活動が52百万円なので，大半というほどではありません。

オ フリーキャッシュフローは，表5によると2期連続でマイナスです。この状態でセントラルキッチンの拡張工事を行うと，さらなるマイナスが予想されます。そのため，拡張工事の延期を検討する必要があるので，正解です。

≪解答≫

設問1　a：イ，b：カ，d：オ，e：コ

設問2

（1）　c：※次の中から一つを解答

流動資産に占める現金及び預金の割合が高い（20字）

相対的に当座比率が高い水準にある（16字）

原材料や仕掛品の金額が少ない（14字）

（2）　販売費・一般管理費の上昇を抑制できたから（20字）

設問3　（1）　f：投資活動，g：財務活動

（2）　52

設問4　イ，オ

経済性計算

企業の設備投資にあたって設備投資の意思決定に用いるのが，設備投資の経済性計算です。**現在価値**と**将来価値**を区別し，将来価値＝現在価値×(1＋金利)と考え，資産をすべて現在価値に合わせて計算します。主な経済性計算を次に示します。

①DCF（Discounted Cash Flow：割引現金収入価値）法

資産価値は，その資産が将来にわたり生み出すキャッシュフローを一定の割引率で割り引いた現在価値になります。1年後，2年後，…，n年後のキャッシュフローをCF_1，CF_2，…，CF_nとすると，以下のようになります。rは割引率です。

$$現在価値 = CF_1 \times \frac{1}{1+r} + CF_2 \times \frac{1}{(1+r)^2} + \cdots + CF_n \times \frac{1}{(1+r)^n}$$

②NPV（Net Present Value：正味現在価値）法

DCFから初期投資額を差し引き，設備投資による**正味の現在価値**を計算します。式は次のとおりです。

NPV = DCF − 設備投資額

NPVを計算する問題は，応用情報技術者試験で以下の出題があります。

【NPVの計算】

・平成25年秋 午後 問1
・平成31年春 午前 問64

③IRR（Internal Rate of Return：内部利益率）法

NPVがゼロとなる割引率(r)です。

④PBP（Pay Back Period：回収期間）法

投資効果を評価するため，投資額が何年で回収されるかを算定します。算定方式は，次のとおりです。

回収期間＝投資額÷年平均予想利益

9

▶▶▶ 覚えよう！

- □ **売上高 ― 売上原価が売上総利益，管理費を引くと営業利益**
- □ **固定長期適合率＝固定資産 ÷(自己資本＋固定負債)×100**

9-2 法務

法務とは法律に関する業務です。ここでは情報技術に関連する法律を中心に学びます。

9-2-1 知的財産権

知的財産権とは，ソフトウェアなどの知的財産を守るための権利です。知的財産の開発者の利益を守り，市場で適正な利潤を得られるようにするために法律が整備されています。

知的財産権

知的財産権とは，知的財産に関する様々な法令により定められた権利です。文化的な創作の権利には，**著作権**や**著作隣接権**があります。また，産業上の創作の権利には，**特許権**や**実用新案権**，**意匠権**，産業財産権などがあります。営業上の創作の権利には，**商標権**や**営業秘密**などがあります。

著作権法

著作権が保護する対象は著作物で，思想または感情を創作的に**表現したもの**であって，文芸，学術，美術または音楽の範囲に属するものです。**コンピュータプログラム**や**データベース**は著作物に含まれますが，アルゴリズムなどアイディアだけのものや，工業製品などは除かれます。

著作権は産業財産権と違い，**無方式主義**，つまり出願や登録といった手続は不要です。コンピュータプログラムの場合には，**私的使用のための複製**は認められています。

著作権の保護期間は，著作権法の改正に伴い，著作者の死後50年から70年に延長されました。

産業財産権法

産業財産権には，特許権，実用新案権，意匠権，商標権の四つがあります。**特許法**では，**自然法則を利用した技術的思想の創作のうち高度なもの**である**発明**を保護します。特許は発明しただけでは保護されず，**特許権の審査請求**を行い，**審査**を通過しな

勉強のコツ
法律は，基本的には暗記分野なので，知っていれば答えられるというところではあります。ただ，その法律の意義や背景について理解していると，覚えやすく，実務にも役立ちます。

関連
ソフトウェア開発に関する著作権や特許については，「4-2-2 知的財産適用管理」でも説明しています。

用語
著作権などの使用許諾契約が成立するのは，基本的には取引が成立したときです。また，市販のパッケージなどでは，購入したソフトウェアの入ったCD-ROMの包装を破った時点で使用許諾契約が成立するとする**シュリンクラップ契約**があります。

参考
TPP（環太平洋パートナーシップ）協定の内容をもとに著作権法の改正が行われ，2018年12月30日のTPP発効に伴い施行されました。改正項目には，著作権の保護期間延長のほか，著作権等侵害罪の非親告罪化などもありました。

ければなりません。特許の要件は，産業上の利用可能性，新規性，進歩性があり，先願（最初に出願）の発明であることなどです。

発明のうち高度でないものは，**実用新案法**の対象になります。また，意匠（**デザイン**）に関するものは**意匠法**の対象で，**商標**に関するものは**商標法**の対象になります。

不正競争防止法

不正競争防止法は，事業者間の不正な競争を防止し，公正な競争を確保するための法律です。**営業秘密**（**トレードシークレット**）に係る不正行為では，不正な手段によって**営業秘密**を取得し使用する，第三者に開示するなどの行為は禁じられています。営業秘密として保護を受けるためには，**秘密管理性**（秘密として管理されていること），**有用性**（有用であること），**非公知性**（公然と知られていないこと）の三つを満たす必要があります。

それでは，次の問題を解いてみましょう。

発展

不正競争防止法について試験で登場するのは主に**営業秘密**ですが，それ以外にも不正競争行為の類型にはいろいろ想定されています。例えば，他人の著名な商品にただ乗りする**著名表示冒用行為**や，他人の商品などと同一・類似のドメイン名を使用するなどの**ドメイン名に係る不正行為**などです。

問題

プログラムの著作物について，著作権法上，適法である行為はどれか。

ア　海賊版を複製したプログラムと事前に知りながら入手し，業務で使用した。

イ　業務処理用に購入したプログラムを複製し，社内教育用として各部門に配布した。

ウ　職務著作のプログラムを，作成した担当者が独断で複製し，他社に貸与した。

エ　処理速度を向上させるために，購入したプログラムを改変した。

（令和元年秋 応用情報技術者試験 午前 問78）

過去問題をチェック

著作権の問題は，応用情報技術者試験の午前の定番です。この問題のほかに以下の出題があります。

【著作権】
- 平成22年春 午前 問79
- 平成22年秋 午前 問78
- 平成23年特別 午前 問77
- 平成24年春 午前 問79
- 平成25年春 午前 問78
- 平成25年秋 午前 問79
- 平成27年春 午前 問79
- 平成27年秋 午前 問78
- 平成29年春 午前 問78
- 平成30年秋 午前 問78

解説

プログラムの著作物は，私的使用のための複製は許可されています。そのため，購入したプログラムを私的使用の範囲内で改変することは可能です。それ以外は，私的使用には当たらないので違法行為になります。

≪解答≫エ

▸▸▸覚えよう！

□　**営業秘密は秘密管理性，有用性，非公知性を満たす必要がある**

9-2-2 セキュリティ関連法規

セキュリティ侵害によって，お金が盗まれたり詐欺に遭ったりするなど，実際に被害があった場合は刑法で罰せられます。セキュリティ関連の法律では，刑法では被害とはならない部分に焦点を当てて立法しています。例えば，不正アクセス禁止法では，被害がなくても不正アクセスをしただけ，またはそれを助けただけで処罰の対象になります。

セキュリティ関連の法律は新しい分野なので，日々進化しています。主に次のものがあります。

サイバーセキュリティ基本法

サイバーセキュリティ基本法は，国のサイバーセキュリティに関する施策の推進における基本理念や国の責務などを定めたものです。サイバーセキュリティとは何かを明らかにし，必要な施策を講じるための基本理念や基本的施策を定義しています。

また，その司令塔として，内閣にサイバーセキュリティ戦略本部を設置することが定められています。2019年にはサイバーセキュリティ協議会を発足し，政府機関や民間などでサイバーセキュリティ情報を共有する仕組みを構築しています。国民には，基本理念にのっとり，サイバーセキュリティの重要性に関する関心と理解を深め，サイバーセキュリティの確保に必要な注意を払うよう努めることが求められています。

不正アクセス禁止法

刑法では，データの改ざん，消去などの具体的な被害を起こす行為を対象にしています。**不正アクセス禁止法**では，**ネットワーク**への侵入，アクセス制御のための**情報提供**などを処罰の対象としています。

電子署名及び認証業務などに関する法律

インターネットを活用した商取引などでは，ネットワークを通じて社会経済活動を行います。そのために，相手を信頼できるかどうか確認する必要があり，PKI（公開鍵基盤）が構築されました。そのPKIを支え，**電子署名**に法的な効力をもたせる法律に**電子署名法**があります。電子署名で使う**電子証明書**を発行できる機関は**認定認証事業者**と呼ばれ，国の認定を受ける必要があります。

個人情報保護法

個人情報保護法（個人情報の保護に関する法律）は，個人情報を適切に保護するための法律です。個人情報を保持し，事業に用いている事業者は個人情報取扱事業者とされ，適切な対処を行わなかった場合は，事業者が刑事的に処罰されます。個人情報取扱事業者は，以下のことを守る義務があります。

- 利用目的の特定
- 利用目的の制限（目的外利用の禁止）
- 適正な取得
- 取得に際しての利用目的の通知
- 本人の権利（開示・訂正・苦情など）への対応（窓口での苦情処理）
- 漏えい等が発生した場合の個人情報保護委員会や本人への通知

個人情報などの第三者への提供は原則“可”で，提供してほしくない場合には本人が拒否を通知する仕組みを**オプトアウト**といいます。これに対し，提供は原則“不可”で，提供するためには本人の同意を得る必要がある仕組みを**オプトイン**といいます。個人情報保護法ではオプトインが基本で，オプトアウトを採用する場合は個人情報保護委員会への届出が必須です。

また，「人種」「信条」「病歴」など，特別な配慮が必要となる情報を**要配慮個人情報**といいます。要配慮個人情報はオプトアウトでは提供できません。

個人情報保護法は，2020年6月に改正されました。利用停止権など，個人の意思でデータの利用を指示できる権利などが追加されています。

個人情報保護委員会は，個人情報（特定個人情報を含む）の有用性に配慮しつつ，その適正な取扱いを確保するために設置された行政機関です。
設立当初は特定個人情報（マイナンバー）が対象でしたが，その後，個人情報全般について管理しています。
https://www.ppc.go.jp/

EU（European Union： 欧州連合）内での個人情報保護を規定する法律に，一般データ保護規則（GDPR：General Data Protection Regulation）があり，2018年より適用されています。EU経済圏に拠点がなくても，EU圏の個人にサービスを提供する場合はGDPRの対象範囲内となります。IPアドレスやCookieなども個人情報とみなされるなど，日本の個人情報保護法よりも高い保護レベルが求められます。

2020年の個人情報保護法の改正では，個人情報の利活用についての規定が緩和されています。個人を特定できないようにするために，属性に対して削除，加工を行う匿名化手法を用いた**匿名加工情報**や，個人情報から氏名などの情報を取り除いた**仮名加工情報**は，データ分析のために利用条件が緩和されています。

マイナンバー法

マイナンバー法（行政手続における特定の個人を識別するための番号の利用等に関する法律）は，国民一人一人にマイナンバー（個人番号）を割り振り，社会保障や納税に関する情報を一元的に管理するマイナンバー制度を導入するための法律です。

個人情報をデータ分析などに活用する際には，**匿名加工情報**にする必要があります。

プロバイダ責任制限法

Webサイトの利用やインターネット上での商取引の普及，拡大に伴い，サイト上の掲示板などでの誹謗中傷，個人情報の不正な公開などが増えてきました。こういった行為に対し，プロバイダが負う損害賠償責任の範囲や，情報発信者の情報の開示を請求する権利を定めた法律が**プロバイダ責任制限法**です。正式名称は，「特定電気通信役務提供者の損害賠償責任の制限及び発信者情報の開示に関する法律」といいます。ここで定義されている**特定電気通信役務提供者**には，プロバイダだけでなく，Webサイトの運営者なども含まれます。

情報セキュリティに関するその他の法律・基準

情報セキュリティに関するその他の法律や基準には，次のものがあります。

①改正刑法

刑法が改正され，コンピュータ犯罪に関する条文が追加されています。電磁的記録に関する犯罪行為，詐欺行為などに加え，ウイルス作成・提供行為なども加えられています。

②特定電子メール法

広告などの迷惑メールを規制する法律です。あらかじめ同意を得た場合以外には電子メールの送信が禁じられています。

③サイバーセキュリティ経営ガイドライン

経済産業省が企業の経営者に向けて作成したガイドラインです。サイバー攻撃から企業を守る観点で，「経営者が認識すべき3原則」と，経営者がCISO（最高情報セキュリティ責任者）に指示すべき「サイバーセキュリティ経営の重要10項目」がまとめられています。

また，IPA（情報処理推進機構）では，中小企業の経営者を対象とした「中小企業の情報セキュリティ対策ガイドライン」を公開しています。

関連

サイバーセキュリティ経営ガイドラインの最新版Ver2.0は，以下で公開されています。
https://www.meti.go.jp/policy/netsecurity/downloadfiles/CSM_Guideline_v2.0.pdf

関連

中小企業の情報セキュリティ対策ガイドラインは，下記で公開されています。
https://www.ipa.go.jp/security/keihatsu/sme/guideline/
また，中小企業の情報セキュリティ対策ガイドラインに従って情報セキュリティ対策を行った企業がそれを宣言する「SECURITY ACTION」制度があります。
https://www.ipa.go.jp/security/security-action/

④コンピュータ不正アクセス対策基準

コンピュータ不正アクセスによる被害の予防，発見，復旧や拡大，再発防止のために，企業などの組織や個人が実行すべき対策をとりまとめた基準です。

⑤コンピュータウイルス対策基準

コンピュータウイルスに対する予防，発見，駆除，復旧のために実効性の高い対策をとりまとめた基準です。

それでは，次の問題を考えてみましょう。

問題

広告や宣伝目的の電子メールを一方的に送信することを規制する法律はどれか。

ア　電子消費者契約法　　イ　特定電子メール法
ウ　不正競争防止法　　エ　プロバイダ責任制限法

（平成30年秋 応用情報技術者試験 午前 問79）

解説

広告や宣伝目的の電子メールを一方的に送信することは，特定電子メール法で規制されています。したがって，イが正解です。

ア　電子商取引などでの消費者の操作ミスなどの救済を定めた法律です。

ウ　事業者間で公正な競争を確保するための法律です。

エ　プロバイダが行う損害賠償責任の範囲などを定めた法律です。

≪解答≫イ

覚えよう！

- □　不正アクセスは，自分でやらず助長しただけでも犯罪
- □　個人情報の使用や広告電子メールの送信は，基本的にオプトイン

9-2-3 労働関連・取引関連法規

頻出度 ★★★

労働関連法規は，労働者の生活・福祉の向上を目的とする法律です。労働基準法や労働者派遣法などがあります。取引関連法規は会社の取引に関する法律で，下請法，民法，商法などがあります。

労働基準法

労働基準法では，労働者を保護するため，就業規則や労働時間などを規定しています。労働時間については，1日の法定労働時間の上限は**8時間**，1週間では**40時間**と定められています。

また，労働基準法では，時間外労働（残業），休日労働は基本的に認められていません。労働者と使用者（経営者）の間で労使協定を結び，行政官庁に届け出ることによって，法定労働時間外の労働が認められるようになります。この協定のことを**36協定**（サブロク）といいます。

労働者派遣法

労働者を派遣する場合，労働者，派遣元，派遣先の三者で関係を結びます。具体的には，以下の図のようになります。

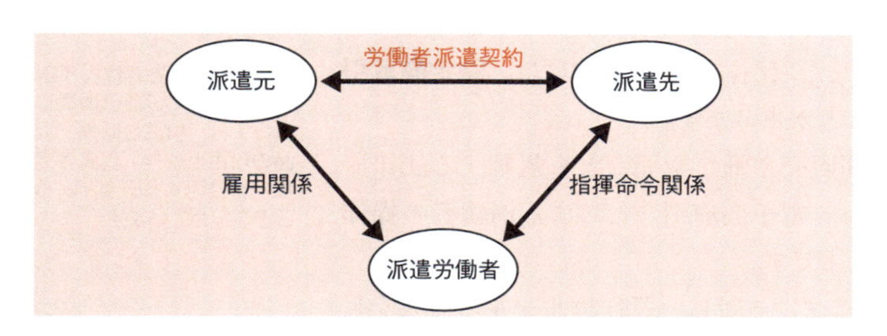

労働者派遣法の概念

その他の労働関連の法規

その他の労働関連の法律としては，**男女雇用機会均等法**や**公益通報者保護法**，**労働安全衛生法**などがあります。

男女雇用機会均等法では，性別による，配置，昇進，降格，教育訓練などへの差別的扱いを禁止します。

公益通報者保護法では，内部告発を行った労働者を保護するため，内部告発者に対する解雇や減給などの不利益な扱いを無効にします。

労働安全衛生法では，労働災害を防止し，労働者の安全と健康の確保や快適な職場環境の形成を促進することが定められています。

下請代金支払遅延等防止法（下請法）

下請代金支払遅延等防止法（下請法）とは，下請取引の公正化や，下請事業者の利益を保護するための法律です。下請業者が口約束で不利益を被らないように，親事業者には**発注書面の交付義務**があります。

民法

民法には，所有権絶対の原則，契約自由の原則，過失責任の原則という三つの原則があります。契約にはいろいろな形態がありますが，典型契約の代表的なものに，請負契約と委任契約があります。**請負契約**とは，ある仕事を**完成することを約束**する契約で，**委任契約**は，法律行為を委託する契約です。法律行為以外の委託の場合は**準委任契約**といいます。

請負や委任などの契約に関しては，「7-2-3 調達計画・実施」で詳しく取り上げています。

インターネットを利用した取引

インターネットを利用した取引に関する法律には，**特定商取引法**や**電子消費者契約法**などがあります。

特定商取引法は，訪問販売や通信販売などを規制する法律です。**電子消費者契約法**は，電子商取引などによる消費者の操作ミスを救済するための法律です。

また，インターネットにおける新しい著作権ルールの普及を目指すプロジェクトに，著作者が自分で著作物の再利用を許可するためにライセンスを策定する**クリエイティブ・コモンズ**があります。クリエイティブ・コモンズ・ライセンスには，著作権がある状態と，著作権が消滅したり放棄された状態である**パブリックドメイン**の中間に位置するものまで，様々なレベルのライセンスがあります。

特定商取引法では，インターネットでの通信販売においては，引渡し時期，返品の可否と条件，代表者名などを公開する必要があることを定めています。

ソフトウェア使用許諾契約（ライセンス契約）

ソフトウェアの知的財産権の所有者が第三者にソフトウェアの利用許諾を与える際に取り決める契約が，ソフトウェア使用許諾契約（ライセンス契約）です。許諾する条件により，ボリュームライセンス契約, サイトライセンス契約, シュリンクラップ契約, OSSライセンスなど, 様々な形態があります。

また, AIやデータ分析が関わる取引では, 所有者の定義が難しくなるので, あらかじめ取り決めを行っておく必要があります。AIやデータの利用に関しては, 経済産業省が公開している**AI・データの利用に関する契約ガイドライン**があります。

関連

AI・データの利用に関する契約ガイドラインには, データ編とAI編があり, 経済産業省のページ(下記URL)のリンクで公開されています。
https://www.meti.go.jp/press/2018/06/20180615001/20180615001.html

覚えよう!

□ **派遣契約は企業間で締結, 派遣労働者と派遣先は指揮命令関係, 派遣労働者と派遣元は雇用関係**

9-2-4 その他の法律・ガイドライン・技術者倫理

頻出度 ★☆☆

これまでに取り上げていない法律としては, 製造物の責任を示すPL法や環境関連法などがあります。

製造物責任法(PL法)

PL (Product Liability:製造物責任) 法は, 製造物に欠陥があった場合に, **消費者が製造業者に対して直接損害賠償を請求**できることを定めた法律です。製造物に欠陥があった場合に責任を取る**責任主体**は, 製造業者です。ただし, 複数の会社が関係している場合は, 製造物に氏名, 商号, 商標などを表示した**表示製造業者**とされています。また, 製造物に関する責任なので, サービスやプログラムは対象外です。ただし, 欠陥のあるソフトウェアを組み込んだハードウェアなどは, PL法の対象になります。

それでは, 次の問題を解いてみましょう。

過去問題をチェック

製造物責任法(PL法)については, 応用情報技術者試験では定番としてよく出題されます。この問題のほかにも以下の出題があります。

【製造物責任法(PL法)】
- 平成24年秋 午前 問80
- 平成25年春 午前 問79
- 平成26年春 午前 問80
- 平成28年春 午前 問80
- 平成30年春 午前 問78

問題

A社は, B社に委託して開発したハードウェアに, C社が開発して販売したソフトウェアパッケージを購入して実装し, 組込み機器を製造した。A社はこの機器を自社製品として出荷した。小売店のD社は, この製品を仕入れて販売した。ソフトウェアパッケージに含ま

れていた欠陥が原因で，利用者が損害を受けたとき，製造物責任法(PL法)上の責任を負うのはだれか。ここで，A社，B社，C社，D社及び損害を受けた利用者はすべて日本国内の法人又は個人とする。

ア　機器を製造し出荷したA社が責任を負う。
イ　ソフトウェアを開発し販売したC社が責任を負う。
ウ　ハードウェアを開発したB社が責任を負う。
エ　販売したD社が責任を負う。

(平成22年秋 応用情報技術者試験 午前 問80)

解説

PL法では，責任主体は製造物に名前を入れた業者です。A社はこの機器を自社製品として出荷しているので，責任主体はA社です。したがって，アが正解です。なお，販売業者D社は，PL法の責任を負うことはありません。

≪解答≫ア

環境関連法

環境に配慮する法律のうち，システムやIT機器の取得，廃棄に関連する規制には，**廃棄物処理法**，**リサイクル法**などがあります。リサイクル法は，対象の種類ごとにいくつかの法律に分かれていますが，**パソコンリサイクル法**では，業務用PCだけでなく家庭用PCの回収と再資源化がPCメーカに義務づけられています。

資金決済法

資金決済法とは，商品券やプリペイドカードなどの電子マネーを含む金券や，銀行業以外の資金移動に関する法律です。平成28年に改正された資金決済法では，**暗号資産**(仮想通貨)についても定義されています(第二条5項)。資金決済法における暗号資産とは，不特定の者に対する代金の支払に使用可能で，電子的に記録・移転でき，法定通貨(国がその価値を保証している通貨)やプリペイドカードではない財産的価値のあるものです。日本では，暗号資産と法定通貨とを交換する業務を行う場合は金融庁への登録が必要となります。

ネットワーク関連法規

遠隔地とのデータ交換，情報ネットワークの構築を行う通信事業者には，免許の取得が必須など，様々な規則があります。電気通信事業を行うためには，**電気通信事業法**に示されている通信事業者の要件を満たす必要があります。また，**電波法**では，スマートフォンなどの電波を発する機器が満たすべき技術基準が定められています。基準に適合している無線機であることの証明として，**技適マーク**が付けられます。

覚えよう！

□ **PL法での製造業者は，製品を自社製品と明記した業者**

9-2-5 標準化関連

頻出度 ★★★

標準・規格などは，標準化団体や関連機構が定めています。ここでは，代表的な標準化団体などについて学びます。

日本工業規格（JIS）

JIS（Japanese Industrial Standards：**日本工業規格**）は，日本の国家標準の一つで，工業標準です。工業標準化法に基づき，JISC（Japanese Industrial Standards Committee：**日本工業標準調査会**）の答申を受けて主務大臣が制定します。情報処理についてはJIS X部門が，管理システムについてはJIS Q 部門が行っています。

国際規格（IS）

IS（International Standards：国際規格）は，ISO（International Organization for Standardization：国際標準化機構）で制定された世界の標準です。ISOは各国の代表的な標準化機関からなり，電気及び電子技術分野を除く工業製品の国際標準の策定を目的としています。

公的に標準化されていなくても，事実上の規格，基準となっているものをデファクトスタンダードといいます。オブジェクト指向の**OMG**（Object Management Group）や，Webの標準を定める**W3C**（World Wide Web Consortium）などがその例です。

その他の標準

ISOでは電気及び電子技術がないので，その分野を補う国際規格として，**ITU**（International Telecommunication Union：国際電気通信連合）や**IEC**（International Electrotechnical Commission：国際電気標準会議），**IEEE**（Institute of Electrical and Electronics Engineers：電気電子学会）などがあります。IEEEの規格としては，イーサネットに関するIEEE 802や，FireWireに関するIEEE 1394などが有名です。

任意団体では，インターネットの標準を定める**IETF**（Internet Engineering Task Force：インターネット技術タスクフォース）があります。RFC（Request For Comments）を公開し，プロトコルやファイルフォーマットを主に扱います。

また，日本のJISに対応する米国の標準化組織に**ANSI**（American National Standards Institute：米国規格協会）があり，ASCIIの文字コード規格や，C言語の規格などを定めています。

データの標準

電子データ交換を行うときに必要な文字コードやバーコードの代表的な標準には，次のようなものがあります。

文字コードには，**JISコード**，**EBCDIC**（Extended Binary Coded Decimal Interchange Code）**コード**，**シフトJISコード**，**Unicode**などがあります。

バーコードには，一次元のコードである**JAN**（Japanese Article Number）**コード**や**ITF**（Interleaved Two of Five）**コード**，二次元コードの**QRコード**などがあります。

用語

Unicodeは，世界で使われているすべての文字を共通の文字集合で利用できるようにと作られた文字コードで，WindowsやmacOS，LinuxやJavaなどで利用されています。

▶▶▶ 覚えよう！

□ **電気・電子技術の国際規格ITU，IEC，IEEE**

9-3 演習問題

問1 期待値原理 CHECK ▶ □□□

本社から工場まで車で行くのに，一般道路では80分掛かる。高速道路を利用すると，混雑していなければ50分，混雑していれば100分掛かる。高速道路の交通情報が"順調"ならば高速道路を利用し，"渋滞"ならば一般道路を利用するとき，期待できる平均所要時間は約何分か。ここで，高速道路の混雑具合の確率は，混雑している状態が0.4，混雑していない状態が0.6とし，高速道路の真の状態に対する交通情報の発表の確率は表のとおりとする。

		高速道路の真の状態	
		混雑している	混雑していない
交通情報	渋滞	0.9	0.2
	順調	0.1	0.8

ア　62　　イ　66　　ウ　68　　エ　72

問2 売上と利益の関係 CHECK ▶ □□□

今年度のA社の販売実績と費用（固定費，変動費）を表に示す。来年度，固定費が5%増加し，販売単価が5%低下すると予測されるとき，今年度と同じ営業利益を確保するためには，最低何台を販売する必要があるか。

販売台数	2,500 台
販売単価	200 千円
固定費	150,000 千円
変動費	100 千円／台

ア　2,575　　イ　2,750　　ウ　2,778　　エ　2,862

9

問3 線形計画法 CHECK ▶ □□□

表のような製品A，Bを製造，販売する場合，考えられる営業利益は最大で何円になるか。ここで，機械の年間使用可能時間は延べ15,000時間とし，年間の固定費は製品A，Bに関係なく15,000,000円とする。

製品	販売単価	販売変動費／個	製造時間／個
A	30,000円	18,000円	8時間
B	25,000円	10,000円	12時間

問4 マイナンバー法で特定個人情報の提供をできる場合 CHECK ▶ □□□

マイナンバー法の個人番号を取り扱う事業者が特定個人情報の提供をすることができる場合はどれか。

ア　A社からグループ企業であるB社に転籍した従業員の特定個人情報について，B社での給与所得の源泉徴収票の提出目的で，A社がB社から提出を求められた場合

イ　A社の従業員がB社に出向した際に，A社の従業員の業務成績を引き継ぐために，個人番号を業務成績に付加して提出するように，A社がB社から求められた場合

ウ　事業者が，営業活動情報を管理するシステムを導入する際に，営業担当者のマスタ情報として使用する目的で，システムを導入するベンダから提出を求められた場合

エ　事業者が，個人情報保護委員会による特定個人情報の取扱いに関する立入検査を実施された際，同委員会から資料の提出を求められた場合

問5 下請代金支払遅延等防止法 CHECK ▶ □□□

ユーザから請け負うソフトウェア開発を下請業者に委託する場合，下請代金支払遅延等防止法で禁止されている行為はどれか。

ア　交通費などの経費については金額を明記せず，実費負担とする旨を発注書面に記載する。

イ　下請業者に委託する業務内容は決まっているが，ユーザとの契約代金が未定なので，下請代金の取決めはユーザとの契約決定後とする。

ウ　発注書面を交付する代わりに，下請業者の承諾を得て，必要な事項を記載した電子メールで発注を行う。

エ　ユーザの事情で下請予定の業務内容の一部が未定なので，その部分及び下請代金は別途取り決める。

問6 製造物責任法

ソフトウェアやデータに瑕疵（かし）がある場合に，製造物責任法の対象となるものはどれか。

ア　ROM化したソフトウェアを内蔵した組込み機器

イ　アプリケーションのソフトウェアパッケージ

ウ　利用者がPCにインストールしたOS

エ　利用者によってネットワークからダウンロードされたデータ

演習問題の解答

問1　（平成29年秋 応用情報技術者試験 午前 問75）

《解答》イ

高速道路の交通情報が“順調”ならば高速道路を利用し，“渋滞”ならば一般道路を利用します。混雑具合の確率は，混雑している状態が0.4で，混雑していない状態が0.6なので，表の状態とかけ合わせると次のようになります。

“渋滞”で混雑している確率：$0.9 \times 0.4 = 0.36$

“順調”で混雑している確率：$0.1 \times 0.4 = 0.04$

“渋滞”で混雑していない確率：$0.2 \times 0.6 = 0.12$

“順調”で混雑していない確率：$0.8 \times 0.6 = 0.48$

交通情報が“順調”のときは高速道路を利用するので，真の状態が混雑していれば100分，混雑していなければ50分掛かります。“渋滞”のときには一般道路を利用するので，混雑に関係なく80分です。それぞれの確率を基に平均所要時間を求めると，

$$0.36 \times 80 + 0.04 \times 100 + 0.12 \times 80 + 0.48 \times 50 = 28.8 + 4 + 9.6 + 24 = 66.4\,[\text{分}]$$

となります。四捨五入して約66分となるので，**イ**が正解です。

問2　（平成28年秋 応用情報技術者試験 午前 問76）

《解答》エ

今年度の営業利益を表より求めると次のようになります。

$$2{,}500\,[\text{台}] \times (200 - 100)\,[\text{千円}] - 150{,}000\,[\text{千円}] = 100{,}000\,[\text{千円}]$$

来年度の販売台数を x 台とすると，固定費が5%増加し，販売単価が5%低下した状況で今年度の営業利益を100,000［千円］以上にするためには，

$$x\,[\text{台}] \times (200 \times 0.95 - 100)\,[\text{千円}] - 150{,}000 \times 1.05\,[\text{千円}] \geqq 100{,}000\,[\text{千円}]$$

を満たす x（整数）を求める必要があります。計算すると，

$$90x - 157{,}500 \geqq 100{,}000,\ \ 90x \geqq 257{,}500,\ \ x \geqq 2{,}861.11\cdots\cdots$$

となるので，最低で2,862台を売る必要があります。したがって，**エ**が正解です。

問3 （平成27年秋 応用情報技術者試験 午前 問77改）

《解答》7,500,000［円］

製品A，Bの時間当たりの利益（固定費を除く）を考えてみます。

製品A　(30,000 − 18,000) ÷ 8 = 1,500［円／時間］

製品B　(25,000 − 10,000) ÷ 12 = 1,250［円／時間］

つまり，製品Aを可能な限り作った方が利益を最大化できます。機械の年間使用時間は述べ15,000時間で，すべて製品Aを作るとすると，利益は次のようになります。

15,000［時間］× 1,500［円／時間］− 15,000,000［円］= **7,500,000［円］**

問4 （令和2年10月 応用情報技術者試験 午前 問79）

《解答》エ

個人情報保護委員会は，個人情報の保護に関する法律に基づき設置された公共機関です。個人情報取扱事業者等に対して必要な指導・助言や報告徴収・立入検査を行うことが可能です。マイナンバー法の個人番号を取り扱う事業者は，個人情報保護委員会に求められた場合には，特定個人情報の提供を行う必要があります。したがって，**エ**が正解です。

ア　A社からB社にマイナンバーを提供することはできません。B社は従業員に直接，特定個人情報を求めることができます。

イ，ウ　事業者は，従業員等の営業成績管理等の目的で，マイナンバーの提供を求めてはなりません。

問5 （平成30年秋 応用情報技術者試験 午前 問80）

《解答》イ

下請代金支払遅延等防止法は，元請けの事業者が下請事業者に対して優越的地位を濫用する行為を規制するための法律です。下請代金の取決めはユーザとの契約決定後とする契約は，書面の交付義務（第3条）「親事業者は，下請事業者に対し製造委託等をした場合は，直ちに，公正取引委員会規則で定めるところにより下請事業者の給付の内容，下請代金の額，支払期日及び支払方法その他の事項を記載した書面を下請事業者に交付しなければならない」に反するので禁止されています。したがって，**イ**が正解です。

ア　経費などの実費負担は特に問題ありません。

ウ　電子メールでの発注も有効です。

エ　未定部分について，別途契約し，取り決めることについては問題ありません。

問6 （平成29年秋 応用情報技術者試験 午前 問80）

《解答》ア

製造物責任法（PL法）は製造物に対する責任なので，アのようなソフトウェアを内蔵した組込み機器などは対象となります。それに対し，ソフトウェアやデータ自体はPL法の対象ではないので，イのようなソフトウェアパッケージや，ウのようなOS，エのようなデータは対象外です。したがって，アが正解です。

午後問題の記述をうまく書く方法

応用情報技術者試験や高度区分の午後問題は記述式です。特に，文章を書く論述問題は，うまくポイントを押さえて，相手に分かるように書く必要があります。応用情報技術者試験の場合は，ストラテジ系やマネジメント系の午後問題で文章を書くことが多く，適切に記述できるかどうかでかなり点数が変わってきます。

記述式の解答を書くときのコツとして一番簡単なのが，「自分で書く前に問題文から答えを探す」ことです。記述なのでどうしても自分で考えなければダメという気がしてくるのですが，意外と問題文から抜き出すという出題は多いのです。そのまま答えにはならないまでも，ヒントは必ず問題文や設問文に隠されているので，まず探しましょう。

そして，「設問は穴が空くほど見る」というのも大切です。設問文には，見落とすと大変な，押さえておかないと点数が取れないポイントがよく書いてあります。例えば，「本文中の字句を使って，20字以内で答えよ。」や，「答えは小数第2位以下を切り上げて，小数第1位まで求めよ。」などです（下線は筆者が付記）。こういった設問では，注意事項をすべて丁寧にチェックすることが重要です。

そして，忘れがちですが大切なのが，「午前の勉強をしっかりやって基礎知識を身に付けておく」ことです。午後問題は問題文から見つけ出す設問が多いので，なんとなく国語の問題のように，ただ読めば解けるような気がしてしまいます。しかし実際は，ある程度知識がないと隠されたヒントを見つけることができないのです。例えば，システム戦略では「全体最適化」が大事であるということを知らないと，問題文の「各部門で」しかやっていないことが問題なのだということに気づけません。

記述は，ある程度演習を積むとうまくなっていきます。以上のことを頭に置きながら，問題演習で力をつけていきましょう。

付録

令和３年度春期
応用情報技術者試験

- 午前　問題
- 午前　解答と解説
- 午後　問題
- 午後　解答と解説

問題文中で共通に使用される表記ルール

各問題文中に注記がない限り，次の表記ルールが適用されているものとする。

1. 論理回路

図記号	説明
	論理積素子（AND）
	否定論理積素子（NAND）
	論理和素子（OR）
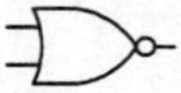	否定論理和素子（NOR）
	排他的論理和素子（XOR）
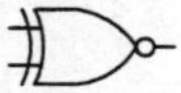	論理一致素子
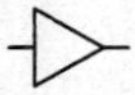	バッファ
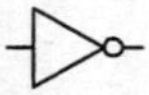	論理否定素子（NOT）
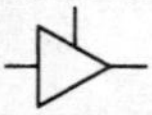	スリーステートバッファ
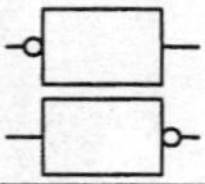	素子や回路の入力部又は出力部に示される○印は，論理状態の反転又は否定を表す。

2. 回路記号

図記号	説明
	抵抗（R）
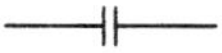	コンデンサ（C）
	ダイオード（D）
	トランジスタ（Tr）
	接地
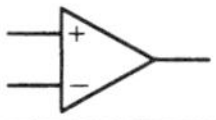 + −	演算増幅器

Q 午前 問題

問1 任意のオペランドに対するブール演算Aの結果とブール演算Bの結果が互いに否定の関係にあるとき，AはBの（又は，BはAの）相補演算であるという。排他的論理和の相補演算はどれか。

ア 等価演算 イ 否定論理和 
ウ 論理積  エ 論理和

問2 桁落ちによる誤差の説明として，適切なものはどれか。

ア 値がほぼ等しい二つの数値の差を求めたとき，有効桁数が減ることによって発生する誤差
イ 指定された有効桁数で演算結果を表すために，切捨て，切上げ，四捨五入などで下位の桁を削除することによって発生する誤差
ウ 絶対値が非常に大きな数値と小さな数値の加算や減算を行ったとき，小さい数値が計算結果に反映されないことによって発生する誤差
エ 無限級数で表される数値の計算処理を有限項で打ち切ったことによって発生する誤差

問3 サンプリング周波数40kHz，量子化ビット数16ビットでA/D変換したモノラル音声の1秒間のデータ量は，何kバイトとなるか。ここで，1kバイトは1,000バイトとする。

ア 20 イ 40 ウ 80 エ 640

問4 体温を測定するのに必要なセンサはどれか。

ア サーミスタ イ 超音波センサ
ウ フォトトランジスタ エ ポテンショメータ

問5　A，B，Cの順序で入力されるデータがある。各データについてスタックへの挿入と取出しを1回ずつ行うことができる場合，データの出力順序は何通りあるか。

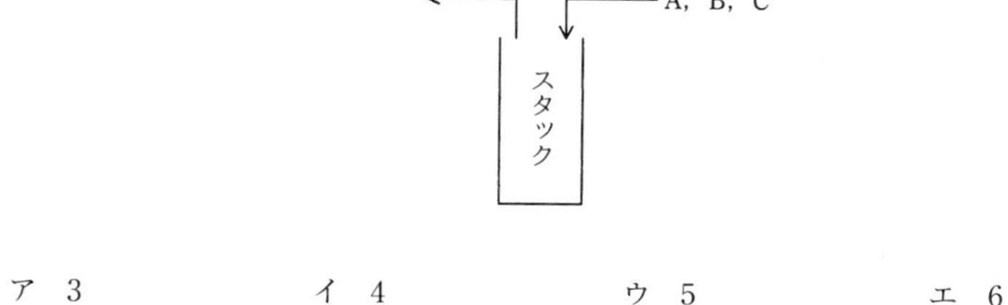

ア　3　　イ　4　　ウ　5　　エ　6

問6　配列$A[1]$，$A[2]$，…，$A[n]$で，$A[1]$を根とし，$A[i]$の左側の子を$A[2i]$，右側の子を$A[2i+1]$とみなすことによって，2分木を表現する。このとき，配列を先頭から順に調べていくことは，2分木の探索のどれに当たるか。

ア　行きがけ順(先行順)深さ優先探索
イ　帰りがけ順(後行順)深さ優先探索
ウ　通りがけ順(中間順)深さ優先探索
エ　幅優先探索

問7　アルゴリズム設計としての分割統治法に関する記述として，適切なものはどれか。

ア　与えられた問題を直接解くことが難しいときに，幾つかに分割した一部分に注目し，とりあえず粗い解を出し，それを逐次改良して精度の良い解を得る方法である。
イ　起こり得る全てのデータを組み合わせ，それぞれの解を調べることによって，データの組合せのうち無駄なものを除き，実際に調べる組合せ数を減らす方法である。
ウ　全体を幾つかの小さな問題に分割して，それぞれの小さな問題を独立に処理した結果をつなぎ合わせて，最終的に元の問題を解決する方法である。
エ　まずは問題全体のことは考えずに，問題をある尺度に沿って分解し，各時点で最良の解を選択し，これを繰り返すことによって，全体の最適解を得る方法である。

問8 次の特徴をもつプログラム言語及び実行環境であって，オープンソースソフトウェアとして提供されているものはどれか。

〔特徴〕
・統計解析や機械学習の分野に適している。
・データ分析，グラフ描画などの，多数のソフトウェアパッケージが提供されている。
・変数自体には型がなく，変数に代入されるオブジェクトの型は実行時に決まる。

ア Go　　イ Kotlin　　ウ R　　エ Scala

問9 表に示す命令ミックスによるコンピュータの性能処理は何MIPSか。

命令種別	実行速度（ナノ秒）	出現頻度（%）
整数演算命令	10	50
移動命令	40	30
分岐命令	40	20

ア 11　　イ 25　　ウ 40　　エ 90

問10 ディープラーニングの学習にGPUを用いる利点として，適切なものはどれか。

ア 各プロセッサコアが独立して異なるプログラムを実行し，異なるデータを処理できる。
イ 汎用の行列演算ユニットを用いて，行列演算を高速に実行できる。
ウ 浮動小数点演算ユニットをコプロセッサとして用い，浮動小数点演算ができる。
エ 分岐予測を行い，パイプラインの利用効率を高めた処理を実行できる。

問11 グリッドコンピューティングの説明はどれか。

ア OSを実行するプロセッサ，アプリケーションソフトウェアを実行するプロセッサというように，それぞれの役割が決定されている複数のプロセッサによって処理を分散する方式である。
イ PCから大型コンピュータまで，ネットワーク上にある複数のプロセッサに処理を分散して，大規模な一つの処理を行う方式である。
ウ カーネルプロセスとユーザプロセスを区別せずに，同等な複数のプロセッサに処理を分散する方式である。
エ プロセッサ上でスレッド(プログラムの実行単位) レベルの並列化を実現し，プロセッサの利用効率を高める方式である。

問12　キャッシュメモリへの書込み動作には，ライトスルー方式とライトバック方式がある。それぞれの特徴のうち，適切なものはどれか。

ア　ライトスルー方式では，データをキャッシュメモリにだけ書き込むので，高速に書込みができる。
イ　ライトスルー方式では，データをキャッシュメモリと主記憶の両方に同時に書き込むので，主記憶の内容は常に最新である。
ウ　ライトバック方式では，データをキャッシュメモリと主記憶の両方に同時に書き込むので，速度が遅い。
エ　ライトバック方式では，読出し時にキャッシュミスが発生してキャッシュメモリの内容が追い出されるときに，主記憶に書き戻す必要が生じることはない。

問13　システムの信頼性設計に関する記述のうち，適切なものはどれか。

ア　フェールセーフとは，利用者の誤操作によってシステムが異常終了してしまうことのないように，単純なミスを発生させないようにする設計方法である。
イ　フェールソフトとは，故障が発生した場合でも機能を縮退させることなく稼働を継続する概念である。
ウ　フォールトアボイダンスとは，システム構成要素の個々の品質を高めて故障が発生しないようにする概念である。
エ　フォールトトレランスとは，故障が生じてもシステムに重大な影響が出ないように，あらかじめ定められた安全状態にシステムを固定し，全体として安全が維持されるような設計方法である。

問14 稼働率がxである装置を四つ組み合わせて，図のようなシステムを作ったときの稼働率を$f(x)$とする。区間$0 \leqq x \leqq 1$における$y = f(x)$の傾向を表すグラフはどれか。ここで，破線は$y = x$のグラフである。

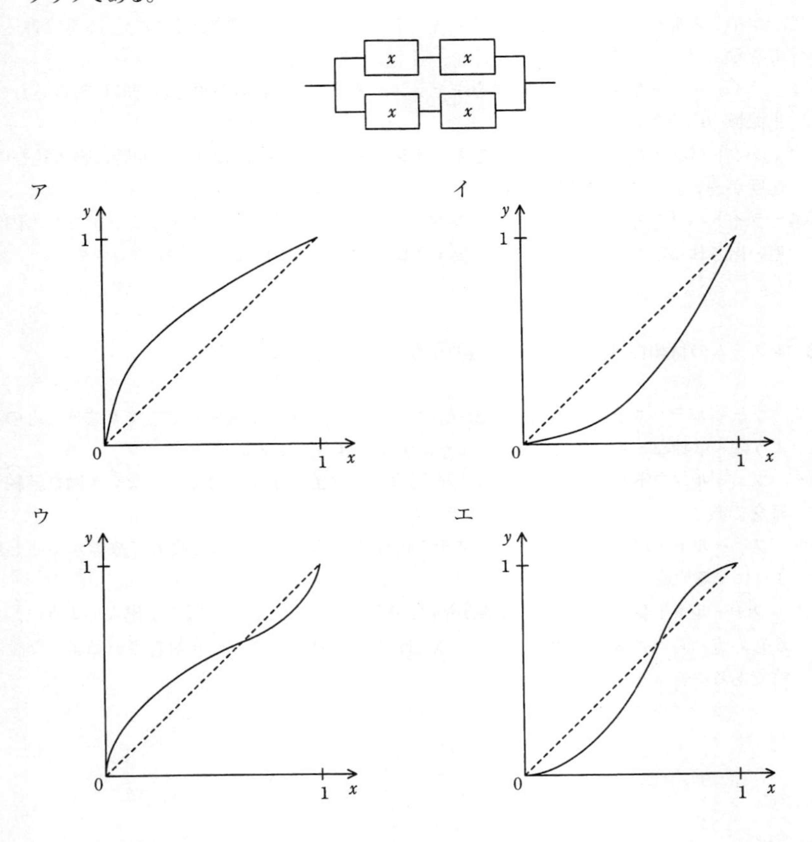

問15 密結合マルチプロセッサの性能が，1台当たりのプロセッサの性能とプロセッサの積に**等しくならない**要因として，最も適切なものはどれか。

ア 主記憶へのアクセスの競合
イ 通信回線を介したプロセッサ間通信
ウ プロセッサのディスパッチ処理
エ 割込み処理

問16　ジョブの多重度が1で，到着順にジョブが実行されるシステムにおいて，表に示す状態のジョブA～Cを処理するとき，ジョブCが到着してから実行が終了するまでのターンアラウンドタイムは何秒か。ここで，OSのオーバヘッドは考慮しない。

単位　秒

ジョブ	到着時刻	処理時間（単独実行時）
A	0	5
B	2	6
C	3	3

ア　11　　イ　12　　ウ　13　　エ　14

問17　リアルタイムOSにおいて，実行中のタスクがプリエンプションによって遷移する状態はどれか。

ア　休止状態
イ　実行可能状態
ウ　終了状態
エ　待ち状態

問18　プログラム実行時の主記憶管理に関する記述として，適切なものはどれか。

ア　主記憶の空き領域を結合して一つの連続した領域にすることを，可変区画方式という。
イ　プログラムが使用しなくなったヒープ領域を回収して再度使用可能にすることを，ガーベジコレクションという。
ウ　プログラムの実行中に主記憶内でモジュールの格納位置を移動させることを，動的リンキングという。
エ　プログラムの実行中に必要になった時点でモジュールをロードすることを，動的再配置という。

問19　ページング方式の仮想記憶において，ページアクセス時に発生する事象をその回数の多い順に並べたものはどれか。ここで，$A \geqq B$は，Aの回数がBの回数以上，$A = B$は，AとBの回数が常に同じであることを表す。

ア　ページアウト≧ページイン≧ページフォールト
イ　ページアウト≧ページフォールト≧ページイン
ウ　ページフォールト＝ページアウト≧ページイン
エ　ページフォールト＝ページイン≧ページアウト

問20 Hadoopの説明はどれか。

ア JavaEE仕様に準拠したアプリケーションサーバ
イ LinuxやWindowsなどの様々なプラットフォーム上で動作するWebサーバ
ウ 機能の豊富さが特徴のRDBMS
エ 大規模なデータセットを分散処理するためのソフトウェアライブラリ

問21 RFIDの活用事例として，適切なものはどれか。

ア 紙に印刷されたディジタルコードをリーダで読み取ることによる情報の入力
イ 携帯電話とヘッドフォンとの間の音声データ通信
ウ 赤外線を利用した近距離データ通信
エ 微小な無線チップによる人又は物の識別及び管理

問22 SoCの説明として，適切なものはどれか。

ア システムLSIに内蔵されたソフトウェア
イ 複数のMCUを搭載したボード
ウ 複数のチップで構成していたコンピュータシステムを，一つのチップで実現したLSI
エ 複数のチップを単一のパッケージに封入してシステム化したデバイス

問23　図はDCモータの正転逆転制御の動作原理を示す回路である。A1からA4の四つの制御信号の組合せの中で，モータが逆転するものはどれか。ここで，モータの＋端子から－端子に電流が流れるときモータは正転し，S1からS4のそれぞれのスイッチ素子は，対応するA1からA4の制御信号がそれぞれHighのとき導通するものとする。

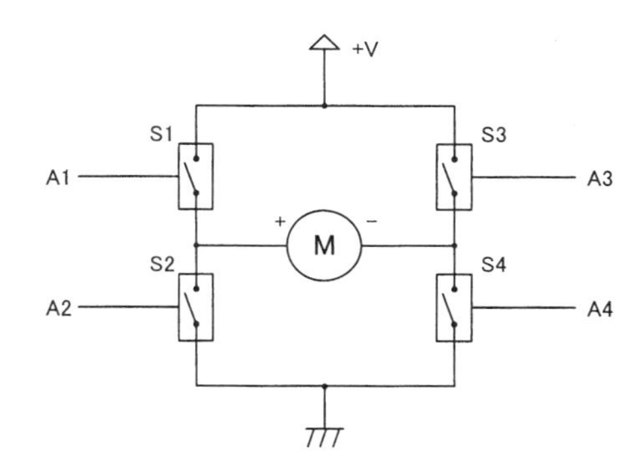

	A1	A2	A3	A4
ア	Low	Low	Low	Low
イ	Low	High	Low	High
ウ	Low	High	High	Low
エ	High	Low	Low	High

問24　コンデンサの機能として，適切なものはどれか。

ア　交流電流は通すが直流電流は通さない。
イ　交流電流を直流電流に変換する。
ウ　直流電流は通すが交流電流は通さない。
エ　直流電流を交流電流に交換する。

問25 図の論理回路において，$S=1, R=1, X=0, Y=1$のとき，Sを一旦0にした後，再び1に戻した。この操作を行った後のX，Yの値はどれか。

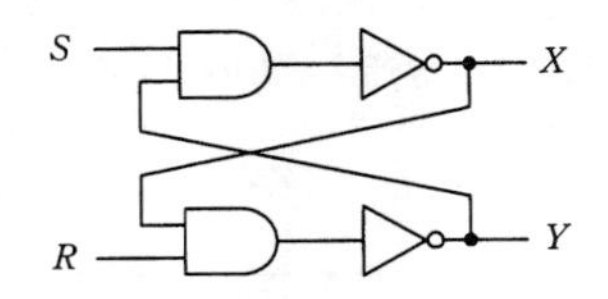

ア $X=0$，$Y=0$　　イ $X=0$，$Y=1$　　ウ $X=1$，$Y=0$　　エ $X=1$，$Y=1$

問26 利用者が現在閲覧しているWebページに表示する，Webサイトのトップページからそのページまでの経路情報を何と呼ぶか。

ア サイトマップ　　イ スクロールバー
ウ ナビゲーションバー　　エ パンくずリスト

問27 W3Cで仕様が定義され，矩形や円，直線，文字列などの図形オブジェクトをXML形式で記述し，Webページでの図形描画にも使うことができる画像フォーマットはどれか。

ア OpenGL　　イ PNG　　ウ SVG　　エ TIFF

問28 NoSQLの一種である，グラフ指向DBの特徴として，適切なものはどれか。

ア データ項目の値として階層構造のデータをドキュメントとしてもつことができる。また，ドキュメントに対しインデックスを作成することもできる。
イ ノード，リレーション，プロパティで構成され，ノード間をリレーションでつないで構造化する。ノード及びリレーションはプロパティをもつことができる。
ウ 一つのキーに対して一つの値をとる形をしている。値の型は定義されていないので，様々な型の値を格納することができる。
エ 一つのキーに対して複数の列をとる形をしている。関係データベースとは異なり，列の型は固定されていない。

問29　商品の注文を記録するクラス（顧客，商品，注文，注文明細）の構造を概念データモデルで表現する。a～dに入れるべきクラス名の組合せはどれか。ここで，顧客は何度も注文を行い，一度に一つ以上の商品を注文でき，注文明細はそれぞれ1種類の商品に対応している。また，モデルの表記にはUMLを用いる。

a 1―* b 1―* c *―1 d

	a	b	c	d
ア	顧客	注文	注文明細	商品
イ	商品	注文	注文明細	顧客
ウ	注文	注文明細	顧客	商品
エ	注文明細	商品	注文	顧客

問30　コストベースのオプティマイザがSQLの実行計画を作成する際に必要なものはどれか。

ア　ディメンジョンテーブル　　イ　統計情報
ウ　待ちグラフ　　エ　ログファイル

問31　データレイクの特徴はどれか。

ア　大量のデータを分析し，単なる検索だけでは分からない隠れた規則や相関関係を見つけ出す。
イ　データウェアハウスに格納されたデータから特定の用途に必要なデータだけを取り出し，構築する。
ウ　データウェアハウスやデータマートからデータを取り出し，多次元分析を行う。
エ　必要に応じて加工するために，データを発生したままの形で格納する。

問32　IoTで用いられる無線通信技術であり，近距離のIT機器同士が通信する無線PAN（Personal Area Network）と呼ばれるネットワークに利用されるものはどれか。

ア　BLE（Bluetooth Low Energy）
イ　LTE（Long Term Evolution）
ウ　PLC（Power Line Communication）
エ　PPP（Point-to-Point Protocol）

問33　日本国内において，無線LANの規格IEEE 802.11acに関する説明のうち，適切なものはどれか。

ア　IEEE 802.11gに対応している端末はIEEE 802.11acに対応しているアクセスポイントと通信が可能である。
イ　最大通信速度は600Mビット／秒である。
ウ　使用するアクセス制御方式はCSMA/CD方式である。
エ　使用する周波数帯は5GHz帯である。

問34　IPv4ネットワークで使用されるIPアドレスaとサブネットマスクmからホストアドレスを求める式はどれか。ここで，“～”はビット反転の演算子，“|”はビットごとの論理和の演算子，“&”はビットごとの論理積の演算子を表し，ビット反転の演算子の優先順位は論理和，論理積の演算子よりも高いものとする。

ア　～a & m
イ　～a | m
ウ　a & ～m
エ　a | ～m

問35　ONF (Open Networking Foundation) が標準化を進めているOpenFlowプロトコルを用いたSDN (Software-Defined Networking) の説明として，適切なものはどれか。

ア　管理ステーションから定期的にネットワーク機器のMIB (Management Information Base) 情報を取得して，稼働監視や性能管理を行うためのネットワーク管理手法
イ　データ転送機能をもつネットワーク機器同士が経路情報を交換して，ネットワーク全体のデータ転送経路を決定する方式
ウ　ネットワーク制御機能とデータ転送機能を実装したソフトウェアを，仮想環境で利用するための技術
エ　ネットワーク制御機能とデータ転送機能を論理的に分離し，コントローラと呼ばれるソフトウェアで，データ転送機能をもつネットワーク機器の集中制御を可能とするアーキテクチャ

問36 2.4GHz帯の無線LANのアクセスポイントを，広いオフィスや店舗などをカバーできるように分散して複数設置したい。2.4GHz帯の無線LANの特性を考慮した運用をするために，各アクセスポイントが使用する周波数チャネル番号の割当て方として，適切なものはどれか。

ア　PCを移動しても，PCの設定を変えずに近くのアクセスポイントに接続できるように，全てのアクセスポイントが使用する周波数チャネル番号は同じ番号に揃えておくのがよい。
イ　アクセスポイント相互の電波の干渉を避けるために，隣り合うアクセスポイントには，例えば周波数チャネル番号1と6，6と11のように離れた番号を割り当てるのがよい。
ウ　異なるSSIDの通信が相互に影響することはないので，アクセスポイントごとにSSIDを変えて，かつ，周波数チャネル番号の割当ては機器の出荷時設定のままがよい。
エ　障害時に周波数チャネル番号から対象のアクセスポイントを特定するために，設置エリアの端から1，2，3と順番に使用する周波数チャネル番号を割り当てるのがよい。

問37 Webサイトにおいて，クリックジャッキング攻撃の対策に該当するものはどれか。

ア　HTTPレスポンスヘッダにX-Content-Type-Optionsを設定する。
イ　HTTPレスポンスヘッダにX-Frame-Optionsを設定する。
ウ　入力にHTMLタグが含まれていたら，HTMLタグとして解釈されないほかの文字列に置き換える。
エ　入力文字数が制限を超えているときは受け付けない。

問38 攻撃者が行うフットプリンティングに該当するものはどれか。

ア　Webサイトのページを改ざんすることによって，そのWebサイトから社会的・政治的な主張を発信する。
イ　攻撃前に，攻撃対象となるPC，サーバ及びネットワークについての情報を得る。
ウ　攻撃前に，攻撃に使用するPCのメモリを増設することによって，効率的に攻撃できるようにする。
エ　システムログに偽の痕跡を加えることによって，攻撃後に追跡を逃れる。

問39 リスクベース認証の特徴はどれか。

ア いかなる利用条件でのアクセスの要求においても，ハードウェアトークンとパスワードを併用するなど，常に二つの認証方式を併用することによって，不正アクセスに対する安全性を高める。

イ いかなる利用条件でのアクセスの要求においても認証方法を変更せずに，同一の手順によって普段どおりにシステムにアクセスできるようにし，可用性を高める。

ウ 普段と異なる利用条件でのアクセスと判断した場合には，追加の本人認証をすることによって，不正アクセスに対する安全性を高める。

エ 利用者が認証情報を忘れ，かつ，Webブラウザに保存しているパスワード情報を使用できないリスクを想定して，緊急と判断した場合には，認証情報を入力せずに，利用者は普段どおりにシステムを利用できるようにし，可用性を高める。

問40 暗号学的ハッシュ関数における原像計算困難性，つまり一方向性の性質はどれか。

ア あるハッシュ値が与えられたとき，そのハッシュ値を出力するメッセージを見つけることが計算量的に困難であるという性質

イ 入力された可変長のメッセージに対して，固定長のハッシュ値を生成できるという性質

ウ ハッシュ値が一致する二つの相異なるメッセージを見つけることが計算量的に困難であるという性質

エ ハッシュの処理メカニズムに対して，外部からの不正な観測や改変を防御できるという性質

問41 経済産業省とIPAが策定した“サイバーセキュリティ経営ガイドライン（Ver2.0）”の説明はどれか。

ア 企業がIT活用を推進していく中で，サイバー攻撃から企業を守る観点で経営者が認識すべき3原則と，サイバーセキュリティ対策を実施する上での責任者となる担当幹部に，経営者が指示すべき重要10項目をまとめたもの

イ 経営者がサイバーセキュリティについて方針を示し，マネジメントシステムの要求事項を満たすルールを定め，組織が保有する情報資産をCIAの観点から維持管理し，それらを継続的に見直すためのプロセス及び管理策を体系的に規定したもの

ウ 事業体のITに関する経営者の活動を，大きくITガバナンス（統制）とITマネジメント（管理）に分割し，具体的な目標と工程として40のプロセスを定義したもの

エ 世界的規模で生じているサイバーセキュリティ上の脅威の深刻化に関して，企業の経営者を支援する施策を総合的かつ効果的に推進するための国の責務を定めたもの

問42　JPCERTコーディネーションセンターの説明はどれか。

ア　産業標準化法に基づいて経済産業省に設置されている審議会であり，産業標準化全般に関する調査・審議を行っている。

イ　電子政府推奨暗号の安全性を評価・監視し，暗号技術の適切な実装法・運用法を調査・検討するプロジェクトであり，総務省及び経済産業省が共同で運営する暗号技術検討会などで構成される。

ウ　特定の政府機関や企業から独立した組織であり，国内のコンピュータセキュリティインシデントに関する報告の受付，対応の支援，発生状況の把握，手口の分析，再発防止策の検討や助言を行っている。

エ　内閣官房に設置され，我が国をサイバー攻撃から防衛するための司令塔機能を担う組織である。

問43　クレジットカードの対面決済時の不正利用に対して，カード加盟店が実施する対策のうち，最も適切なものはどれか。

ア　ICチップを搭載したクレジットカードによる決済時の本人確認のために，サインではなくオフラインPINを照合する。

イ　クレジットカードのカード番号を加盟店で保持する。

ウ　クレジットカードの決済ではICチップではなく磁気ストライプの利用を利用者に促す。

エ　利用者の取引履歴からクレジットカードの不正利用を検知するオーソリモニタリングを実施する。

問44　Webシステムにおいて，セッションの乗っ取りの機会を減らすために，利用者のログアウト時にWebサーバ又はWebブラウザにおいて行うべき処理はどれか。ここで，利用者は自分専用のPCにおいて，Webブラウザを利用しているものとする。

ア　WebサーバにおいてセッションIDを内蔵ストレージに格納する。

イ　WebサーバにおいてセッションIDを無効にする。

ウ　WebブラウザにおいてキャッシュしているWebページをクリアする。

エ　WebブラウザにおいてセッションIDを内蔵ストレージに格納する。

問45 TLSのクライアント認証における次の処理a～cについて，適切な順序はどれか。

処理	処理の内容
a	クライアントが，サーバにクライアント証明書を送付する。
b	サーバが，クライアントにサーバ証明書を送付する。
c	サーバが，クライアントを認証する。

ア a → b → c
イ a → c → b
ウ b → a → c
エ c → a → b

問46 ICカードの耐タンパ性を高める対策はどれか。

ア ICカードとICカードリーダとが非接触の状態で利用者を認証して，利用者の利便性を高めるようにする。
イ 故障に備えてあらかじめ作成した予備のICカードを保管し，故障時に直ちに予備カードに交換して利用者がICカードを使い続けられるようにする。
ウ 信号の読出し用プローブの取付けを検出するとICチップ内の保存情報を消去する回路を設けて，ICチップ内の情報を容易には解析できないようにする。
エ 利用者認証にICカードを利用している業務システムにおいて，退職者のICカードは業務システム側で利用を停止して，他の利用者が利用できないようにする。

問47　状態遷移表のとおりに動作し，運転状況に応じて装置の温度が上下するシステムがある。システムの状態が“レディ”のとき，①～⑥の順にイベントが発生すると，最後の状態はどれになるか。ここで，状態遷移表の空欄は状態が変化しないことを表す。

〔状態遷移表〕

条件＼状態	初期・終了 レディ 1	高速運転 2	低速運転 3	一時停止 4
メッセージ1を受信する	運転開始 2		加速 2	運転再開 2
メッセージ2を受信する		減速 3	一時停止 4	初期化 1
装置の温度が50℃未満から50℃以上になる		減速 3	一時停止 4	
装置の温度が40℃以上から40℃未満になる			加速 2	運転再開 3

〔発生するイベント〕

① メッセージ1を受信する。
② メッセージ1を受信する。
③ 装置の温度が50℃以上になる。
④ メッセージ2を受信する。
⑤ 装置の温度が40℃未満になる。
⑥ メッセージ2を受信する。

ア　レディ　　イ　高速運転　　ウ　低速運転　　エ　一時停止

付録

問48 あるプログラムについて，流れ図で示される部分に関するテストを，命令網羅で実施する場合，最小のテストケース数は幾つか。ここで，各判定条件は流れ図に示された部分の先行する命令の結果から影響を受けないものとする。

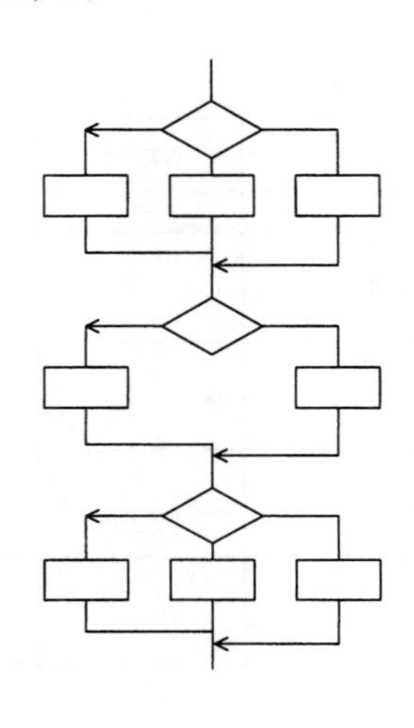

ア 3　　イ 6　　ウ 8　　エ 18

問49 スクラムチームにおけるプロダクトオーナの役割はどれか。

ア ゴールとミッションが達成できるように，プロダクトバックログのアイテムの優先順位を決定する。
イ チームのコーチやファシリテータとして，スクラムが円滑に進むように支援する。
ウ プロダクトを完成させるための具体的な作り方を決定する。
エ リリース判断可能な，プロダクトのインクリメントを完成する。

問50 アジャイル開発などで導入されている“ペアプログラミング”の説明はどれか。

ア 開発工程の初期段階に要求仕様を確認するために，プログラマと利用者がペアとなり，試作した画面や帳票を見て，相談しながらプログラムの開発を行う。
イ 効率よく開発するために，2人のプログラマがペアとなり，メインプログラムとサブプログラムを分担して開発を行う。
ウ 短期間で開発するために，2人のプログラマがペアとなり，交互に作業と休憩を繰り返しながら長時間にわたって連続でプログラムの開発を行う。
エ 品質の向上や知識の共有を図るために，2人のプログラマがペアとなり，その場で相談したりレビューしたりしながら，一つのプログラムの開発を行う。

問51　JIS Q 21500:2018（プロジェクトマネジメントの手引）によれば，プロジェクトマネジメントのプロセスのうち，計画のプロセス群に属するプロセスはどれか。

ア　スコープの定義
イ　品質保証の遂行
ウ　プロジェクト憲章の作成
エ　プロジェクトチームの編成

問52　表は，RACIチャートを用いた，ある組織の責任分担マトリックスである。条件を満たすように責任分担を見直すとき，適切なものはどれか。

〔条件〕
・各アクティビティにおいて，実行責任者は1人以上とする。
・各アクティビティにおいて，説明責任者は1人とする。

アクティビティ	要員				
	菊池	佐藤	鈴木	田中	山下
①	R	C	A	C	C
②	R	R	I	A	C
③	R	I	A	I	I
④	R	A	C	A	I

ア　アクティビティ①の菊池の責任をIに変更
イ　アクティビティ②の佐藤の責任をAに変更
ウ　アクティビティ③の鈴木の責任をCに変更
エ　アクティビティ④の田中の責任をRに変更

問53 プロジェクトのスケジュールを短縮したい。当初の計画は図1のとおりである。作業Eを作業E1，E2，E3に分けて，図2のとおりに計画を変更すると，スケジュールは全体で何日短縮できるか。

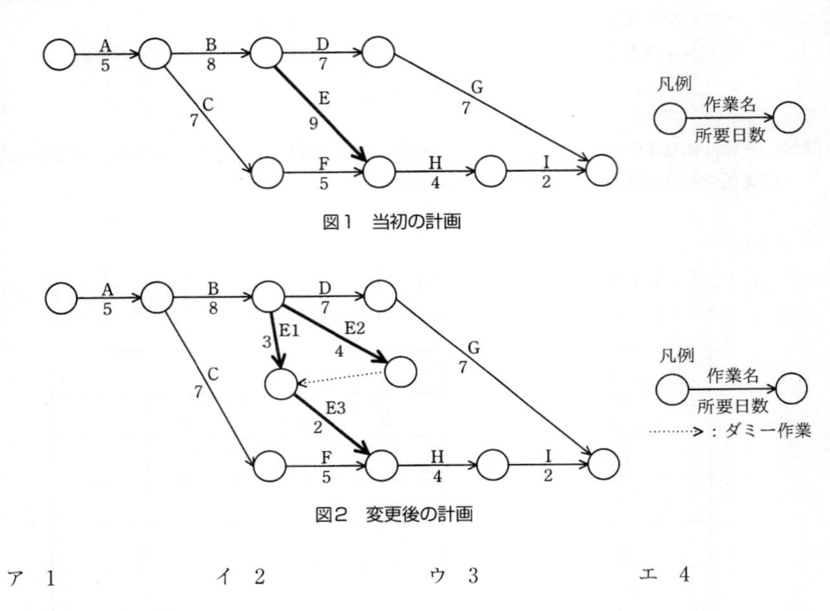

図1　当初の計画

図2　変更後の計画

ア　1　　イ　2　　ウ　3　　エ　4

問54 PMBOKガイド第6版によれば，リスクにはマイナスの影響を及ぼすリスク（脅威）とプラスの影響を及ぼすリスク（好機）がある。プラスの影響を及ぼすリスクに対する“強化”の戦略はどれか。

ア　いかなる積極的行動も取らないが，好機が実現したときにそのベネフィットを享受する。
イ　好機が確実に起こり，発生確率が100%にまで高まると保証することによって，特別の好機に関連するベネフィットを捉えようとする。
ウ　好機のオーナーシップを第三者に移転して，好機が発生した場合にそれがベネフィットの一部を共有できるようにする。
エ　好機の発生確率や影響度，又はその両者を増大させる。

問55 プロジェクトメンバが16人のとき，1対1の総当たりでプロジェクトメンバ相互の顔合わせ会を行うためには，延べ何時間の顔合わせ会が必要か。ここで，顔合わせ会1回の所要時間は0.5時間とする。

ア　8　　イ　16　　ウ　30　　エ　60

問56　ITIL 2011 editionによれば，サービス・ポートフォリオの説明のうち，適切なものはどれか。

ア　サービス・プロバイダの約束事項と投資を表すものであって，サービス・プロバイダによって管理されている“検討中か開発中”，“稼働中か展開可能”及び“廃止済み”の全てのサービスが含まれる。

イ　サービスの販売と提供の支援に使用され，顧客に公開されるものであって，“検討中か開発中”と“廃止済み”のサービスは含まれず，“稼働中か展開可能”のサービスだけが含まれる。

ウ　投資の機会と実現される価値を含むものであって，“廃止済み”のサービスは含まれず，“検討中か開発中”のサービスと“稼働中か展開可能”のサービスが含まれる。

エ　どのようなサービスが提供できたのか，実力を示すものであって，“検討中か開発中”のサービスは含まれず，“稼働中か展開可能”のサービスと“廃止済み”のサービスが含まれる。

問57　フルバックアップ方式と差分バックアップ方式を用いた運用に関する記述のうち，適切なものはどれか。

ア　障害から復旧時に差分バックアップのデータだけ処理すればよいので，フルバックアップ方式に比べ，差分バックアップ方式は復旧時間が短い。

イ　フルバックアップのデータで復元した後に，差分バックアップのデータを反映させて復旧する。

ウ　フルバックアップ方式と差分バックアップ方式を併用して運用することはできない。

エ　フルバックアップ方式に比べ，差分バックアップ方式はバックアップに要する時間が長い。

問58　情報セキュリティ管理基準（平成28年）を基に，情報システム環境におけるマルウェア対策の実施状況について監査を実施した。判明したシステム運用担当者の対応状況のうち，監査人が，指摘事項として監査報告書に記載すべきものはどれか。

ア　Webページに対して，マルウェア検出のためのスキャンを行っている。

イ　マルウェア感染によって被害を受けた事態を想定して，事業継続計画を策定している。

ウ　マルウェア検出のためのスキャンを実施した上で，組織として認可していないソフトウェアを使用している。

エ　マルウェアに付け込まれる可能性のある脆弱性について情報収集を行い，必要に応じて修正コードを適用し，脆弱性の低減を図っている。

問59 マスタファイル管理に関するシステム監査項目のうち，可用性に該当するものはどれか。

ア マスタファイルが置かれているサーバを二重化し，耐障害性の向上を図っていること
イ マスタファイルのデータを複数件まとめて検索・加工するための機能が，システムに盛り込まれていること
ウ マスタファイルのメンテナンスは，特権アカウントを付与された者だけに許されていること
エ マスタファイルへのデータ入力チェック機能が，システムに盛り込まれていること

問60 システム監査人が行う改善提案のフォローアップとして，適切なものはどれか。

ア 改善提案に対する改善の実施を監査対象部門の長に指示する。
イ 改善提案に対する監査対象部門の改善実施プロジェクトの管理を行う。
ウ 改善提案に対する監査対象部門の改善状況をモニタリングする。
エ 改善提案の内容を監査対象部門に示した上で改善実施計画を策定する。

問61 エンタープライズアーキテクチャの“四つの分類体系”に含まれるアーキテクチャは，ビジネスアーキテクチャ，テクノロジアーキテクチャ，アプリケーションアーキテクチャともう一つはどれか。

ア システムアーキテクチャ
イ ソフトウェアアーキテクチャ
ウ データアーキテクチャ
エ バスアーキテクチャ

問62 業務システムの構築に際し，オープンAPIを活用する構築手法の説明はどれか。

ア 構築するシステムの概要や予算をインターネットなどにオープンに告知し，アウトソース先の業者を公募する。
イ 構築テーマをインターネットなどでオープンに告知し，不特定多数から資金調達を行い開発費の不足を補う。
ウ 接続仕様や仕組みが外部企業などに公開されている他社のアプリケーションソフトウェアを呼び出して，適宜利用し，データ連携を行う。
エ 標準的な構成のハードウェアに仮想化を適用し，必要とするCPU処理能力，ストレージ容量，ネットワーク機能などをソフトウェアで構成し，運用管理を行う。

問63　レコメンデーション（お勧め商品の提案）の例のうち，協調フィルタリングを用いたものはどれか。

ア　多くの顧客の購買行動の類似性を相関分析などによって求め，顧客Ａに類似した顧客Ｂが購入している商品を顧客Ａに勧める。
イ　カテゴリ別に売れ筋商品のランキングを自動抽出し，リアルタイムで売れ筋情報を発信する。
ウ　顧客情報から，年齢，性別などの人口動態変数を用い，“20代男性”，“30代女性”などにセグメント化した上で，各セグメント向けの商品を提示する。
エ　野球のバットを購入した人に野球のボールを勧めるなど商品間の関連に着目して，関連商品を提示する。

問64　情報システムの調達の際に作成されるRFIの説明はどれか。

ア　調達者から供給者候補に対して，システム化の目的や業務内容などを示し，必要な情報の提供を依頼すること
イ　調達者から供給者候補に対して，対象システムや調達条件などを示し，提案書の提出を依頼すること
ウ　調達者から供給者に対して，契約内容で取り決めた内容に関して，変更を要請すること
エ　調達者から供給者に対して，双方の役割分担などを確認し，契約の締結を要請すること

問65　国や地方公共団体が，環境への配慮を積極的に行っていると評価されている製品・サービスを選んでいる。この取組を何というか。

ア　CSR　　イ　エコマーク認定
ウ　環境アセスメント　　エ　グリーン購入

問66　システム開発委託契約の委託報酬におけるレベニューシェア契約の特徴はどれか。

ア　委託側が開発するシステムから得られる収益とは無関係に開発に必要な費用を全て負担する。
イ　委託側は開発するシステムから得られる収益に関係無く定額で費用を負担する。
ウ　開発するシステムから得られる収益を委託側が受託側にあらかじめ決められた配分率で分配する。
エ　受託側は継続的に固定額の収益が得られる。

問67 プロダクトポートフォリオマネジメント(PPM)マトリックスのa，bに入れる語句の適切な組合せはどれか。

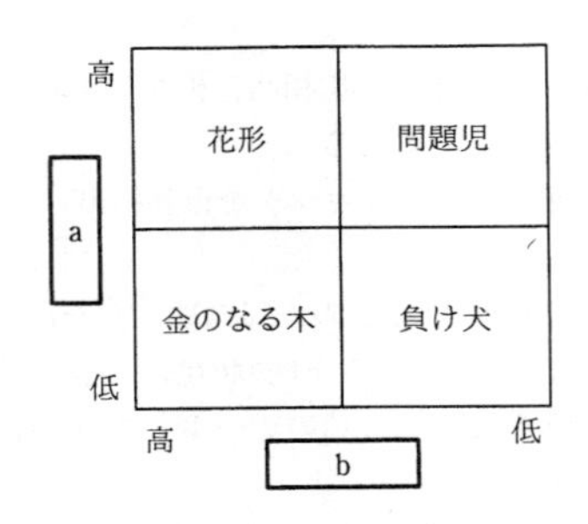

	a	b
ア	売上高利益率	市場占有率
イ	市場成長率	売上高利益率
ウ	市場成長率	市場占有率
エ	市場占有率	市場成長率

問68 企業の競争戦略におけるフォロワ戦略はどれか。

ア 上位企業の市場シェアを奪うことを目標に，製品，サービス，販売促進，流通チャネルなどのあらゆる面での差別化戦略をとる。
イ 潜在的な需要がありながら，大手企業が参入してこないような専門特化した市場に，限られた経営資源を集中する。
ウ 目標とする企業の戦略を観察し，迅速に模倣することによって，開発や広告のコストを抑制し，市場での存続を図る。
エ 利潤，名声の維持･向上と最適市場シェアの確保を目標として，市場内の全ての顧客をターゲットにした全方位戦略をとる。

問69 ジェフリー・A・ムーアはキャズム理論において，利用者の行動様式に大きな変化をもたらすハイテク製品では，イノベータ理論の五つの区分の間に断絶があると主張し，その中でも特に乗り越えるのが困難な深く大きな溝を“キャズム”と呼んでいる。“キャズム”が存在する場所はどれか。

ア イノベータとアーリーアダプタの間
イ アーリーアダプタとアーリーマジョリティの間
ウ アーリーマジョリティとレイトマジョリティの間
エ レイトマジョリティとラガードの間

問70　バランススコアカードの四つの視点とは，財務，学習と成長，内部ビジネスプロセスと，もう一つはどれか。

ア　ガバナンス　　イ　顧客　　ウ　自社の強み　　エ　遵法

問71　“技術のSカーブ”の説明として，適切なものはどれか。

ア　技術の期待感の推移を表すものであり，黎明期，流行期，反動期，回復期，安定期に分類される。
イ　技術の進歩の過程を表すものであり，当初は緩やかに進歩するが，やがて急激に進歩し，成熟期を迎えると進歩は停滞気味になる。
ウ　工業製品において生産量と生産性の関係を表すものであり，生産量の累積数が増加するほど生産性は向上する傾向にある。
エ　工業製品の故障発生の傾向を表すものであり，初期故障期間では故障率は高くなるが，その後の偶発故障期間での故障率は低くなり，製品寿命に近づく摩耗故障期間では故障率は高くなる。

問72　政府は，IoTを始めとする様々なICTが最大限に活用され，サイバー空間とフィジカル空間とが融合された“超スマート社会”の実現を推進してきた。必要なものやサービスが人々に過不足なく提供され，年齢や性別などの違いにかかわらず，誰もが快適に生活することができるとされる“超スマート社会”実現への取組は何と呼ばれているか。

ア　e-Gov　　イ　Society 5.0
ウ　Web 2.0　　エ　ダイバーシティ社会

問73　SNSやWeb検索などに関して，イーライ・パリサーが提唱したフィルタバブルの記述として，適切なものはどれか。

ア　PCやスマートフォンなど，使用する機器の性能やソフトウェアの機能に応じて，利用者は情報へのアクセスにフィルタがかかっており，様々な格差が生じている。
イ　SNSで一般のインターネット利用者が発信する情報が増えたことで，Web検索の結果は非常に膨大なものとなり，個人による適切な情報収集が難しくなった。
ウ　広告収入を目的に，事実とは異なるフィルタのかかったニュースがSNSなどを通じて発信されるようになったので，正確な情報を検索することが困難になった。
エ　利用者の属性・行動などに応じ，好ましいと考えられる情報がより多く表示され，利用者は実社会とは隔てられたパーソナライズされた情報空間へと包まれる。

問74 アグリゲーションサービスに関する記述として，適切なものはどれか。

ア 小売販売の会社が，店舗やECサイトなどあらゆる顧客接点をシームレスに統合し，どの顧客接点でも顧客に最適な購買体験を提供して，顧客の利便性を高めるサービス
イ 物品などの売買に際し，信頼のおける中立的な第三者が契約当事者の間に入り，代金決済等取引の安全性を確保するサービス
ウ 分散的に存在する事業者，個人や機能への一括的なアクセスを顧客に提供し，比較，まとめ，統一的な制御，最適な組合せなどワンストップでのサービス提供を可能にするサービス
エ 本部と契約した加盟店が，本部に対価を支払い，販売促進，確立したサービスや商品などを使う権利をもらうサービス

問75 ハーシィ及びブランチャードが提唱したSL理論の説明はどれか。

ア 開放の窓，秘密の窓，未知の窓，盲点の窓の四つの窓を用いて，自己理解と対人関係の良否を説明した理論
イ 教示的，説得的，参加的，委任的の四つに，部下の成熟度レベルによって，リーダシップスタイルを分類した理論
ウ 共同化，表出化，連結化，内面化の四つのプロセスによって，個人と組織に新たな知識が創造されるとした理論
エ 生理的，安全，所属と愛情，承認と自尊，自己実現といった五つの段階で欲求が発達するとされる理論

問76 系統図法の活用例はどれか。

ア 解決すべき問題を端か中央に置き，関係する要因を因果関係に従って矢印でつないで周辺に並べ，問題発生に大きく影響している重要な原因を探る。
イ 結果とそれに影響を及ぼすと思われる要因との関連を整理し，体系化して，魚や骨のような形にまとめる。
ウ 事実，意見，発想を小さなカードに書き込み，カード相互の親和性によってグループ化して，解決すべき問題を明確にする。
エ 目的を達成するための手段を導き出し，更にその手段を実施するための幾つかの手段を考えることを繰り返し，細分化していく。

問77 キャッシュフロー計算書において，営業活動によるキャッシュフローに該当するものはどれか。

ア 株式の発行による収入
イ 商品の仕入による支出
ウ 短期借入金の返済による支出
エ 有形固定資産の売却による収入

問78　不正競争防止法で禁止されている行為はどれか。

ア　競争相手に対抗するために，特定商品の小売価格を安価に設定する。
イ　自社製品を扱っている小売業者に，指定した小売価格で販売するよう指示する。
ウ　他社のヒット商品と商品名や形状は異なるが同等の機能をもつ商品を販売する。
エ　広く知られた他人の商品の表示に，自社の商品の表示を類似させ，他人の商品と誤認させて商品を販売する。

問79　特定電子メール法における規制の対象に関する説明のうち，適切なものはどれか。

ア　海外の電気通信設備から国内の電気通信設備に送信される電子メールは，広告又は宣伝が含まれていても，規制の対象外である。
イ　携帯電話のショートメッセージサービス（SMS）は，広告又は宣伝が含まれていれば，規制の対象である。
ウ　政治団体が，自らの政策の普及や啓発を行うために送信する電子メールは，規制の対象である。
エ　取引上の条件を案内する事務連絡や料金請求のお知らせなど取引関係に係る通知を含む電子メールは，広告又は宣伝が含まれていなくても規制の対象である。

問80　電子署名法に関する記述のうち，適切なものはどれか。

ア　電子署名には，電磁的記録ではなく，かつ，コンピュータで処理できないものも含まれる。
イ　電子署名には，民事訴訟法における押印と同様の効力が認められる。
ウ　電子署名の認証業務を行うことができるのは，政府が運営する認証局に限られる。
エ　電子署名は共通鍵暗号技術によるものに限られる。

A 午前　解答と解説

問1　《解答》ア

排他的論理和は，二つの集合のうち，どちらかの条件に当てはまるものから両方の条件に当てはまるものを引いたものです。図示すると下図左のようになります。

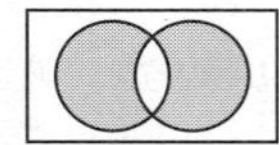
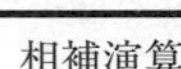

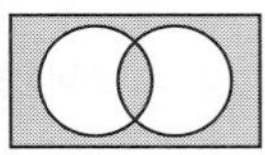

相補演算は，互いに否定の関係です。そのため，すべての白黒を反転させればいいので，相補演算は上図右のようになります。したがって，アの等価演算が正解です。

問2　≪解答≫ア

桁落ちとは，値がほぼ等しい二つの数値の差を求めたときに，有効桁数が減ることによって発生する誤差です。例えば，245.3と245.1という，有効桁数4桁で値のほぼ等しい二つの数値があるときを考えます。二つの数値の差は245.3－245.1＝0.2で，有効桁数が1桁になり，有効桁数が減ってしまいます。したがって，アが正解です。

イ　丸め誤差の説明です。

ウ　情報落ちの説明です。

エ　打ち切り誤差の説明です。

問3　≪解答≫ウ

サンプリング周波数40kHzとは，1秒間に40k（40×1,000）回サンプリングすることです。1サンプリング当たりの量子化ビット16ビットで1秒間サンプリングすると，1バイト＝8ビットで，1kバイトは1,000×8ビットなので，次の計算となります。

40×1,000［回／秒］×16［ビット／回］／（1,000［バイト］×8［ビット／バイト］）＝80［kバイト］

したがって，ウが正解です。

問4　≪解答≫ア

センサとは，動きや温度などを計測するための機構です。体温などの温度を測定する温度センサとして，サーミスタがあります。したがって，アが正解です。

イ　超音波を使って対象物までの距離などを検出するセンサです。

ウ　光を電子エネルギーに変換し，増幅する装置です。

エ　移動量や回転の角度を電圧に変換する装置です。

問5　《解答》ウ

A，B，Cの順序で入力されるデータについて，スタックへの挿入と取出しをすべてのパターンで考えてみます。データは三つなので，出力順序の組合せは，ABC，ACB，BAC，BCA，CAB，CBAの6通りあります。このうち，以下の5通りは，入出力の順序を工夫することで出力可能です。

・入力A → 出力A → 入力B → 出力B → 入力C → 出力C ⇒ 出力順序ABC
・入力A → 出力A → 入力B → 入力C → 出力C → 出力B ⇒ 出力順序ACB
・入力A → 入力B → 出力B → 出力A → 入力C → 出力C ⇒ 出力順序BAC
・入力A → 入力B → 出力B → 入力C → 出力C → 出力A ⇒ 出力順序BCA
・入力A → 入力B → 入力C → 出力C → 出力B → 出力A ⇒ 出力順序CBA

しかし，出力順序CABは，Cを最初に出力するために，A，Bの順で先にスタックに入れる必要があり，スタックの性質上，CABの順で出力することができません。したがって，出力順序は5通りとなり，ウが正解です。

問6　《解答》エ

配列で，$A[1]$を根とし，$A[i]$の左側の子を$A[2i]$，右側の子を$A[2i+1]$とみなすことによって2分木を表現すると，次のようなかたちになります（$i=7$までの具体例）。

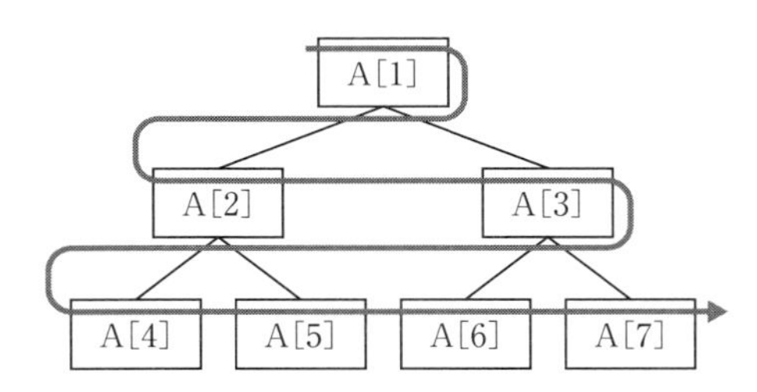

つまり，2分木を深さの浅い順番に埋めていくことになります。このような探索方法を幅優先探索といいます。したがって，エが正解です。

問7　《解答》ウ

アルゴリズム設計としての分割統治法は，元の問題をサイズの小さな部分問題に分割して解いた後，その解を組み合わせる方法です。全体を幾つかの小さな問題に分割して，それぞれの小さな問題を独立に処理した結果をつなぎ合わせて，最終的に元の問題を解決します。したがって，ウが正解です。

分割統治法を利用したアルゴリズムの例としては，クイックソート，マージソートなどがあります。

ア　動的計画法に関する記述です。
イ　線形計画法に関する記述です。
エ　貪欲法に関する記述です。

問8　　《解答》ウ

統計解析や機械学習の分野で使用される代表的なプログラミング言語には，PythonとRがあります。どちらも，データ分析，グラフ描画など多数のソフトウェアパッケージが提供されています。Pythonでは，変数に型を指定する必要はありませんが，暗黙的に型をもちます。Rでは，変数自体には型がなく，変数に代入されるオブジェクトの型は実行時に決まります。そのため，〔特徴〕のすべてに当てはまる言語はRとなり，ウが正解です。

ア　Webサービスの開発に適した，シンプルで高速な処理が可能なプログラミング言語です。

イ　Androidアプリの開発に用いられる，Java仮想マシン上で動作するオブジェクト指向言語です。

エ　Java仮想マシン上で動作する，オブジェクト指向と関数型プログラミングの両方を扱うことができる言語です。

問9　　《解答》ウ

表では，整数演算命令の実行速度が10ナノ秒でこの出現頻度が50%（0.5），移動命令の実行速度が40ナノ秒で出現頻度が30%（0.3），分岐命令の実行速度が40ナノ秒で出現頻度が20%（0.2）です。1ナノ秒は10^{-9}秒なので，この命令ミックスの1命令当たりの実行時間は，次の式で求めることができます。

10×10^{-9}[秒] $\times 0.5 + 40 \times 10^{-9}$[秒] $\times 0.3 + 40 \times 10^{-9}$[秒] $\times 0.2 = 25 \times 10^{-9}$[秒]

そのため，コンピュータの処理性能MIPS（$= 10^6$命令／秒）を求めると，次のようになります。

1／（25×10^{-9}）[秒／命令] $= 40 \times 10^6$[命令／秒] = 40[MIPS]

したがって，ウが正解です。

問10　　《解答》イ

GPU（Graphics Processing Unit）は，もともと画像処理専用のプロセッサです。画像処理では単純な行列演算を大量に行い，3Dグラフィックスなどを高速に処理します。ディープラーニングの学習では大量の行列演算を行うため，GPUの汎用の行列演算ユニットを用いて，高速化を実現できます。したがって，イが正解です。

ア　MIMD（Multiple Instruction stream，Multiple Data stream）のことで，分散システムなどでの並列処理に向いています。

ウ　FPU（Floating Point Unit）のことで，車載用マイコンの制御などにおける高速化処理に向いています。

エ　パイプライン型CPUでの分岐予測（Branch Prediction）のことで，一般的な分岐（if文など）を用いる処理すべての高速化に関係してきます。

問11　　《解答》イ

グリッドコンピューティングとは，インターネットなどのネットワーク上にあるプロセッサを結び付け，複合した一つのコンピュータシステムとして処理を行う方式です。したがって，イが正解です。

ア　垂直分散システムの説明です。

ウ　水平分散システムの説明です。

エ　並列コンピューティングの説明です。

問12　《解答》イ

ライトスルー方式は，データを更新するときに，キャッシュメモリと主記憶の両方に同時にデータを書き込む方式です。そのため，主記憶の内容は常に最新になるので，イが正解です。

ア　高速な書込みは，ライトバック方式の特徴です。

ウ　速度が遅いのは，ライトスルー方式の特徴です。

エ　書き戻す必要がないのは，ライトスルー方式の特徴です。

問13　《解答》ウ

システムの信頼性設計において，フォールトアボイダンスは個々の製品の信頼性を高め，故障が発生しないようにして信頼性を高める考え方です。したがって，ウが正解となります。

ア　フールプルーフに関する記述です。

イ　フェールソフトは，故障が発生した場合に機能を縮退させて稼働を継続させる概念です。

エ　フォールトトレランスは，故障が生じてもシステムに重大な影響が出ないようして，全体として安全が維持されるような設計方法です。しかし，システムを安全な状態に固定するのではなく，システムの二重化や予備のシステムの準備などによって変化に対応できるようにします。

問14　《解答》エ

稼働率がxである装置を ─[x]─[x]─ というかたちで直列に並べた場合，二つを合わせた稼働率は x^2となります。図の四つの装置は，次の図のように直列に並べた二つの装置が並列に二つ並んでいると考えられます。

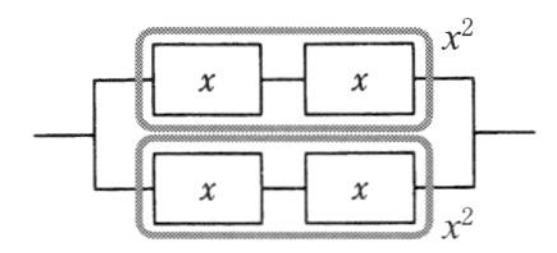

そのため，稼働率x^2の装置が二つ並列になっている場合の全体の稼働率$f(x)$は，

$$f(x) = 1 - (1 - x^2)^2$$

です。この式を展開すると，

$$f(x) = 1 - 1 + 2x^2 - x^4$$
$$= 2x^2 - x^4$$

となります。ここで，稼働率はグラフの実線である$y = f(x)$で，グラフの破線である$y = x$との差を考えると，次のように変形できます。

$$\begin{aligned} f(x) - x &= 2x^2 - x^4 - x \\ &= x(2x - x^3 - 1) = x\{(x-1) - (x^3 - x)\} \\ &= x\{(x-1) - x(x^2-1)\} \\ &= x\{(x-1) - x(x+1)(x-1)\} \\ &= x(x-1)(1 - x(x+1)) \\ &= -x(x-1)(x^2 + x - 1) \end{aligned}$$

そのため，稼働率$f(x)$と$y = x$が一致して0になるときは，$x = 0$，$x = 1$のときと，$x^2 + x - 1 = 0$が成立するときになります。

2次方程式なので，解の公式（$ax^2+bx+c=0$のときの$x=(-b\pm\sqrt{b^2-4ac})/2$）を使うと，

$x=(-1\pm\sqrt{5})/2$

となります。$\sqrt{5}=2.236\cdots$なので，

$(-1+\sqrt{5})/2 \fallingdotseq 1.236/2=0.618$，$(-1-\sqrt{5})/2 \fallingdotseq -3.236/2=-1.618$

となります。まとめると，稼働率$f(x)-x$の式は，

$-x(x-1)(x-0.618)(x+0.618)$

となります。

ここで，稼働率xは$0 \leqq x \leqq 1$なので，$x=0$，$x=1$のときと$x \fallingdotseq 0.618$のときに，稼働率$f(x)$のグラフ（実線）と$y=x$のグラフ（点線）が一致します。

順に見ていくと，$x=0$ではどちらも$y=0$で一致します。$0<x<0.618$のときには，

$(x-1)<0$，$(x-0.618)<0$

となるので，

$-x(x-1)(x-0.618)(x+0.618)<0$

です。つまり，稼働率$f(x)$のグラフ（実線）が$y=x$のグラフ（点線）より下になることになります。$x=0.618$で，$(x-0.618)=0$となるので，二つの線が交わります。$0.618<x<1$のときには，$(x-0.618)>0$と変わるので，

$-x(x-1)(x-0.618)(x+0.618)>0$

です。つまり，稼働率$f(x)$のグラフ（実線）が$y=x$のグラフ（点線）より上になることになります。$x=1$ではどちらも$y=1$で一致します。

したがって，次の図のように，すべての条件を満たしているグラフであるエが正解です。

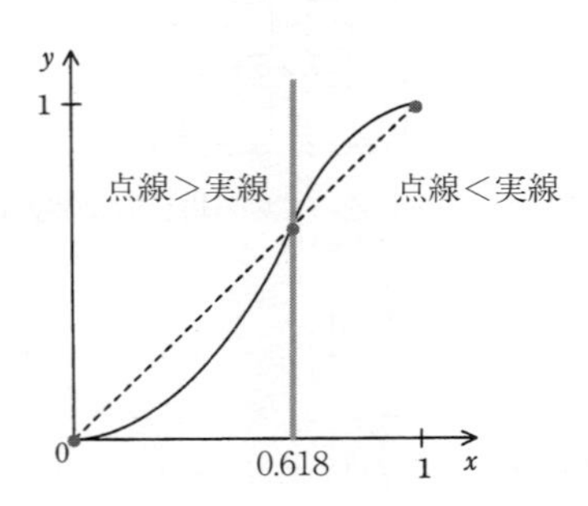

問15　《解答》ア

密結合マルチプロセッサは，主記憶を共有するマルチプロセッサです。そのため，同じ主記憶に複数のプロセッサが同時にアクセスする競合が起こり，それが性能低下の原因となります。したがって，アが正解です。

イ　疎結合マルチプロセッサで必要なメモリ間の通信についての説明です。

ウ，エ　ディスパッチは優先度による割込み処理です。割込み処理はプロセッサが一つでも起こるため，マルチプロセッサかどうかは関係ありません。

問16
《解答》ア

ジョブは到着順に処理されるので，到着時刻からA，B，Cの順に実行されます。このとき，到着と処理の順番を図示すると，以下のようになります。

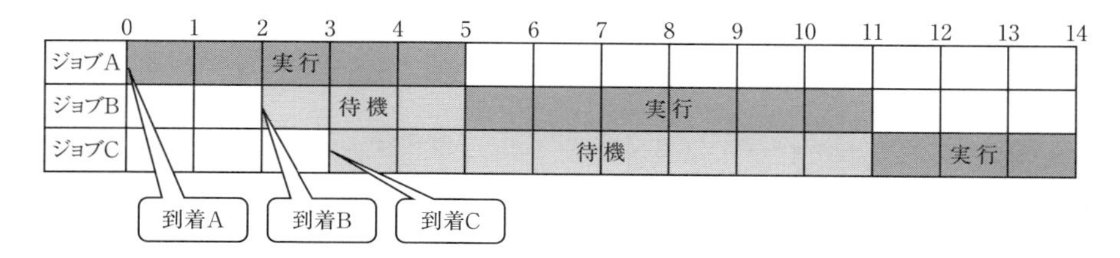

ジョブCは3秒後に到着しますが，他のジョブが終わるまでの3秒後から11秒後までの8秒間待機します。さらに，ジョブCの実行に3秒かかるので，ターンアラウンドタイムは8＋3＝11秒になります。したがって，アが正解です。

問17
《解答》イ

リアルタイムOSにおいて，実行中のタスクは実行状態となります。プリエンプションによって割込みが起こり実行中のタスクが中断されると，中断されたタスクは実行可能状態に移行します。したがって，イが正解です。

問18
《解答》イ

プログラム実行時の主記憶管理において，プログラムが使用しなくなったヒープ領域を回収して再度使用可能にすることをガーベジコレクションといいます。したがって，イが正解です。

ア　メモリコンパクションの説明です。

ウ　動的再配置の説明です。

エ　動的リンキングの説明です。

問19
《解答》エ

プログラムを固定長のページに分けて，仮想記憶を管理する方式がページング方式です。ページング方式では，ページアクセス時に主記憶上に必要なページがないことをページフォールトといいます。ページフォールトが発生すると，必要なページを仮想記憶から主記憶に読み込むページインを行います。そのため，ページフォールトの回数＝ページインの回数で，二つの回数は同じとなります。

ページインでは，主記憶に空きがあればそこにページを読み込みます。空きがない場合には，必要なくなったページを仮想記憶に移すページアウトを行ってからページインします。ページアウトを行うのは必ずページインの後ですが，主記憶に空きがあればページイン後のページアウトは行われません。そのため，ページインの回数≧ページアウトの回数となります。

合わせると，実行回数はページフォールト＝ページイン≧ページアウトとなり，エが正解です。

問20

《解答》エ

Hadoopは，大規模データの分散処理を支えるオープンソースのソフトウェアフレームワークで，Javaで記述されたライブラリです。したがって，エが正解です。

ア Tomcatなどのアプリケーションサーバの説明です。

イ ApacheなどのWebサーバの説明です。

ウ PostgreSQLなどのRDBMSの説明です。

問21

《解答》エ

RFID（Radio Frequency IDentification）とは，ID（Identification：識別）情報を埋め込んだRF（Radio Frequency）タグ（無線チップ）からRFリーダを使って無線通信で情報をやり取りする仕組みです。人や物に微小な無線チップを埋め込むことによって，識別及び管理を行うことができます。したがって，エが正解です。

ア 2次元コード（QRコード）の活用事例です。

イ Bluetoothの活用事例です。

ウ 赤外線通信の活用事例です。

問22

《解答》ウ

SoC（System on a Chip）とは，一つのチップ上で複数のコンピュータシステムを実現するLSIです。したがって，ウが正解です。

ア 組込みソフトウェアの説明です。

イ 複数のMCUを搭載したマイコンボードの説明です。

エ MCP（Multi Chip Package）の説明です。

問23

《解答》ウ

DCモータの正転逆転制御では，モータの＋端子から－端子に電流が流れるときにモータが正転します。逆転させるには逆に，モータの－端子から＋端子に向けて電流が流れるようにする必要があります。図では，上の＋Vが正の電圧なので，下のアースまで次のように電流を流すと，逆転させることができます。

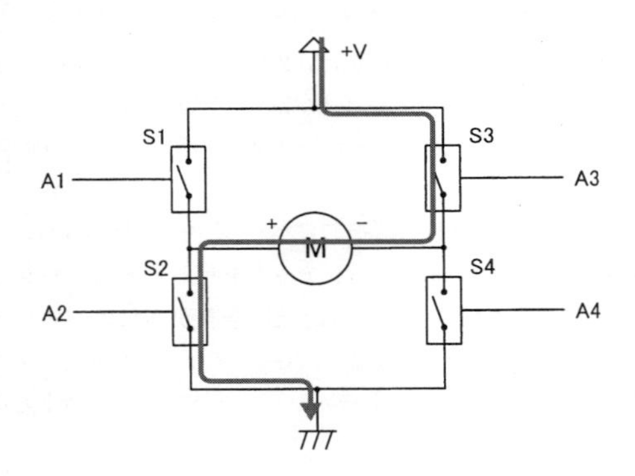

この流れを実現させるためには，S2とS3のスイッチ素子をHighにして導通させる必要があります。したがって，ウが正解です。

問24　《解答》ア

コンデンサとは，電気を蓄えて放出するための部品です。コンデンサに交流電流を流すと，電気を蓄えてから放出するという処理を繰り返すことになり，電気が通ります。しかし，直流電流では，コンデンサに一定量の電気がたまった後，それ以上は蓄えられないため，電気を通さない状態になります。したがって，アが正解です。

イ　AC/DCコンバータの機能です。
ウ　インダクタ（コイル）の機能です。
エ　インバータの機能です。

問25　《解答》ウ

まず，初期状態として，図の論理回路において，$S=1$，$R=1$，$X=0$，$Y=1$が下図のように入力されています。

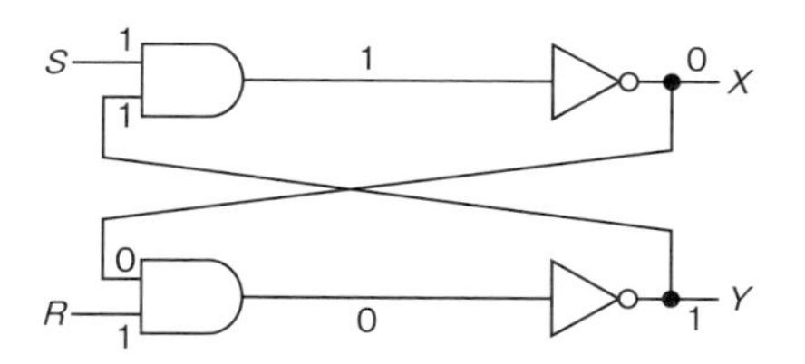

この状態でSをいったん0にすると，次図のように値が変化します。$X=1$，$Y=0$となり，XとYが反転します（グレーの文字が変化した部分です）。

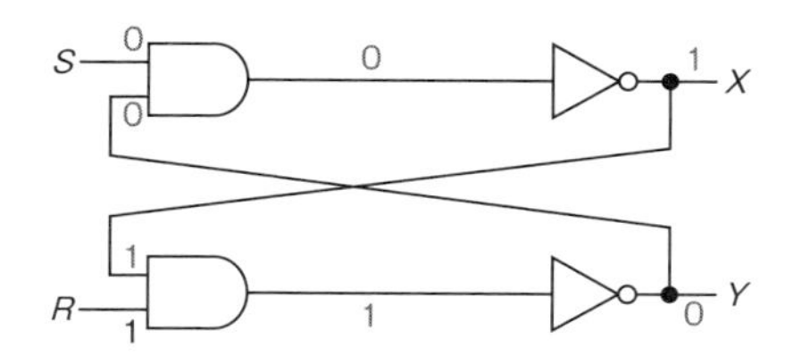

さらに，この状態からSを1に戻すと次図のようになります。Sを1に戻しても，X，Yの値はそのままです。

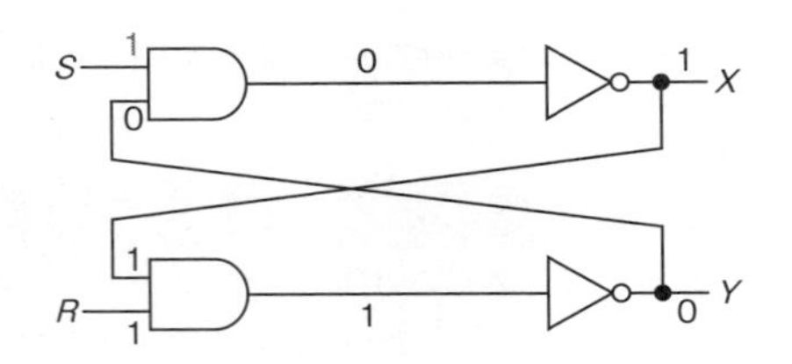

したがって，$X=1$，$Y=0$となり，ウが正解です。

問26 《解答》エ

Webサイト上でユーザが求める情報を探し出し，適切に利用できるようにするためのナビゲーションの手法の一つで，Webサイトのトップページから現在閲覧しているページまでの経路情報を示すことで現在の位置が分かるようにするものをパンくずリストといいます。したがって，エが正解です。

ア　サイト構造全体を示したページです。

イ　Webページがすべて表示しきれないときに利用する，表示領域を移動させるためのGUIパーツです。

ウ　サイトの階層間を移動するために用いられるメニューです。

問27 《解答》ウ

W3Cで仕様が定義された，図形オブジェクトをXML形式で記述する画像フォーマットは，SVG（Scalable Vector Graphics）です。したがって，ウが正解です。

ア　2D／3Dのコンピュータグラフィックライブラリです。

イ，エ　コンピュータでビットマップ画像を扱うファイルフォーマットです。

問28 《解答》イ

NoSQLの種類のうち，グラフ指向DBでは，グラフ構造をデータベースで実現します。具体的には，グラフの一つ一つのデータをノードとして，ノードとノードの関係をリレーションとして定義します。ノードやリレーションは，情報としてプロパティをもつことができます。したがって，イが正解です。

ア　ドキュメント型DBの特徴です。

ウ　キーバリュー型（KVS：Key-Value Store）DBの特徴です。

エ　カラム指向型DBの特徴です。

問29 《解答》ア

商品の注文を記録する四つのクラス（顧客，商品，注文，注文明細）の構造を，問題文中の概念データモデルに当てはめて考えていきます。問題文中に，「顧客は何度も注文を行い」とあるので，顧客－注文は1対多（1__＊）です。「一度に一つ以上の商品を注文でき，注文明細はそれぞれ1種類の商品に対応している」とあるので，注文と商品の間で，注文明細を連関させるクラスとして使用することによって注文ごとの商品を特定できます。このとき，注文－注文明細が1対多（1__＊），注文明細－商品が多対1（*__1）です。これらの条件に当てはまるように四つのクラスに割り振ると，aが顧客，bが注文，cが注文明細，dが商品となります。したがって，アが正解です。

問30　《解答》イ

コストベースのオプティマイザとは，テーブルの構造やインデックスの情報，実行結果の統計情報などから，SQLの最適な実行計画を立てるものです。統計情報とは，過去に実行したSQL文でのデータ件数やデータの分布などの情報で，インデックスの使用方法の判断などで，効率的なSQL実行計画を立てる上で役立ちます。したがって，イが正解です。

ア　ディメンジョン（次元）テーブルは，データウェアハウスで分析軸を設定するテーブルです。

ウ　待ちグラフは，デッドロックの発生を判断するためのトランザクションの情報を表すグラフです。

エ　ログファイルは，トランザクションのロールバックやロールフォワードに使用する，更新時の値の情報です。

問31　《解答》エ

データレイクとは，データを分析するときに必要なデータを，加工せずに発生したままの形で格納しておく場所です。必要に応じて加工するために，元のデータを保存しておき，様々な用途に活用します。したがって，エが正解です。

ア　データマイニングの特徴です。

イ　データマートの特徴です。

ウ　データ分析のうちの多次元分析の特徴です。

問32　《解答》ア

IoTで用いられる無線通信技術では，無線LANや無線WANのほかに，無線PAN（Personal Area Network）といわれる近距離無線通信技術があります。BLE（Bluetooth Low Energy）は，低電力で低速な無線通信を実現する技術で，無線PANで利用できます。したがって，アが正解です。

イ　LTEは，携帯電話網で使用される通信回線の種類の一つです。

ウ　PLCは，電力線を通信回線として利用する技術です。

エ　PPPは，シリアル通信（1ビットずつの通信）で2点間のデータ通信を行うためのプロトコルです。

問33　《解答》エ

無線LANの規格であるIEEE 802.11acは，周波数帯として5GHz帯を利用し，最大通信速度は1.3Gビット／秒です。使用する周波数帯は5GHzのみなので，エが正解です。

ア　IEEE 802.11gは2.4GHz帯，IEEE 802.11acは5GHz帯を使用するので，片方に対応したアクセスポイントを使用できる保証はありません。IEEE 802.11gとお互いに通信が可能な規格にはIEEE 802.11bがあります。

イ　IEEE 802.11nでの最高通信速度です。

ウ　無線LANでのアクセス制御方式はCSMA/CA方式です。

問34　《解答》ウ

サブネットマスクは，2進数で表現したときに，ネットワークアドレスを1，ホストアドレスを0で示すアドレスです。ホストアドレスを取り出すためにはまず，サブネットマスク(m)を全ビット反転(~)させてホストアドレスの方のみを1としたビット(~ m)を作成します。IPアドレス(a)からホストアドレス部分のみを取り出す演算をマスク演算といい，論理積(&)を利用することで実現できます。具体的には，a & ~ m を計算することになるので，ウが正解です。

問35　《解答》エ

SDN(Software-Defined Networking)とは，ソフトウェアでデザインされたネットワークアーキテクチャのことです。ソフトウェアを利用することで，ネットワーク制御機能とデータ転送機能を論理的に分離し，コントローラでのネットワーク機器の集中制御を可能とします。したがって，エが正解です。

ア　SNMP(Simple Network Management Protocol)の説明です。
イ　動的なルーティングの説明です。
ウ　仮想環境内での仮想ネットワークの説明です。

問36　《解答》イ

アクセスポイントを複数設置する場合，近くのアクセスポイントで同じ周波数帯を使用すると，電波の干渉が起こり，速度の低下や通信の失敗などの問題が発生します。そのため，隣り合うアクセスポイントでは異なる周波数帯を割り当てるのが適切です。このとき，周波数チャネル番号は周波数順に並んでいるので，1と6，6と11のように離れた番号を割り当てると，より干渉が起こりにくくなります。したがって，イが正解です。

ア　PCの設定のために同じ番号にしておくといいのはSSIDです。
ウ　SSIDは同じ方がPCの設定上便利です。周波数チャネル番号は出荷時設定ではすべて同じなので，アクセスポイントごとに変更して電波干渉を防ぐのが適切です。
エ　周波数チャネル番号は，イのように離れた番号を割り当て，周波数を識別しやすくします。

問37　《解答》イ

クリックジャッキング攻撃とは，罠ページの上に別のWebサイトをiFrameを使用して表示させ，透明なページを重ね合わせることで不正なクリックを誘導する攻撃です。HTTPレスポンスヘッダに，X-Frame-Optionsヘッダフィールドを出力し，他ドメインのサイトからのframe要素やiframe要素による読み込みを制限することで対処することができます。したがって，イが正解です。

ア　X-Content-Type-Optionsは，Content-Typeヘッダで示されたMIMEタイプを変更せずに従うべきであることを示すための設定です。HTML以外のデータタイプでJavaScriptの実行を防ぎ，クロスサイトスクリプティング攻撃の可能性を減らします。
ウ　エスケープ処理の説明です。クロスサイトスクリプティング攻撃の対策となります。
エ　C/C++で実装されたシステムにおける，バッファオーバフロー攻撃の対策となります。

問38　《解答》イ

攻撃者が行うフットプリンティング（Foot Printing）とは，攻撃者が事前に行う情報収集です。攻撃前に，攻撃対象となるPC，サーバ及びネットワークについての情報を得ることは，フットプリンティングに該当します。したがって，イが正解です。

ア　サイバーテロリズムに該当します。

ウ　セキュリティ攻撃時の準備です。

エ　rootkitなどで実現する，攻撃の痕跡を消去する作業です。

問39　《解答》ウ

リスクベース認証とは，通常と異なる環境からログインしようとする場合などに，通常の認証に加えて，合言葉などによる追加認証を行う認証方式です。追加の本人認証をすることによって，不正アクセスに対抗し安全性を高めることができます。したがって，ウが正解です。

ア　2要素認証の特徴です。

イ　リスクベース認証以外の，通常用いられる認証手順の決まった認証方式の特徴です。

エ　パスワードの救済に関する説明です。

問40　《解答》ア

原像計算困難性とは，メッセージと，そのハッシュ値が与えられたときに，同一のハッシュ値になる別のメッセージを計算することは困難であるという性質です。ハッシュ値からそのハッシュ値を出力するメッセージを見つけることが困難という一方向性の性質でもあります。したがって，アが正解です。

イ　ハッシュ値は，通常は固定長です。固定長にすることによって，元のメッセージの長さなどの推測を難しくします。

ウ　衝突発見困難性の性質です。

エ　サイドチャネル攻撃に耐えるように設計されたハッシュ関数の性質です。Argon2などの比較的新しいハッシュ関数が備えている性質です。

問41　《解答》ア

サイバーセキュリティ経営ガイドライン（Ver2.0）では，企業がIT活用を推進していく中で，サイバー攻撃から企業を守る観点が説明されています。具体的には，経営者が認識すべき3原則と，経営者が指示すべきサイバーセキュリティ経営の重要10項目が記述されています。したがって，アが正解です。

イ　ISMS（Information Security Management System）の説明です。

ウ　COBIT（Control OBjectives for Information and related Technology）の説明です。

エ　サイバーセキュリティ基本法の説明です。

問42

《解答》ウ

JPCERTコーディネーションセンター(Japan Computer Emergency Response Team Coordination Center)は，セキュリティ組織であるCSIRT(Computer Security Incident Response Team)のコーディネーションセンターです。日本において他のCSIRTとの情報連携や調整を行う組織で，特定の政府機関や企業から独立しており，国内のコンピュータセキュリティインシデントに関する報告の受付などを行っています。したがって，ウが正解です。

ア　JISC(Japan Industrial Standards Committee:日本工業標準調査会)の説明です。
イ　CRYPTREC(Cryptography Research and Evaluation Committees)の説明です。
エ　NISC(National center of Incident readiness and Strategy for Cybersecurity:内閣サイバーセキュリティセンター)の説明です。

問43

《解答》ア

クレジットカードの対面決済時には，従来の磁気カードではサイン(手書きの署名)を利用します。それに対し，ICチップを搭載したクレジットカードでは，PIN(Personal Identification Number：暗証番号)を利用することができます。カード加盟店では，決済時にオフラインPINを照合することで，サインより安全に本人確認を行うことができ，不正利用を防止できます。したがって，アが正解です。

イ　カードの情報保護対策としては，情報を保持しないこと(非保持化)が望ましいです。
ウ　磁気ストライプではPINが使用できないため，安全性は低くなります。
エ　オーソリモニタリングを行うのは，カード加盟店ではなくクレジットカード事業者です。

問44

《解答》イ

Webシステムのセッション IDは，利用者のセッションを識別するためのものです。同じセッションIDを用いることは，セッションの乗っ取りの機会となります。利用者のログアウト後のセッションIDの不正利用を防ぐには，ログアウト時に使用していたセッションIDを無効にし，使い回せないようにする対策が有効です。したがって，イが正解です。

ア　セッションIDはセッション中のみ保存しておいて利用する必要がありますが，ログアウト後に格納する必要はありません。
ウ　キャッシュからの情報漏えいは防げますが，セッションとは関係ありません。
エ　ログアウト後はセッションIDを使用しないので，ストレージに格納する必要はありません。

問45

《解答》ウ

TLS(Transport Layer Security)のクライアント認証とは，クライアントがもつクライアント証明書を用いた認証です。TLSでは，クライアント認証を行う場合でもそうでない場合でも，最初にサーバ認証を行います。そのため，bの処理(サーバが，クライアントにサーバ証明書を送付する)を行います。その後，クライアントはサーバ証明書でサーバを認証します。

クライアント認証を行うために，aの処理(クライアントはサーバにクライアント証明書を送付する)を行います。その後，サーバは受け取ったクライアント証明書を用いて，cの処理(サーバが，クライアントを認証する)を行います。

したがって，処理順はb → a → cとなり，ウが正解です。

問46

《解答》ウ

ICカードの耐タンパ性とは，故障時などでもICカードの情報が盗まれないようにする性質です。信号の読出し用プローブの取付けを検出するとICチップ内の保存情報を消去する回路を設けて，ICチップ内の情報を容易には解析できないようにする対策は，耐タンパ性を高めます。したがって，ウが正解です。

ア　利便性を高める対策です。

イ　可用性を高める対策です。

エ　機密性を高める対策です。

問47

《解答》エ

システムの初期状態が“レディ”のときに，〔発生するイベント〕の①～⑥の順にイベントが発生した場合の状態遷移を，〔状態偏移表〕をもとに考えます。

①でメッセージ1を受信すると，初期状態は1の“レディ”なので，〔状態遷移表〕の条件「メッセージ1を受信する」より運転開始となり，2の状態となる“高速運転”に遷移します。

②でメッセージ1を受信すると，状態は2の“高速運転”なので，〔状態遷移表〕の条件「メッセージ1を受信する」は空欄となります。問題文中に，「状態遷移表の空欄は状態が変化しないことを表す」とあるので，状態は変化せず，2の状態となる“高速運転”のままです。

③で装置の温度が50℃以上になると，〔状態遷移表〕では，「装置の温度が50℃未満から50℃以上になる」の条件に当てはまります。状態は2の“高速運転”なので，〔状態遷移表〕では減速となり，3の状態となる“低速運転”となります。

④でメッセージ2を受信すると，状態は3の“低速運転”なので，〔状態遷移表〕の条件「メッセージ2を受信する」より一時停止となり，4の状態となる“一時停止”に遷移します。

⑤で装置の温度が40℃未満になると，〔状態遷移表〕では，「装置の温度が40℃以上から40℃未満になる」の条件に当てはまります。状態は4の“一時停止”なので，〔状態遷移表〕では運転再開となり，3の状態となる“低速運転”となります。

⑥でメッセージ2を受信すると，状態は3の“低速運転”なので，〔状態遷移表〕の条件「メッセージ2を受信する」より一時停止となり，4の状態となる“一時停止”に遷移します。

したがって，最終的に一時停止となるので，エが正解です。

問48 《解答》ア

命令網羅とは，ホワイトボックステストの網羅方法の一つで，すべての命令（□または◇）を最低1回は実行するように設計します。それぞれの分岐（◇）で最大三つの枝分かれしかなく，分岐後に一つの流れに戻ります。また，「先行する命令の結果から影響を受けない」とあるので，次のような分岐で実行される三つのテストケースを用意すれば，命令網羅を実現できます。

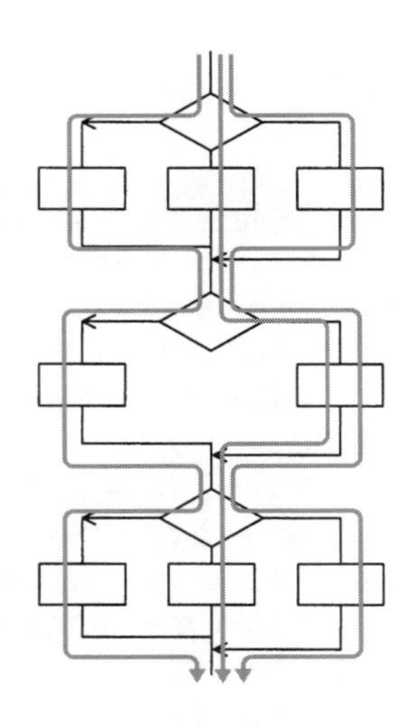

したがって，アの3が正解です。

問49 《解答》ア

スクラムチームにおけるプロダクトオーナとは，作成するプロダクトに責任をもつ人です。ゴールとミッションが達成できるように，プロダクトバックログのアイテムの優先順位を決定するのは，プロダクトオーナの役割となります。したがって，アが正解です。

イ　スクラムマスタの役割です。

ウ，エ　開発チームの役割です。

問50 《解答》エ

ペアプログラミングとは，2人のプログラマがペアとなり開発を行う手法です。2人で分担するのではなく，一つのプログラムを一緒に開発していきます。一方がプログラミングを行っているときに他方がレビューを行ったり，相談を行うことなどで，品質の向上や知識の共有を図ることができます。したがって，エが正解です。

ア　利用者とプログラマは要求仕様の確認を一緒に行うことはありますが，ペアでプログラムの開発は行いません。

イ　分担して行うプログラミングであり，ペアプログラミングではありません。

ウ　交代でプログラミングを行う作業は，ペアプログラミングではありません。

問51

《解答》ア

プロジェクトマネジメントの五つのプロセス群のうち，計画のプロセス群では，プロジェクトのスコープを定義し，目標を洗練し，一連の行動を規定します。スコープの定義は計画のプロセス群に属します。したがって，アが正解です。

イ　監視コントロールプロセス群に属します。

ウ　立上げプロセス群に属します。

エ　実行プロセス群に属します。

問52

《解答》エ

RACIチャートとは，R（Responsible:実行責任者），A（Accountable:説明責任者），C（Consulted:相談先），I（Informed：報告先）の四つの責任について，利害関係者の分担をマトリックス表にしたものです。

〔条件〕の一つ目に，「各アクティビティにおいて，実行責任者は1人以上とする」とあるので，アクティビティ①～④にRの要員が1人以上必要です。問題文の表では，この条件は満たしています。

〔条件〕の二つ目に，「各アクティビティにおいて，説明責任者は1人とする」とあるので，アクティビティ①～④にAの要員が1人だけ必要です。表を見ると，アクティビティ④でAが2人（佐藤，田中）に割り当てられているので，どちらかを別の役割にする必要があります。

実行責任者（R）は1人以上なので増えても問題はなく，アクティビティ④の田中の責任をRにすることで，〔条件〕をすべて満たすことができます。したがって，エが正解です。

問53

《解答》ア

図1の当初の計画では，クリティカルパスはA→B→E→H→Iの28日となり，作業Eはクリティカルパス上にあります。図2の変更後の計画では，Eの日程全体でかかる日数はE2→E3で6日となり，3日短縮することはできます。しかしEが3日短くなるとクリティカルパスはA→B→D→Gの27日となってしまい，Eがクリティカルパスではなくなるため，全体でのスケジュールは1日しか短縮されません。したがって，アの1[日]が正解となります。

問54

《解答》エ

リスク対応において，プラスの影響を及ぼすリスクに対する“強化”の戦略では，好機の発生確率や影響力，またはその両方を増加させます。したがって，エが正解です。

ア　“受容”の戦略です。

イ　“活用”の戦略です。

ウ　“共有”の戦略です。

問55

《解答》エ

プロジェクトメンバが16人のとき，1対1の総当たりでプロジェクトメンバ相互の顔合わせ会を行うときに必要な組合せの回数は，

$_{16}C_2 = (16 \times 15) / (2 \times 1) = 120$［回］

です。

顔合わせ会1回の所要時間は0.5時間なので，延べ時間は0.5［時間／回］× 120［回］＝ 60［時間］となります。したがって，エが正解です。

問56 《解答》ア

サービス・ポートフォリオとは，提供するすべてのサービスの一覧です。どのようなサービスがあるのかを把握し，適切なレベルで資源を配分し，何に重点を置くのかを決定することです。サービス・プロバイダの約束事項と投資を表すもので，サービス・プロバイダによって管理されている“検討中か開発中”，“稼働中か展開可能”及び“廃止済み”のすべてのサービスが含まれます。したがって，アが正解です。

イ　サービス・カタログの説明です。

ウ　サービス・パイプラインの説明です。

エ　“廃止済み”のサービスは，サービス・ポートフォリオの一部として管理されます。“廃止済み”のサービスをサービス・カタログに含めて管理することもあります。

問57 《解答》イ

差分バックアップとは，フルバックアップとの差分だけを取得するバックアップです。差分バックアップでの復旧は，フルバックアップのデータで復元した後に，差分バックアップのデータを反映させます。したがって，イが正解です。

ア　差分バックアップの方が復旧時間は長くなります。

ウ　週に一度のフルバックアップ，毎日の差分バックアップなどのようなかたちで併用して運用します。

エ　差分バックアップの方が，バックアップに要する時間は短くなります。

問58 《解答》ウ

情報セキュリティ管理基準（平成28年）には，マルウェア対策について，「12.2.1.2 認可されていないソフトウェアの使用を禁止する正式な方針を確立する」という記述があります。組織として認可していないソフトウェアを使用することは，マルウェア感染のリスクが高まるため不適切で指摘事項に該当します。したがって，ウが正解です。

ア　マルウェア検出のためのスキャンは早期の感染検知につながるので適切です。

イ　事業継続計画を策定することは，マルウェア感染後の事後対応に役立つので適切です。

エ　脆弱性への対応はマルウェア感染のリスクを低減させるので適切です。

問59 《解答》ア

マスタファイル管理に関するシステム監査項目のうち，可用性に該当するものを考えます。可用性とは，システムを稼働させ続ける性質のことなので，サーバを二重化し耐障害性を向上することは可用性の向上につながります。したがって，アが正解です。

イ　機能性に該当します。

ウ　機密性に該当します。

エ　完全性に該当します。

問60　《解答》ウ

システム監査人が行う改善提案のフォローアップとは，監査実施後に被監査部門が改善提案に帯する改善を適切に実施しているかどうかを確認することです。したがって，ウが正解です。

ア，イ，エは，被監査部門が行うことです。システム監査人には，指示，管理，策定などの実作業を行う権限はありません。

問61　《解答》ウ

エンタープライズアーキテクチャの“四つの分類体系”には，ビジネスアーキテクチャ，テクノロジアーキテクチャ，アプリケーションアーキテクチャの他にもう一つ，データアーキテクチャがあります。したがって，ウが正解です。

ア，イ　システムやソフトウェアはアプリケーションに含まれます。また，システムアーキテクチャやソフトウェアアーキテクチャは，システム開発で用いられるアーキテクチャです。

エ　バスアーキテクチャは，CPUやメモリでデータを転送するための通信路であるバスのアーキテクチャです。

問62　《解答》ウ

API（Application Programming Interface）は，アプリケーションから利用できる，OSなどのシステムの機能を利用する関数などのインタフェースです。オープンAPIは，接続仕様や仕組みが外部企業などに公開されているAPIのことで，他社のAPIを利用し，データ連携を行うことができます。したがって，ウが正解です。

ア　オープンカウンター方式による調達の説明です。

イ　クラウドファンディングによる資金調達の説明です。

エ　ソフトウェアを利用した仮想化の説明です。

問63　《解答》ア

協調フィルタリングとは，顧客の利用履歴を分析して行うレコメンデーション手法です。多くの顧客の購買行動の類似性を相関分析などによって求め，顧客Aに類似した顧客Bが購入している商品を顧客Aに勧めることは，協調フィルタリングに該当します。したがって，アが正解です。

イ　ポピュラリティ（人気ランキング）を用いたものです。

ウ　セグメンテーションを用いたものです。

エ　コンテンツベースフィルタリングを用いたものです。

問64　《解答》ア

RFI（Request For Information：情報提供依頼書）とは，RFP（Request For Proposal：提案依頼書）を作成する前に，供給者候補に対して情報の提供を依頼すること，またはそのために作成される文書です。したがって，アが正解となります。

イ　RFPの説明です。

ウ　契約内容の変更要請の説明です。

エ　契約の締結の要請についての説明です。

問65 《解答》エ

国や地方公共団体などで実施されている，環境への配慮を積極的に行っていると評価されている製品・サービスを優先的に選んで購入することを，グリーン購入といいます。したがって，エが正解です。

ア CSR（Corporate Social Responsibility：企業の社会的責任）とは，企業が利益を追求するだけでなく，社会へ与える影響にも責任をもち，利害関係者（ステークホルダ）からの要求に対して適切な意思決定をすることです。

イ グリーン購入の目安となる，環境保全に役立つと認定された商品につけられるマークです。

ウ 環境影響評価のことで，開発事業に対して，どのように環境に影響を与えるのかを，あらかじめ事業者が調査し，予測と評価を行います。

問66 《解答》ウ

システム開発委託契約の委託報酬におけるレベニューシェア契約とは，あらかじめ決められた配分率で利益を分け合う契約です。レベニューシェア契約では，開発するシステムから得られる収益を委託側が受託側にあらかじめ決められた配分率で分配することになります。したがって，ウが正解です。

ア 準委任契約などで，開発に必要な費用を委託側が負担する場合の契約となります。

イ 請負契約などで，費用を定額で契約に含む場合に該当します。

エ 保守契約などで固定額の契約を行った場合に該当します。レベニューシェア契約では，受託側が得られる収益は変動します。

問67 《解答》ウ

プロダクトポートフォリオマネジメントマトリックスの縦軸aが高いのは花形と問題児です。花形は市場成長率と市場占有率が共に高いカテゴリで，問題児は市場成長率が高い市場で自社の市場占有率が低いカテゴリです。どちらも市場成長率は高いので，空欄aは市場成長率になります。横軸bで高いのは花形の他は金のなる木で，金のなる木は市場占有率が高く，市場成長率が低くなったカテゴリです。どちらも市場占有率が高いので，空欄bは市場占有率になります。したがって，組み合わせの正しいウが正解です。

問68 《解答》ウ

企業の競争戦略におけるフォロワ戦略とは，リーダーに追随する戦略で，目標とする企業の戦略を観察し，迅速に模倣します。したがって，ウが正解です。

ア チャレンジャ戦略です。

イ ニッチ戦略です。

エ リーダー戦略です。

問69 《解答》イ

イノベータ理論の五つの区分とは，イノベータ，アーリーアダプター，アーリーマジョリティ，レイトマジョリティ，ラガードであり，それぞれの利用者で商品に対する価値観が異なります。キャズム理論は，イノベータとアーリーアダプタを初期市場，アーリーマジョリティからラガードをメインストリーム市場とし，二つの市場の間にはキャズムと呼ばれる深い溝があり，キャズムを乗り越えることが市場開拓で重要だという理論です。特に，利用者の行動様式に大きな変化をもたらすハイテク製品では，アーリーアダプタからアーリーマジョリティの間のキャズムが大きくなります。したがって，イが正解です。

問70　《解答》イ

バランススコアカード（BSC：Balanced Score Card）は，企業の業績評価システムです。企業のもつ要素が企業のビジョンや戦略にどのように影響し，業績に表れているかを評価します。具体的には，財務，顧客，内部ビジネスプロセス，学習と成長の四つの視点で評価します。問題文にない視点は，顧客の視点となります。したがって，イが正解です。

ア　コーポレートガバナンスなどで用いられる，統治のプロセスのことです。

ウ　SWOT分析で用いられる視点です。

エ　CSR（Corporate Social Responsibility：企業の社会的責任）などで必要な視点です。

問71　《解答》イ

技術のSカーブとは，技術の進歩の過程を表すもので，最初は緩やかに，やがて急速に進歩します。成熟期では停滞気味になるので，イが正解です。

ア　ハイプサイクルの説明です。

ウ　規模の経済性の説明です。

エ　バスタブ曲線の説明です。

問72　《解答》イ

内閣府の統合イノベーション戦略で目指す「サイバー空間（仮想空間）とフィジカル空間（現実空間）を高度に融合させたシステムにより，経済発展と社会的課題の解決を両立する，人間中心の社会（Society）」のことを，Society 5.0といいます。したがって，イが正解です。

ア　電子政府の情報窓口です。政府に関する情報を提供し，行政機関に対する申請・届出等の手続を行うことができます。

ウ　誰もがWebサイトを通じて情報を発信することができるようになったWebの利用状態のことを指します。

エ　多様な背景をもった人々や，多様な価値観を受容する社会のことを指します。

問73　《解答》エ

フィルタバブルとは，インターネット上の情報から自分の見たい情報だけ見えるようにフィルタをかけることで，バブル（泡）の中に包まれたように他の情報が見えなくなることです。利用者の属性・行動などに応じ，好ましいと考えられる情報がより多く表示されるのはフィルタが原因で，利用者は実社会とは隔てられたパーソナライズされた情報空間となるバブルで隔離されます。したがって，エが正解です。

ア　ディジタルディバイドの記述です。

イ　情報爆発についての記述です。

ウ　フェイクニュースに関する記述です。

問74

《解答》ウ

アグリゲーションサービスとは，複数の企業が提供するサービスを集約（Aggregation）して一つのサービスとしたものです。分散的に存在する事業者，個人や機能への一括的なアクセスを顧客に提供し，比較，まとめ，統一的な制御，最適な組合せなどワンストップでのサービス提供を可能にするサービスは，アグリゲーションサービスに該当します。したがって，ウが正解です。

ア　オムニチャネルに関する記述です。

イ　エスクローサービスに関する記述です。

エ　フランチャイズサービスの説明です。

問75

《解答》イ

SL理論（Situational Leadership Theory）とは，部下の成熟度によって有効なリーダーシップは異なるという理論です。SL理論では，仕事志向の強さと人間志向の強さを基準に，次の四つのリーダシップスタイルに分類します。

・教示的リーダシップ（仕事指向が高く，人間指向が低い場合）
・説得的リーダシップ（仕事指向と人間指向が共に高い場合）
・参加的リーダシップ（仕事指向が低く，人間指向が高い場合）
・委任的リーダシップ（仕事指向と人間指向が共に低い場合）

したがって，イが正解です。

ア　自己分析に用いる心理モデルである，ジョハリの窓の説明です。

ウ　ナレッジマネジメントのフレームワークであるSECIモデルの説明です。

エ　人間の欲求についての，マズローの欲求5段階説の説明です。

問76

《解答》エ

系統図法は，新QC七つ道具の一つで，目的と手段を多段階に，系統図を用いて展開する手法です。目的を達成するための手段を導き出し，更にその手段を実施するための幾つかの手段を考えることを繰り返し，細分化していくことで，系統図を完成させていきます。したがって，エが正解です。

ア　連関図法の活用例です。

イ　特性要因図の活用例です。

ウ　親和図法の活用例です。

問77

《解答》イ

キャッシュフロー計算書では，営業活動によるキャッシュフロー，投資活動によるキャッシュフロー，財務活動によるキャッシュフローの三つに分けて計算します。営業活動のキャッシュフローは本業によるキャッシュフローで，イの商品の仕入れによる支出などが該当します。したがって，イが正解です。

ア　財務活動によるキャッシュフローに該当します。

ウ　財務活動によるキャッシュフローに該当します。

エ　投資活動によるキャッシュフローに該当します。

問78

《解答》エ

不正競争防止法とは，事業者間の公正な競争を促進するために，不正競争とは何かを示し，それを禁止する法律です。第二条に，不正競争として，「他人の商品等表示として需要者の間に広く認識されているものと同一若しくは類似の商品等表示を使用し、(～中略～) 他人の商品又は営業と混同を生じさせる行為」とあるので，他人の商品と誤認させて商品を販売することは不正競争に該当します。したがって，エが正解です。その他の選択肢の行為は，不正競争防止法ではなく，次のように他の法律で禁止されます。

ア　不当に安い値段で販売する不当廉売（dumping：ダンピング）に該当すると，独占禁止法における不公正な取引方法となります。

イ　小売業者での小売価格（再販売価格）を指示することは，再販売価格の拘束となり，独占禁止法における不公正な取引方法となります。

ウ　他社がその機能について，特許を申請し，特許権が付与されている商品を販売する場合には，特許権の侵害になります。

問79

《解答》イ

特定電子メール法とは，広告などの迷惑メールを規制する法律です。あらかじめ同意を得た場合以外には電子メールの送信が禁じられています。“特定電子メールの送信の適正化等に関する法律第二条第一号の通信方式を定める省令”により，電子メールの通信方式として，「携帯して使用する通信端末機器に、電話番号を送受信のために用いて通信文その他の情報を伝達する通信方式」とあり，電話番号を利用するショートメッセージサービス（SMS）は，特定電子メール法での電子メールに含まれます。そのため，携帯電話のショートメッセージサービス（SMS）は，広告又は宣伝が含まれていれば，規制の対象となります。したがって，イが正解です。

ア　海外の電気通信設備から送信される電子メールであっても，国内の電気通信設備に送信される電子メールは規制の対象です。

ウ　特定電子メールは広告又は宣伝を行うための手段として送信をするメールのことなので，政策の普及や啓発を行うためのメールは対象外です。

エ　広告又は宣伝が含まれていない場合は規制の対象外です。

問80

《解答》イ

電子署名法は，電子署名が手書きの署名や押印と同等に適用できることを定める法律です。民事訴訟法における押印と同様の効力が認められているので，イが正解です。

ア　対象はコンピュータ処理できるものに限られます。

ウ　政府の認証局以外でも，認証業務は可能です。

エ　電子署名で用いる技術は共通鍵暗号技術に限られません。通常，電子署名は公開鍵暗号技術とハッシュ技術の組合せで実現されます。

Q 午後 問題

〔問題一覧〕

●問1（必須）

問題番号	出題分野	テーマ
問1	情報セキュリティ	DNSのセキュリティ対策

●問2～問11（10問中4問選択）

問題番号	出題分野	テーマ
問2	経営戦略	情報システム戦略の策定
問3	プログラミング	クラスタ分析に用いるk-means法
問4	システムアーキテクチャ	IoT技術を活用した駐車場管理システム
問5	ネットワーク	チャット機能の開発
問6	データベース	経営分析システムのためのデータベース設計
問7	組込みシステム開発	ディジタル補聴器の設計
問8	情報システム開発	クーポン券発行システムの設計
問9	プロジェクトマネジメント	プロジェクトのコスト見積り
問10	サービスマネジメント	SaaSを使った営業支援サービス
問11	システム監査	新会計システムのシステム監査

次の問1は必須問題です。必ず解答してください。

問1　DNSのセキュリティ対策に関する次の記述を読んで，設問1～3に答えよ。

R社は，Webサイト向けソフトウェアの開発を主業務とする，従業員約50名の企業である。R社の会社概要や事業内容などをR社のWebサイト（以下，R社サイトという）に掲示している。

R社内からインターネットへのアクセスは，R社が使用するデータセンタを経由して行われている。データセンタのDMZには，R社のWebサーバ，権威DNSサーバ，キャッシュDNSサーバなどが設置されている。DMZは，ファイアウォール（以下，FWという）を介して，インターネットとR社社内LANの両方に接続している。データセンタ内のR社のネットワーク構成の一部を図1に示す。

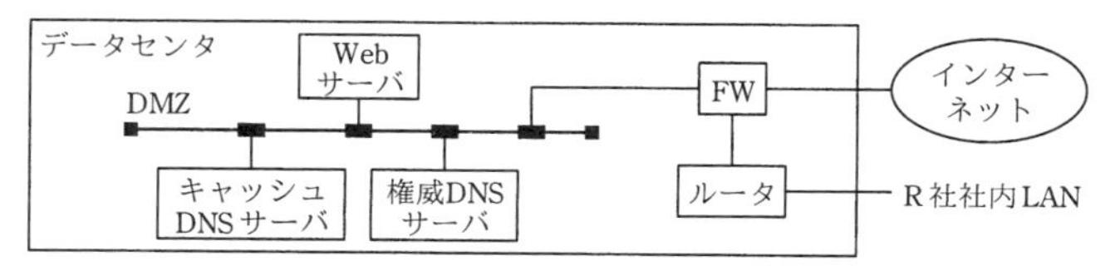

図1　データセンタ内のR社のネットワーク構成（一部）

R社サイトは，データセンタ内のWebサーバで運用され，インターネットからR社サイトへは，HTTP Over TLS（以下，HTTPSという）によるアクセスだけが許されている。

〔インシデントの発生〕

ある日，R社の顧客であるY社の担当者から，“社員のPCが，R社サイトに埋め込まれていたリンクからマルウェアに感染したと思われる”との連絡を受けた。Y社は，Y社が契約しているISPであるZ社のDNSサーバを利用していた。

R社情報システム部のS部長は，部員のTさんに，R社のネットワークのインターネット接続を一時的に切断し，マルウェア感染の状況について調査するように指示した。Tさんが調査した結果，R社の権威DNSサーバ上の，R社のWebサーバのAレコードが別のサイトのIPアドレスに改ざんされていることが分かった。R社のキャッシュDNSサーバとWebサーバには，侵入や改ざんされた形跡はなかった。

Tさんから報告を受けたS部長は，①Y社のPCがR社の偽サイトに誘導され，マルウェアに感染した可能性が高いと判断した。

〔当該インシデントの原因調査〕

S部長は，当該インシデントの原因調査のために，R社の権威DNSサーバ，キャッシュDNSサーバ及びWebサーバの脆弱性診断及びログ解析を実施するよう，Tさんに指示した。Tさんは外部のセキュリティ会社の協力を受けて，脆弱性診断とログ解析を実施した。診断結果の一部を表1に示す。

付録

表１　R社サーバの脆弱性診断及びログ解析の結果（一部）

診断対象	脆弱性診断結果	ログ解析結果
権威 DNS サーバ	・OSは最新であったが，DNSソフトウェアのバージョンが古く，[a]を奪取されるおそれがあった。 ・インターネットから権威DNSサーバへのアクセスはDNSプロトコルだけに制限されていた。	業務時間外にログインされた形跡が残っていた。
キャッシュ DNSサーバ	・OS及びDNSソフトウェアは最新であった。 ・インターネットからキャッシュ DNS サーバへのアクセスはDNSプロトコルだけに制限されていた。	不審なアクセスの形跡は確認されなかった。
Webサーバ	・OS及びWebサーバのソフトウェアは最新であった。 ・インターネットから Web サーバへのアクセスは HTTPS だけに制限されていた。	Y社のPCがマルウェア感染した時期に②R 社サイトへのアクセスがほとんどなかった。

診断結果を確認したS部長は，R社の権威DNSサーバのDNSソフトウェアの脆弱性を悪用した攻撃によって[a]が奪取された可能性が高いと考え，早急にその脆弱性への対応を行うようにTさんに指示した。

Tさんは，R社の権威DNSサーバのDNSソフトウェアの脆弱性は，ソフトウェアベンダが提供する最新版のソフトウェアで対応可能であることを確認し，当該ソフトウェアをアップデートしたことをS部長に報告した。S部長はTさんに,R社の権威DNSサーバ上のR社のWebサーバのAレコードを正しいIPアドレスに戻し，R社のネットワークのインターネット接続を再開させたが，Y社のPCからR社サイトに正しくアクセスできるようになるまで，③しばらく時間が掛かった。R社は，Y社に謝罪するとともに，当該インシデントについて経緯などをとりまとめて，R社サイトなどを通じて，顧客を含む関係者に周知した。

〔セキュリティ対策の検討〕

S部長は，R社の権威DNSサーバに対する④同様なインシデントの再発防止に有効な対策と，R社のキャッシュ DNSサーバ及びWebサーバに対するセキュリティ対策の強化を検討するように，Tさんに指示した。

Tさんは，R社のWebサーバが使用しているディジタル証明書が，ドメイン名の所有者であることが確認できるDV（Domain Validation）証明書であることが問題と考えた。そこでTさんは，EV（Extended Validation）証明書を導入することを提案した。R社のWebサーバにEV証明書を導入し，WebブラウザでR社サイトにHTTPSでアクセスすると，R社の[b]を確認できる。

またTさんは，⑤R社のキャッシュ DNSサーバがインターネットから問合せ可能であることも問題だと考えた。その対策として，FWの設定を修正してR社社内LANからだけ問合せ可能とすることを提案した。また，R社のキャッシュ DNSサーバに，偽のDNS応答がキャッシュされ，R社の社内LAN上のPCがインターネット上の偽サイトに誘導されてしまう，[c]の脅威があると考えた。DNSソフトウェアの最新版を確認したところ，ソースポートのランダム化などに対応していることから，この脅威については対応済みとして報告した。

設問1　本文中の下線①で，Y社のPCがR社の偽サイトに誘導された際に，Y社のPCに偽のIPアドレスを返した可能性のあるDNSサーバを，解答群の中から全て選び，記号で答えよ。

解答群

ア　DNSルートサーバ　　イ　R社のキャッシュDNSサーバ
ウ　R社の権威DNSサーバ　　エ　Z社のDNSサーバ

設問2　〔当該インシデントの原因調査〕について，(1)～(3)に答えよ。

(1)　表1及び本文中の［　a　］に入れる適切な字句を，解答群の中から選び，記号で答えよ。

解答群

ア　管理者権限　　イ　シリアル番号
ウ　ディジタル証明書　　エ　利用者パスワード

(2)　表1中の下線②で，R社サイトへのアクセスがほとんどなかった理由を20字以内で述べよ。

(3)　本文中の下線③で，Y社のPCが正しいR社サイトにアクセスできるようになるまで，しばらく時間が掛かった理由は，どのDNSサーバにキャッシュが残っていたからか，解答群の中から選び，記号で答えよ。

解答群

ア　DNSルートサーバ　　イ　R社のキャッシュDNSサーバ
ウ　R社の権威DNSサーバ　　エ　Z社のDNSサーバ

設問3　〔セキュリティ対策の検討〕について，(1)～(4)に答えよ。

(1)　本文中の下線④で，同様なインシデントの再発防止に有効な対策として，R社の権威DNSサーバに実施すべきものを，解答群の中から選び，記号で答えよ。

解答群

ア　逆引きDNSレコードを設定する。
イ　シリアル番号の桁数を増やす。
ウ　ゾーン転送を禁止する。
エ　定期的に脆弱性検査と対策を実施する。

(2)　本文中の［　b　］に入れる適切な字句を，解答群の中から選び，記号で答えよ。

解答群

ア　会社名　　イ　担当者の電子メールアドレス
ウ　担当者の電話番号　　エ　ディジタル証明書の所有者

(3)　本文中の下線⑤で，R社のキャッシュDNSサーバがインターネットから問合せ可能な状態であることによって発生する可能性のあるサイバー攻撃を，解答群の中から選び，記号で答えよ。

解答群

ア　DDoS攻撃　　イ　SQLインジェクション攻撃
ウ　パスワードリスト攻撃　　エ　水飲み場攻撃

(4)　本文中の［　c　］に入れるサイバー攻撃手法の名称を，15字以内で答えよ。

> 次の**問２～問11**については**４問を選択**し，**答案用紙の選択欄の問題番号を○印で囲んで解答**してください。
> なお，５問以上○印で囲んだ場合は，**はじめの４問**について採点します。

問2　情報システム戦略の策定に関する次の記述を読んで，設問1～3に答えよ。

C社は，中堅の機械部品メーカである。自動車メーカなど顧客の工場に製品を出荷している。顧客の工場は国内だけでなく，世界の各地域に設置されている。

C社は，これまで情報システムはコストと考えていて，情報システム投資に消極的であった。その結果，業務効率が上がらず，また必要なデータがすぐに把握できずに経営陣の意思決定に遅れが生じていた。このような中，経済産業省のDXレポートを確認したC社の経営陣は危機感をもち，情報システム投資の必要性を強く感じて，外部からCIO（Chief Information Officer）を採用した。CIOは，次期経営戦略に基づいて積極的な次期情報システム戦略を策定する方針を掲げ，これを立案する組織横断型のチームを立ち上げて，情報システム部のD課長をリーダに任命した。

〔C社の次期経営戦略〕

C社の次期経営戦略は，競合他社に対する競争優位性を保つため，次を目的として策定された。

・コンプライアンスを最優先し，ステークホルダから選ばれる企業になる。
・技術力を生かし，顧客及び社会のニーズに合う製品を積極的に市場に投入し，シェアを拡大して売上を伸ばす。
・業務効率を向上させ，利益率を改善する。
・経営陣が必要な情報をタイムリーに把握し，迅速な意思決定を行えるようにする。

〔C社の経営環境〕

C社の経営環境は次のとおりである。

・これまでは市場の伸びに支えられ，売上も利益も伸びていた。しかし，最近の市場の伸びの鈍化に伴い，既存製品の売上と利益の伸びが鈍化している。
・C社が取り扱う製品の開発には高い技術力が要求される。C社は，将来に向けた研究に力を入れており，研究開発部を設け，競合他社にはない優れたアイディアを出したり，技術を開発したりしている。しかし，それがどのように製品に結び付けられるか研究開発部では具体的な活用の方法がイメージできないことがある。営業員と顧客のやり取りにヒントとなる情報があるが，研究開発部には情報が届いていない。
・競合他社はアジア地域に工場を設置しているケースが多いのに対し，C社は国内外を問わず顧客の工場の近くに自社の工場を設置している。
・C社は，各工場で独自の製造ノウハウを多数もっており，各工場の業務プロセスや各工場に設置されている情報システムにこれらを反映させ，競争優位性を保っている。
・これまでは，顧客からの引合いに対応することで製品を受注できたので，販売・マーケティングにはあまり力を入れてこなかった。しかし，新たな製品を市場に投入する際には，その特長を顧客に理解してもらう必要があり，現状では不十分である。
- 複数の営業員で，同じ顧客の本社，事業所及び工場を分担して担当している。営業員が顧客から得た情報や顧客への対応内容が，同じ顧客を担当する他の営業員と十分に共有できていないので，非効率な営業となっていることがある。
- C社の製品採用後の顧客に対するサービスは，顧客を訪問して行っている。顧客訪問時の担当者による丁寧な対応が好評であり，C社のサービスは競合他社に比べて優れているという，顧客からの好意的な意見が多い。
- 研究開発部が利用している技術開発支援システムを除く，C社の本社や各工場で利用している情報システム（以下，C社基幹システムという）は，個別に開発・運用・保守をしているので，データが統合されていない。C社基幹システムの構造は複雑化しており，情報システム部ではこの運用・保守に掛かる労力が増加している。
- 競合他社に打ち勝つために，情報システム部では，AIなどの最新のディジタル技術の早期習得が必要となってきているが，既存情報システムの運用・保守の業務に追われ手が回っていない。

〔バリューチェーン〕

D課長は，バリューチェーン分析を行うこととし，まず，C社で行っている［ a ］を作る活動について，調査・分析した。その結果，C社の諸活動は図1の一般的なバリューチェーンで表されることを確認した。

また，バリューチェーンの諸活動のコストも分析した。

なお，作られた総［ a ］と，［ a ］を作る活動の総コストの差が，［ b ］となる。

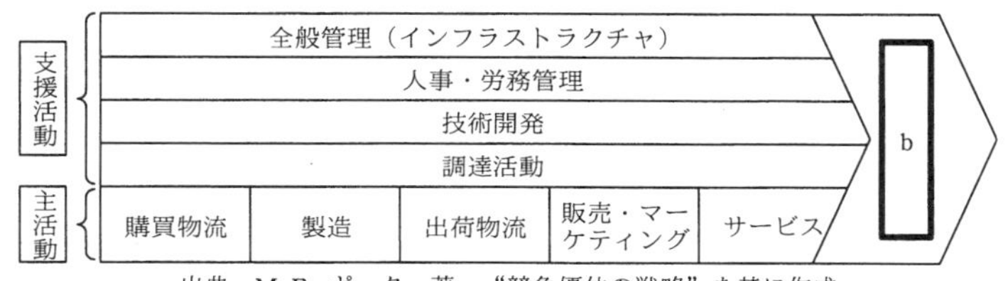

出典：M. E. ポーター著　“競争優位の戦略”を基に作成

図1　バリューチェーン

〔C社の強みと弱み〕

次に，D課長はバリューチェーンの諸活動について，C社の経営環境から強みと弱みを分析した。

C社の強みを抜粋して，表1に示す。

表1　C社の強み（抜粋）

項番	強み	活動
1	競合他社にはない優れたアイディアの創出や技術の開発をしている。	技術開発
2	独自の製造ノウハウによって競争優位性を保っている。	製造
3	［ c ］	出荷物流
4	顧客訪問時の担当者による丁寧な対応が好評である。	サービス

付録

一方，弱みとしては，新たな製品の市場投入の際には特に重要な [d] の活動が挙げられた。

〔次期情報システム戦略と計画〕

D課長は，これまでの分析結果を基に，C社基幹システムを刷新する次期情報システム戦略を策定し，計画を次のとおり立案した。

・SaaSのERPを導入し，カスタマイズは最小限にして極力標準機能を使用することによって，情報システム部では [e] を削減し，現在できていない [f] を行う。
・経営陣が迅速な意思決定ができるように，データウェアハウスを導入し，様々なソースデータを，[g] ツールを使ってデータウェアハウスに書き込み，統合する。
・同じ顧客を担当する営業員が，情報を共有し効率的な営業を行えるように，SFAを導入する。

SFAで利用が想定される主な機能を表2に示す。

表2　SFAで利用が想定される主な機能

項番	SFAの機能名称	機能概要
1	顧客企業管理	顧客企業の情報を収集し，管理する。
2	顧客担当者管理	名刺の内容をディジタル化し，顧客担当者の情報として管理する。
3	顧客対応管理	製品に対する顧客の意見など営業員が顧客から得た情報や，顧客への対応内容を記録し，情報共有を可能とする。
4	商談管理	営業員が商談の提案内容や進捗状況を入力する。営業マネージャによる商談の状況把握と部下へのコーチングを可能とする。
5	案件管理	顧客からの引合いを受注につなげるために，顧客，担当営業員，提案製品，受注見込額などの営業案件の情報を管理する。
6	予算実績管理	営業員別，顧客別，製品別，期間別などで売上の予算と実績を把握し，進捗を管理する。
7	行動管理	顧客訪問件数，提案製品数，受注率などを定量的に把握して，営業員の行動を管理する。

D課長が，これらの次期情報システム戦略，計画及びSFAで利用が想定される主な機能をCIOに説明したところ，次の指摘を受けた。

・C社の経営環境やバリューチェーン分析の結果を考慮すると，①ある活動については，C社基幹システムの機能をERPの標準機能に置き換えてよいかを慎重に検討すべきである。
・表2中の，②ある機能は，C社の経営環境における営業員以外の課題の解決にも役立てることができるので，活用を検討すべきである。

D課長はCIOの指摘を踏まえて，次期情報システム戦略と計画を修正した。

設問1　〔バリューチェーン〕について，本文中の［ a ］，本文中及び図1中の［ b ］に入れる適切な字句を解答群の中から選び，記号で答えよ。

解答群

ア　売上	イ　価値	ウ　キャッシュ	エ　顧客満足
オ　差別化	カ　製品	キ　マージン	

設問2　〔C社の強みと弱み〕について，(1)，(2)に応えよ。

(1)　表1中の［ c ］に入れるC社の強みを，その理由を含めて40字以内で述べよ。

(2)　本文中の［ d ］に入れる適切な字句を，図1中の用語で答えよ。

設問3　〔次期情報システム戦略と計画〕について，(1) ～ (4)に答えよ。

(1)　本文中の［ e ］に入れる適切な字句を15字以内で，本文中の［ f ］に入れる適切な字句を30字以内で，それぞれ本文中の字句を用いて答えよ。

(2)　本文中の［ g ］に入れる適切な字句を解答群の中から選び，記号で答えよ。

解答群

ア　CMDB	イ　ETL	ウ　OLAP	エ　データマイニング

(3)　本文中の下線①について，ある活動とは何か。図1中の用語で答えよ。また，CIOが慎重に検討すべきと指摘した理由を40字以内で述べよ。

(4)　本文中の下線②について，該当する機能を表2中の項番で答えよ。

付録

問3 クラスタ分析に用いるk-means法に関する次の記述を読んで，設問1～3に答えよ。

k-means法によるクラスタ分析は，異なる性質のものが混ざり合った母集団から互いに似た性質をもつものを集め，クラスタと呼ばれる互いに素な部分集合に分類する手法である。新聞記事のビッグデータ検索，店舗の品ぞろえの分類，教師なし機械学習などで利用されている。ここでは，2次元データを扱うこととする。

〔分類方法と例〕

N個の点をK個（N未満）のクラスタに分類する手法を(1)～(5)に示す。

(1) N個の点（1からNまでの番号が付いている）からランダムにK個の点を選び（以下，初期設定という），それらの点をコアと呼ぶ。コアには1からKまでのコア番号を付ける。なお，K個のコアの座標は全て異なっていなければならない。

(2) N個の点とK個のコアとの距離をそれぞれ計算し，各点から見て，距離が最も短いコア（複数存在する場合は，番号が最も小さいコア）を選ぶ。選ばれたコアのコア番号を，各点が所属する1回目のクラスタ番号（1からK）とする。ここで，二つの点をXY座標を用いてP＝(a, b)とQ＝(c, d)とした場合，PとQの距離を$\sqrt{(a-c)^2+(b-d)^2}$で計算する。

(3) K個のクラスタのそれぞれについて，クラスタに含まれる全ての点を使って重心を求める。ここで，重心のX座標をクラスタに含まれる点のX座標の平均，Y座標をクラスタに含まれる点のY座標の平均と定義する。ここで求めた重心の番号はクラスタの番号と同じとする。

(4) N個の点と各クラスタの重心(G_1, …, G_K)との距離をそれぞれ計算し，各点から見て距離が最も短い重心（複数存在する場合は，番号が最も小さい重心）を選ぶ。選ばれた重心の番号を，各点が所属する次のクラスタ番号とする。

(5) 重心の座標が変わらなくなるまで，(3)と(4)を繰り返す。

次の座標で与えられる7個の点を，この分類方法に従い，二つのクラスタに分類する例を図1に示す。

P_1＝(1, 0)　P_2＝(2, 1)　P_3＝(4, 1)　P_4＝(1.5, 2)　P_5＝(1, 3)　P_6＝(2, 3)　P_7＝(4, 3)

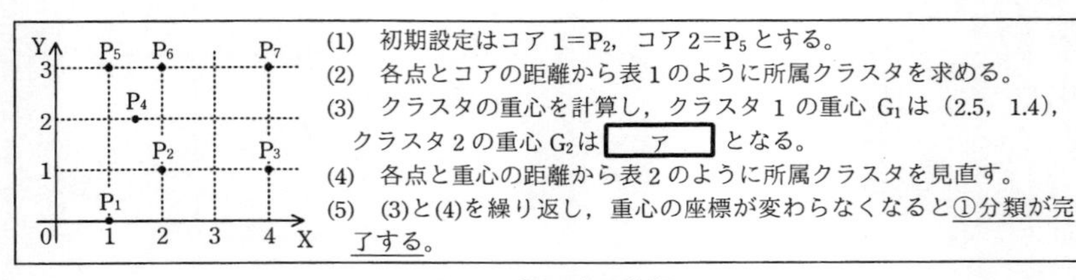

図1 7個の点の分類

表1　コアとの距離と所属クラスタ

点	コア1との距離	コア2との距離	所属クラスタ番号
P_1	$\sqrt{2}$	3	1
P_2	0	$\sqrt{5}$	1
P_3	2	$\sqrt{13}$	1
P_4	$\sqrt{5}/2$	$\sqrt{5}/2$	1
P_5	$\sqrt{5}$	0	2
P_6	2	1	2
P_7	$2\sqrt{2}$	3	1

表2　重心との距離と次の所属クラスタ

点	重心 G_1 との距離	重心 G_2 との距離	次の所属クラスタ番号
P_1	2.05	3.04	1
P_2	0.64	2.06	1
P_3	1.55	3.20	1
P_4	1.16	1.00	2
P_5	2.19	0.50	2
P_6	1.67	0.50	2
P_7	2.19	2.50	1

注記　距離は小数第3位以下切捨て

〔クラスタ分析のプログラム〕

この手法のプログラムを図2に，プログラムで使う主な変数，関数及び配列を表3に示す。ここで，配列の添字は全て1から始まり，要素の初期値は全て0とする。

表3　クラスタ分析のプログラムで使う主な変数，関数及び配列

名称	種類	内容
core[t]	配列	コア番号がtである点 P_m の番号mを格納する。
initial(K)	関数	初期設定として次の処理を行う。N個の点 $\{P_1, P_2, \cdots, P_N\}$ からランダムに異なるK個を抽出し，その番号を順に配列coreに格納する。
data_dist(s, t)	関数	点 P_s とコア番号がtである点の距離を返す。
grav_dist(s, t)	関数	点 P_s と重心 G_t の距離を返す。
data_length[t]	配列	ある点から見た，コア番号がtである点との距離を格納する。
grav_length[t]	配列	ある点から見た，重心 G_t との距離を格納する。
min_index() 引数は data_length 又は grav_length	関数	配列の中で，最小値が格納されている添字sを返す。最小値が二つ以上ある場合は，最も小さい添字を返す。 例　右の配列に対する戻り値は2 添字　1 2 3 4 5 配列　5 1 4 1 3
cluster[s]	配列	点 P_s が所属するクラスタ番号を格納する。
coordinate_x[s]	配列	重心 G_s のX座標を格納する。
coordinate_y[s]	配列	重心 G_s のY座標を格納する。
gravity_x(s)	関数	クラスタsの重心 G_s を求め，そのX座標を返す。
gravity_y(s)	関数	クラスタsの重心 G_s を求め，そのY座標を返す。
flag	変数	フラグ（値は0又は1）

```
function clustering (N, K)                    //N はデータ数, K はクラスタ数
   MaxCount ← 100                             //無限ループを防ぐため最大見直し回数を設定
   initial(K)                                 //初期設定
   for( s を 1 から N まで 1 ずつ増やす )     //クラスタを決定 (1 回目)
      for( t を 1 から K まで 1 ずつ増やす )
         data_length[t] ← data_dist(s, core[t])
      endfor
      cluster[s] ← min_index(data_length)
   endfor
   for( p を 1 から MaxCount まで 1 ずつ増やす )    //クラスタを見直す
      if( p が 1 と等しい )
         for( [   イ   ] )                     //1 回目の重心の計算
            coordinate_x[t] ← gravity_x(t)
            coordinate_y[t] ← gravity_y(t)
         endfor
      else
         [    ウ    ]
         for( [   イ   ] )                     //2 回目以降の重心の計算
            if( gravity_x(t)と coordinate_x[t]が異なる     //重心を修正する
                又は gravity_y(t)と coordinate_y[t]が異なる )
               coordinate_x[t] ← gravity_x(t)
               coordinate_y[t] ← gravity_y(t)
               flag ← 1
            endif
         endfor
         if( [   エ   ] )                       //終了して抜ける
            return
         endif
      endif
      for( s を 1 から N まで 1 ずつ増やす )   //近い重心を見つける
         for( t を 1 から K まで 1 ずつ増やす )
            grav_length[t] ← grav_dist(s,t)
         endfor
         [          オ          ]
      endfor
   endfor
endfunction
```

図2　クラスタ分析の関数clusteringのプログラム

〔初期設定の改良〕

このアルゴリズムの最終結果は初期設定に依存し，そこでのコア間の距離が短いと適切な分類結果を得にくい。そこで，関数initialにおいて一つ目のコアはランダムに選び，それ以降はコア間の距離が長くなる点が選ばれやすくなるアルゴリズムを検討した。検討したアルゴリズムでは，t番目までのコアが決まった後，t＋1番目のコアを残った点から選ぶときに，それまでに決まったコアから離れた点を，より高い確率で選ぶようにする。具体的には，それまでに決まったコア（コア1～コアt）と，残ったN－t個の点から選んだ点P_sとの距離の和をT_sとする。N－t個の全ての点についてT_sを求め，T_sが［　カ　］ほど高い確率で点P_sが選ばれるようにする。このとき，点P_sがt＋1番目のコアとして選ばれる確率として［　キ　］を適用する。

設問1　〔分類方法と例〕について，(1)，(2)に答えよ。

(1)　図1中の［　ア　］に入れる座標を答えよ。

(2)　図1中の下線①のように分類が完了したときに，P_1と同じクラスタに入る点を全て答えよ。

設問2　図2中の［　イ　］～［　オ　］に入れる適切な字句を答えよ。

設問3　〔初期設定の改良〕について，(1)，(2)に答えよ。

(1)　本文中の［　カ　］に入れる適切な字句を解答群の中から選び，記号で答えよ。

解答群

ア　大きい　　　　　イ　小さい

(2)　本文中の［　キ　］に入れる適切な式をT_sとSumを使って答えよ。

ここで，SumはN－t個の全てのT_sの和とする。

問4　IoT技術を活用した駐車場管理システムに関する次の記述を読んで，設問1～4に答えよ。

K社は，大都市圏を中心に約10万台分の時間貸し駐車場（以下，駐車場という）を所有する駐車場運営会社である。K社が所有する駐車場の“満車”，“空車”の状況や課金状況などは，K社が構築した駐車場管理システムで管理している。K社では，5年後には所有する駐車場を約20万台分に拡大する計画に加え，新規事業の拡大や顧客サービスの向上策を検討することになった。

K社の経営企画部で，顧客サービスの向上策を検討した結果，その一つとして，駐車場の利用状況を表示するスマートフォン向けアプリケーションソフトウェア（以下，駐車場アプリという）を開発することになった。

〔駐車場管理システムと駐車場アプリの仕様の検討〕

経営企画部のLさんは，駐車場アプリを実現するために，既存の駐車場管理システムを拡張することを検討した。拡張する機能仕様とシステム要件の案の一部を表1に，駐車場アプリの仕様案の一部を表2に示す。

表1　拡張する機能仕様とシステム要件の案（一部）

項番	機能仕様とシステム要件
1	駐車場全体の満車・空車情報に加えて，駐車できる個別のスペース（以下，パーキングスロットという）ごとに利用状況を確認できるセンサを設置して，利用状況を表示する。パーキングスロットに設置するセンサはバッテリ給電とする。
2	センサで温度・湿度・気圧などの環境情報を取得して，顧客が閲覧できるようにする。環境情報は，気象データの外販などの新規事業での活用を考慮して，最大 5 年分蓄積する。このシステムで受信可能なパーキングスロットごとの環境情報データのサイズは，1 回当たり最大 2,000 バイトとする。
3	センサからのデータの蓄積や駐車場アプリへのデータ提供のために，クラウドサービスを利用する。
4	全国 47 都道府県の主要な駅周辺の駐車場で，最大 20 万台分のパーキングスロットの情報が扱えるシステムとする。
5	最大 1,000 の駐車場アプリからの同時アクセスを可能とする。

表2　駐車場アプリの仕様案（一部）

項番	仕様の概要
1	駐車場ごと，パーキングスロットごとの利用状況を表示する。
2	駐車場を指定して，問合せ時刻における駐車場全体の利用状況を表示する。
3	パーキングスロットの環境情報を付加情報として表示する。

Lさんは，表1及び表2の案を実現するために，パーキングスロットに設置する，センサを内蔵した通信端末（以下，端末Pという）の仕様を検討した。端末Pの仕様案の一部を表3に示す。

表3　端末Pの仕様案（一部）

項目	仕様の概要
収集する情報とデータサイズ	一つのパーキングスロットの利用状況情報及び環境情報 1回当たりに通信するデータサイズは，HTTPの場合2,000バイト
データ送信方式（候補）	HTTP，HTTPS（HTTP Over TLS），MQTT（Message Queuing Telemetry Transport），MQTTS（TLSで暗号化したMQTT）
無線通信方式（候補）	BLE，LPWA，LTE，Wi-Fi
保存可能なデータ量	2Gバイト
電源方式	バッテリ給電

注記1　各情報には，端末を特定する情報や日時情報などを含む。
注記2　データサイズには，通信プロトコルなどの制御情報を含む。

〔無線通信方式の検討〕

Lさんは，表3に示す無線通信方式の候補から，表1の項番4の仕様を実現するために適切な方式を検討した。検討の過程を次に示す。

LTEは，携帯電話やスマートフォン向けのモバイル通信サービスで利用されている方式であり，全国47都道府県で利用可能である。

LPWAは，通信速度は［　a　］が，［　b　］の通信方式として，IoT向けに低価格のサービスが普及している。LTEを活用したLPWA（以下，LTE-M方式という）を利用すれば，LTEと同様に全国47都道府県で利用可能である。

Wi-Fi及びBLEは，PCやスマートフォンの通信に利用されることが多い通信方式である。BLEも［　b　］という特徴がある。しかし，いずれも，端末Pからクラウドサービスにデータを送信するために，別の無線通信や有線回線などと組み合わせる必要がある。

検討の結果，端末Pの通信方式にはLTE-M方式のLPWA通信サービス（以下，LPWA通信サービスという）を採用することにした。

〔LPWA通信サービスの選択〕

端末Pで利用可能なLPWA通信サービスでは，月間に使用できる最大データ通信量に応じて異なる料金プランが用意されていた。候補となったLPWA通信サービスの料金プランを表4に示す。

表4　端末Pで利用可能なLPWA通信サービスの料金プラン

料金プランの名称	月間の最大データ通信量	通信料金（月額）
プランA	100kバイト	150円
プランB	500kバイト	200円
プランC	2,000kバイト	300円

注記1　各料金プランとも，サービスエリアは47都道府県の主要駅周辺をカバーしている。
注記2　消費電力量はいずれのサービスも同程度である。
注記3　各料金プランとも，最大通信速度は上り下りともに1,000kビット／秒である。

表2の各仕様を満足させるために，端末Pからクラウドサービスにデータを送信する頻度は，パーキングスロットの利用状況が変わるごととし，1分以内に送信することを基本とした。ただし，利用状況が長時間変わらない場合も環境情報の更新のために定期的に送信する。なお，1台の端末P当たりの送信回数は，1日30回を上限とした。また，使用するデータ送信方式は，表3の候補からHTTPを用いることにした。この仕様を満たした上で，HTTP通信での通信料金が最も安くなる①LPWA通信サービスの料金プランを選択した。

〔クラウドサービスへのデータ蓄積とサービス提供〕

表2の各仕様を実現するために，全てのパーキングスロットに端末Pを設置して，〔LPWA通信サービスの選択〕で検討した頻度でクラウドサービスにデータを送信し，蓄積することにした。

一方，駐車場アプリからクラウドサービスへのアクセスでは，利用者のスマートフォン1台当たりに必要な帯域は64kビット／秒と想定した。

結果として，クラウドサービスで使用する②通信帯域は，端末Pからのデータ収集と駐車場アプリ利用者のスマートフォンからのアクセスが同時に発生することを想定して，確保することにした。

また，クラウドサービスの③保存領域は，5年後に計画されている拡大した駐車場の台数でも，環境情報が最大5年間保管できるように，確保することにした。

〔データ送信方式の検討〕

LPWA通信でエラーが発生した期間に，送信すべきデータが欠損することを避けるために，端末Pに送信すべきデータを蓄積し，現在のデータを送信する際に，過去に送信できなかったデータを選別して，同時に送信することにした。送信エラーが続き，送信データ量の累積が［　c　］を超えないように，新しいデータから順に選んで送信することにした。

また，〔LPWA通信サービスの選択〕で検討時に想定したHTTPでは端末Pからクラウドサービスに送信するデータが暗号化されないことから，データ送信方式には，表3に示した候補から，④暗号化通信時に最も通信量の少ない方式を採用することにした。

Lさんは，検討した実現方式を上司に説明し，承認された。

設問1　本文中の［　a　］，［　b　］に入れる適切な字句を，解答群の中から選び，記号で答えよ。

ア　遅い　　イ　省電力　　ウ　大容量　　エ　速い

設問2　〔LPWA通信サービスの選択〕について，(1)，(2)に答えよ。

(1)　パーキングスロットの利用状況が変わった際に，端末Pからパーキングスロットの利用状況情報及び環境情報をクラウドサービスにHTTP通信で1分以内に送信するのに必要な最低限の通信速度は何ビット／秒か答えよ。答えは小数第2位を四捨五入して小数第1位まで求めよ。

(2)　本文中の下線①で，選択したLPWA通信サービスの料金プランの名称を，表4の料金プラン名称で答えよ。

設問3　〔クラウドサービスへのデータ蓄積とサービス提供〕について，(1)，(2)に答えよ。

(1)　本文中の下線②で，クラウドサービスのHTTP通信で必要となる最低限の通信帯域を解答群の中から選び，記号で答えよ。なお，対象とする通信は，端末Pからのデータ収集と駐車場アプリ利用者のスマートフォンからのアクセスだけとし，それ以外の通信は無視できるものとする。

解答群

ア　26.7Mビット／秒　　イ　53.4Mビット／秒　　ウ　64.0Mビット／秒
エ　90.7Mビット／秒　　オ　117.4Mビット／秒　　カ　128.0Mビット／秒

(2)　本文中の下線③で，環境情報を保存するためにクラウドサービスで必要となる最低限の保存領域は，何Tバイトか答えよ。答えは小数第2位を四捨五入して小数第1位まで求めよ。

設問4　〔データ送信方式の検討〕について，(1)，(2)に答えよ。

(1)　本文中の［　c　］に入れる適切な字句を15字以内で答えよ。

(2)　本文中の下線④で採用したデータ送信方式を答えよ。

問5 チャット機能の開発に関する次の記述を読んで，設問1～3に答えよ。

E社は，旅行商品の企画，運営，販売を行う旅行会社である。E社の旅行商品は，自社の販売店と販売代理会社の販売店を通じて販売している。販売店に顧客が来ると，販売スタッフがE社の旅行販売システムを利用して，顧客の要望に合う旅行商品を検索し，顧客に提案している。また，顧客からの旅行商品に関する質問の回答が分からない場合，E社の販売店向けコールセンタに電話で問い合わせることになっているが，販売店からは“コールセンタに電話が繋がらない”などの苦情が出ている。

そこでE社は，販売店とコールセンタのスタッフがテキストメッセージで相互にやり取りできるチャット機能を，旅行販売システムに追加することにした。チャット機能の開発は，E社システム部門のF君が担当することになった。

〔ネットワーク構成の調査〕

F君は，チャット機能を開発するに当たり，現在のネットワーク構成を調査した。図1にF君が調査したネットワーク構成（抜粋）を示す。

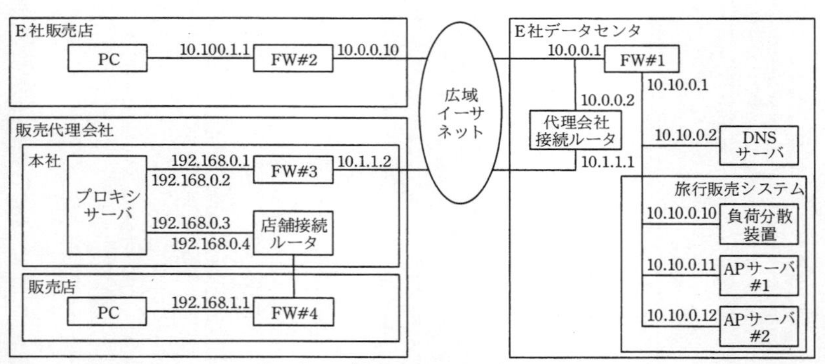

図1 F君が調査したネットワーク構成（抜粋）

旅行販売システムは，2台のAPサーバと負荷分散装置から構成されている。負荷分散装置はAPサーバの負荷を分散させるために利用される。DNSサーバのAレコードには，旅行販売システムのIPアドレスとして［ a ］が登録されている。

販売代理会社の販売店のPCから旅行販売システムへの通信は，FW，ルータ，プロキシサーバを経由している。FW#3では，NAPTを行い，宛先ポートが53番ポート，80番ポート又は443番ポートで宛先ネットワークアドレスが10.10.0.0のIPパケットとその返信IPパケットだけを通信許可する設定となっている。

販売代理会社の販売店のPCがHTTPを利用して旅行販売システムにアクセスする場合，プロキシサーバはPCから受信したGETメソッドを参照して，APサーバへHTTPリクエストを送信する。一方，HTTP Over TLSを利用する場合は，プロキシサーバは旅行販売システムの機器とTCPコネクションを確立し，①PCから受信したデータをそのまま送信する。

また，販売代理会社の販売店のPCから旅行販売システムへアクセスする場合，PCからFW#4に送信されるIPパケットの宛先IPアドレスは［　b　］となり，代理会社接続ルータからFW#1に送信されるIPパケットの送信元IPアドレスは［　c　］となる。

〔チャット機能の実装方式の検討〕

次にF君は，チャット機能の実装方式を検討した。チャット機能を実装する場合，旅行販売システムで利用している②HTTPでは実装が困難である。そこでF君は，チャット機能の実装のためにWebSocketについて調査を行った。図2にF君が調査したWebSocketを利用した通信（抜粋）を示す。

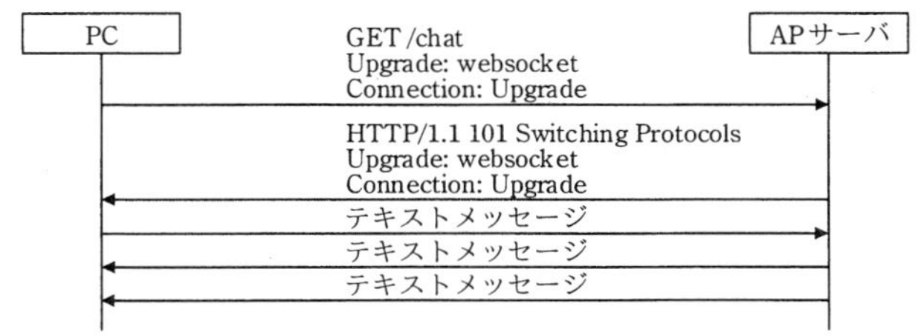

図2　F君が調査したWebSocketを利用した通信（抜粋）

WebSocketを利用すると，PCとAPサーバの間のHTTPを用いた通信を拡張し，任意フォーマットのデータの双方向通信ができる。WebSocketを利用するためには，PCからAPサーバにHTTPと同様のGETメソッドを送信する。このGETメソッドのHTTPヘッダに“Upgrade: websocket”と“Connection: Upgrade”を含めることで，PCとAPサーバの間でWebSocketの接続が確立する。接続が確立したら，PCとAPサーバのどちらからでも，テキストメッセージを送信できる。

この調査結果からF君は，IRC（Internet Relay Chat）プロトコルや新たにチャット機能専用のプロトコルを利用する場合と比較し，③WebSocketを利用することで販売代理会社のFWやルータの設定変更を少なくできると考えた。

〔チャット機能の設計レビュー〕

F君は，APサーバにチャット機能を追加するための設計を行い，上司のG課長のレビューを受けた。レビューの結果，G課長から次の2点の指摘があった。

指摘1．WebSocketはTCPコネクションを確立したままにするので，負荷分散装置を経由してチャット機能へアクセスすると，旅行販売システムの既存機能へのアクセスに影響がある。

指摘2．チャット機能をWebSocket Over TLSに対応させないと，販売代理会社からプロキシサーバを経由してチャット機能にアクセスできない。

F君は指摘1について，チャット機能では負荷分散装置を使わないことにし，E社データセンタ内にある機器を利用した<u>④ほかの負荷分散方式</u>に変更した。

次に指摘2について，WebSocketを利用した通信ではTCPコネクションを確立したままにする必要があるので，プロキシサーバのHTTP Over TLSのデータをそのまま送信する機能を利用することで，プロキシサーバ経由でチャット機能が利用できる。そこで，F君はTLS証明書を［　d　］にインストールし，チャット機能の通信をHTTP Over TLSに対応させた。

その後F君が，チャット機能を旅行販売システムに追加したことで，販売店でのチャット機能の利用が開始された。

設問1　〔ネットワーク構成の調査〕について，(1)～(3)に答えよ。

(1)　本文中の［　a　］～［　c　］に入れる適切なIPアドレスを図1中の字句を用いて答えよ。

(2)　E社販売店のPC及び販売代理会社の販売店のPCが旅行販売システムにアクセスするためには，どの機器のDNS設定にE社のDNSサーバのIPアドレスを設定する必要があるか，解答群の中から全て選び，記号で答えよ。

解答群

ア　E社販売店のPC　　イ　FW#1
ウ　FW#2　　エ　FW#3
オ　FW#4　　カ　店舗接続ルータ
キ　販売代理会社の販売店のPC　　ク　負荷分散装置
ケ　プロキシサーバ

(3)　本文中の下線①について，プロキシサーバがPCから送信されたデータをそのまま送信するのはなぜか。30字以内で述べよ。

設問2　〔チャット機能の実装方式の検討〕について，(1)，(2)に答えよ。

(1)　本文中の下線②について，チャット機能をHTTPで実装するのはなぜ困難なのか，解答群の中から選び，記号で答えよ。

解答群

ア　PCはAPサーバ上のファイルを取得することしかできないから
イ　PCへのメッセージ送信はAPサーバ側で発生したイベントを契機として行うことができないから
ウ　TCPコネクションを確立したままにできないから
エ　どのPCから送られたメッセージか，APサーバが判別できないから

(2)　本文中の下線③について，FWやルータへの設定変更を少なくできるのはなぜか，WebSocketとHTTPの共通点に着目して，20字以内で述べよ。

設問3　〔チャット機能の設計レビュー〕について，(1)，(2)に答えよ。

(1)　本文中の下線④について，どのような負荷分散方式に変更したか，20字以内で答えよ。

(2)　本文中の［　d　］に入れる適切な機器名を，図1中の字句を用いて全て答えよ。

問6　経営分析システムのためのデータベース設計に関する次の記述を読んで，設問1～4に答えよ。

P社は，個人向けのカーシェアリングサービスを運営するMaaS (Mobility as a Service) 事業者である。シェアリングのニーズが高い大都市の地区を中心に，500駐車場で約2,000台の自動車（以下，車両という）を貸し出している。P社には本社のほかに，各地区でのサービス運営を担当する支社が10社ある。本社はサービス全体を統括しており，新サービスの企画やマーケティングなどを行っている。支社は貸出管理システムを用いて現場で車両の貸出管理業務を行っている。

本社では，サービス運営状況を多角的な観点でタイムリーに把握して，適切な意思決定を行うために，貸出管理システムのデータをソースとする経営分析システムを構築することになった。本社の情報システム部のQさんはデータエンジニアに任命され，データサイエンティストであるRさんとプロジェクトを推進することになった。

〔データソースの調査〕

貸出管理システムには，貸出予約及び貸出実績のデータが過去5年間分蓄積されている。貸出管理システムのデータモデルの抜粋を図1に示す。

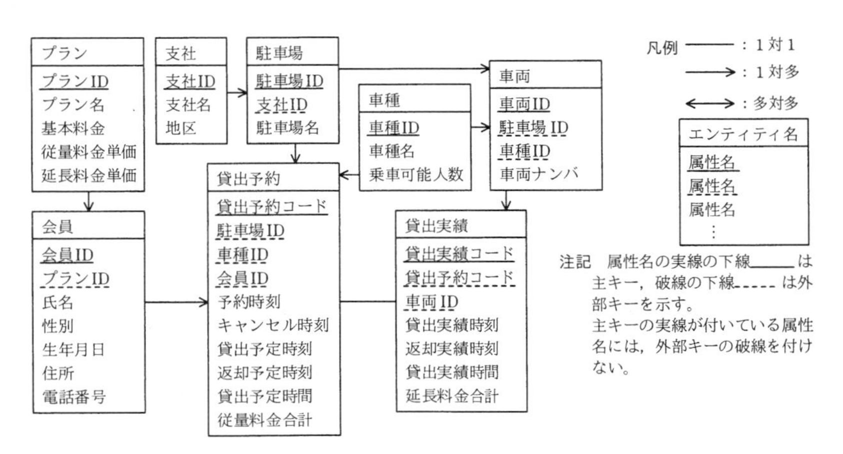

図1　貸出管理システムのデータモデル（抜粋）

利用希望者はあらかじめP社の会員になり，いずれかのプランに加入しておく必要がある。プランごとに基本料金（月額），従量料金及び延長料金（いずれも10分単位）の単価が決まっている。会員が車両を借りたいときは，P社のホームページで借りたい日時や駐車場，車種などを選択し，貸出を予約する。貸出や返却の実績時刻が予約時の内容と異なる場合であっても，貸出予約の情報は修正しない。従量料金合計は予約時に指定された貸出予定時間を基に算出する。予約時に指定した返却予定時刻より早い時刻に返却しても，従量料金合計は減算しない。予約時に指定した返却予定時刻より遅い時刻に返却した場合は遅延返却として扱う。遅延返却は後の時間帯に予約している別の会員の迷惑となるので，超過した時間については従量料金よりも高い延長料金によって延長料金合計を算出する。これによって，遅延返却の発生件数（以下，遅延返却発生件数という）の低減を図っている。毎月末に当月の基本料金，従量料金合計及び延長料金合計を合算して，翌月に会員に請求する。

貸出管理システムのデータベースでは，データモデルのエンティティ名を表名にし，属性名を列名にして，適切なデータ型で表定義した関係データベースによって，データを管理している。時刻はTIMESTAMP型，年月日はDATE型で定義されている。

また，P社ではKPIの一つとして車両稼働率を重視している。車両稼働率とは，各車両における1日当たりの貸出実績時間の割合である。平均車両稼働率の目標データは，表計算ソフトのデータとして，年月日別・駐車場別・車種別に過去3年間分が蓄積されており，それ以前のデータは破棄されている。

〔業務要件の把握〕

P社の経営企画部では，車両の追加整備計画の立案を検討している。Rさんは経営企画部にヒアリングを行い，経営分析システムの業務要件を把握した。業務要件の抜粋を図2に示す。

Qさんは，データソースの調査結果を踏まえて，図2の業務要件の実現可能性を評価した。その結果，①業務要件の一部は経営分析システムの運用開始直後には実現できないことが判明した。対応方針を経営企画部と協議した結果，業務要件は変更せず，運用開始直後の分析は，実現可能な範囲で行うことで合意した。

- 地区別の人気車種，会員の性別・年代別の人気車種，駐車場別・車種別の平均車両稼働率，駐車場別・会員別の遅延返却発生件数を分析できること。なお，貸出実績の件数（以下，貸出実績件数という）が多い場合を人気車種であるとみなす。
- 表計算ソフトのデータを用いて，平均車両稼働率の目標比や前年同期比を分析できること。
- これらのいずれにおいても，年別，月別，日別，週別，曜日別といった時間軸で傾向を分析できること。
- 過去５年間について，分析対象期間を柔軟に変更して，期間による傾向の違いを分析できること。
- 毎週月曜日の朝に最新のデータを確認できること。ただし，遅延返却発生件数については前日までの実績を翌営業日の朝に確認できること。
- 貸出実績件数及び遅延返却発生件数は貸出予定の日付で集計すること。

図２　経営分析システムの業務要件（抜粋）

〔経営分析システムのデータモデル設計〕

次に，Qさんは図2の業務要件を基に，経営分析システムのデータモデルを多次元データベースとして設計した。多次元データベースの実装には，データモデルのエンティティ名を表名にし，属性名を列名にして，適切なデータ型で表定義した関係データベースを用いることにした。列指向データベースは用いず，データを行単位で扱う行指向データベースを用いることにした。問合せの処理性能を考慮して，データモデルの構造には［ a ］構造を採用した。経営分析システムのデータモデルの抜粋を図3に示す。

経営分析システムには，最長で過去5年間分のデータを蓄積することにした。

年月日の週と曜日は，事前に定義したSQLのユーザ定義関数を用いて取得できる。

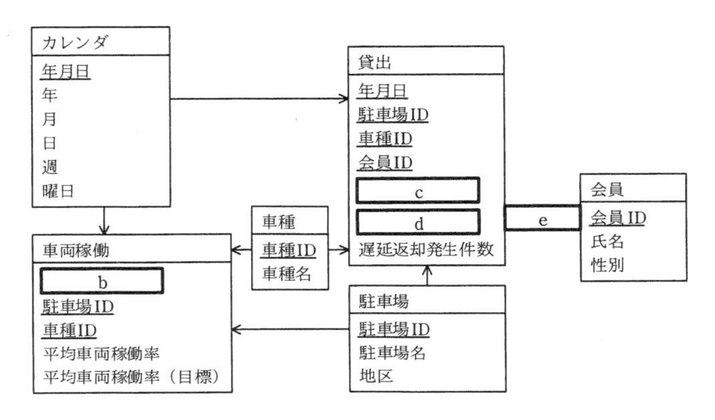

図3　経営分析システムのデータモデル（抜粋）

〔データ加工処理の開発〕

貸出管理システムのデータベースから経営分析システムのデータベースへのデータ連携時に，一部のデータを加工する必要がある。Qさんは，データ加工処理用のデータベースを用意し，データ加工を行うバッチ処理プログラムを開発した。図4のSQL文は，そこで用いられている図3の貸出表の遅延返却発生件数データを作成するためのものである。ここで，TIMESTAMP_TO_DATE関数は，指定されたTIMESTAMP型の時刻をDATE型の年月日に変換するユーザ定義関数である。

バッチ処理プログラムでは，図4のSQL文で作成したデータを貸出表に挿入する際，遅延返却発生件数が0件のレコードに対する処理も別途行うようになっている。

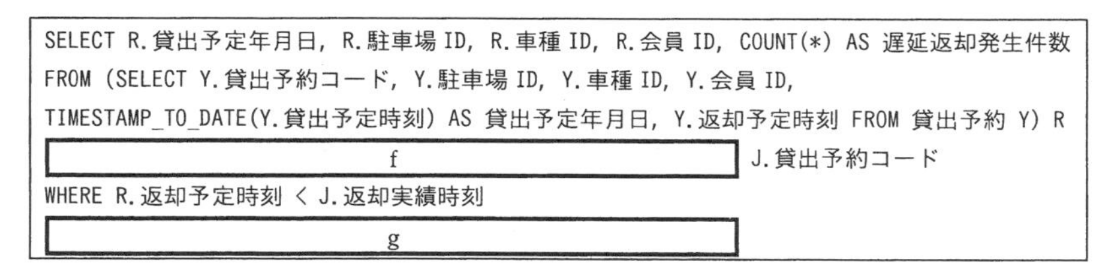

```
SELECT R.貸出予定年月日, R.駐車場 ID, R.車種 ID, R.会員 ID, COUNT(*) AS 遅延返却発生件数
FROM (SELECT Y.貸出予約コード, Y.駐車場 ID, Y.車種 ID, Y.会員 ID,
TIMESTAMP_TO_DATE(Y.貸出予定時刻) AS 貸出予定年月日, Y.返却予定時刻 FROM 貸出予約 Y) R
[                    f                    ] J.貸出予約コード
WHERE R.返却予定時刻 < J.返却実績時刻
[                    g                    ]
```

図4　遅延返却発生件数データを作成するSQL文

〔分析のレスポンス性能の改善〕

性能検証を実施したところ，分析対象期間を過去複数年間，時間軸を月別として人気車種及び遅延返却発生件数を分析する場合，種々の分析に時間が掛かり過ぎるので改善してほしいという要望が経営企画部から挙がった。経営分析システムのデータベースのインデックスは既に適切に作成している。分析のレスポンス性能を改善するために，Qさんは，②データマートとして集計表を追加した。

設問1　本文中の下線①について，実現できない業務要件を40字以内で具体的に答えよ。

設問2　〔経営分析システムのデータモデル設計〕について，(1)，(2)に答えよ。

(1)　本文中の［ a ］に入れる適切な字句を解答群の中から選び，記号で答えよ。

解答群

ア　3層スキーマ　　イ　オブジェクト指向

ウ　スタースキーマ　　エ　スノーフレークスキーマ

オ　第3正規形　　カ　非正規形

(2)　図3中の［ b ］～［ e ］に入れる適切なエンティティ間の関連及び属性名を答えよ。なお，エンティティ間の関連及び属性名の表記は図1の凡例及び注記に倣うこと。

設問3　〔データ加工処理の開発〕について，(1)，(2)に答えよ。

(1)　図4中の［ f ］，［ g ］に入れる適切な字句を答えよ。なお，表の列名には必ずその表の相関名を付けて答えよ。

(2)　図4のSQL文を実行するべき頻度を2字以内で答えよ。

設問4　本文中の下線②について，追加した集計表の主キーを答えよ。

問7　ディジタル補聴器の設計に関する次の記述を読んで，設問1～3に答えよ。

H社は，ディジタル補聴器を開発している会社である。開発するディジタル補聴器（以下，新補聴器という）は，ソフトウェアでの信号処理によって，入力された音を八つの周波数帯（以下，それぞれを帯域という）に分割し，帯域ごとの音量設定ができる。さらに，入力された音の大きさに応じて自動的に音量の調節を行う自動音量調節（以下，AVCという）の機能がある。想定される利用者は，特定の帯域の音が聞き取りにくい人などである。入力された音の帯域への分割を図1に示す。

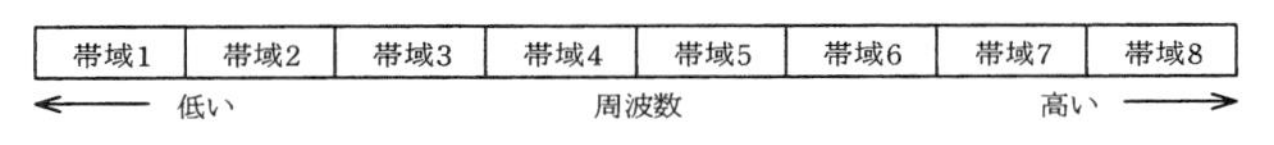

図1　入力された音の帯域への分割

利用者は，スマートフォンのアプリケーションプログラム（以下，スマホアプリという）を使用して，帯域ごとの音量設定に必要な各種パラメタ（音量パラメタなど）を変更する。

〔ハードウェア構成〕

新補聴器のハードウェア構成を図2に示す。

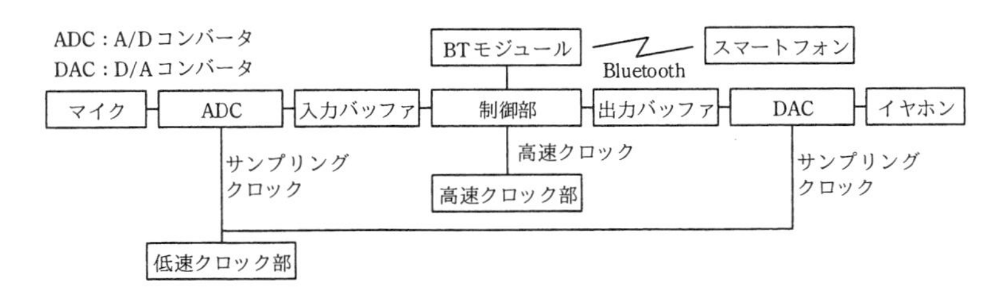

図2　新補聴器のハードウェア構成

- BTモジュールは，Bluetoothを介してスマホアプリと通信する。
- ADCは，マイクから入力されたアナログ信号を，1秒間に24,000回サンプリングし，16ビットの符号付き整数のデータに変換して入力バッファに書き込む。64サンプルのデータを1フレームとして書き込み，書込みが完了したことを制御部に通知する。この通知を受信完了通知という。
- 制御部は，受信完了通知を受けると1フレーム分のデータを処理して出力バッファに書き込む。演算は全て整数演算であり，浮動小数点演算は使用しない。
- DACは，出力バッファに書き込まれた16ビットの符号付き整数のデータをアナログ信号に変換する。
- 低速クロック部は，ADC及びDACに24kHzのサンプリングクロックを供給する。
- 高速クロック部は，制御部に高速クロックを供給する。高速クロックの周波数はf_0又はその整数倍で，ソフトウェアによって決定することができる。

〔入力バッファ及び出力バッファ〕

入力バッファ及び出力バッファは，それぞれ三つのブロックで構成されている。一つのブロックには1フレーム分のデータを格納できる。入力バッファ及び出力バッファのサイズはともに［ a ］バイトである。

ADC及びDACは，入力バッファ及び出力バッファの同じブロック番号のブロックにアクセスする。制御部は，ADCによるデータの書込みが完了したブロックにアクセスする。ADC，DAC及び制御部は，ブロック3にアクセスした後，ブロック1のアクセスに戻る。

バッファの使用例を図3に示す。(1) ADC及びDACがブロック1にアクセスしているとき，制御部はブロック3にアクセスする。次に，(2) ADC及びDACがブロック2にアクセスしているとき，制御部はブロック1にアクセスする。

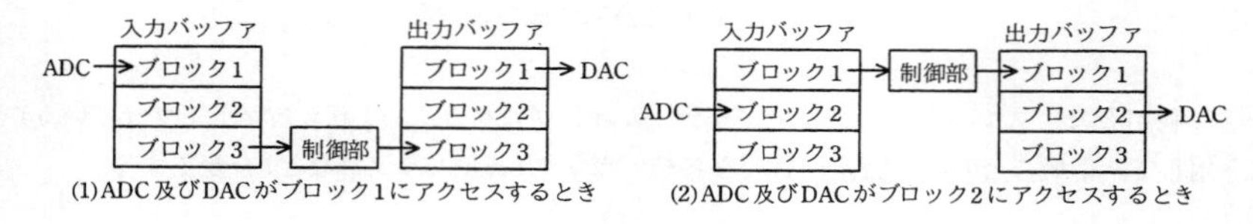

図３　バッファの使用例

マイクからのアナログ信号がADCで処理されてから，イヤホンから出力されるまでの時間は［ b ］ミリ秒になる。

〔新補聴器のソフトウェア〕

制御部のソフトウェアの主な処理内容は，①信号処理，②合成，③AVCである。制御部が受信完了通知を受けると，次に示すように処理を行う。

① サンプリングしたデータから一つの帯域を抽出し，帯域に割り当てられた音量パラメタを乗じる。これを八つの帯域に対して行う。
② ①で得られたそれぞれの帯域のディジタル信号を合成して一つのディジタル信号にする。
③ 合成されたディジタル信号について，AVCで音量を調節して，出力バッファに書き込む。

新補聴器の消費電力をできるだけ抑えたい。新補聴器では，消費電力は供給される高速クロックの周波数に比例し，ソフトウェアの実行時間（以下，実行時間という）は高速クロックの周波数に反比例することが分かっている。

最適なクロック周波数を決定するために，高速クロックの周波数を用いて，①～③の実行時間を計測した。

1フレーム分のデータを処理するとき，①の一つの帯域の最大実行時間をTf，②の最大実行時間をTs，③の最大実行時間をTaとしたとき，1フレーム分のデータを処理する最大実行時間Tdは，8×［ c ］＋［ d ］＋［ e ］で表すことができる。

受信完了通知から次の受信完了通知までの時間をTframeとし，高速クロックとして周波数f_0を供給したときの各処理の実行時間を表1に示す。①～③の全ての処理がTframe内に完了し，かつ，消費電力が最も抑えられる周波数について，表1を基に決定する。

表１　高速クロックとして周波数f_0を供給したときの各処理の実行時間

処理	実行時間
①の一つの帯域の処理	Tf = 0.30 × Tframe
②の処理	Ts = 0.05 × Tframe
③の処理	Ta = 0.20 × Tframe

〔AVC処理〕

〔新補聴器のソフトウェア〕の③の処理は，１フレームごとに実行し，適切な音声を出力するように音量を調節する。合成されたディジタル信号の大きさを確認して所定の大きさよりも大きいときは音量を小さくし，所定の大きさよりも小さいときは音量を大きくする。

音量を変更するときは1フレームごとに音量を変化させ，M又はM＋1フレーム間で徐々に目標の音量にする。Mは2以上の値でシステムの定数である。目標の音量に到達したら，その次のフレームの合成された信号について目標の音量を決定し，同様の音量調節を行う。

〔AVC処理のソフトウェア〕

AVCの処理フローで使用する変数，関数，定数を表2に，AVCの処理フローを図4に示す。特定の条件では，目標の音量を決定したとき，直ちに音量を目標の音量にする。そのための判定を網掛けした判定部で行っている。演算は全て整数演算である。

表２　AVCの処理フローで使用する変数，関数，定数

変数・関数・定数	形式	機能など
dv	静的変数	音量のフレームごとの変化分であり，初期値は0
v	静的変数	現在の音量であり，初期値は利用者の設定した値
vt	静的変数	AVCの目標の音量
p	動的変数	合成されたディジタル信号の大きさ
getPower()	関数	合成されたディジタル信号の大きさを算出
getTarget(p)	関数	合成されたディジタル信号の大きさ（p）から目標の音量を算出
M	定数	目標の音量に変化させるフレーム数であり，2以上の値の定数

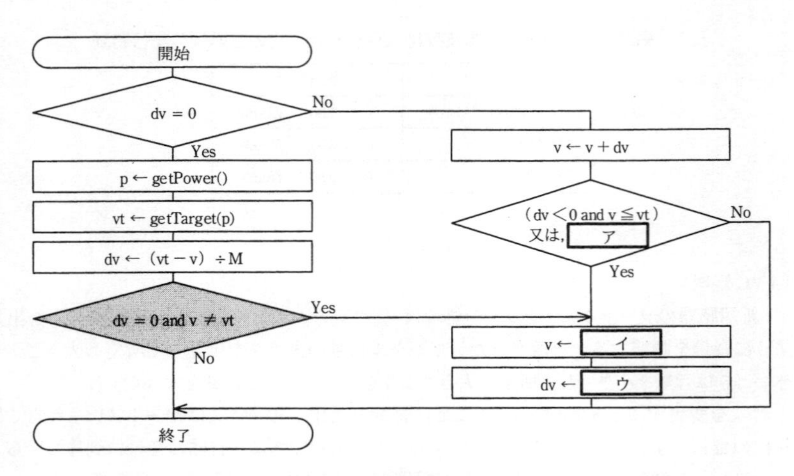

図４ AVCの処理フロー

設問1 入力バッファ及び出力バッファについて，(1)，(2) に答えよ。

(1) 本文中の［ a ］に入れる適切な数値を答えよ。

(2) 本文中の［ b ］に入れる適切な数値を答えよ。答えは小数第2位を四捨五入して，小数第1位まで求めよ。ここで，ADCの変換時間及びDACの変換時間は無視できるものとする。

設問2 新補聴器のソフトウェアについて，(1)，(2) に答えよ。

(1) 本文中の［ c ］～［ e ］に入れる適切な字句を答えよ。

(2) 決定した高速クロックの周波数はf_0の何倍か。適切な数値を整数で答えよ。

設問3 AVC処理のソフトウェアについて，(1)，(2) に答えよ。

(1) 図4中の［ ア ］～［ ウ ］に入れる適切な字句を答えよ。

(2) 図4中の網掛けした判定部において，判定結果が“Yes”となるのは，音量がどのような場合か。40字以内で述べよ。

問8　クーポン券発行システムの設計に関する次の記述を読んで，設問1～3に答えよ。

X社は，全国に約400店のファミリーレストランを展開している。X社の会員向けWebサイトでは，割引料金で商品を注文できるクーポン券を発行しており，会員数は1,000万人を超える。このたび，会員の利便性の向上や店舗での注文受付業務の効率向上のために，会員のスマートフォン宛てにクーポン券を発行することになった。

スマートフォン宛てにクーポン券を発行する新しいシステム（以下，新システムという）は，スマートフォン向けアプリケーションソフトウェア（以下，スマホアプリという）とサーバ側のWebアプリケーションソフトウェア（以下，Webアプリという）から構成され，Webアプリの開発は情報システム部門のY君が担当することになった。

〔新システムの利用イメージ〕

X社の会員は，事前に自分のスマートフォンにX社のスマホアプリをダウンロードし，インストールしておく。会員がクーポン券を利用する際は，スマホアプリに会員IDとパスワードを入力してログインする。ログインが完了すると，おすすめ商品と利用可能なクーポン券の一覧が表示される。会員が利用したいクーポン券を選択すると，QRコードを含むクーポン券画面が表示される。X社店舗の注文スタッフがQRコードを注文受付端末で読み取ると，割引料金での注文ができる。

〔Webアプリの処理方式の調査〕

Y君がWebアプリの実現方式を検討したところ，X社のWebサイトで利用しているブロッキングI/O型のWebサーバソフトウェア（以下，サーバソフトという）では，スマホアプリからの同時アクセス数が増えると対応できないことが分かった。

ブロッキングI/O型のサーバソフトでは，ネットワークアクセスやファイルアクセスなどのI/O処理を行う場合，CPUは低速なI/O処理の完了を待って次の処理を実行する。例えば，表1に示す，QRコードを作成するために必要なWebアプリの処理（以下，QRコード作成処理という）の場合，全体の処理時間の［　a　］%がI/O処理の完了待ち時間となる。

表1　QRコード作成処理

処理番号	処理内容	開始条件	処理時間（ミリ秒）	処理区分
1	会員のログイン状態を確認	なし	0.02	CPU処理
2	スマホアプリからクーポン券番号を取得	処理1の完了	10	I/O処理
3	クーポン券番号からQRコードの画像データをメモリに作成	処理2の完了	0.06	CPU処理
4	QRコードの画像データを画像ファイルに書き出し	処理3の完了	3	I/O処理
5	クーポン券番号を発行履歴としてデータベースに書き込み	処理2の完了	15	I/O処理
6	スマホアプリにQRコードの画像ファイルを返信	処理4の完了	5	I/O処理
7	QRコードの画像ファイルを削除	処理6の完了	2	I/O処理

このため，ブロッキングI/O型のサーバソフトでは，複数のスマホアプリにサービスを提供するために，プロセスやスレッドを複数生成している。しかし，プロセスやスレッドの数が

増えると，プロセスやスレッドの切替え処理である［ b ］スイッチがボトルネックとなり，CPUやメモリを追加してもスマホアプリからの同時アクセスへの対応は困難となる。

そこでＹ君は，多数のスマホアプリからのアクセスを効率よく処理できるノンブロッキングI/O型のサーバソフトの利用を検討した。ノンブロッキングI/O型のサーバソフトでは，一つのプロセスやスレッドの中で，CPUはI/O処理の完了を待たずに，実行可能なほかの処理を実行する。その結果，Webサーバは複数のプロセスやスレッドを生成する必要がなく，スマホアプリへも効率的にサービスを提供できる。

〔リアクタパターンの調査〕

ノンブロッキングI/O型のサーバソフトで，Webアプリを動作させるためには，非同期処理の考え方に基づいたソフトウェア設計が必要である。そこで，Ｙ君は，ノンブロッキングI/O型の処理を実現するデザインパターンの一つであるリアクタパターンについて調査した。図1にＹ君が調査したリアクタパターンの処理の流れを示す。

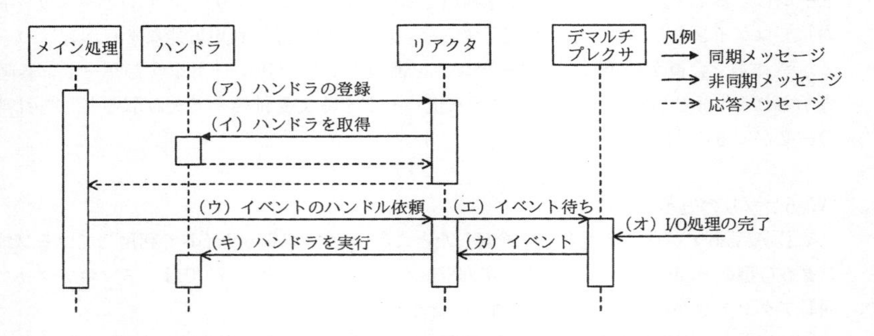

図1 Ｙ君が調査したリアクタパターンの処理の流れ

I/O処理の処理結果を利用する処理をハンドラとして定義する。次に，I/O処理の完了待ちを依頼したいメイン処理が，①I/O処理完了後に実行するハンドラ名を引数に"(ア) ハンドラの登録"を行うと，リアクタは"(イ) ハンドラを取得"する。次に，メイン処理がリアクタに"(ウ) イベントのハンドル依頼"を行うと，リアクタはデマルチプレクサに"(エ) イベント待ち"を指示する。デマルチプレクサは複数のI/O処理の完了を一括して監視し，"(オ) I/O処理の完了"を検知した場合には，対応する"(カ) イベント"をリアクタに発行する。イベントを受け取ったリアクタは"(キ) ハンドラを実行"する。メイン処理は，イベントのハンドル依頼を行った後は，I/O処理の完了を待たずにほかの処理を実行できる。

リアクタパターンを適用する場合は，遅いI/O処理の次に実行される処理をハンドラとして分割するのがよい。しかし，リアクタパターンに基づき設計されたプログラムは，②保守性が下がるおそれがある。

〔QRコード作成処理の設計〕

Ｙ君は，リアクタパターンを用いて，スマホアプリからのアクセスに対する応答時間が最小になるように，QRコード作成処理を設計した。図2にＹ君が設計したQRコード作成処理の流れを示す。

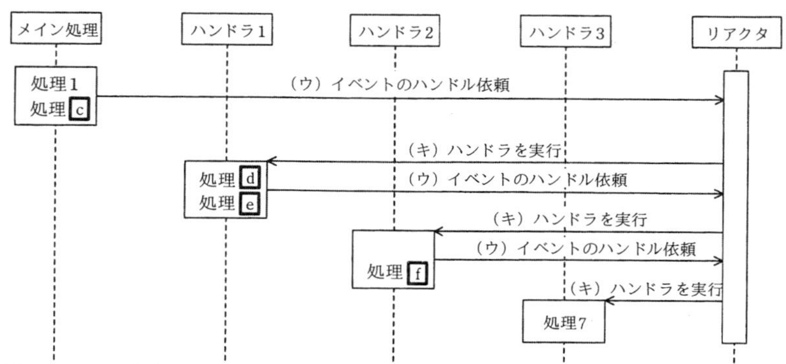

注記1　図1中の（ア），（イ）の同期メッセージは省略
注記2　図1中の（エ）～（カ）の非同期メッセージは省略
注記3　図1中の応答メッセージは省略

図2　Ｙ君が設計したQRコード作成処理の流れ

その後Ｙ君は，新システムのWebアプリの開発を完了させ，Ｘ社の会員はスマートフォンを通じてクーポン券を利用することが可能となった。

設問1　〔Webアプリの処理方式の調査〕について，(1)，(2)に答えよ。

(1)　本文中の［　a　］に入れる適切な数値を答えよ。答えは，小数第3位を四捨五入して，小数第2位まで求めよ。

(2)　本文中の［　b　］に入れる適切な字句を答えよ。

設問2　〔リアクタパターンの調査〕について，(1)，(2)に答えよ。

(1)　本文中の下線①について，関数呼出しの引数として渡される関数のことを何というか。解答群の中から選び，記号で答えよ。

解答群

ア　callback関数	イ　static関数
ウ　template関数	エ　virtual関数

(2)　本文中の下線②について，プログラムの保守性が下がる理由を15字以内で述べよ。

設問3　〔QRコード作成処理の設計〕について，(1)，(2)に答えよ。

(1)　図2中の［　c　］～［　f　］に入れる適切な処理番号を，表1中の処理番号を用いて答えよ。ただし，複数ある場合は全て答えよ。

(2)　図2のようにQRコード作成処理を設計した場合，処理4～7はどのような順序で完了するか，処理が早く完了する順にコンマ区切りで答えよ。

問9 プロジェクトのコスト見積りに関する次の記述を読んで，設問1～4に答えよ。

L社は大手機械メーカQ社のシステム子会社であり，Q社の様々なシステムの開発，運用及び保守を行っている。このたび，Q社は，新工場の設立に伴い，新工場用の生産管理システムを新規開発することを決定した。この生産管理システム開発プロジェクト（以下，本プロジェクトという）では，業務要件定義と受入れをQ社が担当し，システム設計から導入までと受入れの支援をL社が担当することになった。L社とQ社は，システム設計と受入れの支援を準委任契約，システム設計完了から導入まで（以下，実装工程という）を請負契約とした。

本プロジェクトのプロジェクトマネージャには，L社システム開発部のM課長が任命された。本プロジェクトは現在Q社での業務要件定義が完了し，これからL社でシステム設計に着手するところである。L社側実装工程のコスト見積りは，同部のN君が担当することになった。

なお，L社はQ社の情報システム部が，最近になって子会社として独立した会社であり，本プロジェクトの直前に実施した別の新工場用の生産管理システム開発プロジェクト（以下，前回プロジェクトという）が，L社独立後にQ社から最初に受注したプロジェクトであった。本プロジェクトのL社とQ社の担当範囲や契約形態は前回プロジェクトと同じである。

〔前回プロジェクトの問題とその対応〕

前回プロジェクトの実装工程では，見積り時のスコープは工程完了まで変更がなかったのに，L社のコスト実績がコスト見積りを大きく超過した。しかし，①L社は超過コストをQ社に要求することはできなかった。本プロジェクトでも請負契約となるので，M課長はまず，前回プロジェクトで超過コストが発生した問題点を次のとおり洗い出した。

- コスト見積りの機能の範囲について，Q社が範囲に含まれると認識していた機能が，L社は範囲に含まれないと誤解していた。
- 予算確保のためにできるだけ早く実装工程に対するコスト見積りを提出してほしいというQ社の要求に応えるため，L社はシステム設計の途中でWBSを一旦作成し，これに基づいてボトムアップ見積りの手法（以下，積上げ法という）によって実施したコスト見積りを，ほかの手法で見積りを実施する時間がなかったので，そのまま提出した。その後，完成したシステム設計書を請負契約の要求事項として使用したが，コスト見積りの見直しをせず，提出済みのコスト見積りが契約に採用された。
- コスト見積りに含まれていた機能の一部に，L社がコスト見積り提出時点では作業を詳細に分解し切れず，コスト見積りが過少となった作業があった。
- 詳細に分解されていたにもかかわらず，想定外の不具合発生のリスクが顕在化し，見積りの基準としていた標準的な不具合発生のリスクへの対応を超えるコストが掛かった作業があった。

次に，今後これらの問題点による超過コストが発生しないようにするため，M課長は本プロジェクトのコスト見積りに際して，N君に次の点を指示した。

- [a] を作成し，L社とQ社で見積りの機能や作業の範囲に認識の相違がないようにすること。その後も変更があればメンテナンスして，Q社と合意すること
- 実装工程に対するコスト見積りは，Q社の予算確保のためのコスト見積りと，契約に採用す

るためのコスト見積りの2回提出すること

（i） 1回目のコスト見積りは，システム設計の初期の段階で，本プロジェクトに類似したシステム開発の複数のプロジェクトを基に類推法によって実施して，概算値ではあるが，できるだけ早く提出すること

（ii） 2回目のコスト見積りは，システム設計の完了後に②積上げ法に加えてファンクションポイント（以下，FPという）法でも実施すること

・積上げ法については，次の点について考慮すること

（i） 作業を十分詳細に分解してWBSを完成すること

（ii） 標準的なリスクへの対応に基づく通常のケースだけでなく，特定したリスクがいずれも顕在化しない最良のケースと，特定したリスクが全て顕在化する最悪のケースも想定してコスト見積りを作成すること

〔1回目のコスト見積り〕

これらの指示を基に，N君はまず，Q社の業務要件定義の結果を基に［　a　］を作成し，Q社とその内容を確認した。

次に，1回目のコスト見積りを類推法で実施し，その結果をM課長に報告した。その際，L社が独立する前も含めて実施した複数のプロジェクトのコスト見積りとコスト実績を比較対象にして，概算値を見積もったと説明した。

しかし，M課長は，“③自分がコスト見積りに対して指示した事項を，適切に実施したという説明がない”とN君に指摘した。

N君は，M課長の指摘に対して漏れていた説明を追加して，1回目のコスト見積りについてL社内の承認を得た。M課長は，この1回目のコスト見積りをQ社に提出した。

〔2回目のコスト見積り〕

N君は，システム設計の完了後に，積上げ法とFP法で2回目のコスト見積りを実施した。

(1) 積上げ法によるコスト見積り

N君は，まず作業を，工数が漏れなく見積もれるWBSの最下位のレベルである［　b　］まで分解してWBSを完成させた後，工数を見積り，これに単価を乗じてコストを算出した。

次に，この見積もったコストを最頻値とし，これに加えて，最良のケースを想定して見積もった楽観値と，最悪のケースを想定して見積もった悲観値を算出した。楽観値と悲観値の重み付けをそれぞれ1とし，最頻値の重み付けを4としてコストに乗じ，これらを合計した値を6で割って期待値を算出することとした。例えば，最頻値が100千円で，楽観値は最頻値−10%，悲観値は最頻値＋100%となった作業のコストの期待値は［　c　］千円となる。［　b　］のコストの期待値を合計して，本プロジェクトの積上げ法によるコスト見積りを作成した。

(2) FP法によるコスト見積り

N君は，FP法によってFPを算出して開発［　d　］を見積り，これを工数に換算し単価を乗じて，コスト見積りを作成した。表1〜3は，本プロジェクトにおけるある1機能でのFPの算出例である。表1，表2を基に，表3でFPを算出した。

付録

表１ データファンクションの一覧表

データファンクション	ファンクションタイプ	レコード種類数	データ項目数	複雑さの評価
D1	EIF：外部インタフェースファイル	1	4	低
D2	ILF：内部論理ファイル	1	3	低
D3	EIF：外部インタフェースファイル	1	5	中
D4	ILF：内部論理ファイル	1	4	低
D5	ILF：内部論理ファイル	1	6	中

表２ トランザクションファンクションの一覧表

トランザクションファンクション	ファンクションタイプ	関連ファイル数	データ項目数	複雑さの評価
T1	EQ：外部照会	1	5	低
T2	EI ：外部入力	2	7	中
T3	EO：外部出力	1	6	低
T4	EI ：外部入力	2	8	中
T5	EQ：外部照会	1	5	低
T6	EQ：外部照会	3	10	高

表３ FPの算出表

ファンクションタイプ	複雑さの評価						合計
	低		中		高		
	個数	重み	個数	重み	個数	重み	
EIF	1	×3	1	×4	0	×6	7
ILF	___	×4	___	×5	___	×7	___
EI	___	×3	___	×4	___	×6	___
EO	___	×7	___	×10	___	×15	___
EQ	2	×5	0	×7	1	×10	20
総合計（FP）							e

注記 表中の__部分は，一部を除いて省略されている。

N君は，M課長に積上げ法とFP法によるコスト見積りの差異は許容範囲であることを説明し，積上げ法のコスト見積りを2回目のコスト見積りとして採用することについて，L社内の承認を得た。M課長は，承認された2回目のコスト見積りをQ社に説明し，Q社の合意を得た。その際Q社に，業務要件の仕様変更のリスクを加味し，L社のコスト見積りの総額に［ f ］を追加して予算を確定するよう提案した。

設問1　本文中の［　a　］，［　b　］，［　f　］に入れる適切な字句を解答群の中から選び，記号で答えよ。

解答群

ア　EVM	イ　活動
ウ　コンティンジェンシ予備	エ　スコープ規定書
オ　スコープクリープ	カ　プロジェクト憲章
キ　マネジメント予備	ク　ワークパッケージ

設問2　〔前回プロジェクトの問題とその対応〕について，(1)，(2) に答えよ。

(1)　本文中の下線①の理由を，契約形態の特徴を含めて30字以内で述べよ。

(2)　本文中の下線②について，積上げ法に加えてもう一つ別の手法で見積りを行う目的を，30字以内で述べよ。

設問3　〔1回目のコスト見積り〕について，本文中の下線③で漏れていた説明の内容を40字以内で答えよ。

設問4　〔2回目のコスト見積り〕について，(1) ～ (3) に答えよ。

(1)　本文中の［　c　］に入れる適切な数値を答えよ。計算の結果，小数第1位以降に端数が出る場合は，小数第1位を四捨五入せよ。

(2)　本文中の［　d　］に入れる適切な字句を，2字で答えよ。

(3)　表3中の［　e　］に入れる適切な数値を答えよ。

問10 SaaSを使った営業支援サービスに関する次の記述を読んで，設問1～4に答えよ。

A社は，オフィス機器の販売・設計・施工会社であり，自社で企画・設計したオフィス機器の販売や設計・施工をA社の顧客に実施している。A社営業部の営業部員は一日の大半を得意先との面会や移動に費やした後に，事務処理のために帰社する必要があって残業時間が増加していた。そこで，A社では，働き方改革の一環として，営業部員が営業拠点のPCだけではなく，自宅や外出先からスマートフォンやタブレットなどの端末からも仕事ができる環境を整えることになった。

このような背景から，A社システム部は，営業部員に対して自宅や外出先からも利用できる営業支援サービスを新規に提供することになった。これに合わせて，システム部のB部長は，システム部内にサービスデスクを設置することを決定し，サービスデスクのリーダとしてC課長を任命した。

〔営業支援サービスの概要〕

(1) 4月1日から営業支援サービスを開始する。

(2) 営業支援サービスは①D社が提供しているSaaSであるEサービスを採用し，一部の機能をアドオン開発して，提供する。

(3) 営業支援サービスは，顧客管理，営業管理及び販売促進の三つのモジュールで構成され，利用者は端末を使って営業支援サービスを利用する。

- 顧客管理モジュール及び営業管理モジュールは，Eサービスで提供される機能及び画面をそのまま使用する。
- 販売促進モジュールは，Eサービスで提供される標準の機能及び画面に，A社固有の機能及び画面をアドオン開発する。システム部の開発課はD社が公開しているAPIを利用してアドオン開発し，開発したソフトウェアを保守する。

(4) D社からA社向けに，開発・テスト環境及び稼働環境が提供される。

- 開発・テスト環境は，開発課がアドオン開発及びテストで利用する環境である。D社によって，Eサービスの標準の機能及び画面のモジュールが展開される。
- 稼働環境は，A社の利用者に営業支援サービスを提供する環境であり，開発課によって三つのモジュールが展開される。

(5) Eサービスは，D社によって，定期的にアップグレードされる。Eサービスのアップグレード及び営業支援サービスへの適用に関する概要は次のとおりである。

- Eサービスのアップグレードは，四半期に一回，事前に決められたスケジュールに従って実施される。
- アップグレード予定日の4週間前に，D社からアップグレードされる機能及び画面や変更点を記載したリリースノートが発行される。
- Eサービスで提供される標準の機能及び画面については，D社によってリグレッションテストが実施される。テスト完了後に，Eサービスの標準の機能及び画面のモジュールが開発・テスト環境に対して展開される。
- 開発課は，アップグレードの適用に関して，サービスデスクと協議し，社内調整と必要な作業を行った後，稼働環境に営業支援サービスの三つのモジュールを展開する。

(6)　Eサービス及びD社サービスデスクサービスに関するA社システム部とD社とのSLAの概要を（抜粋）を表1に示す。

表1　A社システム部とD社とのSLAの概要（抜粋）

サービス名称	サービスレベル項目	目標値
Eサービス	サービス提供時間	24時間365日（毎週日曜日0:00～5:00に実施する定期保守[1]を除く）
	サービス稼働率	99.5％以上（1か月の停止時間の合計が［ a ］分以内を目標値とする。）
	平均サービス回復時間（MTRS）	2時間以内
D社サービスデスクサービス[2]	サービス提供時間帯	9:00～17:00（休日，祝日を除く）

注[1]　定期保守の中で，四半期に一回のアップグレードが実施される。
注[2]　D社サービスデスクでは，Eサービスの問合せとインシデント対応，及び公開しているAPIに関する技術的問題を解決する。A社のアドオン開発分の問合せへの対応は含まない。

〔A社サービスデスクサービスの概要〕
(1)　4月1日からA社サービスデスクサービスの運用を開始する。
(2)　A社サービスデスクサービスは，営業支援サービスの利用者を支援するサービスデスク機能を提供する。サービスデスクの業務は，従来複数の組織で実施していた営業部員支援の業務を統合し，［ b ］としてシステム部に置いた。
(3)　A社サービスデスクは利用者からの電話，Web，電子メールでの質問に回答するだけでなく，営業支援サービスのインシデント対応も行う。

C課長は，サービスの設計を開始し，営業部とシステム部とのSLAの概要（抜粋）を表2に，サービスデスクで実施するインシデント管理の手順を表3にまとめた。

表2　営業部とシステム部とのSLAの概要（抜粋）

サービス名称	サービスレベル項目	目標値
営業支援サービス	サービス提供時間	24時間365日（毎週日曜日0:00～12:00に実施する定期保守[1]を除く）
A社サービスデスクサービス	サービス提供時間帯	9:00～17:00（休日，祝日を除く）

注[1]　定期保守の中で，四半期に一回のアップグレード，及び，A社のアドオン開発分の保守が実施される。

表３ インシデント管理の手順

手順	内容
記録・分類	・利用者からインシデントを受け付ける。 ・インシデントを，緊急度，影響を受ける利用者の範囲などで分類し，インシデント管理ファイル[1]に記録する。
優先度付け	・インシデントに優先度として“高”，“中”，“低”のいずれかを付ける。優先度は，規定されている基準に基づいて付ける。
エスカレーション	・サービスデスクが対応手順書[2]を使って解決できないインシデントは，②開発課又はＤ社サービスデスクのどちらかをエスカレーション先として決定し，エスカレーション先に調査を依頼する。
解決	・対応手順書[2]又はエスカレーション先からの調査の回答を基に，解決に向けた対処を行う。 ・利用者が対処すべき作業がある場合は，利用者に作業を依頼する。
終了	・インシデントが解決したことを利用者に確認する。 ・回答内容などの記録を更新し，終了する。

注記 インシデントの記録は，対応した処置とともに随時更新する。
注[1] インシデント管理ファイルにはインシデントだけでなく質問とその回答内容も記録される。
注[2] 対応手順書は，インシデントに対応するために実施すべき解決処理の詳細が記載されている手順書のことで，サービスデスクが作成し整備する。対応手順書には，インシデントが及ぼすサービスへの影響を低減又は除去する方法を特定した場合の対応手順も記載されている。

〔サービスの開始〕

システム部は予定どおり，4月1日から，営業支援サービスとＡ社サービスデスクサービスの提供を開始した。

・7月になって，Ａ社サービスデスクでは，インシデント管理ファイルの記録を基に，高い頻度で発生した質問及びインシデントの中で，利用者が自分で解決できる内容をまとめた［ c ］を社内Webに公開した。
・［ c ］を公開後しばらくして，利用者から，“必要な回答を探すのに時間が掛かる”，“対話的な質問ができないので活用しにくい”という声が上げられ，この結果，［ c ］の利用率が低いという課題が明らかになった。

Ｃ課長は，利用者からの声に対処するために，10月1日からチャットボットを利用することにした。チャットボットは，新たにＤ社が提供を開始するＥサービスのモジュールであり，Ａ社は必要なデータを整備することでチャットボットを利用できる。システム部は，チャットボットを営業支援サービスの四つ目のモジュールとして位置づけた。利用者が質問のキーワードを入力すると，想定される質問とその回答を返す。利用者が期待する回答が得られない場合には，キーワードを追加させるなど対話的な対応をする。チャットボットによって，利用者は，［ d ］以外でも質問に回答してもらうことができる。なお，チャットボットを使っても期待する回答が得られない質問に対しては，サービスデスクが電子メールで対応する。

〔Ｅサービスのアップグレード対応〕

Ｃ課長は，Ｅサービスがアップグレードされる場合に必要となるシステム部の作業を計画した。

・開発課は，アップグレードされる機能及び画面について記載された［ e ］の中から，Ａ

社の業務に関連した機能及び画面を抽出し，影響するモジュールを特定する。
・開発課は，アップグレードがアドオン開発した機能に影響を及ぼさないかどうかを調査し，評価する。
・サービスデスクは，［ e ］に基づいて開発課と協議し，［ f ］を判断する。判断の結果に応じて，サービスデスクは，必要な作業を行う。
・サービスデスクは，営業支援サービスについて利用者に案内すべき内容をまとめ，アップグレードの適用に先立って利用者に通知する。

設問1　〔営業支援サービスの概要〕について，(1)，(2)に答えよ。

(1)　本文中の下線①について，SaaSを利用するA社のサービスマネジメントとして，最も適切なものを解答群の中から選び，記号で答えよ。

解答群

ア　E社サービスが定期的にアップグレードされる場合，開発課は営業支援サービスのリグレッションテストを行う必要はない。

イ　Eサービスを構成品目として管理するだけでなく，Eサービスを構成するシステムリソースを，構成品目として必ず管理する。

ウ　発生したインシデントをD社が解決する場合でも，A社システム部はA社営業部に対して，インシデントの解決についての説明責任をもつ。

エ　予算業務及び会計業務において，営業支援サービスが使用する物理的リソースの減価償却費を計算する必要がある。

(2)　表1中の［ a ］に入れる適切な数値を答えよ。ここで，1か月は30日，日曜日は月4回で計算し，小数点以下は四捨五入して整数で求めよ。

設問2　〔A社サービスデスクサービスの概要〕について，(1)，(2)に答えよ。

(1)　本文中の［ b ］に入れる適切な字句を解答群の中から選び，記号で答えよ。

解答群

ア　BCP　　イ　BPO　　ウ　PMO　　エ　SPOC

(2)　表3中の下線②において，エスカレーション先を決定するときに必要となる判断内容は何か。30字以内で述べよ。

設問3　〔サービスの開始〕について，(1)，(2)に答えよ。

(1)　本文中の［ c ］に入れる適切な字句を5字以内で答えよ。

(2)　本文中の［ d ］に入れる適切な字句を，表1，2又は3中で使用されている字句を使って15字以内で答えよ。

設問4　〔Eサービスのアップグレード対応〕について，(1)，(2)に答えよ。

(1)　本文中の［ e ］に入れる適切な字句を，〔営業支援サービスの概要〕で使用されている字句を使って，10字以内で答えよ。

(2)　本文中の［ f ］には，サービスデスクで実施する作業に関連する内容が入る。その内容について，20字以内で答えよ。

問11　新会計システムのシステム監査に関する次の記述を読んで，設問1～6に答えよ。

U社は中堅の総合商社であり，12社の子会社を傘下に置いて事業を運営している。U社グループでは，経理業務の最適化を進めるためにU社グループの経理業務を集中的に行う経理センタを設立するとともに，グループ共通で利用する新会計システムを3か月前に導入した。U社の内部監査部では，新会計システムに関連する運用状況のシステム監査を実施することにした。

〔予備調査の概要〕

予備調査で入手した情報は次のとおりである。

(1)　経理センタと新会計システムの概要

①　経理センタでは，グループ各社の独自の経理マニュアルを利用しており，各社の経理部門の担当者がそのまま各社担当の担当チーム長とそのスタッフとして配置されている。また，現状の経理業務は手作業が多く，多くの派遣社員が担当している。しかしながら，1年後を目標として，グループ共通の経理マニュアルを策定し，経理業務のタスク別にチームを編成し，経理業務の効率向上を図る予定である。

②　新会計システムはパッケージシステムであり，仕訳・決算機能だけでなく，債権・債務管理機能，資金管理機能，経費支払機能が組み込まれている。各社は，仕入・販売・在庫・給与などの独自の業務システムを利用している。これらの業務システムから新会計システムへのインタフェースは，自動インタフェースのほか，業務システムでダウンロードされたCSVファイルの手作業によるアップロード入力（以下，アップロード入力という）や伝票ごとの手作業入力によって行われている。また，経理業務の効率向上の一環として，自動インタフェースを順次拡大させる計画である。

(2)　新会計システムへの入力

アップロード入力の場合は，各社の担当チームのスタッフが日次又は月次で新会計システムへのアップロード入力を実行すると正式な会計データになる。伝票ごとの手作業入力の場合は，入力者が伝票入力を行った後に，担当チーム長などの承認者が伝票承認入力を行うと正式な会計データになる。承認者は，業務量に応じて複数配置されている。また，新会計システムは，入力者が承認できないように設定されている。

(3)　新会計システムのアクセス管理

新会計システムでは，現状において次のようにアクセス権限を管理している。

①　アクセス権限は，図1のように利用者マスタの利用者IDに対してロール名を設定することで制御される。ロールマスタでは，ロール名ごとに利用可能な会社，当該会社で利用可能な画面・機能などが設定されている。このロールマスタは，各社の担当チーム長のロールマスタ申請書に基づいてU社のシステム部で登録される。また，利用者マスタは，利用者が入力した後，利用者マスタ承認権限のある同じチームの担当チーム長が承認入力を行うことで，登録される。

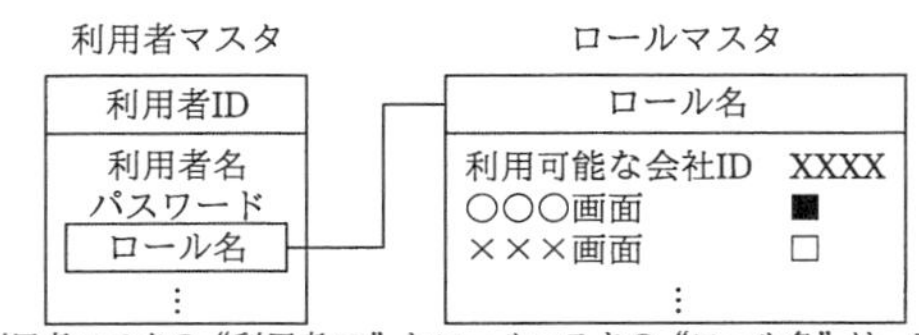

注記1　利用者マスタの“利用者ID”とロールマスタの“ロール名”は一意の値である。
注記2　画面には，伝票入力画面，伝票承認画面，照会画面などがある。
また，“■”は利用可能な画面，“□”は利用できない画面として設定される。

図1　利用者マスタとロールマスタの関連

② 利用者IDのパスワードは，3か月に1度の変更が自動的に要求される。

③ 派遣社員は個人ごとの利用者IDでなく，同じチームの複数人で一つの利用者IDを共有している(以下，共有IDという)。共有IDのパスワードは，自動的な変更要求の都度，担当チーム長が変更し，各派遣社員に通知している。

(4) その他の事項

その他，新会計システムの機能及び経理業務の手続は，次のとおりである。

① 各社は月次決算を行っており，月次決算の完了時には，各社の担当チーム長が月次締め処理を実行する。これによって，当月の会計データの入力はできなくなる。

② 経理業務の効率向上に先行して，来月から全ての会社のアップロード入力は，特定の担当者3名で集中的に行う予定である。この担当者の作業漏れを防止するために，各社の担当者が“CSVアップロード一覧表”を作成している。

〔監査手続の検討〕

予備調査に基づき監査担当者が策定した監査手続案，及び内部監査部長のレビューコメントは，表1のとおりである。

表1　監査手続案及び内部監査部長のレビューコメント

項番	監査手続案	内部監査部長のレビューコメント
(1)	利用者IDの権限設定の妥当性を確かめるために，利用者マスタを閲覧し，登録されているロール名の妥当性を確かめる。	① 利用者マスタの登録手続のコントロールとして，担当チーム長の利用者IDだけに［ a ］が付与されているか確かめる必要がある。 ② 利用者マスタの閲覧だけでは，利用者IDの権限の妥当性を評価できないので，［ b ］の内容についても閲覧する必要がある。
(2)	月次決算完了日後に入力した正式な会計データがないか，月次決算完了日後入力の会計データを抽出する。	① 新会計システムで［ c ］が月次決算完了日に行われていることを確かめれば，会計データから抽出する手続は不要である。

〔本調査の結果〕

本調査の結果，監査担当者が発見した事項及び改善案は次のとおりである。

(1) [d] は，各担当チームのスタッフだけで正式な会計データとすることができるので，不正な会計データの入力を防止する観点から改善が必要である。

(2) 伝票ごとの手作業の入力において，承認者の中に伝票入力権限が付与された者がいたので，入力権限を削除すべきである。

(3) 共有IDについて，担当チーム長がパスワードを変更すると，[e] を行うことが可能となるので，改善が必要である。

(4) 多くの利用者IDに複数のロール名が登録されていたので，[f] の観点から，一つの利用者IDに対して同時に登録できないロール名を明確にすべきである。

(5) アップロード入力のCSVファイルは減少する予定なので，“CSVアップロード一覧表”を最新に維持するためには，更新手順を明確にしておく必要がある。

上述の(2)について，内部監査部長は，“当該事項に対応する(ア)新会計システムに組み込まれたコントロールがある”ので追加確認することを指示した。

設問1 表1中の [a]，[b] 及び [c] に入れる適切な字句をそれぞれ10字以内で答えよ。

設問2 〔本調査の結果〕の [d] に入れる適切な字句を10字以内で答えよ。

設問3 〔本調査の結果〕の [e] に入れる適切な字句を15字以内で答えよ。

設問4 〔本調査の結果〕の [f] に入れる最も適切な字句を解答群の中から選び，記号で答えよ。

解答群

ア 業務の継続性　　イ 業務の効率向上　　ウ 作業漏れ防止

エ 職務の分離　　オ ロールの簡素化

設問5 〔本調査の結果〕の(5)で，CSVファイルは減少する予定があるとした理由を20字以内で答えよ。

設問6 〔本調査の結果〕の下線(ア)のコントロールは何か。10字以内で答えよ。

A 午後　解答と解説

問1　DNSのセキュリティ対策

≪出題趣旨≫

DNSは，インターネット基盤を支える重要システムであり，各組織が運用するDNSサーバもサイバー攻撃の標的とされることが多い。

本問では，自社ドメインを管理する権威DNSサーバに対して行われたサイバー攻撃の事例を題材として，具体的な技術的対策に関する知識を問う。

≪解答例≫

設問1　ウ，エ

設問2

(1)　a　ア

(2)　顧客がR社の偽サイトに誘導されたから　(18字)

(3)　エ

設問3

(1)　エ

(2)　b　ア

(3)　ア

(4)　c　DNSキャッシュポイズニング　(14字)

≪解説≫

DNSのセキュリティ対策に関する問題です。この問では，自社ドメインを管理する権威DNSサーバに対して行われたサイバー攻撃の事例を題材として，具体的な技術的対策に関する知識が問われています。

設問1

下線①「Y社のPCがR社の偽サイトに誘導され」について，Y社のPCがR社の偽サイトに誘導された際に，Y社のPCに偽のIPアドレスを返した可能性のあるDNSサーバをすべて答えます。

まず，〔インシデントの発生〕に，「Y社は，Y社が契約しているISPであるZ社のDNSサーバを利用していた」とあるので，Y社のPCが利用しているZ社のDNSサーバで，偽のIPアドレスを返した可能性があります。また，「R社の権威DNSサーバ上の，R社のWebサーバのAレコードが別のサイトのIPアドレスに改ざんされていることが分かった」とあるので，R社の権威DNSサーバが，改ざんされた偽のIPアドレスを返した可能性があります。したがって，解答は，**ウ**のR社の権威DNSサーバ，及び，**エ**のZ社のDNSサーバです。

付録

設問2

〔当該インシデントの原因調査〕に関する問題です。権威DNSサーバの情報が書き換えられた原因を調査し，その対処方法について考えていきます。

(1)

表1及び本文中の空欄穴埋め問題です。適切な字句を，解答群の中から選んで答えます。

空欄a

表1中では「DNSソフトウェアのバージョンが古く」，本文中では「DNSソフトウェアの脆弱性を悪用した攻撃によって」とあり，これらの脆弱性で奪取される可能性があるものを答えます。サーバでは，脆弱性を悪用されて管理者権限が奪取されることがあり，管理者権限で変更できるDNSレコードのファイルの改ざんなどが可能となります。したがって，解答は**ア**の管理者権限です。

(2)

表1中の下線②「R社サイトへのアクセスがほとんどなかった」について，その理由を答えます。〔インシデントの発生〕にあるとおり，「R社の権威DNSサーバ上の，R社のWebサーバのAレコードが別のサイトのIPアドレスに改ざんされている」ため，顧客がR社サイトにアクセスしようとR社の権威DNSサーバからレコードを取得すると，別の偽サイトのIPアドレスが返されることになります。つまり，顧客がR社の偽サイトに誘導され，R社サイトへのアクセスがなくなってしまうことになります。したがって，解答は，**顧客がR社の偽サイトに誘導されたから**，です。

(3)

下線③「しばらく時間が掛かった」について，Y社のPCが正しいR社サイトにアクセスできるようになるまで，しばらく時間が掛かった理由は，どのDNSサーバにキャッシュが残っていたからかを答えます。

DNSでのアクセスでは，PCからキャッシュDNSサーバにアクセスを行い，そのキャッシュDNSサーバがアクセスしようとするドメインの権威DNSサーバにアクセスし，レコード情報を得ます。そのレコード情報は，有効期限が来るまでキャッシュDNSサーバにキャッシュされます。Y社のPCでは，Y社が契約しているISPであるZ社のDNSサーバがキャッシュDNSサーバとなり，R社の権威DNSサーバにアクセスしたと考えられます。不正に書き換えられた情報はしばらくZ社のDNSサーバにキャッシュされているので，正しくアクセスできるようにキャッシュの情報が切り替わるのにしばらく時間が掛かります。したがって，解答は**エ**のZ社のDNSサーバです。

設問3

〔セキュリティ対策の検討〕に関する問題です。DNSのセキュリティについて，対策や想定される攻撃について考えていきます。

(1)

下線④「同様なインシデントの再発防止に有効な対策」について，同様なインシデントの再発防止に有効な対策として，R社の権威DNSサーバに実施すべきものを答えます。

R社の権威DNSサーバのレコードが書き換えられた原因は，DNSソフトウェアの脆弱性に対応していなかったことです。今後は定期的に脆弱性検査を実施し，脆弱性がある場合には対策を実施することが有効です。したがって，解答は**エ**となります。

その他の選択肢については，次のとおりです。

ア　逆引きDNSレコードを設定することで，ドメインに対するIPアドレスを取得して正当なサーバかどうかを確認することは可能です。しかし。DNSレコードを書き換えるようなインシデントには対応できません。

イ　シリアル番号の桁数を増やすことで，DNSキャッシュポイズニングなどの成功確率を下げることは可能です。しかし，DNSレコードを書き換えるようなインシデントには対応できません。

ウ　ゾーン転送を禁止することで，DNSの内容を不正に取得するようなインシデントには対応できますが，DNSレコードを書き換えるようなインシデントには対応できません。

(2)

本文中の空欄穴埋め問題です。適切な字句を，解答群の中から選んで答えます。

空欄b

R社のWebサーバにEV証明書を導入した場合に確認できることを考えます。EV（Extended Validation）証明書では，証明書に記載される会社名が法的かつ物理的に実在することを認証できます。したがって，解答は**ア**の会社名です。

(3)

下線⑤「R社のキャッシュDNSサーバがインターネットから問合せ可能である」について，R社のキャッシュDNSサーバがインターネットから問合せ可能な状態であることによって発生する可能性のあるサイバー攻撃を答えます。

R社のキャッシュDNSサーバがインターネットから問合せ可能な状態だと，第三者が送信元のIPアドレスを偽装してDNSの問合せを行い，DNSの応答が攻撃対象に返されるようにするDNSリフレクタ攻撃（DNSリフレクション攻撃，DNS amp攻撃）が可能です。DNSリフレクタ攻撃は様々なホストに分散して一斉にアクセスするDDoS攻撃の一種となります。したがって，解答は**ア**のDDoS攻撃です。

その他の選択肢については，次のとおりです。

イ　SQLインジェクション攻撃は，不正なSQLを投入することで，通常はアクセスできないデータにアクセスしたり更新したりする攻撃です。

ウ　パスワードリスト攻撃は，他のサイトで取得したパスワードのリストを利用して不正アクセスを行う攻撃です。

エ　水飲み場攻撃は標的型攻撃の一種で，標的の組織や個人がよく利用するWebサイトを改ざんし，そこでマルウェアなどの導入を仕込む攻撃です。

(4)

本文中の空欄穴埋め問題です。サイバー攻撃手法の名称を答えます。

空欄c

キャッシュDNSサーバに，偽のDNS応答がキャッシュされ，PCがインターネット上の偽サイトに誘導されてしまう攻撃のことを，DNSキャッシュポイズニング攻撃といいます。したがって，解答は**DNSキャッシュポイズニング**です。「攻撃」まで含めると指定の15字を超えてしまうため，外して答えます。

問2　情報システム戦略の策定

≪出題趣旨≫

昨今，企業経営にとって，経営戦略に沿った情報システム戦略の策定が益々重要になってきている。

本問では，機械部品メーカの情報システム戦略の策定を題材として，経営戦略に沿った情報システム戦略策定手順の基本的な理解を，バリューチェーン分析やDXレポートの理解と併せて問う。

≪解答例≫

設問1 a　イ　　b　キ

設問2

(1) c　顧客の工場の近くに自社の工場があるので，配送時間が短くて済む。（31字）

d　販売・マーケティング

設問3

(1) e　運用・保守に掛かる労力（11字）

f　AIなどの最新のディジタル技術の早期習得（20字）

(2) g　イ

(3) **活動**　製造

理由　ERPの標準機能への置換えで各工場の競争優位性を失うリスクがあるから（34字）

(4) 3

≪解説≫

情報システム戦略の策定に関する問題です。この問では，機械部品メーカの情報システム戦略の策定を題材として，経営戦略に沿った情報システム戦略策定手順の基本的な理解を，バリューチェーン分析やDXレポートの理解と併せて問われています。

設問1

〔バリューチェーン〕に関する問題です。本文中及び図1中の空欄について，解答群の中から適切な字句を選択していきます。

空欄a

バリューチェーン（価値連鎖）とは，事業の活動を機能の一連の流れとして，どの機能で価値が生み出されているのかを分析する手法です。調査・分析するのは価値を作る活動となります。したがって，解答は**イ**の価値です。

空欄b

作られた総価値と，価値を作る活動の総コストの差について答えます。バリューチェーンでは，売上から支援活動と主活動を合わせた総コストを引いたものをマージンといいます。したがって，解答は**キ**の**マージン**です。

設問2

〔C社の強みと弱み〕に関する問題です。C社の経営環境を分析し，強みと弱みについて考えていきます。

(1)

表1中の空欄穴埋め問題です。C社の強みを，その理由を含めて答えます。

空欄c

表1の項番3では，“出荷物流”活動での強みを，C社の経営環境から探します。出荷物流に関しては，〔C社の経営環境〕に「競合他社はアジア地域に工場を設置しているケースが多いのに対し，C社は国内外を問わず顧客の工場の近くに自社の工場を設置している」という記述があります。顧客の工場の近くに自社の工場があるため，競合他社に比べて配送時間が短くて済みます。したがって，解答は，**顧客の工場の近くに自社の工場があるので，配送時間が短くて済む**，です。

(2)

本文中の空欄穴埋め問題です。バリューチェーンの活動の中から，適切な字句を答えます。

空欄d

C社の弱みとして，新たな製品の市場投入の際には特に重要な活動を考えていきます。〔C社の経営環境〕に，「これまでは，顧客からの引合いに対応することで製品を受注できたので，販売・マーケティングにはあまり力を入れてこなかった」とあります。さらに「新たな製品を市場に投入する際には，その特長を顧客に理解してもらう必要があり，現状では不十分である」という指摘もあるため，“販売・マーケティング”活動はC社の弱みで，今後改善していく必要があることが分かります。したがって，解答は，**販売・マーケティング**です。

設問3

〔次期情報システム戦略と計画〕に関する問題です。分析結果を基に，次期情報システム戦略として導入するERPやSFAについて検討していきます。

(1)

本文中の空欄穴埋め問題です。本文中の字句を用いて，適切な字句を考えていきます。

空欄e

SaaSのERPを導入し，カスタマイズは最小限にして極力標準機能を使用することによって，情報システム部が削減できることを答えます。〔C社の経営環境〕に，「C社の本社や各工場で利用している情報システム（以下，C社基幹システムという）は，個別に開発・運用・保守をしているので，データが統合されていない。C社基幹システムの構造は複雑化しており，情報システム部ではこの運用・保守に掛かる労力が増加している」とあります。ERPを導入し，データを統合することによって，情報システム部では運用･保守に掛かる労力を減らすことができます。したがって，解答は，**運用・保守に掛かる労力**，です。

空欄f

情報システム部が，運用・保守に掛かる労力を減らした後で行う，現在できていないことを答えます。〔C社の経営環境〕に，「競合他社に打ち勝つために，情報システム部では，AIなどの最新のディジタル技術の早期習得が必要となってきているが，既存情報システムの運用・保守の業務に追われ手が回っていない」とあります。情報システム部が,既存情報システムの運用･保守の業務に追われなくなったらやる必要があることは，AIなどの最新のディジタル技術の早期習得です。したがって，解答は，**AIなどの最新のディジタル技術の早期習得**，です。

(2)

本文中の空欄穴埋め問題です。ツールについて，適切な字句を解答群の中から選んで答えます。

空欄g

データウェアハウスを導入し，様々なソースデータをデータウェアハウスに書き込むためのツールを考えます。企業内に存在する様々なソースデータを抽出(Extract)し，変換(Transform)してデータウェアハウスに格納(Load)するためのツールのことを，ETL(Extract, Transform，Load)ツールといいます。したがって，解答は**イ**のETLです。

その他の選択肢の用語については，次のとおりです。

ア　CMDB(Configuration Management DataBase：構成管理データベース)は，構成管理で使われるツールで，プロジェクト情報やツール，イベントなど様々な情報を一元管理します。

ウ　OLAP(Online Analytical Processing)は，複雑で分析的な問合せに素早く回答する処理方法です。データウェアハウスを利用した処理全般のことを指します。

エ　データマイニングは，データウェアハウスのデータから，統計学，パターン認識，人工知能などのデータ解析手法を適用することで新しい知見を取り出す技術です。

(3)

本文中の下線①「ある活動については，C社基幹システムの機能をERPの標準機能に置き換えてよいかを慎重に検討すべきである」について，ある活動とは何かを図1中の用語で答え，CIOが慎重に検討すべきと指摘した理由を考えます。

まず，ERPの標準機能に置き換えるのに慎重になるべき活動について，探していきます。〔C社の経営環境〕に，「C社は，各工場で独自の製造ノウハウを多数もっており，各工場の業務プロセスや各工場に設置されている情報システムにこれらを反映させ，競争優位性を保っている」とあります。製造活動で使われる，C社独自の製造ノウハウや業務プロセスに合わせた情報システムは，ERPの標準機能とは大きく異なると考えられます。また，これらの各工場のノウハウは競争優位性を保つのに重要なので，ERPの標準機能に置き換えてしまうと，各工場の競争優位性を失ってしまうリスクがあります。

したがって，ある活動とは**製造**で，慎重に検討すべきと指摘した理由は，**ERPの標準機能への置換えで各工場の競争優位性を失うリスクがあるから**，となります。

(4)

下線②「ある機能」について，該当する機能を表2中の項番で答えます。SFAで利用が想定される主な機能のうち，C社の経営環境における営業員以外の課題の解決にも役立てられる機能を考えていきます。

〔C社の経営環境〕に，「営業員と顧客のやり取りにヒントとなる情報があるが，研究開発部には情報が届いていない」とあり，研究を製品に結び付けるために，研究開発部では顧客とのやり取りの情報を求めています。表2の項番3にある“顧客対応管理”の機能を利用すると，「製品に対する顧客の意見など営業員が顧客から得た情報」を研究開発部が得ることができ，製品開発に役立ちます。したがって，解答は**3**です。

問3　クラスタ分析に用いるk-means法

≪出題趣旨≫

近年，機械学習を利用したデータ分析が多く利用されている。

本問では，データの分類に利用されるクラスタリングを行う手法の一つであるk-means法を題材として，クラスタリングのアルゴリズムの理解と，そのアルゴリズムの実装について問う。

≪解答例≫

設問1

(1)　ア　(1.5，3)

(2)　P_2，P_3，P_7

設問2　イ　tを1からKまで1ずつ増やす

ウ　flag ← 0

エ　flagが0と等しい

オ　cluster[s] ← min_index (grav_length)

設問3

(1)　カ　ア

(2)　キ　T_s／Sum

≪解説≫

クラスタ分析に用いるk-means法に関する問題です。この問では，データの分類に利用されるクラスタリングを行う手法の一つであるk-means法を題材として，クラスタリングのアルゴリズムの理解と，そのアルゴリズムの実装について問われています。

設問1

〔分類方法と例〕に関する問題です。クラスタ分析の手法を，本文中の記述に従ってトレースしていきます。

(1)

図1中の空欄穴埋め問題です。7個の点の分類での重心について，適切な座標を答えます。

空欄ア

クラスタ2の重心G_2について，座標を計算していきます。〔分類方法と例〕(3)に，「重心のX座標をクラスタに含まれる点のX座標の平均，Y座標をクラスタに含まれる点のY座標の平均と定義する」とあるので，クラスタ2に含まれる点でX座標とY座標を平均していきます。

表1「コアとの距離と所属クラスタ」より，所属クラスタ番号2に分類されるのは，P_5とP_6の二つです。これらの点の座標は，本文中や図1より，P_5 = (1, 3)，P_6 = (2, 3)です。二つの点でのX座標の平均は(1 + 2) ／ 2 = 1.5で，Y座標の平均は(3 + 3) ／ 2 = 3なので，重心G_2の座標は(1.5, 3)となります。

したがって，解答は**(1.5, 3)**です。

(2)

図1中の下線①「分類が完了する」について，分類が完了したときにP_1と同じクラスタに入る点をすべて答えます。表2「重心との距離と次の所属クラスタ」は，1回目の(4)終了時点のものです。表2の“次の所属クラスタ番号”から，再度(3)でクラスタの重心を計算すると，次のようになります。

・クラスタ1(P_1, P_2, P_3, P_7)　重心の平均 G_1

X座標の平均は(1 + 2 + 4 + 4) ／ 4 = 2.75，Y座標の平均は(0 + 1 + 1 + 3) ／ 4 = 1.25なので，G_1 = (2.75, 1.25)

・クラスタ2(P_4, P_5, P_6)　重心の平均 G_2

X座標の平均は(1.5 + 1 + 2) ／ 3 = 1.5，Y座標の平均は(2 + 3 + 3) ／ 3 = 8 ／ 3なので，G_2 = (1.5, 8 ／ 3) ≒ (1.5, 2.66)

※小数第3位以下切り捨て

G_1の値が(2.5, 1.4) → (2.75, 1.25)，G_2の値が(1.5, 3) → (1.5, 2.66)となる変化なので，それほど大きく値は変わっていません。図で描写して考えてみると，特にクラスタが変わりそうにないことが見て取れます。

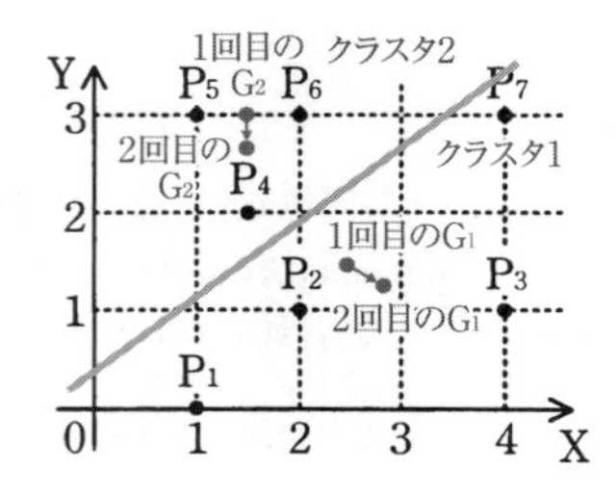

なお，変更された後の重心の平均 G_1 = (2.75, 1.25)，G_2 = (1.5, 8 ／ 3)(割り切れない値は分数で表現)をもとに，重心との距離と次の所属クラスタをすべて計算すると，次の表のようになります(この計算は，すべて行わなくても構いません)。

点	重心G_1との距離	重心G_2との距離	次の所属クラスタ番号
P_1	2.15	2.71	1
P_2	0.79	1.74	1
P_3	1.27	3.00	1
P_4	1.45	0.66	2
P_5	2.47	0.60	2
P_6	1.90	0.60	2
P_7	2.15	2.52	1

※座標の値は，小数第3位以下切り捨て

この表での次の所属クラスタ番号は，表2とまったく同じです。つまり，図1の(4)で見直した所属クラスタは変わらないので，次に計算する重心の座標は変わらず，(5)で終了となります。

したがって，P_1と同じクラスタに入るのは，**P_2，P_3，P_7**の三つで，これが解答となります。

設問2

図2中の空欄穴埋め問題です。クラスタ分析の関数clusteringのプログラムについて，穴埋めを行ってプログラムを完成させていきます。

空欄イ

空欄イは2か所あり，それぞれのコメントに，「//1回目の重心の計算」「//2回目以降の重心の計算」とあります。どちらもforループの中に次の2行があります。

```
coordinate_x[t] ← gravity_x(t)
coordinate_y[t] ← gravity_y(t)
```

表3の説明より，coordinate_x[t]，coordinate_y[t]は，重心tのX座標，Y座標を格納する配列で，クラスタtの重心のX座標，Y座標を求める関数がgravity_x(t)，gravity_y(t)となります。forループで重心ごとのX座標，Y座標を求めていると考えられ，重心の数はKなので，tを1からKまで1ずつ増やすことで，すべての重心の座標を求めることができます。したがって，解答は，**tを1からKまで1ずつ増やす**，です。

空欄ウ

if文の条件（pが1と等しい）に当てはまらなかったときに最初に設定する内容を答えます。〔分類方法と例〕(5)に，「重心の座標が変わらなくなるまで，(3)と(4)を繰り返す」とあり，重心の座標が変わったかどうかを判定して，変わらなかったら終了させる必要があります。重心の座標が変わったときの動作は，2回目の空欄イの後のif文に，「//重心を修正する」とあり，重心が変わっているときの動作が記述され，その後に

```
flag ← 1
```

という1行があります。つまり，重心が変わったことをフラグ変数flagを用いて判定するので，初期値としては，flagに1以外の値を入れておく必要があります。表3の変数flagの説明には，「フラグ（値は0又は1）」とあるので，1ではない値として，flag ← 0として0を代入します。したがって，解答は**flag ← 0**です。

付録

空欄エ

空欄エの右には「//終了して抜ける」とあり，終了する場合のif文の条件を記述します。空欄ウで考えたとおり，flagの初期値が0で，重心に修正があった場合にはflagの値が1となります。終了するのは重心の座標が変わらなかったときなので，flagの値は0ままのはずで，flagが0と等しい場合に，return文で関数の処理を終了します。したがって，解答は，**flagが0と等しい**，です。

空欄オ

空欄オのある外側のfor文のコメントに「//近い重心を見つける」とあり，直前のfor文でgrav_length[t]を計算しています。表3より，grav_length[t]は，ある点から見た，重心G_tとの距離です。近い重心を見つけるための関数には，表3よりmin_index()があり，引数にはgrav_lengthを指定できます。min_index(grav_length)では，grav_length配列の中で，最小値が格納されている添字を返すので，その添字が，最も重心が近いクラスタのクラスタ番号になります。空欄オの外側のfor文では，添字sを用いて点P_sそれぞれの計算を行うので，次の所属クラスタ番号cluster[s]には，min_index(grav_length)の値を代入します。したがって，解答は，**cluster[s] ← min_index(grav_length)**です。

設問3

〔初期設定の改良〕に関する問題です。初期設定のランダムな値の求め方を改善していきます。

(1)

本文中の空欄穴埋め問題です。解答群のうちのどちらかを選びます。

空欄カ

〔初期設定の改良〕には，「コア間の距離が長くなる点が選ばれやすくなるアルゴリズム」という記述があります。「それまでに決まったコア（コア1～コアt）と，残ったN－t個の点から選んだ点P_sとの距離の和をT_sとする」とあり，コア間の距離がT_sに該当します。距離が長くなる点が選ばれやすくするためには，T_sの値が大きいほど高い確率で選ばれるようにする必要があります。したがって，解答は**ア**の大きい，です。

(2)

本文中の空欄穴埋め問題です。T_sとSumを使用した式を答えます。

空欄キ

T_sの値に比例して確率を上げるには，T_sを比例させる値として使用します。N－t個の点の中から必ず選ばれるので，すべての点での確率の合計は1となります。N－t個のすべてのT_sの和がSumなので，それぞれの点での確率をT_s ／ Sumとすれば，T_sに確率を比例させつつ，合計の確率を1にできます。したがって，解答は**T_s ／ Sum**です。

問4　IoT技術を活用した駐車場管理システム

≪出題趣旨≫

近年，IoT技術やクラウドサービスを活用した様々なアプリケーションソフトウェアが開発されるようになってきており，特にLPWA通信サービスの利用が普及し始めている。

本問では，駐車場管理システムへの機能追加を題材として，LPWA通信サービスなどのIoT技術やクラウドサービスを用いたシステム構築に関する理解と応用力を問う。

≪解答例≫

設問1　a　ア　　b　イ

設問2

(1)　266.7

(2)　プランC

設問3

(1)　オ

(2)　21.9

設問4

(1)　c　月間の最大データ通信量　(11字)

(2)　MQTTS

≪解説≫

IoT技術を活用した駐車場管理システムに関する問題です。この問では，駐車場管理システムへの機能追加を題材として，LPWA通信サービスなどのIoT技術やクラウドサービスを用いたシステム構築に関する理解と応用力が問われています。

設問1

本文中の空欄穴埋め問題です。無線通信方式について，適切な字句を，解答群の中から選びます。

空欄a

LPWA (LowPower, WideArea) とは，バッテリ消費量が少なく，一つの基地局で広範囲をカバーできる無線通信技術です。IoTでの活用が行われており，複数のセンサが同時につながるネットワークに適しています。低価格で電力の消費を少なくするため，通信速度は遅くなります。したがって，解答は**ア**の遅い，です。

空欄b

空欄bは2か所あるので，LPWAだけではなくBLEにも当てはまる特徴を答えます。BLE (Bluetooth Low Energy) とは，Bluetoothを大幅に省電力化した規格です。LPWAも電力消費は少なく，どちらも省電力という特徴をもっています。したがって，解答は**イ**の省電力，です。

設問2

〔LPWA通信サービスの選択〕に関する問題です。必要なデータ通信速度と，データ量から求められる料金プランを求めていきます。

(1)

パーキングスロットの利用状況が変わった際に，端末Pからパーキングスロットの利用状況情報及び環境情報をクラウドサービスにHTTP通信で1分以内に送信するのに必要な最低限の通信速度を求めます。

表3の項目“収集する情報とデータサイズ”に，「1回当たりに通信するデータサイズは，HTTPの場合2,000バイト」とあるので，HTTP通信で送信するデータ量は最大2,000バイトです。1分以内に送信するのに必要な通信速度は，データ量／時間で求められます。1バイトは8ビットで，1分は60秒なので，計算すると次の式になります。

(2,000［バイト］×8［ビット／バイト］)　／　(1［分］×60［秒／分］)
＝266.66… ≒ 266.7［ビット／秒］

答えは，小数第2位を四捨五入して小数第1位まで求めます。したがって，解答は**266.7**です。

(2)

本文中の下線①「LPWA通信サービスの料金プランを選択」で，選択したLPWA通信サービスの料金プランの名称を，表4の料金プランの名称で答えます。

表4の料金プランでは，月間の最大データ通信量によって料金が変わってきます。表3の“収集する情報とデータサイズ”には，「一つのパーキングスロットの利用状況情報及び環境情報」とあり，一つのパーキングスロット1回当たりのデータサイズが，HTTPの場合は2,000バイトです。

また，〔LPWA通信サービスの選択〕に，「1台の端末P当たりの送信回数は，1日30回を上限」「データ送信方式は，表3の候補からHTTPを用いる」とあるので，HTTP通信での1回当たり2,000バイトのデータを，1日30回を上限で送信します。1か月を最大の31日とすると，月間の最大データ通信量は，次の式で表されます。

2,000［バイト／回］×30［回／日］×31［日］
＝1,860,000［バイト］＝1,860［kバイト］

最大データ通信量がプランA，プランBの500kバイトを超えるため，この二つのプランは選択できません。月間の最大データ通信量が2,000kバイトのプランCのみ選択可能となります。したがって，解答は**プランC**です。

設問3

〔クラウドサービスへのデータ蓄積とサービス提供〕に関する問題です。クラウドサービスで使用する通信帯域と保存領域を計算していきます。

(1)

本文中の下線②「通信帯域」について，クラウドサービスのHTTP通信で必要となる最低限の通信帯域を解答群の中から選びます。

下線②の直後に，「端末Pからのデータ収集と駐車場アプリ利用者のスマートフォンからのアクセスが同時に発生することを想定」とあるので，両方のアクセスの通信帯域を合算します。

最初に，端末Pからのデータ収集について考えます。設問2(1)で求めたとおり，端末Pで必要な通信帯域は約267［ビット／秒］(計算を簡単にするため整数にしています)です。表1の項番4に，「最大20万台分のパーキングスロットの情報が扱えるシステムとする」とあり，端末Pはパーキングスロットごとに設置されるので，同時に20万アクセスが発生することになります。そのため，端末Pからのデータ収集で必要な帯域は，次の式で計算できます。

267［ビット／秒スロット］× 200,000［スロット］
＝53,400,000［ビット／秒］≒53.4［Mビット／秒］

次に，スマートフォンからのアクセスについて考えます。〔クラウドサービスへのデータ蓄積とサービス提供〕に，「利用者のスマートフォン1台当たりに必要な帯域は64kビット／秒と想定」とあり，スマートフォン1台当たり64kビット／秒の通信帯域が必要です。表1の項番5に，「最大1,000の駐車場アプリからの同時アクセスを可能とする」とあるので，1,000台のスマートフォンが同時に通信すると想定されます。そのため，スマートフォンからのアクセスで必要な帯域は，次の式で計算できます。

64×10^3［ビット／秒・台］× 1,000［台］
＝64×10^6［ビット／秒］＝64［Mビット／秒］

合算すると，次の式となります。

64［Mビット／秒］＋53.4［Mビット／秒］＝117.4［Mビット／秒］

したがって，解答は**オ**の117.4Mビット／秒です。端末Pの通信速度の有効桁数によって若干の誤差が出ることもありますが，最も近い数値を選択すれば問題ありません。

(2)

本文中の下線③「保存領域」について，環境情報を保存するためにクラウドサービスで必要となる最低限の保存領域を，Tバイト単位で答えます。

下線③の後に，「5年後に計画されている拡大した駐車場の台数でも，環境情報が最大5年間保管できるように，確保することにした」とあるので，拡大した駐車場の台数で，環境情報が5年間保管できるようにします。

本文中の最初の段落に，「K社では，5年後には所有する駐車場を約20万台分に拡大する計画」とあり，駐車場の台数は20万台になります。表1の項番2に「パーキングスロットごとの環境情報データのサイズは，1回当たり最大2,000バイト」とあり，〔LPWA通信サービスの選択〕に「1台の端末P当たりの送信回数は，1日30回を上限とした」とあるので，1台当たり2,000バイトを1日30回というのが最大のデータ量です。これらをまとめて1年を365日として，5年分のデータ量を求めると，次の式になります。

200,000［台］× 2,000［バイト／台］× 30［回／日］× 365［日／年］× 5［年］
＝21,900,000,000,000［バイト］＝21.9［Tバイト］

したがって，解答は**21.9**です。

設問4

〔データ送信方式の検討〕に関する問題です。LPWA通信での注意点や，使用するプロトコルについて考えていきます。

付録

(1)

本文中の空欄穴埋め問題です。適切な字句を答えます。

空欄c

送信データ量の蓄積が超えると困る内容を考えます。設問2(2)で求めた月間データ通信量は1,860［kバイト］で，プランCの月間の最大データ通信量2,000kバイトに近くなります。送信エラーが続いてデータの再送を行うと，月間の最大データ通信量を超えてしまうおそれがあります。したがって，解答は，**月間の最大データ通信量**です。

(2)

本文中の下線④「暗号化通信時に最も通信量の少ない方式」で採用したデータ送信方式を答えます。

表3に示した“データ送信方式（候補）”には，「HTTP，HTTPS（HTTP Over TLS），MQTT（Message Queuing Telemetry Transport），MQTTS（TLSで暗号化したMQTT）」があります。これらの候補のうち，HTTPとMQTTは暗号化を行わないプロトコルで，TLSで暗号化を行うのがHTTPSとMQTTSです。MQTTは産業用アプリケーションなどで用いられる，HTTP通信を軽量化したプロトコルです。そのため，HTTPよりMQTTの方が，通信量を少なくすることができます。暗号化を行うプロトコルTLSと組み合わせ，MQTTSを利用することで，通信量を削減しつつ，暗号化を行うことができます。したがって，解答は**MQTTS**です。

問5 チャット機能の開発

≪出題趣旨≫

昨今，顧客からの問合せ対応を行うコールセンタでは，電話などの音声による問合せ対応に加え，Webやチャットによる問合せ対応が普及しつつある。

本問では，旅行販売システムへのチャット機能の追加を題材として，HTTP及びWebSocketに関する基本的な理解と応用能力について問う。

≪解答例≫

設問1

(1) a 10.10.0.10

b 192.168.0.3

c 10.1.1.2

(2) ア，ケ

(3) プロキシサーバはGETメソッドの内容が見えないから (25字)

設問2

(1) イ

(2) 同じポートを利用するから (12字)

設問3

(1) DNSラウンドロビン方式 (12字)

(2) d APサーバ＃1，APサーバ＃2

≪解説≫

チャット機能の開発に関する問題です。この問では，旅行販売システムへのチャット機能の追加を題材として，HTTP及びWebSocketに関する基本的な理解と応用能力について問われています。

設問1

〔ネットワーク構成の調査〕に関する問題です。図1のネットワーク構成での，E社販売店や販売代理会社の販売店のPCからの旅行販売システムへのアクセスについて，具体的な通信方法を考えていきます。

(1)

本文中の空欄穴埋め問題です。適切なIPアドレスを図1中の字句を用いて答えます。

空欄a

DNSサーバのAレコードとして登録されている，旅行販売システムのIPアドレスを答えます。

図1より，旅行販売システムには負荷分散装置，APサーバ#1，APサーバ#2の3台のサーバがあります。〔ネットワーク構成の調査〕の図1の下の本文に「負荷分散装置はAPサーバの負荷を分散させるために利用される」とあり，外部からはまず負荷分散装置にアクセスし，負荷分散装置がAPサーバ#1，APサーバ#2に処理を分散させます。そのため，DNSサーバのAレコードとしては，最初にアクセスする負荷分散装置のIPアドレス10.10.0.10が登録されていると考えられます。したがって，解答は**10.10.0.10**です。

空欄b

販売代理会社の販売店のPCから旅行販売システムへアクセスする場合に，PCからFW#4に送信されるIPパケットの宛先IPアドレスを答えます。

〔ネットワーク構成の調査〕に，「販売代理会社の販売店のPCがHTTPを利用して旅行販売システムにアクセスする場合，プロキシサーバはPCから受信したGETメソッドを参照して，APサーバへHTTPリクエストを送信する」とあり，販売代理会社の販売店のPCは，プロキシサーバを経由して通信します。プロキシサーバが代理でHTTPリクエストを送信するので，PCからの通信はプロキシサーバまでとなり，図1より，宛先IPアドレスは，プロキシサーバの販売店と接続されている方のポートに割り当てられている，192.168.0.3となります。したがって，解答は**192.168.0.3**です。

空欄c

代理会社接続ルータからFW#1に送信されるIPパケットの送信元IPアドレスを答えます。

図1のプロキシサーバで，FW#3と広域イーサネット経由でE社データセンタと接続する場合，プロキシサーバの送信元IPアドレスは，FW#3と接続されているポートに割り当てられた192.168.0.2です。しかし，〔ネットワーク構成の調査〕に，「FW#3では，NAPTを行い」とあります。NAPT（Network Address Port Translation）は，IPアドレスとポート番号を合わせて変換する方法です。FW#3では，NAPTで送信元IPアドレスをFW#3の広域イーサネット側のIPアドレス10.1.1.2に書き換えて送信していると考えられます。したがって，解答は**10.1.1.2**です。

(2)

E社販売店のPC及び販売代理会社の販売店のPCが旅行販売システムにアクセスするためには，どの機器のDNS設定にE社のDNSサーバのIPアドレスを設定する必要があるかを解答群の中から選びます。

E社販売店のPCは，図1より，FW#2経由で直接，広域イーサネットに接続しています。E社データセンタのDNSサーバへは広域イーサネット経由で直接接続が可能なので，E社販売店のPCには，使用するDNSサーバとしてE社データセンタのDNSサーバのIPアドレスを設定する必要があります。

販売代理会社の販売店のPCは，空欄bなどで考えたとおり，プロキシサーバを経由します。DNSでの名前解決はプロキシサーバが行い，宛先IPアドレスを得た上でHTTPなどでの通信を開始するので，DNSサーバの設定はプロキシサーバだけに行い，販売代理会社の販売店のPCには必要ありません。

したがって，解答は**ア**のE社販売店のPC，**ケ**のプロキシサーバの二つです。

(3)

本文中の下線①「PCから受信したデータをそのまま送信」について，プロキシサーバがPCから送信されたデータをそのまま送信するのはなぜかを答えます。

HTTP over TLSを利用して通信を行う場合，通信パケットのHTTPデータ部分はGETメソッドの内容なども含め，すべて暗号化されます。暗号化は送信元のPCと旅行販売システムの機器の間で行われ，プロキシサーバでは復号されません。プロキシサーバではGETメソッドの中身が見えないため，PCから受信したデータをそのまま送信することになります。したがって，解答は，**プロキシサーバはGETメソッドの内容が見えないから**，です。

設問2

〔チャット機能の実装方式の検討〕に関する問題です。WebSocketを使う理由や利点について考えていきます。

(1)

本文中の下線②「HTTPでは実装が困難」について，チャット機能をHTTPで実装するのはなぜ困難なのか，解答群の中から選びます。

HTTP（HyperText Transfer Protocol）とは，WebブラウザとWebサーバとの間で，HTML（HyperText Markup Language）などのコンテンツの送受信を行うプロトコルです。通信は必ずWebブラウザから開始するので，WebサーバであるAPサーバから通信することはできません。そのため，PCへのメッセージ送信をAPサーバ側で発生したイベントを契機として行うことができず，リアルタイムで双方向の通信を行うチャット機能は実装困難です。したがって，解答は**イ**の「PCへのメッセージ送信はAPサーバ側で発生したイベントを契機として行うことができないから」です。

ア，ウ，エの内容は，HTTPで実装が可能です。

(2)

本文中の下線③「WebSocketを利用することで販売代理会社のFWやルータの設定変更を少なくできる」について，FWやルータへの設定変更を少なくできるのはなぜか，WebSocketとHTTPの共通点に着目して答えます。

〔チャット機能の実装方式の検討〕の図2の後に，「WebSocketを利用すると，PCとAPサーバの間のHTTPを用いた通信を拡張し，任意フォーマットのデータの双方向通信ができる」とあるとおり，WebSocketはHTTPの拡張仕様です。そのため，HTTPと同じポート番号80/TCPを利用します。IRC（Internet Relay Chat）プロトコルのポート番号は194/TCPなのでポート番号が変わるため，FWやルータへの設定変更が必要となります。同じポートを利用していると，ポートの設定変更が不要となり，FWやルータへの設定変更を少なくできます。したがって，解答は，**同じポートを利用するから**，です。

設問3

〔チャット機能の設計レビュー〕に関する問題です。負荷分散方式の変更や，変更時に必要な機器の設定について考えていきます。

(1)

本文中の下線④「ほかの負荷分散方式」について，どのような負荷分散方式に変更したかを答えます。

負荷分散装置を使わず，図1のE社データセンタ内にある既存の機器で可能な負荷分散の方法として単純なのは，DNSを使った方法です。DNSのAレコードに同じホスト名のIPアドレスを二つ登録しておくと，交互にIPアドレスを返答するので，負荷が分散できます。この方式をDNSラウンドロビン方式といいます。したがって，解答は**DNSラウンドロビン方式**です。

(2)

本文中の空欄穴埋め問題です。適切な機器名を図1中の字句を用いて答えます。

空欄d

TLS証明書をインストールする必要がある機器をすべて考えます。

負荷分散装置を用いず，プロキシサーバから直接，APサーバ#1，APサーバ#2にHTTP over TLSで通信を行うためには，APサーバ#1，APサーバ#2の両方にTLSサーバ証明書をインストールしておく必要があります。2台に同じ証明書を設定することで，どちらのサーバともHTTP over TLSでの通信が可能となります。したがって，解答は，**APサーバ#1，APサーバ#2**です。

問6 経営分析システムのためのデータベース設計

≪出題趣旨≫

昨今のディジタル革新の取組によって，SoI (System of Insight) のシステム領域で取り扱うデータの量・種類の増加や質の多様化が進んでおり，データ資源を適切に管理するデータエンジニアの重要性が増している。

本問では，MaaS事業者の経営分析システム構築を題材として，SoIにおいてデータエンジニアに求められるデータベース設計及びデータ操作に必要な知識の基本的な理解並びにデータモデリングの能力について問う。

≪解答例≫

設問1 システム稼働後２年間は，過去５年間分の平均車両稼働率の目標比を表示できない。 (38字)

設問2

(1) a ウ

(2) b 年月日

c 年代 d 貸出実績件数 ※cとdは順不同

e ←

設問3

(1) f INNER JOIN 貸出実績 J ON R.貸出予約コード =

g GROUP BY R.貸出予定年月日, R.駐車場ID, R.車種ID, R.会員ID

(2) 日次 (2字)

設問4 年月，駐車場ID，車種ID，会員ID

≪解説≫

経営分析システムのためのデータベース設計に関する問題です。この問では，MaaS事業者の経営分析システム構築を題材として，SoIにおいてデータエンジニアに求められるデータベース設計及びデータ操作に必要な知識の基本的な理解並びにデータモデリングの能力について問われています。

設問1

本文中の下線①「業務要件の一部は経営分析システムの運用開始直後には実現できないことが判明した」について，実現できない業務要件を具体的に答えます。

図2「経営分析システムの業務要件（抜粋）」には，「表計算ソフトのデータを用いて，平均車両稼働率の目標比や前年同期比を分析できること」とあり，表計算ソフトから取得する目標データから実績と合わせて目標比を算出する必要があります。また，「過去5年間について，分析対象期間を柔軟に変更して，期間による傾向の違いを分析できること」とあり，5年分の過去データが必要です。

しかし，〔データソースの調査〕の最後に「平均車両稼働率の目標データは，表計算ソフトのデータとして，年月日別・駐車場別・車種別に過去３年間分が蓄積されており，それ以前のデータは破棄されている」とあり，平均車両稼働率の目標データは，過去３年間分より前のデータが破棄されています。経営分析システム稼働後にデータの破棄をやめても，５年分のデータが蓄積されるまでのシステム稼働後２年間は，過去５年間分の平均車両稼働率の目標比を表示できないことになります。

したがって，解答は，**システム稼働後２年間は，過去５年間分の平均車両稼働率の目標比を表示できない**，です。

設問２

〔経営分析システムのデータモデル設計〕に関する問題です。分析システムのデータモデルの構造について考え，本文の内容に沿ってデータモデルを完成させていきます。

(1)

本文中の空欄穴埋め問題です。適切な字句を，解答群の中から選びます。

空欄a

問合せの処理性能を考慮して選択するデータモデルの構造を答えます。

〔経営分析システムのデータモデル設計〕に，「経営分析システムのデータモデルを多次元データベースとして設計した」とあります。多次元データベースとは，データウェアハウスで使用される，データを格納するファクトテーブルと，データの分析軸を格納する複数の次元テーブルで構成されるデータベースです。図3では，“貸出”エンティティや“車両稼働”エンティティがファクトテーブルに該当します。“カレンダ”エンティティ，“車種”エンティティ，“駐車場”エンティティ，“会員”エンティティが次元テーブルで，年月日ごと，車種ごと，駐車場ごと，会員ごとなどの分析軸で分析を行うことができます。このようなファクトテーブルを中心としたデータモデルの構造を，スタースキーマといいます。したがって，解答は**ウ**のスタースキーマです。

解答群のその他の選択肢については次のとおりです。

ア　3層スキーマとは，概念スキーマ，外部スキーマ，内部スキーマに分けてデータベースを設計し，データの独立性を高める考え方です。

イ　オブジェクト指向は，プログラムやデータをオブジェクトとして捉えてシステム構築を行う考え方です。

エ　スノーフレームスキーマもデータウェアハウスで使用される構造です。スタースキーマがより複雑になり，次元テーブルが多段階の複数のテーブルに分かれます。例えば，“カレンダ”テーブルが日と月，年のテーブルに多段階で分かれると，スノーフレームスキーマとなります。図3では複数に分かれている次元テーブルはないため，単純なスタースキーマ構造となります。

オ，カ　データウェアハウスのファクトテーブルでは，性能を優先するため正規化は行われません。

(2)

図３中の空欄穴埋め問題です。経営分析システムのデータモデルに入れる適切なエンティティ間の関連や属性名を答えていきます。

付録

空欄b

“車両稼働”エンティティに必要な属性名を答えます。

“車両稼働”エンティティには，“カレンダ”エンティティ，“車種”エンティティ，“駐車場”エンティティからの1対多の関連があります。これらの関連を示すため，それぞれのエンティティの主キーが，外部キーとして“車両稼働”エンティティに設定される必要があります。“車種”エンティティの車種ID，“駐車場”エンティティの駐車場IDはすでにあるので，“カレンダ”エンティティの主キーである年月日を追加します。このとき，図2に「年別，月別，日別，週別，曜日別といった時間軸で傾向を分析できること」とあるので，“車両稼働”エンティティのデータは年月日ごとに分析できる必要があり，年月日も主キーに含める必要があります。そのため，年月日には主キーを示す下線が必要です。キーの表記法は図1の注記に説明があるとおり，主キーと外部キーが重なる場合には主キーの実線のみ記述し，外部キーの破線を付けません。したがって，解答は，**年月日**です。

空欄c，d

“貸出”エンティティに必要な属性名を二つ答えます。

図2に，「地区別の人気車種，会員の性別・年代別の人気車種，駐車場別・車種別の平均車両稼働率，駐車場別・会員別の遅延返却発生件数を分析できること。なお，貸出実績の件数（以下，貸出実績件数という）が多い場合を人気車種であるとみなす」とあり，性別，年代，平均車両稼働率，遅延返却発生件数，貸出実績件数が分析のための属性として必要です。このうち，性別は“会員”エンティティ，平均車両稼働率は“車両稼働”エンティティ，遅延返却発生件数は“貸出”エンティティから取得できます。残りの年代と貸出実績件数は図3になく，貸出ごとに管理する情報であるため，“貸出”エンティティに追加します。特に主キーや外部キーではないため，下線は不要です。したがって，空欄c，dの解答は，**年代**，**貸出実績件数**です（順不問）。

空欄e

“貸出”エンティティと“会員”エンティティの間の関連を答えます。

“貸出”エンティティと“会員”エンティティの属性には，どちらも会員IDが主キーとしてあります。“会員”エンティティの会員IDは単独で主キーですが，“貸出”エンティティの会員IDは四つある主キーのうちの一つです。そのため，会員IDで特定できる“会員”エンティティの行1行に対し，同じ会員IDでの複数行の“貸出”エンティティが対応することになります。つまり，“貸出”エンティティと“会員”エンティティの関連は多対1で，貸出←会員のかたちで表されることになります。したがって，解答は**←**です。

設問3

〔データ加工処理の開発〕に関する問題です。データ加工処理のSQL文を完成させ，バッチ処理プログラムを実行させるタイミングを考えていきます。

(1)

図4中の空欄穴埋め問題です。遅延返却発生件数データを作成するSQL文に入れる適切な字句を答えます。

空欄f

2行目のFROM句と5行目の間なので，FROM句の一部です。FROM句で空欄fの前には

「(SELECT Y.貸出予約コード, Y.駐車場ID, Y.車種ID, Y.会員ID, TIMESTAMP_TO_DATE(Y.貸出予定時刻) AS 貸出予定年月日, Y.返却予定時刻 FROM 貸出予約 Y) R」とあり，カッコで囲まれた副問合せに別名Rが付けられており，貸出予約テーブルから必要な列を取得したものとなります。

〔データ加工処理の開発〕には，「図4のSQL文は，そこで用いられている図3の貸出表の遅延返却発生件数データを作成するためのものである」とあり，遅延返却を確認するためには，貸出予約と貸出実績の両方のデータが必要です。図1「貸出管理システムのデータモデル（抜粋）」では，“貸出予約”エンティティと“貸出実績”エンティティは1対1の関連で，共通の属性となる貸出予約コードで結合させることができます。

空欄fの後に「J.貸出予約コード」という記述があるので，貸出実績テーブルにJという別名を付けると，うまくつながります。別名Rから内部結合での結合条件を記述すると，「R INNER JOIN 貸出実績 J ON R.貸出予約コード = J.貸出予約コード」となり，前後に合わせるかたちで必要なところを穴埋めに使用します。したがって，解答は，**INNER JOIN 貸出実績 J ON R.貸出予約コード =** です。

このとき，内部結合のときのINNER JOINのINNER部分はデフォルト値なので省略可能です。

空欄g

WHERE句の条件の後に入れる字句を考えます。SELECT句で「COUNT(*) AS 遅延返却発生件数」が使われており，集計関数での集計が行われているので，GROUP BY句でグループ化する必要があります。遅延返却発生件数は，図3の“貸出”エンティティの列となり，年月日，駐車場ID，車種ID，会員IDごとの集計結果となります。R（貸出予約を加工したもの）とJ（貸出実績）で，これらの集計のもととなる属性を確認すると，年月日はR.貸出予定年月日，駐車場IDはR.駐車場ID，車種IDはR.車種ID，会員IDはR.会員IDです。これらの属性をGROUP BY句で集計すると，目的のデータが得られます。したがって，解答は，**GROUP BY R.貸出予定年月日, R.駐車場ID, R.車種ID, R.会員ID** です。

(2)

図4のSQL文を実行するべき頻度を答えます。

図3の“貸出”エンティティは年月日が主キーの一部となっており，1日ごとのデータを集計した値が格納されます。そのため，バッチ処理の実行も日次で，自動で毎日行うことで最新のデータが継続的に取得できます。したがって，解答は**日次**です。

設問4

本文中の下線②「データマートとして集計表を追加した」について，追加した集計表の主キーを答えます。

データマートとは，特定のユーザのニーズに対応するためのデータベースで，データウェアハウスの一部として作成されることもあります。〔分析のレスポンス性能の改善〕に，「分析対象期間を過去複数年間，時間軸を月別として人気車種及び遅延返却発生件数を分析する場合，種々の分析に時間が掛かり過ぎるので改善してほしいという要望が経営企画部から挙がった」とあり，経営企画部のために，時間軸を月別としたデータマートを作成します。

図3より，遅延返却発生件数は“貸出”エンティティにあり，年月日別に集計されています。年月日を年月ごとにまとめて集計して主キーとし，駐車場ID，車種ID，会員IDの主キーはそのま

まにしたデータマートを新たに作成することで，様々なデータ分析を時間軸を月別として高速に実現できます。したがって，解答は，**年月，駐車場ID，車種ID，会員ID**です。

問7 ディジタル補聴器の設計

≪出題趣旨≫

補聴器は，ディジタル化が進み，入力された音を複数の周波数帯域に分割し，周波数帯域ごとに音量設定が可能な製品が販売されている。周波数帯域に分割するフィルタには論理演算だけで実現できるディジタルフィルタが使われている。また，各種設定をスマートフォンから行うことができる製品もある。

本問では，ディジタル補聴器を題材として，使用するバッファのサイズ，音声が入力されてから出力されるまでの遅延時間の計算，処理能力と消費電力を考慮した最適な動作クロック周波数の決定，及び自動音量調節のアルゴリズムについての設計・実装に関する能力を問う。

≪解答例≫

設問1

(1) **a** 384

(2) **b** 8.0

設問2

(1) **c** Tf **d** Ts **e** Ta ※dとeは順不同

(2) 3

設問3

(1) **ア** dv ＞ 0 and v ≧ vt

イ vt

ウ 0

(2) 現在の音量が目標値に近く，変化量が0となり音量を変更する必要がない場合 (35字)

≪解説≫

ディジタル補聴器の設計に関する問題です。この問では，ディジタル補聴器を題材として，使用するバッファのサイズ，音声が入力されてから出力されるまでの遅延時間の計算，処理能力と消費電力を考慮した最適な動作クロック周波数の決定，及び自動音量調節のアルゴリズムについての設計・実装に関する能力を問われています。

設問1

入力バッファ及び出力バッファについての問題です。入力バッファや出力バッファのサイズや，処理に掛かる時間を計算していきます。

(1)

本文中の空欄穴埋め問題です。入力バッファ及び出力バッファのサイズについて，適切な数値を答えます。

空欄a

〔入力バッファ及び出力バッファ〕には，「入力バッファ及び出力バッファは，それぞれ三つのブロックで構成されている」「一つのブロックには1フレーム分のデータを格納できる」とあるので，入力バッファ及び出力バッファには，それぞれ3フレーム分のデータを格納できます。

フレームに関しては，〔ハードウェア構成〕に，「サンプリングし，16ビットの符号付き整数のデータに変換」「64サンプルのデータを1フレーム」とあるので，1サンプリング当たり16ビットのデータを64サンプルまとめて1フレームにしています。1バイトは8ビットなので，まとめると，入力バッファ及び出力バッファのサイズは，次の式で計算できます。

(16［ビット／サンプル］×64［サンプル／フレーム］×3［フレーム］)／8［ビット／バイト］
＝384［バイト］

したがって，解答は**384**です。

(2)

本文中の空欄穴埋め問題です。マイクからのアナログ信号がADCで処理されてから，イヤホンから出力されるまでの時間について，適切な数値を答えます。

空欄b

図2より，マイクから入力した音は，ADC→入力バッファ→制御部→出力バッファ→DAC→イヤホンの順で変換されます。このとき，ADCとDACにはサンプリングクロックが低速クロック部から提供されます。図3のバッファの使用例より，ADCから入力バッファのブロック1に書き込んだ後，ブロック2にADCが書き込むタイミングで制御部が入力バッファから出力バッファにブロック1の内容を書き込みます。その後，出力バッファに書き込まれたブロック1をDACが変換してイヤホンに出力します。つまり，ADCの入力とDACの出力では，ちょうど3ブロック分の時間が掛かります。

また，〔ハードウェア構成〕には，「低速クロック部は，ADC及びDACに24kHzのサンプリングクロックを供給する」とあり，これは「アナログ信号を，1秒間に24,000回サンプリングし」のタイミングと同じです。〔ハードウェア構成〕に，「64サンプルのデータを1フレーム」とあるので，1フレーム(＝1ブロック)当たりで格納される音の長さは，64［サンプル］／24,000［サンプル／秒］です。

合わせると，マイクからのアナログ信号がADCで処理されてから，イヤホンから出力されるまでの時間は，次の式で計算できます。

64［サンプル／ブロック］／24,000［サンプル／秒］×3［ブロック］
＝8×10^{-3}［秒］＝8.0［ミリ秒］

答えは小数第2位を四捨五入して，小数第1位まで求めます。したがって，解答は**8.0**です。

設問2

新補聴器のソフトウェアについての問題です。新補聴器の消費電力をできるだけ抑えるために，最大実行時間から最低限必要な高速クロックの周波数を求めていきます。

(1)

本文中の空欄穴埋め問題です。1フレーム分のデータを処理する最大実行時間Tdを求める式に対して，適切な字句を答えます。

空欄c

1フレーム分のデータを処理する最大実行時間Tdを求めるときに，8倍して加算される実行時間を答えます。

〔新補聴器のソフトウェア〕に，「①信号処理」について，「①サンプリングしたデータから一つの帯域を抽出し，帯域に割り当てられた音量パラメタを乗じる。これを八つの帯域に対して行う」とあり，また，「①の一つの帯域の最大実行時間をTf」とあります。つまり，①の最大実行時間Tfは一つの帯域の実行時間で，八つの帯域に対して行うためにはTfを8倍する必要があります。したがって，解答は**Tf**です。

空欄d，e

1フレーム分のデータを処理する最大実行時間Tdを求めるときに，単純に加算される実行時間を二つ答えます。

〔新補聴器のソフトウェア〕に，「制御部のソフトウェアの主な処理内容は，①信号処理，②合成，③AVC」とあり，①については空欄cの解説で記述しました。②合成，③AVCの時間は，「②の最大実行時間をTs，③の最大実行時間をTa」とあるので，TsとTaとして単純に加算すると，1フレーム分のデータを処理する最大実行時間Tdを求めることができます。したがって，空欄d，eの解答は，**Ts**及び，**Ta**です（順不問）。

(2)

決定した高速クロックの周波数はf_0の何倍かを計算します。

表1「高速クロックとして周波数f_0を供給したときの各処理の実行時間」と，(1)で完成させた最大実行時間Tdを求める式をまとめて計算すると，次のようになります。

$$
\begin{aligned}
Td &= 8 \times Tf + Ts + Ta \\
&= 8 \times 0.30 \times Tframe + 0.05 \times Tframe + 0.20 \times Tframe \\
&= 2.65 \times Tframe
\end{aligned}
$$

〔新補聴器のソフトウェア〕に，「①～③の全ての処理がTframe内に完了し，かつ，消費電力が最も抑えられる周波数」とあるので，必要な高速クロックの周波数は，f_0の2.65倍を超える整数倍となり，3倍とするのが適切です。したがって，解答は**3**です。

設問3

AVC処理のソフトウェアについての問題です。図4の処理フローを完成させ，判定結果について考えていきます。

(1)

図4中の空欄穴埋め問題です。AVCの処理フローに当てはまる適切な字句を答えます。

空欄ア

条件式の一部で，(dv ＜ 0 and v ≦ vt)と組み合わせてどちらかを満たせばYesとなり，vやdvに値を設定する条件を考えます。

〔AVC処理〕に,「音量を変更するときは1フレームごとに音量を変化させ, M又はM＋1フレーム間で徐々に目標の音量にする」とあります。表2「AVCの処理フローで使用する変数，関数，定数」より，dvが音量のフレームごとの変化分であり，vが現在の音量，vtが目標の音量です。(dv ＜ 0 and v ≦ vt)という式は，徐々に音量が小さくなる変化で，現在の音量vが目標の音量vtよりも小さいという状態です。これは，変化分で音を小さくしすぎた場合に成立するので，目標の音量に調整する必要があります。

逆に，徐々に音量が大きくなる変化で，現在の音量vが目標の音量vtよりも大きいという状態でも,同様に目標の音量に調整します。式としては,(dv ＞ 0 and v ≧ vt)となります。したがって，解答は**dv ＞ 0 and v ≧ vt**です。

空欄イ

設定する現在の音量vの値を答えます。

空欄アを含む条件式を満たす場合は，目標値以上に変化させすぎた状態なので，単純に目標の音量vtをvに設定することで，最適な音量となります。したがって，解答は**vt**です。

空欄ウ

設定する音量のフレームごとの変化分dvの値を答えます。

空欄イで，音量を目標の音量に変更できたため，これ以上音量を上下させる必要はありません。そのため，dvを0にして，次のタイミングでは変化させないことが適切です。したがって，解答は**0**です。

(2)

図4中の網掛けした判定部において，判定結果が“Yes”となるのは，音量がどのような場合かを答えます。

図4の網掛けの条件式は，(dv ＝ 0 and v ≠ vt)で，変化させる音量dvが0なのに現在の音量vが目標の音量vtと等しくない場合に成り立ちます。網掛けの上の処理でのdvの計算式は「dv ← (vt − v) ÷ M」で，割り算を行っています。〔AVC処理のソフトウェア〕に「演算は全て整数演算である」とあり，(vt − v) ÷ Mの計算結果が1未満の場合には，整数演算で0になってしまいます。つまり，現在の音量が目標値に近く，フレーム分の変化以下の場合には変化量dvが0となり，音量を何度も変更する必要がないため,単純に音量vに目標値vtを設定することになります。したがって，解答は，**現在の音量が目標値に近く，変化量が0となり音量を変更する必要がない場合**，です。

問8　クーポン券発行システムの設計

≪出題趣旨≫

昨今，多数のクライアントに対して効率的にサービスを提供できるノンブロッキングI/O型のWebサーバソフトウェアが普及しつつある。

本問では，ファミリーレストランチェーンのクーポン券を発行するシステムを題材として，ノンブロッキングI/O型のWebサーバソフトウェアに関する基本的な理解と，ノンブロッキングI/O型のWebサーバソフトウェアで動作するアプリケーションの設計能力について問う。

≪解答例≫

設問1

(1) a 99.77

(2) b コンテキスト

設問2

(1) ア

(2) | 可 | 読 | 性 | が | 下 | が | る | か | ら | (9字)

設問3

(1) c 2

	a群	b群
d	3	3, 5
e	4, 5	4

※同じ群中の組合せとする。

f 6

(2) 4, 6, 7, 5

≪解説≫

クーポン券発行システムの設計に関する問題です。この問では，ファミリーレストランチェーンのクーポン券を発行するシステムを題材として，ノンブロッキングI/O型のWebサーバソフトウェアに関する基本的な理解と，ノンブロッキングI/O型のWebサーバソフトウェアで動作するアプリケーションの設計能力について問われています。マルチタスクや非同期I/Oなどの発展的な知識を要求されるため，やや難易度の高い問題です。

設問1

〔Webアプリの処理方式の調査〕に関する問題です。処理の割合を計算し，プロセスやスレッドの切替え処理についての用語を答えていきます。

(1)

本文中の空欄穴埋め問題です。表1の値を集計して数値を求めます。

空欄a

全体の処理時間の何%がI/O処理の完了待ち時間となるかを求めます。

表1のQRコード作成処理のうち，処理区分がI/O処理となっているのは，処理番号2，4，5，6，7の五つです。I/O処理の処理時間（ミリ秒）は，次の式で計算できます。

10 + 3 + 15 + 5 + 2 = 35［ミリ秒］

これに対し，全体の処理時間は，CPU処理の処理番号1，3を加えたものなので，次の式で計算できます。

35 + 0.02 + 0.06 = 35.08［ミリ秒］

ここから，全体の処理時間の何%がI/O処理の完了待ち時間となるかを計算していくと，次のようになります。

35 ／ 35.08 × 100 = 99.771…≒ 99.77［%］

答えは小数第3位を四捨五入して，小数第2位まで求めます。したがって，解答は**99.77**です。

(2)

本文中の空欄穴埋め問題です。プロセスやスレッドの切替え処理について，適切な字句を答えます。

空欄b

マルチタスクOSでは，複数のプロセスやスレッドが一つのCPUを共有するために，タスク管理を行って実行状態や実行可能状態などを制御します。優先度割込みやタイマ割込みなどで，実行状態のプロセスやスレッドが実行可能状態に移行するときには，プロセスやスレッドのCPUの状態（コンテキスト）を保存して，次の実行に備えます。コンテキストを利用した，プロセスやスレッドの切替え処理のことをコンテキストスイッチといいます。したがって，解答は**コンテキスト**です。

設問2

〔リアクタパターンの調査〕に関する問題です。リアクタパターンの動作や，その問題点について考えていきます。

(1)

本文中の下線①「I/O処理完了後に実行するハンドラ名を引数」について，関数呼出しの引数として渡される関数のことを何というか，解答群の中から選び，記号で答えます。

ハンドラとは，プログラムの一部分のことで，クラスや関数など，プログラムの中で呼び出されるものを指します。プログラムの中で，関数を呼び出す際に引数などでハンドラ名を引き渡される別の関数のことを，callback関数といいます。したがって，解答は**ア**のcallback関数です。

その他の関数については，次のとおりです。

イ　static関数は静的な関数で，メモリの静的領域にデータを保持します。

ウ　template関数は関数のテンプレートで，様々な型の引数で同じ関数を使用することが可能となります。

エ　virtual関数は仮想の関数で，後から上書き（オーバライド）されることを想定して記述されます。

(2)

本文中の下線②「保守性が下がるおそれ」について，プログラムの保守性が下がる理由を答えます。

〔リアクタパターンの調査〕に，「リアクタパターンを適用する場合は，遅いI/O処理の次に実行される処理をハンドラとして分割するのがよい」とあります。リアクタパターンでは処理をハンドラとして分割するため可読性が下がり，プログラム全体で行っている内容を把握するのが大変になります。したがって，解答は，**可読性が下がるから**，です。

設問3

〔QRコード作成処理の設計〕に関する問題です。リアクタパターンをQRコード作成処理の設計に当てはめていき，図2を完成させ，処理の流れを設計していきます。

(1)

図2中の空欄穴埋め問題です。「Y君が設計したQRコード作成処理の流れ」に当てはまる適切な処理番号を，表1中の処理番号を用いて答えます。

空欄を埋める前に，メイン処理，ハンドラ1，ハンドラ2，ハンドラ3に振り分けられる処理がどれになるのかを考えます。

〔リアクタパターンの調査〕に「リアクタパターンを適用する場合は，遅いI/O処理の次に実行される処理をハンドラとして分割するのがよい」とあります。遅いI/O処理は処理2，4，5，6，7の五つで，最後の処理7を除くと，次に実行される処理は，処理2→処理3と処理5，処理4→処理6，処理6→処理7となるので，これらをハンドラとして分割します。つまり，処理3と処理5を含むハンドラ，処理6を含むハンドラ，処理7を含むハンドラ（ハンドラ3としてすでにあります）に分けることになります。この前提で，空欄を埋めていきます。

空欄c

メイン処理で実行する，処理1以外の処理を考えます。

表1より，処理1の完了の後に行う処理は処理2です。処理2が終わった後には処理3と処理5を実行でき，これらを別のハンドラで並列処理します。〔リアクタパターンの調査〕に「メイン処理は，イベントのハンドル依頼を行った後は，I/O処理の完了を待たずにほかの処理を実行できる」とあり，処理2はメイン処理で実行し，処理3や処理5についてイベントのハンドル依頼を行うことが適切です。したがって，解答は**2**です。

空欄d，e

ハンドラ1で行う処理について二つに分けて考えます。

表1より，処理2の完了後には，処理3と処理5を実行できます。処理3はCPU処理なので処理時間が短く，次に処理4を実行できるため，ハンドラを分ける必要はありません。処理4の後には処理6を実行できますが，処理4は遅いI/O処理なので，処理6は別のハンドラとして分割します。

同じハンドラ内の処理の空欄d，eに関しては，図2はシーケンス図で時系列に上から下に並ぶことになるため，実行順序に合わせて記述します。処理3，4，5の実行順序としては，処理3→4は順番が決まっていますが，処理5は並列実行が可能なため，処理3と同時に実行しても，処理4と同時に実行してもかまいません。そのため，空欄dは**3**，空欄eは**4, 5**とするパターンと，空欄dは**3，5**，空欄eは**4**とするパターンのどちらも正解です。

空欄f

ハンドラ2で行う処理について考えます。

処理4の後の処理6は，処理4が遅いI/O処理なので，次に行う処理6を独立したハンドラ2とします。したがって，解答は**6**です。

(2)

図2のようにQRコード作成処理を設計した場合，処理4～7はどのような順序で完了するか，処理が早く完了する順にコンマ区切りで答えます。

表1より，処理6，7は開始条件がそれぞれ処理4，6の後と決まっているので，4，6，7の順序

で実行されます。これらの処理時間の合計は，次の式で計算できます。

3＋5＋2＝10［ミリ秒］

処理5は処理4と並列して実行できますが，単独で15［ミリ秒］の処理時間が掛かります。そのため，処理の完了は4，6，7がすべて実行し終わった後となります。したがって，解答は，**4，6，7，5**です。

問9　プロジェクトのコスト見積り

≪出題趣旨≫

昨今，情報システムの開発において，工程ごとに契約を締結する多段階契約が増えてきている。応用情報処理技術者にとって，各工程での契約形態の違いを理解して，プロジェクトの規模やコストの見積りを適切なタイミングで適切に実施できる能力を身に付けることは，益々重要となってきている。

本問では，多段階契約を採用した大手機械メーカのシステム子会社のコスト見積りを題材として，契約形態についての基本的な理解，並びに類推法，ボトムアップ法，及びファンクションポイント法の見積り手法の考え方や手順の基本的な理解について問う。

≪解答例≫

設問1　a　エ　　b　ク　　f　キ

設問2

(1)　請負契約は仕事の完成に対して報酬が支払われるから　(24字)

(2)　複数の手法を併用して見積りの精度を高めるため　(22字)

設問3　本プロジェクト類似の複数のシステム開発プロジェクトと比較していること　(34字)

設問4

(1)　c　115

(2)　d　規模　(2字)

(3)　e　55

付録

≪解説≫

プロジェクトのコスト見積りに関する問題です。この問では，多段階契約を採用した大手機械メーカのシステム子会社のコスト見積りを題材として，契約形態についての基本的な理解，並びに類推法，ボトムアップ法，及びファンクションポイント法の見積り手法の考え方や手順の基本的な理解について問われています。

設問1

本文中の空欄穴埋め問題です。プロジェクトマネジメントの用語について，適切な字句を解答群の中から選びます。

空欄a

L社とQ社で見積りの機能や作業の範囲に認識の相違がないようにするために作成するものを考えます。見積りの機能や作業の範囲のことをスコープといい，プロジェクトスコープマネジメントでは，定義したスコープの内容をスコープ規定書に記述します。したがって，解答は**エ**のスコープ規定書です。

空欄b

WBS（Work Breakdown Structure）とは，成果物を中心に，プロジェクトチームが実行する作業を階層的に要素分解したものです。WBSの最下位のレベルのことをワークパッケージといいます。ワークパッケージには，実際に行う作業であるアクティビティを割り当てます。したがって，解答は**ク**のワークパッケージです。

空欄f

業務要件の仕様変更のリスクを加味し，L社のコスト見積りの総額に追加する予算について答えます。コスト管理において，リスクが起こることをあらかじめ想定し，それに対処するために用意しておく予算のことをマネジメント予備といいます。したがって，解答は**キ**のマネジメント予備です。

設問2

〔前回プロジェクトの問題とその対応〕に関する問題です。前回プロジェクトの状況の記述から，その問題点を発見し，新たな対処法の理由を考えていきます。

(1)

本文中の下線①「L社は超過コストをQ社に要求することはできなかった」について，その理由を，契約形態の特徴を含めて答えます。

〔前回プロジェクトの問題とその対応〕の下線①の後に，「本プロジェクトでも請負契約となる」とあるので，前回プロジェクトも請負契約であったと考えられます。請負契約は，作業量ではなく仕事の完成に対して報酬が支払われる契約なので，契約相手のQ社に追加のコストを要求することはできません。したがって，解答は，**請負契約は仕事の完成に対して報酬が支払われるから**，です。

(2)

本文中の下線②「積上げ法に加えてファンクションポイント（以下，FPという）法でも実施する」について，積上げ法に加えてもう一つ別の手法で見積りを行う目的を答えます。

〔前回プロジェクトの問題とその対応〕には，「コスト見積りに含まれていた機能の一部に，L社がコスト見積り提出時点では作業を詳細に分解し切れず，コスト見積りが過少となった作業があった」など，前回のプロジェクトでは見積りの精度に問題があったことが読み取れます。積上げ法だけでなく，FP法などの客観的なコスト見積手法を複数併用することによって，見積りの精度を高めることが可能となります。したがって，解答は，**複数の手法を併用して見積りの精度を高めるため**，です。

設問3

〔1回目のコスト見積り〕に関する問題です。本文中の下線③「自分がコスト見積りに対して指示した事項を，適切に実施したという説明がない」について，漏れていた説明の内容を答えます。

〔前回プロジェクトの問題とその対応〕より，M課長がコスト見積りに対して指示した点の(i)に，「本プロジェクトに類似したシステム開発の複数のプロジェクトを基に類推法によって実施」とあります。しかし，〔1回目のコスト見積り〕でのN君は，「L社が独立する前も含めて実施した複数のプロジェクトのコスト見積りとコスト実績を比較対象にして，概算値を見積もった」とあります。比較対象とした複数のプロジェクトが本プロジェクトに類似しているかどうかについての説明がないため，漏れていたと考えられます。したがって，解答は，**本プロジェクト類似の複数のシステム開発プロジェクトと比較していること**，です。

設問4

〔2回目のコスト見積り〕に関する問題です。コストの見積りについて，本文や表の内容をもとに，実際の値を計算していきます。

(1)

本文中の空欄穴埋め問題です。作業のコストの期待値について，適切な数値を計算します。

空欄c

〔2回目のコスト見積り〕の空欄cの前には，「最頻値が100千円で，楽観値は最頻値－10%，悲観値は最頻値＋100%となった作業のコストの期待値」という記述があります。ここから，楽観値，悲観値は次の値になります。

楽観値：100［千円］－100［千円］×10［%］／100＝90［千円］
悲観値：100［千円］＋100［千円］×100［%］／100＝200［千円］

少し前の記述に，「楽観値と悲観値の重み付けをそれぞれ1とし，最頻値の重み付けを4としてコストに乗じ，これらを合計した値を6で割って期待値を算出することとした」とあるので，次の式で期待値を算出することができます。

(楽観値＋悲観値＋最頻値×4)／6＝(90＋200＋100×4)／6
＝690／6＝115［千円］

したがって，解答は**115**です。

(2)

本文中の空欄穴埋め問題です。FP法について，適切な字句を答えます。

空欄d

FP法によってFPを算出することで求められるものを考えます。FPは，評価基準をもとに算出した値で，開発規模を表します。これを工数に換算し単価を掛けることで，コストを見積もることができます。したがって，解答は**規模**です。

(3)

表3中の空欄穴埋め問題です。FPの算出表をもとに，適切な数値を算出します。

空欄e

表1「データファンクションの一覧表」より，D2，D4，D5がILFで，複雑さはそれぞれ低，低，中です。そのため，ILFの複雑さの評価は，低が2個，中が1個，高が0個となります。

表2「トランザクションファンクションの一覧表」より，EIはT2とT4で，複雑さはどちらも中です。そのため，EIの複雑さの評価は，低が0個，中が2個，高が0個となります。続いてEOはT3のみで，複雑さは低です。そのため，EOの複雑さの評価は，低が1個，中が0個，高が0個となります。

これらをまとめて表3「FPの算出表」の内容を計算すると，次のようになります。

ファンクションタイプ	低	中	高	合計
EIF	1×3	1×4	0×6	7
ILF	2×4	1×5	0×7	13
EI	0×3	2×4	0×6	8
EO	1×7	0×10	0×15	7
EQ	2×5	0×7	1×10	20
総合計(FP)				55

合計をすべて加算して総合計を求めると，7＋13＋8＋7＋20＝55となります。したがって，解答は**55**です。

問10 SaaSを使った営業支援サービス

≪出題趣旨≫

昨今，企業における労働時間の削減を実現するために，オフィスだけでなく，自宅や外出先からも仕事ができる環境の整備が進んでいる。

本問では，SaaSを用いた営業支援サービス及びサービスデスクサービスの設計を題材として，SLAの策定や評価に関する基本的な理解，及び合意した目標値の達成に向けた施策の理解について問う。

≪解答例≫

設問1

(1) ウ

(2) a 210

設問2

(1) b エ

(2) ※次のうちのいずれか一つを解答

・A社のアドオン開発のインシデントなのか否か (21字)

・A社が保守するソフトウェアのインシデントかどうか (24字)

設問3

(1)　c　FAQ　(3字)

(2)　d　サービス提供時間帯　(9字)

設問4

(1)　e　リリースノート　(7字)

(2)　f　対応手順書の修正が必要かどうか　(15字)

≪解説≫

SaaSを使った営業支援サービスに関する問題です。この問では，SaaSを用いた営業支援サービス及びサービスデスクサービスの設計を題材として，SLAの策定や評価に関する基本的な理解，及び合意した目標値の達成に向けた施策の理解について問われています。

設問1

〔営業支援サービスの概要〕に関する問題です。クラウドサービスを利用する場合の運用の範囲や，サービスレベルの目標値について考えていきます。

(1)

本文中の下線①「D社が提供しているSaaSであるEサービスを採用し，一部の機能をアドオン開発して，提供する」について，SaaSを利用するA社のサービスマネジメントとして，最も適切なものを解答群の中から選びます。SaaS (Software as a Service) とは，クラウドサービス事業者がソフトウェアをサービスとして提供するものです。クラウドサービスを利用する場合でも，システム全体のサービスマネジメントは導入した事業者が行います。

本文冒頭の段落に，「A社システム部は，営業部員に対して自宅や外出先からも利用できる営業支援サービスを新規に提供することになった」とあり，営業支援サービスを提供するのはA社システム部で，システムの利用者はA社営業部です。また，「システム部内にサービスデスクを設置する」とあり，サービスデスクを設置してサービスマネジメントを実施するのはA社システム部です。

A社システム部がインシデントを一元管理するので，発生したインシデントをD社が解決する場合でも，A社システム部が窓口となり，A社システム部はA社営業部に対して，インシデントの解決についての説明を行う責任があります。したがって，解答は**ウ**の「発生したインシデントをD社が解決する場合でも，A社システム部はA社営業部に対して，インシデントの解決についての説明責任をもつ」です。

解答群のその他の選択肢については，次のとおりです。

ア　アップグレード時にはリグレッションテストが必要です。

イ　SaaSなので，Eサービスを構成するシステムリソースは，クラウド事業者であるD社の管理範囲となります。

エ　SaaSでは物理的リソースはクラウド事業者の所有となるので，減価償却費を計算する必要はありません。

(2)

表1中の空欄穴埋め問題です。表1と設問文中の説明をもとに，適切な数値を計算して求めます。

空欄a

1か月の停止時間の合計の目標値を求めます。

表1より，サービスレベル項目“サービス稼働率”の目標値は「99.5%以上」で，設問文に「1か月は30日，日曜日は月4回で計算」とあります。また，サービスレベル項目“サービス提供時間”に「24時間365日（毎週日曜日0:00～5:00に実施する定期保守を除く）」とあるので，日曜日には5時間，サービスが停止します。これらを合わせると，1時間は60分，1日は24時間なので，最大の停止時間は次の式で計算できます。

60［分／時間］×（24［時間／日］×30［日］－5［時間／日］×4［日］）×
（100［%］－99.5［%］）／100
＝60［分／時間］×（720［時間］－20［時間］）×0.005
＝60［分／時間］×700［時間］×0.005＝210［分］

したがって，解答は**210**です。

設問2

〔A社サービスデスクサービスの概要〕に関する問題です。A社サービスデスクにおけるサービスデスクの運用方法について考えていきます。

(1)

本文中の空欄穴埋め問題です。適切な字句を解答群の中から選びます。

空欄b

サービスデスクは，ユーザからの問合せを受ける窓口を1か所に統合することで，効率的に管理することができ，ユーザの利便性も高まります。従来複数の組織で実施していた営業部員支援の業務を統合してシステム部に置く機能は，単一の窓口です。サービスデスクに設定する単一の窓口のことをSPOC（Single Point Of Contact）といいます。したがって，解答は**エ**のSPOCです。

解答群のその他の選択肢については，次のとおりです。

ア　BCP（Business Continuity Plan：事業継続計画）は，企業が事業の継続を行う上で基本となる計画です。

イ　BPO（Business Process Outsourcing）は，企業などが自社の業務の一部または全部を，外部の専門業者に一括して委託することです。

ウ　PMO（Project Management Office）とは，組織内でそれぞれのプロジェクトマネジメントの支援を横断的に行う部門のことです。

(2)

表3中の下線②「開発課又はD社サービスデスクのどちらかをエスカレーション先として決定」について，エスカレーション先を決定するときに必要となる判断内容を答えます。

エスカレーションとは，自身で解決できない問題を他の人に引き継ぐことです。表1の注[2]に，「D社サービスデスクでは，Eサービスの問合せとインシデント対応，及び公開しているAPIに関する技術的問題を解決する。A社のアドオン開発分の問合せへの対応は含まない」とあります。つまり，D社サービスデスクでは，Eサービスについては対応しますが，A社のアドオン開発についての対応は行いません。

アドオン開発については，〔営業支援サービスの概要〕(3)に，販売促進モジュールに関して「システム部の開発課はD社が公開しているAPIを利用してアドオン開発し，開発したソフトウェアを保守する」とあり，アドオン開発については，A社が保守するソフトウェアであり，開発部が保守することになっています。そのため，A社が保守するソフトウェアとなっているアドオン開発については開発部にエスカレーションし，それ以外はD社サービスデスクでエスカレーションすることになります。

したがって，解答は，**A社のアドオン開発のインシデントなのか否か**，または，**A社が保守するソフトウェアのインシデントかどうか**，です。

設問3

〔サービスの開始〕に関する問題です。社内Webに公開する内容や，チャットボットの効果について考えていきます。

(1)

本文中の空欄穴埋め問題です。社内Webに公開する内容について，適切な字句を答えます。

空欄c

〔サービスの開始〕の最初の空欄cの前に，「インシデント管理ファイルの記録を基に，高い頻度で発生した質問及びインシデントの中で，利用者が自分で解決できる内容をまとめた」とあります。このようなときに利用する，質問と回答をまとめた内容のことをFAQ（Frequently Asked Question）といいます。したがって，解答は**FAQ**です。

(2)

本文中の空欄穴埋め問題です。適切な字句を表1，2または表3中で使用されている字句を使って答えます。

空欄d

チャットボットによって，利用者が質問に回答してもらうことができるようになる場合を考えます。

表2のサービス名称“A社サービスデスクサービス”のサービスレベル項目“サービス提供時間帯”には，「9:00 ～ 17:00（休日，祝日を除く）」とあります。チャットボットは，9:00 ～ 17:00以外や，休日，祝日でも稼働させることができるので，サービス提供時間帯以外でも対応が可能となります。したがって，解答は**サービス提供時間帯**です。

設問4

〔Eサービスのアップグレード対応〕に関する問題です。

(1)

本文中の空欄穴埋め問題です。適切な字句を〔営業支援サービスの概要〕で使用されている字句を使って答えます。

付録

空欄e

アップグレードされる機能及び画面について記載されるものについて考えます。

〔営業支援サービスの概要〕(5) に,「アップグレード予定日の4週間前に, D社からアップグレードされる機能及び画面や変更点を記載したリリースノートが発行される」とあり，アップグレードされる機能及び画面についてはリリースノートとして発行されることが分かります。したがって，解答は**リリースノート**です。

(2)

本文中の空欄穴埋め問題です。リリースノートに基づいて開発課と協議し, 判断することのうち，サービスデスクで実施する作業に関連する内容を考えます。

空欄f

〔営業支援サービスの概要〕(5) に，「開発課は，アップグレードの適用に関して，サービスデスクと協議し，社内調整と必要な作業を行った後，稼働環境に営業支援サービスの三つのモジュールを展開する」とあり，アップグレードの適用時に，サービスデスクと協議します。アップグレード時には営業支援サービスの機能や画面などが変わると想定されます。

サービスデスクでは，表3のエスカレーションや解決の手順で対応手順書を使用しています。表3の注2) に，「対応手順書は，インシデントに対応するために実施すべき解決処理の詳細が記載されている手順書のことで、サービスデスクが作成し整備する」とあるので，対応手順書はサービスデスクが整備します。アップグレード時に営業支援サービスの機能や画面などが変わると，対応手順書の修正が必要となる可能性があるので，サービスデスクでは修正が必要かどうかを判断する必要があります。

したがって，解答は，**対応手順書の修正が必要かどうか**，です。

問11 新会計システムのシステム監査

≪出題趣旨≫

アプリケーションシステムは，システムに組み込まれた機能や利用するユーザの環境によって依拠すべきコントロールが異なり，同一ではない。したがって，システム監査を効果的に実施するためには，システムの機能の違い，ユーザ環境による運用の違いを適切に理解し，これに対応するコントロールを識別し，監査手続を実施する必要がある。

本問では，新会計システムを題材として，監査で検証すべきコントロール及び監査手続を検討できるかについて問う。

≪解答例≫

設問1 a 利用者マスタ承認権限 (10字)

b ロールマスタ (6字)

c 月次締め処理 (6字)

設問2 d アップロード入力 (8字)

設問3　e　担当チーム長が入力と承認　(12字)
設問4　f　エ
設問5　自動インタフェースを拡大させるから　(17字)
設問6　入力者が承認できない　(10字)

≪解説≫

新会計システムのシステム監査に関する問題です。この問では，新会計システムを題材として，監査で検証すべきコントロール及び監査手続を検討できるかについて問われています。

設問1

表1中の空欄穴埋め問題です。監査手続案についての内部監査部長のレビューコメントに当てはまる適切な字句を答えていきます。

空欄a

担当チーム長の利用者IDだけに付与されるべきものを考えます。

〔予備調査の概要〕(3) 新会計システムのアクセス管理①に，「利用者マスタは，利用者が入力した後，利用者マスタ承認権限のある同じチームの担当チーム長が承認入力を行うことで，登録される」とあります。担当チーム長には利用者マスタ承認権限が割り当てられ，承認入力を行うことができます。担当チーム長以外の利用者IDに利用者マスタ承認権限が割り当てられていると，不正な承認が行われるおそれがあるため，担当チーム長のみに割り当てられているかを確認する必要があります。したがって，解答は**利用者マスタ承認権限**です。

空欄b

利用者IDの権限の妥当性を評価するために，利用者マスタ以外に閲覧する必要がある内容について考えます。

〔予備調査の概要〕(3) 新会計システムのアクセス管理①に，「アクセス権限は，図1のように利用者マスタの利用者IDに対してロール名を設定することで制御される」とあり，アクセス権限は直接割り当てるのではなく，ロール名を通じて割り当てることが分かります。さらに，「ロールマスタでは，ロール名ごとに利用可能な会社，当該会社で利用可能な画面・機能などが設定されている」とあるので，実際にロール名に割り当てられる権限は，ロールマスタを閲覧することで確認できます。したがって，解答は**ロールマスタ**です。

空欄c

新会計システムで月次決算完了日に行われていることを確かめる必要があることについて考えます。

〔予備調査の概要〕(4) その他の事項①に，「各社は月次決算を行っており，月次決算の完了時には，各社の担当チーム長が月次締め処理を実行する。これによって，当月の会計データの入力はできなくなる」という記述があります。そのため，月次決算完了日に月次締め処理を実行することで，当月の会計データの入力はできなくなります。したがって，解答は**月次締め処理**です。

設問2

〔本調査の結果〕中の空欄穴埋め問題です。監査担当者が発見した事項及び改善案について，適切な字句を答えます。

空欄d

各担当チームのスタッフだけで正式な会計データとすることができるものについて考えます。

〔予備調査の概要〕(2) 新会計システムへの入力に,「アップロード入力の場合は，各社の担当チームのスタッフが日次又は月次で新会計システムへのアップロード入力を実行すると正式な会計データになる」とあります。伝票ごとの手作業入力の場合と違い，アップロード入力では，各担当チームのスタッフだけで正式な会計データとすることができます。したがって，解答は**アップロード入力**です。

設問3

〔本調査の結果〕中の空欄穴埋め問題です。監査担当者が発見した事項及び改善案について，適切な字句を答えます。

空欄e

共有IDについて，担当チーム長がパスワードを変更すると可能となることを答えます。

担当チーム長がパスワードを変更するということは，担当チーム長がパスワードを知ることになります。担当チーム長には承認の権限があるので，担当チーム長自身が共有IDで入力し，それを担当チーム長の利用者IDで登録することで，一人で入力と承認の両方が可能となってしまいます。この状態は，担当チーム長の不正を防ぐことができなくなるため不適切です。したがって，解答は，**担当チーム長が入力と承認**，です。

設問4

〔本調査の結果〕中の空欄穴埋め問題です。監査担当者が発見した事項及び改善案について，適切な字句を解答群の中から選びます。

空欄f

一つの利用者IDに対して同時に登録できないロール名を明確にすることについての観点を答えます。

空欄eでも考えた入力権限と承認権限など，同時に付与することで一人で職務が完了できる状態になる権限があります。このような状態は不適切なので，複数人に職務を分離させて，相互に牽制する仕組みを作ることが大切です。このような観点のことを，職務の分離といいます。したがって，解答は**エ**の職務の分離です。

設問5

〔本調査の結果〕の (5) で，CSVファイルは減少する予定があるとした理由を答えます。

〔予備調査の概要〕(1) 経理センタと新会計システムの概要②に,「これらの業務システムから新会計システムへのインタフェースは，自動インタフェースのほか，業務システムでダウンロードされたCSVファイルの手作業によるアップロード入力（以下，アップロード入力という）や伝票ごとの手作業入力によって行われている」とあり，CSVファイルのアップロード入力は手作業です。続いて,「経理業務の効率向上の一環として，自動インタフェースを順次拡大させる計画である」とあり，計画に沿って自動インタフェースを拡大させることで，手作業の入力に必要なCSVファイルは減少することになります。したがって，解答は，**自動インタフェースを拡大させるから**，です。

設問6

本文中の下線（ア）「新会計システムに組み込まれたコントロール」とは何かを答えます。

〔本調査の結果〕(2) は，「承認者の中に伝票入力権限が付与された者がいた」というもので，職務の分離の観点から不適切です。しかし，〔予備調査の概要〕(2) 新会計システムへの入力に，「新会計システムは，入力者が承認できないように設定されている」とあり，新会計システムには入力者が承認できないように設定されているので，職務を分離させるコントロールがシステムに組み込まれていることになります。したがって，解答は，**入力者が承認できない**，です。

INDEX

索引

さ

し

す

ふ

■著者

瀬戸 美月（せと みづき）

株式会社わくわくスタディワールド代表取締役。

「わくわくする学び」をテーマに，企業研修やオープンセミナーなどで，単なる試験対策にとどまらない学びを提供中。また，情報処理技術者試験を中心としたIT系ブログ「わく☆すたブログ」や，ITの全般的な知識を学ぶサイト「わくわくアカデミー」など，様々なサイトを運営。

保有資格は，情報処理技術者試験全区分，情報処理安全確保支援士，Pythonエンジニア認定試験（基礎試験，データ分析試験）他多数。著書は，『徹底攻略 情報処理安全確保支援士教科書』『徹底攻略　ネットワークスペシャリスト教科書』『徹底攻略　データベーススペシャリスト技術者教科書』『徹底攻略 情報セキュリティマネジメント教科書』『徹底攻略 基本情報技術者の午後対策 Python編』（以上，インプレス），『新 読む講義シリーズ 8 システムの構成と方式』『インターネット・ネットワーク入門』『新版アルゴリズムの基礎』（以上，アイテック）他多数。

わく☆すたAI

わくわくスタディワールド社内で開発されたAI（人工知能）。
情報処理技術者試験の問題を中心に，現在いろいろなことを学習中。
今回は，クラスタリングや自然言語処理などで機械学習を利用することで，出題傾向やパターンの分析を中心に活躍。
近い将来，参考書を自分で全部書けるようになることが目標。

ホームページ: https://wakuwakustudyworld.co.jp
わく☆すたブログ: https://wakuwakustudyworld.co.jp/blog
わくわくアカデミー：http://www.wakuwakuacademy.net

STAFF

編集	水橋明美（株式会社ソキウス・ジャパン）
	飯田 明
イラスト	ケイコモス
本文デザイン	株式会社トップスタジオ
表紙デザイン	馬見塚意匠室
副編集長	片元 諭
編集長	玉巻秀雄

本書のご感想をぜひお寄せください

https://book.impress.co.jp/books/1121101057

読者登録サービス

■商品に関する問い合わせ先

このたびは弊社商品をご購入いただきありがとうございます。本書の内容などに関するお問い合わせは、下記のURLまたはQRコードにある問い合わせフォームからお送りください。

https://book.impress.co.jp/info/

上記フォームがご利用頂けない場合のメールでの問い合わせ先

info@impress.co.jp

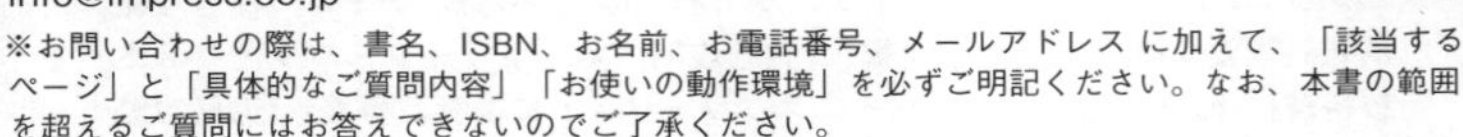

※お問い合わせの際は、書名、ISBN、お名前、お電話番号、メールアドレス に加えて、「該当するページ」と「具体的なご質問内容」「お使いの動作環境」を必ずご明記ください。なお、本書の範囲を超えるご質問にはお答えできないのでご了承ください。

- ●電話やFAX でのご質問には対応しておりません。また、封書でのお問い合わせは回答までに日数をいただく場合があります。あらかじめご了承ください。
- ●インプレスブックスの本書情報ページ https://book.impress.co.jp/books/1121101057 では、本書のサポート情報や正誤表・訂正情報などを提供しています。あわせてご確認ください。
- ●本書の奥付に記載されている初版発行日から1 年が経過した場合、もしくは本書で紹介している製品やサービスについて提供会社によるサポートが終了した場合はご質問にお答えできない場合があります。

■落丁・乱丁本などの問い合わせ先

TEL 03-6837-5016 FAX 03-6837-5023
service@impress.co.jp
（受付時間／10:00～12:00、13:00～17:30土日祝祭日を除く）
※古書店で購入された商品はお取り替えできません。

■書店／販売会社からのご注文窓口

株式会社インプレス 受注センター
TEL 048-449-8040
FAX 048-449-8041

徹底攻略 応用情報技術者教科書

令和４年度

2021 年 11 月 21 日 初版発行

著 者 株式会社わくわくスタディワールド 瀬戸美月

発行人 小川 亨

編集人 高橋隆志

発行所 株式会社インプレス
〒101-0051 東京都千代田区神田神保町一丁目105番地
ホームページ https://book.impress.co.jp/

印刷所 日経印刷株式会社

ISBN978-4-295-01291-7 C3055

Printed in Japan